BIOTECNOLOGIA APLICADA À SAÚDE

CB054367

Coleção **Biotecnologia Aplicada à Saúde**

Volume 1
Biotecnologia Aplicada à Saúde
Fundamentos e Aplicações

ISBN: 978-85-212-0896-9
623 páginas

Volume 2
Biotecnologia Aplicada à Saúde
Fundamentos e Aplicações

Pré-lançamento

Volume 3
Biotecnologia Aplicada à Saúde
Fundamentos e Aplicações

Pré-lançamento

Volume 4
Biotecnologia Aplicada à Agro&Indústria
Fundamentos e Aplicações

Pré-lançamento

Blucher

www.blucher.com.br

BIOTECNOLOGIA APLICADA À SAÚDE
FUNDAMENTOS E APLICAÇÕES
VOLUME 1

RODRIGO RIBEIRO RESENDE

ORGANIZADOR

CARLOS RICARDO SOCCOL

COLABORADOR

Biotecnologia aplicada à saúde: fundamentos e aplicações, vol. 1
Coleção Biotecnologia Aplicada à Saúde, vol. 1

© 2015 Rodrigo Ribeiro Resende
Editora Edgard Blücher Ltda.

Blucher

Rua Pedroso Alvarenga, 1245, 4º andar
04531- 934, São Paulo – SP – Brasil
Tel.: 55 11 3078-5366
contato@blucher.com.br
www.blucher.com.br

Segundo o Novo Acordo Ortográfico, conforme 5ª ed.
do *Vocabulário Ortográfico da Língua Portuguesa,*
Academia Brasileira de Letras, março de 2009.

FICHA CATALOGRÁFICA

Biotecnologia aplicada à saúde: fundamentos e aplicações,
volume 1 / organizado por Rodrigo Ribeiro Resende e
Carlos Ricardo Soccol. -- São Paulo: Blucher, 2015.

ISBN 978-85-212-0896-9

1. Biotecnologia I. Resende, Rodrigo Ribeiro II. Soccol,
Carlos Ricardo

15-0174   CDD 620.8

Índices para catálogo sistemático:
1. Biotecnologia

AGRADECIMENTOS

Esta obra não poderia ter iniciado sem a dedicação de cada um que participou em sua elaboração, desde os professores, alunos, editores, corretores, diagramadores, financiadores, amigos, esposa, irmão, pais, leitores até o desejo de tornar o conhecimento acessível para todos. Obrigado!

Prof. Rodrigo R. Resende

APOIO

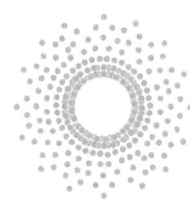

NANOCELL
NEWS
O jornal eletrônico do Instituto
NANOCELL
ISSN 2318-5880
DOI 10.15729
www.institutonanocell.org.br
www.facebook.com/InstitutoNanocell

Agradecemos ao apoio financeiro pelos projetos científicos da Fapemig, CNPq, Capes, Instituto Nacional de Ciência e Tecnologia em Nanomateriais de Carbono, Rede Mineira de Toxinas com Ação Terapêutica, Instituto Nanocell.

CARTA AO LEITOR

A corrupção é o verdadeiro genocídio de uma sociedade, e o único meio de combatê-la é pelo conhecimento. O conhecimento, adquirido pelo povo por meio da educação, transformado, multiplicado e compartilhado constrói uma verdadeira nação. Nação cujos cidadãos honram, reconhecem e proclamam sua pátria e seu povo, para todos, em todo lugar, para todo o sempre.

Podemos ser pressionados de todos os lados, mas não desanimados; podemos ficar perplexos, mas não desesperados; somos perseguidos, mas não abandonados; abatidos, mas não destruídos.

Embora exteriormente estejamos nos desgastando, interiormente somos renovados dia após dia, pois nossos sofrimentos leves e momentâneos produzem para nós uma glória eterna que pesa mais do que todos eles. Assim, fixamos os olhos não naquilo que se vê, mas na glória eterna que se há de ter.

Mesmo que esta carta tenha lhe causado tristeza ou estranheza, não me arrependo. É possível que o tenha entristecido, ainda que por pouco tempo. Agora, porém, me alegro, não porque você foi entristecido, mas porque a tristeza o levou ao arrependimento.

A tristeza segundo o amor produz um arrependimento que leva à salvação e não ao remorso, mas a tristeza segundo a mentira produz morte. A tristeza segundo o perdão produz dedicação, desculpas, indignação, temor, saudade, preocupação, desejo de ver a justiça feita! Assim, se lhe escrevi, não foi por causa daquele que cometeu o erro nem daquele que foi prejudicado, mas para que diante do Supremo você pudesse ver por si próprio como é a formação da natureza humana.

Prof. Rodrigo R. Resende
Presidente da Sociedade Brasileira de Sinalização Celular
Presidente Fundador do Instituto Nanocell

CONTEÚDO

PREFÁCIO

A coleção Biotecnologia Aplicada à Saúde e Biotecnologia Aplicada à Agro&Indústria, elaborada sob a laboriosa e obstinada coordenação do Prof. Rodrigo Resende, vem cobrir, em momento oportuno e de forma ampla, aprofundada e atualizada, toda a temática multi e interdisciplinar da biotecnologia. Reunindo centenas de autores, a obra produzida em uma série de quatro volumes cobre os temas mais atuais da literatura sobre as técnicas e o conhecimento dessa importante área técnico-científica em língua portuguesa. A obra publicada representa, sobretudo, o esforço de uma larga comunidade de ativos pesquisadores de diferentes instituições que atuam nos diversos ramos da biotecnologia no Brasil.

Tendo como alvo a comunidade de estudantes de pós-graduação e também de graduação dos cursos de biotecnologia, biociências e áreas afins, a coleção também propicia a oportunidade de obtenção desses conhecimentos de forma sucinta e objetiva por interessados em geral nos assuntos da biotecnologia, como profissionais do jornalismo, agricultores, empresários do setor e pesquisadores de outras áreas do conhecimento, mesmo as mais distantes dessa temática científica.

Os autores tiveram o cuidado de abordar aspectos históricos e básicos de elaboradas técnicas originárias da biologia, química, física, informática e de outras disciplinas que findaram por desenhar as refinadas técnicas da biologia molecular e da engenharia genética que são os fundamentos da biotecnologia moderna. Essa preocupação torna-se densamente interessante para bem situar os leitores e, sobretudo, os estudantes sobre as perspectivas que a biotecnologia aplicada pode oferecer no desenvolvimento de novos produtos e insumos destinados à saúde e à agricultura.

O detalhamento de experimentos de bancada, mais simples ou mais complexos, com os diversos tipos de modelos celulares isolados ou mesmo multicelulares em plantas e animais com técnicas do DNA recombinante, tem especial interesse para a expansão do alcance da biotecnologia na produção de proteínas terapêuticas, cada vez mais requeridas para o tratamento de muitas doenças humanas e animais. Na abordagem dos múltiplos aspectos dessas técnicas modernas, os autores exploram as inúmeras possibilidades de aplicações biotecnológicas, indo da citogenética à produção de animais transgênicos e à terapia gênica. Em conjunto, essas tecnologias propiciam alcançar avanços extraordinários na saúde e na agricultura, componentes socioeconômicos de capital importância no desenvolvimento do Brasil.

Em nome da Coordenação de Aperfeiçoamento de Pessoal de Nível Superior (Capes) saudamos a iniciativa do Prof. Resende, perseverante na coordenação da obra, e de todos os autores que se debruçaram sobre o respeitável desafio de produzir, nesta extraordinária empreitada, os quatro livros que compõem a coleção Biotecnologia Aplicada à Saúde e Biotecnologia Aplicada à Agro&Indústria, a qual vem oferecer aos nossos estudantes de graduação e de pós-graduação das áreas biomédicas e de tantas outras afins acesso aos temas mais atualizados da biotecnologia moderna e suas aplicações acadêmicas e práticas.

Jorge Almeida Guimarães
Presidente da Coordenação de
Aperfeiçoamento de Pessoal de Nível Superior (Capes)

APRESENTAÇÃO

Século do conhecimento

A Biotecnologia é uma das áreas de conhecimento consideradas "portadoras de futuro". Isso significa que, além de sua relevância e impacto para o avanço da ciência como um todo, o campo também tem potencial para impulsionar a economia brasileira e para promover maior competitividade e inserção internacionais. Suas aplicações são variadas: produtos, processos e serviços para setores como saúde e agronegócios estão entre as principais contribuições da Biotecnologia e todas elas têm impacto na qualidade de vida da população.

Como consequência, observamos, especialmente nos últimos anos, o investimento crescente e a indução de pesquisas na área. Em Minas Gerais, por exemplo, o esforço conjunto e a parceria entre governo, academia e empresas resultaram na instalação de um dos mais importantes polos de Biotecnologia do país. De todas as empresas brasileiras de biotecnologia, 30% estão concentradas na região metropolitana da capital mineira. É sabido que ainda existem limitações para o total desenvolvimento da área. O marco legal que regula a coleta e o acesso a recursos genéticos ainda é alvo de discussões, assim como os limites éticos das investigações.

Por tudo isso, a coleção Biotecnologia Aplicada à Saúde e Biotecnologia Aplicada à Agro&Indústria surge como uma iniciativa pertinente e atual. Os artigos presentes nos quatro volumes da coleção traçam um panorama dos fundamentos, aplicações possíveis de técnicas e diferentes linhas de estudo. Sua riqueza encontra-se também na variedade de autores: os 100 capítulos são assinados por 369 autores, entre pesquisadores de referência nacional e internacional de 78 laboratórios de pesquisa diferentes. Praticamente todos os programas de pós-graduação em Biotecnologia estão presentes na obra, tornando-se assim uma fonte de consulta valiosa para estudantes de graduação, pós-graduação e demais profissionais que desejam conhecer a área.

Mais que apresentar o campo do conhecimento, esta coletânea mostra também resultados, o que é fundamental para demonstrar que os frutos dos investimentos em ciência, tecnologia e inovação, apesar de não serem imediatos, são robustos e sustentáveis. Temos afirmado, de forma insistente, que qualquer país desenvolvido, econômica e socialmente falando, só o é quando tem uma sólida e robusta plataforma não só científica, mas também tecnológica. Exemplos não faltam na Europa, América do Norte e Ásia, com destaque mais recente para a Coreia do Sul – país de pequenas dimensões e poucos recursos naturais –, que soube investir na educação e em ciência e tecnologia, mudando o patamar de qualidade de vida de sua sociedade.

O Brasil ainda busca seu caminho para se tornar um *player* no cenário científico internacional. Indicadores positivos no que se refere à produção de conhecimento contrastam com indicadores ruins no campo da inovação. O que é certo, porém, é a necessidade de aumentar os investimentos e manter a regularidade dos mesmos nas áreas de educação, ciência, tecnologia e inovação. Afinal, se o século XXI é o século do conhecimento, este insumo será o diferencial na competição entre os países.

Mario Neto Borges
Presidente da Fundação de Amparo à
Pesquisa do Estado de Minas Gerais (Fapemig)

MODELOS UTILIZADOS

CAPÍTULO 1

ZEBRAFISH COMO MODELO PARA ESTUDOS COMPORTAMENTAIS

Anna Maria Siebel
Carla Denise Bonan
Rosane Souza da Silva

1.1 INTRODUÇÃO

O *zebrafish* é um pequeno peixe teleósteo de água doce originário do sul da Ásia que exibe grande adaptabilidade para a criação em cativeiro. No Brasil, é comumente utilizado em atividades de aquarismo, tendo como nome comum "paulistinha" ou peixe-zebra. O indivíduo adulto mede de 3 a 4 cm, exibe dimorfismo sexual marcante, expectativa de vida entre 2 e 4 anos e alta produção de ovos por fêmea (aproximadamente 200 ovos/postura). A fecundação se dá externamente e o embrião se desenvolve de forma rápida em um ovo translúcido. Tais características foram de grande importância para a popularização inicial do *zebrafish* como modelo para estudos científicos, em especial estudos sobre genética, toxicologia e biologia do desenvolvimento. Pode-se classificar em três as grandes vantagens do uso do *zebrafish* na pesquisa, o baixo custo, o rápido desenvolvimento e o repertório de ferramentas desenvolvidas que descrevem atributos importantes da biologia desta espécie.

A embriogênese do *zebrafish* já é bem descrita e definida em sete estágios bem claros: a fase de zigoto, clivagem, blástula, gástrula, segmentação, faríngula (fase filotípica em que o tubo neural já está formado com as vesículas cefálicas e as respectivas estruturas sensoriais, a musculatura segmentar e as extremidades, tais como nadadeiras estão presentes, o coração está na região ventral do corpo, e os arcos branqueais na região bucal) e eclosão da larva, sendo estas fases compreendidas entre as primeiras 72 horas pós-fertilização (hpf)[1]. Ao final da embriogênese, temos uma larva com morfogênese praticamente completa, livre natante e que exibe visíveis movimentos oculares, da mandíbula e nadadeiras (Figura 1.1)[1]. A descrição dos estágios pós-embriônicos, ou seja, os estágios larvais e de indivíduo juvenil e adulto, também foi realizada detalhadamente com base em aspectos anatômicos visíveis[2].

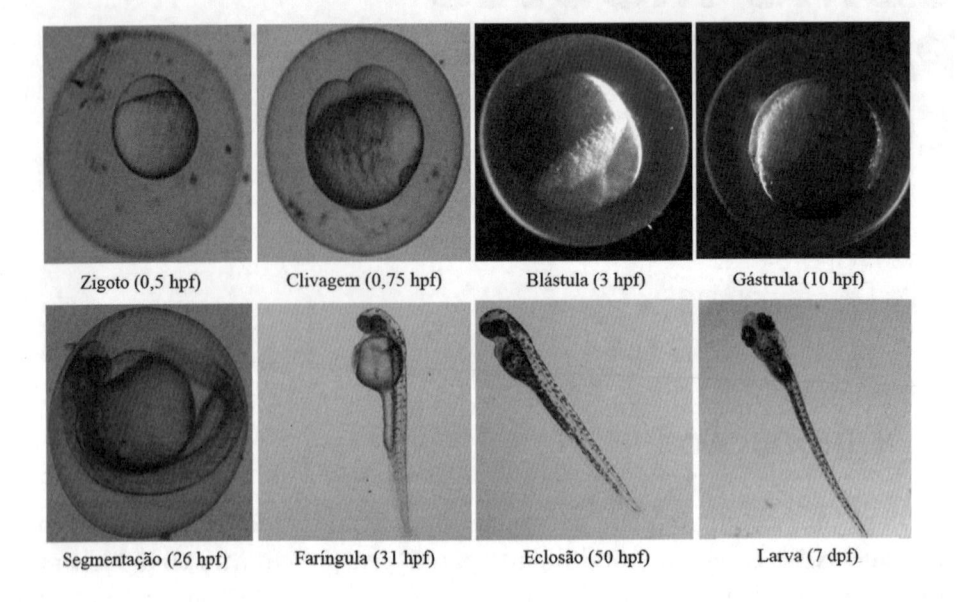

Zigoto (0,5 hpf)　　Clivagem (0,75 hpf)　　Blástula (3 hpf)　　Gástrula (10 hpf)

Segmentação (26 hpf)　　Faríngula (31 hpf)　　Eclosão (50 hpf)　　Larva (7 dpf)

Figura 1.1 Demonstração dos principais estágios do desenvolvimento do *zebrafish* ao longo das primeiras 72 horas pós-fertilização (desenvolvimento embrionário) e ao sétimo dia (larva).

O conhecimento detalhado das fases de desenvolvimento do *zebrafish* é uma ferramenta necessária para diversos estudos que o assumem como um modelo animal complementar ao uso de roedores. Diferenças importantes do desenvolvimento e organização corporal do *zebrafish* em relação aos mamíferos devem ser levadas em consideração, tais como, o fato destes serem ectodérmicos e não exibirem septo cardíaco, pulmões, entre outras estruturas[3].

Vantagens emergem do uso do *zebrafish* ao se investigar fases inicias do desenvolvimento, visto que o conjunto de alterações desenvolvimentais pode ser visto através do córion e manipulado por estratégias farmacológicas ou de bloqueio gênico[4] (Figuras 1.1 e 1.17). Um número considerável de ferramentas tem sido desenvolvido para embasar pesquisas relacionadas a processos específicos do desenvolvimento e de patologias nos vertebrados. Ferramentas, tais como mutagênese química e insercional, bloqueio gênico transitório, mutações permanentes e transgêneses têm sido parte do conjunto de ferramentas disponíveis para o uso do *zebrafish* na pesquisa[4]. O estudo do genoma do *zebrafish*, concluído em 2013, instituiu uma das mais importantes ferramentas. Tal estudo demonstrou que 71% dos genes que codificam proteínas no genoma humano são relacionados a genes encontrados no genoma do *zebrafish*, e que destes, 84% dos genes conhecidos por serem associados a doenças humanas possuem um gene relacionado em *zebrafish*[5] (Figura 1.2) (Tabela 1.1).

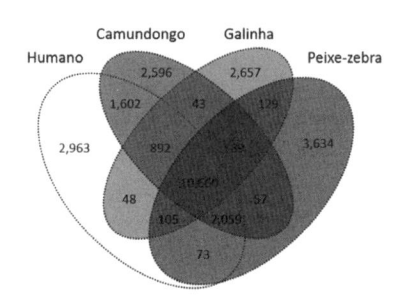

Figura 1.2 Número de genes ortólogos compartilhados entre diferentes espécies. Esquema baseado em Howe et al., 2013.

Tabela 1.1 Comparação das principais características de diferentes modelos animais.

	DROSÓFILA	CAMUNDONGO	*ZEBRAFISH*
FECUNDAÇÃO	Interna	Interna	Externa
DESENVOLVIMENTO DO EMBRIÃO	Externo	Interno	Externo
EMBRIÃO	Não transparente	Não transparente	Transparente
PRODUÇÃO DE FILHOTES	100 ovos/dia	10 filhotes/2 meses	200 ovos/dia
TEMPO ATÉ IDADE REPRODUTIVA	20 dias	85 dias	60 a 90 dias
MANUTENÇÃO DIÁRIA	-	R$ 8,00	R$ 0,60
INVERTEBRADO OU VERTEBRADO	Invertebrado	Vertebrado	Vertebrado

Um repertório de comportamentos é exibido desde fases iniciais do desenvolvimento de larvas até a fase adulta do *zebrafish*, fazendo desta espécie um atrativo para o estudo da função cerebral através da análise comportamental. O *zebrafish* é capaz de apresentar comportamento de escape logo após a eclosão[1], além da atividade locomotora da larva também servir como indício válido de alterações comportamentais. O indivíduo adulto exibe comportamento mais complexo, sendo descritas respostas relacionadas a comportamentos de ansiedade, agressividade, interação social, bem como aprendizado e memória[6-9].

Todas estas características desenvolvimentais e ferramentas de pesquisas elaboradas, associadas ao fato de diversos animais poderem ser simultaneamente expostos a drogas a partir da simples solubilização destas na água de moradia dos animais, contribuem para a ascensão do *zebrafish* no cenário da pesquisa científica básica. No decorrer deste capítulo, enfatizaremos o uso do repertório comportamental do *zebrafish* para estudos toxicológicos e farmacológicos.

1.2 USO DO *ZEBRAFISH* COMO MODELO: ORIGENS E AVANÇOS EM ESTUDOS COMPORTAMENTAIS

O *zebrafish* tornou-se um importante organismo modelo em pesquisas biomédicas graças, principalmente, ao trabalho desenvolvido por George Streisinger no início da década de 1980[3]. Ele foi um dos principais cientistas a estudar a neurobiologia com uma abordagem genética utilizando organismos-modelo, tais como Sydney Brenner, que conduziu estudos com *Caenorhabditis elegans* e Seymour Benzer com *Drosophila melanogaster*. Na Universidade de Oregon, Streisinger desenvolveu uma série de técnicas que permitiram a identificação de mutações que afetavam o desenvolvimento embrionário em *zebrafish*[11, 12].

O potencial do *zebrafish* como modelo genético não passou despercebido por outros pesquisadores que já tinham realizado análises mutacionais em grande escala em Drosophila[13]. Em 1993, Christiane Nüsslein-Volhard, que recebeu o prêmio Nobel por seu trabalho em Drosophila, iniciou uma triagem de mutações embrionárias padrão em *zebrafish*[14]. Da mesma forma, Marc Fishman e Wolfgang Driever começaram a desenvolver esta triagem também nos Estados Unidos[15]. Em 2001, houve o início dos estudos de sequenciamento do genoma de *zebrafish* pelo Instituto Sanger. Este estudo foi concluído em 2013, demonstrando que o *zebrafish* possui 26.206 genes, um número superior ao de qualquer vertebrado já sequenciado, provavelmente resultado do processo de duplicação genômica específica dos teleósteos[5] (Figura 1.2).

Apesar do avançado conhecimento sobre esta espécie como um modelo para estudos nas áreas de genética e biologia do desenvolvimento, a utilização do *zebrafish* para estudos na área de neurociências e neurobiologia do comportamento é mais recente. A caracterização de modelos animais alternativos, que permitam análises moleculares e embriológicas, contribui para um melhor conhecimento dos mecanismos neuroquímicos relacionados a doenças, bem como no desenvolvimento e triagem de novos medicamentos. Atualmente, muitos estudos são realizados nesta espécie para estudar as bases moleculares da neurobiologia, identificando genes envolvidos na formação de circuitos neuronais[16], no comportamento e nos mecanismos envolvidos na neuropatogênese[17] e em doenças neurodegenerativas, como Doença de Parkinson e Doença de Alzheimer[18].

Tal conhecimento tem permitido o desenvolvimento de estudos sobre os diversos parâmetros comportamentais em *zebrafish*. Dentre eles destacam-se os estudos avaliando a memória e o aprendizado, sendo que diferentes tipos de memória e tarefas têm sido estudados nesta espécie, tais como o condicionamento de esquiva ativa[19,20], a tarefa de alternância espacial[21], aprendizado não associativo[22], aprendizado associativo[23], discriminação visual[24], esquiva inibitória[8], aprendizado latente[25], aprendizado social[26] e labirinto em Y[9].

Ao estabelecer protocolos comportamentais para um novo modelo animal, é fundamental levar em conta a sua dinâmica social natural. Estudos têm demonstrado que a preferência do *zebrafish* em se associar com outros peixes da mesma espécie é inata, mas somente é observado a partir do 30º dia pós-fertilização[27,28]. Robert Gerlai e colaboradores têm realizado diversos estudos avaliando o comportamento de formação de grupo, conhecido por *shoaling*[29]. O *zebrafish* apresenta distribuições de polarização de grupos de *zebrafish* diferenciadas, nas quais grupos de peixes podem se organizar como "cardumes" (*shoaling*), que são simplesmente agregados de indivíduos, ou "escolas" (*schooling*), em que os agregados de indivíduos possuem um movimento sincronizado e altamente polarizado[29]. Além disso, foi demonstrado que os animais ficam mais estressados e apresentam um comportamento variável, quando testados individualmente, uma vez que rompe com as estratégias naturais de formação de grupo nesta espécie[30].

Várias medidas de medo e ansiedade têm sido propostas no *zebrafish*. O medo pode ser definido como uma resposta à ameaça iminente, que, no *zebrafish*, tem sido estudada como reações aos predadores e ao feromônio de alarme. Estas reações se caracterizam como fuga, movimentos erráticos, comportamento de congelamento, permanência na parte inferior do aquário e formação de cardume[31]. Gerlai e colaboradores[32] estabeleceram medidas automatizadas de fuga a partir de imagens animadas de predadores. Além disso, a preferência por ambientes claros ou escuros é uma medida de ansiedade, uma vez que os animais adultos preferem um ambiente escuro e evitam a porção clara do aquário[32].

Por sua vez, a ansiedade representa uma resposta a futuras ou possíveis ameaças, geralmente se manifestando como comportamento de esquiva[31]. Em *zebrafish*, a altura no aquário pode ser um indicador útil de ansiedade, uma vez que a permanência na parte inferior pode ser considerada um comportamento do tipo ansioso, enquanto uma permanência na parte superior do aquário pode representar um comportamento mais exploratório e de menos ansiedade[33]. Outro parâmetro importante para os estudos comportamentais em larvas e animais adultos é a análise da atividade locomotora por exploração de um campo aberto[34]. Nesta tarefa, é possível avaliar diversos parâmetros como hiperatividade e movimentos erráticos que podem ser indicadores de ansiedade ou alterações no padrão natatório do animal, como será detalhado a seguir.

Portanto, a caracterização do repertório comportamental do *zebrafish* é uma ferramenta importante para a geração de triagens comportamentais em grande escala e para a análise de como compostos químicos e fármacos podem afetar o comportamento desta espécie. Estes testes podem aumentar a compreensão sobre a neurobiologia e o mecanismo de ação de drogas, bem como acelerar o ritmo de descoberta de drogas psiquiátricas.

1.3 PARÂMETROS COMPORTAMENTAIS EM LARVAS

Muitas das alterações fisiológicas do sistema nervoso central (SNC), oriundas de privações sensoriais de origem olfatória e visual, alterações na neurogênese e na concentração de neurotransmissores são correlacionáveis a alterações comportamentais. Desta forma, um bom modelo animal deve ter seu repertório comportamental basal bem detalhado. Para tanto, estudos comportamentais com *zebrafish* devem levar em consideração a ecologia desta espécie, bem como, as características de cada fase do desenvolvimento. Imediatamente após uma larva de *zebrafish* eclodir, ou seja, quatro dias pós-fertilização (dpf), ela exibe atividade locomotora vigorosa e comportamento predatório[1]. Esta pressão evolutiva tem como consequência o rápido desenvolvimento dos sistemas sensoriais e motores. Este comportamento predatório simples envolve vários processos neurais, incluindo percepção visual, reconhecimento, tomada de decisão e controle motor[35]. Tais características têm sido amplamente exploradas para o estabelecimento de modelos para o estudo de funções cognitivas subjacentes ao comportamento natural dos vertebrados, bem como, para a avaliação de fármacos e agentes tóxicos com ação neural e caracterização de modelos de patologias.

Parâmetros simples de locomoção de larvas de *zebrafish* são um dos mais comuns indicadores utilizados na literatura científica para contribuir para o estudo do efeito de agentes tóxicos e estabelecimento de modelos[36,37]. A distância total percorrida, a velocidade média, o ângulo de giro, a frequência de movimento e a duração total de movimento são bons exemplos de parâmetros locomotores comuns que podem ser avaliados em placas de 96 poços, permitindo a avaliação de diferentes drogas em um número amostral considerável por experimento[38]. Ao se avaliar estes parâmetros, duas características das larvas de *zebrafish* devem ser consideradas, uma é a locomoção intermitente exibida por larvas de peixe, que consiste em movimentos discretos em sequência, os quais são interrompidos por curtos períodos de repouso, caracterizando um nado predatório[39]. A outra questão a ser considerada é a preferência das larvas de *zebrafish* por ambientes escuros[40] (Figura 1.3). Tais características inatas foram utilizadas para o aperfeiçoamento de modelos comportamentais em larvas de *zebrafish*, onde a locomoção (distância percorrida e velocidade média) é medida em momentos de alternância de exposição ao ambiente escuro e claro, sendo esperado que ocorra um decréscimo na locomoção na entrada do período claro[41-43]. A alteração deste padrão normal de resposta à alternância escuro/claro tem sido utilizada para a avaliação de toxicidade e alteração comportamental em respostas a diferentes compostos[40,41]. Em situações específicas como em crises convulsivas, o aumento da atividade locomotora e de comportamentos estereotipados tipo-convulsão foram acompanhados por registros eletroencefalográficos em larvas de 6 dpf[44] (Figura 1.4). Neste estudo, as alterações em respostas locomotoras ao pentilenotetrazol (PTZ) assemelharam-se àquelas vistas em roedores. Entretanto, a locomoção parece ser menos discriminativa do que os registros eletroencefalográficos, visto que as respostas a diversos antiepiléticos geraram respostas falso-positivas[44]. Adicionalmente, uma importante informação a ser considerada é relativa ao comportamento de locomoção basal o qual tem sido demonstrado ser diferenciado entre várias linhagens de *zebrafish* (por exemplo, AB, TU, Mik, entre outras)[41,43].

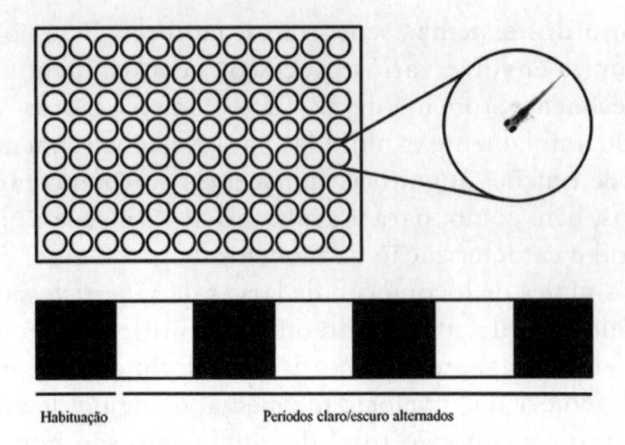

Figura 1.3 Teste de sensibilidade a estímulo visual em larvas de *zebrafish*. As larvas são dispostas de maneira individual em placas de poliestireno transparentes de até 96 poços, que são preenchidos com meio para embriões. Inicialmente, as larvas permanecem em um período de habituação, durante 5 minutos, em ambiente escuro. Após, induz-se o estímulo através da iluminação da placa, seguindo-se com a alternância de períodos claros e escuros. As larvas têm seu comportamento registrado em vídeo durante um período determinado. O vídeo é analisado em *software* contendo ferramentas de rastreamento de locomoção.

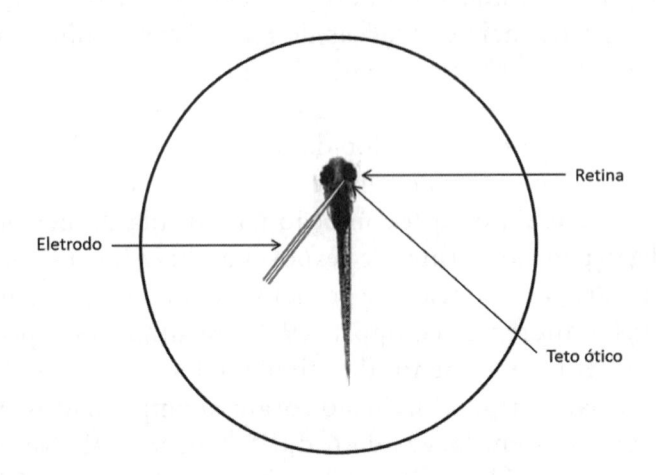

Figura 1.4 Eletroencefalograma em larva de *zebrafish*. A larva é imobilizada em agarose *low melting point*. O eletrodo é posicionado no Této ótico e então é feito o registro eletroencefalográfico.

A localização das larvas nos poços das placas plásticas também tem sido um parâmetro sugerido por alguns autores como semelhante ao visto em roedores no aparato de campo aberto. Desta forma, larvas de *zebrafish* preferem os cantos (tigmotaxia) dos poços das placas plásticas e esta tem sido utilizada como uma medida de ansiedade[45]. Considerando as habilidades visuais aguçadas das larvas de *zebrafish,* estudos têm-se utilizado de projeções na tela de computador, sendo possível analisar os parâmetros de velocidade do nado, comportamento de descanso, distância entre larvas e tigmotaxia (tendência dos pequenos organismos a agarrar-se aos objetos com que se põem em contato) tanto no comportamento espontâneo quanto em resposta ao estímulo aversivo projetado[46]. Apesar de o *zebrafish* ser um animal de comportamento de cardume e a medida de aproximação entre animais ser utilizada como um indicador de interação social, este comportamento de cardume surge em animais juvenis, não sendo um parâmetro confiável em larvas[7].

1.4 PROTOCOLOS COMPORTAMENTAIS EM LARVAS

1.4.1 Locomoção em larvas

Para avaliar a locomoção de larvas de *zebrafish*, estas podem ser colocadas individualmente em placas de poliestireno transparentes de até 96 poços de fundo chato preenchidos com meio para embriões (Figura 1.5). O registro da atividade locomotora deve ser precedido de uma habituação ao poço de, pelo menos, 5 minutos. Para a seleção dos parâmetros adequados devem-se considerar os aspectos abordados anteriormente sobre as características da locomoção larval. A atividade locomotora pode ser registrada de forma basal ou seguida de estímulo, em geral tátil ou visual. O uso de **estímulo visual** pode ser realizado através de mudanças na iluminação, utilizando um sistema de *tracking* (rastreamento) com infravermelho[47] (Figura 1.3). É possível se utilizar de uma câmara de registro automatizado com controle de temperatura e iluminação. Nesta abordagem, as larvas são habituadas 5 minutos em ambiente escuro seguido de registro da locomoção em, por exemplo, 30 minutos em ambiente iluminado seguidos de quatro períodos de 20 minutos intercalando escuro e iluminação[44]. É interessante definir um limite de pixels ou segundos para considerar um animal imóvel. A atividade pode ser registrada como velocidade (m/s) ou como "movimentos totais", onde todas as mudanças de pixels de um quadro para outro são somadas. O resultado deve ser *plotado* como, por exemplo, a média das respostas de movimentos totais das larvas dos 100 segundos aos 300 segundos após as luzes serem ligadas e apagadas, a média total do período experimental e a média da máxima atividade da larva nos primeiros 5 segundos após a luz ser ligada[44]. Para o **estímulo tátil** podem ser utilizadas ferramentas tais como pincéis, ponteiras e agulhas[44,48,49]. A resposta pode ser registrada como número de escapes a partir de círculos concêntricos com circunferência de, por exemplo, 2,5 mm e 6,35 mm (os quais podem ser desenhados em papel sob placas de vidro como aparato) seguido de uma sequência de trinta estímulos com intervalos de 5 segundos. Outra forma pode ser por categorização em relação ao controle, como por exemplo, atividade normal, reduzida ou resposta ausente, a qual pode ser realizada em placas de doze poços, as quais tem tamanho suficiente para permitir que as larvas escapem ao estímulo[44,48,49] (Figura 1.6).

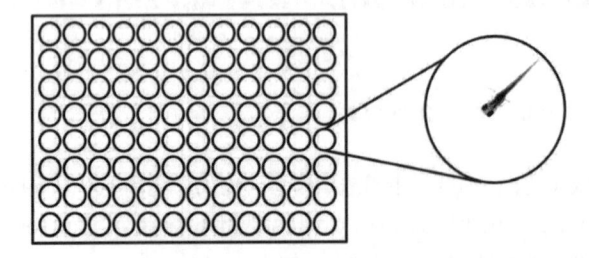

Figura 1.5 Teste de atividade locomotora em larvas de *zebrafish*. As larvas são dispostas de maneira individual em placas de poliestireno transparentes de até 96 poços, que são preenchidos com meio para embriões. As larvas têm seu comportamento registrado em vídeo durante período determinado. O vídeo é analisado em *software* contendo ferramentas de rastreamento de locomoção.

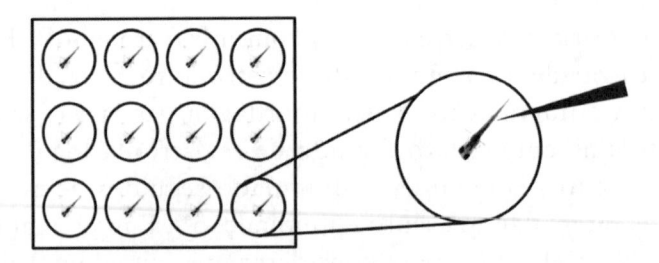

Figura 1.6 Teste de sensibilidade e estímulo táctil em larvas de *zebrafish*. As larvas são dispostas de maneira individual em placas de poliestireno transparentes de 12 poços, que são preenchidos com meio para embriões. As larvas recebem estímulo táctil e tem seu comportamento registrado em vídeo. O parâmetro comportamental analisado é o número de escapes após o estímulo, sendo a resposta classificada como normal, reduzida ou ausente.

1.5 PARÂMETROS COMPORTAMENTAIS EM ADULTOS

Recentemente, o *zebrafish* adulto emergiu como um importante modelo comportamental para estudos toxicológicos, farmacológicos e de diferentes patologias[50-52]. O SNC do *zebrafish* adulto apresenta menor complexidade em relação aos mamíferos, porém sua organização geral e circuitos neuronais são muito semelhantes[53]. Além disso, o *zebrafish* apresenta os sistemas motor, sensitivo e endócrino bem desenvolvidos, alta sensibilidade a alterações ambientais e manipulações farmacológicas e um amplo espectro de fenótipos comportamentais conhecidos[50,53-55]. Diferentes estudos evidenciam a sensibilidade comportamental do *zebrafish* adulto a manipulações farmacológicas, toxicológicas e ambientais[27,52]. Agentes farmacológicos que interferem na transmissão sináptica e na estabilidade da membrana neuronal mostraram, em *zebrafish*, efeitos semelhantes aos constatados em humanos, indicando a existência de mecanismos de controle neurológicos semelhantes[56].

O *zebrafish* adulto vem sendo empregado como modelo experimental em estudos de agressividade, comportamento social, medo, aprendizado e memória, entre outros[8,9,57]. Acompanhando este avanço, diversos protocolos, como esquiva inibitória e labirinto em Y têm sido aprimorados e otimizados para o uso em *zebrafish*[8,9,25,54] (Figuras 1.7 a 1.14). A agressividade é avaliada quantificando o número de manifestações combativas do animal contra a sua própria imagem refletida em um espelho[58,59]. A sociabilidade do *zebrafish* é avaliada, entre outros, através de protocolos de *shoaling*, nos quais se avalia o nível de coesão dos animais em cardume[60]. As manifestações de medo podem ser estudadas através da exposição do animal ao seu predador natural[25]. Parâmetros de aprendizado e memória vêm sendo estudados em aparatos de esquiva inibitória e labirinto em Y desenvolvidos para *zebrafish*[8,9].

1.6 PROTOCOLOS COMPORTAMENTAIS EM ADULTOS

1.6.1 Exposição ao predador

Respostas comportamentais associadas ao medo são reações naturais, de adaptação evolutiva e que garantem a sobrevivência do animal[32]. A resposta apropriada a um estímulo que representa ameaça ou dor permite que animais evitem predadores e outras formas de perigo na natureza[32]. Respostas exageradas ou desorientadas a estímulos de medo podem ser derivadas de disfunções em mecanismos neurobiológicos envolvidos em respostas comportamentais que buscam evitar o perigo[32,61]. Em humanos, condições neuropsiquiátricas associadas ao medo exagerado (distúrbios de ansiedade e fobias) ainda são patologias sem tratamento ideal, uma vez que os mecanismos biológicos envolvidos nestas condições não estão completamente esclarecidos[62]. Sendo assim, a análise experimental deste comportamento natural do *zebrafish* pode fornecer importantes informações e nos ajudar a entender os mecanismos envolvidos em patologias humanas e no efeito de fármacos[63]. Os parâmetros avaliados em protocolos de exposição de *zebrafish* ao predador são: distância do *zebrafish* em relação ao seu predador, posição do animal no aquário (fundo ou superfície) e atividade natatória. As respostas comportamentais consideradas indicadores de medo são: afastamento do predador, permanência no fundo do aquário, *freezing* e movimentos erráticos[25] (Figura 1.7).

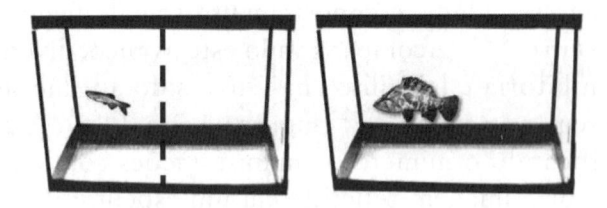

Figura 1.7 Teste de exposição do *zebrafish* adulto ao seu predador natural. O *zebrafish* é colocado individualmente em um aquário, em contato visual com o seu predador (colocado no aquário ao lado), e tem seu comportamento registrado em vídeo durante período determinado. O vídeo é analisado em *software* contendo ferramentas de rastreamento de locomoção. São avaliadas a posição do peixe no seu aquário (fundo ou superfície), distância do *zebrafish* em relação ao seu predador e atividade natatória do *zebrafish*.

O método inicialmente utilizado para induzir respostas associadas ao medo em *zebrafish* envolvia o uso de feromônio de alarme[64]. Na natureza, os peixes liberam feromônios de alarme através da pele quando estão feridos, indicando a presença de perigo aos outros animais do cardume[65]. A maior dificuldade para o uso de feromônios naturais em protocolos de pesquisa é que essa substância é obtida através de sua extração da pele do animal, não sendo possível determinar sua concentração[25]. Parra e colaboradores estabeleceram o uso de uma substância sintética, a 3 (N)-óxido de hipoxantina, que tem estrutura química semelhante aos feromônios de alarme naturais[66]. Os animais mostraram resposta aversiva quando expostos à substância, porém, neste caso, não foi possível a ativação e desativação repentina do estímulo aversivo[66].

Verificou-se então a possibilidade do uso de estímulos visuais. Diferentes experimentos mostraram que a presença de um predador, mesmo sem contato direto através da água, provocava respostas comportamentais características de medo em *zebrafish*[67]. O uso da exposição visual ao predador apresenta vantagens em relação ao uso de substâncias de alarme adicionadas à água, principalmente o maior controle de início, término e duração da exposição[25]. Bass e colaboradores avaliaram a resposta comportamental do *zebrafish* a diferentes fontes visuais: predador simpátrico (que habitam a mesma região geográfica), predador alopátrico (predador de origem geográfica diferente da espécie em estudo) e peixe de espécie inofensiva. O predador simpátrico do *zebrafish*, *Nandus nandus*, também induziu respostas comportamentais características de medo[67].

O uso do predador natural de *zebrafish* em protocolos de indução de medo apresenta uma dificuldade importante: o animal predador pode variar seu comportamento entre os diferentes experimentos. O fato de o predador poder estar nadando constantemente em um experimento e completamente parado em outro pode gerar variações de resultado[25]. Por isso, buscou-se o uso de uma fonte visual constante. Assim, alguns estudos têm utilizado imagens animadas do predador refletidas no aquário para simular sua presença[32,63]. Imagens animadas do predador *Nandus nandus* induziram as mesmas respostas comportamentais verificadas quando os animais foram expostos às substâncias de alarme ou ao predador[63]. Assim, concluiu-se que o estímulo aversivo visual, ou seja, apenas a visão do predador é suficiente para induzir resposta comportamental característica de medo[63,67].

1.6.2 *Shoaling*

A preferência por viver em grupos é um comportamento inato do *zebrafish*[60]. Esse comportamento aumenta as chances de sobrevivência dos animais, aumentando a detecção de predadores e diminuindo as chances de captura, facilitando a obtenção de alimento e aumentando as chances de reprodução[68]. O termo "*shoal*" refere-se a cardume: grupo de peixes que permanecem juntos para interação social. Alguns autores diferenciam "*shoal*" de "*school*", que se refere a cardumes nos quais os peixes se movimentam em uma mesma direção e de maneira coordenada[29].

A avaliação da interação social em humanos e modelos animais é um protocolo importante para estudos de comportamento. A diminuição na interação social pode representar desordens comportamentais, como autismo[69] e esquizofrenia[70]. O protocolo de *shoaling* é utilizado com frequência em estudos com *zebrafish* e envolve a avaliação da distância entre os animais, polarização do cardume (sincronismo de nado) e isolamento de animais (indivíduos que permanecem distantes do grupo)[71] (Figura 1.8). Estas avaliações podem ser feitas de maneira manual, através do registro de imagens, análise das mesmas por observadores treinados e dimensionamento das distâncias entre os indivíduos do cardume ou pelo uso de *softwares* que reconhecem cada animal do cardume e acompanham e registram seu comportamento[71].

Figura 1.8 Teste de *shoaling* em *zebrafish* adulto. Cinco animais são colocados em um aquário e têm seu comportamento registrado. A distância entre os animais é analisada e considerada parâmetro de *shoaling*.

A análise destes parâmetros permite estudos complexos de doenças comportamentais, estresse e modulação farmacológica em *zebrafish*[60]. Miller e colaboradores analisaram o efeito de drogas de abuso no comportamento social de *zebrafish*. A exposição ao álcool comprometeu drasticamente a polarização do cardume, ou seja, prejudicou a sincronia do nado em grupo, além de diminuir brevemente a sua coesão. Já a exposição dos animais à nicotina teve efeito leve na sincronia do nado em grupo, porém diminuiu bruscamente a coesão do cardume[71].

1.6.3 Agressividade

Protocolos de agressividade em *zebrafish* visam avaliar a resposta comportamental do animal à sua própria imagem refletida em um espelho. A aproximação do *zebrafish* à imagem refletida, acompanhada de postura combativa, indica que o animal tem comportamento agressivo[58] (Figura 1.9).

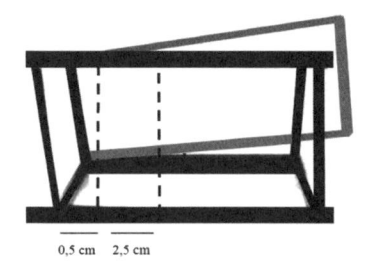

0,5 cm   2,5 cm

Figura 1.9 Teste de agressividade em *zebrafish* adulto. O *zebrafish* é colocado individualmente em um aquário. Um espelho é colocado ao fundo do aquário em um ângulo de 22.5°, de maneira que somente uma das bordas do espelho permaneça em contato com o aquário. A imagem do próprio animal é refletida no espelho, parecendo maior quando o animal se posicional próximo à borda que toca o aquário. O posicionamento dos animais no aquário e sua postura corporal são avaliados como parâmetros de agressividade.

Neste protocolo, o *zebrafish* é colocado individualmente em um pequeno aquário (30 cm de comprimento, 15 cm de altura e 10 cm de largura). Um espelho é colocado em um dos lados do aquário, com inclinação de 22,5° em relação à parede. O espelho é colocado de maneira que sua borda vertical esquerda encoste-se à lateral do aquário enquanto a borda vertical direita fique longe da lateral. Assim, quando o peixe nadar para o lado esquerdo do aquário, sua imagem vai parecer muito próxima a ele. Neste tipo de experimento, os animais têm seu comportamento registrado em vídeo durante 60 segundos (após 30 segundos de habituação) e novamente por 60 segundos, após 10 minutos de habituação[58]. Durante a análise do vídeo, o aquário é dividido por linhas verticais em quadrante esquerdo (o quadrante do espelho, com 3 cm de comprimento) e quadrantes direito (o restante do aquário). O quadrante do espelho é subdividido em área de contato ao espelho (área de 0,5 cm junto ao espelho) e zona de aproximação (área de 2,5 cm após a área de contato). A entrada dos animais na porção esquerda do aquário indica busca por aproximação ao "oponente", enquanto a entrada na porção direita do aquário indica que o animal está evitando a aproximação. O tempo que o animal despende em cada segmento é registrado e analisado. Além disso, é registrado o tempo em que o animal permanece com aparência agressiva, que é definida como postura corporal na qual o *zebrafish* mantém suas nadadeiras eretas. Esta postura frequentemente está associada como movimentação corporal ondulatória e pequenas batidas com a nadadeira caudal. O comportamento agressivo também é marcado por episódios de nado rápido e em direção ao "oponente", além de tentativas de "morder" o espelho[58].

Gerlai e colaboradores avaliaram respostas de agressividade em *zebrafish* verificando sua modulação pela exposição ao álcool. Animais que foram tratados com álcool a 0,25% demonstraram tendência à aproximação ao "oponente", mostrando-se agressivos, já os animais que não receberam álcool evitaram a aproximação, e os animais que receberam álcool a 1% nadaram aleatoriamente, desconsiderando o "oponente"[58].

1.6.4 Interação social

Quando o *zebrafish* é exposto à imagem do seu predador, a resposta comportamental envolve manifestações de medo. Quando um único *zebrafish* é exposto a sua imagem refletida em um espelho, os parâmetros comportamentais refletem manifestações relacionadas à agressividade do animal[58]. De maneira distinta aos protocolos anteriores, a exposição do *zebrafish* a um cardume de peixes de sua espécie reflete manifestações comportamentais relacionadas às preferências sociais do animal[58].

O protocolo de interação social proposto por Gerlai e colaboradores prevê a exposição concomitante do *zebrafish* a um aquário vazio e a um aquário estímulo (contendo um grupo de peixes), com o objetivo de avaliar a preferência dos animais, que têm a opção de aproximar-se ao aquário vazio ou ao aquário estímulo[58] (Figura 1.10). O aparato consiste em um pequeno aquário, de 30 cm de comprimento, 10 cm de largura e 15 cm de altura. O uso de aquários de medidas já padronizadas é importante para que não ocorra a influência do tamanho dos aquários na resposta apresentada pelo *zebrafish*. Aquários muito pequenos, por exemplo, poderiam induzir a aproximação dos animais ao aquário estímulo. Em um lado é colocado um aquário vazio e, ao outro lado, um aquário contendo quinze *zebrafish*. Um grupo de cinco *zebrafish* é colocado no aquário central e seu comportamento é registrado em vídeo. Espera-se 30 segundos para a aclimatação do animal ao aparato e, então, realiza-se a análise durante 10 segundos[58].

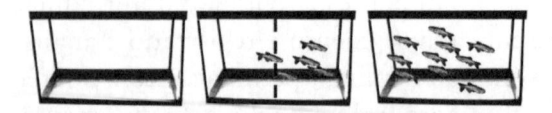

Figura 1.10 Teste de interação social em *zebrafish* adulto. Um grupo de 5 *zebrafish* é colocado em um aquário central (aquário-teste). Em um lado do aquário-teste é colocado um aquário contendo um grupo de 15 *zebrafish* (aquário-estímulo). No outro lado, é colocado um aquário vazio. O comportamento social do grupo de animais em teste é avaliado conforme sua proximidade com o aquário-estímulo.

Na análise do vídeo, o aquário central, que contém os animais que estão sendo testados, é dividido ao meio. O tempo de permanência dos animais em cada quadrante é analisado. A maior permanência no quadrante ao lado do aquário estímulo indica maior interação social. Já a maior permanência ao lado do aquário vazio indica menor interação[58]. A entrada ou permanência no quadrante próximo ao aquário estímulo é considerada somente quando ocorre a presença de dois ou mais animais. A presença de somente um animal é desconsiderada[58]. Quanto maior a permanência dos animais na porção do aparato próxima ao aquário estímulo, maior é o índice de interação social[58].

Em teste de interação social em *zebrafish*, Seibt e colaboradores verificaram que animais tratados com MK-801 (utilizado para induzir sintomas de esquizofrenia em modelos animais) apresentaram uma diminuição na interação social, efeito que foi revertido pelo tratamento com antipsicóticos atípicos (sulpirida e olanzapina)[72].

1.6.5 Labirinto em Y

O protocolo de labirinto em Y para *zebrafish* foi estabelecido por Cognato e colaboradores e é utilizado para estudos de aquisição e consolidação de memória em *zebrafish* adulto. Para o estabelecimento do protocolo, verificou-se primeiramente o comportamento exploratório do *zebrafish*, confirmando a tendência dos animais em explorar ambientes novos[9].

O aparato labirinto em Y para *zebrafish* consiste em um aquário de vidro, com três braços de tamanhos iguais (25 cm de comprimento, 8 cm de largura e 15 cm de altura). Cognato e colaboradores estabeleceram as medidas do aparato baseadas no tamanho corporal do *zebrafish*, de maneira a não tornar muito longas as distâncias a serem percorridas e a não induzir a entrada do *zebrafish* em algum braço do aparato[9]. As paredes do aparato são pretas (para impedir influências visuais do ambiente externo), enquanto o fundo do mesmo é branco (para garantir o contraste entre o peixe e o aparato, permitindo a análise através do *software* Any-Maze). As pistas visuais consistem em figuras geométricas brancas (quadrado, triângulo e círculo) dispostas na parede de cada braço[9].

Este protocolo consiste em sessões de treino e teste, as quais os animais são submetidos individualmente. Na sessão de treino, um dos braços do aparato permanece fechado, impedindo a entrada do animal nesta parte do aquário. Nesta sessão, o *zebrafish* é simplesmente colocado no aparato, onde permanece durante 5 minutos nadando livremente pelos dois braços abertos. Após um intervalo de 1 a 6 horas (conforme o objetivo do estudo), o animal é submetido ao teste. Nesta sessão, todos os braços do aparato estão abertos. O número de entradas e o tempo despendido em cada braço são registrados, assim como parâmetros de atividade natatória (tempo imóvel, distância percorrida, entre outros). O número de entradas e o tempo despendido no braço novo indica o índice de exploração do ambiente novo, sendo o parâmetro indicador de resposta à novidade e à memória espacial[9] (Figura 1.11).

Figura 1.11 Teste de labirinto em Y para *zebrafish* adulto. O aparato consiste em um aquário com 3 braços de tamanhos iguais. Na sessão de treino, um dos braços permanece fechado, permitindo que o animal nade somente nos dois braços restantes. Na sessão de teste, a barreira que isola um dos braços é retirada, introduzindo um "novo" braço ao aparato.

Os experimentos com labirinto em Y em *zebrafish* mostraram que, durante os testes, os animais despenderam mais tempo no compartimento novo do aparato, mostrando aquisição e consolidação de memória. Além disso, os parâmetros de memória foram sensíveis à manipulação farmacológica. A aquisição da memória foi prejudicada pelos tratamentos com o antagonista NMDA, MK-801, e o antagonista colinérgico, escopolamina. Já a consolidação da memória foi prejudicada pelos antagonistas de receptores NMDA, MK-801[9].

1.6.6 Esquiva inibitória

Para o estabelecimento do protocolo de esquiva inibitória, verificou-se primeiramente a capacidade do *zebrafish* adulto distinguir compartimentos claro e escuro. Após, confirmou-se a preferência do *zebrafish* pelo ambiente escuro, no qual o animal despende maior período durante seu comportamento natural. O protocolo de esquiva inibitória em *zebrafish* foi estabelecido por Blank e colaboradores e mostrou-se eficiente para estudos de memória em *zebrafish* adulto. A memória adquirida pelo *zebrafish* após a sessão de teste deste protocolo é evidente, duradoura e sensível ao antagonista de receptores NMDA, MK-801, mostrando que este protocolo pode ser eficiente em estudos farmacológicos, toxicológicos e que visam analisar mecanismos envolvidos em doenças neuronais[8].

O aparato de esquiva inibitória para *zebrafish* consiste em um pequeno tanque dividido ao meio em dois compartimentos, claro e escuro, por uma barreira divisória. O lado definido como claro tem as paredes laterais, fundo e seu lado da divisória revestido por adesivos brancos. O lado definido como escuro recebe o mesmo revestimento, porém na cor preta. O nível da água no aparato é mantido em 3 cm para permitir que os peixes explorem o ambiente. O compartimento escuro contém dois eletrodos ligados a uma fonte de 8 V, que geram um choque de 3 ± 0,2 V[8] (Figura 1.12).

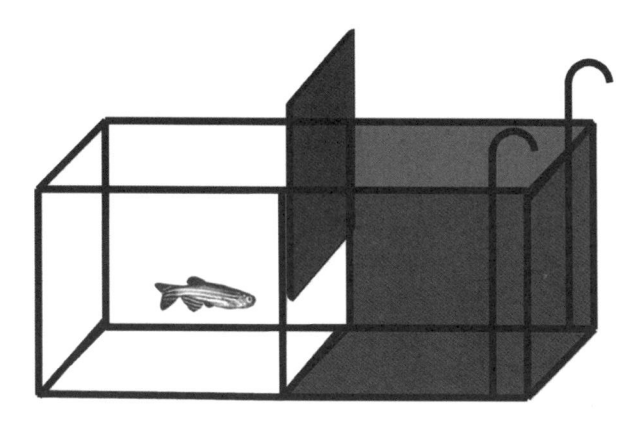

Figura 1.12 Aparato de esquiva inibitória para *zebrafish* adulto. O aquário é dividido em 2 compartimentos, claro e escuro, por uma barreira divisória. O compartimento escuro contém 2 eletrodos ligados a uma fonte de 8V, que geram um choque de ± 0,2V. A barreira divisória pode ser elevada, permitindo que o animal transite do compartimento claro para o escuro.

Este protocolo consiste em sessões de treino e teste, aos quais os animais são submetidos individualmente. Nas duas sessões, o *zebrafish* é colocado no compartimento claro enquanto a barreira divisória está fechada. Após 1 minuto de familiarização ao ambiente, a divisória é elevada em 1 centímetro, permitindo que o animal nade até o compartimento escuro (pelo qual tem preferência). Na sessão de treino, assim que o animal passa completamente para o lado escuro do aparato, ele recebe um choque durante 5 segundos. Após este treino, o *zebrafish* é removido do aparato e colocado em seu aquário de moradia. A sessão de teste ocorre 24 horas após o treino, quando são realizados os mesmos procedimentos, porém sem a indução de choque. O animal é novamente colocado no compartimento claro onde permanece em um período de familiarização de 1 minuto. Então a barreira divisória é aberta e o tempo em que o animal demora a passar para o lado escuro é contabilizado. O tempo que o animal demora a passar do lado claro, onde foi colocado, para o lado escuro, após a abertura da barreira, é cronometrado nas sessões de treino e teste. A latência para passagem do animal para o lado escuro na sessão de teste é utilizada como índice de retenção de memória[8].

Em modelo de esquizofrenia induzido por MK-801 em *zebrafish*, Zala e colaboradores mostraram através de protocolo de esquiva inibitória que o tratamento com MK-801 induziu déficit de memória em *zebrafish*, efeito que foi totalmente revertido pela administração aguda de antipsicóticos atípicos (sulpirida e olanzapina)[72].

1.6.7 *Spinning Task*

O *Spinning Task* é um protocolo estabelecido por Blazina e colaboradores e tem o objetivo de analisar a coordenação motora e resistência em *zebrafish*. Este protocolo consiste na manutenção do *zebrafish* em um aparato circular contendo água em movimento. Blazina e colaboradores verificaram que o *zebrafish* adulto tem como comportamento natural o nado constante contra a corrente[73].

O aparato de *spinning task* consiste em um aquário redondo de 1 litro disposto sobre um agitador magnético que, quando ligado provoca a movimentação circular da água. Esse aparato é coberto por uma estrutura de revestimento preto, para impedir interferências visuais externas no comportamento do animal[73] (Figura 1.13).

Figura 1.13 Teste de *Spinning Task* para *zebrafish* adulto. Neste teste, o animal é mantido em um aparato circular contendo água em movimento. O movimento da água é produzido por agitador magnético. O aparato é coberto por uma estrutura de revestimento preto.

Para a realização do experimento, os animais são colocados individualmente no aparato e tem sua atividade natatória registrada em vídeo durante 3 minutos. Blazina e colaboradores avaliaram os efeitos de diferentes drogas que apresentam efeito na coordenação motora em humanos. Os animais tratados com etanol, clonazepam, ácido valproico e haloperidol tiveram declínio no tempo de nado contra a corrente, mostrando menor coordenação e resistência[73].

1.7 TESTE DE CAMPO ABERTO

O campo aberto é um teste frequentemente utilizado em análises de comportamento animal em pesquisa básica. Em estudos com *zebrafish*, este teste consiste basicamente em colocar o animal em um aquário simples, de cor uniforme, sem divisórias ou estímulos e analisar o seu comportamento durante um intervalo de tempo[51]. Neste experimento, o *zebrafish* pode nadar livremente em um aquário enquanto tem sua atividade natatória registrada em um vídeo, para análise posterior. O vídeo registrado é analisado através de *softwares* contendo ferramentas de rastreamento de locomoção, como Any-Maze, ViewPoint, TopScan e Ethovision[54]. O tempo de teste pode variar de poucos minutos a horas, conforme o objetivo do estudo[51,54].

Em análises de comportamento de *zebrafish* em campo aberto são considerados diferentes parâmetros: distância percorrida, velocidade média, permanência no fundo ou topo do aquário, movimentos erráticos e *freezing* (corpo completamente imóvel), entre outros. O comportamento natural do *zebrafish* em campo aberto é caracterizado por atividade natatória constante, de maneira a explorar o aquário como um todo (Figura 1.14). O comportamento tigmotáxico (exploração do ambiente através das vibrissas) é frequente, despendendo de 60% a 75% do tempo em testes de 10 minutos. No primeiro minuto, os animais costumam permanecer 70% a 85% do tempo no fundo do aquário, preferência que é reduzida com o passar do tempo e não mais identificada ao décimo minuto. Manifestações de *freezing*, saltos e movimentos erráticos são pouco observadas em condições naturais do *zebrafish*. Normalmente, observa-se *freezing* em 3 a 5% do tempo, poucos episódios de movimentos erráticos e nenhum salto[74].

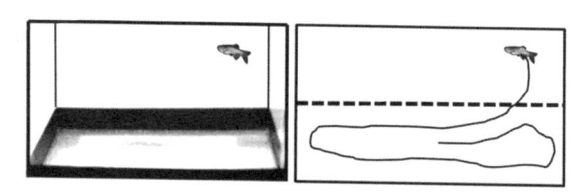

Figura 1.14 Teste de campo aberto para *zebrafish* adulto. O *zebrafish* é colocado em um aquário simples, de cor uniforme, sem divisória ou estímulos e tem seu comportamento registrado em vídeo. Durante a análise, o aquário é dividido ao meio em duas áreas, topo e fundo, para a análise da posição do animal na coluna de água.

O teste de campo aberto é utilizado principalmente quando se tem o objetivo de analisar manifestações comportamentais de ansiedade e estresse e também o efeito de fármacos[74]. Atividade exploratória diminuída, aumento da permanência no fundo do aquário e ocorrência de movimentos erráticos com maior frequência são indicadores de ansiedade ou estresse, induzidos por diferentes fatores[33,54,74]. Estas manifestações comportamentais são sensíveis a diferentes fármacos. O tratamento do zebrafish com fármacos ansiolíticos, como benzodiazepínicos, levou ao aumento da atividade exploratória[54]. Além disso, animais tratados com tranilcipromina e fluoxetina despenderam mais tempo no topo do aquário e diminuíram sua atividade locomotora, efeito característico do aumento da sinalização serotonérgica[52].

1.8 POSSIBILIDADES TERAPÊUTICAS

As diversas vantagens do uso do zebrafish descritas neste capítulo o levam a ser uma ferramenta atrativa para a triagem de drogas e os ensaios pré-clínicos, em especial em tempos de limitação do uso animal para situações como estas, as quais o uso animal é absolutamente necessário. Um grande número de tecnologias é disponível para o uso do zebrafish em fases pré-clínicas, tais como a disponibilidade de bibliotecas de mutantes, knockouts temporários, mapa físico e genético e a sequência genômica[4,5]. Triagens genéticas em zebrafish são muito atrativas, visto que conseguem de forma sistemática identificar o papel de determinado gene em determinadas patologias. Milhares de diferentes mutantes de zebrafish têm sido identificados, sendo centenas destes clonados e utilizados em sua maioria para o estudo durante as fases de desenvolvimento, permanecendo em muitos casos incipiente as informações sobre o papel de tais genes em situações patológicas[75]. Para gerar mutantes, é frequente o uso de etilnitrosoureia (ENU), o qual induz mutações pontuais em machos de zebrafish. Como o zebrafish é relativamente resistente à toxicidade da ENU, sua utilização leva a altas taxas de mutagênese locus específica quando comparada a outros vertebrados[56]. Como exemplos de triagem genética relacionada a patologias utilizando zebrafish, pode-se citar a identificação de genes relacionados às doenças policísticas renais, doenças do metabolismo lipídico, doenças relacionadas à regeneração tecidual, doenças cardíacas, anemias, câncer, distrofia muscular, porfirias, entre outras[4,56].

Enquanto estratégias de descoberta de drogas baseadas no direcionamento específico ao alvo podem não necessariamente modificar o curso da patologia, aquelas estratégias baseadas na descoberta de drogas que modificam o fenótipo da patologia sem se preocupar em um primeiro momento no alvo específico parecem bastante promissoras. Considerando a transparência dos embriões de *zebrafish*, a descrição fenotípica procedente das manipulações genéticas ou mediadas por drogas pode ser visualizada por simples observação sob microscópio, além de poder ser melhor caracterizada com o auxílio de tecnologias de marcação de proteínas por fluorescência de forma órgão/tecido-específica. Outras características deste modelo que são importantes para a abordagem fenotípica é a possibilidade de uma exposição do organismo completo utilizando uma quantidade total de drogas consideravelmente menor do que aquela que seria necessária para a mesma abordagem utilizando mamíferos.

A associação de *zebrafish* mutantes com a abordagem fenotípica para o descobrimento de drogas pode ser ilustrada pela descoberta de dois compostos, GS4012 e GS3999, os quais influenciam a vasculogênese ou angiogênese. Tais compostos recuperam defeitos aórticos em vez de promover vascularização colateral em um mutante de *zebrafish* que apresenta defeitos vasculares, chamado fenótipo *Gridlock*[76].

Os morfolinos (MO), os quais são derivados sintéticos do DNA, são as principais ferramentas de *knockdown* da função de genes utilizadas em *zebrafish*. Isso se deve ao fato de que MO possuem baixo risco de alvos errôneos, facilidade de utilização e estabilidade em sistemas biológicos[77]. A eficiência dos MO é alta até 50 hpf (horas pós-fertilização) e, por este motivo, o papel individual de muitos genes no processo de desenvolvimento foram determinados por esta técnica utilizando *zebrafish* como modelo animal[4,77]. A redução sistemática da função de genes de forma específica parece ser uma estratégia interessante ao se avaliar características fenotípicas de determinada patologia que podem ser retardadas ou prevenidas pela supressão temporária dos genes suprimidos[4].

Em se tratando da análise toxicológica *per se*, existe a necessidade de validar o modelo do *zebrafish* para o uso de compostos cujos efeitos já são conhecidos em roedores. Para tanto, Ali e colaboradores[78] analisaram o feito de uma gama de sessenta compostos sobre a sobrevivência de embriões de *zebrafish* e determinaram as concentrações letais para tais compostos, além de compará-las àquelas encontradas em roedores. Tal estudo confirma o alto grau de predição dos ensaios toxicológicos utilizando embriões de *zebrafish* com relação àqueles efeitos conhecidos em roedores.

Considerando o ponto de vista terapêutico, o *zebrafish* não poderá substituir aquelas terapias dependentes de intervenções cirúrgicas ou remodelagens teciduais. Entretanto, a possibilidade de se avaliar a toxicidade e o potencial terapêutico de determinadas drogas em larga escala é a vantagem mais promissora do uso do *zebrafish*.

1.9 MODELOS FARMACOLÓGICOS DE DOENÇAS QUE ALTERAM O COMPORTAMENTO

1.9.1 Doença de Parkinson

Regiões específicas do cérebro do *zebrafish* podem ser relacionadas e, muitas vezes, são bastante conservadas quando comparadas com regiões cerebrais de humanos. Por exemplo, sugere-se que o telencéfalo ventral de *zebrafish* pode ser uma região homóloga ao estriado em mamíferos. O sistema dopaminérgico foi caracterizado e neurônios dopaminérgicos são encontrados principalmente no bulbo olfatório, região pré-ótica, retina e diencéfalo ventral[79]. Vários genes ortólogos associados à Doença de Parkinson foram encontrados no *zebrafish*, incluindo *Parkin, pink1, dj-1,* e *LRRK2*. A utilização de técnicas de MO e/ou superexpressão destes genes sugere que eles conservem funções importantes no desenvolvimento e sobrevivência de neurônios dopaminérgicos[18].

A maioria dos casos de Doença de Parkinson são formas esporádicas, o que pode sugerir um papel para fatores ambientais ou interações gene-ambiente mais complexas. Estudos epidemiológicos sugerem que a exposição a agentes ambientais, como inseticidas, herbicidas, raticidas, fungicidas e fumigantes pode também aumentar o risco de desenvolvimento da Doença de Parkinson[80]. Algumas destas toxinas, geralmente inseticidas, piscicidas e pesticidas, como 6-hidroxidopamina (6-OHDA), rotenona, paraquat ou 1-metil-4-phenil-1,2,3,6-tetrahidropiridina (MPTP) são conhecidas na área científica por induzirem a perda de neurônios dopaminérgicos[81,82], criando modelos animais que são capazes de mimetizar as manifestações clínicas da Doença de Parkinson, como bradicinesia (lentidão anormal dos movimentos), rigidez e tremor de repouso[83]. O MPTP pode interromper o complexo I da cadeia transportadora de elétrons em mitocôndrias, o que acabará por resultar em morte celular. No adulto, o MPTP induziu uma passageira diminuição nos níveis de dopamina, assim como alterações comportamentais[82]. Estudos em larvas de *zebrafish* mostraram uma significativa redução dos neurônios dopaminérgicos no diencéfalo ventral após tratamento com MPTP[84].

Anichtchik e colaboradores testaram MPTP ou 6-OHDA em *zebrafish* adulto. Injeções sistêmicas destas toxinas não alteraram o número de neurônios dopaminérgicos, mas houve diminuição das concentrações cerebrais de dopamina e noradrenalina. Os autores também relataram diminuição da velocidade do nado e diminuição da distância percorrida após administração destas toxinas[82]. Bretaud e colaboradores[81] observaram alterações no nado após administração de rotenona e paraquat em *zebrafish* em idade larval e adulta. Além disso, dois estudos demonstraram a diminuição dos neurônios dopaminérgicos em embriões de *zebrafish* tratados com MPTP e o efeito protetor de dois fármacos (L-deprenil e selegilina) usados no tratamento da Doença de Parkinson[84,85].

1.9.2 Epilepsia (crises convulsivas)

O *zebrafish* também tem se mostrado um eficiente modelo experimental para o estudo da epilepsia e fármacos antiepilépticos. Neste modelo, crises convulsivas, que caracterizam a epilepsia, são induzidas pela exposição do *zebrafish* a agentes convulsivantes e apresentam aspectos característicos de crises convulsivas em humanos: descargas neuronais excessivas e alterações comportamentais progressivas, tanto em larvas quanto em animais adultos[86-88]. Além disso, larvas e animais adultos apresentam resposta a fármacos antiepilépticos[44,89,90].

Devido a sua habilidade de provocar crises convulsivas generalizadas, comportamentalmente evidentes e bem caracterizadas em diferentes espécies, o antagonista gabaérgico PTZ (Pentilenetetrazol) tem sido o principal agente convulsivante utilizado para indução de crise convulsiva em *zebrafish*[91]. No modelo de indução de crise convulsiva através da absorção de PTZ adicionado à água, os níveis deste convulsivante no encéfalo do *zebrafish* dependem da concentração e tempo de exposição do animal à droga, perfil similar ao verificado em modelos de injeção de PTZ em roedores[88].

A avaliação de crises convulsivas em *zebrafish* é realizada através da análise de diferentes parâmetros, comportamentais e fisiológicos. Parâmetros comportamentais envolvem a análise da atividade locomotora dos animais e a observação da ocorrência, frequência, duração e latência para o início de diferentes manifestações comportamentais características de crises convulsivas[86,88]. A análise por eletroencefalograma (EEG) confirma a ocorrência de crise convulsiva no modelo experimental, conforme a evidência de manifestação das fases interictal, ictal e pós-ictal[44,86,87]. Além disso, as análises podem ser complementadas pela avaliação da expressão gênica de *c-fos* (marcador de atividade neuronal) e teste de níveis de cortisol (marcador de resposta endócrina)[86,92].

Baraban e colaboradores estabeleceram o modelo de crise convulsiva em larvas de *zebrafish*, identificando parâmetros comportamentais, eletroencefalográficos e de expressão gênica. Larvas de *zebrafish* expostas ao agente convulsivante PTZ apresentaram alterações comportamentais progressivas caracterizadas pela ocorrência de três estágios claramente distintos: estágio 1 (aumento da atividade natatória), estágio 2 (nado rápido e em círculos) e estágio 3 (convulsão clônica, perda de postura e permanência imóvel durante 1 a 3 segundos). A análise por EEG mostrou padrões eletroencefalográficos correspondentes às fases interictal (descargas neuronais breves e de baixa amplitude), ictal (descargas neuronais de grande amplitude e longa duração) e pós-ictal (atividade neuronal reduzida) da crise convulsiva. Além disso, a exposição ao PTZ elevou a expressão do gene *c-fos* em larvas de *zebrafish*[86].

O estudo de fármacos antiepiléticos utilizando larvas de *zebrafish* tem se mostrado extremamente eficiente devido a sua capacidade de absorção de compostos adicionados à água dispensar o uso de tratamentos invasivos, além da possibilidade de serem mantidas em pequenos volumes de água, o que permite maior economia de drogas. Essas características nos permitem realizar estudos *in vivo* em um grande número de animais, bem como em diferentes linhagens de *zebrafish*, o que torna este teleósteo uma atraente ferramenta para o estudo em grande escala de fármacos antiepilépticos[89,93]. Berghmans e colaboradores mostraram que durante a exposição de larvas de *zebrafish* ao PTZ há um aumento da atividade locomotora evidenciado pelo aumento da distância percorrida pelos animais. Porém, animais tratados com fármacos antiepilépticos clássicos, como carbamazepina, gabapentina e fenitoína, antes da exposição ao PTZ, não tiveram alterações em sua atividade natatória quando comparados aos animais controle[89]. Baraban e colaboradores também evidenciaram a resposta do *zebrafish* aos fármacos antiepilépticos. A adição de fármacos antiepilépticos clássicos ao meio contendo PTZ apresentou efeito neuroprotetor. Animais que foram tratados com ácido valpróico, fenitoína e diazepam, por exemplo, tiveram menor incidência de descargas neuronais quando comparados aos animais que foram expostos ao PTZ sem tratamento farmacológico[86]. Afrikanova e colaboradores realizaram protocolo semelhante com drogas antiepilépticas, porém avaliando a resposta eletroencefalográfica dos animais durante a exposição ao PTZ. Este estudo confirmou a menor atividade locomotora dos animais pré-tratados com fármacos e menor incidência de descargas neuronais, porém estas respostas não foram correspondentes em todos os tratamentos. Estes resultados confirmam a resposta das larvas de *zebrafish* a fármacos antiepilépticos, porém alertam para o uso do parâmetro "distância percorrida" como medida de crise convulsiva em *zebrafish*[44].

O estudo de crises convulsivas em *zebrafish* adulto segue protocolos semelhantes aos utilizados em larvas. A análise de manifestações comportamentais características de crises convulsivas é comumente realizada conforme protocolo proposto por Baraban e colaboradores para larvas de *zebrafish*, uma vez que os estágios mais robustos da crise convulsiva são semelhantes em animais adultos e larvas[86]. Um estudo recente propôs a caracterização das crises convulsivas conforme a ocorrência de 6 estágios distintos. Animais adultos expostos ao PTZ apresentaram aumento da atividade natatória e movimentos operculares acelerados (estágio 1), nado explosivo, com movimentos erráticos (estágio 2), movimentos circulares (estágio 3), manifestações clônicas (estágio 4), queda para o lado e rigidez corporal (estágio 5) e morte do animal (estágio 6)[88].

Exames de eletroencefalograma em *zebrafish* adultos expostos ao PTZ mostraram a ocorrência de atividade neuronal característica de crises convulsivas em humanos e semelhante ao verificado em larvas de *zebrafish*. Foi possível identificar a ocorrência das fases basal, pré-convulsiva, convulsiva e pós-convulsiva através do eletroencefalograma[87].

Quando expostos ao PTZ, animais pré-tratados com gabapentina, fenitoína e ácido valproico demoraram mais tempo para atingir cada um dos três estágios característicos de crises convulsivas (conforme protocolo proposto por Baraban e colaboradores) quando comparados aos animais que não receberam pré-tratamento, o que mostra que *zebrafish* adultos também apresentam resposta aos fármacos antiepilépticos. Este resultado mostra que o pré-tratamento com fármacos antiepilépticos atrasa o desenvolvimento de crises convulsivas[90]. Em animais adultos, o pré-tratamento com ácido valproico teve efeito anticonvulsivante e preveniu déficits cognitivos causados pela exposição ao PTZ[94]. Mussulini e colaboradores mostraram diminuição na severidade das crises convulsivas e também na mortalidade dos animais pré-tratados com diazepam em comparação a animais que foram diretamente expostos ao PTZ[88].

Além da exposição ao PTZ, outros modelos farmacológicos de indução de crise convulsiva têm sido utilizados em *zebrafish*, como exposição do animal ao ácido caínico (agonisa do receptor de cainato), cafeína e picrotoxina (bloqueador dos canais de cloro ativados pelo ácido gama-aminobutírico, GABA). Animais adultos tratados com ácido caínico apresentaram crises convulsivas evidentes, que foram inibidas pelo pré-tratamento com anta-gonistas glutamatérgicos[95]. O tratamento de *zebrafish* adultos com cafeína e icrotoxina provocou episódios de hiperatividade, espasmos musculares e manifestações comportamentais características do estágio tônico-clônico de crises convulsivas[92].

1.10 PSICOFÁRMACOS

Embora modelos animais como *zebrafish* não sejam capazes de mimeti-zar plenamente todos os aspectos de um distúrbio cerebral complexo, seus atributos tornam os paradigmas experimentais aquáticos uma ferramenta valiosa na pesquisa psicofarmacológica. Portanto, isto torna os modelos de *zebrafish* particularmente adequados para a descoberta de fármacos e tria-gem de psicofármacos.

Recentemente, Rihel e colaboradores[96] avaliaram o efeito de 3.968 compostos sobre a atividade locomotora em larvas de *zebrafish*, encon-trando características comportamentais específicas para muitas classes de psicotrópicos.

Estudos avaliando as respostas comportamentais em *zebrafish* já foram realizados com um grande número de fármacos psicoativos. Os efeitos de vários compostos alucinógenos, incluindo LSD (ácido lisérgico), a mescalina, MDMA (3,4-metilenodioximetanfetamina), PCP (fenciclidina), MK-801, ketamina, a ibogaína, salvinorina A, atropina e escopolamina já foram ava-liados em *zebrafish* adulto[97-100].

 Ansiolíticos (são drogas, sintéticas ou não, usadas para diminuir a ansie-dade e a tensão), como clonazepam, bromazepam e diazepam, são capazes de, significativamente, reduzir a coesão dos cardumes de *zebrafish*. Buspi-rona aumenta a exploração nas porções superiores do aquário e, assim como ocorre com os benzodiazepínicos (grupo de fármacos ansiolíticos utiliza-dos como sedativos, hipnóticos, relaxantes musculares, para amnésia ante-rógrada e atividade anticonvulsionante), é capaz de aumentar o tempo no ambiente claro[101]. Diazepam, fluoxetina e cafeína também foram capazes de modular o comportamento relacionado à ansiedade em larvas de *zebrafish*[46]. Entretanto, o clordiazepóxido, um fármaco benzodiazepínico ansiolítico, que atua como um agonista eficaz nos receptores GABA-A, não produziu efeitos ansiolíticos em *zebrafish*[102]. Antidepressivos, tais como citalopram, a reboxetina e bupropiona demonstraram efeito anticonvulsivante contra crises induzidas por PTZ[103].

Antipsicóticos, como flufenazina e haloperidol (ambos capazes de induzir graves efeitos extrapiramidais em seres humanos) induziram defeitos de movimento em larvas de *zebrafish*. Entretanto, a olanzapina, que produz poucos efeitos extrapiramidais em humanos, induziu poucos defeitos de movimento em *zebrafish*[104]. Antipsicóticos atípicos, como sulpirida e olanzapina são capazes de melhorar o déficit cognitivo induzido por MK-801, um antagonista de receptores NMDA, que provoca uma síndrome comportamental similar à esquizofrenia, caracterizada por hiperlocomoção e movimentos estereotipados. O mesmo foi observado com relação à tarefa de interação social, onde antipsicóticos atípicos reverteram o déficit induzido por MK-801, ao passo que o haloperidol, um antipsicótico típico (9 μM), foi ineficaz na reversão destes déficits[72]. Sulpirida, olanzapina e haloperidol também foram capazes de reverter a hiperlocomoção induzida por MK-801[100].

Anfetamina (5 e 10 mg/L) provoca um aumento das monoaminas cerebrais e evoca efeitos ansiogênicos em *zebrafish* de forma aguda, mas não após sete dias do tratamento. Entretanto, reserpina, que promove depleção de monoaminas por bloquear o transportador vesicular de monoaminas, não provocou efeitos comportamentais agudos evidentes, mas teve atividade motora marcadamente reduzida após sete dias, assemelhando-se ao prejuízo motor observado na depressão e/ou doença de Parkinson[105].

Portanto, a identificação dos efeitos comportamentais induzidos por diferentes classes de substâncias psicoativas em larvas de *zebrafish* e em animais adultos pode contribuir para o processo de desenvolvimento de novos fármacos, para a elucidação de mecanismos de ação e também como um modelo para avaliar neurotoxicidade.

1.11 VIAS DE ADMINISTRAÇÃO DE FÁRMACOS

Um passo determinante do uso do *zebrafish* na pesquisa científica básica é a ainda incipiente caracterização da absorção, distribuição, metabolismo e excreção de fármacos. Tal desafio é extremamente importante para respaldar as diferentes vias de administração de fármacos já estabelecidas para o modelo.

Para os fármacos solúveis em água, a simples dissolução ou diluição na água de moradia dos animais é largamente utilizada e, somente não deve ser utilizada caso interfira nas condições ideais para a sobrevivência sadia dos animais, tais como a possibilidade de interferir na oxigenação, no pH, na condutividade, no conteúdo de espécies nitrogenadas e na proliferação de microrganismos indesejáveis[106]. A absorção de fármacos do meio aquoso por larvas de *zebrafish* é altamente dependente do pH, gerando a necessidade de certificação se o fármaco em questão está adequadamente tamponado. Apesar de ser a forma mais prática de administração, a diluição/dissolução direta de fármacos implica na absorção branquial e oral, as quais podem reduzir drasticamente a concentração do fármaco em questão. Isto se torna ainda mais relevante quando consideramos a exposição na fase embrionária em virtude da presença do córion. Desta forma, estratégias de determinação da concentração nos líquidos corporais ou intraovo podem ser necessárias. A exposição de ovos de *zebrafish* de 24 hpf durante 2h ao etanol promoveu uma concentração dentro do ovo de cerca de 1/25 a 1/30 da concentração de etanol externa empregada. Em outro estudo, Hagedorn e colaboradores[107] registraram absorção de água semelhante na blastoderme e no vitelo de *zebrafish* exposto ao DMSO (dimetilsulfóxido, 2M), mas diferenças significativas quanto a permeabilidade de solutos, demonstrando que a permeabilidade da membrana coriônica é mais seletiva que a de membranas celulares típicas.

As injeções intraperitoneais, intramusculares e intraencefálicas evitam os problemas acima citados, mas certamente exibem outros cuidados para assegurar o bem-estar animal. Dentre estes cuidados, está a esterilização e preparo dos equipamentos para imobilização, anestesia e injeção antes da retirada dos animais dos aquários, bem como a agilidade no procedimento a fim de manter o peixe o mínimo de tempo fora da água. Antes da injeção, os peixes devem ser anestesiados (por exemplo, com 0,15 mg/mL tricaína) e o tempo total fora da água deve ser de cerca de 10 segundos[108]. Phelps e colaboradores[108] descreveram protocolos detalhados de injeções, os quais são descritos aqui. Injeções intraperitoneais podem ser realizadas com o auxílio de uma pinça hemostática com sua extremidade preensora envolvida por uma gaze umedecida com água esterilizada para imobilização do animal já anestesiado. O peixe deve ser imobilizado com a cabeça voltada para a dobradiça da pinça e o abdômen para cima. As barbatanas peitorais devem ser usadas como um ponto de referência do limite do abdômen. A agulha é mantida paralela à coluna vertebral e é inserida na linha média do abdômen posteriormente às barbatanas peitorais. A agulha deve ser inserida no abdômen um pouco além do bisel da agulha IP (Figura 1.15). Para as injeções intramusculares, os mesmos procedimentos são utilizados considerando, porém, que a ponta da agulha deve ser direcionada à cabeça, posicionada num ângulo de 45° em relação à parte traseira do peixe. A injeção deve ser na maior extensão do músculo dorsal, imediatamente anterior e lateral à barbatana dorsal. Muito frequentemente o volume utilizado para injeção para animais adultos é de 10 µL. Para injeções intraencefálicas, o crânio de *zebrafish* adulto é perfurado seguindo coordenadas as quais podem ser encontradas em um atlas digital tridimensional do encéfalo de *zebrafish*[109]. Após esta operação, o peixe deve passar por uma recuperação em água em condições padrão e a injeção realizada através da perfuração com um micromanipulador e uma agulha capilar de vidro, ligado a um micro injetor. É indicado administrar quantidades tais como 0,5 µL de solução contendo corante Evans Blue como marcador de localização[109]. Apesar do tamanho diminuto a injeção intracerebroventricular tem sido empregada em encéfalo de larvas de *zebrafish* a partir de 18 hpf, como é possível consultar no *Journal of Visualized Experiments* (Figura 1.16)[110].

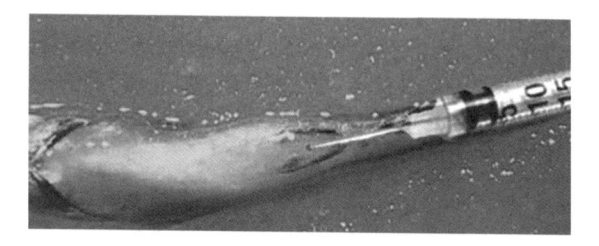

Figura 1.15 Injeção intraperitoneal em *zebrafish* adulto. O peixe é imobilizado em esponja umedecida. As barbatanas peitorais são usadas como um ponto de referência do limite do abdômen. A agulha é mantida paralela à coluna vertebral e é inserida na linha média do abdômen posteriormente às barbatanas peitorais.

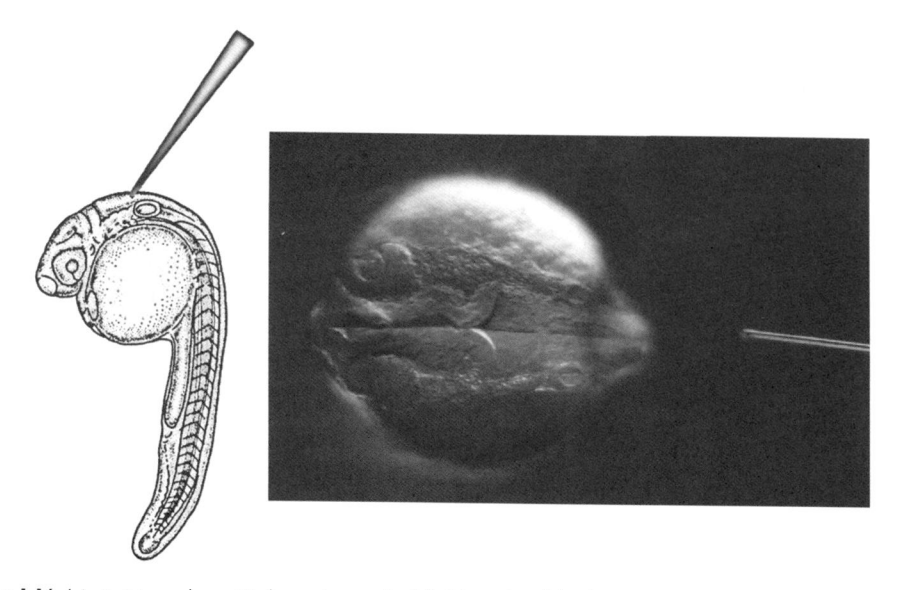

Figura 1.16 Injeção intracerebroventricular em larva *zebrafish*. A larva é imobilizada em agarose, de maneira a expor a estrutura ventricular. Sob estereomicroscópio, a microinjeção é feita no ventrículo da larva.

Injeções intraovo têm sido empregadas para a administração de MO. Sob estereomicroscópio, a microinjeção é feita nos estágios iniciais de desenvolvimento de uma célula a quatro células (até 1 hora pós fertilização) para garantir a distribuição do MO uniforme entre as células. O volume a ser injetado deve ser considerado com cuidado, como por exemplo, no caso do uso da microinjeção de MO, no qual o volume pode ser tão pequeno quanto 30 nL. Para que a pressão da microinjeção não desloque os ovos, deve-se apoiá-los em uma fileira na borda de uma lâmina de microscópio dentro de uma placa de Petri ou em trilhas feitas em solução de agarose a 1%. Deve-se evitar a desidratação dos ovos umedecendo-os com água de manutenção de embriões (Figura 1.17).

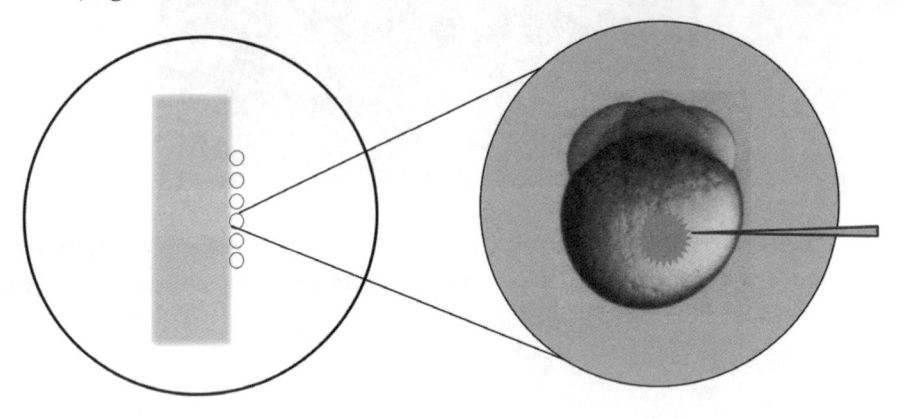

Figura 1.17 Injeção no vitelo de *zebrafish*. Os embriões são alinhados na lateral de uma lâmina histológica e permanecem umedecidos durante todo o experimento. A microinjeção é feita sob estereomicroscópio nos estágios iniciais do desenvolvimento (de uma célula a quatro células) para garantir a distribuição uniforme do Morfolino entre as células.

O uso de gavagem (método de introdução de alimentos líquidos no estômago através de um tubo de polivinil colocado pelo nariz ou boca) e microgavagem em *zebrafish* já foi descrito. Para *zebrafish* adulto (6 meses de vida) o processo de gavagem é realizado em animais anestesiados e o volume introduzido no trato gastrointestinal da droga em questão deve ser de 5 µL através de um cateter de tubo flexível implantado em agulha. O tubo flexível deve ser introduzido na cavidade oral do animal até que a ponta do tubo flexível passe pelas brânquias (aproximadamente 1 cm), como demonstrado por Collymore e colaboradores[111]. A microgavagem, utilizada para introduzir substâncias via trato gastrointestinal de larvas de *zebrafish*, é realizada com o auxílio de microinjetores e estereomicroscópio. As larvas devem ser imobilizadas, por exemplo, em nitrocelulose e o processo de microgavagem realizado de forma rápida como demonstrado por Cocchiaro e colaboradores[112].

1.12 PERSPECTIVAS FUTURAS

O quebra-cabeça do entendimento das funções neurais que controlam os aspectos comportamentais em *zebrafish* tem recebido contribuições a partir de diversas abordagens. O término do projeto de sequenciamento do genoma do zebrafish tem acelerado aqueles projetos relativos à clonagem e produção de novos mutantes. Entretanto, muitos esforços ainda são necessários para a caracterização de algumas regiões, os quais estão sendo realizados e podem ser acompanhados pela página de internet do *Genome Reference Consortium* (http://genomereference.org). Desafios no campo específico da análise comportamental têm recebido atenção, como pode ser visto pelos recentes estudos sobre metodologias de identificação individual em *zebrafish*[113]. A marcação individual do *zebrafish*, através da injeção subcutânea de um corante permite a identificação do animal sem alterar as características sociais do cardume. A duração da identificação ultrapassa 30 dias, o que parece ser uma ótima ferramenta para estudos de longa duração sobre o comportamento.

Além disso, a utilização deste modelo para estudos pré-clínicos tem se constituído em uma importante alternativa para avaliação de efeitos tóxicos de fármacos em larga escala e em um curto período de tempo. Portanto, esta espécie cada vez mais desperta o interesse da comunidade científica pela ampla gama de abordagens celulares, moleculares e farmacológicas que podem ser usadas para identificar efeitos de fármacos e elucidar os mecanismos de doenças humanas.

1.13 CONCLUSÕES

O uso do *zebrafish* vem crescendo expressivamente devido às diversas vantagens deste modelo, tais como as elevadas taxas de reprodução, custo baixo, rápido desenvolvimento e ao repertório de abordagens e ferramentas disponíveis que caracterizam atributos importantes da biologia desta espécie. Além disso, os significativos avanços obtidos na área de neurociências reforçam os benefícios que o *zebrafish* oferece como modelo. A identificação de parâmetros comportamentais em diferentes fases do desenvolvimento e das respostas a fármacos clássicos utilizados na terapia de doenças neurológicas reforçam a ideia de que o *zebrafish* é um modelo bastante útil para a realização de triagens de fármacos em larga escala antes da validação farmacológica em modelos de roedores. Além disso, a possibilidade de testar os compostos por diferentes vias de administração ou em fases iniciais do desenvolvimento do peixe permite a avaliação de parâmetros morfológicos, comportamentais e neuroquímicos, o que também pode ser promissor para ensaios toxicológicos.

REFERÊNCIAS

1. Kimmel CB, Ballard WW, Kimmel SR, Ullmann B, Schilling TF. Stages of embryonic development of the zebrafish. Dev Dyn. 1995;203(3):253-310.

2. Parichy DM, Elizondo MR, Mills MG, Gordon TN, Engeszer RE. Normal table of postembryonic zebrafish development: staging by externally visible anatomy of the living fish. Dev Dyn. 2009;238(12):2975-3015.

3. Grunwald DJ, Eisen JS. Headwaters of the zebrafish - emergence of a new model vertebrate. Nat Rev Genet. 2002;3(9):717-24.

4. Zon LI, Peterson RT. In vivo drug discovery in the zebrafish. Nat Rev Drug Discov. 2005;4(1):35-44.

5. Howe K, Clark MD, Torroja CF, Torrance J, Berthelot C, Muffato M, et al. The zebrafish reference genome sequence and its relationship to the human genome. Nature. 2013;496(7446):498-503.

6. Gerlai R. Zebrafish: an uncharted behavior genetic model. Behav Genet. 2003;33(5):461-8.

7. Buske C, Gerlai R. Maturation of shoaling behavior is accompanied by changes in the dopaminergic and serotoninergic systems in zebrafish. Dev Psychobiol. 2012;54(1):28-35.

8. Blank M, Guerim LD, Cordeiro RF, Vianna MR. A one-trial inhibitory avoidance task to zebrafish: rapid acquisition of an NMDA-dependent long-term memory. Neurobiol Learn Mem. 2009;92(4):529-34.

9. Cognato GeP, Bortolotto JW, Blazina AR, Christoff RR, Lara DR, Vianna MR, et al. Y-Maze memory task in zebrafish the role of glutamatergic and cholinergic systems on the acquisition and consolidation periods. Neurobiol Learn Mem. 2012;98(4):321-8.

10. Streisinger G, Walker C, Dower N, Knauber D, Singer F. Production of clones of homozygous diploid zebra fish (Brachydaniorerio). Nature. 1981;291(5813):293-6.

11. Felsenfeld AL, Walker C, Westerfield M, Kimmel C, Streisinger G. Mutations affecting skeletal muscle myofibril structure in the zebrafish. Development. 1990;108(3):443-59.

12. Grunwald DJ, Kimmel CB, Westerfield M, Walker C, Streisinger G. A neural degeneration mutation that spares primary neurons in the zebrafish. Dev Biol. 1988;126(1):115-28.

13. Nüsslein Volhard C, Wieschaus E. Mutations affecting segment number and polarity in Drosophila. Nature. 1980;287(5785):795-801.

14. Mullins MC, Nüsslein-Volhard C. Mutational approaches to studying embryonic pattern formation in the zebrafish. Curr Opin Genet Dev. 1993;3(4):648-54.

15. Fishman MC, Stainier DY. Cardiovascular development. Prospects for a genetic approach. Circ Res. 1994;74(5):757-63.

16. Schier AF. Genetics of neural development in zebrafish. Curr Opin Neurobiol. 1997;7(1):119-26.

17. Guo S. Linking genes to brain, behavior and neurological diseases: what can we learn from zebrafish? Genes Brain Behav. 2004;3(2):63-74.

18. Xi Y, Noble S, Ekker M. Modeling neurodegeneration in zebrafish. Curr Neurol Neurosci Rep. 2011;11(3):274-82.

19. Pradel G, Schachner M, Schmidt R. Inhibition of memory consolidation by antibodies against cell adhesion molecules after active avoidance conditioning in zebrafish. J Neurobiol. 1999;39(2):197-206.

20. Pradel G, Schmidt R, Schachner M. Involvement of L1.1 in memory consolidation after active avoidance conditioning in zebrafish. J Neurobiol. 2000; 43(4):389-403.

21. Williams FE, White D, Messer WS. A simple spatial alternation task for assessing memory function in zebrafish. Behav Processes. 2002;58(3):125-32.

22. Best JD, Berghmans S, Hunt JJ, Clarke SC, Fleming A, Goldsmith P, et al. Non-associative learning in larval zebrafish. Neuropsychopharmacology. 2008;33(5):1206-15.

23. Gerlai R. Associative learning in zebrafish (Danio rerio). Methods Cell Biol. 2011;101:249-70.

24. Colwill RM, Raymond MP, Ferreira L, Escudero H. Visual discrimination learning in zebrafish (Danio rerio). Behav Processes. 2005;70(1):19-31.

25. Gómez-Laplaza LM, Gerlai R. Latent learning in zebrafish (Danio rerio). Behav Brain Res. 2010;208(2):509-15.

26. Zala SM, Määttänen I. Social learning of an associative foraging task in zebrafish. Naturwissenschaften. 2013;100(5):469-72.

27. Spence R, Gerlach G, Lawrence C, Smith C. The behaviour and ecology of the zebrafish, Danio rerio. Biol Rev Camb Philos Soc. 2008;83(1):13-34.

28. Mahabir S, Chatterjee D, Buske C, Gerlai R. Maturation of shoaling in two zebrafish strains: a behavioral and neurochemical analysis. Behav Brain Res. 2013;247:1-8.

29. Miller NY, Gerlai R. Shoaling in zebrafish: what we don't know. Rev Neurosci. 2011;22(1):17-25.

30. Pagnussat N, Piato AL, Schaefer IC, Blank M, Tamborski AR, Guerim LD, et al. One for all and all for one: the importance of shoaling on behavioral and stress responses in zebrafish. Zebrafish. 2013;10(3):338-42.

31. Craske MG, Rauch SL, Ursano R, Prenoveau J, Pine DS, Zinbarg RE. What is an anxiety disorder? Depress Anxiety. 2009;26(12):1066-85.

32. Gerlai R, Fernandes Y, Pereira T. Zebrafish responds to the animated image of a predator towards the development of an automated aversive task. Behav Brain Res. 2009;201(2):318-24.

33. Levin ED, Bencan Z, Cerutti DT. Anxiolytic effects of nicotine in zebrafish. Physiol Behav. 2007;90(1):54-8.

34. Saint-Amant L, Drapeau P. Time course of the development of motor behaviors in the zebrafish embryo. J Neurobiol. 1998;37(4):622-32.

35. Muto A, Kawakami K. Prey capture in zebrafish larvae serves as a model to study cognitive functions. Front Neural Circuits. 2013;7:110.

36. Bichara D, Calcaterra NB, Arranz S, Armas P, Simonetta SH. Set-up of an infrared fast behavioral assay using zebrafish (Danio rerio) larvae, and its application in compound biotoxicity screening. J Appl Toxicol. 2013.

37. Xue JY, Li X, Sun MZ, Wang YP, Wu M, Zhang CY, et al. An Assessment of the Impact of SiO2 Nanoparticles of Different Sizes on the Rest/Wake Behavior and the Developmental Profile of Zebrafish Larvae. Small. 2013;9(18):3161-8.

38. Selderslaghs IW, Hooyberghs J, Blust R, Witters HE. Assessment of the developmental neurotoxicity of compounds by measuring locomotor activity in zebrafish embryos and larvae. Neurotoxicol Teratol. 2013;37:44-56.

39. Trivedi CA, Bollmann JH. Visually driven chaining of elementary swim patterns into a goal-directed motor sequence a virtual reality study of zebrafish prey capture. Front Neural Circuits. 2013;7:86.

40. Ramcharitar J, Ibrahim RM. Ethanol modifies zebrafish responses to abrupt changes in light intensity. J Clin Neurosci. 2013;20(3):476-7.

41. de Esch C, van der Linde H, Slieker R, Willemsen R, Wolterbeek A, Woutersen R, et al. Locomotor activity assay in zebrafish larvae: influence of age, strain and ethanol. Neurotoxicol Teratol. 2012;34(4):425-33.

42. Ellis LD, Soanes KH. A larval zebrafish model of bipolar disorder as a screening platform for neuro-therapeutics. Behav Brain Res. 2012;233(2):450-7.

43. Vignet C, Bégout ML, Péan S, Lyphout L, Leguay D, Cousin X. Systematic screening of behavioral responses in two zebrafish strains. Zebrafish. 2013;10(3):365-75.

44. Afrikanova T, Serruys AS, Buenafe OE, Clinckers R, Smolders I, de Witte PA, et al. Validation of the zebrafish pentylenetetrazol seizure model: locomotor versus electrographic responses to antiepileptic drugs. PLoS One. 2013;8(1):e54166.

45. Richendrfer H, Créton R. Automated high-throughput behavioral analyses in zebrafish larvae. J Vis Exp. 2013(77):e50622.

46. Richendrfer H, Pelkowski SD, Colwill RM, Creton R. On the edge: pharmacological evidence for anxiety-related behavior in zebrafish larvae. Behav Brain Res. 2012;228(1):99-106.

47. Emran F, Rihel J, Dowling JE. A behavioral assay to measure responsiveness of zebrafish to changes in light intensities. J Vis Exp. 2008(20).

48. Capiotti KM, Menezes FP, Nazario LR, Pohlmann JB, de Oliveira GM, Fazenda L, et al. Early exposure to caffeine affects gene expression of adenosine receptors, DARPP-32 and BDNF without affecting sensibility and morphology of developing zebrafish (Danio rerio). Neurotoxicol Teratol. 2011;33(6):680-5.

49. Chen YH, Huang YH, Wen CC, Wang YH, Chen WL, Chen LC, et al. Movement disorder and neuromuscular change in zebrafish embryos after exposure to caffeine. Neurotoxicol Teratol. 2008;30(5):440-7.

50. Egan RJ, Bergner CL, Hart PC, Cachat JM, Canavello PR, Elegante MF, et al. Understanding behavioral and physiological phenotypes of stress and anxiety in zebrafish. Behav Brain Res. 2009;205(1):38-44.

51. Rosemberg DB, Rico EP, Mussulini BH, Piato AL, Calcagnotto ME, Bonan CD, et al. Differences in spatio-temporal behavior of zebrafish in the open tank paradigm after a short-period confinement into dark and bright environments. PLoS One. 2011;6(5):e19397.

52. Stewart AM, Cachat J, Gaikwad S, Robinson KS, Gebhardt M, Kalueff AV. Perspectives on experimental models of serotonin syndrome in zebrafish. Neurochem Int. 2013;62(6):893-902.

53. Sager JJ, Bai Q, Burton EA. Transgenic zebrafish models of neurodegenerative diseases. Brain Struct Funct. 2010;214(2-3):285-302.

54. Cachat J, Stewart A, Grossman L, Gaikwad S, Kadri F, Chung KM, et al. Measuring behavioral and endocrine responses to novelty stress in adult zebrafish. Nat Protoc. 2010;5(11):1786-99.

55. Burne T, Scott E, van Swinderen B, Hilliard M, Reinhard J, Claudianos C, et al. Big ideas for small brains: what can psychiatry learn from worms, flies, bees and fish? Mol Psychiatry. 2011;16(1):7-16.

56. Lieschke GJ, Currie PD. Animal models of human disease: zebrafish swim into view. Nat Rev Genet. 2007;8(5):353-67.

57. Sison M, Gerlai R. Associative learning performance is impaired in zebrafish (Danio rerio) by the NMDA-R antagonist MK-801. Neurobiol Learn Mem. 2011;96(2):230-7.

58. Gerlai R, Lahav M, Guo S, Rosenthal A. Drinks like a fish: zebra fish (Danio rerio) as a behavior genetic model to study alcohol effects. Pharmacol Biochem Behav. 2000;67(4):773-82.

59. Ariyomo TO, Carter M, Watt PJ. Heritability of boldness and aggressiveness in the zebrafish. Behav Genet. 2013;43(2):161-7.

60. Buske C, Gerlai R. Shoaling develops with age in Zebrafish (Danio rerio). Prog Neuropsychopharmacol Biol Psychiatry. 2011;35(6):1409-15.

61. Blanchard DC, Griebel G, Blanchard RJ. The Mouse Defense Test Battery: pharmacological and behavioral assays for anxiety and panic. Eur J Pharmacol. 2003;463(1-3):97-116.

62. Mathew SJ, Price RB, Charney DS. Recent advances in the neurobiology of anxiety disorders: implications for novel therapeutics. Am J Med Genet C Semin Med Genet. 2008;148C(2):89-98.

63. Ahmed O, Seguin D, Gerlai R. An automated predator avoidance task in zebrafish. Behav Brain Res. 2011;216(1):166-71.

64. Pfeiffer W. Alarm substances. Experientia. 1963;19:113-23.

65. Pfeiffer W. The distribution of fright reaction and alarm substance cells infishes. Copeia 1977:653-65.

66. Parra KV, Adrian JC, Gerlai R. The synthetic substance hypoxanthine 3-N-oxide elicits alarm reactions in zebrafish (Danio rerio). Behav Brain Res. 2009;205(2):336-41.

67. Bass SL, Gerlai R. Zebrafish (Danio rerio) responds differentially to stimulus fish: the effects of sympatric and allopatric predators and harmless fish. Behav Brain Res. 2008;186(1):107-17.

68. Peichel CL. Social behavior: how do fish find their shoal mate? Curr Biol. 2004;14(13):R503-4.

69. Veness C, Prior M, Bavin E, Eadie P, Cini E, Reilly S. Early indicators of autism spectrum disorders at 12 and 24 months of age: a prospective, longitudinal comparative study. Autism. 2012;16(2):163-77.

70. Figueira ML, Brissos S. Measuring psychosocial outcomes in schizophrenia patients. Curr Opin Psychiatry. 2011;24(2):91-9.

71. Miller N, Greene K, Dydinski A, Gerlai R. Effects of nicotine and alcohol on zebrafish (Danio rerio) shoaling. Behav Brain Res. 2013;240:192-6.

72. Seibt KJ, Piato AL, da Luz Oliveira R, Capiotti KM, Vianna MR, Bonan CD. Antipsychotic drugs reverse MK-801-induced cognitive and social interaction deficits in zebrafish (Danio rerio). Behav Brain Res. 2011;224(1):135-9.

73. Blazina AR, Vianna MR, Lara DR. The Spinning Task: A New Protocol to Easily Assess Motor Coordination and Resistance in Zebrafish. Zebrafish. 2013.

74. Cachat J, Stewart A, Utterback E, Hart P, Gaikwad S, Wong K, et al. Three-dimensional neurophenotyping of adult zebrafish behavior. PLoS One. 2011;6(3):e17597.

75. Amsterdam A, Nissen RM, Sun Z, Swindell EC, Farrington S, Hopkins N. Identification of 315 genes essential for early zebrafish development. Proc Natl Acad Sci U S A. 2004;101(35):12792-7.

76. Peterson RT, Fishman MC. Discovery and use of small molecules for probing biological processes in zebrafish. Methods Cell Biol. 2004;76:569-91.

77. Summerton JE. Morpholino, siRNA, and S-DNA compared: impact of structure and mechanism of action on off-target effects and sequence specificity. Curr Top Med Chem. 2007;7(7):651-60.

78. Ali S, van Mil HG, Richardson MK. Large-scale assessment of the zebrafish embryo as a possible predictive model in toxicity testing. PLoS One. 2011;6(6):e21076.

79. Rink E, Wullimann MF. Connections of the ventral telencephalon and tyrosine hydroxylase distribution in the zebrafish brain (Danio rerio) lead to identification of an ascending dopaminergic system in a teleost. Brain Res Bull. 2002;57(3-4):385-7.

80. Hatcher JM, Pennell KD, Miller GW. Parkinson 's disease and pesticides: a toxicological perspective. Trends Pharmacol Sci. 2008;29(6):322-9.

81. Bretaud S, Lee S, Guo S. Sensitivity of zebrafish to environmental toxins implicated in Parkinson 's disease. Neurotoxicol Teratol. 2004;26(6):857-64.

82. Anichtchik OV, Kaslin J, Peitsaro N, Scheinin M, Panula P. Neurochemical and behavioural changes in zebrafish Danio rerio after systemic administration of 6-hydroxydopamine and 1-methyl-4-phenyl-1,2,3,6-tetrahydropyridine. J Neurochem. 2004;88(2):443-53.

83. Pienaar IS, Götz J, Feany MB. Parkinson 's disease: insights from non-traditional model organisms. Prog Neurobiol. 2010;92(4):558-71.

84. Lam CS, Korzh V, Strahle U. Zebrafish embryos are susceptible to the dopaminergic neurotoxin MPTP. Eur J Neurosci. 2005;21 (6):1758-62.

85. McKinley ET, Baranowski TC, Blavo DO, Cato C, Doan TN, Rubinstein AL. Neuroprotection of MPTP-induced toxicity in zebrafish dopaminergic neurons. Brain Res Mol Brain Res. 2005;141(2):128-37.

86. Baraban SC, Taylor MR, Castro PA, Baier H. Pentylenetetrazole induced changes in zebrafish behavior, neural activity and c-fos expression. Neuroscience. 2005;131(3):759-68.

87. Pineda R, Beattie CE, Hall CW. Recording the adult zebrafish cerebral field potential during pentylenetetrazole seizures. J Neurosci Methods. 2011;200(1):20-8.

88. Mussulini BH, Leite CE, Zenki KC, Moro L, Baggio S, Rico EP, et al. Seizures induced by pentylenetetrazole in the adult zebrafish: a detailed behavioral characterization. PLoS One. 2013;8(1):e54515.

89. Berghmans S, Hunt J, Roach A, Goldsmith P. Zebrafish offer the potential for a primary screen to identify a wide variety of potential anticonvulsants. Epilepsy Res. 2007;75(1):18-28.

90. Siebel AM, Piato AL, Schaefer IC, Nery LR, Bogo MR, Bonan CD. Antiepileptic drugs prevent changes in adenosine deamination during acute seizure episodes in adult zebrafish. Pharmacol Biochem Behav. 2013;104:20-6.

91. Desmond D, Kyzar E, Gaikwad S, Green J, Riehl R, Roth A, et al. Assessing Epilepsy-Related Behavioral Phenotypes in Adult Zebrafish. Zebrafish Protocols for Neurobehavioral Research Neuromethods 66. 2012:313-322.

92. Wong K, Stewart A, Gilder T, Wu N, Frank K, Gaikwad S, et al. Modeling seizure-related behavioral and endocrine phenotypes in adult zebrafish. Brain Res. 2010;1348:209-15.

93. Goldsmith P, Golder Z, Hunt J, Berghmans S, Jones D, Stables JP, et al. GBR12909 possesses anticonvulsant activity in zebrafish and rodent models of generalized epilepsy but cardiac ion channel effects limit its clinical utility. Pharmacology. 2007;79(4):250-8.

94. Lee Y, Kim D, Kim YH, Lee H, Lee CJ. Improvement of pentylenetetrazol-induced learning deficits by valproic acid in the adult zebrafish. Eur J Pharmacol. 2010;643(2-3):225-31.

95. Alfaro JM, Ripoll-Gómez J, Burgos JS. Kainate administered to adult zebrafish causes seizures similar to those in rodent models. Eur J Neurosci. 2011;33(7):1252-5.

96. Rihel J, Prober DA, Arvanites A, Lam K, Zimmerman S, Jang S, et al. Zebrafish behavioral profiling links drugs to biological targets and rest/wake regulation. Science. 2010; 327(5963):348-51.

97. Zakhary SM, Ayubcha D, Ansari F, Kamran K, Karim M, Leheste JR, et al. A behavioral and molecular analysis of ketamine in zebrafish. Synapse. 2011;65(2):160-7.

98. Cachat J, Kyzar EJ, Collins C, Gaikwad S, Green J, Roth A, et al. Unique and potent effects of acute ibogaine on zebrafish: the developing utility of novel aquatic models for hallucinogenic drug research. Behav Brain Res. 2013;236(1):258-69.

99. Richetti SK, Blank M, Capiotti KM, Piato AL, Bogo MR, Vianna MR, et al. Quercetin and rutin prevent scopolamine-induced memory impairment in zebrafish. Behav Brain Res. 2011;217(1):10-5.

100. Seibt KJ, Oliveira RL, Zimmermann FF, Capiotti KM, Bogo MR, Ghisleni G, et al. Antipsychotic drugs prevent the motor hyperactivity induced by psychotomimetic MK-801 in zebrafish (Danio rerio). Behav Brain Res. 2010;214(2):417-22.

101. Gebauer DL, Pagnussat N, Piato AL, Schaefer IC, Bonan CD, Lara DR. Effects of anxiolytics in zebrafish: similarities and differences between benzodiazepines, buspirone and ethanol. Pharmacol Biochem Behav. 2011;99(3):480-6.

102. Bencan Z, Sledge D, Levin ED. Buspirone, chlordiazepoxide and diazepam effects in a zebrafish model of anxiety. Pharmacol Biochem Behav. 2009;94(1):75-80.

103. Vermoesen K, Serruys AS, Loyens E, Afrikanova T, Massie A, Schallier A, et al. Assessment of the convulsant liability of antidepressants using zebrafish and mouse seizure models. Epilepsy Behav. 2011;22(3):450-60.

104. Giacomini NJ, Rose B, Kobayashi K, Guo S. Antipsychotics produce locomotor impairment in larval zebrafish. Neurotoxicol Teratol. 2006;28(2):245-50.

105. Kyzar E, Stewart AM, Landsman S, Collins C, Gebhardt M, Robinson K, et al. Behavioral effects of bidirectional modulators of brain monoamines reserpine and d-amphetamine in zebrafish. Brain Res. 2013;1527:108-16.

106. Selderslaghs IW, Van Rompay AR, De Coen W, Witters HE. Development of a screening assay to identify teratogenic and embryotoxic chemicals using the zebrafish embryo. Reprod Toxicol. 2009;28(3):308-20.

107. Hagedorn M, Kleinhans FW, Artemov D, Pilatus U. Characterization of a major permeability barrier in the zebrafish embryo. Biol Reprod. 1998;59(5):1240-50.

108. Phelps HA, Runft DL, Neely MN. Adult zebrafish model of streptococcal infection. Curr Protoc Microbiol. 2009;9:Unit 9D.1.

109. Ullmann JF, Cowin G, Kurniawan ND, Collin SP. Magnetic resonance histology of the adult zebrafish brain: optimization of fixation and gadolinium contrast enhancement. NMR Biomed. 2010;23(4):341-6.

110. Gutzman JH, Sive H:.Zebrafish brain ventricle injection. J Vis Exp. 2009(26).

111. Collymore C, Rasmussen S, Tolwani RJ. Gavaging adult zebrafish. J Vis Exp. 2013(78).

112. Cocchiaro JL, Rawls JF. Microgavage of zebrafish larvae. J Vis Exp. 2013(72):e4434.

113. Cheung E, Chatterjee D, Gerlai R. Subcutaneous dye injection for marking and identification of individual adult zebrafish (Danio rerio) in behavioral studies. Behav Res Methods. 2013.

AGRADECIMENTOS

Gostaríamos de agradecer a Laura Roesler Nery e Fabiano Peres Menezes pelas fotografias de *zebrafish*. Agradecemos também ao Decit/SCTIE-MS por meio do Conselho Nacional de Desenvolvimento Científico e Tecnológico (CNPq) e Fundação de Amparo à Pesquisa do Estado do Rio Grande do Sul (Fapergs) (Proc. 10/0036-5, conv. n. 700545/2008 – Pronex) pelo apoio na consolidação das linhas de pesquisa com o uso de *zebrafish* como animal modelo.

CAPÍTULO 2

CONCEITOS BÁSICOS DE MEIO DE CULTURA

Ronaldo Zucatelli Mendonça
Fabiana Regina Xavier Batista

2.1 MEIO DE CULTIVO CELULAR: CONCEITO

Meios de cultivo são soluções aquosas desenvolvidas para manter ou replicar células *in vitro*. Uma vez adicionadas a essas soluções, as células recebem a designação de meios de cultura. Tais soluções necessitam conter inúmeras substâncias de forma a manter estas células em condições o mais próximo possível do ambiente em que se encontravam quando incorporadas a um tecido vivo. Quando fazem parte desse tecido, as células recebem os nutrientes através da circulação intracorpórea, sanguínea no caso de células de mamíferos e hemolinfa para células de insetos. No entanto, fora do organismo, os elementos essenciais para a sobrevivência celular necessitam ser totalmente supridos de forma artificial.

A maioria dos meios de cultivo pode ser classificada como basal, contendo apenas uma quantidade definida de elementos. Porém, conforme a complexidade dos cultivos e as exigências de algumas linhagens celulares, esses meios necessitam ser suplementados com outros componentes. Desde as primeiras tentativas em se manter células vivas fora do organismo, o grande desafio sempre foi a manutenção das condições básicas de sobrevivência. Para tal, desde o início, o desenvolvimento de meios se baseou na utilização de fluidos biológicos como o plasma, a linfa, o soro ou extratos de tecidos.

2.2 CULTIVO CELULAR: DA ORIGEM À ATUALIDADE

As primeiras tentativas de se manter células vivas e funcionais *in vitro* se iniciaram no final do século XIX. Um dos primeiros trabalhos na área foi desenvolvido por Sydney Ringer[1], no qual uma solução salina contendo cloreto de sódio, potássio, cálcio e magnésio foi utilizada com o intuito de manter os batimentos cardíacos de um coração isolado fora do corpo. Em 1878, Claude Bernard[2] demonstrou que o interior das células regulava a atividade dos tecidos, mas que, para estudar estes eventos, era necessário ter estas células isoladas, em sistemas artificiais, que eliminassem a influência do organismo. Em 1885, Wilhelm Roux[3] manteve vivas células de embriões de galinhas em solução salina aquecida por vários dias. Outro passo importante foi dado por Von Recklinghausen[4], que, em 1886, manteve glóbulos de anfíbios por mais de um mês em recipientes estéreis. Já em 1898, Ljunggren[5] manteve por várias semanas um explante de pele humana em líquido ascítico. De forma complementar, em bradicinesia fez as primeiras observações detalhadas sobre a sobrevivência e a divisão celular *in vitro*, mantendo por cerca de um mês, leucócitos de salamandra em gota pendente. Mas até aquele momento não se sabia se o que estava ocorrendo era a sobrevivência dos tecidos ou apenas retardando a morte celular.

Entretanto, um passo importante e definitivo ocorreu no início do século XX; Ross Granville Harrison (1907)[6], embriologista do John Hopkins Medical School, dissecou o tubo medular de um embrião de sapo e o manteve mergulhado em linfa fresca deste anfíbio[7].

Nesta mesma época (1912), Alexis Carrel (1873-1944)[8], um cirurgião francês do Rockefeller Institute for Medical Research, estudava formas de prolongar o tempo de vida das células em cultura e verificou que a troca de meio de cultivo permitia que as células sobrevivessem por mais tempo. Carrel recebeu o Prêmio Nobel de Fisiologia e Medicina em 1912 por inventar o método de suturar vasos sanguíneos. O grande sucesso de Carrel se baseou em técnicas de assepsia e de cirurgias, que permitiram que ele mantivesse durante 34 anos uma linhagem celular de tecido conectivo de galinha, sempre em divisão constante. Esta técnica ficou conhecida como *tissue culture* (cultura de tecidos), termo utilizado até hoje. Ainda em 1912, Warren e Lewis iniciaram a investigação dos componentes do meio de cultivo necessários ao desenvolvimento e crescimento das células, no que foi seguido por muito outros e apenas chegando a um resultado significativo com Harry Eagle, 40 anos após.

Durante muitas décadas quase nenhum progresso significativo foi obtido. Nesse período, experimentos com células consistiam em cultivo de tecidos fragmentados mecanicamente em frascos contendo fluidos dos animais de onde provinham os tecidos. O grande avanço ocorreu na década de 1940, com o desenvolvimento de vacinas virais que passaram a utilizar cultivos celulares como suporte de replicação viral ao invés da inoculação do vírus em animais. Em 1948, Enders, Wellers e Robbins[9] demonstram que o vírus da Pólio 2 podia ser replicado em cultura de células não nervosas. Um grande impulso ocorreu, contudo em 1949, quando o vírus da Pólio pode ser finalmente propagado em cultura de células, tornando-se o primeiro produto comercial em larga escala produzido em cultivo celular. Os três recebem o Prêmio Nobel de medicina em 1954. Isso levou a um rápido desenvolvimento de outras vacinas virais.

Para atender a grande demanda de meios definidos e de composição controlada foi necessário o desenvolvimento de técnicas de cultivo, bem como o aperfeiçoamento de novas formulações que promovessem a manutenção celular de forma adequada. Harry Eagle (1905-1992) torna-se um grande marco desse período ao desenvolver o primeiro meio de cultura de células quimicamente definido (1955)[10]. Este meio ficou conhecido como meio mínimo essencial de Eagle (MEM). O meio desenvolvido por Eagle era um meio com características alcalinas, composto de uma mistura de aminoácidos, carboidratos, sais, vitaminas e suplementado com soro animal, o que permitiu o desenvolvimento de muitos estudos sobre as reais necessidades para a sobrevivência das células *in vitro*.

Logo em seguida, Wilton Earle[11] realizou uma análise sistemática dos nutrientes necessários à propagação de células animais em cultura. O pesquisador avaliou o crescimento de duas linhagens de células, células HeLa e células L (fibroblastos murinos). Até este momento, as células HeLa, estabelecidas em 1952, eram crescidas em um meio contendo plasma de galinha, extrato de embrião bovino e soro de cordão de placenta humana. Este meio, extremamente complexo e de composição indefinida, tornava impossível qualquer estudo para análise dos requerimentos nutricionais necessários para as células. É importante salientar que muitos dos atuais métodos de cultura celular foram desenvolvidos pelo grupo do National Cancer Institute (EUA), liderados por Wilton Earle, que foi também o primeiro a manter células em multiplicação sobre um suporte de vidro e o pioneiro na manutenção celular em suspensão.

Em 1954, Levi-Montalcini[12,13] verificou o estímulo no crescimento dos axónios em cultura de tecido pela adição do factor de crescimento do nervo (NGF). Esta linha de trabalho lhe rendeu o Prêmio Nobel em 1986. Em 1956, Puck e colegas[14] selecionaram células HeLa com requerimentos de crescimento distinto dos observados nas culturas celulares. Em 1961, Hayflick e Moorhead[15] deram outro grande passo para o entendimento do crescimento de células em cultura ao determinar que fibroblastos humanos, removido do cordão umbilical de recém-nascidos, morrem após um número finito de divisões quando *in vitro*. Este fenômeno recebeu o nome de Limite de Hayflick.

Em 1964, Littlefield[16] desenvolveu um meio específico para o crescimento selectivo de células somáticas híbridas (HAT), tornando possível o estudo da genética de células somáticas. Em 1975, a tecnologia da cultura celular foi fundamental para a produção de células híbridas (hibridomas) a partir da fusão de duas ou mais células capazes de se reproduzirem.

A partir dos anos 1980, devido a grande industrialização na produção de biofármacos e a grande variedade de células utilizadas, foi necessário se desenvolver novos meios, buscando uma maior produtividade, a redução de custos de produção, bem como a utilização de meios definidos quimicamente que propiciassem uma maior reprodutibilidade dos experimentos. Para isso, foram necessários muitos estudos na definição dos requerimentos nutricionais de cada linhagem celular em específico.

2.2.1 Critérios para seleção do meio a ser utilizado

As células utilizadas em laboratório possuem diferentes origens. Estas células podem ser de vertebrados, invertebrados, plantas etc. Além disso, estas células são originárias de diferentes tecidos e, portanto, necessidade nutricional, bem como a resistência a diferentes metabólitos e as demais condições de cultivo, como osmolaridade e pH destas células são bastante distintas. Por outro lado, existem células primárias ou de linhagem que possuem comportamento muito diferenciado. Por isso, um meio que funciona bem com um tipo de célula pode não funcionar com outro. Por este motivo, a escolha do meio de cultura a ser utilizado é extremamente importante e fundamental pelo sucesso ou não do cultivo. Assim sendo, os requerimentos nutricionais bem como as condições de cultivo devem ser determinados para cada tipo celular. Em geral, células provenientes de tecidos similares ou animais filogeneticamente próximos costumam ter necessidades também próximas, mas não necessariamente idênticas. Desta forma, a quantidade de meios disponíveis no mercado é bastante grande. Em geral podemos dividir estes meios em grupos; meios básicos para células de mamíferos, insetos e plantas; meios semissintéticos, meios sintéticos, meios para cultivos em alta densidade e meios específicos ou complexos para condições determinadas. Atualmente, os meios básicos mais usados em cultivos de células de mamíferos são: Meio-Eagle essencial mínimo (MEM), meio Eagle modificado por Dulbecco (DMEM), RPMI-1640, F-12 e L-15. Para insetos, os meios mais utilizados são: Grace's, TNM-FH, IPL-41, SCHENEIDER, TC-100. Estes meios citados acima atendem as necessidades de uma grande variedade de tipos celulares. Atualmente muitos meios sintéticos têm sido desenvolvidos e são cada vez mais utilizados. De qualquer forma, todos os meios possuem uma composição básica.

2.3 COMPOSIÇÃO GERAL DOS MEIOS DE CULTIVO

2.3.1 Componentes básicos: necessidades celulares

Para um meio de cultura ter sucesso, ele necessita suprir algumas necessidades básicas das células. Estas necessidades são: nutrição; adesão celular; proteção mecânica para células e proteção biológica (antioxidantes e antitoxinas). Em relação à nutrição, o meio de cultura necessita fornecer às células uma fonte de carbono como açúcares (composição do esqueleto celular) e nitrogênio como aminoácidos (fonte de energia), sais inorgânicos (importantes na manutenção do balanço iônico e pressão osmótica), vitaminas, lipídios, ácidos orgânicos, proteínas, hormônios, antibióticos, além de micronutrientes, como íons orgânicos, além de minerais (selênio, dentre outros) e água[17]. É importante ressaltar que tais necessidades variam em teor de célula para célula.

2.3.1.1 Glicose e outros açúcares

Em geral, a glicose atua como fonte de carbono e também de energia, em concentrações que podem variar de 5 a 25 mM[5,18-21]. A glicose é considerada um elemento fundamental nos meios de cultura. Segundo Mendonça e colegas[22], a ausência desse composto pode levar as células à morte por apoptose. A glicose, em condições normais de oxigenação do cultivo, é metabolizada pela via do ciclo de Krebs, gerando 38 ATPs, água e CO_2. Em condições de baixa concentração de oxigênio, a glicose é metabolizada de forma muito ineficiente, pela via glicolítica, gerando 2 ATPs, além de ácido lático (ou lactato)[23]. Ressalta-se, contudo, que o ácido lático costuma ser bastante tóxico para as células, mesmo em baixas concentrações. Buther e colegas[24] observaram que células BHK morrem quando expostas a concentrações de 1 mM deste metabólito. A presença do ácido lático reduz drasticamente o pH celular, ocasionando a morte das células.

Segundo Ikonomou e colegas[25], as células de insetos acumulam lactato em baixos níveis, diferentemente das células de mamíferos. Conforme também discutido por Mendonça e colegas[19], este metabólito pode ser produzido em condições limitantes de oxigênio.

Em algumas situações, contudo, o lactato pode ser consumido, sendo possivelmente um substrato alternativo para o suprimento de carbono ao metabolismo celular, proporcionando a produção de piruvato, através da enzima lactato desidrogenase, formando o ácido α-cetoglutarato, composto resultante do ciclo do ácido tricarboxílico (TCA, Figura 2.1).

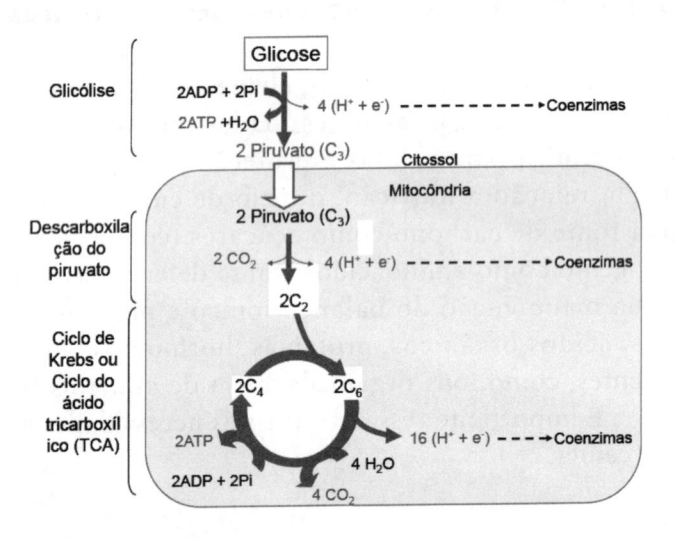

Figura 2.1 Piruvato como percursos do ciclo de Krebs.

Devido à ação tóxica do lactato produzido, alguns meios foram desenvolvidos para evitar este problema, como o meio L-15, no qual a glicose é substituída por galactose, resultando em uma menor síntese de ácido lático pelas células. Neste caso, o açúcar é metabolizado pela via da pentose fosfato gerando quatro vezes menos ácido lático do que pela via do ciclo de

Krebs[26]. Outros açúcares, como a maltose e a frutose, também podem ser adicionados ao meio de cultivo para a mesma função.

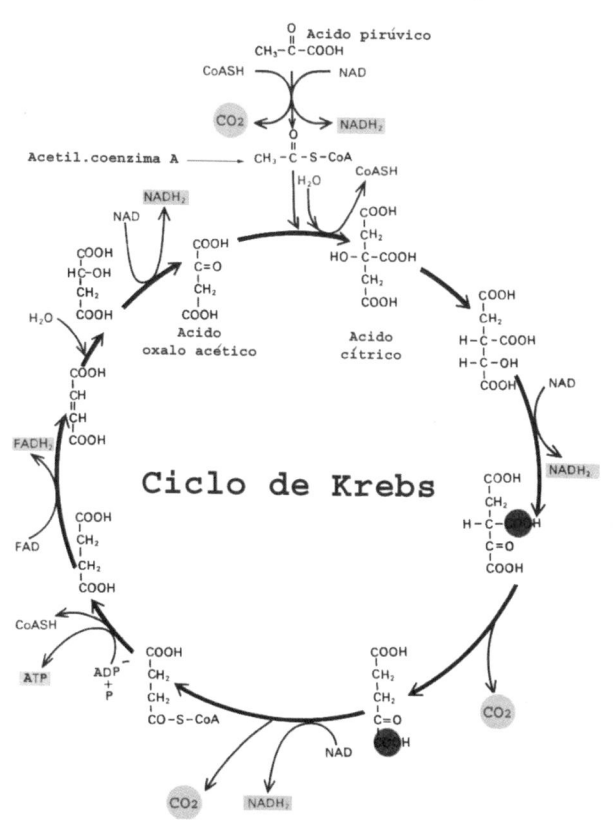

Figura 2.2 Rotas metabólicas do ciclo de Krebs.

Bédard e colegas[21] verificaram ainda que em meio de *Trichoplusia ni* de Frederick Hink (*Trichoplusia ni medium* - Frederick Hink, TNM-FH) suplementado com soro fetal bovino (SFB) e glicose, os açúcares frutose e maltose podem ser empregados como fonte de carbono pelas células Sf9 e BTIEAA. Mas mesmo neste caso, a glicose é o açúcar de maior importância e preferencialmente consumido. Mendonça e colegas[19] observaram também que em meio TNM-FH, que contém dois açúcares (glicose e frutose), a frutose é consumida pelas células Sf9 somente quando a concentração de glicose é inferior a 0,2 g/L. Nestas condições, carboidratos alternativos podem ser consumidos resultando, entretanto, em menores velocidades específicas de crescimento celular.

Estudos realizados por Batista e colegas[27] mostraram que a lactose, quando empregada no cultivo de células Sf9, proporcionou um aumento na densidade e viabilidade celular. O emprego de lactose sob a forma de permeado de soro de leite liofilizado aumentou cerca de 3,5 vezes a concentração final de células Sf9 quando comparada àquela obtida em meio Grace acrescido de 10% de soro fetal bovino (SFB). A lactose empregada na concentração de até 50 mM proporcionou também o aumento da expressão de ricina em células Sf9 modificadas, conforme observações de Ferrini e colegas[28].

2.3.1.2 Aminoácidos

Os aminoácidos são componentes básicos de meios de cultivo. Estes compostos são necessários para a síntese de proteínas, de nucleotídeos e de lipídios, além de serem empregados no crescimento celular. Os aminoácidos presentes nos meios são consumidos pelas células através de diferentes taxas. Alguns deles praticamente não são consumidos, enquanto a alanina, em geral, é produzida por cultivos de células de inseto[19].

Para estarem presentes nos meios, os aminoácidos necessitam ser administrados através de uma mistura definida ou na forma de hidrolisados de proteínas. Alguns meios de células de inseto, como o TNM, são acrescidos de extrato de levedura e lactoalbumina. Estes elementos são fundamentais no crescimento de células Sf9.

Em geral, os níveis de aminoácidos adicionados aos meios para o cultivo de células de inseto são bem mais altos que os observados naqueles utilizados para o cultivo de células de vertebrados[29]. Por sua vez, segundo Ikonomou e colegas[25] e Drews e colegas[20], os aminoácidos como a glutamina, glutamato, aspartato, serina, arginina, asparagina e metionina podem ser utilizados por células de insetos como fonte de energia.

Mendonça e colegas[19] verificaram ainda que a suplementação do meio de cultivo TNM-FH com metionina e tirosina pode proporcionar o retardo de morte celular em culturas de células Sf9. É importante observar também que a adição de metionina e cisteína foi um fator crítico para o crescimento de duas linhagens de células de inseto, *Spodoptera frugiperda* e *Lymantria díspar*, mantidas em meio IPL-10 livre de SFB[30].

2.3.1.2.1 Glutamina

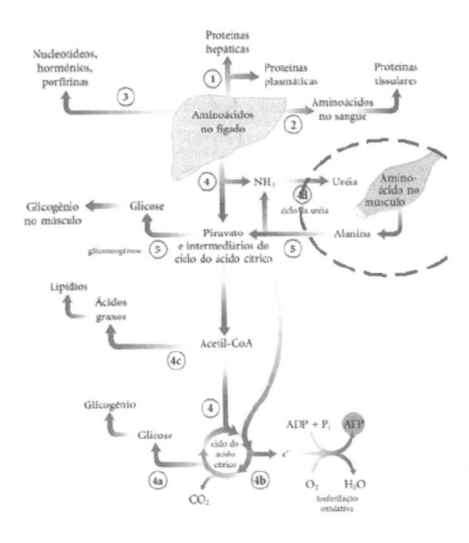

Figura 2.3 Ciclo de alanina-glicose.

A glutamina, aminoácido e componente essencial presente em quase todos os meios de cultivo, em geral é utilizada como fonte de carbono, nitrogênio ou ainda energia em alguns casos. Mendonça e colegas[19] mostraram que, quando a glicose torna-se escassa no meio de cultura, as células podem utilizar a glutamina para a produção de energia.

A concentração deste aminoácido varia no geral entre 1 a 5 mM, conforme o meio de cultura. A glutamina, assim como metionina e a serina destacam-se como aminoácidos limitantes do crescimento celular[31]. Trata-se ainda de um aminoácido muito instável, degradado naturalmente no meio de cultura. Quando estocada a 4°C, a glutamina é reduzida a 60% em três semanas. Quando a 37°C, a glutamina é degradada em 50% em cerca de nove dias, sendo que após três semanas não se observa mais do que 20% da concentração de glutamina inicial[32]. O principal subproduto gerado de seu metabolismo pelas células é o amônio (NH_4^+), que apresenta efeito bastante tóxico e inibidor de crescimento na maioria das células. Para amenizar este problema, alguns meios contêm glutamato no lugar da glutamina, aminoácido este menos termolábel do que a glutamina.

2.3.1.3 *Vitaminas*

Vitaminas são elementos essenciais para a maior parte das células sendo utilizadas como cofatores enzimáticos. Em meios basais que utilizam o soro fetal, muitas vezes é necessário apenas a suplementação de vitaminas do complexo B (B1 (tiamina), B2 (riboflavina), B3 (niacina), B5 (ácido panto-tênico), B6 (piridoxina), B7 (biotina), B9 (ácido fólico), B12 (cobalamina). No entanto, em meios livres de soro fetal (que serão discutidos adiante), é necessário o fornecimento de outras vitaminas, em especial as vitaminas A, D, E e K, além do ácido fólico, da niacina, da tiamina, biotina, do ácido pantotênico e do ácido ascórbico. Abaixo (Tabela 2.1), seguem as funções de cada vitamina do complexo B.

Tabela 2.1 Vitaminas que compõem o complexo B.

VITAMINA	FUNÇÕES
B1 (Tiamina)	• atua como coenzima de vários sistemas enzimáticos que catalisam reações de descarboxilação oxidativa (Ciclo de Krebs e via das pentoses fosfatadas). • desempenham um papel fundamental no metabolismo oxidativo de glicídios e lipídios, sendo importantes para a produção de energia no organismo.
B2 (Riboflavina)	• atua como precursora dos cofatores de flavina: FMN (flavina mononucleotídio) e FAD (flavina adenina dinucleotídio); estes sevem como coenzimas em reações de oxirredução no metabolismo energético. Mais de 50 flavoproteínas (enzimas com cofatores de flavina) são conhecidas. • FMN e FAD podem aceitar elétrons de substratos ou então da coenzima NADH
B3 (Niacina)	• forma parte das coenzimas NAD+ e NADP+, as quais atuam em processos metabólicos de glicídios e protídeos, na respiração em nível celular. O NAD+ pode se reduzir a NADH+, ao receber elétrons (na forma de íon hidreto). A forma oxidada, NAD+, é reciclada pela transferência dos elétrons para a cadeia respiratória, enquanto ATP é produzido. • o NADP+ é obtido na via das pentoses fosfato e serve como agente redutor em vias biossintéticas redutivas.
B5 (Ácido Pantotê-nico)	• forma parte da Coenzima A, que atua no metabolismo de lipídios (na ativação de ácidos graxos e transporte de grupamentos ácidos) e também no Ciclo de Krebs. • é necessária para diversos processos metabólicos celulares como a síntese de hormônios a partir do colesterol; síntese e degradação de ácidos graxos; a formação de anticorpos; a biotransformação e detoxificação de substancias tóxicas.
B6 (Piridoxina)	• a piridoxina pode ser fosforilada para produzir piridoxal fosfato (PYF), sua forma ativa. Este atua como cofator de um grande número de enzimas que transferem grupos amino no metabolismo de aminoácidos (transferases) e também como cofator da enzima que catalisa a quebra do glicogênio. O PYF liga-se covalentemente a um resíduo de lisina de enzimas das quais é cofator.

VITAMINA	FUNÇÕES
B7 (Biotina)	• atua como coenzima de enzimas que transferem grupos carboxila (-COOH) e funciona como carreador de CO_2. • está envolvida em reações de rotas metabólicas como a gliconeogênese, a biossíntese de ácidos graxos de cadeia insaturada e oxidação de ácidos graxos. • é necessária para o crescimento e o bom funcionamento da pele e seus órgãos anexos (cabelo, glândulas sebáceas, glândulas sudoríparas) assim como para o desenvolvimento das glândulas sexuais.
B9 (Ácido Fólico)	• as reações que requerem folato são genericamente referidas como reações de metilação, incluindo as envolvidas nas fases de síntese de purinas e pirimidinas, metabolismo de aminoácidos e na formação do doador-chave de grupamento metil, o Sadenosilmetionina (SAM), envolvido em mais de cem reações de transferências de grupamento metil. A principal função das coenzimas folato é receber e doar radicais metil em vias metabólicas chave.
B12 (Cobalamina)	• atua como cofator de enzimas que catalisam rearranjos intramoleculares de ligações C-C, bem como metilações; está envolvida no catabolismo de vários aminoácidos e na oxidação de ácidos graxos, e na formação da metionina pela metilação da homocisteína. • é necessária para a mobilização (oxidação) de lipídios e para manter a reserva energética dos músculos.

A vitamina A afeta o crescimento e a diferenciação celular; já a vitamina D regula o transporte de íons cálcio e atua como um hormônio. A vitamina E (tocoferol) atua como agente antioxidante[33]. Segundo Mohan e colegas[34], o acetato de alfa tocoferol (0,05% em volume) resultou na redução de 80% da apoptose ocasionada por exposição das células Sf9 a raios UVB. A vitamina K, por sua vez, é requerida na gama-carboxilação e no correto processamento proteico das células.

Células de *Drosophila* cultivadas *in vitro* necessitam principalmente de vitaminas do complexo B, assim como a maioria das células animais. Esta necessidade é geralmente suprida com a adição de extrato de levedura (cerca de 1 a 2 g/L). Na ausência deste composto, uma mistura suplementar de vitaminas é geralmente adicionada[29].

2.3.1.4 Sais minerais

Toda a fisiologia celular é dependente de sais. Os sais mais comuns presentes nos meios de cultura são aqueles que contêm os seguintes íons Na^+, K^+, Mg^{2+}, Ca^{2+}, Cl^-, SO_4^{2-}, PO_4^{3-} e HCO_3^-. Estes elementos, além de sua função fisiológica nas muitas reações que ocorrem nas células ainda são importantes na manutenção da osmolaridade do meio. Esta osmolaridade é um parâmetro definido de acordo linhagem de células utilizadas. Em meios para cultivo de células de mamífero, além da influência dos sais no balanço osmótico é preciso levar em consideração também o efeito das demais partículas osmoticamente ativas, destacando com isso a importância de mais um parâmetro físico-químico que merece atenção especial na cultura de células animais, a osmolalidade. A osmolalidade está entre 260 para o meio MEM- Eagle ou o meio DMEM (Dulbecco's Modified Eagle Medium) a 330 mOsm/Kg H_2O para o meio Leibovitz (L-15)[18]. Células de mamíferos em condições de hiperosmolalidade aumentam a atividade metabólica e a secreção de metabólitos secundários como discutido previamente por Oh e colegas[35], Lin e colegas[36], TAKAGI e colegas[37], OLEJNIK e colegas[38]. Nos meios de cultura para células de inseto, em geral, a osmolalidade varia em torno de 310 (meio Grace's) a 360 mOsm/Kg H_2O (meio Schneider). Células de inseto como a Sf9, por exemplo, toleram osmolalidade superior a 350 mOsm/kg[27]. OLEJNIK e colegas [38] verificaram que células de *Tricoplusia ni* (linhagem Tn-5) suportam osmolalidades superiores a 450 mOsm/Kg. Além disso, estes autores observaram que as células compensavam o desbalanço osmótico aumentando a taxa de consumo de aminoácidos, já que, estes compostos atuam como osmoprotetores e precursores para o metabolismo celular e na síntese de proteínas.

A presença de bicarbonato de sódio, utilizado em alguns meios de cultivo, altera a osmolalidade destes meios significativamente. Uma vez dissociado, os íons que compunham originalmente este sal, exercem papel específico quando presentes em muitos meios de cultivo.

Outros sais importantes são conhecidos como microelementos. Apesar de estarem em concentrações muito baixas, estes componentes são essenciais para o perfeito funcionamento da maquinaria da célula. Entre os mais importantes destes microelementos estão o ferro, o selênio, o zinco, manganês, vanádio, cobre e molibdênio. A principal fonte destes elementos é o soro fetal.

2.3.1.5 Soro

O soro, como citado acima, é a principal fonte de microelementos para as células. Também é uma rica fonte de lipídios, em especial o colesterol. Atualmente, a maior fonte de soro utilizada em cultivos celulares é o soro fetal bovino. No entanto, o grande problema está associado a sua composição indefinida e a grande variabilidade de seus componentes de acordo com o lote. A simples composição do soro e, portanto, das plantas da região onde vivem os animais ou de onde é proveniente a alimentação do animal, bem como a variedade desta alimentação, é suficiente para variar a composição do soro. Além dos elementos citados acima, o soro também é fonte de hormônios, de fatores de crescimento, fatores de adesão celular, como a fibronectina, bem como de proteínas de transporte, entre outros[18,31]. Na Tabela 2.2 é apresentada a lista de alguns elementos presentes no soro e que são importantes na sobrevivência e replicação celular.

Tabela 2.2 Componentes típicos do soro e suas funções no cultivo de células animais *in vitro* (adaptada de Freshney, 1994).

COMPONENTE	FUNÇÃO PROVÁVEL
PROTEÍNAS	
Albumina	Controle osmótico e de tamponamento, transporte de lipídios, hormônios e minerais
Fetuína	Adesão celular
Fibronectina	Adesão celular
α_2-Macroglobulina	Inibidor de tripsina
Transferrina	Ligação de ferro
POLIPEPITÍDEOS	
Fator de crescimento endotelial (ECGF)	Mitogênico
Fator de crescimento epidermal (EGF)	Mitogênico
Fator de crescimento de fibroblastos (FGF)	Mitogênico
Fatores de crescimento similares à insulina (IGFI e IGFII)	Mitogênico
Fator de crescimento derivado de plaquetas (PDGF)	Mitogênico e principal fator de crescimento
HORMÔNIOS	
Hidrocortisona	Promove a adesão e proliferação
Insulina	Promove a absorção de glicose e de aminoácidos
Hormônios de crescimento	Mitogênico
METABÓLITOS E NUTRIENTES	
Aminoácidos	Proliferação celular
Glicose	Proliferação celular
Cetoácidos (p. ex. piruvato)	Proliferação celular
Lipídios (p. ex. colesterol)	Síntese de membrana

COMPONENTE	FUNÇÃO PROVÁVEL
MINERAIS	
Ferro, cobre, zinco, selênio	Cofatores de enzimas
INIBIDORES	
γ-Globulina	–
Toxinas bacterianas	–
Chalones	inibidor tecido-específico

2.3.1.5.1 Desvantagem do uso de soro

O uso de soro tem muitas desvantagens; uma delas é o alto custo deste elemento. Outro fator importante é a grande variabilidade entre lotes, o que acarreta problemas de reprodutibilidade. O soro também pode ser uma fonte de contaminantes, em especial vírus, micoplasma e prions, aumentando significativamente o risco do uso de produtos obtidos destes cultivos. Por sua vez, a presença de proteínas em sua composição dificulta o processo de *downstream*, durante a etapa de recuperação e purificação do bioproduto de interesse.

2.3.1.5.2 Cultivo de células em meio livre de soro

As células são passíveis de se desenvolverem em meios livres de soro[17] como será explanado abaixo, ou ainda, em meios pré-definidos desde que suplementados com fatores encontrados no soro. Empregam-se comercialmente meios livres de soro para células de mamífero como os da linha Ex-Cell (Sigma-Aldrich). Tais meios têm apresentado efeito muito positivo no crescimento celular e também na secreção de produtos, permitindo obter teores maiores do que os encontrados para os meios com soro[39-41]. Essa linha de meios possui formulações com baixas concentrações de proteínas recombinantes, tais como insulina bovina, albumina bovina e transferrina humana ou mesmo formulações totalmente isentas de proteínas.

Entre as formulações livres de soro para células de inseto destacam-se os meios Sf900 II, Express Five, Insect Express, SFX da Hyclone e EX-CELL 400, que proporcionam maior reprodutibilidade entre os ensaios realizados, mas que, no entanto, aumentam os custos de produção.

Em alguns cultivos específicos não é possível a completa remoção de constituintes proteicos do meio, e, por esse motivo, em algumas formulações são adicionados alguns hidrolisados proteicos, que podem ser originalmente provenientes de tecidos animais, proteínas do leite, bactérias, leveduras e de proteínas vegetais, representando uma rica fonte de peptídeos pequenos, aminoácidos livres e estáveis, além de lipídios, vitaminas e outros componentes de baixa massa molar.

O *yeastolate* e o extrato de levedura são hidrolisados obtidos por autólise em processos similares, contudo o *yeastolate* sofre ainda um processo de filtração para a remoção de proteínas com alta massa molar, encontrando-se disponível comercialmente em uma forma padronizada[42].

No metabolismo de células de insetos, as proteínas hidrolisadas como a lactoalbumina (LH) e o extrato de leveduras (*yeastolate*) tem um papel fundamental. Estes elementos, quando adicionados aos cultivos, podem promover o crescimento celular, não só por seu conteúdo em aminoácidos, mas também em virtude da presença de vitaminas[17].

Nestes hidrolisados destaca-se também a presença de peptídios bioativos que podem ser muito úteis ao cultivo. Mendonça e colegas[43] mostraram que extrato de levedura e lactoalbumina contêm peptídios bioativos que agem como estimulantes do crescimento celular. Entretanto, a atuação destes compostos na promoção do crescimento das células ainda não é bem conhecida.

Drews e colegas[20] observaram um aumento no crescimento da linhagem Sf9 quando a concentração de extrato de levedura passou de 4 g/L para 8 g/L, indicando que componentes presentes neste composto, promovem o crescimento celular. Entretanto, o aumento da concentração de extrato de levedura para 16 g/L ocasionou inibição do crescimento, associado possivelmente ao aumento excessivo da osmolalidade. Tem sido observado também que a adição de hemolinfa aos cultivos de células de inseto gera um efeito proliferativo e protetor às células. Maranga e colegas[44] e Souza e colegas[45] mostraram o poder antiapoptótico e profilerativo da hemolinfa nestes cultivos.

Além dos hidrolisados, os lipídios também são considerados essenciais no crescimento celular, como constituintes de membranas, destacando-se o colesterol e os fosfolipídios (MITSUHASHI, 1989). Segundo Echalier[29], a ausência de lipídios como ácido linoleico, lecitinas, colesterol, etanolamina e fosfatidilcolina resultou na queda de eficiência da multiplicação das células de *Drosophila*. O soro sanguíneo em um percentual que pode variar entre 5 e 20%, em volume no meio de cultivo, provém às células a concentração adequada de lipídios. Entretanto, nas últimas décadas o uso do soro no meio de cultivo tornou-se cada vez mais restrito, e com isso surgiu a necessidade do emprego de outro componente que realizasse a dispersão do lipídio adequadamente no meio de cultivo, uma vez que a maior limitação para a administração deste suplemento no meio é a baixa solubilidade em soluções hidrofílicas.

Para contornar essa limitação indica-se a emulsificação dos lipídios com agentes tensoativos não citotóxicos, como o Pluronic F68, conforme proposto por Maiorella e colegas[33]. Variados tipos de emulsão lipídica estão disponíveis comercialmente como a formulada pela Invitrogen (Tabela 2.3).

Tabela 2.3 Composição da Emulsão Lipídica Empregada no Cultivo Celular.
(Fonte: Adaptado de *Life Technologies Technical Resources*)

COMPONENTES	CONCENTRAÇÃO (mg/L)
Pluronic F68	100
Álcool etílico	100
Colesterol	220
Tween 80	2,2
(DL) acetato de alfa tocoferol	70
Ácido esteárico	10
Ácido mirístico	10
Ácido oleico	10
Ácido linoleico	10
Ácido linolênico	10
Ácido palmítico	10
Ácido palmitoleico	10
Ácido araquidônico	2

2.4 MEIOS DE CULTIVO PARA CÉLULAS ANIMAIS

2.4.1 Meios e condições de cultivo para células de mamíferos

Para o estabelecimento de meios de cultivo para células animais em geral alguns parâmetros devem ser assegurados. As células de mamíferos caracterizam-se por possuírem crescimento lento, baixa produtividade e alta sensibilidade às limitações de nutrientes, ao acúmulo de metabólitos e às tensões de cisalhamento (devido à ausência de parede celular). Por estes motivos, o cultivo destas células exige um controle rígido de todos os aspectos físicos, químicos e biológicos[46-48].

O pH adequado para o bom desenvolvimento de células de mamíferos situa-se na faixa de 6,8 a 7,8. Para manter esta faixa de pH utilizam-se agentes tamponantes como Hepes, tampão fosfato, bicarbonato de sódio e ar acrescido de 5% de CO_2[31].

Destaca-se também no cultivo de células animais como fator essencial, a necessidade do fornecimento adequado de oxigênio dissolvido. Devido à sua baixa solubilidade em água, o oxigênio necessita ser continuamente fornecido ao meio líquido de maneira suave, para evitar danos celulares por cisalhamento, a fim de suprir a necessidade celular na realização de processos metabólicos[31]. Contudo, em razão do alto requerimento de oxigênio no cultivo celular em reatores de maior capacidade, faz-se necessária a agitação e a injeção de ar rigorosamente controladas.

Dentro deste contexto, para casos onde a dispersão de oxigênio no meio de cultura é efetuada através de agitação intensa do meio ou através de borbulhamento de ar, passa a ser de relevância o uso de substâncias que protejam as células de danos por cisalhamento. Um destes compostos é o Pluronic F68. Este agente é utilizado para diminuir efeitos de cisalhamento na membrana celular, viabilizando o cultivo de células de inseto em cultivos agitados. Nestes casos, o Pluronic F68 atua minimizando a ligação das células às bolhas, diminuindo danos celulares que ocorrem quando aquelas são transportadas até a superfície. O surfatante tem também efeito sobre culturas não aeradas por borbulhamento, nas quais os danos celulares ocorrem em razão dos vórtices formados durante a agitação, impedindo a adesão celular à nova superfície. Em adição, o Pluronic F68 tem ação tensoativa e é capaz de acumular-se na interface gás-líquido, formando um filme na superfície celular, protegendo, com isso, as células dos efeitos do rompimento das bolhas na superfície do meio durante a aeração do mesmo[49].

Wu e colegas[50] atribuíram o efeito protetor do Pluronic F68 à redução da hidrofobicidade celular ocasionada por interações entre o aditivo e as células. A redução da hidrofobicidade evitaria a adesão celular às bolhas, minimizando assim os efeitos danosos às células decorrentes da ruptura das mesmas. A adição deste composto ao meio é indicada em concentrações de até 0,2% m/v, dependendo de sua toxicidade à linhagem celular em estudo[49].

Atualmente, existe um número bastante grande de meios de cultura para células de mamíferos. A Tabela 2.4 ilustra a composição do meio Dulbecco, um dos meios mais versáteis e tipicamente empregados no cultivo de células de mamíferos. Observa-se neste meio a presença de pelo menos 31 diferentes componentes.

Tabela 2.4 Composição do meio de Eagle modificado por Dulbecco, DMEM.

COMPONENTE	MASSA MOLECULAR	CONCENTRAÇÃO (mg/mL)
AMINOÁCIDOS		
Glicina	75,0	30,0
L-Arginina hidrocloreto	211,0	84,0
L-Cistina 2HCl	313,0	63,0
L-Histidina hidrocloreto.H_2O	210,0	42,0
L-Isoleucina	131,0	105,0
L-Leucina	131,0	105,0
L-Lisina hidrocloreto	183,0	146,0
L-Metionina	149,0	30,0
L-Fenilalanina	165,0	66,0
L-Serina	105,0	42,0
L-Treonina	119,0	95,0
L-Triptofano	204,0	16,0
L-Tirosina sal dissódico dihidrato	261,0	104,0
L-Valina	117,0	94,0

COMPONENTE	MASSA MOLECULAR	CONCENTRAÇÃO (mg/mL)
VITAMINAS		
Colina cloreto	140,0	4,0
D-Pantotenato de cálcio	477,0	4,0
Ácido fólico	441,0	4,0
i-Inositol	180,0	7,2
Niacinamida	122,0	4,0
Piridoxina hidrocloreto	204,0	4,0
Riboflavina	376,0	0,4
Tiamina hidrocloreto	337,0	4,0
SAIS INORGÂNICOS		
Cloreto de cálcio anidro ($CaCl_2$)	111,0	200,0
Nitratoférrico ($Fe(NO_3)_3.9H_2O$)	404,0	0,1
Sulfato de magnésio anidro ($MgSO_4$)	120,0	97,7
Cloreto de potássio (KCl)	75,0	400,0
Bicarbonato de sódio ($NaHCO_3$)	84,0	3700,0
Cloreto de sódio ($NaCl$)	58,0	6400,0
Fosfato monobásico de sódio ($NaH_2PO_4.H_2O$)	138,0	125,0
OUTROS COMPONENTES		
D-Glicose (Dextrose)	180,0	4500,0
Vermelho de fenol	376.4	15,0

2.4.2 Meios e condições de cultivo para células de insetos

Células de insetos revelam-se significativamente mais robustas quanto ao cultivo, principalmente em relação à manutenção, facilidade de adaptação na mudança de sistemas aderentes para suspensos, e principalmente por apresentarem maior resistência a estresse ambiental, como mudanças de pH e de osmolalidade[25].

O pH ótimo para o cultivo de células de insetos situa-se, geralmente, entre 6,1 e 6,4, não havendo a necessidade de acréscimo de dióxido de carbono, o que reduz a complexidade e os custos do cultivo[17]. Muitas outras vantagens podem ser destacadas quando se compara o cultivo de células de insetos ao de mamíferos.

Entretanto, estudos realizados por Galesi[51] mostraram que células de inseto modificadas geneticamente para a produção da glicoproteína do vírus da raiva, quando cultivadas em biorreator, com aeração livre de bolhas e agitação realizada por duas turbinas tipo *pitched blade*, apresentam elevado crescimento celular (cerca de $1x10^7$ células/mL) somente após o emprego de 0,3% de Pluronic F68 no meio de cultivo. Galesi[51] observou ainda que as células apresentam elevada tolerância à presença deste aditivo no meio de cultivo, quando adicionado em concentração de até 0,6%m/v.

Segundo Palomares e colegas[52], em cultura de células Sf9, a adição 0,05% de Pluronic F68 mostrou-se importante para o cultivo, pois este composto não só interagiu com a membrana celular, aumentando a sua resistência ao stress hidrodinâmico, como também modificou a capacidade de produção de proteínas recombinantes e de vírus por estas células.

Para o cultivo de células de insetos, os meios mais utilizados são o meio Grace, o meio TC 100, TNM-FH, Schneider e ISCOVE, normalmente suplementados com soro fetal bovino. Também têm sido desenvolvidos meios sintéticos, onde não é necessária a adição de soro. Como exemplo de meios livres de soro para cultivos de células de inseto temos o Sf900II, Ex-Cell 400, Express Five SFM, Insect-XPRESS, HyQ SFX-Insect. Estes meios tem como vantagem serem meios quimicamente definidos, o que permite uma maior reprodutibilidade no cultivo celular. No entanto, estes meios tem um custo bem mais elevado[53]. A Tabela 2.5 apresentada a composição de alguns meios basais utilizados para o cultivo de células de inseto.

Tabela 2.5 Composição dos principais meios basais potencialmente empregados no cultivo de células de inseto.

COMPONENTE	MEIOS DE CULTIVO					
	SCHNEIDER	M3	D22	IPL-41	GRACE	TC100
SAIS INORGÂNICOS (mg/L)						
$CoCl_2 \cdot 6H_2O$	n.a.	n.a.	n.a.	0,05	n.a.	n.a.
$CaCl_2$	600,00	760,27	800,00	500,00	1000,00	996,60

COMPONENTE	MEIOS DE CULTIVO					
	SCHNEIDER	M3	D22	IPL-41	GRACE	TC100
$CuCl_2$ $2H_2O$	n.a.	n.a.	n.a.	0,20	n.a.	n.a.
$FeSO_4$-$7H_2O$	n.a.	n.a.	n.a.	0,55	n.a.	n.a.
KCl	1600,00	n.a.	n.a.	1200,00	2240,00	2870,00
MnCl-$4H_2O$	n.a.	n.a.	n.a.	0,02	n.a.	n.a.
$MgCl_2$	n.a.	n.a.	900,00	1068,18	1068,19	1068,19
$MgSO_4$	1807,22	2149,13	3360,00	918,26	1357,85	1357,85
NaH_2PO_4-H_2O	700,00	880,00	430,00	1160,00	876,92	876,92
$(NH_4)_6Mo_7O_{25}$-$4H_2O$	n.a.	n.a.	n.a.	0,04	n.a.	n.a.
$ZnCl_2$	n.a.	n.a.	n.a.	0,04	n.a.	n.a.
NaCl	2100,00	n.a.	n.a.	2850,00	n.a.	n.a.
$NaHCO_3$	400,00	n.a.	n.a.	350,00	350,00	350,00
OUTROS COMPONENTES (mg/L)						
Bis-tris	n.a.	1050,00	n.a.	n.a.	n.a.	n.a.
Ácido Fumárico	60,00	n.a.	n.a.	4,40	55,00	n.a.
Ácido α-cetoglutarato	350,00	n.a.	n.a.	29,60	370,00	n.a.
Ácido Málico	600,00	n.a.	600,00	53,60	670,00	n.a.
Ácido Acético	n.a.	n.a.	23,00	n.a.	n.a.	n.a.
Ácido Oxálico	n.a.	250,00	n.a.	n.a.	n.a.	n.a.
Ácido Succínico	60,00	n.a.	55,00	n.a.	60,00	n.a.
D-Glicose	2000,00	10000,00	1800,00	2500,00	700,00	1000,00
Maltose	n.a.	n.a.	n.a.	1000,00	n.a.	n.a.
Frutose	n.a.	n.a.	n.a.	n.a.	400,00	n.a.
Sacarose	n.a.	n.a.	n.a.	1650,00	26680,00	n.a.
Trealose	2000,00	n.a.	n.a.	n.a.	n.a.	n.a.
Lactoalbumina hidrolisada	n.a.	n.a.	13600,00	n.a.	n.a.	n.a.
Extrato de Levedura	2000,00	1000,00	1360,00	n.a.	n.a.	n.a.

COMPONENTE	MEIOS DE CULTIVO					
	SCHNEIDER	M3	D22	IPL-41	GRACE	TC100
AMINOÁCIDOS (mg/L)						
L-Alanina	n.a.	1300,00	n.a.	n.a.	225,00	225,00

Formulação conforme catálogo da fabricante e segundo a literatura: [1]Sigma-Aldrich Co.; [2]Echalier (1997); [3]Invitrogen (Gibco BRL); n.a: componente não adicionado.

2.5 MEIOS DE CULTIVO PARA CÉLULAS COM FINALIDADES ESPECÍFICAS

Em relação ao cultivo de células animais, inúmeras formulações de meio de cultivo especial podem ser destacadas, dependendo diretamente da linhagem celular utilizada e do produto a ser obtido.

Rodrigues e colegas[54] observaram a produção de anticorpo monoclonal em diferentes formulações de meio de cultivo a partir de células híbridas (EX-CELL, ISF-I, CD CHO, CDM4CHO, CHO-III-A, Octomed e HybridoMed), e, nas condições avaliadas, EX-CELL e, particularmente, o meio CDM4CHO foram os mais recomendados em termos de seu extenso uso farmacêutico.

Batista e colegas[55] observaram que queratinócitos humanos, isolados da epiderme de pacientes que foram submetidos a cirurgia gástrica, foram capazes de crescer adequadamente em meio MCDB 153 contendo insulina (7,5 μg/mL), extrato pituitário bovino (80 μg/mL), fator de crescimento epidermal (0,08 μg/mL), hidrocortisona (0,63 μg/mL) e glutamina (1 g/L). Estas células propagadas *in vitro* podem potencialmente ser empregadas na produção de epiderme reconstruída utilizada em lesões cutâneas.

Greco e colegas[56] observaram em seus estudos que algumas proteínas obtidas da hemolinfa da lagarta *Lonomia obliqua* podem oferecer ação inibitória a replicação viral (influenza, pólio e sarampo) em culturas de células Vero mantidas em meio L-15 (Leibovitz 15) suplementado com 10% de soro fetal bovino.

Células de inseto, Sf-9 (*Spodoptera frugiperda*), Tni e de *Drosophila* têm sido amplamente utilizadas para a expressão de uma grande variedade de proteínas heterólogas, utilizando vetores virais (baculovírus). Para isso, o desenvolvimento de novas formulações para estas células que permitam uma maior produção de proteínas mostra-se fundamental. Dentre os meios de cultivo empregados comumente na cultura de células de *Drosophila* encontram-se os meios Schneider e Shields Sang M3. Estes meios de cultivo requerem em muitas vezes a suplementação de 5 a 10% em volume de SFB ou ainda de suplementos como o IMS (*Insect medium supplement*). Este suplemento consiste em uma combinação de aminoácidos, lipídios, vitaminas e componentes que favorecem o crescimento celular, incluindo fatores de crescimento e elementos-traços (Catálogo *on-line* Sigma, 2007).

O meio Schneider sofreu várias modificações desde sua formulação original, sendo que a principal foi a substituição da albumina hidrolisada por uma mistura definida de aminoácidos. Este meio contém ainda cerca de 2 g/L de extrato de levedura, e segundo Sondergaard (1996), as células de *Drosophila* podem atingir elevadas densidades celulares (57×10^6 células/mL) neste meio de cultivo, quando suplementado com 10% de SFB. A maior utilização do meio Schneider deve-se fundamentalmente ao seu maior tempo de comercialização[29].

Galesi[51] mostrou que, embora o meio Schneider tenha sido inicialmente formulado para o cultivo de células de *Drosophila*, culturas destas células mantidas em meio Sf900 II, formulado primordialmente para células Sf9, apresentaram um melhor desempenho no crescimento celular. Segundo Deml e colegas[57], células S2 podem ser cultivadas em meio Schneider suplementado com 10% de SFB e 1% de kanamicina ou, em alternativa ao uso de meio com soro fetal, o cultivo pode ser realizado no meio livre de soro Sf900 II suplementado com íons metálicos bivalentes e 1% de kanamicina.

O meio M3 contém uma mistura definida de aminoácidos e 10 g/L de glicose, dentre muitos outros nutrientes, sendo empregado vastamente no cultivo de células de *Drosophila*. Shin e Cha[58] mostraram que as células de *Drosophila* S2 foram capazes de crescer em meio M3 suplementado com 10% de IMS produzindo adequadamente eritropoietina humana.

Resultados similares foram observados por Cha e colegas[59] no cultivo das células Schneider S2 em meio M3 suplementado com 10% de IMS. As células foram modificadas geneticamente para a produção de interleucina-2. Os autores observaram que após a adição de 500 µM de sulfato de cobre, usado para induzir a expressão da proteína-alvo, a produção da interleucina ocorreu de forma eficiente. A indução foi realizada quando a densidade de células viáveis atingiu no mínimo a concentração de 4×10^6 células/mL.

Os meios de cultura utilizados para células de *Drosophila* contêm uma grande quantidade de aminoácidos devido à observação do alto conteúdo desses compostos presentes no fluido corporal da *Drosophila*. Quando em cultivo, estes aminoácidos são geralmente fornecidos como hidrolisados de proteínas nutricionalmente significativas (como a lactoalbumina) ou com uma mistura definida de aminoácidos[29].

Infelizmente, há poucos trabalhos disponíveis sobre o metabolismo e as necessidades específicas das células de *Drosophila* em cultura. A maioria dos meios de cultura utilizados atualmente para células de *Drosophila* foi desenvolvida quando os únicos dados analíticos disponíveis sobre fluidos extracelulares de *Drosophila* eram sobre a hemolinfa da larva no terceiro estágio de desenvolvimento.

2.6 PLANEJAMENTO FATORIAL: ESTRATÉGIA PARA FORMULAÇÃO DE MEIOS DE CULTIVO

Uma abordagem recorrente para a proposição de novas formulações de meios de cultura é o planejamento fatorial. A metodologia de planejamento fatorial foi introduzida por Box e colegas[60] na década de 1970, mas tem sido aplicada mais intensamente somente nos últimos anos devido à facilidade do uso de programas computacionais para efetuar análises estatísticas.

O planejamento fatorial consiste na variação de diversos parâmetros ao mesmo tempo, para que o efeito de interação que possa haver entre elas não seja desprezado, como muitas vezes acontece na análise denominada univariável[61]. Em um planejamento fatorial completo é necessária a realização de experimentos para todas as possíveis combinações dos valores extremos das faixas de variação escolhidas para cada variável. Esse planejamento é denominado planejamento fatorial completo Y^n, onde n é o número de variáveis e Y, o número de experimentos que serão realizados. Quando o número de variáveis é muito grande pode-se realizar primeiramente uma triagem inicial das variáveis através da execução de um planejamento fatorial fracionário. Nesse tipo de planejamento, pode-se verificar, com um menor número de experimentos, quais variáveis são não significativas estatisticamente e descartá-las na realização de um planejamento fatorial completo[61].

O planejamento fatorial permite também a proposição de modelos que correlacionam as variáveis independentes com as variáveis respostas e a construção de superfícies de resposta para a determinação das faixas ótimas de operação. Os modelos são propostos com base em uma análise de variância (ANOVA). Com a utilização desta metodologia é possível avaliar os efeitos de diversas variáveis independentes sobre uma variável resposta com um número reduzido de experimentos, de uma maneira mais efetiva que as técnicas de tentativa e erro. O maior número de ensaios requerido pela análise univariável dificulta a análise dos resultados, além de aumentar o tempo despendido e o gasto com materiais.

A triagem das variáveis mais relevantes e a determinação das interações detectadas entre os fatores avaliados podem ser estudadas com sucesso segundo a estratégia do planejamento experimental no cultivo de células de inseto[25,27]. A formulação de um meio de cultivo livre de soro a partir da suplementação de proteínas hidrolisadas foi alvo de estudo de Ikonomou e colegas[56]. O grupo empregou inicialmente um planejamento fatorial fracionário para determinar quais as proteínas resultavam em maior concentração de células da linhagem High Five, e verificaram que a cultura que continha *yeastolate*, lactoalbumina hidrolisada e Primatone RL apresentou um crescimento muito similar ao encontrado para a cultura controle realizada no meio rico e livre de soro Insect-XPRESS.

Batista e colegas[27] empregaram um planejamento fatorial fracionário para a realização da triagem de suplementos como proteínas do leite e extratos celulares para o meio de cultivo de células Sf9 visando à produção de biopesticida. Após esta etapa preliminar, identificou-se os aditivos que resultaram em efeitos significativos sobre o crescimento celular através de planejamentos fatoriais completos e com isso foi proposto um meio de cultivo otimizado que continha fundamentalmente permeado de soro de leite, extrato de levedura, glicose, Pluronic F68 e reduzido percentual de soro fetal bovino (1% em volume), como suplementos ao meio basal de Grace. A técnica de planejamento experimental, então, é adequada para a otimização de meios de cultura visando à obtenção de uma máxima produção do composto de interesse.

Os meios de cultura utilizados para o cultivo celular são extremamente complexos, com uma grande quantidade de nutrientes. O uso desta ferramenta permite então que pelo menos alguns de seus componentes sejam otimizados, proporcionando alto rendimento, produtividade, pureza e qualidade com menores custos.

2.7 AUMENTO DE ESCALA NO CULTIVO DE CÉLULAS ANIMAIS

Durante as décadas de 1970 e 1980 intensificaram-se as pesquisas no desenvolvimento de novas vacinas, produção de anticorpos monoclonais ou proteínas recombinantes. Para isso houve a necessidade de produzir células em grande escala ou densidade. Assim, várias abordagens em termos da condução do cultivo celular foram desenvolvidas, como por exemplo, o uso de um sistema de perfusão contínua, no qual há a introdução constante de meio fresco no reator e a retirada contínua de meio condicionado foram avaliadas. O meio condicionado é depletado de nutrientes e repleto de metabólitos, alguns dos quais tóxicos e inibidores de crescimento.

Dentre as configurações de reatores empregadas para a obtenção de elevada concentração celular encontram-se os biorreatores de leito fixo, leito fluidizado e sistemas fibras oca que normalmente são utilizados no cultivo de células aderentes. Já para células em suspensão recomenda-se a utilização de reatores do tipo tanque agitado, do tipo *airlift*, ou ainda do tipo coluna de bolhas. Devido ao seu tamanho e versatilidade, empregam-se mais frequentemente no cultivo celular reatores tanque agitado. Projetos de biorreatores deste tipo incluem o uso de vasos de fundo redondo, impelidores adequados e a prevenção de regiões de vórtices, que podem causar danos às células[49].

É importante salientar que a produção em larga escala de biofármacos provenientes de células animais necessita de cultivos homogêneos, seja em relação à concentração de nutrientes, pH, oxigênio, metabólitos etc. Para isso os reatores tipo tanque agitado são os mais utilizados, pelo maior controle do processo e pela relativa facilidade de escalonamento. Muitas vezes, são feitas modificações nestes sistemas de cultura em suspensão para que fiquem plenamente adequados ao cultivo de células aderentes, como no caso de imobilização das células em microcarregadores ou sua oclusão em partículas de géis hidrofílicos como o alginato.

Biorreatores de membranas e métodos de microencapsulação, de uso pouco comum no cultivo de células de insetos, são utilizados para sistemas em contínuo, onde o crescimento celular, a concentração de produtos e a remoção de produtos tóxicos devem ser efetuados simultaneamente.

Outras configurações de biorreatores são citadas por Ikonomou e colegas[25] como alternativas para a produção de proteínas recombinantes e biopesticidadas, o biorreator de vaso de parede rotativa (*rotating wall vessels*) e o biorreator de ondas (*wave bioreactor*). O biorreator de parede rotativa consiste de uma parede cilíndrica ao redor de um eixo horizontal que trabalha com baixas condições de cisalhamento. A oxigenação é realizada de forma livre de bolhas e o meio de cultivo de renovação é alimentado por membranas. Já o biorreator de ondas consiste em um sistema com bolsas de polietileno pré-esterilizadas e descartáveis dispostas sobre uma plataforma que se movimenta causando um padrão de agitação na forma de ondas. As bolsas são preenchidas com meio de cultivo, células e ar. O movimento da plataforma ocasiona ondas que garantem a transferência de oxigênio, distribuição de nutrientes e suspensão das células. Desta forma, a seleção da geometria e do modo de operação do biorreator depende das características de crescimento celular, sendo que, normalmente, a abordagem é feita caso a caso.

Diferentes modos de operação são empregados atualmente na produção de biofármacos, como os modos batelada, batelada alimentada e perfusão. A batelada alimentada é uma operação alternativa à batelada que possibilita através da suplementação adequada de nutrientes, o prolongamento da fase de produção celular. Além disso, pode-se observar a redução dos efeitos de repressão e/ou inibição geralmente ocasionados por altas concentrações de substrato ou mesmo acúmulo de metabólitos. Na operação em sistemas de perfusão as células são mantidas no reator enquanto o meio fresco é adicionado contínua ou semicontinuamente, e o meio processado é removido. A retirada do meio processado remove os metabólitos tóxicos do sistema, reduzindo efeitos inibitórios[62].

Por outro lado, novos sistemas de cultivo celular, que empregam frascos do tipo *spinner* ou biorreatores de tanque agitado, operando paralelamente, têm sido desenvolvidos para a maximização da produção de bioprodutos. Sistemas como o *Cellferm-pro®* (DasGip, Jülich, Alemanha) podem efetivamente contribuir para o desenvolvimento de novos processos de produção de biofármacos, já que este sistema possui a versatilidade de operação em três modos, batelada, batelada alimentada e contínuo.

Frison e Memmert[63] observaram um aumento expressivo na produção de anticorpo monoclonal empregando o sistema *Cellferm-pro®*, operando no modo batelada alimentada, quando comparado com ao modo batelada. Destaca-se que o aumento observado deveu-se fortemente a utilização de uma vazão de alimentação de nutrientes realizada conforme a atividade metabólica da cultura. Esta informação foi obtida *online* pelo módulo de controle do sistema, e com isso os autores puderam otimizar a produção do produto de interesse.

Link e colegas[64] empregaram o sistema *Cellferm-pro®* com sucesso no desenvolvimento de um bioprocesso para a produção da proteína mucina, utilizada no tratamento de câncer de mama, produzidas por células CHO modificadas geneticamente. Esta proteína teve sua concentração maximizada na cultura celular, quando a concentração de oxigênio dissolvido foi mantida em 40% e o pH em cerca de 7, estando o sistema operando sob o modo de perfusão. Neste sentido, a integração de um bom sistema de cultivo com o conhecimento do metabolismo celular e o emprego de um meio de cultivo eficiente associado a um sistema de expressão proteico adequado pode contribuir fortemente na obtenção de bioprodutos de interesse.

Pelo exposto acima, pode-se observar a complexidade do desenvolvimento de meios de cultivo, principalmente quando se quer otimizar o processo de produção de células ou de seus produtos. A manutenção é propagação de células *in vitro* não é um processo tão simples como as vezes é considerado, além de ser uma atividade bem onerosa. No entanto, atualmente as células são ferramentas indispensáveis em quase todas as áreas da biologia e biotecnologia, seja em estudos básicos ou aplicados. Desta forma, o exato conhecimento dos mecanismos de manutenção e replicação celular é fundamental para o êxito das técnicas que utilizem cultivos celulares.

REFERÊNCIAS

1. Ringer S. Further observations regarding the antagonism between calcium salts and sodium potassium and ammonium salts. J Physiol. 1895 Nov 16;18(5-6):425-9.

2. Bernard C. Men and books: Claude Bernard, 1813-1878: the founder of modern medicine. Walter R. Campbell. Canad Med Ass 3. July 20 1963; v. 89.

3. Roux WB. Hist Med. 1885;42:145-59.

4. Von Recklinghausen F. Recherchers su le spina bifida. Arch Pathol Anat Physiol, 1886; 105-23.

5. Ljunggren CA. Von der Fahigkeit des Hautepithels, ausserhalb des Organismus sein Leben zu behalten, mit Berucksichtigung der Transplantation. Dtsch Z Chir. 1898;47:608-15.

6. Harrison RG. Observations on the living developing nerve fiber. Proc Soc Exp Biol Med. 1907;4:140-3.

7. Peres CM, Curi R. Como cultivar células. São Paulo: Guanabara Koogan, 2005.

8. Carrel A. The permanent life of tissue outside of the organism. J Exp Med. 1912;15:516-28.

9. Enders Jf, Weller Th, Robbins Fc. Cultivation of the Lansing strain of poliomyelitis virus in cultures of various human embryonic tissues. Science. 1949;109(2822):85-7.

10. Eagle H. Nutrition needs of mammalian cells in culture (1955). Science. 1995;122:501-4.

11. Earle WR. Long term, large scale tissue culture. Section on Tissue Culture. In: Laboratory Technique. E. V. Cowdry (ed.). 3rd ed. Williams. 1953. p. 44-61.

12. Levi-Montalcini R, Meyer H, Hamburger V. In vitro experiments on the effects of mouse sarcomas 180 and 37 on the spinal and sympathetic ganglia of the chick embryo. Cancer Res. 1954;14(1):49-57.

13. Cohen S, Levi-Montalcini R, Hamburger V. A nerve growth-stimulating factor isolated from sarcom as 37 and 180. Proc Natl Acad Sci U S A. 1954 October;40(10):1014-8.

14. Puck TT, Marcus PI, Cieciura SJ. Clonal growth of mammalian cells in vitro. J. Exp. Med. 1956;103:273-84.

15. Hayflick L, Moorhead PS. The serial cultivation of human diploid cell strains. Exp Cell Res. 1961;25(3):585-621.

16. Littlefield JW. Selection of hybrids from matings of fibroblasts in vitro and their presumed recombinants.Science. 1964 Aug 14;145(3633):709-10.

17. Mitsuhashi J. Invertebrate Cell System Applications. Mitsuhashi J. ed. CRC Press; 1989. p. 3-20.

18. Freshney RI. Culture of animal cells: a manual of basic techniques. 3rd ed. Wiley-Liss; 1994.

19. Mendonça RZ, Palomares LA, Ramírez OT. An insight into insect cell metabolism through selective nutrient manipulation. Journal of Biotechnology. 1999;72:61-75.

20. Drews M, Paalme T, Vilu R. The growth and nutrient utilization of the insect cell lineSpodoptera frugiperda Sf9 in batch and continuous culture. Journal of Biotechnology. 1995;40:187-98.

21. Bédard C, Tom R, Kamem A. Growth, nutrient consumption, and end product accumulation in Sf9 and BTI-EAA insect cell cultures: insights into growth limitation and metabolism. Biotechnology Progress. 1993;9:615-24.

22. Mendonça RZ, Arrózio SJ, Antoniacci M, Ferreira Jr JMC, Pereira CA. Metabolic-active-high density VERO cell cultures on microcarrirs following: Apoptosis prevention by galactose\glutamine feeding. Journal of Biotechnology. 2002;97:13-22.

23. Kilburn MD, Lilly MD, Webb FC. The energetic of mammalian cell growth. J. Cell Sci. 1969(4):645-54.

24. Buther M. Growth limitations in high density microcarriers culture. Develop Biol Standard. 1985;60:269-80.

25. Ikonomou L, Schneider YJ, Agathos SN Insect cell culture for industrial production of recombinant proteins. Applied Microbiology and Biotechnology. 2003;6:1-20.

26. Nahapetian AT, Thomas JN, Thilly WG. Optimization of environment for high density vero cell culture: effect of dissolved oxygen and nutrient supply on cell growth and changes in metabolites. J. Cell Sci. 1986;81(15):65-103.

27. Batista FRX, Pereira CA, Mendonça RZ, Moraes AM. Evaluation of concentrated milk whey as a supplement for SF9 Spodoptera frugiperda cells in culture. Electronic Journal of Biotechnology. 2006;9:522-32.

28. Ferrini JB, Martin M, Taupiac M-P, Beaumelle B. Expression of functional ricin B chain using the baculovirus system. Europian Journal Biochemistry. 1995;233:772-7.

29. Echalier G. Composition of the Body Fluid of Drosophila and the design of culture media for Drosophila cells. In: Drosophila cells in culture. New York: Academic Press; 1997. p. 1-67.

30. Vaughn JL, Fan F. Differential requirements of two insect cell lines for growth in serumfree medium. In Vitro; Cellular and Developmental Biology. 1997;33:479-82.

31. Freshney RI. Animal cell culture: a practical approach. IRL Press; 1992.

32. *Sigma Life Sciences Cell Culture Manual*. 2011-2014. p. 116.

33. Maiorella B, Inlow D, Shauger A, Harano D. Large scale insect cell culture for recombinant protein production. Bio/Technology. 1998;6:1406-10.

34. Mohan M, Taneja TK, Sahdev S, Mohareer K, Begum R, Athar M, et al. Antioxidants prevent uv-induced apoptosis by Inhibiting mitochondrial cytochrome C release and caspase activation in Spodoptera frugiperda (Sf9) cells. Cell Biology International. 2003;27:483-90.

35. Oh SKW, Cha FKF, Choo ABH. Intracellular responses of productivity hybridomas subjected to high osmotic pressure. Biotechnology and Bioengineering, 1995;46:525-35.

36. Lin J, Takagi M, Qu I, Gao P, Yoshida T. Enhanced monoclonal antibody production by gradual increase of osmotic pressure. Cytotechnology. 1999;29:27-33.

37. Takagi M, Hayashi H, Yoshida T. Effects of osmolarity on metabolism and morphology in adhesion and suspension Chinese hamster ovary cells producing tissue plasminogen activator. Cytotechnology. 2000;32:171-9.

38. Olejnik A, Grajek W, Marecik R. Effect of hyperosmolarity on recombinant protein productivity in baculovirus expression system. Journal of Biotechnology. 2003;102:291-300.

39. Kallel H, Jouini A, Majoul S, Rourou S. Evaluation of various serum and animal protein free media for the production of a veterinary rabies vaceine in BHK-21 cells. J. Biotechnol. 2002;95:195-204.

40. Pasqualini R, Arap W. Hybridoma-free generation of monoclonal antibodies. Proceedings of the National Academy of Sciences of the United States of America. 2004;101(1):257-9.

41. Genzel Y, Fischer M, Reichl U. Serum-free influenza virus production avoiding washing steps and medium exchange in large-scale microcarrier culture. Vaccine. 2006;24(16)3261-72.

42. Batista, FRX; Pereira CA; Mendonça, RZ; Moraes, AM. Enhance Formulation of a protein-free medium based on IPL-41 for the sustained growth of Drosophila melanogaster S2 cells. Cytotechnology. 2008;57:11-22.

43. Mendonça RZ, De Oliveira EC, Pereira CA, Lebrun I. Effect of bioactive peptides isolated from yeastolate, lactalbumin and NZCase in the insect cell growth. Bioprocess and Biosystem Engineering. 2007;30:157-64.

44. Maranga L, Mendonça RZ, Bengala A, Peixoto CC, Moraes RHP, Pereira CA, et al. Enhancement of Sf-9 cell growth and longenity through supplementation of culture medium with hemolymph. Biotechnology Progress. 2003;19:58-63.

45. Souza APB, Peixoto CC, Maranga M, Carvalhal AV, Moraes RHP, Mendonça RMZ, et al. Purification and characterization of an anti-apoptotic protein isolated from Lonomia obliqua hemolymph. Biotechnology Progress. 2005;21:99-105.

46. Leo P, Galesi ALL, Suazo CAT, Moraes AM. Animal cells: basic concepts. In: Animal Cell Technology: From Biopharmaceuticals to Gene Therapy. Taylor & Francis Group. 2008.

47. Moraes AM, Mendonça RZ, Suazo CA. Culture media for animal cells. In: Animal Cell Technology: From Biopharmaceuticals to Gene Therapy. Taylor & Francis Group: 2008.

48. Pellegrini MP, Pinto RCV, Castilho CLR. Mechanisms of cell proliferation and cell death in animal cell culture in vitro. In: Animal cell technology: from biopharmaceuticals to gene therapy. Taylor & Francis Group, 2008.

49. Van der Pol LE, Tramper J. Shear sensitivity of animal cells from a culture-medium perspective. Trends in Biotechnology. 1998;16:323-8.

50. Wu J, Ruan Q, Lam HYP. Effects of surface-active medium additives on insect cell surface hydrophobicity relating to cell protection against bubble damage. Enzyme and Microbial Technology. 1997;21:241-8.

51. Galesi ALL. Cultivo de células de drosophila melanogaster em diferentes formulações de meios de cultura livres de soro visando à produção da glicoproteína do vírus da raiva. [Tese de doutoramento]. Campinas: Unicamp; 2007.

52. Palomares LA, Gonzáles M, Ramírez OT. Evidence of Pluronic PF-68 direct interaction with insect cell: impact on shear protection, recombinant protein, and baculovirus production. Enzyme and Microbial Technology. 2000;26:324-31.

53. Ikonomou L, Bastin G, Schneider YJ, Agathos SN. Design of an efficient medium for insect cell growth and recombinant protein production. In vitro Cell Dev Biol Anim. 2001;37:549-59.

54. Rodrigues ME, Costa AR, Henriques M, Azeredo J, Oliveira R. Comparison of commercial serum-free media for CHO-K1 cell growth and monoclonal antibody production. International Journal of Pharmaceutics. 2012; 437:303-5.

55. Batista FRX, Rheder J, Puzzi MB. Evaluation of Culture Medium for Human Keratinocytes. Journal of Stem Cell Research and Therapy. 2010;1:101.

56. Greco KN, Mendonça RMZ, Moraes RHP, Mancini DAP, Mendonça RZ. Antiviral activity of the hemolymph of Lonomia obliqua (Lepidoptera: Saturniidae). Antiviral research. 2009;84:84-90.

57. Deml L, Schirmbeck R, Reimann J, Wolf H, Wagner R. Purification and characterization of hepatitis b virus surface antigen particles produced in Drosophila schneider-2 cells. Journal of Virological Methods. 1999;79:205-17.

58. Shin HS, Cha HJ. Statistical optimization for immobilized metal affinity purification of secreted human erythropoietin from Drosophila S2 cell. Protein Expression and Purification. 2003;28:331-9.

59. Cha HJ, Shin HS, Lim HJ, Cho HS, Dalal NN, Pham MQE, Bentley WE. Comparative production of human interleukin-2 fused with green fluorescent protein in several recombinant expression systems. Biochemical Engineering Journal. 2005;24:225-33.

60. Box GEP, Hunter WG, Hunter JS. Statistic for experimenters. New York: John Wiley; 1978. p. 307-433.

61. Barros Neto B, Scarminio IS, Bruns RE. Planejamento e otimização de experimentos. 2nd ed. Editora da Unicamp: 1995. 401 p.

62. Shuler ML, Kargi F. Bioprocess engineering: basic concepts. 2nd ed. Bioprocess Engineering Biotechnology and Bioengineering. New Jersey: Prentice Hall, 2002.

63. Frison A, Memmert K. Fed-batch process development for monoclonal antibody production with cellferm-pro®. Genetic Engineering News. 2002;22:1-7.

64. Link T, Bäckstrom M, Graham R, Essers R, Zöner K, Gätgens J, et al. Bioprocess development for the production of a recombinant MUC1 fusion protein expressed by CHO-K1 cells in protein-free medium. Journal of Biotechnology. 2004;110:51-62.

65. Batista FRX, Pereira CA, Mendonça RZ, Moraes AM. Enhancement of Sf9 cells and baculovirus production employing Graces's medium supplemented with milk whey ultrafiltrate. Cytotechnology. 2005;49:1-9.

66. Grace TDC. Prolonged survival and growth of insect ovarian tissue in vitro conditions. Annals of New York Academy of Sciences. 1959;77:275-82.

67. Hayflick L. The limited in vitro lifetime of human diploid cell strains. Exp. Cell Res. 1965;37(3):614-36.

68. Parker RC. Methods of tissue culture. Paul B. Hoeber, Inc., 1936, New York.

69. Öhman L, Ljunggren J, Haggstrom L. Induction of a metabolic switch in insect cell by substrate-limited fed batch cultures. Applied Microbiology and Biotechnology. 1995;43:1006-13.

70. Sondergaard L. Drosophila cells can be grown to high cell densities in a bioreactor. Biotechnology Techniques. 1996;10:161-6.

EMBRIOGÊNESE VEGETAL: ABORDAGENS BÁSICAS E BIOTECNOLÓGICAS

Eny Iochevet Segal Floh
André Luis Wendt dos Santos
Diego Demarco

3.1 INTRODUÇÃO

Nas plantas com sementes, a embriogênese é o processo onde ocorre a formação e desenvolvimento de um embrião a partir de um zigoto (embriogênese zigótica)[1]. Diferentemente dos animais, a embriogênese vegetal é um processo contínuo, onde é estabelecido o plano básico do corpo vegetal, com a determinação dos meristemas que serão responsáveis pelo crescimento indeterminado da planta. Na natureza, a formação de embriões ocorre, em sua maioria, pela via sexuada, a partir da fusão dos gametas masculino e feminino, dando origem ao zigoto (2n) que, após uma série de divisões celulares consecutivas, dá origem a um embrião pluricelular com potencialidade para formar uma planta completa (Esquema 3.1; Figura 3.1). Em algumas espécies vegetais, o embrião pode ser formado também sem a ocorrência da fusão dos gametas masculinos e femininos, a partir da diferenciação do tecido materno, resultando em embriões apomíticos (apomixia gametofítica ou esporofítica)[2] (Esquema 3.1).

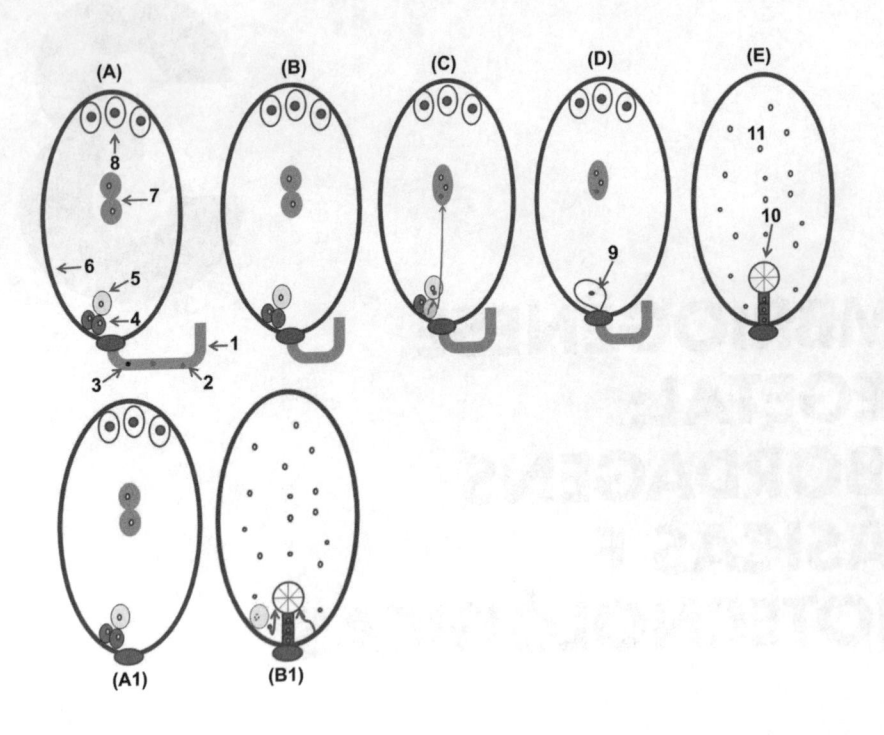

Esquema 3.1 Formação do embrião pela via sexuada (A-E) e assexuada (A1-B1). (A) Inicialmente o tubo polínico é formado por dois núcleos espermáticos (produzidos pela mitose de uma célula generativa) e um núcleo vegetativo, (B) Os núcleos espermáticos penetram o citoplasma de uma sinérgide, (C) A sinérgide é rompida e um dos núcleos espermáticos une-se aos dois núcleos polares dando origem a primeira célula do endosperma (3n). O segundo núcleo espermático fertiliza a oosfera formando o zigoto, (D) Zigoto formado (primeira célula da geração esporofítica (2n)), (E) Formação do embrião zigótico globular (2n) e do endosperma (3n), (A1-B1) Na via assexuada não ocorre à fusão do núcleo espermático com a oosfera. O embrião é formado a partir da diferenciação da oosfera (apomixia gametofítica) ou de células indiferenciadas da parede do saco embrionário (apomixia esporofítica); A formação do endosperma neste caso ocorre por apomeiose (iniciação autônoma). 1- tubo polínico, 2- núcleos espermáticos, 3- núcleo vegetativo, 4- sinérgides, 5- oosfera, 6- saco embrionário, 7- núcleos polares, 8- células antipodais, 9- zigoto, 10- embrião globular, 11- endosperma.

O processo de embriogênese é considerado como um modelo para estudos de desenvolvimento e diferenciação em plantas, pois é através dele que é estabelecida a arquitetura do indivíduo, pela geração da forma (morfogênese), associada com a organização de estruturas (organogênese) e diferenciação das células que resultam nos diversos tecidos vegetais (histogênese). O estabelecimento de uma polaridade no novo indivíduo gerado propicia a diferenciação celular, a qual em grande parte é determinada pela posição ocupada pelas células no embrião. Ao longo desta diferenciação espacial do embrião, grupos de células tornam-se funcionalmente especializadas para formar os tecidos de revestimento, fundamental e vascular.

No corpo vegetal, algumas células mantêm uma intensa atividade de divisão celular, resultando nos tecidos meristemáticos. A presença de meristemas nas regiões apicais caulinares e radiculares será responsável pelo padrão de crescimento vegetativo indeterminado, característico dos vegetais. Na etapa final da embriogênese, o embrião maturo pode permanecer dormente, e quando em condições fisiológicas e ambientais adequadas, evolui para o processo de germinação.

Um embrião completo possui o corpo básico de uma planta madura e muitos dos tecidos constituintes do individuo adulto, embora presentes de forma rudimentar. Ao longo do processo de embriogênese, o zigoto passa por uma série de etapas de desenvolvimento caracterizadas por alterações morfológicas e fisiológicas, que identificam os diferentes estágios: globular, cordiforme, torpedo e cotiledonar. Nas fases tardias do desenvolvimento, o embrião reduz drasticamente os processos de divisão celular, dando início ao processo de acúmulo de substâncias de reserva (proteínas, lipídios e carboidratos), diminuição da atividade metabólica e aquisição da tolerância à dessecação[3]. Este padrão de desenvolvimento é associado a um controle espacial e temporal na expressão de centenas de genes, que desencadeiam processos de transcrição, biossíntese e transporte de hormônios vegetais (principalmente auxinas) ao longo do eixo embrionário.

Nas angiospermas, em especial no modelo *Arabidopsis,* o uso de mutantes tem possibilitado a elucidação de diversos aspectos relacionados ao desenvolvimento molecular da embriogênese. Apenas para exemplificar, neste sistema de estudo vegetal, para que ocorra o desenvolvimento de um embrião completo, devem ser expressos 3.500 genes, onde pelo menos 40 estão envolvidos no estabelecimento do eixo embrionário apical-basal[4]. O estudo da expressão de diversos genes relacionados ao estabelecimento dos meristemas apical e basal em Gimnospermas e angiospermas tem demonstrado uma grande similaridade nas sequências gênicas. Esta situação sugere que, apesar das diferenças morfológicas observadas durante o desenvolvimento embrionário inicial em ambos os grupos, os principais genes relacionados à embriogênese foram conservados ao longo do processo de evolução[5].

A embriogênese vegetal difere daquela observada em animais por não gerar diretamente os tecidos dos indivíduos adultos. Nesta etapa de desenvolvimento, entretanto, são estabelecidos os padrões apical-basal de desenvolvimento axial e o padrão radial. O padrão axial é responsável pelo estabelecimento da polaridade, e resulta na diferenciação das células na dependência da sua posição dentro do embrião. Dentro desta estrutura, grupos de células tornam-se funcionalmente especializadas para formar diferentes tecidos como cortical, epiderme e vascular. Grupos de células conhecidas como apicais meristemáticas posicionam-se nos locais de crescimento das raízes e gemas, e são responsáveis pela adição de novas células durante o subsequente crescimento vegetativo do vegetal.

A técnica de cultura de tecidos vegetais abriu a possibilidade do desenvolvimento de embriões *in vitro* a partir de células somáticas. Os modelos de embriogênese somática, além de se mostrarem extremamente promissores para estudos básicos de diferenciação celular em plantas, apresentam um grande potencial biotecnológico. Para espécies vegetais, com interesse comercial, esta técnica permite em programas de melhoramento genético a clonagem massal de genótipos selecionados, bem como o estabelecimento de bancos de germoplasma *ex situ* em programas de conservação de material vegetal[6].

O presente capítulo tem como objetivo, introduzir ao leitor os principais eventos morfológicos e moleculares envolvidos durante o desenvolvimento embrionário vegetal, desde o zigoto até a formação dos embriões maturos. Além disso, são apresentados os principais fatores envolvidos durante a formação *in vitro* dos embriões (embriogênese somática) bem como suas potenciais aplicações biotecnológicas.

3.2 ANGIOSPERMAS

3.2.1 Embriogênese

As Angiospermas constituem um grupo de plantas com sementes que apresentam flores, frutos e com ciclo de vida bastante característico, com a presença de um gametófito muito reduzido (Esquema 3.2; Figura 3.1A). O nome "Angiosperma" deriva das palavras gregas *angeion*, que significa vaso ou recipiente, e *sperma*, que significa semente. Este grupo apresenta duas classes predominantes, a classe das Monocotiledôneas, que compreende as gramas, lírios íris, orquídeas, taboas e palmeiras, com aproximadamente 90 mil espécies, e a das Eudicotiledôneas, que compreende todas as árvores e arbustos que conhecemos (exceto coníferas) e muitas ervas (plantas não lenhosas) com aproximadamente 200 mil espécies. A flor em Angiospermas é um sistema caulinar com crescimento limitado, constituída por partes estéreis (sépalas e pétalas) e férteis (estames e carpelos). Os carpelos ou megasporofilos correspondem aos órgãos da flor que contém os óvulos e que, coletivamente, são denominados de gineceu. Após a fecundação, os óvulos desenvolvem-se em sementes, enquanto a porção do carpelo denominada ovário desenvolve-se na parede do fruto. Os estames ou microsporofilos correspondem à parte da flor que contém o pólen e são coletivamente denominados de androceu (Esquema 3.2).

A fecundação nas Angiospermas ocorre por dupla fecundação quando o tubo polínico, ao penetrar o óvulo, libera os gametas masculinos dentro de uma das células denominadas sinérgides. Um dos gametas irá fecundar a célula média, formando a célula inicial do endosperma, e o outro gameta irá fecundar a oosfera (Esquema 3.2; Figura 3.1B). A partir da fusão do núcleo do gameta masculino com o núcleo da oosfera, a diploidia do esporófito é reestabelecida, formando-se o zigoto. Neste momento, cada uma das células fecundadas originará produtos completamente diferentes através de divisões e diferenciações celulares específicas (Figura 3.1C). Na maioria das espécies, o zigoto não se divide imediatamente após a fecundação, sendo necessário algum tipo de estímulo nutricional, hormonal ou de outra natureza para o seu desenvolvimento[7,8].

A primeira divisão do zigoto é assimétrica, formando duas células de tamanhos muito distintos. Esse padrão de divisão é decorrente do desenvolvimento de um vacúolo muito grande, em um dos polos da célula (Figura 3.1D), e do movimento de organelas e do núcleo[8-10], fazendo com que a nova parede celular seja formada em um local distinto da região mediana entre as células-filhas. Essa primeira mitose gera um proembrião bicelular linear, cuja célula basal, voltada para a micrópila, geralmente é muito grande e vacuolada, enquanto a célula terminal, voltada para o endosperma, geralmente é muito menor e possui citoplasma de aspecto denso, é evidentemente de importância fisiológica (Figura 3.1E)[8,11-13]. Essa polaridade do proembrião aparentemente não é influenciada por fatores ambientais, como luz e sombra nas Angiospermas, mas a proximidade da micrópila pode ser um fator importante em muitas espécies[8], fazendo com que os produtos gerados a partir das sucessivas mitoses de cada uma dessas duas células sejam completamente distintos.

Neste momento é estabelecido o eixo apical-basal, onde, após sucessivas divisões celulares, a célula apical será responsável pela diferenciação do embrião propriamente dito. A partir das divisões da célula basal, irá se formar uma estrutura efêmera chamada suspensor (Figuras 3.1F-G) que terá função apenas durante as fases iniciais da embriogênese e degenerando quando os cotilédones e o meristema apical radicular são formados. Alguns autores dividem o modo de formação do proembrião composto por quatro células em categorias, cujos nomes derivaram da família a qual pertence as plantas utilizadas como modelo, são eles: asteráceo, cariofiláceo, gramináceo, onagráceo (ou crucífero), peoniáceo, quenopodiáceo e solanáceo[7,14]. A despeito das diferenças encontradas nos padrões de divisão inicial do proembrião nestas diferentes categorias, essa classificação não tem valor taxonômico, visto que espécies de uma mesma família e, às vezes, até indivíduos de uma mesma espécie podem apresentar diferentes tipos de embriogênese inicial[8].

O desenvolvimento do embrião a partir do zigoto é um processo contínuo, mas alguns estágios são identificados para uma descrição mais precisa. O estágio de proembrião estende-se da primeira divisão do zigoto até o estágio cordiforme, quando o par de cotilédones inicia sua formação ou, no caso das monocotiledôneas, quando a plúmula é iniciada.

No polo micropilar, a célula basal, geralmente ampla e vacuolada (Figura 3.1E), passa por diversas mitoses (Figura 3.1F) formando o suspensor (Figura 3.1G). Esta estrutura é bastante variável morfologicamente nos diferentes grupos de Angiospermas. Os suspensores são geralmente filamentosos ou colunares e não ramificados; contudo, suspensores ramificados, e até mesmo haustoriais (invadem o núcleo retirando nutrientes deste tecido para o proembrião), também podem ser encontrados em algumas plantas[7,8,15].

Os suspensores são formados por diversas células, podendo chegar a algumas centenas; entretanto, em alguns casos, os suspensores podem ser reduzidos a algumas poucas células ou até mesmo serem formados unicamente pela célula basal[7,8,16,17]. O suspensor conecta o embrião ao sistema vascular da planta mãe, provendo o proembrião com nutrientes e hormônios necessários para o seu desenvolvimento. Além disso, há indícios de que o suspensor esteja envolvido na produção e transporte de proteínas para o proembrião, visto que suas células podem apresentar níveis extremamente elevados de poliploidização e de síntese proteica[18]. Independentemente da sua estrutura, o suspensor degenera após a formação dos cotilédones e da radícula, sugerindo que o embrião tenha atingido um estágio de desenvolvimento no qual é capaz de se nutrir sozinho até a formação da semente madura e sua posterior germinação.

Concomitantemente ao desenvolvimento do suspensor, a célula terminal voltada para o endosperma começa a se dividir sucessivamente, formando o proembrião. O embrião propriamente dito é derivado exclusivamente ou quase completamente da célula terminal formada no estágio bicelular (Figura 3.1E); Após as primeiras mitoses, independentemente da sequência dos planos de divisão, o proembrião, que era linear, tornara-se esférico (Figura 3.1F-G), correspondendo ao estágio globular.

No início desta fase, as células mais periféricas do proembrião dividem-se periclinalmente (paralelo à superfície) formando uma camada de células distintas e achatadas que, a partir deste momento, irão se dividir apenas anticlinalmente (perpendicular à superfície). Essa camada é a protoderme (Figura 3.1G), reconhecidamente o primeiro tecido diferenciado do proembrião[7,10,22]. Neste momento o proembrião apresenta dois domínios de células: um domínio apical, que será responsável pela formação da plúmula e dos cotilédones, e um domínio basal, que será o responsável pela formação do eixo hipocótilo-radícula[13,23].

O embrião tem o seu suprimento nutricional realizado por substâncias derivadas dos tecidos maternos e/ou do endosperma em desenvolvimento, até o início do estágio globular[8]. Dentre estas diferentes substâncias, destacam-se as auxinas, um grupo de fitormônios envolvidos na expressão diferencial de genes relacionados ao processo da embriogênese[13,22,23]. A partir da formação da protoderme, a produção das auxinas é realizada pelo próprio proembrião sendo a sua concentração e, consequentemente o seu fluxo de transporte, fundamental para a evolução do embrião. O fluxo de auxinas que, inicialmente era no sentido suspensor para a porção distal do proembrião[24], é invertido de maneira polarizada para a sua base[22,23,25] através de proteínas carreadoras chamadas de PINFORMED (PIN). Ressalta-se que o sentido preferencialmente basípeto (em direção à base) do fluxo de auxina será mantido ao longo de toda a vida da planta do vegetal. Com a inversão do fluxo de auxina e a autossuficiência do proembrião na sua produção, uma série de divisões celulares darão início à etapa de organogênese, com a formação inicial dos cotilédones e o alongamento do eixo embrionário (Figura 3.1H) características do embrião cordiforme.

Esse estágio de desenvolvimento é chamado de cordiforme, pois é nessa fase que os cotilédones começam a ser formados a partir de divisões celulares na região distal do proembrião, aparentemente estimulados pela produção de auxina[10]. O fluxo, preferencialmente basípeto da auxina, através de regiões mais centrais desses órgãos em desenvolvimento produz o alongamento das células através das quais ela é conduzida, e do eixo embrionário como um todo devido à expressão do gene MONOPTEROS[22,23]. As células centrais mais alongadas também apresentam citoplasma de aspecto mais denso e constitui um novo tecido meristemático, o procâmbio. Ao mesmo tempo, as células localizadas entre a protoderme e o procâmbio tornam-se altamente vacuoladas, dando origem ao meristema fundamental[10,19-21]. Esse estágio cordiforme marca a transição da simetria radial do proembrião para a simetria bilateral do embrião.

Através de sucessivas mitoses, as células da protoderme, do meristema fundamental e procâmbio promovem o desenvolvimento e consequente alongamento dos cotilédones e do eixo hipocótilo-radícula (Figura 3.1I). Neste momento, um conjunto de células que começou a ser formado entre os cotilédones no estágio anterior[26], torna-se mais conspícuo – o meristema apical caulinar, cuja população celular é regulada pela expressão dos genes do sistema WUSCHEL/CLAVATA[13,22]. Este é o início do estágio de torpedo, quando o suspensor, já sem função para a maioria das plantas, degenera. Após essa fase, o embrião apenas concluirá o seu desenvolvimento, atingindo o seu tamanho final, ou seja, a maturidade.

Durante a maturação do embrião, ocorre a aquisição da capacidade de desidratação parcial e, eventualmente, os embriões tornam-se quiescentes (período de repouso)[8,10]. O embrião maduro é formado por um ou mais cotilédones, o eixo hipocótilo-radícula e o meristema apical caulinar que, geralmente possui um ou mais primórdios foliares pouco desenvolvidos e entrenós não distendidos (plúmula; Esquema 3.2). Apenas algumas famílias de plantas altamente especializadas apresentam embriões extremamente reduzidos, com pouca ou nenhuma diferenciação de seus órgãos característicos[7].

A presença de clorofila no embrião é variável, e embriões clorofilados geralmente são encontrados em sementes adultas desprovidas de tecidos de reserva[8]. Em princípio, imagina-se que o embrião seja formado exclusivamente por tecidos meristemáticos; contudo, não é raro encontrar tecidos vasculares em início de diferenciação, principalmente em algumas porções do hipocótilo e dos cotilédones[8,18].

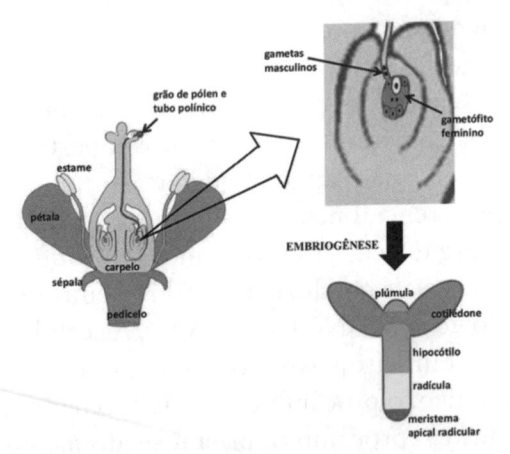

Esquema 3.2 Esquema de uma flor com grão de pólen no estigma, cujo tubo polínico cresceu através do estilete e chegou ao ovário, penetrando no óvulo. Detalhe do óvulo com gametófito feminino formado por duas sinérgides (laranja), a oosfera (amarela), a célula média com dois núcleos (lilás) e três antípodas (cinza) e tubo polínico contendo os dois gametas masculinos. Da fecundação da oosfera, forma-se o embrião composto por eixo-hipocótilo-radícula, dois cotilédones e a plúmula.

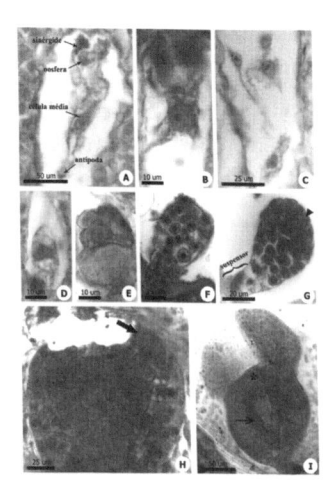

Figura 3.1 Embriogênese em Euphorbia milii Des Moul. A. Gametófito evidenciado pelas sinérgides, oosfera, célula média e uma das antípodas. B. Detalhe da oosfera abaixo das duas sinérgides. C. Início da formação do endosperma. D. Alongamento e vacuolação do zigoto. E. Proembrião bicelular. Note a célula basal com um grande vacúolo e a célula terminal, com citoplasma de aspecto denso e núcleo central. F-G. Estágio globular. Note a presença de protoderme (cabeça de seta). H. Estágio cordiforme. Note o início do desenvolvimento do cotilédone (seta). I. Estágio de torpedo. Note o desenvolvimento do meristema apical caulinar (asterisco) e a presença de procâmbio no eixo hipocótilo-radícula (seta).

Não há diferenças significativas entre a formação dos proembriões nas Dicotiledôneas, ou seja, que apresentam dois cotilédones independentemente do grupamento taxonômico, e as Monocotiledôneas. Entretanto, após o estágio globular, o embrião torna-se cordiforme nas plantas Eudicotiledôneas e cilíndrico nas Monocotiledôneas.

Além disso, a formação do meristema apical caulinar dá-se em uma posição lateral ao cotilédone nas Monocotiledôneas. Esse cotilédone pode apresentar uma estrutura altamente modificada, como o escutelo de muitas *Poaceae*, que possui células alongadas que se projetam dentro do endosperma[7,8]. Pode-se acrescentar também, que os embriões de algumas espécies dessa família apresentam estruturas adicionais, tais como o coleóptilo e a coleorriza, que são estruturas semelhantes a bainhas que envolvem a plúmula e a radícula, respectivamente[7,8,13].

3.2.2 Endosperma

Após a fecundação da célula média, forma-se a célula primária do endosperma, que é triploide na grande maioria das Angiospermas[7,8,10,23,27]. O endosperma será formado a partir de sucessivas mitoses dessa célula inicial (Figura 3.1C).

Ao contrário do embrião das Angiospermas, que sempre inicia o seu desenvolvimento através de mitoses seguidas por citocinese, o endosperma, em geral, multiplica-se inicialmente formando uma estrutura cenocítica (divisão repetida do núcleo sem a divisão do citoplasma) e celularizada (com parede celular) apenas em etapas posteriores do seu desenvolvimento. Esse tipo de desenvolvimento do endosperma é chamado de nuclear; contudo, desenvolvimento celular (com mitoses seguidas por citocinese) ou helobial (misto entre os dois tipos anteriores) também é encontrado em diversas famílias[7,8,23,27].

Frequentemente o endosperma é formado e tem função de armazenar nutrientes tanto para o desenvolvimento do embrião quanto para o da plântula, além de absorver e transferir substâncias presentes nos tecidos do óvulo para o embrião[7,8,10,23,27]. Esse tecido nutritivo pode ser parcial ou totalmente consumido durante a embriogênese[7,8,23,27], fazendo com que algumas sementes maduras possuam endosperma, e outras não. As sementes maduras com endosperma são chamadas de albuminosas ou endospermadas e as que não o possuem, exalbuminosas ou exendospermadas.

A reserva nutricional mais comumente encontrada no endosperma adulto é o amido, mas algumas sementes podem armazenar proteínas ou lipídios e, em alguns casos específicos, a reserva pode ser representada pelos polissacarídeos da própria parede celular[7,8,23,27]. Neste último caso, o endosperma possui células com paredes muito espessas que podem chegar a ter uma consistência extremamente rígida.

Em geral, o nucelo do óvulo (que é a massa celular central do corpo do óvulo que contém o saco embrionário. O óvulo das Gimnospermas constitui-se de um nucelo e de um tegumento) é consumido durante a formação do endosperma e do embrião, mas remanescentes deste tecido podem ser encontrados em sementes maduras de algumas espécies. Em outros casos, entretanto, as células do nucelo podem retomar sua atividade após a dupla fecundação e acumular reservas nutritivas, dando origem a um tecido de reserva chamado de perisperma[7,8]. Além disso, sementes adultas que não apresentam endosperma nem perisperma, geralmente possuem sua reserva nutricional nas próprias células do embrião. A maior parte fica estocada dentro dos cotilédones[8,10], mas, geralmente é possível encontrá-la também no hipocótilo.

3.3 EMBRIOGÊNESE ZIGÓTICA EM GIMNOSPERMAS

As Gimnospermas (do grego, *gymnos*: "nua", e *sperma*: "semente") são plantas vasculares com frutos não carnosos, e cujas sementes não se encerram num fruto. Este grupo de plantas possui ramos reprodutivos com folhas modificadas denominadas de estróbilos. As Gimnospermas marcam evolutivamente o aparecimento das sementes como resultado da heteroporia (produção de esporos masculinos e femininos). Os estróbilos masculinos (microsporângios) produzem por meiose esporos haploides (micrósporos) que, por divisão mitótica, dão origem a grãos de pólen (gametófito masculino). De forma semelhante, os estróbilos femininos formam por meiose seguida de mitose o gametófito feminino, porém recebendo a denominação de megasporângios (óvulo contendo a oosfera)[2,29]. As Gimnospermas são subdivididas em quatro divisões (*Coniferophyta*, *Cycadophyta*, *Gnetophyta* e *Ginkgophyta*), compreendendo 14 famílias e 88 gêneros de plantas.

A embriogênese em Gimnospermas diferencia-se em vários aspectos da embriogênese de Angiospermas. Em Gimnospermas, o desenvolvimento do embrião tem inicio com uma fase de núcleo livre, enquanto que em Angiospermas a primeira divisão celular é acompanhada pela formação da parede celular[28]. A polaridade do proembrião ocorre pela organização dos núcleos livres, constituindo a parede celular e dois tipos celulares bem definidos: as células do suspensor e do grupo embrionário (Figura 3.2A). Nas Gimnospermas, são reconhecidas três fases distintas durante o desenvolvimento embrionário: a) fase proembrionária que vai desde a fertilização até o rompimento do arquegônio pelo proembrião (estágios anteriores ao alongamento do suspensor primário); b) fase embrionária inicial, compreendendo os estágios após o alongamento do suspensor secundário, e antes do estabelecimento dos meristemas; c) fase embrionária tardia, na qual a protoderme e o procâmbio são diferenciados e os meristemas apical e radicular são estabelecidos[29].

Para a grande maioria das Gimnospermas é comum, durante a fase embrionária inicial, a formação de múltiplos embriões pela ocorrência da poliembrionia simples (Figura 3.2B) ou por clivagem. Na poliembrionia simples ocorre a formação de mais de um embrião a partir da fertilização de mais de um arquegônio[29]. Já na poliembrionia por clivagem, poliembriões podem ser formados a partir da bipartição por clivagem das células proembrionárias resultando na formação de até 24 proembriões. Independente do processo de poliembriogênese (simples ou por clivagem), apenas o embrião zigótico que atinge a cavidade de corrosão é mantido na semente (Figura 3.2C), sendo que os demais poliembriões (embriões subordinados) são eliminados por morte celular programada[30].

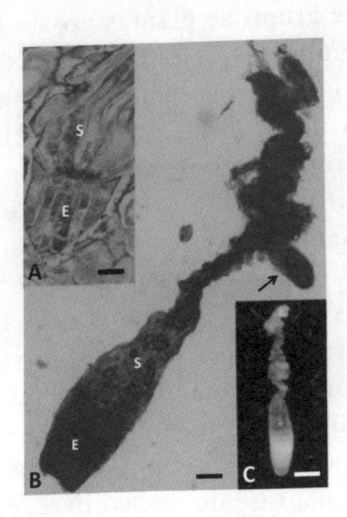

Figura 3.2 Embriogênese inicial no pinheiro brasileiro (*Araucaria angustifolia*). A- Embrião zigótico formado por células embrionárias (E) seguidas pelo suspensor (S) após a penetração na cavidade de corrosão (megagametófito) (barra: 150 μm). O embrião foi corado com o método de dupla coloração com acetocarmin (células embriogênicas coradas em vermelho), e azul de Evans (células tubulares coradas em azul). B- Poliembrionia simples durante a fase inicial do desenvolvimento embrionário apresentando o embrião principal e o subordinado. Seta indica o embrião subordinado (barra: 0,1 mm). C- Embrião zigótico dominante ao término da fase embrionária inicial (barra: 0,3 mm).

Assim como em Angiospermas, o desenvolvimento do embrião em Gimnospermas é finalizado com a completa formação dos cotilédones e pelo acúmulo de substâncias de reserva (proteínas, lipídios e carboidratos)[3]. Contudo, dependendo do tipo de semente (ortodoxa ou recalcitrante) podem ocorrer variações com relação à diminuição da atividade metabólica e aquisição da tolerância à dessecação, mediada ou não pelo ácido abscísico (ABA) e outros reguladores de crescimento e desenvolvimento do caule[31].

3.4 EMBRIOGÊNESE SOMÁTICA

A embriogênese somática (ES) é um processo no qual, através da técnica de cultivo *in vitro*, células isoladas ou um pequeno grupo de células somáticas, dão origem a embriões em um processo morfogenético que se aproxima da sequência de eventos representativos da embriogênese zigótica[32]. A formação de embriões *in vitro* foi descrita pela primeira vez, de forma independente, por Steward e Reinert[33,34] em cenoura. Desde então, diversos protocolos regenerativos, baseados na ES, vêm sendo estabelecidos tanto em Angiospermas como Gimnospermas. Em Angiospermas, a ES pode ser obtida de forma direta, pelo desenvolvimento de embriões somáticos na superfície do explante isolado da planta matriz, ou então de forma indireta pela formação na superfície do explante de um calo (massa celular) embriogênico que, posteriormente, dará origem a embriões somáticos[6].

Independente da forma (direta ou indireta) a regeneração de plântulas utilizando a ES pode ser dividida em quatro fases: 1) a indução em meios de cultura contendo auxinas (mais frequentes) e citocininas (menos frequentes); 2) multiplicação em meio contendo auxinas em baixas concentrações; 3) maturação em presença de ácido abscísico (ABA) e/ou agentes osmóticos e; 4) germinação em meio de cultura isento de reguladores de crescimento[35]. As condições para promover a ES estão relacionadas com a presença de reguladores de crescimento, estresses osmóticos, alterações de pH, choques térmicos e tratamentos com diferentes substâncias sendo as auxinas referenciadas como essenciais na indução do processo[36]. Além das condições de cultivo, também devem ser considerados como fundamentais, o explante inicial, incluindo a constituição genética da planta matriz (genótipo), estágio de desenvolvimento e as condições fisiológicas, como por exemplo, o conteúdo hormonal endógeno do material[32].

Em função da sua similaridade morfológica e molecular (expressão de genes e proteínas) com a embriogênese zigótica, a embriogênese somática tem sido utilizada como fonte de material para a realização de estudos fisiológicos, bioquímicos e moleculares durante fases do desenvolvimento embrionário de difícil manipulação (correspondente às fases pró-embrionária e embrionária inicial do embrião zigótico)[37,38].

Apesar das inúmeras similaridades morfológicas, fisiológicas, bioquímicas e moleculares encontradas durante a formação de embriões zigóticos e somáticos, ambos os sistemas apresentam particularidades com relação ao seu ambiente de desenvolvimento. Assim, durante a embriogênese zigótica, grande parte dos estímulos químicos e físicos necessários para a formação do embrião é oriunda do tecido materno (endosperma ou megagametófito), entretanto, nos embriões somáticos estes estímulos precisam ser proporcionados de forma artificial, pelo cultivo dos calos em meio de cultura composto de sais minerais, carboidratos, aminoácidos e reguladores de crescimento[6]. Adicionalmente, as células embriogênicas (Figuras 3.3A e B), *in vitro*, são passíveis de manipulação pela grande maioria de técnicas celulares e moleculares, em contraste com as células gaméticas e o zigoto, que estão inseridos no tecido materno. Uma particularidade do ponto de vista morfológico dos embriões somáticos é a presença de um sistema vascular fechado, sem conexão vascular com os tecidos do explante inicial[32].

Em Gimnospermas, culturas embriogênicas e não embriogênicas podem ser facilmente diferenciadas pela aparência translúcida e mucilaginosa, característica de culturas embriogênicas (Figura 3.3C), e por características citoquímicas. Células que reagem fortemente ao corante carmin acético e fracamente ao azul de Evans são consideradas embriogênicas, e células com fraca reação ao primeiro e intermediária ao segundo são células calosas ou não embriogênicas (Figura 3.3D). Além disso, análises bioquímicas e fisiológicas das culturas embriogênicas e não embriogênicas demonstram o desenvolvimento de diferentes perfis para o acúmulo de proteínas, carboidratos, aminoácido e hormônios vegetais[37,39-42].

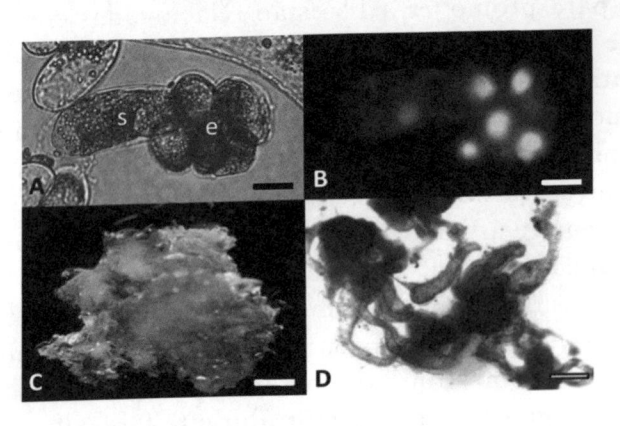

Figura 3.3 Formação de massas proembrionárias no pinheiro brasileiro (*Araucaria angustifolia*). A- Massa proembrionária contendo células embrionárias (e) e a célula de suspensor principal (s) (barra: 150 μm). B- Massa proembrionária visualizada com o corante DAPI (marcação do material genético contido no núcleo das células embrionárias) (barra: 150 μm). C- Cultura embriogênica mantida em meio de proliferação. Durante esta fase as culturas apresentam coloração branco translúcida de aspecto mucilaginoso (barra: 2,5 mm). D- Detecção histoquímica do desenvolvimento de embriões somáticos durante a proliferação das culturas embriogênicas. Células coradas em vermelho (reativas ao carmin acético) representam as células embriogênicas, células coradas em azul (reativas ao azul de Evans) representam o sistema de células de suspensor) (barra: 150 μm).

Apesar dos inúmeros relatos já disponíveis sobre a indução e desenvolvimento de embriões somáticos, ainda não existe um protocolo padrão para a indução e maturação de culturas embriogênicas em plantas (Figuras 3.4A a C). Apesar da possibilidade de se utilizar qualquer parte da planta como fonte de explante para indução de culturas embriogênicas, a habilidade para diferenciar estruturas embriogênicas é reduzida com o aumento da idade da planta doadora de explante. Os primeiros sinais de organização de culturas embriogênicas começam, geralmente a partir da quarta semana de cultivo. Além da formação de culturas embriogênicas, observa-se também a formação de culturas não embriogênicas ou então de tecidos com atividade meristemática que originam posteriormente gemas adventícias[4].

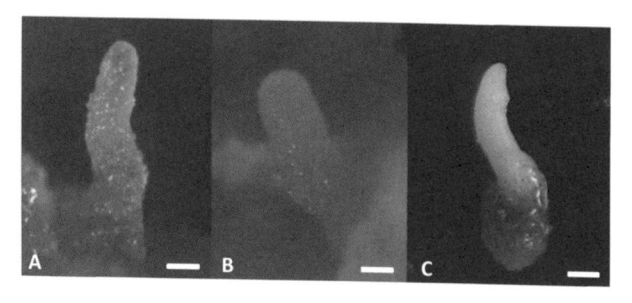

Figura 3.4 Fases iniciais da embriogênese somática no pinheiro brasileiro (*Araucaria angustifolia*). A- Desenvolvimento do embrião somático na superfície de culturas embriogênicas durante a fase de proliferação celular (barra: 0,1 mm). B- Desenvolvimento do embrião somático em meio de cultura suplementado com agentes osmóticos e ácido abscísico (fase de maturação). Durante esta fase ocorre a formação da protoderme, e tem início o acúmulo de sustâncias de reserva (proteínas, carboidratos e lipídeos) (barra: 0,3 mm). C- Embrião somático maturo (barra: 1,0 mm). Neste ponto, os embriões podem ser germinados (meio de germinação) ou então encapsulados em solução de alginato de sódio (semente sintética).

3.5 APLICAÇÕES BIOTECNOLÓGICAS

A técnica de embriogênese somática (ES) tem sido referenciada como uma das alternativas mais promissoras para a clonagem massal de genótipos elite de espécies com interesse econômico, desempenhando um papel importante em programas de melhoramento genético baseados em ferramentas biotecnológicas[39]. O uso de clones gerados via ES permite a perpetuação do ganho genético além de permitir o resgate da porção não aditiva da variância genética, cujo valor é alterado com o processo de recombinação gênica durante a reprodução sexuada[43]. Além disso, a embriogênese somática é considerada como fonte de material mais apropriada para a transformação genética de plantas e posterior regeneração dos transformantes. A possibilidade da formação de embriões somáticos a partir de uma única célula aumenta a eficiência dos protocolos de transformação permitindo a inserção de genes relacionados a uma maior resistência a fatores bióticos e abióticos[44].

Atualmente, em decorrência da necessidade da conservação e recomposição dos remanescentes florestais com espécies ameaçadas de extinção, e dos possíveis danos à distribuição de espécies endêmicas em função das mudanças climáticas globais, a embriogênese somática tem sido cada vez mais utilizada em programas de conservação genética, para Gimnospermas e Angiospermas[45]. A associação da embriogênese somática com a criopreservação e com a tecnologia de sementes sintéticas constitui-se como uma das abordagens mais promissoras, para o estabelecimento de bancos de germoplasma, *ex-situ* de espécies vegetais. Este fato tem sido recentemente explorado como uma alternativa para conservação por longos períodos de espécies com sementes recalcitrantes. Espécies com sementes recalcitrantes não suportam normalmente as condições de baixa umidade e temperatura utilizadas em bancos de sementes ortodoxas. Contudo, linhagens celulares embriogênicas podem ser conservadas a baixas temperaturas para, posteriormente serem descongeladas e regenerarem plântulas[46].

Adicionalmente, a técnica pode ser automatizada por meio do estabelecimento de suspensões celulares e do uso de biorreatores, tendo, portanto, o potencial para produção massal de embriões somáticos geneticamente superiores a baixos custos de produção. O cultivo de linhagens celulares embriogênicas em biorreatores é uma das abordagens disponíveis para obtenção de compostos vegetais biologicamente ativos. Métodos convencionais para incrementar a indução na produção destes compostos incluem mudanças na composição nutricional do meio de cultura, condições físicas e composição de reguladores de crescimento. Neste contexto, o estabelecimento de culturas de suspensões celulares pode ser uma opção valiosa para a produção em larga escala de compostos vegetais de interesse para a indústria farmacêutica como, por exemplo, o taxol[47].

3.6 PROTOCOLO: INDUÇÃO DA EMBRIOGÊNESE SOMÁTICA EM *Daucus carota* (CENOURA)

3.6.1 Introdução

Numa planta íntegra, a divisão e a diferenciação celulares apresentam certos padrões de organização muito bem definidos temporal e espacialmente, que são determinados pela correlação de vários fatores, entre eles o balanço hormonal endógeno. Tecidos vegetais podem ser isolados e mantidos vivos em condições especiais de cultura. A divisão celular e certos padrões morfogenéticos como a formação de embriões somáticos podem ser induzidos pela simples manipulação do balanço hormonal. Neste experimento, a partir de tecidos já cultivados *in vitro*, demonstrar-se-á o efeito de auxinas no processo de formação de embriões somáticos a partir de explantes de cenoura cultivados *in vitro*.

3.6.2 Material vegetal

Sementes de cenoura e segmentos de hipocótilos ou de folhas com 5 mm de comprimento, isolados de plântulas germinadas *in vitro*.

3.6.3 Procedimento

3.6.3.1 Tratamento experimental

a) Preparar 10 frascos de 150 mL, contendo em cada frasco 30 mL de meio de cultura MS[*48].
b) Preparar 20 placas de Petri (100 x 15 mm), contendo em cada placa 25 mL de meio de cultura MS acrescidos com a auxina 2,4-D, de tal forma que se obtenha quatro placas de cada um dos seguintes tratamentos:

TRATAMENTO	2,4-D (MG/L)
1 (controle)	0,0
2	0,5
3	1,0
4	2,5
5	5,0

3.6.3.2 Germinação in vitro de cenoura: desinfestação e inoculação dos explantes

a) Colocar as sementes de cenoura em um frasco de vidro contendo solução 70% (v/v) de etanol. Este procedimento deverá ser feito por um minuto.
b) Em seguida, retirar a solução de etanol e adicione solução 2,5% (v/v) de hipoclorito de sódio comercial (água sanitária), contendo oito gotas por litro de detergente, e agite durante 30 minutos.

c) Lavar as sementes cinco vezes em água destilada e esterilizada, trabalhando a partir daí em condições assépticas (capela de fluxo laminar).

d) Semear as sementes nos frascos de 150 mL, contendo meio de cultura MS.

e) Manter os frascos no escuro durante 30 dias a temperatura de 25 ± 2 °C.

f) Após 30 dias, observar o número de sementes germinadas.

3.6.3.3 Indução da embriogênese somática

a) Isolar das plântulas formadas *in vitro*, explantes de 5 mm de comprimento do hipocótilo ou folha. O processo de isolamento, bem como as fases subsequentes da embriogênese somática deverá ser realizado dentro da capela de fluxo laminar.

b) Inocular 10 explantes por placa de Petri, e armazenar as placas durante 30 dias em fotoperíodo controlado (16 horas de luz/8 horas de escuro) a temperatura de 25 ± 2 °C.

c) Após 60 dias, observar, com o auxílio de uma lupa, a formação de proliferações celulares (calos) contendo embriões somáticos em vários estágios de desenvolvimento (globular, cordiforme, torpedo e cotiledonar).

* Componentes do meio MS (Murashige & Skoog, 1962)

CONSTITUINTE	CONCENTRAÇÃO
Sacarose	30 g/L
Agar	10 g/L
KNO_3	900 mg/L
NH_4NO_3	1650 mg/L
$CaCl_2.2H_2O$	440 mg/L
$MgSO_4.7H_2O$	370 mg/L
KH_2PO_4	170 mg/L
$MnSO_4.4H_2O$	22,3 mg/L
$ZnSO_4.7H_2O$	8,6 mg/L
H_3BO_3	6,2 mg/L
KI	0,83 mg/L

CONSTITUINTE	CONCENTRAÇÃO
$CoCl_2$ $6H_2O$	0,025 mg/L
$CuSO_4.5H_2O$	0,025 mg/L
$Na_2MoO_4.2H_2O$	0,25 mg/L
$FeSO_4.7H_2O$	27,8 mg/L
$Na_2.EDTA$	37,3 mg/L
Myo-inositol	100 mg/L
Piridoxina-HCl	0,5 mg/L
Tiamina-HCl	0,1 mg/L
L-Glicina	2,0 mg/L
L-Glutamina	750 mg/L
pH do meio de cultura	5,5

3.7. CONCLUSÃO E PERSPECTIVAS FUTURAS

A embriogênese é uma etapa fundamental do desenvolvimento esporofítico dos vegetais. A sua regulação ocorre a partir de uma complexa rede de genes que são transcritos ou inibidos ao longo de uma sequência morfológica bem definida. Os recentes avanços nas técnicas de análise em larga escala de proteínas e ácidos nucleicos vêm permitindo, em espécies modelo como *Arabidopsis thaliana*, um maior detalhamento dos aspectos moleculares relacionados ao estabelecimento do corpo embrionário, manutenção da bipolaridade e desenvolvimento dos meristemas. Estes avanços, associados às recentes técnicas de isolamento de células e tecidos (microdissecção), permitirão um detalhamento ainda maior dos processos envolvidos durante as fases iniciais do desenvolvimento embrionário nos próximos anos. Do ponto de vista básico, a formação *in vitro* de embriões continuará sendo uma ferramenta importante para elucidação de aspectos bioquímicos, fisiológicos e moleculares envolvidos durante o desenvolvimento embrionário. Contudo, a produção em larga escala de plântulas via a embriogênese somática ainda é restrita a um pequeno número de espécies vegetais. Grande parte destas dificuldades se dá pela falta de condições de cultivo artificiais (estímulos físicos e químicos) que permitam mimetizar as condições encontradas na natureza e pela falta de ferramentas para seleção de linhagens celulares aptas à rota de

embriogênese. Neste sentido, a realização de estudos que permitam elucidar os estímulos necessários para o correto desenvolvimento embrionário *in
vitro* será de extrema importância para adequação das condições artificiais
utilizadas no cultivo e desenvolvimento dos embriões.

REFERÊNCIAS

01. Harada JJ, Belmonte MF, Kwong RW. Plant Embryogenesis (Zygotic and Somatic).
eLS. 2010.
02. Sharma KK, Thorpe TA. Asexual embryogenesis in vascular plants in nature. In: In
vitro embryogenesis in plants. TA Thorpe (ed.). Dordrecht: Kluwer Academic Publisher;
1995. p. 17-72.
03. Bewley JD, Black M. Seeds: Physiology of development and germination. New York:
Plenum Press; 1994.
04. von Arnold S, Sabala I, Bozhkov P, Dyachok J, Filanova L. Developmental pathways
of somatic embryogenesis. Plant Cell Tissue and Organ Culture. 2002;69:233-49.
05. Uddenberg D, Valladares S, Abrahamsson M, Sundstrom JF, Larsson AS, von Arnold
S. Embryogenic potential and expression of embryogenesis-related genes in conifers are
affected by treatments with a histone deacetylase inhibitor. Planta. 2011;234:527-39.
06. Santa-Catarina C, Silveira V, Steiner N, Guerra MP, Floh EIS, dos Santos ALW. The
use of somatic embryogenesis for mass clonal propagation and biochemical and physiological studies in woody plants. Current Topics in Plant Biology. 2013;13:103-19.
07. Maheshwari P. An introduction to the embryology of Angiosperms. New York:
McGraw-Hill; 1950.
08. Lersten NR. Flowering plant embryology with emphasis on economic species. Iowa:
Blackwell Publishing; 2004.
09. Russell SD. The egg cell: development and role in fertilization and early embryogenesis. Plant Cell. 1993;5:1349-59.
10. West MAL, Harada JJ. Embryogenesis in higher plants: an overview. Plant Cell.
1993;5:1361-9.
11. Jensen WA. Cotton embryogenesis: the zygote. Planta. 1968;79:346-66.
12. Sivaramakrishna D. Size relationships of apical cell and basal cell in two-celled
embryos in angiosperms. Canadian Journal of Botany. 1978;56:1434-8.
13. Suárez MF, Bozhkov PV. Plant embryogenesis. Totowa: Humana Press; 2008.
14. Batygina TB. Embryogenesis and morphogenesis of zygotic and somatic embryos.
Russian Journal of Plant Physiology. 1999;46:774-88.
15. Swamy BGL. Embryological studies in the Orchidaceae. 2. Embryogeny. American
Midland Naturalist. 1949;41:202-32.

16. Pollock EG, Jensen WA. Cell development during early embryogenesis in Capsella and Gossypium. American Journal of Botany. 1964;51:915-21.

17. Haskell DA, Postlethwait SN. Structure and histogenesis of the embryo of Acer saccharinum. I. Embryo and proembryo. American Journal of Botany. 1971;58:595-603.

18. Raghavan V. Embryogenesis in Angiosperms: a developmental and experimental study. Cambridge: Cambridge University Press; 1986.

19. Schulz R, Jensen WA. Capsella embryogenesis: the early embryo. Journal of Ultrastructure Research. 1968;22:376-92.

20. Tykarska T. Rape embryogenesis. II. Development of embryo proper. Acta Societatis Botanicorum Poloniae. 1979;48:391-421.

21. Mansfield SG, Briarty LG. Early embryogenesis in Arabidopsis thaliana. II. The developing embryo. Canadian Journal of Botany. 1990;69:461-76.

22. Jenik PD, Gillmor CS, Lukowitz W. Embryonic patterning in Arabidopsis thaliana. Annual Review of Cell and Developmental Biology. 2007;23:207-36.

23. O'Neill SD, Roberts já. Plant reproduction. Sheffield: Sheffield Academic Press; 2002.

24. Friml J, Vieten A, Sauer M, Weijers D, Schwarz H, Hamann T, et al. Efflux-dependent auxin gradientes establish the apical-basal axis of Arabidopsis. Nature. 2003;426:147-53.

25. Paponov IA, Teale WD, Trebar M, Blilou I, Palme K. The PIN auxin efflux facilitators: evolutionary and functional perspectives. Trends in Plant Science. 2005;10:170-7.

26. Barton MK, Poethig RS. Formation of the shoot apical meristem in Arabidopsis thaliana: an analysis of development in the wild type and in the shoot meristemless mutant. Development. 1993;119:823-31.

27. Lopes MA, Larkins, BA. Endosperm origin, development, and function. Plant Cell. 1993;5:1383-99.

28. Hakman I, Oliviusson P. High expression of putative aquaporin genes in cells with transporting and nutritive functions during seed development in Norway spruce (Picea abies). Journal of Experimental Botany. 2002;53:639-49.

29. Singh H. Embryology of Gimnosperms. Encyclopedia of plant anatomy. Berlin: Gebrüder Borntraeger; 1978.

30. Vuosku J, Sutela S, Tillman-Sutela E, Kauppi A, Jokela A, Sarjala T, et. al. Pine embryogenesis: Many licenses to kill a new life. Plant Signaling Behavior. 2009;10:928-32.

31. Walters C. Levels of recalcitrance in seeds. Brazilian Journal of Plant Physiology. 2000;12:7-21.

32. Floh IES. Marcadores bioquímicos e moleculares para estudo da morfogênese in vitro. Revista Brasileira de Horticultura Ornamental. 2007;13:1992-2001.

33. Steward FC, Mapes MO, Mears K. Growth and organized development of cultured cells II. Organization in cultures from freely suspended cells. American Journal of Botany. 1958;45:705-8.

34. Reinert J. Morphogenese und ihre kontrole an geweberkulturen aus karroten. Natur-wissenchaften. 1958;45:344-5.

35. Tautorus TE, Fowke LC, Dunstan DI. Somatic embryogenesis in conifers. Canadian Journal of Botany. 1991;69:1873-99.

36. Fehér A, Pasternak TA, Dudits, D. Transition of somatic plant cells to an embryoge-nic state. Plant Cell, Tissue and Organ Culture. 2003;74:201-28.

37. Silveira V, Santa-Catarina C, Tun NN, Scherer GFE, Handro W, Guerra MP, et. al. Polyamine effects on the endogenous polyamine contents, nitric oxide release, growth and differentiation of embryogenic suspension cultures of Araucaria angustifolia (Bert.) O. Ktze. Plant Science. 2006;171:91-8.

38. Steiner N, Santa-Catarina C, Guerra MP, Cutri L, Dornelas MC, Floh EIS. A gym-nosperm homolog of SOMATIC EMBRYOGENESIS RECEPTOR-LIKE KINASE-1 (SERK1) is expressed during somatic embryogenesis. Plant Cell, Tissue and Organ Cul-ture. 2012;109: 41-50.

39. Jo L, dos Santos ALW, Bueno CA, Barboza HR, Floh EIS. Proteomic analysis and pol-yamines, ethylene and reactive oxygen species levels of Araucaria angustifolia (Brazilian pine) embryogenic cultures with different embryogenic potential. Tree Physiology. 2013. doi: 10.1093/treephys/tpt102.

40. Santa-Catarina C, Oliveira RR, Cutri L, Floh EIS, Dornelas MC. WUSCHEL-related genes are expressed during somatic embryogenesis of the basal angiosperm. Trees. 2012;, 26: 493-501.

41. Schögl PS, dos Santos ALW, do Nascimento LV, Floh EIS, Guerra MP.: Gene expres-sion during early somatic embryogenesis in Brazilian pine (Araucaria angustifolia (Bert) O. Ktze). Plant Cell, Tissue and Organ Culture. 2012;, 108: 173-80.

42. Dutra NT, Silveira V, de Azevedo IG, Gomes-Neto LR, Façanha AR, Steiner N, et. al.Guerra MP, Floh EIS, Santa-Catarina C: Polyamines affect the cellular growth and structure of pro-embryogenic masses in embryogenic cultures through the modulation of proton pump activities and endogenous levels of polyamines. Physiologia Plantarum. 2012; 148: 121-32.

43. Klimaszewska K, Overton C, Stewart D, Rutledge RG. Initiation of somatic embryos and regeneration of plants from primordial shoots of 10-year-old somatic white spruce and expression profiles of 11 genes followed during the tissue culture process. Planta. 2011;233:635-47.

44. Tang W, Newton RJ. Genetic transformation of conifers and its application in forest biotechnology. Plant Cell Reports. 2003;22:1-15.

45. Merkle AS. The case for hardwood varietals: How hardwood somatic embryogenesis can enhance forest productivity in the Southeastern United States. Proceedings of the IUFRO Working Party 2.09.02 conference. 2011;1:37-43.

46. Reed BM, Kane M, Bunn E, Pense VC. Biodiversity conservation and conservation tools. In Vitro Cellular Developmental Biology – Plant. 2011;47:1-4.

47. Durzan DJ. Scaled-up suspension cultures of Taxus brevifolia biosynthesize taxol in an artificial sporangium. Proceedings of the IUFRO Working Party 2.09.02 conference. 2012;1:146-7.

48. Murashige T, Skoog F. A revised medium for rapid growth and bio-assays with tobacco tissue cultures. Physiologia Plantarum. 1962;15:473-97.

AGRADECIMENTOS

A Fapesp, CNPq e Capes pelo apoio financeiro.

CAPÍTULO 4

LESÃO MECÂNICA NA RETINA: UM MODELO SIMPLES PARA O ESTUDO DA NEURODEGENERAÇÃO AGUDA

Vera Paschon
Fausto Colla Cortesão Zuzarte
Rodrigo R. Resende
Alexandre Hiroaki Kihara

4.1 NEURODEGENERAÇÃO

O ser humano (*Homo sapiens*) tem evoluído como espécie eficiente em se adaptar às grandes mudanças do ambiente terrestre. O método científico e a tecnologia permitiram que nossa espécie usufruísse de descobertas que levaram ao aumento progressivo da expectativa de vida média. Nas últimas décadas, devido ao desenvolvimento de medidas sanitárias, amparo à maternidade, redução da mortalidade infantil, uso de vacinas e antibióticos, aporte nutricional adequado, promoção de hábitos saudáveis e avanços na cobertura e tratamento de doenças, a expectativa de vida média subiu de 48 para 74,6 anos no Brasil, em 2012 (http://teen.ibge.gov.br/noticias-teen, acesso em: 29/01/2014).

O aumento da expectativa de vida tem como consequência o aumento considerável de pacientes com doenças neurodegenerativas. Atualmente, essas patologias não são completamente compreendidas, não há tratamento eficaz e os mecanismos globais de amparo aos pacientes são insuficientes[1]. Sem perspectivas de cura, o cuidado oferecido frequentemente é de caráter paliativo, não curativo. A ampliação da expectativa de vida dessa forma parece ter pouco mérito, se não for possível preservar a qualidade de vida.

Doenças relacionadas ao sistema nervoso central, incluindo os acidentes vasculares cerebrais, as Doenças de Alzheimer, Parkinson, Huntington, esclerose lateral amiotrófica e epilepsia, entre outras, apresentam características comuns das quais a mais importante é a neurodegeneração, termo relacionado com a perda progressiva da estrutura e função do neurônio, ou ainda, com a morte de neurônios[2].

4.2 BASES BIOLÓGICAS DA NEURODEGENERAÇÃO

Os fenômenos relacionados à neurodegeneração ocorrem em todos os níveis de observação, do micro ao macro, e de forma transdisciplinar. No nível molecular podemos identificar múltiplas alterações no DNA, RNA, microRNA, proteínas, equilíbrio iônico, disfunções de organelas intracelulares como mitocôndria, retículo endoplasmático e membrana plasmática. No nível celular podemos observar o comprometimento da funcionalidade de neurônios, células da glia e vasculatura[3,4]. No nível das redes neurais, estudos sobre modelagem computacional mostraram alterações no aumento da entropia com perda de informação pela desestruturação da arquitetura e das redes associativas, autoassociativas e competitivas[5]. No nível comportamental e cognitivo, observamos alterações como transtornos amnésicos, alterações de funções executivas, apraxias múltiplas, afasias e alterações do movimento, entre outros sinais e sintomas clínicos[6-8]. As doenças neurodegenerativas apresentam diversos pontos em comum, dentre eles a constituição atípica de proteínas[9,10] e ativação de vias de apoptose e necrose[11].

Um dos mais importantes substratos para a neurodegeneração é a morte neuronal[11,12]. Os processos de morte celular programada decorrem da ativação de mecanismos fisiológicos, sendo processo adaptativo essencial para o desenvolvimento[13] e manutenção da homeostase celular e da rede neural[14]. Diferentes vias celulares estão presentes em fenótipos distintos de morte celular, entre eles, apoptose, autofagia e necrose, entre outros subtipos. A morte por apoptose é a mais conhecida, bem conservada evolutivamente e, quando iniciada a partir de fenômenos adaptativos, gera mínima repercussão deletéria[15]. Nos seres complexos, as vias de sinalização que levam à morte celular programada podem também ser ativadas por mecanismos externos e não adaptativos[12], contribuindo para a perda de função e fenótipo de neurodegeneração.

4.3 MORTE CELULAR E APOPTOSE

Atuando no organismo como um todo e também nos tecidos neurais, a apoptose é o mecanismo chave para a manutenção da homeostase entre diferentes linhagens celulares nos tecidos do organismo adulto[16]. A ocorrência menos frequente de apoptose poderia resultar em câncer ou doenças autoimunes, enquanto que morte celular acelerada se relacionaria com doenças agudas e degenerativas crônicas, imunodeficiência e infertilidade[17].

Neurônios no sistema nervoso adulto são chamados de células pós-mitóticas, por terem a característica de serem terminalmente diferenciados. Este estado implica em duas principais características fisiológicas: diminuição de mecanismos relacionados à divisão celular[18] e aumento de mecanismos relacionados com a proteção da célula na morte celular programada, especialmente durante o processo de apoptose[19]. Em condições patológicas agudas e crônicas associadas com insultos citotóxicos e estresse oxidativo, essas adaptações são perdidas e a célula poderá reentrar no ciclo celular, processo que neste caso antecipa a morte celular[20]. Os neurônios são também altamente sensíveis à ação de mediadores de estresse oxidativo como as espécies reativas de oxigênio (do inglês, *reactive oxygen species*, ROS), associadas à morte celular programada[21].

As células nervosas possuem diferentes mecanismos de execução da morte celular (Figura 4.1), seja por necrose, por cascatas de sinalização de apoptose e autofagia, ou processos de morte celulares programadas complementares que dividem vias de sinalização paralelas[22].

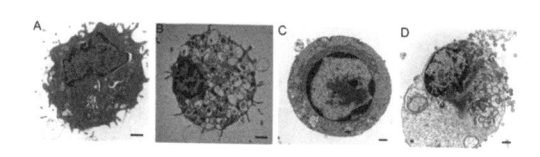

Figura 4.1 Morte celular: diversidade de padrões morfológicos. (A) Célula normal, (B) célula em processo de autofagia, (C) célula em processo de apoptose e (D) célula em processo de necrose Adaptado de Edinger et al.[23].

O processo de morte celular necrótica se diferencia dos processos de apoptose e autofagia, sendo classicamente considerado uma resposta de um sistema danificado e incapaz de executar um programa estruturado de terminação celular (Figura 4.2). O mecanismo de morte celular tradicionalmente associado a danos mais extensos que os outros processos, a necrose, se relaciona à morte com importante e deletéria inflamação tissular decorrente de insultos como trauma direto, choque térmico ou osmótico. Morfologicamente é caracterizada por células e organelas edemaciadas e ruptura de membrana plasmática. Numerosos vacúolos são visíveis precocemente, que progressivamente coalescem e formam vacúolos maiores, possivelmente resultado de distensão de membranas de retículos endoplasmáticos, mitocôndrias e lisossomos[23] (Figuras 4.1 e 4.2).

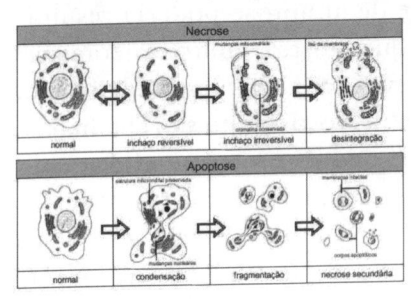

Figura 4.2 Esquema apresentando as diferenças entre necrose e apoptose. No primeiro caso a causa é externa e há vazamento de líquido e substâncias tóxicas. Na apoptose, a célula não incha, encolhe-se, destaca-se das células vizinhas e começa a apresentar bolhas em sua superfície (processo chamado de zeiose). A membrana e as organelas mantêm sua estrutura intacta e não há alterações evidentes no citoplasma. O núcleo, porém, sofre mudanças dramáticas: normalmente dispersa, a cromatina (conjunto dos cromossomos, que contêm o material genético) forma um ou mais aglomerados nas bordas internas da membrana nuclear. Isso basta para levar as células à morte. As que demoram a morrer podem sofrer outras mudanças: o núcleo parte-se e a célula e divide em estruturas contendo porções do núcleo, tomando uma forma inconfundível ao microscópio eletrônico. Disponível em: http://envelhecimento97unb.blogspot.com.br/2013/0. Acesso em: nov. 2014.

O processo de necrose não é apenas relacionado a estímulos inespecíficos e insultos excessivos, mas que é também finamente regulado por sinalização celular específica. Destaca-se o papel regulador da proteína quinase de interação com receptor 1 (*Receptor-interacting serine/threonine-protein kinase 1*, RIPK1) sobre a ação do fator de necrose tumoral (*Tumoral necrose factor*, TNF), citocina ligante de morte responsável por morte celular por apoptose ou necrose[24]. Quando no estado de poli-ubiquitinização, o RIPK1 apresenta papel protetor, induzindo morte celular não inflamatória de aspecto apoptótico pela ativação de apoptose, via extrínseca induzida por TNF[25]. Quando o processo de ubiquitinização é bloqueado, ocorre indução do processo de necrose por TNF[26].

A morte celular por apoptose é um evento que pode ser deflagrado por estímulo externo à célula mediado por receptores de morte, ou por um estímulo interno ou intrínseco mediado por mitocôndrias[12]. Estímulos externos incluem o acionamento de receptores indutores de morte (exemplo de ligantes, fator de necrose tumoral e Fas), insuficiência de fatores de crescimento, toxinas, estresse oxidativo e fluxo de Ca^{2+} por canais de membrana celular ou mesmo por liberação de Ca^{2+} do retículo endoplasmático rugoso[27]. A via intrínseca de apoptose mediada por mitocôndrias ocorre a partir da ocorrência de eventos de permeabilização da membrana externa mitocondrial com participação das proteínas do grupo bcl-2[28]. A ativação promove alteração na estrutura de fatores pró-apoptóticos, que passam a se constituir em oligômeros permeabilizadores da membrana mitocondrial que, por sua vez, libera citocromo c, proteína atuante na cascata de oxidação e transporte elétrico da cadeia respiratória. No citoplasma, o citocromo c reage com o fator de ativação de protease-1 (Apaf-1), que na presença de ATP torna-se capaz de recrutar caspase-9, que então combinados formam o apoptossomo, elemento ativador da pró-caspase-3. A ativação de caspases é o passo sinalizador da atividade proteolítica definidora de apoptose[12], e tanto as vias extrínseca como intrínseca convergem na ativação de caspase-3, protease responsável pela desconstrução celular[29].

A progressão morfológica da morte por apoptose é bem descrita e leva à condensação nuclear e citoplasmática, seguida de invaginação da membrana plasmática (Figura 4.1c). A célula então se rompe em fragmentos envoltos em membrana celular conhecidos por corpos apoptóticos, rapidamente fagocitados por células vizinhas[16], sem consequência aparente para o tecido ao redor. Contrasta com o fenótipo de morte por necrose, em que ocorre a liberação maciça de material intracelular no espaço extracelular, que atua como sinalizador inflamatório no tecido acometido, configura uma área de penumbra da lesão e promove perda de unidades funcionais que, potencialmente poderiam ser preservadas[30]. O aumento do aporte de ATP, qualidade de função e estresse mitocondrial são elementos fundamentais no caminho percorrido pela célula em seu destino final, desde a autofagocitose, apoptose ou de necrose, até o estabelecimento das doenças neurodegenerativas[31].

4.4 CONTEXTUALIZAÇÃO DO MODELO DE DEGENERAÇÃO RETINIANA POR TRAUMA MECÂNICO

Para melhor compreendermos o fenômeno da degeneração do tecido neural, é fundamental explorar a resposta tecidual frente à agressão e os processos de sinalização envolvidos, tanto na resposta imediata quanto adaptativa. O fenômeno de lesão tecidual extensa num curto período de tempo sobre o tecido neural é comum a diversas patologias, entre elas o acidente vascular cerebral isquêmico ou hemorrágico, epilepsia, processos infecciosos, descolamento de retina, glaucoma de ângulo fechado, hipertensão intracraniana e uma grande diversidade de mecanismos de traumatismo craniano, inclusive elevando ao longo do tempo, o risco de progressão para doenças neurodegenerativas[32].

Os modelos de estudo em degeneração mais utilizados são os que mimetizam o quadro fisiopatológico implicado em patologias neurodegenerativas isquêmicas, Alzheimer e Parkinson. Estes modelos acabam apresentando uma generalização tecidual do dano, dificultando a comparação de áreas afetadas com outras regiões controles do mesmo organismo. O modelo de lesão retiniana por trauma mecânico leva a um dano bem localizado, que gera gradiente de concentração de células apoptóticas no foco da lesão para células sadias nas regiões controles da própria retina, possibilitando a comparação do microambiente da lesão com outras regiões não afetadas do mesmo indivíduo, sem grande influência da variabilidade biológica (Figura 4.3).

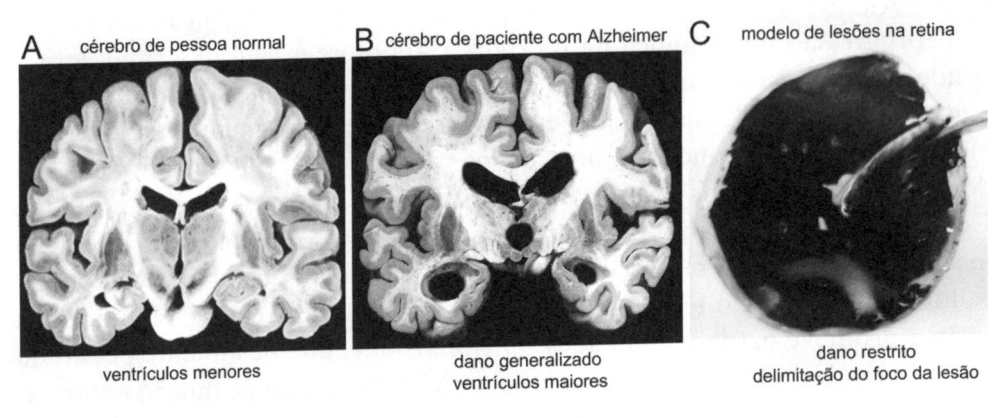

Figura 4.3 Comparação do dano neuronal causado pelo modelo. (A) Cérebro humano normal íntegro. (B) Visualização do dano neuronal generalizado em cérebro de paciente com Alzheimer. (C) Modelo de lesões retinianas. Podem-se observar lesões bem restritas o que facilita a localização do foco da lesão, penumbra e regiões controles. Elaborada pela autora.

Uma vez que o processo de dano tecidual já tenha ocorrido, são muitas as estratégias adotadas para a contenção do dano, buscando impedir a progressão têmporo-espacial para áreas próximas ou associadas ao tecido comprometido. Esse modelo possibilita estudos sobre a adaptação do tecido neural neste contexto, assim levando ao aprimoramento de estratégias biológicas para aprimorar a resistência tecidual ao dano. Um dos aspectos mais interessantes neste modelo é a possibilidade de analisar um tecido naturalmente bastante organizado, com elementos celulares distintos em sua funcionalidade, porém integrados no contexto funcional da retina. Sendo tecido de linhagem neural, a possibilidade de se explorar conclusões nesse modelo em outro contexto no sistema nervoso é bastante relevante.

A retina representa um modelo excepcional para o estudo de traumas induzindo morte celular e mecanismos compensatórios de reparo sob condições experimentais controladas[33]. Por ser de fácil acesso (localizada na periferia do corpo) e pela grande uniformidade estrutural, nos permite fazer lesões restritas para uma confiável quantificação do dano celular[34]. Ao longo dos últimos anos, nosso grupo de pesquisa descreveu um método fácil e simples, que se baseia em traumas mecânicos causados por uma agulha fina, resultando numa definição exata dos locais de lesão, sem traumatização global, como observado em modelos de isquemia[35,36].

A estrutura laminar clara e uma considerável variedade de tipos celulares da retina possibilitam ser considerada uma fatia natural do cérebro e um modelo atraente para estudar o sistema nervoso central[37]. Estudos *in vitro* possibilitam condições altamente controladas, que permitem medições da atividade de células isoladas, sem efeitos sistêmicos que poderiam atrapalhar o estudo, com certa flexibilidade no tempo e uma redução no número de animais necessários para a pesquisa. No entanto, as possíveis limitações incluem a perda seletiva de fenótipos/funções celulares específicas, mudanças na arquitetura e organização do tecido, perda de matriz extracelular e relevância questionável dos resultados. A manutenção do tecido original com arquitetura preservada e matriz extracelular fornece uma forma de interpretação fisiológica mais realista. A este respeito, a utilização de culturas organotípicas de células da retina, que também são conhecidas como explantes de retina, poderia ser uma ótima opção, pois eles mantêm muitas características histológica e bioquímicas e podem ser mantidas *in vitro* por vários dias ou mesmo semanas[38]. Mais além, a câmara vítrea atua como uma cápsula para a administração de fármacos na retina, permitindo a realização de experimentos *in vivo*, por meio de injeções intraoculares[39].

4.5 MODELO SIMPLES, PORÉM, INOVADOR

Este modelo de lesão mecânica foi desenvolvido para uma ampla variedade de animais de experimentação em laboratórios como pintos, ratos e camundongos. Como representado na Figura 4.4, uma agulha de insulina deve atravessar a íris, cristalino, vítreo, retina e esclera. Para fazer as demais lesões, deve-se tomar cuidado para não retirar toda a agulha e assim não lesar muitas vezes a íris e cristalino, diminuindo os danos locais. Em nossa experiência, a retina de pinto, possibilita a realização de seis lesões, enquanto a retina de rato suportaria a realização de aproximadamente quatro lesões e, finalmente, a retina de camundongo teria a possibilidade de sofrer até três lesões.

MODELO DE LESÃO RETINIANA PORTRAUMA MECÂNICO

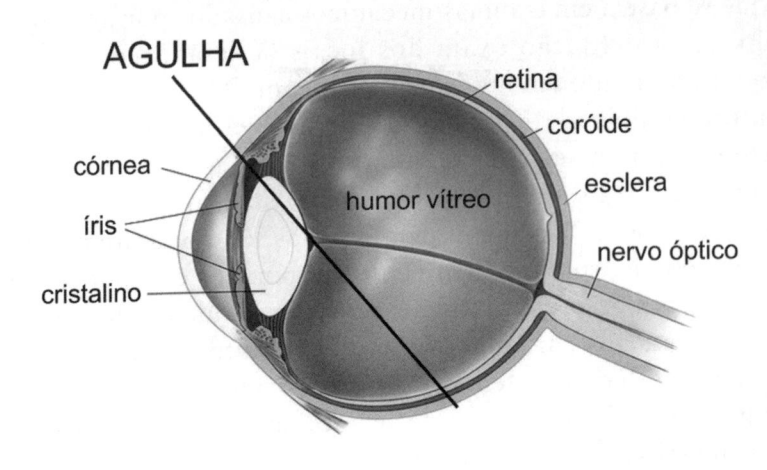

Figura 4.4 Agulha atravessando as estruturas do olho. Podemos observar uma agulha fina atravessando a córnea, cristalino, humor vítreo, retina, coroide e esclera. Elaborada pela autora.

O modelo de lesão retiniana é simples, porém abre um leque de possibilidades muito extenso. As retinas lesionadas podem ser dissecadas inteiras após diferentes tempos de lesão para a preparação de explantes. Os explantes podem ser tratados com uma grande variedade de moléculas, incluindo fármacos, RNA de interferência, nanotubos de carbono ou peptídeo, vetores virais de superexpressão, aptâmeros e antagomirs. O meio de cultura destes explantes pode ser coletado para análises enzimáticas, como o ensaio de liberação de lactato desidrogenase, enzima citosólica, que é liberada por células inviáveis. Em adição à análise do meio de cultura do explante, várias metodologias podem ser aplicadas ao próprio explante de retina, incluindo ensaios histológicos de detecção de morte celular por apoptose e necrose, tais como TUNEL (*terminal deoxynucleotidyl transferase-mediated d-UTP nick end-labeling*), fluorojade e influxo de iodeto de propídeo. O modelo permite a medida da atividade neuronal por arranjos multieletrodo (*multielectrode arrays*, MEA, discutido em outro capítulo deste livro), imageamento de cálcio e registro de células unitárias. Análises epigenéticas, incluindo a de expressão gênica ou níveis proteicos, também são possíveis a partir do modelo. Uma vez determinado um gene ou molécula alvo durante a progressão da apoptose, pode ser feita a validação *in vivo*. A utilização das duas retinas de um mesmo animal possibilita a análise estatística pelo teste T ou uma análise de variância com excelente poder estatístico. Um resumo das possibilidades de estudo do modelo pode ser observado na Figura 4.5.

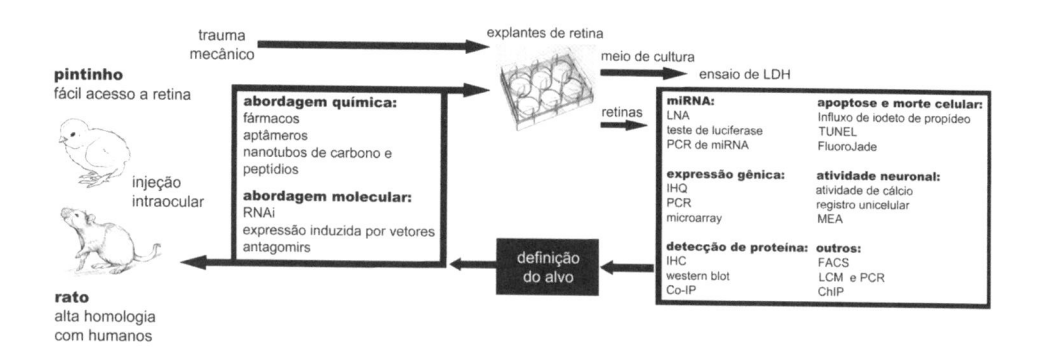

Figura 4.5 Esquema resumindo as possibilidades de uso do modelo de lesão. A partir do trauma mecânico na retina de pintinhos ou ratos, pode-se preparar explantes para tratamento *in vitro* com fármacos, aptâmeros, nanotubos diversos, RNAi, vetores virais e antagomirs. O meio de cultura pode ser utilizado na medida direta de LDH para avaliação do espalhamento da apoptose. As retinas tratadas podem ser preparadas para diferentes metodologias, como análises de miRNA, ensaios de detecção de material genético condensado, técnicas relacionadas com a quantificação genética e proteica e técnicas de eletrofisiologia para avaliar a atividade neuronal. Após a definição de um gene alvo específico é possível fazer tratamento *in vivo*. (Paschon et al., 2013).

4.6 VANTAGENS DO MODELO DE TRAUMA MECÂNICO NA RETINA

A imuno-histoquímica tem sido uma ferramenta valiosa no diagnóstico e investigação de doenças infecciosas e degenerativas[36,40]. Diferenças na imunorreatividade podem ser detectadas em secções microscópicas, mas estes resultados podem ser enganosos quando comparamos tecidos reagidos em lâminas diferentes. Neste contexto, a presença de zonas controles e experimentais dentro da mesma secção microscópica é uma maneira mais confiável para comparações de alterações na distribuição de proteína no tecido lesado.

O modelo de degeneração da retina permite a visualização do foco, penumbra e áreas controles dentro da mesma fotomicrografia. Na Figura 4.6, podemos observar mudanças incontestáveis na marcação de GFAP (do inglês, *glial fibrilar acid protein*, proteína ácida fibrilar glial), que caracterizam o processo de gliose reativa no foco da lesão quando comparado com as regiões adjacentes e controles. De fato, a gliose é uma característica de doenças neurodegenerativas em várias regiões do sistema nervoso, incluindo a retina[41]. No exemplo, marcação para GFAP atravessou todas as camadas da retina no foco da lesão e diminuiu nas áreas de penumbra. Em áreas distantes da lesão, a marcação de GFAP foi semelhante à observada em retinas não lesadas. Células de Muller, que são células gliais da retina, quando envolvidas em um processo reativo alteram o ambiente local dos neurônios e promovem integridade estrutural adicional para a retina no local da lesão, induzindo alterações no constituinte dos filamentos intermediários[42].

Na figura a seguir vemos a imunorreatividade da proteína GFAP. Este modelo possibilita a avaliação de qualquer proteína com possível papel na neurodegeneração e neuroproteção do ponto de vista do padrão de distribuição na retina lesada ao longo do tempo e das modificações teciduais.

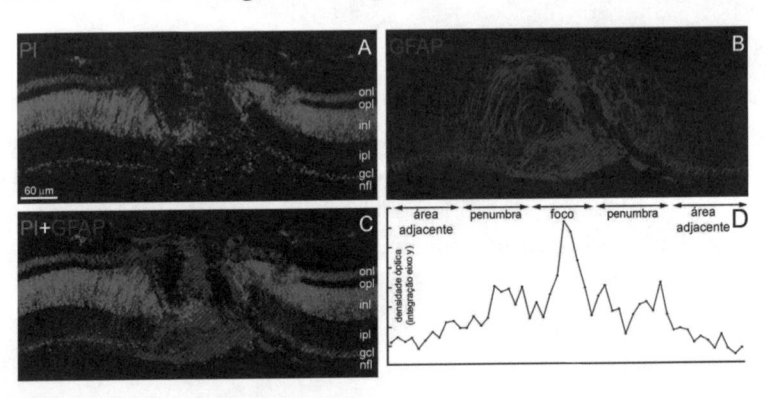

Figura 4.6 Caracterização de gliose reativa decorrente da lesão. (A) Contra coloração das camadas nucleares da retina por PI. A área central interrompida corresponde ao centro da lesão. (B) Caracterização da expressão de GFAP (marcador de células de Müller na retina de pintos) no modelo de lesão. O padrão normal de expressão de GFAP é uma marcação de processos na GCL e NFL, com alguns processos verticais cruzando a IPL. (C) Sobreposição das imagens em A e B. No foco da lesão a marcação foi observada em processos verticais cruzando a INL, OPL e ONL. (D) Gráfico representando a densidade óptica da imagem mostrada em B. A análise pixel/pixel da densidade óptica foi integrada no eixo y, evidenciando a gliose reativa que ocorre em resposta à lesão. Barra de escala: 60 μM. (43).

4.7 MÉTODOS DE QUANTIFICAÇÃO DO ESPALHAMENTO DA MORTE CELULAR PÓS-TRATAMENTO *IN VITRO* OU *IN VIVO*

Além da gliose reativa, outra característica comum no processo neurodegenerativo é a morte celular secundária, que é frequentemente mais prejudicial do que a morte primária causada pela lesão. Ensaios de LDH podem fornecer uma medida quantitativa de viabilidade tecidual, refletindo a integridade das membranas das células neuronais e gliais. Agentes farmacológicos, RNAi, vetores virais, antagomirs e aptâmeros podem ser testados numa tentativa de parar o programa de apoptose e/ou diminuir sua propagação, não obstante o fato que o balanço dos benefícios e malefícios dessas estratégias continua em debate[44,45].

Outra forma de quantificar o espalhamento da apoptose após tratamento *in vitro* ou *in vivo* é o ensaio de TUNEL, amplamente utilizado como método de identificação e, em alguns casos, de quantificação de células apoptóticas. Nesse ensaio, a incorporação específica de indicadores nos terminais de nucleotídeos do DNA fragmentado proporciona a identificação de células que apresentam tal fenótipo (46).

O tecido tratado ainda pode ser submetido a análises epigenéticas por meio de precipitação de cromatina ou de concentração de miRNAs específicos, além de quantificação da expressão gênica e níveis proteicos, avaliação da atividade neuronal em diferentes períodos pós-lesão e com diferentes tratamentos. Muitas outras metodologias podem ser conjugadas com esse modelo permitindo o estudo do processo neurodegenerativo em diversos níveis.

Nosso grupo de pesquisa utilizou este modelo de neurodegeneração aguda para avaliar os efeitos do bloqueio do acoplamento celular no espalhamento da morte celular secundária à lesão. Na Figura 4.7 (A-H) podemos observar a marcação de núcleos TUNEL-positivos em retinas lesadas que foram incubadas em meio de cultura com salina (PBS, controle) e bloqueadores farmacológicos de junções comunicantes, carbenoxolone (CBX), quinina e a combinação de CBX + quinina na concentração de 100 μM. O número de núcleos TUNEL-positivos e o espalhamento a partir da lesão foram plotados em gráficos de regressão linear, que revelaram retas mais horizontais para retinas incubadas somente com PBS e retas mais inclinadas para retinas incubadas com bloqueadores de junções comunicantes. Para validar esses achados, realizamos experimentos *in vivo*. No momento de fazer as lesões, injetamos PBS ou bloqueadores de junções comunicantes, como citado acima, nas concentrações de 100, 250 e 500 μM. As retinas foram dissecadas e marcadas com TUNEL para observação do espalhamento da morte celular secundária. Os resultados seguiram um padrão similar aos experimentos *in vitro*, com a concentração de 500 μM[47].

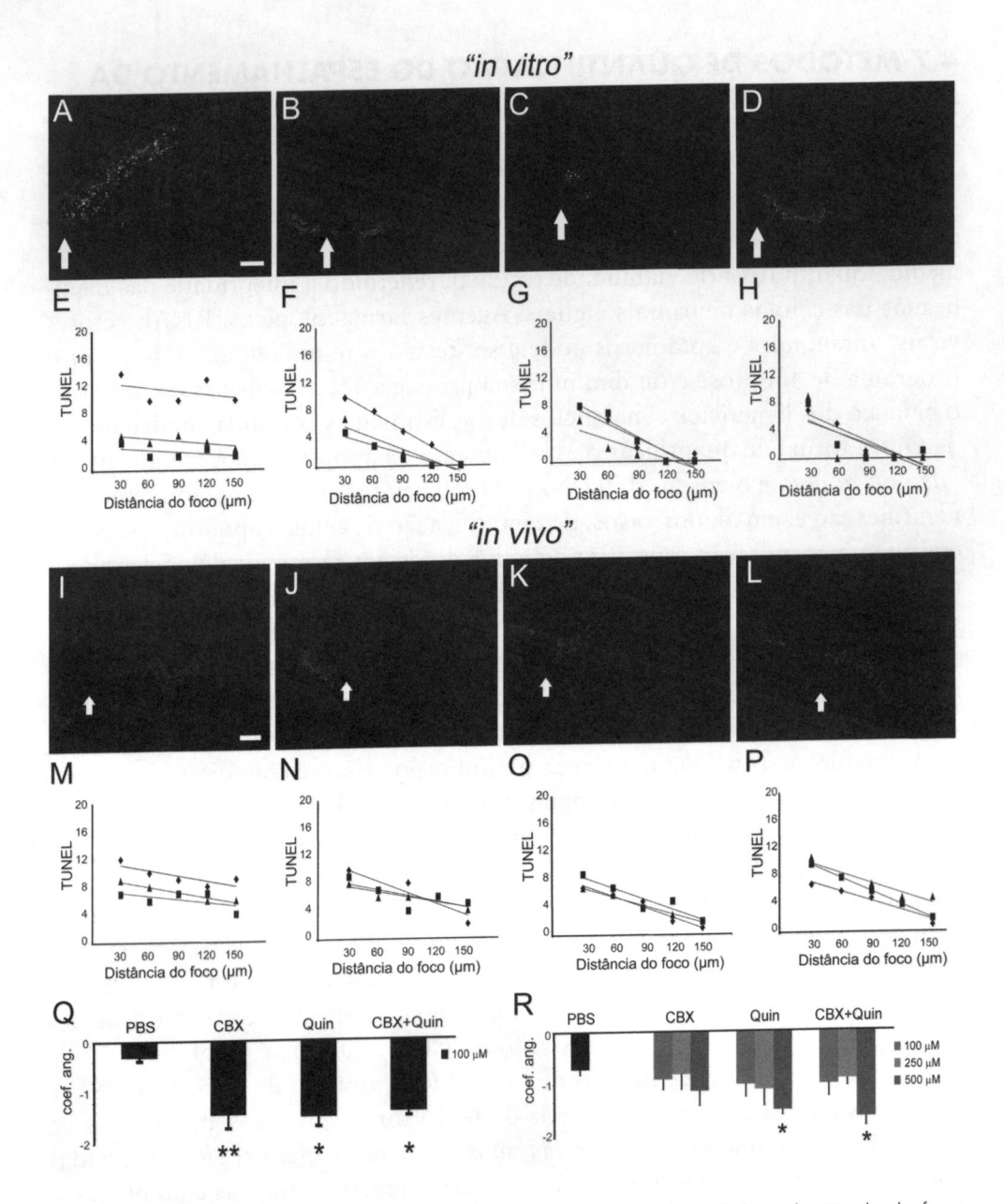

"in vitro"

"in vivo"

Figura 4.7 Experimentos *"in vitro"* e *"in vivo"* com o modelo de neurodegeneração por lesão. Explantes de retinas lesadas foram incubados durante 4 horas com (A) PBS (salina), (B) carbenoxolona (CBX), (C) quinina (Quin) e (D) CBX + quinina, na concentração de 100 μM. Cortes transversais dos explantes foram submetidos ao ensaio de TUNEL para caracterização do padrão de espalhamento da apoptose. (E-H) Para determinar se os bloqueadores de junções comunicantes causaram alterações na distribuição das células em apoptose, contamos o número de núcleos TUNEL-positivos localizados até 150 mm de distância do foco da lesão. Os valores foram calculados de acordo com a distância do foco e foram submetidos à regressão linear, gerando parâmetros matemáticos, como R^2, R e equação de primeira ordem (y = ax + b). Para validar os resultados *in vitro*, realizamos injeções intravitreanas imediatamente após o trauma mecânico na retina de (I) PBS, (J) CBX, (K) quinina (Quin) e (L) CBX + quinina na concentração de 500 μM. Os animais foram sacrificados 1 dia pós-lesão, e cortes transversais de retinas foram submetidos ao ensaio de TUNEL para caracterizar o padrão de espalhamento da apoptose. Em cada imagem localizamos o foco da lesão (setas). (M-P) gráficos de regressão linear representando os experimentos "*in vivo*". (Q) Nos experimentos *in vitro* o coeficiente angular da equação de primeiro grau (*a*) foi calculado para cada condição experimental (n=3). Quando comparados com a condição controle, observamos que o coeficiente angular foi maior para todas as condições avaliadas, utilizando bloqueadores de JCs (CBX, quinina e CBX + quinina). (R) Em relação aos resultados *in vivo*, o coeficiente angular da equação de primeiro grau (*a*) maior para quinina 500 μM e CBX + quinina 500 μM em comparações pareadas utilizando Newman-Keuls após ANOVA de dois fatores. Barra de escala: 60 μm [43, 47]. (Adaptado de Paschon et al., 2012).

4.8 TÉCNICA PASSO-A-PASSO

Lembramos que os experimentos devem ser conduzidos de acordo com as diretrizes dos Institutos Nacionais de Saúde e da Sociedade Científica de Animais de Laboratório Brasileiro. O protocolo experimental deve ser aprovado pelo Comitê de Ética em Experimentação Animal do Instituto ou Universidade em que vai se realizar os experimentos.

4.8.1 Procedimentos com animais

Neste estudo, foram utilizados pintinhos macho (*Gallus gallus*), com aproximadamente 7-15 dias de idade e ratos (*Rattus norvegicus*), com cerca de 50-60 dias de idade. Todos os animais foram criados e alojados em um biotério com livre acesso a água e comida e foram mantidos em um ciclo claro/escuro 12:12 h de luz com luzes acesas às 06:00 da manhã. As colônias de pintinhos foram mantidas em 32-35 °C na primeira semana e 29-32 °C e 26-29 °C, na segunda e na terceira semanas, respectivamente. No entanto, os ratos foram mantidos constantemente em 22-24 °C e alimentados adequadamente. Os animais não foram tratados antes do procedimento da lesão, exceto para limpeza da gaiola.

Os animais foram anestesiados com Ketamina (10 mg/100 g de peso corporal, com injeção intraperitoneal) e Xilazina (1 mg/100 g de peso corporal, com injeção intraperitoneal). A fim de confirmar se os animais foram anestesiados, a pata deve ser pressionada para testar o reflexo de retirada da dor. Posteriormente, os animais foram submetidos a seis lesões mecânicas locais na retina. As lesões foram feitas com uma agulha fina, tipo agulha para diabetes (calibre 28, 12,7 mm), que cruzou a córnea, cristalino, vítreo e retina.

As lesões foram realizadas sem remover completamente a agulha do olho de modo a causar o mínimo de danos na córnea. Após diferentes períodos, dependendo do que se deseja avaliar, os animais foram sacrificados com uma *overdose* de Ketamina (30 mg/100 g, via intraperitoneal) e Xilazina (2 mg/100 g, via intraperitoneal). Os globos oculares foram removidos e as retinas dissecadas cuidadosamente para diferentes metodologias. Abaixo descrevemos uma sucintamente.

4.9 CULTURA ORGANOTÍPICA/EXPLANTE DE RETINA DE PINTOS OU RATOS

Os explantes foram feitos seguindo o seguinte protocolo experimental:

- os animais foram sacrificados por decaptação e tiveram suas cabeças limpas com solução de álcool etílico 70% para diminuir a contaminação existente;
- incisões bilaterais de aproximadamente 1,0 cm foram feitas nas regiões orbiculares, de onde se retira o globo ocular, com o auxílio de uma pinça curva de dissecção;
- em uma solução salina sem cálcio e sem magnésio (CMF, composta por: 131,0 mM NaCl; 4,09 mM KCl; 0,92 mM Na2HPO4; 0,45 mM KH2PO4; 9,4 mM NaHCO3; 12,2 mM Glicose) são incubados todos os globos oculares, até o momento de dissecção das retinas;
- as retinas são dissecadas em CMF de forma a ficarem livres do epitélio pigmentado;
- em seguida, lava-se a preparação duas vezes com meio de cultura completo;
- para finalizar o processo, cada explante foi incubado em 2,0 mL de meio completo;

4.10 IMUNOHISTOQUÍMICA

4.10.1 Introdução à preparação da amostra: imunofluorescência

Aqui está uma visão geral dentre diversos protocolos de imunofluorescência (IF). Estes são adaptados de laboratório para laboratório, então, apresentamos somente um esboço geral. Infelizmente, não há um protocolo que é melhor para tudo, por isso alguns testes e otimização são muitas vezes necessários. Se o leitor puder descobrir as condições em que seus anticorpos-proteína-espécime funcionam bem (por exemplo, dos artigos originais, as empresas que comercializam os anticorpos, páginas *web* do laboratório que realizou a técnica), pode poupar algum tempo na padronização da imunofluorescência.

4.10.2 A amostra

Tudo o que você quer para suas imagens precisa estar em uma configuração adequada para o microscópio. Lâminas e lamínulas são os aparatos mais simples de se usar para a maior parte das amostras fixadas. Obviamente, amostras vivas são completamente diferentes e aqui estão algumas sugestões para imagens de células vivas.

As células de cultura de tecidos podem ser cultivadas diretamente sobre as lamínulas. Em geral, deve-se usar lamínulas de #1,5, pois a maioria das objetivas de microscópios é projetada para funcionar de forma ideal com elas. Mas também pode-se usar lamínulas redondas de 18 mm em placas de trabalho com 12 poços, ou lamínulas de 12 mm em placas de 24 poços, ou lamínulas quadradas de 22 mm em uma placa de 6 poços. Pinças com uma ponta fina são boas para se lidar com as lamínulas, que podem ser limpas antes do uso. Algumas lâminas com vários poços podem ter problemas, por isso, em geral, não recomendamos estas.

As lâminas devem ser esterilizadas, por exemplo, com a lavagem em etanol ou expondo aos raios UV na placa por 30 minutos, ou mesmo antes de todo o procedimento, podem ser autoclavadas. Muitas células crescem bem sobre o vidro da lamínula não revestida, mas algumas crescem melhor quando as lamínulas são revestidas (por exemplo, 50 µg/mL de poli-lisina durante 1 hora, ou colágeno, ou L-ornitina, como explicado acima). Transfira as células para as placas e mantenha-as em cultura (por exemplo, durante a noite, ou *overnight*) para que fiquem bem aderidas e para que tenham entre 40-70% (pode variar com o tipo celular em estudo) de confluência quando estão prontas para fixação. Pode-se fazer o protocolo experimental que se desejar com as células, transfectá-las, estimulá-las, inibi-las, ou inibi-las e em seguida estimulá-las. Lavá-las por duas vezes com PBS, e então elas estão prontas para a fixação.

As células em suspensão podem ser aderidas às lâminas usando Cytospin, uma centrífuga de baixa rotação que pode depositar uma monocamada uniforme de células em uma área de uma lâmina de vidro, mantendo a morfologia celular (mas, de certa forma, podem achata-las).

Os cortes de tecidos devem ter espessura menor que 100 μm para microscopia confocal.

4.10.3 Fixação

O objetivo da fixação é manter a estrutura celular e tecidual mais próxima possível do estado original, *in vivo*. Uma vez fixado o tecido ou célula, pode-se realizar o resto do protocolo sem perder a proteína de interesse e, de fato, o resto da célula. Existem vários métodos de fixação adequados para a IF. A fixação pode danificar ou mascarar sítios antigênicos, comprometendo, assim, a intensidade da imunomarcação de sua amostra (célula ou tecido). Pode-se encontrar a necessidade de testar vários fixadores antes de encontrar o que produz o equilíbrio certo de anticorpo de ligação e integridade estrutural da amostra. Abaixo, apresentamos alguns, no entanto, o que usamos normalmente é o paraformaldeído a 4%.

4.10.3.1 Formaldeído/paraformaldeído

Os fixadores aldeídicos promovem a ligação cruzada entre as proteínas e o fixador e, geralmente, preservam bem a morfologia celular. Eles agem de maneira um pouco mais lenta do que os solventes orgânicos, especialmente para amostras de espessura fina. Formaldeído 4% por 10 min é um bom ponto de partida para células e tecidos de mamíferos.

Algumas amostras são propensas a autofluorescência induzida pelo fixador, o que pode ser neutralizado com a redução dos grupos aldeídos com BH_4 ou NH_3Cl a 10 mM, pois são reagentes mais suaves para as células.

O formaldeído é o aldeído mais simples cuja fórmula é CH_2O. A formalina é o nome para a solução saturada (37%) de formaldeído. Assim, um protocolo chamado formalina a 10% é aproximadamente equivalente a 4% de formaldeído. Porém, fiquem atentos, pois algumas soluções têm metanol em suas composições para inibirem a polimerização, o que pode ter um efeito negativo sobre a sua amostra.

Paraformaldeído (PFA) é, na verdade, o formaldeído polimerizado. Formaldeído "puro", livre de metanol, pode ser feito por aquecimento do PFA sólido. Isso pode ser chamado de paraformaldeído, mas não o é, pois não é a forma polimérica. Pode-se comprar formaldeído grau PA ou fazer o próprio, como a descrição do Quadro 4.1.

Quadro 4.1 Fazendo uma solução de paraformaldeído.

Paraformaldeído 4% é, geralmente, feito em PBS ou TBS a 70 °C, adicionando-se várias gotas de NaOH 5M para ajudar a clarificar a solução. A solução de paraformaldeído 4% deve ser feita em uma capela, pois é muito tóxica.

Muitas vezes, soluções estoques de PFA têm impurezas insolúveis e o ideal é que estas sejam removidas através de um giro rápido em uma centrífuga de mesa ou passando a solução preparada através de um filtro de seringa. Também é importante perceber que a eficácia e o teor de impureza do pó de PFA podem variar muito de um lote do reagente para outro. Não é de surpreender quando as concentrações e condições de fixação precisam ser alterados, ao se abrir uma nova garrafa de PFA.

Pode-se armazenar a solução, mas todas as soluções deterioram ou turvam com o tempo, assim o uso de soluções recém-preparadas, que são incolores, é o ideal. Armazenar alíquotas a –20 °C e usá-las ao longo de dois meses é possível.

4.10.3.2 Metanol

Solventes orgânicos, tais como o metanol, precipitam proteínas produzindo um resultado semelhante para a reticulação com aldeídos – a cobertura de proteínas da célula é mantida, mas todas as pequenas moléculas serão perdidas durante o resto do protocolo. A fixação com metanol desnatura as proteínas, por isso nunca usar, caso queira investigar em sua amostra uma proteína fluorescente. Alguns epitopos antigênicos são, de fato, completamente destruídos pelo metanol. No entanto, também pode ser vantajoso para alguns outros anticorpos (especialmente alguns anticorpos monoclonais que se ligam a apenas um epitopo), cujos antígenos naturalmente escondidos podem ser expostos, após a fixação com metanol.

4.10.3.3 Metanol/acetona

Usando uma combinação de metanol e acetona pode melhorar a imunomarcação perdida com a fixação em metanol 100% (metanol é melhor para estrutura, enquanto a acetona permeabiliza bem e é menos prejudicial). Como ponto de partida, tente 10 minutos no solvente à temperatura de –20 °C.

4.10.3.4 Paraformaldeído e metanol

E se você realizasse uma dupla-marcação de sua amostra usando um anticorpo que é compatível apenas com paraformaldeído e outro com metanol? Tente fixar a amostra primeiro com paraformaldeído durante 10 minutos à temperatura ambiente e, em seguida, 5 a 10 minutos com metanol −20 °C (ou metanol/acetona).

4.10.3.5 Fixação com micro-ondas

A fixação com micro-ondas é útil para a penetração de amostras de tecido cuja espessura seja fina, geralmente em conjunto com fixadores químicos, tais como os citados acima.

4.10.4 Amostras Criopreservadas

Quando se deseja uma amostra criopreservada, cujos cortes podem ser menores que 12 μm, deve-se fixá-las por 30 minutos em PFA 4% a temperatura < 60 °C em PBS (0,1 M; pH 7,3) e crioprotegida em solução de sacarose 30% por 24 h a 4 °C. Depois, embeber a amostra em composto protetor ao congelamento, por exemplo, Optimum Cutting Temperature (OCT, Sajura Finetek EUA) e cortar em criostato. A amostra, embebida ou submergida em um cubo ou recipiente de tamanho suficiente para armazenar a amostra contendo o OCT, deve ser levada a banho de gelo seco para que possa congelar. Entre 30 e 60 segundos, dependendo do tamanho e volume da amostra + OCT, estes são congelados.

4.10.5 Permeabilização

A permeabilização ajuda os anticorpos a penetrarem nas células e tecidos fixados. Uma variedade de diferentes detergentes pode ser utilizada, incluindo, NP-40, Triton X-100, Tween 20 e saponina. Outros solventes (por exemplo, etanol ou DMSO) também podem ser usados para remover lipídeos. O passo de fixação, na verdade, permeabiliza as células até certo grau (isto é, remove algumas das membranas), de modo que estes passos não são realmente completamente distintos (por exemplo, a acetona tanto permeabiliza quanto fixa).

A extensão da permeabilização requerida depende do que se está tentando olhar. Por exemplo, as proteínas de superfície celular não exigem muito ou qualquer permeabilização. De fato, caso se removam todas as membranas, perde-se a sua proteína. A marcação antes da permeabilização também pode ajudar a distinguir os alvos extracelulares (por exemplo, bactérias ligadas à superfície celular) e aqueles dentro das células (que somente marcam após a permeabilização).

A fixação e a permeabilização de suas células/tecidos afetam a morfologia celular e a disponibilidade do antígeno que você está tentando detectar. Pode-se obter resultados diferentes com diferentes reagentes, tempos e concentrações, portanto, a necessidade de otimização do protocolo é indispensável. A distorção da morfologia celular é algo para se ter em mente ao interpretar as imagens (Quadro 4.2).

Quadro 4.2 Como realmente fazer estes passos?

Se se utilizar lamínulas de vidro em formato de placa, tanto os passos de fixação e permeabilização podem ser realizados na placa. Os reagentes são baratos, por isso não há nenhum problema em mergulhar as lamínulas. As lavagens também podem ser facilmente feitas nas placas.

As incubações com o anticorpo requerem um volume pequeno. Uma boa maneira de se fazer isso é usar uma câmara úmida para manter as lamínulas e, em seguida, pipetar um pequeno volume de solução em cada lamínula. Uma câmara simples pode ser feita a partir de uma placa de Petri de 15 cm com papel de filtro ou algodão, embebido em água, cobertos por uma camada de filme plástico. Usar uma pinça para mover as lamínulas, com cuidado para mantê-las o lado das células para cima.

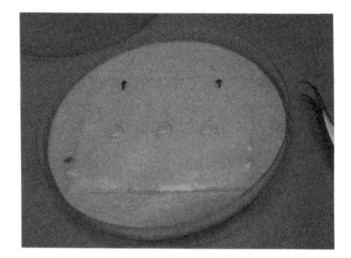

4.10.6 Bloqueio

Sua coloração será melhorada através do bloqueio da ligação não específica do anticorpo em sua amostra. Albumina sérica bovina (*bovine serum albumin*, BSA), leite em pó ou soro podem ser usados para isso. Não utilizar soro da mesma espécie no qual o anticorpo primário foi desenvolvido!

Se se usar um anticorpo secundário desenvolvido em cabra, uma solução de bloqueio típica é aquela com 5% de soro normal de cabra feita em solução PBS/Tween 20 0,05%. NaN_3 pode ser adicionado a 0,05 % (peso/volume) à solução. O bloqueio pode durar entre 10 e 30 minutos. Normalmente, 50 a 100 µL de solução de bloqueio são o suficientes para cobrir as células em uma lamínula redonda de 12 mm. Adiciona-se a solução de uma extremidade da lamínula e deixe a solução propagar, balance um pouco para misturar a solução, e deixe repousar por 10 a 30 minutos. Sugar a solução a partir da extremidade oposta, quando a incubação terminar. Embora se deseje que a solução seja sugada para fora, tanto quanto possível entre as etapas, mas tenha o cuidado de não deixar a lamínula secar. Se o bloqueio foi com BSA ou leite em pó, pode-se fazer isso na placa com múltiplos poços com alguns mL de solução em cada poço.

4.10.7 O anticorpo primário

Esta é a parte mais importante do processo – se for boa, ter-se-á uma coloração brilhante, a coloração específica. O anticorpo primário perfeito tem boa afinidade, ou seja, liga-se fortemente à sua proteína de interesse, e boa especificidade, ou seja, não se liga a outros alvos. Vale a pena encontrar e pagar pelo melhor anticorpo disponível para tornar-se um criador orgulhoso de imagens brilhantes e de confiança, como também, em longo prazo, poupar seu laboratório de uma grande quantidade de tempo e dinheiro.

As concentrações do antígeno na IF são muito mais baixas do que em um *imunoblot*, de modo que as concentrações utilizadas de anticorpos são geralmente mais elevadas. Mais uma vez, provavelmente, será preciso tentar uma série de diluições, a menos que se tenha um protocolo que se saiba funcionar bem. A melhor diluição para um anticorpo varia de 1:10 a 1:10.000, dependendo da abundância do antígeno, da pureza do anticorpo, da afinidade entre o antígeno e o anticorpo etc. Diluir o anticorpo na solução de bloqueio.

4.10.7.1 Dupla ou tripla marcação

Os anticorpos primários podem ser misturados, desde que tenham sido produzidos em diferentes espécies de animais (geralmente, camundongo e coelho), antes de ser aplicado à lamínula. Para uma lamínula de 12 mm, 20 μL de anticorpo é mais do que o suficiente. Adicionar o anticorpo a uma extremidade da lamínula, como feito para o bloqueio para evitar estraçalhar as células. A interação entre antígeno-anticorpo, na sua maioria, ocorre com uma hora à temperatura ambiente, ou durante a noite a 4 °C (pode-se usar mais solução de anticorpo para se compensar sua evaporação).

4.10.7.2 Lavagem

A amostra deve ser lavada várias vezes com PBS + Tween 20 0,05% após incubação do anticorpo para se reduzir o *background* ou ruído de fundo. Basicamente, suga-se a solução de anticorpo a partir de um dos lados da lamínula, adicionando-se a solução de lavagem a partir do outro lado, dei-xando a solução de lavagem espalhar-se por si mesma. Deixa-se a solução de lavagem ficar na amostra por 5 minutos. Repete-se a lavagem por mais três vezes. Desta forma, a lavagem será bastante completa, embora alguns pesquisadores prefiram colocar a lamínula de volta na placa e deixar lavar com rotação. Esguichar as lamínulas com um frasco de lavagem é rápido e eficaz.

4.10.8 O anticorpo secundário

Anticorpos secundários conjugados com Alexa Fluor são excelentes – fluoróforos brilhantes e estáveis e com adsorção cruzada com uma boa especificidade de espécie. Outros fluoróforos conjugados disponíveis pela Jackson ImmunoResearch e Rockland, Roche, também são bons e confiáveis. Usar produtos com a menor reação cruzada possível, embora mais caros, eles são ainda mais baratos em comparação com os anticorpos primários e outros materiais de laboratório, e um tubo de anticorpo secundário pode durar um ano ou dois, para todo o laboratório.

Diluir o anticorpo secundário conjugado com o fluoróforo em PBS + Tween 20 0,05% (novamente, pode-se incluir soro de cabra 5%, se os anti-corpos secundários são originários de cabra). A maioria dos anticorpos secundários pode ser usado após diluição de 1:200 a 1:500, durante 1 hora, à temperatura ambiente ou durante a noite a 4 °C. É possível adicionar a solução e incubar da mesma maneira que o primário.

4.10.8.1 Qual anticorpo secundário escolher para a marcação múltipla?

A maioria dos microscópios de luz (LMCF, *Light Microscopy Core Facility*) são bastante versáteis e podem capturar uma gama de fluoróforos. Aqui estão alguns fluoróforos típicos que se pode usar (pode-se usar os *links* dos espectros dos fluoróforos na página de referência e as informações na página de microscópio relevante para se trabalhar com outras combinações possíveis).

AZUL	VERDE	VERMELHO	VERMELHO DISTANTE
DAPI	AlexaFluor 488	AlexaFluor 568	AlexaFluor 633 ou 647
AF405 (confocal), AF350 (fluorescência)	GFP, Cy2	Cy3, Rodamina RX, Texas Red	Cy5

Uma alternativa aos anticorpos secundários é a marcação direta de anticorpo primário com um fluoróforo (por exemplo, com kits da Molecular Probes), mas essa alternativa é usada apenas em casos especiais.

São feitas mais algumas lavagens (por exemplo, quatro ou cinco vezes) em PBS-T para remover o anticorpo secundário não ligado e, em seguida...

4.10.9 A montagem

O meio de montagem ajuda a preservar a sua amostra e aumenta o índice de refração para que se tenha um bom desempenho com as objetivas de imersão em óleo. As montagens muitas vezes têm sequestradores que capturam radicais livres e reduzem a fotodegradação (estas, por vezes, reduzem o brilho inicial das amostras). Prolong Gold da Molecular Probes e Fluoromount-G (anti-fade) da Southern Biotech são bons exemplos de um grupo de produtos semelhantes com diferentes nomes comerciais. Lava-se brevemente a lamínula por imersão em água destilada duas vezes para retirar o sal. Caso contrário, a lamínula mostrará a mancha de sal quando este estiver seco. Basta colocar um ponto na amostra antes de colocar a lamínula (#1,5) na lâmina, e deixar secar antes de capturar as imagens. Selar as lâminas após deixá-las secar, caso não se vá capturar as imagens imediatamente.

4.10.10 Controles e interpretação

Imunofluorescência requer interpretação cuidadosa. Pode haver auto-fluorescência, ligação não específica do anticorpo secundário, e o anticorpo primário pode não se ligar apenas à proteína para o qual foi desenvolvido. Controles para convencê-lo da especificidade são importantes (por exemplo, usando apenas o secundário, bloqueando o anticorpo primário com a proteína/peptídeo contra o qual foi desenvolvido, a falta de sinal em células nocaute ou tratadas com RNAi). Por último, como os resultados serão de apenas algumas células ou partes do tecido, é importante mostrar aqueles que são típicos e representativos.

4.11 IMUNOHISTOQUÍMICA DA RETINA DO MÉTODO PROPOSTO NESTE CAPÍTULO

Os olhos lesionados de pintinhos de sete dias de vida foram fixados durante 30 minutos em 4% de paraformaldeído (PFA, Sigma - Aldrich Co. LLC , St. Louis, MO, EUA), diluída a < 60 ° C em solução salina tamponada com fosfato (PBS, 0,1 M; pH 7,3) e crioprotegidos em solução de sacarose a 30% durante 24 h a 4 °C. Após a incorporação dos olhos em composto Optimum Cutting Temperature (OCT, Sakura Finetek EUA, Torrance, CA, EUA), eles são cortados transversalmente (12 µM) em um criostato, e 1 em 5 secções de direção nasal para a temporal foram separadas como amostragem. Para a análise, foram examinadas secções de 3-5 em cada animal (n = 3). Secções da retina foram, então, bloqueadas durante 30 minutos em uma solução contendo 10% de soro de cabra normal, 1% de albumina sérica bovina e 0,3% de Triton X-100 em PBS.

Para caracterizar a gliose reativa na lesão da retina, um anticorpo mono-clonal feito em camundongo e que foi produzido contra a proteína ácida fibrilar glial (*glial fibrillary acidic protein*, GFAP) foi utilizado (#G3893, 1:4.000, Sigma-Aldrich Co. LLC) a fim de identificar as células gliais de Müller. Os controles para as experiências consistiram na omissão dos anti-corpos primários, nenhuma marcação foi observada nestes casos. Após várias lavagens, as secções da retina são incubadas com antissoro de cabra contra IgG de camundongo, marcado com Alexa TM 488 (1:250-1:500, Life Technologies Corporation, Grand Island, NY, EUA) e dilui-se em PBS contendo 0,3% de Triton X-100 durante 2 horas à temperatura ambiente. As retinas são, em seguida, incubadas com iodeto de propídio (1:4.000) durante

10 minutos e lavadas três vezes em PBS durante 5 minutos. Finalmente, as secções sobre lamínulas foram montadas com Vectashield Mounting Media (Vector Laboratories, Inc., Burlingame, CA, USA).

Este é o método de imunofluorescência direta, ou seja, os anticorpos têm o corante fluorescente ligado. A marcação direta é mais simples e mais rápida do que a marcação indireta. Recomendamos a marcação direta, caso se esteja planejando marcar células ou tecidos simultaneamente com dois ou mais anticorpos. Porém, há algumas razões para se seguir com o método indireto:

- não se pode obter o anticorpo específico conjugado com um fluorocromo;
- a conjugação com o fluorocromo interfere na especificidade do anticorpo;
- o número de receptores por célula é baixo (geralmente, os métodos indiretos podem tornar a marcação mais brilhante);
- precisa-se de comparações muito precisas de marcação com anticorpos diferentes.

Se alguma das situações acima se aplicar ao seu caso, consulte nosso protocolo para a marcação indireta.

4.12 MATERIAIS

4.12.1 Anticorpos conjugados com fluorocromo

- *Anticorpo teste*: anticorpo monoclonal de camundongo conjugado com FITC, PE, PerCP ou PE-CY5 Tandem (nomes comerciais: Cy-Chrome ou Tri-Color). Caso se esteja planejando marcar as células/tecidos com dois ou mais anticorpos ao mesmo tempo, é necessário um controle negativo para cada fluorocromo conjugado.

Para marcação simultânea deve-se escolher os fluorocromos com cuidado. É desejável que se tenha um anticorpo com emissão no vermelho mais distante possível, para marcar o antígeno com a maior densidade possível (a maioria dos receptores por célula).

- *Soro para controle negativo*: Normalmente, usa-se IgM ou IgG purificados de camundongo da mesma subclasse dos anticorpos de teste (acima) e conjugado com o mesmo fluorocromo. Normalmente são adquiridos do mesmo fabricante, para se obter uma razão fluorocromo/proteína semelhante aos anticorpos de teste.

Em citometria de fluxo, a fluorescência é relativa. É preciso de um controle negativo para se determinar onde a "positividade" começa.

4.12.2 Adição de PBS com azida sódica a 0,1%

A azida sódica auxilia em prevenir a disseminação ou nivelamento e a internalização do complexo anticorpo-antígeno, após os anticorpos ligarem-se aos receptores.

4.13 PROTOCOLO PARA IMUNOHISTOQUÍMICA DE TECIDO CONGELADO

4.13.1 Preparação de tecido baseada em perfusão

1) Fixar o tecido perfundindo o animal com paraformaldeído a 4% recém-preparado.
2) Criopoteger o tecido por perfusão direta com uma solução de sacarose, ou deixar que o tecido afunde durante o período de uma noite ou *overnight* em solução contendo 30% sacarose/70% de fixador.
3) Incorporar o tecido em meio de seccionamento de criostato OCT e armazenar a –80 °C até que esteja pronto para o corte. Os tecidos podem ser armazenados de forma segura durante 6 a 12 meses.
4) Quando estiver pronto para o corte, levar o tecido incorporado diretamente para o criostato e use o meio OCT para montá-lo para o corte. Permitir que a temperatura do tecido equilibre-se com a do criostato.
5) Cortar o tecido em secções de 5 a 20 µm de espessura. Montar as secções de tecido lamínulas revestidas com gelatina ou poli-L-lisina, colocando as secções frias em lâminas mornas. As lâminas podem ser armazenadas com segurança durante 6 a 12 meses a –80 °C até estarem prontas para a marcação.

4.13.2 Preparação de tecido baseada em congelamento rápido

1) Após a dissecção, congelar imediatamente o tecido retirado com iso-pentano resfriado em nitrogênio líquido. Para se fazer isso, preparar um pequeno vaso com nitrogênio líquido. Cortar uma lata de alumínio ao meio e preencher com isopentano. Flutuar a lata de nitrogênio líquido até que o isopentano esteja frio. Rapidamente, dissecar o tecido, embrulhar em papel alumínio e colocar no isopentano resfriado. Após o tecido estar congelado, colocá-lo em gelo seco e, depois, no *freezer* –80 °C até que esteja pronto para o corte.

2) Incorporar o tecido em meio OCT, colocando este composto lentamente em camadas de modo que o tecido não seja descongelado. Levar o tecido incorporado diretamente para o criostato e usar o meio OCT para mon-tá-lo para o corte. Permitir que a temperatura do tecido equilibre-se com a do criostato.

3) Cortar o tecido em secções de 5 a 20 μm de espessura. Montar as secções de tecido lamínulas revestidas com gelatina ou poli-L-lisina, colocando as secções frias em lâminas mornas. As lâminas podem ser armazenadas com segurança durante 6 a 12 meses a –80 °C até estarem prontas para a marcação.

4) Retirar as lâminas do *freezer* e fixar com fixador frio (acetona ou meta-nol) por 10 minutos. Proceder para a marcação.

4.13.3 Marcação com imunofluorescência

1) Deixar as lâminas equilibrarem sua temperatura com a temperatura ambiente e lavá-las duas vezes com PBS.

2) Desenhar um círculo na lâmina em torno de todo o tecido com uma caneta de barreira hidrofóbica ou usar cimento de borracha.

3) Lavar as secções, duas vezes durante 10 minutos com 1% de soro animal, em PBS-T (PBS com 0,4% de Triton X-100). A espécie do soro animal é dependente do hospedeiro do seu anticorpo secundário. Por exemplo, se se usar anticorpo secundário de cabra anti-camundongo, usar soro de cabra.

4) Bloquear qualquer ligação não-específica por incubação das sec-ções de tecido com 5% de soro em PBS-T, durante 30 minutos à temperatura ambiente.

5) Adicionar o anticorpo primário diluído em 1% de soro em PBS-T e incubar durante a noite (*overnight*) a 4 °C. Usar a diluição recomendada do anticorpo, tal como especificado no *datasheet* do produto. Não deixar que o tecido seque a partir deste ponto e adiante ou o sinal será perdido.

6) Lavar os cortes duas vezes com 1% de soro em PBS-T, durante 10 minutos cada.

7) Diluir o anticorpo secundário em 1% de soro em PBS-T e incubar com as secções do tecido em temperatura ambiente por 1 hora. Usar a diluição recomendada do anticorpo como especificado no *datasheet* do produto.

8) Lavar os cortes duas vezes com 1% de soro em PBS-T, durante 10 minutos cada.

9) Opcional: Marcação dupla/nuclear:

- Marcação Dupla: Caso esteja usando um segundo anticorpo primário, repetir os passos 5-8.
- Marcação Nuclear: Após a aplicação de todos os anticorpos primários, corantes de ligação ao DNA, tais como DAPI podem ser aplicados, que são utilizados sem a necessidade de anticorpos secundários. Usar a diluição e o tempo de incubação recomendados como especificado na folha de dados ou *datasheet* do produto. Após a incubação, lavar uma vez durante 5 minutos com PBS.

10) Tirar o excesso da lavagem e aplicar uma gota demeio de montagem anti--fade à lâmina. Cobrir com lamínula as secções de tecido. Contornar as bordas da lamínula com esmalte claro de unha para evitar a secagem das células. Deixar o esmalte de unha secar ao ar.

11) As lâminas podem agora podem ser examinadas ao microscópio com os conjuntos de filtros fluorescentes apropriados. Limitar a quantidade de tempo que cada lâmina será exposta à luz do microscópio ajudará a prolongar o sinal e evitar a fotodegradação.

12) As lâminas podem ser armazenadas entre -20 °C e 4 °C em caixa de lâmina escura.

4.13.3.1 Marcação imunocromogênica (método ABC com DAB)

1) Deixar as lâminas equilibrarem sua temperatura com a temperatura ambiente e lavá-las duas vezes com PBS.

2) Desenhar um círculo na lâmina em torno de todo o tecido com uma caneta de barreira hidrofóbica ou usar cimento de borracha.

3) Lavar as secções, duas vezes durante 10 minutos com 1% de soro animal, em PBS-T (PBS com 0,4% de Triton X-100). A espécie do soro animal é dependente do hospedeiro do seu anticorpo secundário. Por exemplo, caso se use anticorpo secundário de cabra anticamundongo, usar soro de cabra.

4) Bloquear qualquer ligação não específica por incubação das secções de tecido com 5% de soro em PBS-T, durante 30 minutos à temperatura ambiente.

    1) Opcional: Se houver suspeita de atividade da peroxidase endógena, quelar o tecido com 0,3-3,0% de H_2O_2 em PBS ou metanol por 15 minutos.

5) Adicionar o anticorpo primário diluído em 1% de soro em PBS-T e incubar durante a noite (*overnight*) a 4 °C. Use a diluição recomendada do anticorpo, tal como especificado no *datasheet* do produto. Não deixar que o tecido seque a partir deste ponto e adiante ou o sinal será perdido.

6) Lavar os cortes duas vezes com 1% de soro em PBS-T, durante 10 minutos cada.

7) Adicionar um anticorpo secundário biotinilado e incubar à temperatura ambiente durante 1 hora. Usar a diluição recomendada do anticorpo, tal como especificado no *datasheet* do produto.

8) Lavar os cortes duas vezes com 1% de soro em PBS-T, durante 10 minutos cada.

9) Adicionar o reagente ABC-HRP e incubar à temperatura ambiente durante 1 hora. Seguir as orientações do fabricante para a preparação de eagentes.

10) Lavar os cortes duas vezes em PBS, durante 10 minutos cada.

11) Preparar uma solução de trabalho de DAB e aplicá-la aos cortes de tecido. Monitorar a reação, já que a reação cromogênica colore os sítios de epítopos em marrom. Prosseguir para o passo seguinte quando a intensidade do sinal for adequada para a captura de imagem. Importante: DAB é uma substância cancerígena! Sempre usar luvas e trabalhar em capela com exaustor ligado ao se trabalhar com DAB. Descontaminar e limpar a área de trabalho após o uso de acordo com as instruções do fabricante.

12) Lavar os cortes duas vezes em PBS durante 5 minutos cada.

13) Para contramarcação dos núcleos, usar hematoxilina, de acordo com as instruções do fabricante.

14) Desidratar as secções de tecido passando-se as lâminas através dos seguintes poços por duas vezes, durante 2 minutos cada vez:
    1) dH_2O
    2) EtOH 70%
    3) EtOH 95%
    4) EtOH 100%
    5) Xileno
15) Adicionar meio de montagem às lâminas e lamínulas. A reação com DAB é permanente e estável. Assim, ela pode ser analisada sob um microscópio de campo claro em qualquer momento.

4.13.4 Solução de Problemas com a Imunohistoquímica de Tecidos Congelados

SINTOMA	PASSO	RECOMENDAÇÕES
SEM SINAL	Aplicação do Anticorpo	Aumentar a concentração ou o tempo de incubação do anticorpo primário ou secundário.
	Fixação do tecido	Sobrefixação pode causar a mascaração de epítopo. Diminuir o tempo ou a concentração do fixador.
	Compatibilidade entre anticorpos	Confirmar se os anticorpos primários e secundários são compatíveis, verificando a reatividade das espécies.
		Confirmar se o anticorpo pode ser utilizado para ensaios nos quais a proteína está na sua conformação nativa.
		Certificar-se se o secundário está funcionando e é compatível com o seu primário.
	Permeabilização	Usar 0,5-1,0% de detergente Triton nos tampões de forma a permitir a permeabilização completa de anticorpo e tampões para dentro das secções de tecido.
	Ajuste do Microscópio (Fluorescência)	Aumentar o tempo de exposição de sua câmera.
RUÍDO DE FUNDO	Concentração do Anticorpo	Diminuir a concentração do anticorpo primário/secundário.
	Bloqueando	Aumentar o tempo de incubação ou a concentração de soro no tampão de bloqueio.

SINTOMA	PASSO	RECOMENDAÇÕES
	Aplicação do Anticorpo	Sempre incubar anticorpos primários durante a noite ou *overnight* a 4 °C. Temperatura ambiente para incubação aumenta a ligação inespecífica e aumenta o ruído de fundo.
		Confirmar se o anticorpo secundário não tem reação cruzada com as células, realizando o ensaio sem o primário.
	Reação com DAB	Não sobre expor a reação ao DAB. Enxaguar o DAB das lâminas mais cedo.
		Peroxidases endógenas estão ativando a reação. Quelar com peróxido de hidrogênio.
	Método ABC	Biotina endógena está ativando o complexo. Bloquear com o kit de bloqueio de avidina/biotina.
	Células secas	O sinal fluorescente será perdido se as células secarem. Colar as lamínulas com esmalte de unha.
	Ajuste do Microscópio (Fluorescência)	Aumentar o tempo de exposição de sua câmera.
	Sobreposição Espectral (Fluorescência)	Se marcação dupla ou tripla das células, confirmar se os secundários não se sobrepõem na mesma faixa espectral.
	Lavagem	Aumentar a quantidade de lavagens. Adicionar agitação muito suave às placas.
CORTE DO TECIDO	Buracos ou bolhas de ar no tecido	Verificar se a lâmina está adequadamente colocada. Ajustar a velocidade de corte. Perfundir a uma taxa menor.
	Enrolamento do tecido	Diminuir a temperatura do criostato ou deixar a tampa do criostato mais aberta. Cortar secções mais grossas.
	Tecidos que saem das lâminas	Usar lâminas revestidas. Colocar as lâminas em poços cobertos com uma pequena quantidade de formaldeído 16% na base para fixar os tecidos às lâminas.

4.13.5 Análise de imagem

As lâminas foram analisadas com um microscópio invertido Nikon TS100F e microfotografias foram adquiridas com *software* NIS Elements AR 3.2 de 64 bits (Nikon Instruments Inc., Melville, NY, EUA). A análise de imagem pode ser feita com o Image-Pro Plus (Media Cybernetics, Inc., Bethesda, MD, EUA).

Em resumo, após a separação de canais (RGB) de cor das imagens, são realizadas duas análises diferentes: (i) contagem de células/núcleos: após ajuste apropriado do tamanho e brilho, o *software* identifica elementos discretos e conta automaticamente a marcação que foi apresentada na imagem, e assim, os artefatos e marcação de fundo podem ser identificados e descartados e (ii) a análise do mapa de *bits*: a análise do eixo x-y gera arquivos de dados numéricos correspondentes aos valores de *pixel*. A análise de mapa de *bits* é usada para visualizar os valores dos *pixels* da janela ativa (ou área de interesse) em um formato numérico, em que os valores correspondem ao brilho dos *pixels*. Essa matriz pode ser exportada para o Excel (Microsoft, Redmond, WA, EUA) para cálculos matemáticos apropriados. Os dados numéricos geram um histograma, que, essencialmente, faz a média das intensidades de marcação em diferentes regiões da retina. As fotomicrografias e gráficos podem ser elaborados com o Adobe Photoshop CS2 (Adobe Systems Inc., San Jose, CA, EUA).

4.14 ENSAIO TUNEL

Olhos lesionados de pintinhos de um dia de vida foram fixados durante 30 minutos em PFA a 4% em PBS (0,1 M, pH 7,3) e crioprotegidos em solução de sacarose a 30% durante 24 horas a 4 °C. Depois de incorporados em composto OCT, os olhos foram cortados transversalmente (12 μm) em um criostato, e 1 em cada 5 seções de direção nasal para a temporal foram amostradas. Para a análise, foram examinadas secções de 3-5 em cada animal (n = 3) nos locais lesionados ou nos locais correspondentes aos olhos controle. A marcação foi conseguida por incubação em tampão de TdT durante 10 minutos à temperatura ambiente, seguida por incubação com dUTP biotinilado (Roche Molecular Biochemicals, Mannheim, Alemanha). A reação foi interrompida com tampão de parada de reação (10%, 0,1 M de ácido etilenodiaminotetraacético, pH 8, em água) e lavadas em PBS. A contra-marcação das retinas foi realizada com 4',6-diamidino-2-fenilindol (DAPI) por incubação das secções à temperatura ambiente durante 10 min. As secções foram montadas com um kit Prolonge Anti-fade (Life Technologies Corporation).

4.14.1 Técnica passo a passo

4.14.1.1 Detecção por marcação TUNEL de morte celular (apoptose) in situ (In Situ Cell Death (Apoptosis) Detection by TUNEL labeling)

4.14.1.1.1 Protocolo para cortes congelados:

1) Aquecer 150 mL de paraformaldeído 4%/1 x PBS à temperatura ambiente. Fixar as lâminas nesta solução por 20 minutos.
2) Lavar com PBS 1x, por 2 vezes.
3) Lavar com PBS 1x, 30 min, à temperatura ambiente. E começar o resfriamento de Triton/SSC no gelo.
4) Lavar com Triton 0,1%/citrato de sódio 0,1%, por 2 minutos a 4 °C.
5) Para todas as lâminas: Lavar com PBS 1x, por 2 vezes (+ 10 minutos para as lâminas que não são controles positivos).
6) Lâminas controle positivo: Lavar na solução de DNase I (100 μL de 200 μg/mL), durante 10 minutos, à temperatura ambiente em PBS 1x, por 2 vezes em um recipiente separado, em seguida, ajuntar com outras lâminas).
7) Limpe em volta do tecido.
8) Preparar uma solução de controle negativo (uma solução contendo apenas o corante FITC) e soluções de TUNEL no momento de seu uso:
   A) Remover 100 μL do Tubo 2 (solução de marcação) para 2 controles negativos (50 μL cada). Fazer isso, mesmo que se esteja omitindo o controle negativo, de modo que os volumes e concentrações permanecerão consistentes para a marcação.
   B) Adicionar o volume total (50 μL), do tubo 1 (TdT) + o restante do Tubo 2 (450 μL).
9) Aplicar 100 μL da mistura da reação TUNEL (ou 100 μL de solução controle de marcação para o controle negativo) para cada lâmina.
10) Incubar em câmara úmida, durante 60 minutos, a 37 °C.
11) Lavar em PBS 1x, por 3 vezes.
12) Limpar em volta do tecido.
13) Aplicar 100 μL do conjugado anti-FITC-AP ("conversor-AP") em cada amostra.
14) Incubar em câmara úmida, durante 30 minutos, a 37 °C.
15) Lavar com PBS 1x, por 3 vezes.

16) Lavar com tampão Tris 100 mM, pH 8,2, durante 5 minutos à temperatura ambiente.

17) Adicionar solução de substrato de 50 a 100 μL (5-6 gotas do substrato *Vector Blue* ou *Vector Red* / por lâmina):

Misturar:

5 mL de Tris 100 mM, pH 8,2

1 gota de Levamisol

2 gotas de cada solução 1, 2, e 3 de qualquer substrato *Vector*

18) Incubar em ambiente protegido da luz, à temperatura ambiente o *Vector Blue* por 10 minutos; e o *Vector Red* por 20 minutos.

19) Incubar em água destilada (dH$_2$O), durante 1 hora, para parar a reação de coloração.

4.14.1.1.2 Contra-marcação para Vector Blue:

Realizar as lavagens sucessivas:

em hematoxilina de Gill, Nº 2, durante 5 segundos;

com água até clarear;

em solução de Scott, durante 20 segundos;

com água até clarear;

em EtOH 70%, durante 30 segundos;

em EtOH 95%, por 2 vezes, durante 30 segundos cada lavagem;

em EtOH 100%, por 2 vezes, durante 30 segundos cada lavagem;

em Histoclear, durante 1 minuto;

em Histoclear, durante 1 minutos.

Cobrir com lamínula com o meio Accumount.

4.14.1.1.3 Contra-marcação para o Vector Red:

Realizar as lavagens sucessivas:

em hematoxilina de Gill, Nº 2, durante 5 segundos;

com água até clarear;

em solução de Scott, durante 20 segundos;

com água até clarear;

em EtOH 70%, durante 30 segundos;

em EtOH 95%, por 2 vezes, durante 30 segundos cada lavagem;

em EtOH 100%, por 2 vezes, durante 30 segundos cada lavagem;

em xilenol, durante 1 minuto;

em xilenol, durante 1 minuto.

Cobrir com lamínula com o meio Accumount.

4.14.1.1.4 Reagentes necessários:

- 3 L de PBS 1x
- Tris-HCl 10 mM
- 20 mg/mL de Proteinase K
- 100 µL/lâmina x-fosfato/BCIP ou substrato *Fast Red*
- Solução DNase I (1mg/mL - 1µg/mL) para o controle positivo
- Tris-HCl 100 mM, pH 8,2
- Paraformaldeído 4%/PBS, pH 7,4
1) Aquecer 500 mL de PBS 1x a 65 °C.
2) Dissolver 20 g de paraformaldeído no PBS (em câmara com exaustor ligado).
3) Filtrar com papel Whatman N° 1 para remover partículas; armazenar a 4 °C.
- Triton X-100 a 0,1% em citrato de sódio 0,1% (SSC)
    Misturar:
    2 mL de SSC 20x
    400 µL de Triton X-100
    398 mL de H_2O
- Tris-HCl 100 mM, pH 8,2

4.15 CONCLUSÕES

Nem sempre alto nível de complexidade de um modelo experimental indica uma vantagem para aprofundamento de estudos em processos neuro-degenerativos. Os modelos atuais supostamente específicos para cada uma das patologias neurodegenerativas emulam de forma parcial e imprecisa muitos dos fenômenos envolvidos na gênese do fenótipo degenerativo em questão. Ademais, algumas dessas patologias são resultados de uma miríade de alterações em diferentes mecanismos de sinalização celular e são ainda pouco conhecidas na sua gênese.

Estudos focados em como e quando ocorrem os processos adaptativos diante de dano neural e a interação entre tecido afetado e tecido viável poderão auxiliar na melhor compreensão do desfecho neurodegenerativo, resultado da perda de função local.

Um modelo simples de lesão por trauma mecânico na retina pode se tornar um potencial modelo de estudo de processos degenerativos no campo da neurociência. Este modelo facilita a identificação do foco, penumbra e áreas adjacentes à lesão, gerando um gradiente de células em apoptose do foco para as áreas controles. Ainda, o modelo permite tanto abordagens *in vitro* quanto *in vivo*, além de uma ampla quantidade de métodos de análise tecidual como quantificação da expressão gênica e níveis proteicos, análises morfológicas e padrão de distribuição de moléculas envolvidas com o processo neurodegenerativo. Este modelo representa uma contribuição para o estudo do processo neurodegenerativo e o desenvolvimento de terapias mais efetivas contra traumas neuronais na tentativa de conter o espalhamento da morte celular secundária à lesão.

4.16 PERSPECTIVAS FUTURAS

Embora os holofotes da neurociência estejam voltados para o campo da neuroproteção e desenvolvimento de terapias contra doenças neurodegenerativas, ainda pouco se sabe sobre o processo degenerativo. Não há tratamento eficaz e os mecanismos globais de amparo aos pacientes são insuficientes. O modelo de lesão retiniana por trauma mecânico pode abrir portas para estudos relacionados com a tentativa de interromper o processo de apoptose e diminuir o espalhamento da morte celular secundária à lesão. Dessa forma, esse modelo pode ser amplamente explorado com diferentes abordagens e estratégias de intervenção, possibilitando inovação e desenvolvimento nesta área do conhecimento. É também um modelo ousado e inovador ao propor um enfoque em estudos mais fundamentais de dinâmica de morte neuronal e tecidual.

REFERÊNCIAS

1. Goedert J. Keeping up with HIPAA compliance. Health data management. 2006 Dec;14(12):36, 8, 40 passim. PubMed PMID: 17190381. Epub 2006/12/28. eng.

2. Klein JA, Ackerman SL. Oxidative stress, cell cycle, and neurodegeneration. J Clin Invest. 2003 Mar;111(6):785-93. PubMed PMID: 12639981. Pubmed Central PMCID: 153779.

3. Vanderweyde T, Youmans K, Liu-Yesucevitz L, Wolozin B. Role of stress granules and RNA-binding proteins in neurodegeneration: a mini-review. Gerontology.

2013;59(6):524-33. PubMed PMID: 24008580. Pubmed Central PMCID: 3863624. Epub 2013/09/07. eng.

4. Brown WR, Thore CR. Review: cerebral microvascular pathology in ageing and neurodegeneration. Neuropathol Appl Neurobiol. 2011 Feb;37(1):56-74. PubMed PMID: 20946471. Pubmed Central PMCID: 3020267. Epub 2010/10/16. eng.

5. Hayflick L. Entropy explains aging, genetic determinism explains longevity, and undefined terminology explains misunderstanding both. Plos Genet. 2007 Dec;3(12):e220. PubMed PMID: 18085826. Pubmed Central PMCID: 2134939. Epub 2007/12/19. eng.

6. Huh JW, Widing AG, Raghupathi R. Midline brain injury in the immature rat induces sustained cognitive deficits, bihemispheric axonal injury and neurodegeneration. Experimental neurology. 2008 Sep;213(1):84-92. PubMed PMID: 18599043. Pubmed Central PMCID: 2633731. Epub 2008/07/05. eng.

7. Almkvist O, Tallberg IM. Cognitive decline from estimated premorbid status predicts neurodegeneration in Alzheimer's disease. Neuropsychology. 2009 Jan;23(1):117-24. PubMed PMID: 19210039. Epub 2009/02/13. eng.

8. Villemagne VL, Burnham S, Bourgeat P, Brown B, Ellis KA, Salvado O, et al. Amyloid beta deposition, neurodegeneration, and cognitive decline in sporadic Alzheimer's disease: a prospective cohort study. Lancet Neurol. 2013 Apr;12(4):357-67. PubMed PMID: 23477989. Epub 2013/03/13. eng.

9. Rubinsztein DC. The roles of intracellular protein-degradation pathways in neurodegeneration. Nature. 2006 Oct 19;443(7113):780-6. PubMed PMID: 17051204. Epub 2006/10/20. eng.

10. Rubinsztein DC. Protein-protein interaction networks in the spinocerebellar ataxias. Genome Biol. 2006;7(8):229. PubMed PMID: 16904001. Pubmed Central PMCID: 1779585. Epub 2006/08/15. eng.

11. Bredesen DE, Rao RV, Mehlen P. Cell death in the nervous system. Nature. 2006 Oct 19;443(7113):796-802. PubMed PMID: 17051206. Epub 2006/10/20. eng.

12. Orrenius S, Zhivotovsky B, Nicotera P. Regulation of cell death: the calcium-apoptosis link. Nat Rev Mol Cell Biol. 2003 Jul;4(7):552-65. PubMed PMID: 12838338. Epub 2003/07/03. eng.

13. Hyman BT, Yuan J. Apoptotic and non-apoptotic roles of caspases in neuronal physiology and pathophysiology. Nat Rev Neurosci. 2012 Jun;13(6):395-406. PubMed PMID: 22595785. Epub 2012/05/19. eng.

14. Kerr JN, Denk W. Imaging in vivo: watching the brain in action. Nat Rev Neurosci. 2008 Mar;9(3):195-205. PubMed PMID: 18270513. Epub 2008/02/14. eng.

15. Taylor RC, Cullen SP, Martin SJ. Apoptosis: controlled demolition at the cellular level. Nat Rev Mol Cell Bio. 2008 Mar;9(3):231-41. PubMed PMID: ISI:000253409600012. English.

16. Danial NN, Korsmeyer SJ. Cell death: critical control points. Cell. 2004 Jan 23;116(2):205-19. PubMed PMID: 14744432.

17. van Oijen MG, Slootweg PJ. Gain-of-function mutations in the tumor suppressor gene p53. Clin Cancer Res. 2000 Jun;6(6):2138-45. PubMed PMID: 10873062.

18. Nguyen MD, Mushynski WE, Julien JP. Cycling at the interface between neurodevelopment and neurodegeneration. Cell Death Differ. 2002 Dec;9(12):1294-306. PubMed PMID: 12478466. Epub 2002/12/13. eng.

19. Leist M, Jaattela M. Four deaths and a funeral: from caspases to alternative mechanisms. Nat Rev Mol Cell Biol. 2001 Aug;2(8):589-98. PubMed PMID: 11483992.

20. Becker EB, Bonni A. Beyond proliferation--cell cycle control of neuronal survival and differentiation in the developing mammalian brain. Semin Cell Dev Biol. 2005 Jun;16(3):439-48. PubMed PMID: 15840451. Epub 2005/04/21. eng.

21. Rego AC, Oliveira CR. Mitochondrial dysfunction and reactive oxygen species in excitotoxicity and apoptosis: implications for the pathogenesis of neurodegenerative diseases. Neurochem Res. 2003 Oct;28(10):1563-74. PubMed PMID: 14570402.

22. Gump JM, Thorburn A. Autophagy and apoptosis: what is the connection? Trends Cell Biol. 2011 Jul;21(7):387-92. PubMed PMID: 21561772. Pubmed Central PMCID: 3539742.

23. Edinger AL, Thompson CB. Death by design: apoptosis, necrosis and autophagy. Curr Opin Cell Biol. 2004 Dec;16(6):663-9. PubMed PMID: 15530778. Epub 2004/11/09. eng.

24. Geserick P, Hupe M, Moulin M, Wong WW, Feoktistova M, Kellert B, et al. Cellular IAPs inhibit a cryptic CD95-induced cell death by limiting RIP1 kinase recruitment. J Cell Biol. 2009 Dec 28;187(7):1037-54. PubMed PMID: 20038679. Pubmed Central PMCID: 2806279.

25. Blankenship JW, Varfolomeev E, Goncharov T, Fedorova AV, Kirkpatrick DS, Izrael-Tomasevic A, et al. Ubiquitin binding modulates IAP antagonist-stimulated proteasomal degradation of c-IAP1 and c-IAP2(1). Biochem J. 2009 Jan 1;417(1):149-60. PubMed PMID: 18939944.

26. Bertrand MJ, Milutinovic S, Dickson KM, Ho WC, Boudreault A, Durkin J, et al. cIAP1 and cIAP2 facilitate cancer cell survival by functioning as E3 ligases that promote RIP1 ubiquitination. Mol Cell. 2008 Jun 20;30(6):689-700. PubMed PMID: 18570872.

27. Mattson MP, Chan SL. Calcium orchestrates apoptosis. Nat Cell Biol. 2003 Dec;5(12):1041-3. PubMed PMID: 14647298.

28. D'Amelio M, Sheng M, Cecconi F. Caspase-3 in the central nervous system: beyond apoptosis. Trends Neurosci. 2012 Nov;35(11):700-9. PubMed PMID: 22796265.

29. Acehan D, Jiang X, Morgan DG, Heuser JE, Wang X, Akey CW. Three-dimensional structure of the apoptosome: implications for assembly, procaspase-9 binding, and activation. Mol Cell. 2002 Feb;9(2):423-32. PubMed PMID: 11864614.

30. Hakim AM. Ischemic penumbra: the therapeutic window. Neurology. 1998 Sep;51(3 Suppl 3):S44-6. PubMed PMID: 9744833.

31. Vicencio JM, Lavandero S, Szabadkai G. Ca2+, autophagy and protein degradation: thrown off balance in neurodegenerative disease. Cell calcium. 2010 Feb;47(2):112-21. PubMed PMID: 20097418.

32. Giunta B, Obregon D, Velisetty R, Sanberg PR, Borlongan CV, Tan J. The immunology of traumatic brain injury: a prime target for Alzheimer's disease prevention. Journal of neuroinflammation. 2012;9:185. PubMed PMID: 22849382. Pubmed Central PMCID: 3458981.

33. Eysel UT, Schweigart G, Mittmann T, Eyding D, Qu Y, Vandesande F, et al. Reorganization in the visual cortex after retinal and cortical damage. Restorative neurology and neuroscience. 1999;15(2-3):153-64. PubMed PMID: 12671230.

34. Striedinger K, Petrasch-Parwez E, Zoidl G, Napirei M, Meier C, Eysel UT, et al. Loss of connexin36 increases retinal cell vulnerability to secondary cell loss. Eur J Neurosci. 2005 Aug;22(3):605-16. PubMed PMID: 16101742. Epub 2005/08/17. eng.

35. Rawanduzy A, Hansen A, Hansen TW, Nedergaard M. Effective reduction of infarct volume by gap junction blockade in a rodent model of stroke. Journal of neurosurgery. 1997 Dec;87(6):916-20. PubMed PMID: 9384404. Epub 1997/12/31. eng.

36. Oguro K, Jover T, Tanaka H, Lin Y, Kojima T, Oguro N, et al. Global ischemia-induced increases in the gap junctional proteins connexin 32 (Cx32) and Cx36 in hippocampus and enhanced vulnerability of Cx32 knock-out mice. J Neurosci. 2001 Oct 1;21(19):7534-42. PubMed PMID: 11567043. Epub 2001/09/22. eng.

37. Becker D, Bonness V, Mobbs P. Cell coupling in the retina: patterns and purpose. Cell Biol Int. 1998 Nov;22(11-12):781-92. PubMed PMID: 10873291.

38. Seigel GM. The golden age of retinal cell culture. Mol Vis. 1999 Apr 19;5:4. PubMed PMID: 10209197. Epub 1999/04/21. eng.

39. Magharious MM, D'Onofrio PM, Koeberle PD. Optic nerve transection: a model of adult neuron apoptosis in the central nervous system. J Vis Exp. 2011 (51). PubMed PMID: 21610673. Epub 2011/05/26. eng.

40. Friedrich S, Schwabe K, Klein R, Krusche CA, Krauss JK, Nakamura M. Comparative morphological and immunohistochemical study of human meningioma after intracranial transplantation into nude mice. J Neurosci Methods. 2012 Mar 30;205(1):1-9. PubMed PMID: 22209769.

41. Ganesh BS, Chintala SK. Inhibition of reactive gliosis attenuates excitotoxicity-mediated death of retinal ganglion cells. PLoS One. 2011;6(3):e18305. PubMed PMID: 21483783. Pubmed Central PMCID: 3069086. Epub 2011/04/13. eng.

42. Dyer MA, Cepko CL. p57(Kip2) regulates progenitor cell proliferation and amacrine interneuron development in the mouse retina. Development. 2000 Aug;127(16):3593-605. PubMed PMID: 10903183. Epub 2000/07/21. eng.

43. Paschon V, Higa GS, Walter LT, de Sousa E, Zuzarte FC, Weber VR, et al. A new and reliable guide for studies of neuronal loss based on focal lesions and combinations of in

vivo and in vitro approaches. PLoS One. 2013;8(4):e60486. PubMed PMID: 23585836. Pubmed Central PMCID: 3622006. Epub 2013/04/16. eng.

44. Borgens RB, Liu-Snyder P. Understanding secondary injury. Q Rev Biol. 2012 Jun;87(2):89-127. PubMed PMID: 22696939. Epub 2012/06/16. eng.

45. Buss RR, Sun W, Oppenheim RW. Adaptive roles of programmed cell death during nervous system development. Annu Rev Neurosci. 2006;29:1-35. PubMed PMID: 16776578. Epub 2006/06/17. eng.

46. Ben-Sasson SA, Sherman Y, Gavrieli Y. Identification of dying cells--in situ staining. Methods Cell Biol. 1995;46:29-39. PubMed PMID: 7541886.

47. Paschon V, Higa GS, Resende RR, Britto LR, Kihara AH. Blocking of connexin-mediated communication promotes neuroprotection during acute degeneration induced by mechanical trauma. PLoS One. 2012;7(9):e45449. PubMed PMID: 23029016. Pubmed Central PMCID: 3447938. Epub 2012/10/03.

MATRIZES MULTIELETRODO: APLICAÇÕES EM BIOTECNOLOGIA

Guilherme Shigueto Vilar Higa
Erika Reime Kinjo
Pedro Xavier Royero Rodríguez
Mauro Cunha Xavier Pinto
Rodrigo R. Resende
Alexandre Hiroaki Kihara

5.1 INTRODUÇÃO

Em praticamente todas as células eucarióticas são encontradas diferenças de cargas elétricas entre as faces de suas membranas, sejam estas delimitadoras de organelas como a mitocôndria, seja a própria membrana celular. A diferença de potencial elétrico, também conhecida como potencial de membrana, geralmente apresenta valor negativo na face interna em relação à face externa, tipicamente apresenta entre –30 e –90 mV. Esta capacidade da membrana citoplasmática, também conhecida como plasmalema, tem algumas consequências. Primeiro, permite que uma célula acumule energia potencial através da polarização de cargas funcionando como uma pilha ou bateria, fornecendo energia ao se despolarizar. Além disso, em células em que a dinâmica desta perda de polarização segue regime não linear, podem ocorrer amplificação e propagação da despolarização, processos mediados por canais voltagem-dependentes. Esta característica pode ser observada em neurônios e células musculares, assim como em células glandulares. Estas alterações elétricas podem mediar processos muito distintos, mas essenciais para a vida, como por exemplo, o processamento mental, no caso de neurônios, e o movimento, relacionado com a atividade muscular. Desta forma, por diferentes motivações, o estudo da atividade elétrica de células vem despertando o interesse da comunidade científica.

5.2 ELETROFISIOLOGIA EM NEUROCIÊNCIA

Nossa compreensão do mundo está parcialmente limitada à capacidade de nosso organismo adquirir, processar e interagir com os estímulos que o meio nos oferta. Tanto a autoconsciência quanto os mais simples reflexos são resultantes da organização e interação entre as células neuronais presentes no sistema nervoso. A comunicação neuronal ocorre por meio de dois fenômenos principais: (1) potenciais de ação, principal forma de propagação da informação através da unidade neuronal; (2) sinapses, propagação e processamento da informação que ocorre entre dois neurônios ou um neurônio e uma célula glial. Ambos os mecanismos que governam o tráfego de informações no sistema nervoso estão relacionados com as alterações em correntes iônicas possibilitados pela modulação da dinâmica do fechamento e abertura de diferentes tipos de canais proteicos localizados na membrana celular neuronal. O fluxo de íons gerado a partir da atividade neuronal pode ser entendido como uma corrente de elétrons (ou corrente elétrica) já que se trata de uma movimentação de cargas[1].

A atividade singular e/ou coletiva apresentada pelas células excitáveis, como neurônios e células cardíacas, contém uma vasta quantidade de informações que nos permite inferir sobre aspectos funcionais e fisiopatológicos pertinentes ao tecido formado por essas unidades. Na área da cardiologia, estudos eletrofisiológicos são conduzidos com o intuito de descrever o comportamento de células que controlam a contração dos cardiomiócitos, por exemplo, levando à melhor compreensão do funcionamento do coração o que, por sua vez, permite o avanço de tratamentos de doenças como arritmia[2]. No campo da neurociência, por exemplo, a avaliação dos padrões da atividade neuronal, tanto *in vitro* quanto *in vivo,* nos ajuda a compreender desde o funcionamento de um canal iônico presente na membrana plasmática de um neurônio, funções complexas envolvendo processamento de informações, e condições relacionadas com distúrbios, como epilepsia e a doença de Alzheimer[3-6].

Por meio da utilização de métodos voltados para o registro de correntes intracelulares e correntes conduzidas através de canais iônicos específicos (por exemplo, *patch clamp*), as propriedades singulares da maioria dos neurônios, como a dinâmica do potencial de ação e as sinapses, são bem conhecidas pelo meio científico. Apesar de tais métodos serem extremamente importantes para caracterização singular dos elementos da rede neuronal, essas técnicas normalmente se limitam ao registro de poucas unidades, tornando sua contribuição pouco expressiva para o entendimento da dinâmica de redes neuronais. Desse modo, métodos eletrofisiológicos capazes de analisar de maneira mais abrangente a circuitaria neuronal são utilizados para buscar o entendimento das informações que emergem da comunicação simultânea entre os neurônios que compõe uma determinada rede. Devido o potencial de campo extracelular ser resultante dos processos eletrofisiológicos das unidades que compõe um conjunto de neurônios, métodos que registram alterações do campo elétrico extracelular são geralmente utilizados para avaliação da dinâmica de redes neuronais. Dentre os mais clássicos métodos de aquisição do potencial de campo elétrico estão o eletroencefalograma (EEG), que registra a atividade elétrica obtida através de eletrodos colocados sobre o escalpo; o eletrocorticograma (ECoG), que monitora o potencial de campo elétrico obtido por meio de eletrodos localizados na superfície cortical; e o potencial de campo local (do inglês, *local field potential,* LFP) no qual o registro é obtido a partir de um pequeno eletrodo colocado no encéfalo ou em uma área encefálica dissecada[1]. No entanto, essas metodologias possuem limitações ao que se refere à avaliação precisa da propagação da atividade em grandes circuitarias neuronais. Para que seja possível a obtenção de registros de alta resolução e em larga escala, é de extrema importância que a área de registro seja ampla e que a resolução espaço-temporal destes registros seja de alta qualidade, assegurando fidelidade aos registros das circuitarias analisadas[7].

5.3 REGISTROS ELETROFISIOLÓGICOS UTILIZANDO MEA

Como discutido, membranas celulares são capazes de armazenar cargas, mantendo diferença de potencial entre as faces interna e externa. Em alguns momentos, no entanto, estímulos podem causar o aumento ou a diminuição da polarização de cargas. Por exemplo, a ligação de moléculas que atuam em receptores específicos pode causar a abertura de canais iônicos. Em uma categorização simplificada, se o receptor for ele mesmo um canal iônico, este é classificado como ionotrópico; se o receptor causa a abertura de um canal iônico via segundos mensageiros, trata-se de um receptor metabotrópico. Em ambos os casos, a abertura de canais iônicos gera um fluxo de cargas através da membrana, no sentido de reestabelecer o equilíbrio eletroquímico.

A mudança de potencial de membrana de uma célula pode ser medida por eletrodos externos a ela. O eletrodo introduzido no meio extracelular registra sinais eletrofisiológicos, tais como o LFP (medido em volts), como citado anteriormente. O LFP é a resultante de correntes elétricas geradas a partir da atividade passiva ou ativa das células em um determinado ponto no espaço extracelular. Neste caso, a palavra "potencial" refere-se ao potencial elétrico, ou tensão, registrada a partir de um eletrodo.

O sinal LFP é registrado utilizando um microeletrodo extracelular, em geral de baixa impedância. Esta baixa resistência do eletrodo à voltagem permite o registro de alterações de tensão de membranas de um grande número de células situadas ao seu redor. A contribuição da atividade elétrica das células sobre o sinal detectado depende tanto da magnitude da oscilação elétrica, quanto da distância da célula em relação ao eletrodo. Dada a natureza deste sinal, normalmente o LFP é processado por um filtro passa-baixa frequência (*low pass filter*), sendo que a frequência de corte pode variar em torno de 300 Hz. Além da filtragem eletrônica ou "artificial", também ocorre uma filtragem "natural" do sinal. De fato, propriedades elétricas complexas do espaço extracelular, ou da matriz extracelular, contribuem com uma filtragem passa-baixa. O espaço extracelular não é homogêneo, sendo composto por fluídos com alta capacidade condutora circundando agregados capacitivos, um complexo que pode resultar em propriedades de filtragem passa-baixa.

Após a filtragem passa-baixa, o sinal processado ainda possui frequências com diferentes ritmos classificadas genericamente como "oscilações" de baixa frequência. Para determinar a contribuição destas frequências, ou bandas de frequências, realiza-se uma análise de espectro de frequência, a partir da análise de Fourier, termo amplo que se refere à somatória de funções trigonométricas. Mais especificamente, a transformada ou série de Fourier lida com a análise da contribuição de frequências de um sinal complexo. Empregando-se esta ferramenta matemática é possível determinar a contribuição de frequências, ou intervalos, conhecidos como bandas de frequência, no sinal de LFP. A nomenclatura e intervalos de frequência das bandas utilizadas em análise de LFP são as que seguem na Tabela 5.1.

Tabela 5.1 Classificação de bandas segundo intervalos de frequências em LFP.

BANDA	FREQUÊNCIA EM HERTZ (HZ)
Delta	0-4 Hz
Teta	4-7 Hz
Alfa	7-14 Hz
Beta*	15-30 Hz
Gama	30-100 Hz

* Alguns autores subdividem as oscilações da banda Beta em Beta baixa, entre 12 e 16 Hz, Beta "propriamente dita", entre 16 e 20 Hz, e Beta alta, entre 20 e 30 Hz.

Como citado anteriormente, pelo fato de o campo elétrico encefálico ser originado a partir da sobreposição de eventos provindos de diferentes fontes em um determinado espaço e tempo, a detecção do sinal LFP, ou suas variantes, depende da localização do eletrodo de registro, da contribuição proporcional de múltiplas fontes e das propriedades do tecido encefálico. Portanto, quanto maior a distância do eletrodo de uma determinada fonte, seja um neurônio ou uma sub-região encefálica, menor é a quantidade de informações adquirida desta fonte. Deste modo, as formas de análise da rede neuronal por meio dos métodos clássicos de registros dos potenciais do meio extracelular estão restritas a uma compreensão limitada propiciada pelas restrições físicas da metodologia. Tais métodos analisam a resultante da atividade do conjunto de neurônios que compõe a rede neuronal, porém, não possibilita a análise detalhada de grandes redes neuronais.

Através do aumento dos números de eletrodos, a tecnologia das matrizes multieletrodos (do inglês, *multielectrode array,* MEA) tem o intuito de possibilitar a análise da atividade neuronal de uma célula individual, microcircuitos até redes neuronais em larga escala[7], tanto em cultura de células quanto em tecidos. Com o aumento da quantidade de eletrodos é possível analisar diferentes fontes geradoras do campo elétrico extracelular, de forma simultânea, possibilitando obter informações pontuais desse processo. Esta técnica é uma ferramenta valiosa para estudos detalhados dos circuitos cerebrais, abrangendo desde a atividade de neurônios individuais até a resultante de redes neurais complexas.

5.4 HISTÓRIA DO SURGIMENTO E AVANÇOS DA MATRIZ MULTIELETRODOS

Há mais de 40 anos, foi concebido o artigo pioneiro no desenvolvimento e utilização dessa nova ferramenta eletrofisiológica[8]. O artigo intitulado "*A miniature microelectrode array to monitor the bioelectric activity of cultured cells*" trazia a descrição de uma matriz de trinta eletrodos, dispostos em duas fileiras contendo quinze eletrodos cada, com espaçamento de 100 µm de uma para a outra (Figura 5.1). Os testes de desempenho, realizados com cultura de células cardíacas, possibilitaram a aquisição de registros de agrupamentos celulares. Ainda na década de 1970, Gross e colaboradores[9], sem ter conhecimento do trabalho do grupo de Thomas, desenvolveram uma matriz de 36 eletrodos com espaçamento de 100 ou 200 µm entre eles, e obtiveram os primeiros registros a partir de gânglio isolado de caracol.

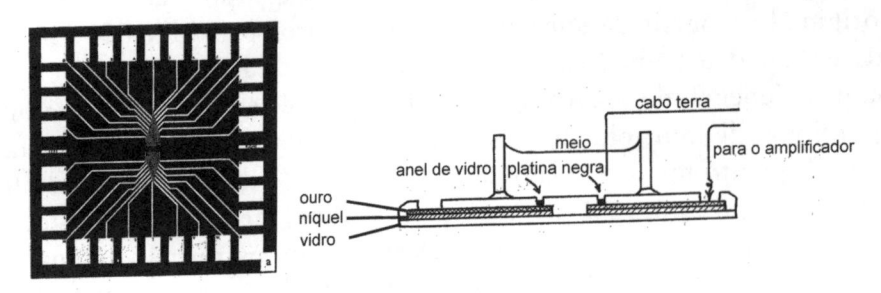

Figura 5.1 Primeira matriz multieletrodos desenvolvida. Representação da estrutura do primeiro MEA (direita). Adaptado de Thomas e colaboradores (1972)[8].

Na década de 1980, alguns grupos dedicaram-se ao aprimoramento da tecnologia dos MEAs. Em 1980, Pine[10], utilizando uma matriz contendo duas fileiras de dezesseis eletrodos, reportou o primeiro registro bem-sucedido de um único neurônio dissociado do gânglio cervical superior. Essa façanha foi atribuída ao aumento da superfície dos eletrodos de ouro através da incorporação de um revestimento de platina. Ainda nesse período, Wheeler e Novak[11,12] utilizaram uma matriz plana de 32 eletrodos para registrar a atividade epileptiforme induzida em fatias de hipocampo, região encefálica importante no processamento das memórias. Os autores descreveram as fontes de corrente neuronais calculando a densidade da corrente a partir dos dados simultaneamente obtidos dos eletrodos da matriz bidimensional. No final dessa década, um estudo analisando neurônios de três espécies de invertebrados utilizando uma matriz multieletrodos de 64 eletrodos foi publicado[13]. Esse novo aparato, fabricado originalmente por Gilbert e Pine, apresentava como característica eletrodos distribuídos 70 μm a parte, constituindo um formato hexagonal. Sua base era constituída de vidro fino e condutores transparentes que possibilitava a observação das células com auxílio de um microscópio óptico invertido. Devido a suas inovações, este dispositivo tornou-se a opção de muitos grupos na década seguinte.

Em 1991, a atividade elétrica de neurônios pós-sinápticos simpáticos em cultura foi avaliada com a matriz multieletrodos utilizada por Regehr e colegas (1989) simultaneamente com sensores bioquímicos de voltagem (*voltage dyes*)[13]. Ainda, com o uso desse mesmo dispositivo, foram realizados registros da atividade espontânea de cultura de células do núcleo supraquiasmático por dias[15], evidenciando a capacidade de monitoração de longos períodos com este aparato.

Em 1997, uma nova matriz com eletrodos em forma de pirâmide, com 45 μm de altura, foi desenvolvida com o intuito de melhorar os registros realizados em fatias de áreas do sistema nervoso[16]. Este sistema tinha como vantagens a manutenção da viabilidade das fatias e melhor contato das células das fatias com os eletrodos de registro. Contando com um sistema de perfusão melhorado, esse equipamento era capaz de cultivar culturas organotípicas de tecido nervoso por mais de quinze dias e fatias por oito horas. Em 1999, o interesse em avaliar a conectividade de determinada rede neuronal por meio da estimulação de um neurônio e observação da resposta de outros, motivou o desenvolvimento de uma matriz capaz de estimular e registrar neurônios específicos simultaneamente[17]. O "neurochip" desenvolvido continha uma matriz de dezesseis eletrodos, sendo que cada eletrodo se encontrava disposto na base de um poço contendo 15 μm de profundidade. Cada poço, por sua vez, possibilitava acomodar uma única célula. Este arranjo possibilitou registrar e estimular uma única unidade celular situada em uma cultura de células.

Ao longo dos anos, muito dos projetos pioneiros foram aperfeiçoados com a contribuição de novas ideias e o desenvolvimento progressivo de tecnologias de processamento de dados. Esse aprimoramento dinâmico possibilitou o desenvolvimento dos diferentes tipos de MEA descritos, assim como, o surgimento de novos modelos de matrizes que superam a quantidade de 4000 eletrodos, tornando acessível a aquisição de registros de alta resolução espacial e temporal. Atualmente, as matrizes multieletrodos são comercializadas por empresas como a Multi Channel Systems e 3Brain (Figuras 5.2, 5.3 e 5.4), tornando aberta a aquisição e, consequentemente, o emprego desse novo aparato eletrofisiológico para os laboratórios que almejam investigar as propriedades das interações entre células excitáveis. A importância dessas novas tecnologias baseia-se em aumentar a resolução na obtenção dos registros da atividade elétrica das células excitáveis, para aprimorar o estudo das redes de células excitáveis em condições fisiológicas e patológicas. Desta maneira, hoje é possível avaliar o comportamento elétrico de múltiplas áreas de um tecido de importância médica sem perder resolução espaço-temporal aumentando a significância estatística dos resultados (Figura 5.4).

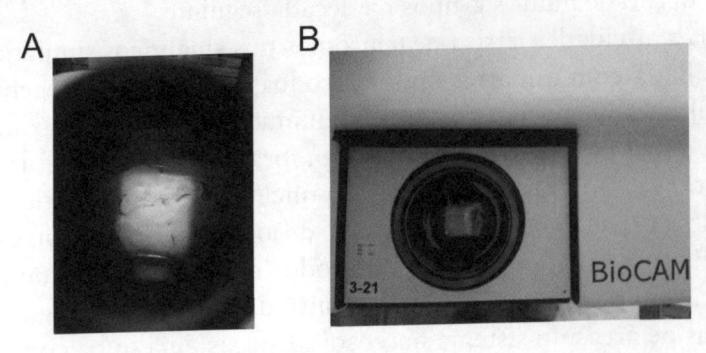

Figura 5.2 (A) Fatia contendo hipocampo posicionada no biochip do sistema BioCAM (3Brain), que permite o registro de 4096 canais simultaneamente. Notar que os dois hipocampos, além de outras áreas encefálicas, estão em contato com a matriz de eletrodos, possibilitando a aquisição de atividade elétrica de diferentes áreas e posterior análise de relações entre as diversas regiões registradas. (B) Biochip com a fatia, posicionada no sistema BioCAM, pronto para início dos registros.

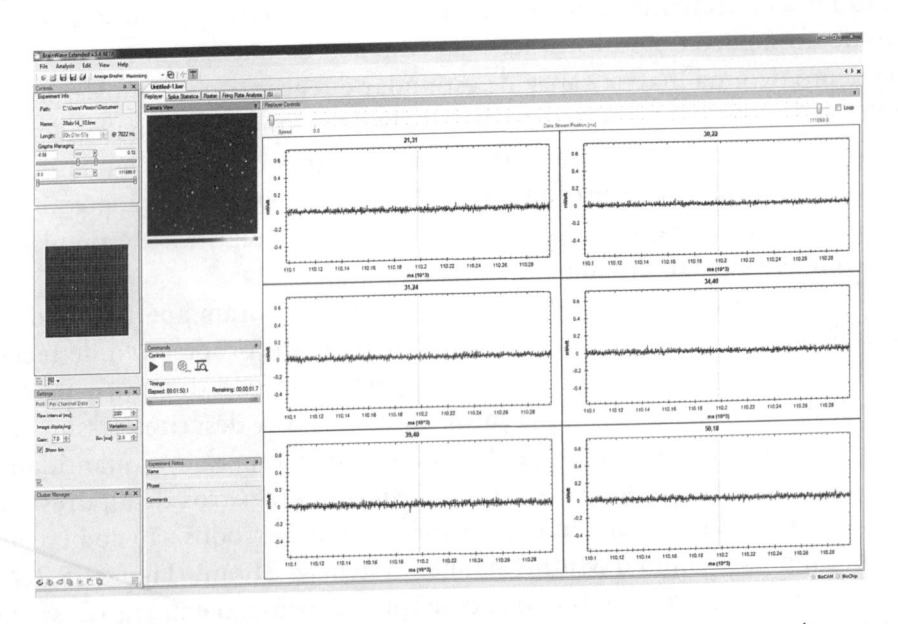

Figura 5.3 Display do software 3Brain. Todos os comandos para aquisição do sinal são visualizados neste display. É possível observar, no esquema representativo da matriz, que quatro eletrodos/canais estão selecionados. Do mesmo modo, é possível a visualização dos mesmos canais selecionados em Camera View, além dos sinais registrados pelos respectivos eletrodos.

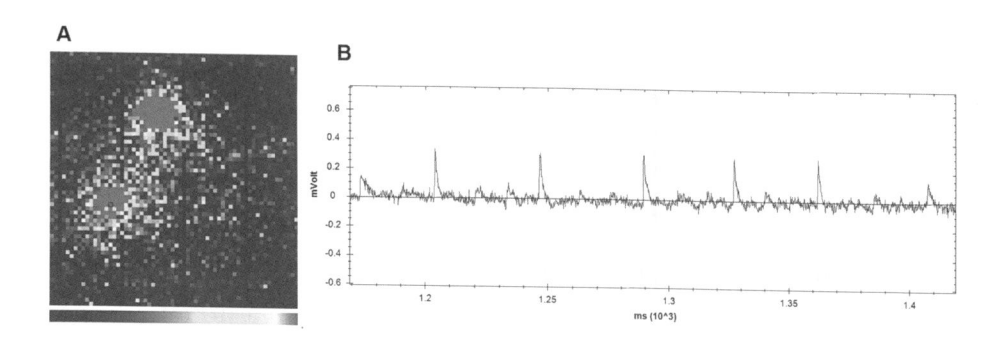

Figura 5.4 Atividade eletrofisiológica global de uma fatia de cérebro de rato representada por uma imagem extraída de vídeo adquirido durante o registro. (A) Os sinais extracelulares são mostrados por meio de mapa de cores obtidos por computação da variância do sinal. (B) Dados brutos de um canal selecionado (canal/eletrodo 47,15) para visualização dos potenciais de campo local registrados.

5.5 MÉTODOS DE APLICAÇÃO DO MEA

Como visto anteriormente, um dos principais incitamentos para o desenvolvimento das matrizes multieletrodos é a necessidade de suprir a defasagem existente entre o registro unitário e o comportamento resultante da atividade de uma rede de células excitáveis. Dentro dessa perspectiva, existem diferentes questões que abrangem dimensões distintas, englobando desde a interação de células específicas até o entendimento da resultante da atividade de micro circuitarias presentes em um tecido constituído de células excitáveis. Para isso existe um arsenal de metodologias *in vitro* que, em conjunto com os diferentes dispositivos disponíveis de MEA, possibilita ao investigador analisar, de maneira mais adequada, um determinado problema dentro dessa ampla questão. As técnicas *in vitro* têm como propriedade comum a possibilidade de manter as células/tecido em condições extremamente controladas.

5.5.6 Cultura celular primária

A utilização da cultura primária, em conjunto com o MEA, é uma das formas de estudar a interação específica entre células que constituem um determinado tecido de interesse. Essa técnica consiste na manutenção *in vitro* de células dissociadas de um tecido através da regulação de parâmetros ambientais (por exemplo, nutrição e temperatura). Nessas condições, as células cultivadas têm a possibilidade de crescer/proliferar por um período relativamente longo. Muitas das células cultivadas por esse método tendem a gerar novas relações entre si, interações que permanecem dinâmicas durante o tempo de cultivo[18]. Este tipo de cultura é composto por representantes celulares do tecido de origem, refletindo, portanto, a heterogeneidade de fenótipos celulares contida no tecido. Por tais motivos, a cultura celular primária possibilita a reconstrução parcial das características do tecido de origem, porém facilitando a observação e a interferência no âmbito genético/molecular. Este grupo de atributos, que caracterizam a cultura celular primária, combinado com os múltiplos registros/estimulação simultâneos destas células pelo MEA, gera inúmeras frentes de investigação que contribuem para responder questões pertinentes às inter-relações celulares ocorridas durante o processo (1) de desenvolvimento tecidual, (2) diferenciação celular e (3) doenças.

Durante o desenvolvimento tecidual ocorrem alterações dinâmicas nos padrões de conexão entre os diferentes elementos que o constituem, assim como a modificação e a consolidação de diferentes fenótipos celulares encontrados no tecido maduro. Para acessar as interações e as características eletrofisiológicas dos diferentes estágios de diferenciação de um tecido, é possível cultivar as células dissociadas do mesmo sobre uma matriz de eletrodos. Esse método permite a realização de um monitoramento relativamente longo do processo de maturação das conexões celulares, assim como analisar o comportamento eletrofisiológico das células submetidas a essas alterações fenotípicas (diferenciação), relativas ao período de cultivo ao qual o tecido se encontra[19]. Esta mesma condição pode ser aplicada a tecidos que desenvolveram condições/doenças específicas. Desta maneira é possível a averiguação das alterações nos padrões de comunicação e atividade das células excitáveis submetidas a essa condição.

A cultura celular primária apresenta características que facilitam a obtenção de registros eletrofisiológicos. Devido ao fato do processo de dissociação celular ser propiciado por processos enzimáticos que eliminam a matriz celular do tecido, os métodos estabelecidos para a realização da cultura celular primária favorece a aproximação entre as células e os eletrodos do MEA, aumentando a probabilidade de detecção das alterações elétricas ocasionadas pela propagação de potenciais de ação. Outra possibilidade pertinente a essa metodologia é o ajuste na densidade de células cultivadas, permitindo, por exemplo, a obtenção de sinais eletrofisiológicos referentes a uma única célula.

5.5.7 Cultura de células de linhagem

A cultura celular de linhagem é um subproduto da cultura de células primárias. As células de uma cultura primária podem originar espontaneamente células de linhagem através de mutações. Porém, as células de linhagem são comumente adquiridas a partir de métodos que envolvem a indução da ativação de genes relacionados com o ciclo celular. As células afetadas pelos agentes promotores de proliferação tornam-se imortalizadas, sendo passíveis de indefinidos números de replicações, eliminando-se o processo conhecido como *senescência celular replicativa*, fenômeno que ocorre com as células submetidas à cultura celular primária.

Esta metodologia de cultivo celular, diferentemente da cultura celular primária, é formada por uma população celular homogênea, ou seja, trata-se de clones de apenas um único (ou poucos) tipo(s) celular(es). A propriedade da homogeneidade e a possibilidade de replicação elevada tornam o cultivo de células de linhagem uma interessante opção para estudos de propriedades pertinentes a singularidade de um tipo celular único. A diminuição do uso de animais para experimentação também deve ser assinalada como uma importante vantagem dessa metodologia. A realização de cultivo de células de linhagem que apresentam características excitáveis sobre uma matriz multieletrodos proporciona ao investigador analisar as interações entre elementos similares em um período indeterminado de tempo. Assim, a introdução controlada de variáveis nesse meio homogêneo, tais como estímulos elétricos e o contato com diferentes moléculas, possibilitam o estudo do efeito desses fatores pontuais na dinâmica de atividade e comunicação de um tipo celular específico.

5.5.8 Cultura organotípica

A cultura organotípica é uma técnica de cultivo de partes de tecidos, geralmente em processo de desenvolvimento, em um ambiente controlado. Esse método, diferentemente das técnicas de culturas celulares, preserva grande parte da estrutura tecidual original, mantendo inicialmente as relações celulares teciduais e possibilitando o crescimento e evolução das conexões celulares[20]. Para aquisição e manutenção das fatias de tecido algumas técnicas são necessárias. A coleta das partes teciduais necessita de equipamentos que mantém as células vivas durante esse processo, como o vibrátomo. O controle dos parâmetros ambientais tais como temperatura, pH, nutrientes, umidade e a inserção de fatores específicos, devem ser cuidadosamente regulados, e para isso muitos utilizam sistemas de perfusão que otimizam a sustentação tecidual. Esse procedimento tem sua devida importância já que a superfície de contato das células com o meio no qual se encontram imersas é reduzida, devido ao mantimento das interações celulares de origem, assim como a preservação da matriz celular. Com isso, o tempo de experimentação pode variar em média de dias a semanas, porém apresentando vida útil menor do que as culturas celulares.

O conjunto das particularidades da cultura organotípica, aliado à capacidade de múltiplos registros e estimulação simultânea característicos do MEA, abre diferentes possibilidades de análise para a realização de pesquisas pertinentes a investigação de circuitarias celulares estabelecidas durante o desenvolvimento do tecido dentro do contexto fisiológico. Esse tipo de cultura facilita o acesso às interações geradas em determinado organismo, do mesmo modo que permite a progressão da dinâmica das relações em um ambiente artificialmente controlado, eliminando muitas das eventuais regulações que essa estrutura sofre no sistema fisiológico[21]. Visto isso, esse método pode ser considerado uma ponte, ou um complemento, com os estudos realizados *in vivo*.

Apesar das vantagens, esse método pode apresentar dificuldades na aquisição de registro. Devido à preservação das características teciduais, a captação dos registros eletrofisiológicos se torna dificultada. Isso é dado pelo fato da preservação das estruturas resultarem em um afastamento entre os eletrodos e as células que compõem essa estrutura. Dado esse problema, alguns pesquisadores como Thiebaud e colegas (1997) introduziram eletrodos tridimensionais em suas matrizes[16]. Esses eletrodos se projetam em direção à zona de destino do pedaço tecidual, possibilitando a aproximação entre estrutura e eletrodos, otimizando a aquisição das perturbações elétricas do tecido cultivado.

5.5.9 Fatias de tecidos e explantes teciduais

Uma das ferramentas metodológicas *in vitro* mais utilizadas com o MEA é a fatia aguda de tecido ou, eventualmente, a utilização de tecidos íntegros sobre as matrizes multieletrodos. Essa preparação consiste na obtenção de fatias específicas com o viés de manter a viabilidade celular. Para que esse objetivo seja alcançado, instrumentos de corte especializados, como o vibrátomo (Figura 5.5) e a manutenção das condições ambientais nas diferentes etapas do processo devem ser considerados. Os métodos de obtenção desses tecidos se assemelham com alguns parâmetros adotados na cultura organotípica, porém há diferenças entre as necessidades ambientais de cada método. Por exemplo, a perfusão contínua do tecido com 95% de oxigênio e 5% de gás carbônico é um dos requisitos para um experimento bem-sucedido[22].

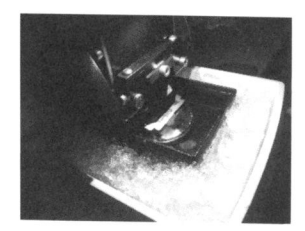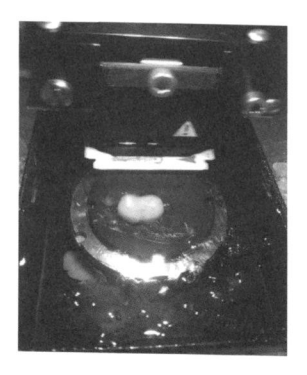

Figura 5.5 Obtenção de fatias coronais de encéfalo de rato em vibrátomo. O tecido foi mantido em LCR a 4 °C durante todo o processo de coleta.

As fatias e explantes podem ser obtidos de tecidos em condições diversas, diferentemente da cultura organotípica, no qual o tecido deve ser obtido de tecido imaturo. Assim, as alterações teciduais determinadas por condições fisiopatológicas estabelecidas no organismo íntegro são passíveis de estudo detalhados. A aplicação dessa metodologia em conjunto com a matriz multieletrodos possibilita ao investigador realizar uma série de análises pertinente às inter-relações celulares em condições fisiológicas e fisiopatológicas diversificadas. Neste contexto, essa metodologia permite a fácil visualização e a interferência controlada das complexas inter-relações celulares estabelecidas durante o processo de (1) desenvolvimento, (2) plasticidade, (3) alterações patológicas e (4) lesões teciduais. Além disso, a interação entre essas duas metodologias permite que múltiplos sítios sejam registrados de forma simultânea na mesma fatia/explante, bem como possibilita analisar as relações entre sítios distintos contidos na mesma estrutura[23].

Apesar de ser uma técnica rica em relação à sua aplicabilidade, suas características, no entanto, podem constituir problemas semelhantes, porém agravadas, em relação à cultura organotípica. Um desses problemas é o tempo de monitoramento das fatias agudas. A viabilidade dessas populações de células é reduzida, permitindo registros em média de 8 horas. Outro viés pertinente a essa técnica é a camada de células mortas gerada no processo mecânico de obtenção, no caso das fatias teciduais. Isso resulta no aumento da distância entre os eletrodos e as células viáveis da estrutura, tornando a relação sinal/ruído prejudicada. Algumas tecnologias de MEA tentam suprir essa defasagem experimental através de diferentes manobras que possibilitam a aproximação entre o aparato de registro e as células do tecido. Para isso, existem desde dispositivos que utilizam pressão negativa sob a superfície da matriz multieletrodos, além do já citado método de eletrodos que se projetam para o tecido.

Apesar dos explantes serem uma técnica muito similar à obtenção de "fatias de tecido", essa técnica apresenta a considerável vantagem da baixa taxa de manipulação para sua aquisição. São raros os tecidos encontrados no organismo que apresentam dimensões e características que possibilitam sua aplicação direta sobre os MEA. Como exemplo desses preciosos casos, temos a retina. Considerada parte integrante do sistema nervoso central, a retina está presente em uma localização externa em relação às estruturas do sistema nervoso central, sendo constituída de finas camadas celulares em uma organização que se assemelha às regiões de ordem hierárquicas superiores encontradas no encéfalo. Sendo assim é possível acessar detalhadamente as circuitarias íntegras no tecido, contribuindo, nesse caso, para a compreensão do processamento retiniano em diferentes condições fisiopatológicas[24].

5.6 ESTUDOS DE TOXICIDADE E DESCOBERTA DE NOVAS DROGAS

O acesso facilitado ao meio ambiente das células/fatias/tecidos *in vitro*, permite a alteração dos parâmetros os quais o caracterizam, assim como cria a possibilidade de inserção de substâncias. Como visto anteriormente, essas metodologias, quando aplicadas em conjunto com o MEA, abre diferentes frentes de investigações possibilitando explorar a atividade elétrica desde o domínio celular até as inter-relações celulares originadas tanto no contexto fisiológico como no contexto *in vitro*. Este conjunto de fatores possibilita o estudo da influência de substâncias específicas sobre um grupo determinado de células (cultura de células de linhagem)[25], sobre populações de células que compõe um determinado tecido (cultura celular primária)[26], sobre a dinâmica das interações de células excitáveis iniciadas no contexto fisiológico ou patológico (cultura organotípica e fatias/explantes de tecidos)[27-29].

A utilização de MEA vem ganhando cada vez mais espaço na indústria farmacêutica. Neste seguimento, o MEA vem sendo aplicado em teste de segurança de drogas (por exemplo, quantificação de citotoxicidade através de medidas de decaimento da atividade das células/tecido). O fato dessas ferramentas conseguirem suprir a lacuna entre os testes iniciais de novas drogas realizados em células unitárias e a avaliação dos efeitos no comportamento animal faz das matrizes multieletrodos um poderoso instrumento no *screening* de novas terapias farmacológicas, já que fornece detalhes realistas dos efeitos das drogas em nível de redes celulares[27]. Por meio da observação da correlação entre as alterações eletrofisiológicas e morfológicas, é possível determinar se uma substância em particular atua sobre um tecido específico, ou até mesmo em um tipo celular, de forma a influenciar, ou não, a atividade das células/tecido[30]. Assim, podemos caracterizar as influências da substância sobre a atividade elétrica monitorada da célula ou tecido em questão. Neste contexto, as análises sobre os métodos *in vitro* utilizando o MEA possibilitam, além dos testes de toxicidade e a descoberta de novos fármacos, a ação detalhada dessas substâncias sobre circuitarias celulares e células isoladas, incluindo alterações funcionais decorrentes da ação de determinada droga.

5.7 MEA COMO BIOSSENSORES

Por terem a capacidade de responder ativamente a diversas substâncias adicionadas ao meio, redes neuronais dispostas em MEA representam sensores fisiológicos da atividade neuronal[31,32]. Estes biossensores possuem papel importante no reconhecimento de efeitos neuroativos e/ou neurotóxicos de compostos de natureza conhecida e desconhecida, representando uma importante ferramenta para identificação de substâncias com risco potencial para a saúde e para o meio ambiente.

5.8 MEA E A INVESTIGAÇÃO POR MÚLTIPLOS MÉTODOS

A combinação de técnicas *in vitro* e *in situ* com o MEA permite abordar a atividade celular dentro de determinada rede originada fisiologicamente ou em condições artificiais de manutenção. No entanto, a interação dessas técnicas não se torna restritiva para a utilização de outras metodologias de análise do comportamento celular. Dentre os métodos utilizados estão os que se apropriam de análises por microscopia (Tabela 5.2), o imageamento de cálcio (*calcium imaging*), método que permite estudar a dinâmica da concentração intracelular de cálcio[33], e o emprego de corantes sensíveis à voltagem (*voltage dyes*)[34], método que consiste na análise das variações elétricas intracelulares através da análise das flutuações de fluorescência, são técnicas que permitem acessar a atividade intracelular simultaneamente aos múltiplos registros de campos elétricos realizados pelo MEA. Além das técnicas ópticas, ferramentas eletrofisiológicas de análise da atividade elétrica intracelular, como o *patch clamp,* podem ser integradas ao monitoramento realizado pelo MEA[35]. Desta forma, o emprego simultâneo de técnicas que analisam diferentes fenômenos permite o entendimento aprofundado sobre as relações existentes entre células excitáveis.

Tabela 5.2 Características das diferentes aplicações *in vitro/in situ* do MEA.

MÉTODOS IN VITRO/IN SITU	TEMPO DE MONITORAMENTO	TEMPO DE VIABILIDADE CELULAR	QUALIDADE DE REGISTRO	SIMILARIDADE COM TECIDO IN VIVO	TIPOS DE ANÁLISES
Cultura celular primária	Alto	Alta	Alta	Média	Variedade tecidual
Cultura de linhagem celular	Indefinido	Alta	Alta	Baixa	Célula específica
Cultura organotípica	Médio	Médio	Média	Média	Inter-relações celulares
Fatia/ explante de tecidos	Baixo	Baixo	Média	Alta	Inter-relações celulares

5.9 TÉCNICA PASSO A PASSO

5.9.1 Material

5.9.1.1 Preparação de fatias de hipocampo

1) Roedores de 6 a 12 semanas, sexo masculino, pesando 150-200 g para ratos e 20-30 g para camundongos.
2) Fluído cérebro-espinhal artificial (ACSF): NaCl 124 mM, KCl 2,5 mM, KH_2PO_4 1,25 mM, $NaHCO_3$ 26 mM, $MgSO_4$ 2 mM, $CaCl_2$ 2,5 mM,

D-glicose 10 mM e 4 mM de sacarose. Borbulhar solução com 95% de O_2/5% de CO_2.

3) Guilhotina (WPI, Sarasota, FL).
4) Fatiador de tecidos para gerar fatias de 300-400 micrometros de espessura do hipocampo (McIlwain Tissue Chopper, Brinkman, Westbury, NY).
5) Recepiente de pré-incubação.

5.9.1.2 Preparação de cultura organotípica de hipocampo

1) Capela de fluxo laminar.
2) Microscópio de dissecação.
3) Autoclave.
4) Uma tesoura grande de ponta reta.
5) Uma tesoura pequena de ponta reta.
6) Um bisturi ou uma espátula de ponta afiada.
7) Duas pinças de ponta reta (Dumont # 5).
8) Duas pinças de ponta curva (Dumont # 7).
9) Filtros para seringa (0,22 μm).
10) Pipetas Pasteur de plástico estéreis.
11) Placa de Petri com diâmetro de 10 cm.
12) Placa de Petri com diâmetro de 6 cm.
13) Papeis de filtro estéreis cortados em quadrados 2 x 2 cm.
14) Placa de cultura de seis poços.
15) Fatiador de tecidos para gerar fatias de 300-400 micrometros de espessura do hipocampo. Recomendados: Vibratome (modelo VT1000S, Leica, Bannockburn, IL), McIlwain Tissue Chopper (Brinkman, Westbury, NY) e a Microslicer Dosaka (Modelo DTK-1000, Quioto, Japão).
16) Lâminas de dois gumes estéreis.
17) Roedores de 4 a 9 dias de idade.
18) Solução de dissecação: Solução Balanceada de Earle (EBSS), 25 mM HEPES, 2 mM de glutamina, 6,5 mg/mL de glicose, 1% de penicilina e estreptomicina (5.000 U/mL), 0,06% de nistatina (10.000 U/mL) e pH 7,2.
19) Solução de meio de cultura: 50% de meio mínimo essencial (MEM), 25% de EBSS, 25% de Soro de cavalo, 25 mM HEPES, 2 mM de glutamina, 6,5 mg/mL de glicose, 1% de penicilina e estreptomicina (5.000 U/mL), 0,06% de nistatina (10.000 U/mL) e pH 7,2.

20) Suporte para cultura organotípica, Millicell® Cell Culture Inserts, membrana de 30 mm de diâmetro (Millipore, PICM0RG50).

5.9.1.3 Análise de potencial de campo em fatias de hipocampo por microeletrodos de vidro

1) Fio de nicromo (diâmetro de 50 mm).
2) Flaming/tipo Brown - Micropipeta/patch pipeta extrator - P-97 (Sutter Inst, Novato, CA).
3) Eletrodos de vidro com 1,1 MΩ de resistência.
4) Amplificador KS-700 (WPI, New Haven, CT).
5) Digitalizador (Digidata 1200, Axon Instruments, Molecular Devices, Sunnyvale, CA).
6) Aparato de registro com câmara de perfusão (Medical Systems, Corp, New York, NY).
7) Programa para aquisição e análise de dados (pClamp 9, Axon Instruments).

5.9.1.4 Análise de potencial de campo em fatias de hipocampo por matrizes de multieletrodos

1) Amplificador: BioCAM 4096 (Plexon, USA).
2) Bomba de microinjeção (aparelho de Harvard, Holliston, MA).
3) Microscópio invertido.
4) Solução 0,1% de polietilenoimina em tampão borato 25 mM.
5) ACSF: NaCl 124 mM, KCl 2,5 mM, KH_2PO_4 1,25 mM, $NaHCO_3$ 26 mM, $MgSO_4$ 2 mM, $CaCl_2$ 2,5 mM, 10 mM, D-glicose e 4 mM de D-sacarose aerada com 95% de O_2/5% de CO_2 (carbogênio).
6) Soro fetal bovino.
7) Soro de cavalo.
8) Programa para aquisição e análise de dados (*software* Performer®, Tensor Biosciences, Irvine, CA).

5.9.2 Métodos

5.9.2.1 Preparação de fatias do hipocampo

1) Submeter o animal a eutanásia por decapitação, de preferência utilizando uma guilhotina de tamanho apropriado.
2) Remover o cérebro rapidamente e colocar na solução de ACSF resfriado ($0-4°C$) e aerado com 95% de O_2/5% de CO_2.
3) Dissecar o hipocampo rapidamente em uma plataforma gelada com ACSF.
4) Usando o cortador de tecidos, fazer as fatias de hipocampo (plano transversal) com tamanhos de 400 micrometros.
5) Descarte as três primeiras fatias de cada extremidade.
6) Transfira as fatias para uma câmara de incubação e mantê-los a 37 °C em ACSF aerado com 95% de O_2/5% de CO_2 durante 90 minutos para recuperação.
7) Após o processo de recuperação, as fatias são colocadas dentro da câmara de incubação (3-6 fatias por plataforma) com ACSF continuamente aerado com carbogênio.

5.9.2.2 Preparação de cultura organotípica de hipocampo

1) Esterilizar o material cirúrgico utilizando uma autoclave.
2) Limpar a capela de fluxo laminar, microscópio de dissecação e fatiador de tecidos com álcool 70% e depois irradiar com luz UV por 20 minutos.
3) Aplicar 1 mL de meio de cultura em cada poço das placas de cultura. Posicionar os suportes para cultura organotípica, Millicell® Cell Culture Inserts, dentro de cada poço com meio com a ajuda de uma pinça (estéril). Certificar que a parte inferior do suporte de cultura está totalmente molhado e sem bolhas. Guardar a placa na incubadora a 95% de O_2/5% de CO_2 a 37 °C até que as fatias de hipocampo estejam prontas.
4) Para cada neonato, colocar 5 mL de meio de cultura e 10 mL de meio de dissecação em tubos de 50 mL. Colocar estes tubos sobre o gelo.
5) Colocar gelo na placa de Petri de 10 cm e então posicionar a placa de Petri de 6 cm dentro dela. Adicionar um quadrado de papel de filtro (estéril) dentro da placa de Petri de 6 cm e então cobrir o papel com solução de dissecação gelada.

6) Colocar uma lâmina de barbear estéril no fatiador de tecidos e alinhe-a com a plataforma de corte. Ajustar o equipamento para cortes de 400 micrometros.

7) Usando uma tesoura grande, decapitar o neonato. Limpar a cabeça do animal usando álcool 70% antes de colocá-la na capela de fluxo laminar. Limpar as luvas com álcool 70% antes de iniciar a dissecação.

8) Usando uma tesoura pequena de ponta reta, cortar a pele e os músculos da cabeça até os olhos do animal. Ter cuidado para não lesar o crânio no procedimento. Utilizando uma tesoura de microcirurgia, cortar o crânio do animal da linha média até os olhos. Com uma pinça, remover os ossos temporais e expor o cérebro do animal.

9) Com o auxílio de uma espátula, remover o cérebro do animal e mergulhá-lo imediatamente em um tubo de 50 mL contendo 10 mL de meio de dissecação gelado. Esperar 2 minutos e transferir o cérebro para a placa de Petri de 6 cm para iniciar a dissecação do hipocampo.

10) Colocar o cérebro sobre o papel de filtro da placa de Petri de 6 cm. Certificar-se que o papel está encoberto pelo meio de dissecação. Usando uma espátula ou um bisturi, remover o cerebelo com um corte coronal próximo ao colículo inferior. Fazer um corte sagital abaixo da linha média e separar completamente os dois hemisférios cerebrais.

11) Dissecar o hipocampo: posicione os hemisférios cerebrais de forma que o córtex fique em contato com o papel de filtro e a superfície medial voltada para cima. Remover o mesencéfalo e o tálamo para expor o hipocampo. Separar o hipocampo do neocórtex e do mesencéfalo. Remover o hipocampo e descarte as outras partes do cérebro.

12) Posicionar os hipocampos paralelamente sobre o papel de filtro da placa de Petri e placa no fatiador de tecidos. Certificar-se que o eixo longitudinal do hipocampo está paralelo à lamina do fatiador. Retirar o excesso de líquido da placa de Petri. Ligue o fatiador.

13) Transferir as fatias para uma nova placa de Petri contendo meio de dissecação gelado.

14) Dissecar e fatiar os hipocampos até terminar todos os animais.

15) Separar as melhores fatias sob um microscópio de dissecação. Caso algumas fatias ainda estejam presas umas às outras, estas podem ser separadas por agitação suave ou com o auxílio de um bisturi e uma pinça. Ter cuidado para rasgar as fatias.

16) Selecionar as fatias com uma estrutura intata. Uma fatia adequada apresenta as regiões de CA1, CA3 e giro denteado bem nítidos, sem rasgos ou furos.

17) Usando uma pipeta Pasteur, transferir de 3-6 fatias para os suportes de cultura (Millicell® Cell Culture Inserts) dentro das placas de 6 poços com meio de cultura. As fatias devem ser distribuídas no meio da membrana com espaço entre elas. O excesso de meio deve ser removido do topo do suporte de cultura. Colocar as placas de cultura de células na incubadora de cultura de células.

18) Para manter as culturas é necessário mudar o meio de cultura a cada três dias. Para tal, inclinar as placas de 6 poços com auxílio de um suporte. Com uma das mãos, pinçar o suporte de cultura e com a outra mão retirar o meio em cada poço. Posteriormente, o mesmo procedimento deve ser feito para colocar o meio novo.

5.9.2.3 Análise de potencial de campo em fatias de hipocampo por microelétrodos de vidro

1) Preparar eletrodos de registro com 1 MΩ de resistência usando o equipamento Flaming/Brown Micropipette Puller.

2) Transferir as fatias de hipocampo da câmara de pré-incubação para a câmara de registro. As fatias de hipocampo devem ficar 90 minutos na câmara de pré-incubação antes da transferência.

3) Uma vez na câmara de registro, a fatia deve ser submersa e o fluxo ajustado para 4 mL/min. Manter solução de ACSF sobre aeração constante e a 37 °C.

4) Um eléctrodo bipolar de estímulo feito com dois seguimentos de fios de nicromo de 50 µm de diâmetro deve ser colocado sobre a região de CA1 para estimular as vias colaterais de Schaffer.

5) A gravação dos potenciais evocados na região CA1 do hipocampo deve ser coletada nas vias colaterais de Schaffer. Colocar o microeletrodo de vidro (1,1 MΩ de resistência) entre a região de CA1 e do GD para registrar os potenciais de campo excitatórios pós-sinápticos (do inglês *field excitatory postsynaptic potentials*, fEPSPs).

6) Os estímulos devem ser pulsos retangulares de corrente constante com duração de 200 milisegundos aplicados em 0,1 Hz, variando 10-170 mA. Uma vez que a curva de resposta aos estímulos é obtida no início do experimento, a intensidade de estimulo deve ser fixado para obter uma amplitude de fEPSP variando de 50 a 70% do valor máximo (1,0-1,5 mV).

7) Os registros devem ser amplificados utilizando um filtro passa-baixo de 1 KHz (KS-700, WPI, New Haven, CT, EUA), digitalizados utilizando o

Digidata 1200 (Axon Instruments, NY, EUA) e armazenados num computador para análise posterior com pClamp 9 (Instrumentos Axon).

8) A gravação deve iniciar com um registro da linha de base durante 10 a 30 minutos com perfusão constante com ACSF (3-4 mL/min). Se a fatia não exibir uma resposta estável, ela deve ser descartada;

9) Para testes com substâncias, as drogas devem ser dissolvidas na solução de ACSF aerado e perfundidas de 3 a 4 mL/min a 37 °C.

10) Os dados digitalizados são analisados com software pClamp (Axon Instruments, versão 9.2) .

5.9.2.4 Análise de potencial de campo em fatias de hipocampo com matrizes de multieletrodos

1) As sondas MEA devem ser tratadas previamente com solução 0,1% de polietilenoimina em tampão borato 25 mM durante doze horas. Este processo aumenta a adesão das fatias aos eletrodos. Este processo deve ser feito uma vez para matrizes novas e após a exposição a soluções de ACSF.

2) Transferir a fatia para a câmara de MEA contendo ACSF suplementado com 10% de soro fetal de bovino e 10% de soro de cavalo. As fatias devem ser posicionadas com ajuda de um pequeno pincel.

3) Com o auxílio de um microscópio invertido, alinhe a fatia para que os eletrodos entrem em contato com as vias colaterais de Shaffer e fibras e os eletrodos de registro próximos a camada de células piramidais.

4) Depois de posicionar a fatia sobre MEA, remova completamente a solução de ACSF usada na pré-incubação e substitua por uma nova. É importante que a solução de ACSF receba constante aeração com mistura carbogênica (com 95% de O_2 e 5% CO_2).

5) Incube a fatia ligada a matriz durante uma hora. A incubação não deve exceder este tempo para evitar danos as fatias.

6) Usando um fio fino, aplicar uma pequena pressão nas margens da fatia para garantir adesão.

7) Utilizando o microscópio, tirar uma fotografia (aumento de cinco vezes) para registrar a posição da fatia na matriz.

8) Importar a fotografia para o programa do aparelho de MED e confirmar o posicionamento relativo da fatia com o conjunto de eletrodos.

9) Colocar MEA no aparelho BioCAM.

10) Com base na fotografia, selecionar os canais para estimulação das fatias (eletrodos próximos as vias colaterais de Schaffer). Ajustar a magnitude

de estimulação com o amplificador MEA (estímulos bifásicos 10-80 mA, 0,1 ms à 0,05 Hz). O equipamento de MEA faz o estímulo ao mesmo tempo que capta as respostas evocadas nos canais selecionados. O registro escolhido deve estar situado na região de CA1 do hipocampo.

11) Durante o registro eletrofisiológico, a fatia é perfundida com ACSF aerado com mistura carbogênica a 37 °C a uma taxa de 2-3 mL/min com uma bomba de microinjeção.

12) As fatias devem ser registradas durante 10 minutos para aquisição da linha de base e valor máximo de estímulos. Fatias que apresentarem flutuações na ordem de 20% devem ser excluídas.

13) Para estudar o potencial de campo, a linha de base é definida entre 50 e 60% da amplitude máxima de cada fatia e devem ser amostradas a 20 KHz.

14) Os compostos para teste devem ser dissolvidos diretamente em ACSF aerado e posteriormente perfundido sobre as fatias. Os registros podem ser feitos de 20 a 30 minutos dependendo do desenho experimental.

15) Para cada condição experimental devem ser registradas entre 5 e 15 fatias. Os dados digitalizados são analisados com software pClamp (Axon Instruments, versão 9.2).

REFERÊNCIAS

1. Buzsaki G, Anastassiou CA, Koch C. The origin of extracellular fields and currents – EEG, ECoG, LFP and spikes. Nat Rev Neurosci. 2012 Jun;13(6):407-20. PubMed PMID: 22595786.

2. Lu ZJ, Pereverzev A, Liu HL, Weiergraber M, Henry M, Krieger A, et al. Arrhythmia in isolated prenatal hearts after ablation of the Cav2.3 (alpha1E) subunit of voltage-gated Ca2+ channels. Cell Physiol Biochem. 2004;14(1-2):11-22. PubMed PMID: 14976402.

3. Kang SJ, Liu MG, Chen T, Ko HG, Baek GC, Lee HR, et al. Plasticity of metabotropic glutamate receptor-dependent long-term depression in the anterior cingulate cortex after amputation. J Neurosci. 2012 Aug 15;32(33):11318-29. PubMed PMID: 22895715.

4. Stegenga J, Le Feber J, Marani E, Rutten WL. Analysis of cultured neuronal networks using intraburst firing characteristics. IEEE transactions on bio-medical engineering. 2008 Apr;55(4):1382-90. PubMed PMID: 18390329.

5. Grosser S, Queenan BN, Lalchandani RR, Vicini S. Hilar somatostatin interneurons contribute to synchronized GABA activity in an in vitro epilepsy model. PLoS One. 2014;9(1):e86250. PubMed PMID: 24465989. Pubmed Central PMCID: 3897672.

6. Chong SA, Benilova I, Shaban H, De Strooper B, Devijver H, Moechars D, et al. Synaptic dysfunction in hippocampus of transgenic mouse models of Alzheimer's disease: a multi-electrode array study. Neurobiology of disease. 2011 Dec;44(3):284-91. PubMed PMID: 21807097.

7. Berdondini L, Imfeld K, Maccione A, Tedesco M, Neukom S, Koudelka-Hep M, et al. Active pixel sensor array for high spatio-temporal resolution electrophysiological recordings from single cell to large scale neuronal networks. Lab Chip. 2009 Sep 21;9(18):2644-51. PubMed PMID: 19704979. Epub 2009/08/26. eng.

8. Thomas CA, Jr., Springer PA, Loeb GE, Berwald-Netter Y, Okun LM. A miniature microelectrode array to monitor the bioelectric activity of cultured cells. Experimental cell research. 1972 Sep;74(1):61-6. PubMed PMID: 4672477.

9. Gross GW, Rieske E, Kreutzberg GW, Meyer A. A new fixed-array multi-microelectrode system designed for long-term monitoring of extracellular single unit neuronal activity in vitro. Neurosci Lett. 1977 Nov;6(2-3):101-5. PubMed PMID: 19605037.

10. Pine J. Recording action potentials from cultured neurons with extracellular microcircuit electrodes. J Neurosci Methods. 1980 Feb;2(1):19-31. PubMed PMID: 7329089.

11. Novak JL, Wheeler BC. Multisite hippocampal slice recording and stimulation using a 32 element microelectrode array. J Neurosci Methods. 1988 Mar;23(2):149-59. PubMed PMID: 3357355.

12. Wheeler BC, Novak JL. Current source density estimation using microelectrode array data from the hippocampal slice preparation. IEEE transactions on bio-medical engineering. 1986 Dec;33(12):1204-12. PubMed PMID: 3817854.

13. Regehr WG, Pine J, Cohan CS, Mischke MD, Tank DW. Sealing cultured invertebrate neurons to embedded dish electrodes facilitates long-term stimulation and recording. J Neurosci Methods. 1989 Nov;30(2):91-106. PubMed PMID: 2586157.

14. Chien CB, Pine J. Voltage-sensitive dye recording of action potentials and synaptic potentials from sympathetic microcultures. Biophys J. 1991 Sep;60(3):697-711. PubMed PMID: 1681956. Pubmed Central PMCID: 1260113.

15. Welsh DK, Logothetis DE, Meister M, Reppert SM. Individual neurons dissociated from rat suprachiasmatic nucleus express independently phased circadian firing rhythms. Neuron. 1995 Apr;14(4):697-706. PubMed PMID: 7718233.

16. Thiebaud P, de Rooij NF, Koudelka-Hep M, Stoppini L. Microelectrode arrays for electrophysiological monitoring of hippocampal organotypic slice cultures. IEEE transactions on bio-medical engineering. 1997 Nov;44(11):1159-63. PubMed PMID: 9353996.

17. Maher MP, Pine J, Wright J, Tai YC. The neurochip: a new multielectrode device for stimulating and recording from cultured neurons. J Neurosci Methods. 1999 Feb 1;87(1):45-56. PubMed PMID: 10065993.

18. Boehler MD, Leondopulos SS, Wheeler BC, Brewer GJ. Hippocampal networks on reliable patterned substrates. J Neurosci Methods. 2012 Jan 30;203(2):344-53. PubMed PMID: 21985763. Pubmed Central PMCID: 3246106.

19. Potter SM, DeMarse TB. A new approach to neural cell culture for long-term studies. J Neurosci Methods. 2001 Sep 30;110(1-2):17-24. PubMed PMID: 11564520.

20. Gahwiler BH. Organotypic slice cultures: a model for interdisciplinary studies. Prog Clin Biol Res. 1987;253:13-8. PubMed PMID: 3432282.

21. Egert U, Schlosshauer B, Fennrich S, Nisch W, Fejtl M, Knott T, et al. A novel organotypic long-term culture of the rat hippocampus on substrate-integrated multielectrode arrays. Brain Res Brain Res Protoc. 1998 Jun;2(4):229-42. PubMed PMID: 9630647.

22. Teyler TJ. Brain slice preparation: hippocampus. Brain Res Bull. 1980 Jul-Aug;5(4):391-403. PubMed PMID: 7407636.

23. Oka H, Shimono K, Ogawa R, Sugihara H, Taketani M. A new planar multielectrode array for extracellular recording: application to hippocampal acute slice. J Neurosci Methods. 1999 Oct 30;93(1):61-7. PubMed PMID: 10598865.

24. Paschon V, Higa GS, Walter LT, Sousa E, Zuzarte FC, Weber VR, et al. A new and reliable guide for studies of neuronal loss based on focal lesions and combinations of in vivo and in vitro approaches. PLoS One. 2013;8(4):e60486. PubMed PMID: 23585836. Pubmed Central PMCID: 3622006.

25. Cui HF, Ye JS, Chen Y, Chong SC, Sheu FS. Microelectrode array biochip: tool for in vitro drug screening based on the detection of a drug effect on dopamine release from PC12 cells. Anal Chem. 2006 Sep 15;78(18):6347-55. PubMed PMID: 16970308.

26. Scelfo B, Politi M, Reniero F, Palosaari T, Whelan M, Zaldivar JM. Application of multielectrode array (MEA) chips for the evaluation of mixtures neurotoxicity. Toxicology. 2012 Sep 28;299(2-3):172-83. PubMed PMID: 22664482.

27. Drexler B, Hentschke H, Antkowiak B, Grasshoff C. Organotypic cultures as tools for testing neuroactive drugs - link between in-vitro and in-vivo experiments. Curr Med Chem. 2010;17(36):4538-50. PubMed PMID: 21062252.

28. Lein PJ, Barnhart CD, Pessah IN. Acute hippocampal slice preparation and hippocampal slice cultures. Methods Mol Biol. 2011;758:115-34. PubMed PMID: 21815062. Pubmed Central PMCID: 3499947.

29. Dash A, Blackman BR, Wamhoff BR. Organotypic systems in drug metabolism and toxicity: challenges and opportunities. Expert Opin Drug Metab Toxicol. 2012 Aug;8(8):999-1014. PubMed PMID: 22632603.

30. Stett A, Egert U, Guenther E, Hofmann F, Meyer T, Nisch W, et al. Biological application of microelectrode arrays in drug discovery and basic research. Anal Bioanal Chem. 2003 Oct;377(3):486-95. PubMed PMID: 12923608.

31. Pancrazio JJ, Gray SA, Shubin YS, Kulagina N, Cuttino DS, Shaffer KM, et al. A portable microelectrode array recording system incorporating cultured neuronal networks

for neurotoxin detection. Biosens Bioelectron. 2003 Oct 1;18(11):1339-47. PubMed PMID: 12896834.

32. Gross GW, Rhoades BK, Azzazy HM, Wu MC. The use of neuronal networks on multielectrode arrays as biosensors. Biosens Bioelectron. 1995 Summer;10(6-7):553-67. PubMed PMID: 7612207.

33. Lei N, Ramakrishnan S, Shi P, Orcutt JS, Yuste R, Kam LC, et al. High-resolution extracellular stimulation of dispersed hippocampal culture with high-density CMOS multielectrode array based on non-Faradaic electrodes. Journal of neural engineering. 2011 Aug;8(4):044003. PubMed PMID: 21725154.

34. Tominaga T, Tominaga Y, Ichikawa M. Simultaneous multi-site recordings of neural activity with an inline multi-electrode array and optical measurement in rat hippocampal slices. Pflugers Arch. 2001 Nov;443(2):317-22. PubMed PMID: 11713660.

35. Mann EO, Suckling JM, Hajos N, Greenfield SA, Paulsen O. Perisomatic feedback inhibition underlies cholinergically induced fast network oscillations in the rat hippocampus in vitro. Neuron. 2005 Jan 6;45(1):105-17. PubMed PMID: 15629706.

36. Advances in Network Electrophysiology Using Multi-Electrode Arrays. editores: Makoto Taketani e Michel Baudry. editora: springer. 2006. impresso: Singapura. editora: Springer.

MÉTODOS EM ISOLAMENTO E CULTURA DE CARDIOMIÓCITOS E A TRANSFERÊNCIA DE siRNA UTILIZANDO NANOTUBOS DE CARBONO

Silvia Guatimosim
Cibele Rocha Resende
Marina de Souza Ladeira

6.1 INTRODUÇÃO

A função primária do coração é bombear o sangue e garantir o aporte de oxigênio e de nutrientes aos diversos órgãos e tecidos. A bomba cardíaca é composta por uma variedade de tipos celulares, como células endoteliais, fibroblastos, células do sistema imune e principalmente os miócitos. O miócito cardíaco é a célula responsável pela geração da força contrátil. Portanto, alterações celulares e moleculares nesse tipo celular têm um impacto significativo na função cardíaca. Historicamente, os primeiros estudos de fisiologia cardíaca envolviam o uso do coração isolado, onde parâmetros como frequência e força de contração do músculo cardíaco, submetido a diferentes condições elétricas, eram avaliados. O interesse no miócito cardíaco isolado e seu uso como modelo na pesquisa científica ocorreu em uma etapa posterior, frente à necessidade de um melhor entendimento acerca dos mecanismos envolvidos na contração e relaxamento muscular e as alterações ocorridas durante o desenvolvimento da patologia. A cultura primária de cardiomiócitos foi primeiramente realizada para o isolamento de cardiomiócitos de embriões de galinha no ano de 1955[1]. Mas foi no ano de 1960 que Harary e Farley[2,3] descreveram o protocolo que ainda hoje é amplamente utilizado como base para o isolamento de células miocitárias cardíacas de ratos neonatais. O uso do modelo celular propiciou um grande avanço no entendimento da fisiologia cardíaca, pois permitiu a realização de estudos eletrofisiológicos e moleculares que foram fundamentais para o entendimento das bases celulares e moleculares do acoplamento excitação-contração cardíaco. Dessa forma, os dados obtidos *in vitro* com a cultura de cardiomiócitos agregaram maior conhecimento aos estudos *in vivo* e no órgão isolado. O advento das técnicas de biologia molecular e terapia gênica, bem como a geração de modelos animais geneticamente modificados, levaram à necessidade premente de estratégias experimentais bem sucedidas de transferência gênica nos cardiomiócitos. De fato, a terapia gênica tanto aplicada ao tratamento da insuficiência cardíaca como voltada para a pesquisa básica, representou nos últimos anos, uma área de intensa pesquisa científica. Neste contexto, a transferência gênica tem sido explorada para investigar os mecanismos que regulam tanto a função quanto a estrutura dos cardiomiócitos, como também para o tratamento de cardiopatias de diferentes etiologias. No entanto, cardiomiócitos são células reconhecidamente resistentes à transferência de material gênico, apresentando baixa eficiência de transfecção. A habilidade de novos materiais tais como os nanotubos de carbono (CNT, do inglês, *carbon nanotubes*) em servirem como transportadores biocompatíveis para cardiomiócitos tem atraído grande atenção, constituindo assim uma ferramenta molecular promissora. Neste capítulo, será revisada a literatura referente às bases técnicas e fundamentos teóricos envolvidos no isolamento e cultura de cardiomiócitos e seu uso para transferência de siRNA através dos CNT. Primeiramente, será apresentado um breve histórico dos procedimentos utilizados para o isolamento e cultura dos miócitos cardíacos provenientes de ratos neonatais e transferência de siRNA (Seção 6.2), seguido por um resumo das bases técnicas e fundamentos básicos (Seção 6.3). A Seção 6.4 apresenta as principais aplicações tecnológicas deste modelo seguido de um passo a passo da preparação da cultura de cardiomiócitos e transferência de siRNA (Seção 6.5). Por fim, é apresentado um resumo das conclusões e perspectivas futuras relativas ao uso das nanoestruturas de carbono na terapia gênica (Seções 6.6 e 6.7).

6.2 HISTÓRICO

Os primeiros relatos bem sucedidos de cultura primária de cardiomiócitos neonatais vêm da década de 1960 e foram descritos por Harary e Farley[2,3]. Esses pesquisadores observaram que uma característica importante dos cardiomiócitos neonatais mantidos em cultura é sua habilidade em contrair-se espontaneamente, o que não é observado nos miócitos ventriculares isolados de ratos ou camundongos adultos. Seus trabalhos focaram em estudar a frequência de contração dos cardiomiócitos neonatais quando estimulados com diferentes drogas, como acetilcolina e ATP para verificar se a resposta observada *in vitro* assemelhava-se ao que já era descrito para o coração intacto. Contudo, uma limitação dessa técnica era a presença de tipos celulares cardíacos não-miocitários, como os fibroblastos, na população de células isoladas. Esse problema era ainda agravado pelo alto potencial proliferativo dos fibroblastos em relação aos cardiomiócitos, o que reduzia a proporção de células miocitárias com o aumento do tempo em que as células eram mantidas em cultura. Em 1971, Blondel e colegas[4] desenvolveram uma estratégia para isolar a população de cardiomiócitos de outras células cardíacas como fibroblastos e células endoteliais. O procedimento leva em conta o fato de que fibroblastos aderem mais rapidamente à superfície de plaqueamento do que cardiomiócitos. Dessa forma, deve-se proceder a um passo de pré-plaqueamento da suspensão de células por 1-3h para adesão das células não miocitárias[4,5] e separação destas da população de miócitos de interesse.

No decorrer dos anos, outras alterações foram incorporadas ao protocolo original descrito por Harary e Farley, que incluíam o uso de meios de cultura padronizados[6,7], a utilização de enzimas comerciais disponíveis e o uso de drogas que inibem o crescimento e divisão das células proliferativas, como a cytosine-β-D-arabinofuranoside (ARAC-c). Em conjunto, estas alterações permitiram um aumento no número de células viáveis obtidas durante o isolamento e cultura dos cardiomiócitos.

Atualmente, a cultura de cardiomiócitos neonatais é utilizada em experimentos de Toxicologia, apoptose, hipertrofia, isquemia-reperfusão e transferência gênica. Ao longo das últimas décadas, a transferência gênica tem sido explorada para investigar os mecanismos que regulam a função e estrutura dos cardiomiócitos, como por exemplo, genes envolvidos na modulação da homeostase do cálcio e do citoesqueleto, do aparato contrátil, e na investigação de diversas vias de sinalização. No entanto, cardiomiócitos são células reconhecidamente difíceis de transfectar, sendo a baixa eficiência de transfecção a principal limitação para transferência de ácidos nucleicos para este tipo celular[8-10]. Dessa forma, uma série de ferramentas experimentais vem sendo desenvolvidas e empregadas na tentativa de aumentar a eficiência da entrega do material gênico à célula cardíaca. As técnicas mais comumente utilizadas para a transferência do material gênico são divididas em métodos físicos, químicos ou biológicos. A escolha do método ideal varia de acordo com a célula ou tecido-alvo, o tamanho e tipo de transgene a ser expresso, além da quantidade de expressão que se deseja obter. Dentre os principais vetores testados até o momento destacam-se os derivados de adenovírus e retrovírus, por em geral apresentarem alta eficiência na transferência do material gênico. No entanto, vetores virais também apresentam várias limitações, que incluem o elevado custo de produção e a possibilidade de desencadear resposta imune no hospedeiro. Desta forma sistemas de transferência gênica, independentes de vírus, têm sido desenvolvidos como alternativas ao uso de vírus recombinantes. Um exemplo são os lipossomos catiônicos, que são compostos por lipídios com extremidade polar positiva que formam complexos com as moléculas de DNA carregadas negativamente, o que permite o transporte destas moléculas através da membrana plasmática.

Nas últimas décadas, com o avanço da nanotecnologia, os vetores baseados em nanoestruturas, mais especificamente os CNT, têm se destacado como poderosa ferramenta com habilidade para carrear material gênico de forma segura e efetiva em diversos tipos celulares. Descobertos em 1991 por Sumio Iijima, os CNT representam uma classe de materiais, similares aos fulerenos, que consistem de um arranjo hexagonal de átomos de carbono hibridizados sp2. Os CNT formados a partir do enrolamento de uma única camada de grafeno são denominados CNT de parede simples (SWCNT, do inglês *single-walled carbon nanotubes)*, enquanto CNT formados pelo enrolamento de várias camadas concêntricas de grafeno são assim conhecidos como CNT de parede múltipla (MWCNT, do inglês *Multi-wall carbon nanotubes*). Do ponto de vista biotecnológico, ambos os CNT de parede simples ou múltipla vêm sendo explorados como carreadores de biomoléculas. Em geral, os CNT apresentam inúmeras vantagens quando comparados aos métodos de transfecção tradicionais, disponíveis comercialmente, as quais incluem sua baixa toxicidade, baixa imunogenicidade e alta eficiência de transferência gênica. Diversos trabalhos na literatura confirmam o fato de que CNT são capazes de atravessar a membrana celular e carrear diferentes biomoléculas através do processo de endocitose-fagocitose[11] e por mecanismos de difusão passiva[12], o que possibilita o uso destes nanomaterias em uma gama de aplicações biológicas. No entanto, a insolubilidade dos CNT em meio aquoso é uma das principais desvantagens desta nanoestrutura. Esta limitação é, no entanto, superada quando a superfície dos CNT é funcionalizada[13]. Atualmente, existe uma gama de funcionalizações químicas possíveis, visando à modificação das propriedades dos CNT e assim aumentando a solubilidade e dispersibilidade destes compostos. A funcionalização tem o intuito não só de torná-los mais biocompatíveis, como também facilitar a interação dos CNT com moléculas de interesse.

A versatilidade dos CNT possibilita que sejam explorados em diferentes áreas de pesquisa. Na área biotecnológica, essas nanoestruturas têm demonstrado grande potencial de inovação científica e tecnológica, abrindo caminho para inúmeras aplicações e novas descobertas. Entre as aplicações conhecidas, destaca-se sua utilização como carreador de biomoléculas, tais como DNA, RNA e proteínas e de diferentes drogas[12,14-16]. Em particular, os CNT demonstram-se carreadores eficientes de siRNA em diversos tipos celulares, inclusive cardiomiócitos.

6.3 BASES TÉCNICAS E FUNDAMENTOS BÁSICOS

6.3.1 Cultura primária de cardiomiócitos como célula modelo para transferência gênica

Linhagens imortalizadas de cardiomiócitos estão disponíveis comercialmente (como a HL-1)[17], contudo a relevância dos experimentos realizados em cultura primária de cardiomiócitos é muito maior uma vez que tanto a função quanto a estrutura celular estão preservadas neste modelo. A cultura de cardiomiócitos neonatais oferece uma gama de vantagens quando não é obrigatório o uso de células miocitárias cardíacas diferenciadas (cardiomiócitos isolados do animal adulto). Os cardiomiócitos neonatais são facilmente mantidos em cultura e são mais suscetíveis a transferência gênica quando comparados aos cardiomiócitos isolados do animal adulto[18]. Atualmente, existem diversos protocolos para isolar e manter em cultura cardiomiócitos provenientes de ratos neonatais[18,19], sendo que uma diferença crucial entre eles relaciona-se às enzimas utilizadas e ao tempo de digestão. Alguns protocolos utilizam tripsina ou colagenase e outros utilizam uma combinação de ambas enzimas[5]. No entanto, via de regra, deve-se procurar o protocolo que garanta a maior quantidade de células isoladas, sem prejudicar a qualidade do material obtido.

Após as etapas de digestão enzimática e mecânica, os cardiomiócitos são plaqueados. Aproximadamente 24 horas após o plaqueamento, os cardiomiócitos já aderiram à superfície de plaqueamento previamente tratada com fibronectina e estão contraindo espontaneamente. A contratilidade espontânea dos cardiomiócitos é um indicativo do grau de pureza e do grau de viabilidade da preparação. Na Figura 6.1 observa-se o perfil de marcação da alfa-actinina em cardiomiócitos isolados. A alfa-actinina é uma proteína do citoesqueleto do miócito cardíaco que desempenha um importante papel na formação e manutenção da linha-Z. Em cardiomiócitos saudáveis, o perfil de marcação da alfa-actinina é bem determinado, com estriações ao longo da célula, enquanto fibroblastos e outros tipos celulares não são marcados.

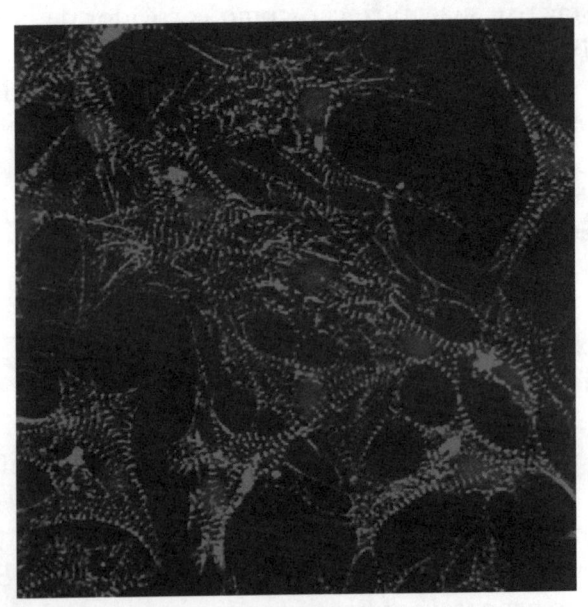

Figura 6.1 Imagem de imunofluorescência representativa de cultura de cardiomiócitos neonatais. A alfa-actinina é um marcador do citoesqueleto do miócito cardíaco. Na célula cardíaca, observa-se um perfil de marcação similar a estriações. Vermelho: marcação com anticorpo anti-alfa-actinina; azul: DAPI.

É crucial que cardiomiócitos submetidos ao processo de transferência gênica apresentem contrações espontâneas regulares e marcação definida da alfa-actinina através da imunofluorescência.

6.3.2 Transferência gênica em cardiomiócitos de ratos neonatais utilizando nanotubos de carbono funcionalizados

Também conhecido como Silenciamento Gênico Pós-Transcricional (PTGS, *Post-Transcriptional Gene Silencing*), o RNAi é um fenômeno celular, bastante versátil, que participa no controle da expressão gênica em diferentes células, inclusive de mamíferos[20]. Os siRNAs (do inglês, *small interfering RNAs*) constituem uma classe de RNA de fita dupla (dsRNA, do inglês, *double strand RNAs*), que, ao serem introduzidos no citoplasma da célula, são processados por uma RNAse, Dicer, que produz os duplexes de 19 a 23 pares de base. O complexo Risc (do inglês, *RNA induced silecing complex*) é a plataforma multiprotéica que se associa ao siRNA e promove a interação de uma das fitas do RNA dupla fita (conhecido como RNA guia) com a molécula de RNA mensageiro (RNAm). Essa interação que normalmente ocorre na região 3' não traduzida (3'-UTR) é resultado da complementaridade entre a sequência do RNA guia e do RNAm, e resulta no silenciamento do RNAm alvo, seja por degradação desse ou pelo bloqueio da tradução em proteínas. Um dos primeiros relatos na literatura que evidencia a utilização de CNT como agentes eficientes na transferência gênica de siRNA foi descrito por Kam e colaboradores[21]. Neste estudo, os autores observaram um silenciamento gênico significativo obtido pela conjugação covalente entre CNT e siRNA, sendo a eficiência obtida por essa nova metodologia duas vezes superior à observada através do uso de um agente comercialmente disponível. Após este primeiro relato, inúmeros trabalhos foram publicados mostrando novos tipos de funcionalizações ou conjugações que mais uma vez exploram o potencial dos CNT como ferramenta promissora para a terapia gênica[22-25], sendo a grande maioria destes relacionada a utilização de células provenientes de linhagens imortalizadas. Porém, alguns trabalhos evidenciam a utilização desta tecnologia em cultura primária de cardiomiócitos provenientes de ratos neonatais.

Estudo pioneiro utilizando cultura primária de cardiomiócitos foi realizado por Krajcik e colegas em 2008[9]. Nesse trabalho, os pesquisadores utilizaram nanotubos de carbono de parede simples (SWCNT, do inglês, *single wall carbon nanotubes*) funcionalizados com HMDA (Hexametilenodiamina) e PDDA (Polidialil dietilamônio clorídrico) complexados a segmentos de siRNA. A transfecção do complexo SWCNT-PDDA-HMDA-siRNA promoveu uma redução significativa em aproximadamente 80% da expressão do gene que codifica a ERK1 e ERK2 (do inglês, *extracellular signal regulated kinase*) neste tipo celular. ERK é uma serina/treonina cinase, membro da família de cinases reguladas por sinais extracelulares, ativada em resposta a diferentes estímulos como fatores de crescimento, hormônios, dentre outros e participa na regulação de várias cascatas de sinalização na célula cardíaca[26].

Em 2010, nosso grupo de pesquisa demonstrou que CNT de parede simples (SWCNT) funcionalizados com grupamentos carboxila são capazes de atravessar a membrana plasmática e carrear siRNA direcionado para o Receptor de Inositol trifosfato do tipo 2 (InsP3RII) para o citoplasma de cardiomiócitos provenientes de ratos neonatais[10]. O InsP3RII é um canal de cálcio intracelular encontrado no retículo endoplasmático da célula cardíaca. Tanto a presença do complexo CNT-siRNA dentro das células de interesse quanto à eficiência de silenciamento gênico foram confirmados através de ensaios físicos e biológicos. A presença dos CNT no interior dos cardiomiócitos foi confirmada através da técnica de Espectroscopia Raman Ressonante assistida por microscopia ótica e pode ser visualizada na Figura 6.2. Esse dado confirma a habilidade dos CNT de penetrarem o interior de cardiomiócitos. Já a Figura 6.3 mostra a eficiência do complexo CNT-siRNA em silenciar o InsP3RII. Como pode ser observado, a incubação de cardiomiócitos com o CNT-siRNA-InsP3R-II levou a uma redução significativa na expressão do InsP3R-II neste grupo de células. Vale ressaltar que o silenciamento não alterou a expressão de outro canal de cálcio intracelular também encontrado nos cardiomiócitos, o receptor de Rianodina (RyR, do inglês *Ryanodine Receptor*), como pode ser visualizado na mesma figura. Dessa forma, CNT funcionalizados com grupamentos carboxila são eficientes carreadores de sequências de siRNA para o interior de cardiomiócitos, confirmando o potencial dessas nanoestruturas para o uso na terapia gênica.

6.4 POSSIBILIDADES TERAPÊUTICAS

A terapia gênica é reconhecidamente uma ferramenta importante no tratamento de diferentes doenças. Dentre os vários tipos de terapia gênica disponíveis, o RNA de interferência representa uma nova estratégia para o tratamento das mais diversas patologias e uma ferramenta promissora para estudos de novos alvos terapêuticos direcionados às alterações gênicas, devido à grande especificidade adquirida com esta técnica[27]. Desta forma, ao invés de substituir um órgão lesado, vislumbra-se a possibilidade de repará-lo através da alteração na expressão do gene alvo. Atualmente, a interferência de RNA tem sido utilizada

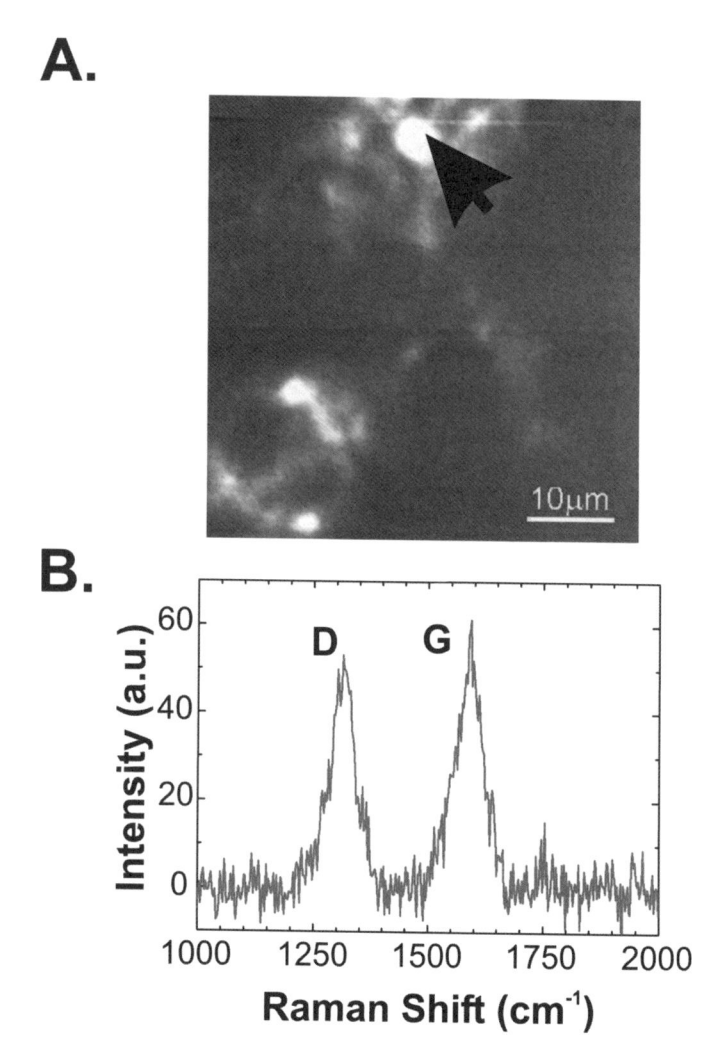

Figura 6.2 Espectroscopia Raman ressonante mostrando a distribuição dos CNT no interior dos cardiomiócitos. O pico Raman da banda G em 1590 cm–1 foi utilizado para a detecção dos CNT no interior da célula. (A) Imagem representativa do espectro Raman de cardiomiócitos expostos aos CNT (0,025 mg.mL⁻¹) durante 48 horas. (B) Plote da intensidade da banda G do CNT no interior dos cardiomiócitos obtida á partir da região apontada pela seta em (A) (Ladeira e colaboradores[10]).

principalmente no tratamento do câncer[22], enquanto seu uso aplicado a doenças cardiovasculares ainda é restrito principalmente a doenças isquêmicas. No entanto, o uso desta tecnologia muitas vezes está atrelado ao desenvolvimento de novas estratégias para transporte intracelular de drogas e biomoléculas, fato este em parte devido a ineficiente penetração de pequenas moléculas e de macromoléculas, incluindo proteínas e ácidos nucléicos através da membrana celular. Desta

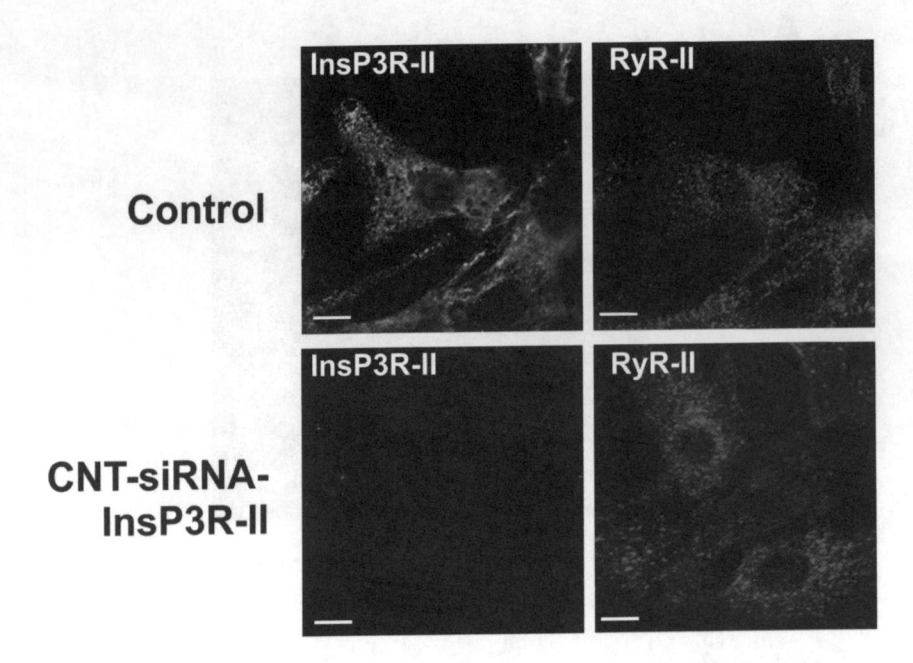

Figura 6.3 CNT representam um plataforma eficiente para o carreamento de siRNA para o interior de cardiomiócitos. Imagens representativas obtidas através da microscopia confocal mostrando cardiomiócitos provenientes de ratos neonatos marcados com anticorpo anti-InsP3RII (verde, à esquerda) ou com anticorpo anti-RyR II (vermelho, à direita) após 48 horas de incubação das células com o complexo CNT-siRNA-InsP3RII (painéis inferiores). No painel superior, as células foram incubadas apenas com CNT, por um período de 48 horas (grupo controle). Cardiomiócitos incubados com o complexo CNT-siRNA-InsP3RII apresentaram redução significativa na expressão do InsP3RII. Neste mesmo grupo de células a expressão do receptor de Rianodina não foi alterada (Ladeira e colaboradores[10]). Escala de barra = 10 µm.

forma, o conhecimento acumulado ao longo dos anos com os experimentos de siRNA *in vitro* utilizando a cultura de cardiomiócitos tem servido como base para o desenvolvimento de novas estratégias e ferramentas, como é o caso de protocolos utilizando CNT como carreadores de siRNA. Sabe-se que moléculas exógenas administradas isoladamente no organismo podem enfrentar obstáculos, como a rápida degradação, baixa biodistribuição ou baixa solubilidade. Para evitar essas condições pouco favoráveis, é aconselhável acoplá-las a sistemas carreadores, aumentando a eficiência de distribuição e apresentação dessas moléculas aos sistemas biológicos. Os CNT são considerados veículos promissores para o carreamento de substâncias sendo que o potencial de diferentes tipos de CNT funcionalizados de agirem como carreadores de siRNA *in vivo* tem sido demonstrado através de vários estudos, com a maioria destes trabalhos tendo como foco o uso de CNT como plataforma para siRNA na supressão do crescimento tumoral. Um passo importante visando o uso de CNT como carreadores de siRNA com aplicação terapêutica em doenças cardiovasculares foi dado por McCarroll e colegas[28]. Esses autores utilizaram CNT funcionalizados acoplados ao siRNA com o objetivo de reduzir os níveis de colesterol *in vivo*. CNT foram complexados com siRNA direcionado à apolipoproteína B (ApoB), uma proteína envolvida no metabolismo do colesterol, e o complexo foi injetado em camundongos. O complexo CNT-siRNA levou a redução da ApoB no fígado e no plasma, confirmando, desta forma, o potencial dos CNT como carreadores de siRNA e sua aplicabilidade terapêutica *in vivo*.

6.5 PROTOCOLO PARA ISOLAMENTO DE CARDIOMIÓCITOS NEONATAIS E TRANSFERÊNCIA DE siRNA UTILIZANDO NANOTUBOS DE CARBONO

Os procedimentos abaixo descritos apresentam as etapas de isolamento de cardiomiócitos de ratos neonatais (1-3 dias) e o uso dessas células para estudos de silenciamento gênico por meio da transferência de sequências de siRNA via nanotubos de carbono. Todos os procedimentos devem ser realizados em capela de fluxo laminar, utilizando material e soluções estéreis. Serão utilizados de doze a quinze ratos neonatais por preparação. O método de isolamento de cardiomiócitos neonatais apresentado abaixo é baseado no protocolo descrito por Toraason e colaboradores (1989), que consiste na digestão do tecido cardíaco com tripsina e colagenase[19]. É importante ressaltar que os procedimentos que envolvem o uso de animais necessitam da aprovação do comitê de ética em experimentação animal da instituição em que serão realizados.

Itens necessários

Materiais: *i)* material cirúrgico estéril composto por tesouras e pinças com ponta curva; *ii)* placa de cultura de seis poços; *iii)* tubos de centrífuga de 50mL; *iv)* pipeta serológica de 10 mL; *v)* filtros para seringa 0,22 μm; *vi)* filtro de nylon para tubo de centrífuga de 50mL (40-100μM) (cell strainer); *vii)* lamínulas e garrafas de cultura.

Animais: 12-15 ratos neonatais de 1 a 3 dias.

Reagentes: *i)* Tripsina 0,25% (Gibco # 1050-057); *ii)* Inibidor de tripsina (Sigma # T0256); *iii)* Colagenase do tipo II (Worthington, Lakewood, NJ); *iv)* Fibronectina (Sigma # F3667); *v)* ARAC-c (cytosine-β-D-arabinofuranoside) (Sigma # C1768).

Meios de cultura: *i)* HBSS (Hank´s Balanced Salts sem Ca^{2+} e sem Mg^{2+}) (Sigma # H2387); *ii)* L-15 Leibovitz Medium (Sigma # L4386); *iii)* Meio 199 (Invitrogen #31100-035 ou Sigma#M-2520).

Equipamentos: *i)* Fluxo laminar; *ii)* Estufa de CO_2; *iii)* Centrífuga para tubo de 50mL; *iv)* Banho-maria 37°C; *v)* Pipetador automático; *vi)* Agitador magnético; *vii)* Agitador orbital.

Dia 0 – Preparo das soluções

1) Preparar 1.000 mL de Meio 199 (Sigma#M-2520)
- Dissolver o meio em 900 mL de água milliQ.
- Acrescentar 2,2 g de bicarbonato de sódio, sob agitação.
- Acrescentar 292 mg de L-glutamina, sob agitação.
- Acrescentar 10 mL de antibiótico (10000 U/mL de penicilina e 10 mg/mL de estreptomicina) (Sigma # P4333).
- Acertar o pH para 7.4 com solução de NaOH.
- Acertar o volume para 1000 mL.
- Filtrar em filtro Millipore 0,22 μm.
- Armazenar a solução em garrafa estéril na geladeira (2-8°C).

2) Preparar 500 mL de Meio 199 suplementado com 10% de soro fetal bovino
- Separar 450 mL de Meio 199.
- Adicionar 50 mL de soro fetal bovino inativado (Gibco # 10082147).
- Armazenar a solução em garrafa estéril na geladeira (2-8°C).

3) Preparar 1.000 mL de Meio HBSS (Sigma # H2387)
- Dissolver o conteúdo em 900 mL de água MilliQ.
- Adicionar 10 mL de antibiótico (10000 U/mL de penicilina e 10 mg/mL de estreptomicina) (Sigma # P4333).
- Acertar o pH para 7.4 com solução de NaOH.
- Acertar o volume para 1000 mL.
- Filtrar em filtro 0,22 μm.
- Armazenar a solução em garrafa estéril na geladeira (2-8°C).

4) Preparar 1.000 mL de Meio L15 (Sigma # L4386)
- Dissolver o conteúdo em 900 mL de água MilliQ.
- Adicionar 10 mL de antibiótico (10000 U/mL de penicilina e 10 mg/mL de estreptomicina) (Sigma # P4333).
- Acertar o pH para 7.4 com solução de NaOH.
- Acertar o volume para 1.000 mL.
- Filtrar em filtro 0,22 μm.

- Aliquotar parte da solução em tubos de centrífuga de 15 mL estéril e armazenar a –20°C.
- Armazenar o restante da solução em garrafa estéril na geladeira (2-8°C).

5) Preparar uma solução de fibronectina 1mg/mL (Sigma # F3667)
- Pesar e solubilizar a fibronectina na concentração de 1 mg/mL em água milliQ.
- Filtrar a solução com um filtro para seringa 0,22 µm.
- Aliquotar em eppendorfs de 600 µL.
- Armazenar a –20°C.

6) Preparar uma solução de ARA-c 2 mg/mL (Sigma # C1768)
- Pesar e solubilizar o ARA-c na concentração de 2 mg/mL em água MilliQ.
- Filtrar a solução com um filtro para seringa 0,22 µm.
- Aliquotar em microtubos de centrífuga de 600 µL.
- Armazenar a –20°C.

7) Autoclavar os materiais cirúrgicos
- Separar os materiais cirúrgicos: 1 pinça grande, 1 tesoura grande, 1 pinça pequena e 1 tesoura pequena.
- Autoclavar os materiais.

Dia 1
Itens necessários
- 12-15 ratos wistar neonatais (1-3 dias de idade)
- 1 tubo de centrífuga de 50 mL.
- 1 placa de cultura de 6 poços.
- Bandeja com gelo.
- Materiais cirúrgicos autoclavados.
- Meio HBSS.
- Tripsina 0,25%.
- Etanol 70%.

Procedimentos
- Adicionar 2-3 mL de meio HBSS gelado a todos os poços da placa de cultura de seis poços e mantê-la na bandeja com gelo.
- Esterilizar com etanol 70% a superfície dos ratos neonatais antes de remover o coração.

- Decapitar o rato neonato com auxílio de uma tesoura grande autoclavada.
- Retirar o coração dos neonatos.
- Transferir o coração removido para um dos poços da placa contendo a solução de HBSS gelada. Repetir o procedimento com os demais animais.
- Após a remoção de todos os corações, extrair os átrios com o auxílio de uma tesoura pequena autoclavada.
- Transferir o tecido ventricular para outro poço e cortá-lo em pedaços de 1-2 mm. Transferir o tecido para os demais poços e lavá-los para remover o excesso de sangue.
- Transferir o tecido com o auxílio de uma pinça para um tubo de centrífuga de 50 mL contendo cerca de 5mL de HBSS gelado.
- Adicionar 2 mL de Tripsina 0,25% e completar o volume para 10 mL com HBSS. A concentração final de tripsina deve ser 50 µg/mL.
- Manter a solução de digestão à 4°C sob agitação constante e suave *overnight*.

Notas:
i) *Realizar todos os procedimentos em fluxo laminar.*
ii) *É recomendado iniciar os procedimentos do dia 1 à tarde para continuar o procedimento do dia seguinte pela manhã e assim evitar que o tecido ultrapasse o tempo de digestão de 20 horas. O período recomendado de digestão é de 16 a 20 horas.*
iii) *A concentração de tripsina pode ser alterada dependendo da idade dos animais. Corações de animais mais velhos demandam maior quantidade de enzima.*

Dia 2
Itens necessários
- Garrafas de cultura celular T75.
- Tubos de centrífuga de 50 mL.
- Meio 199 suplementado com 10% de soro fetal bovino.
- Inibidor de tripsina (2 mg/mL).
- Colagenase tipo II.
- Meio L15.
- Filtro de nylon para tubo de centrífuga de 50 mL (70 µM) (cell strainer).
- Filtros para seringa 0,22 µm.

- Pipetas sorológicas de 10 mL.
- Solução de Fibronectina (1 mg/mL).
- Etanol 70%.

Procedimentos

- Retirar o tubo contendo o tecido da geladeira e adicionar 1 mL do inibidor de tripsina a 2 mg/mL.
- Aquecer em banho-maria a 37°C.
- Pesar 5 mg de colagenase tipo II e solubilizar em 5 mL de meio L15. Filtrar a solução com auxílio de um filtro para seringa e adicionar ao tubo contendo o tecido.
- O período de incubação deve ser aproximadamente de 40 minutos sob agitação suave e constante, preferencialmente a 37°C. Caso necessário, a incubação poderá ser realizada a temperatura ambiente.
- No intervalo do período de incubação, dissolver a solução de fibronectina em meio 199 (não suplementado com soro fetal bovino) na concentração de 10 μL/mL de meio 199. Filtrar com auxílio de um filtro para seringa.
- Utilizando uma ponteira sorológica de 10 mL, homogeneizar o conteúdo do tubo para auxiliar na digestão do tecido. Fazer aproximadamente dez ciclos de homogeneização com pipetagem suave. Caso ainda existam pedaços não digeridos de tecido, repetir o ciclo de digestão mecânica com a pipeta sorológica.
- Acoplar o filtro de nylon de 70 μm a um novo tubo de centrífuga de 50 mL. Umedecer o filtro de nylon com aproximadamente 2 mL de meio L15 e filtrar o sobrenadante.
- Manter as células em repouso por cerca de 40 minutos a temperatura ambiente.
- Centrifugar as células em suspensão 50-100 x g por 5 minutos. Ressuspender o pelete em aproximadamente 20 mL de meio 199 suplementado com 10% de soro fetal bovino. Homogeneizar as células com suavidade.
- Transferir o meio contendo as células para as garrafas de cultura T75 e incubar durante duas horas a 37°C, 5% de CO_2. Este pré-plaqueamento é realizado com o intuito de eliminar as células cardíacas não miocitárias.
- Paralelamente ao passo anterior, adicionar 2 mL de fibronectina dissolvida em meio 199 a cada poço da placa de cultura onde será feito o plaqueamento e incubar durante duas horas a 37°C, 5% de CO_2. Esse

procedimento é necessário para facilitar a adesão dos cardiomiócitos à superfície das placas de cultura.

- Após duas horas de incubação, retirar a fibronectina das placas de cultura.
- Coletar o sobrenadante das garrafas T75, onde a população de células cardíacas foi pré-plaqueada e plaquear na placa de cultura previamente exposta a fibronectina.
- Manter as células em estufa de CO_2 por aproximadamente 24 horas, evitando manipulá-las durante esse período.

Dia 3
Itens necessários
- Meio 199
- Meio 199 suplementado com 10% de soro fetal bovino
- Solução de ARA-c (20 µg/mL)

Procedimentos
- Retirar o meio que nutre as células e realizar de 2 a 3 lavagens das placas ou garrafas com meio 199 para remover os debris celulares.
- Adicionar 100 µL de ARA-c (2 mg/mL) a cada 10 mL de meio de cultura com soro para obter uma concentração final de 20 µg/mL.
- Adicionar o meio contendo o ARA-c nas placas ou garrafas de cultura e manter em estufa de CO_2 por 48 horas. Esse passo é importante para prevenir o crescimento e divisão de células não miocitárias na cultura.

6.5.1 Transfecção de siRNA com nanotubos de carbono (CNT)

O protocolo abaixo descreve os procedimentos para utilização de nanotubos de carbono (CNT) como carreadores para transferência de moléculas de siRNA para cardiomiócitos. O protocolo descrito é baseado no artigo de Ladeira e colaboradores[10].

Itens necessários

Equipamentos: *i)* Banho ultrassônico de frequência ultrassônica de 25 KHz e potência ultrassônica de 100 watts RMS (Modelo Unique USC- 750 A ou similar).

Materiais: *i)* Nanotubos de Carbono de parede simples de alta pureza e funcionalizados com grupamentos carboxila; *ii)* siRNA.

6.5.2 Preparo da solução aquosa de nanotubos de carbono

- Pesar os nanotubos de carbono e solubilizar em água MilliQ estéril na concentração de 0,5 mg/mL.
- Dispersar os CNT em água em banho ultrassônico por três horas. Caso a solução apresente aglomerados não solubilizados de CNT, manter por mais tempo até a completa solubilização em água.

Preparo do complexo CNT-siRNA
- Em fluxo laminar, adicionar uma quantidade apropriada de siRNA à solução aquosa de CNT carboxilados para que a concentração final de siRNA seja 100 nM (*ver Notas*).
- Colocar o complexo CNT-siRNA no banho ultrassônico (temperatura aproximada do banho 4°C) e manter por 30 minutos. Em seguida, deixar em repouso no gelo por 10 minutos.

Adição do complexo CNT-siRNA a cultura de células
- Remover o meio de cultura das células contendo ARA-c e substituir por meio 199 suplementado com 10% de soro fetal bovino.
- Adicionar o complexo CNT-siRNA ás placas de cultura contendo os cardiomiócitos e manter em estufa de CO_2 por 48 horas.

Notas:
i) *A concentração final de CNT no meio de cultura deve ser 0,025 mg/mL. Para cada 1 mL de meio de cultura, utilizar 50 µL de solução aquosa de CNT.*

6.6 CONCLUSÕES

O estabelecimento de um protocolo viável e reprodutível para o isolamento e cultura primária de cardiomiócitos foi crucial para o avanço, nas últimas décadas, da pesquisa em fisiologia cardíaca. O uso de novas metodologias de transferência gênica no cardiomiócito possibilitou um ganho no conhecimento acerca das interações bioquímicas e moleculares envolvidas no processo de contração e relaxamento da célula. Neste contexto, o potencial dos CNT como carreadores eficientes de siRNA *in vitro* é indiscutível. Vários trabalhos da literatura científica confirmam o alto grau de eficiência dessas estruturas como carreadores de material gênico com resultados similares ou até mesmo superiores aos obtidos com carreadores comercialmente disponíveis.

6.7 PERSPECTIVAS FUTURAS

Vários trabalhos têm confirmado a eficiência dos CNT em transferência gênica também *in vivo*. No entanto, seu uso na terapia gênica de doenças de cunho cardiovascular ainda é limitado. O desenvolvimento de novas estruturas com liberação controlada do siRNA e direcionada para orgãos-alvo é um dos grandes desafios da nanomedicina.

REFERÊNCIAS

1. Mitcheson JS, Hancox JC, Levi AJ. Cultured adult cardiac myocytes: future applications, culture methods, morphological and electrophysiological properties. Cardiovasc Res. 1998;39:280-300.

2. Harary I, Farley B. In vitro studies of single isolated beating heart cells. Science. 1960;131:1674-5.

3. Harary I, Farley B. In vitro studies on single beating rat heart cells. I. Growth and organization. Exp Cell Res. 1963;29:451-65.

4. Blondel B, Roijen I, Cheneval JP. Heart cells in culture: a simple method for increasing the proportion of myoblasts. Experientia. 1971;27:356-8.

5. Chlopcikova S, Psotova J, Miketova P. Neonatal rat cardiomyocytes--a model for the study of morphological, biochemical and electrophysiological characteristics of the heart. Biomed Pap Med Fac Univ Palacky Olomouc Czech Repub. 2001;145:49-55.

6. Hanks JH, Wallace RE. Relation of oxygen and temperature in the preservation of tissues by refrigeration. Proc Soc Exp Biol Med. 1949;71:196-200.

7. Leibovitz A. The growth and maintenance of tissue-cell cultures in free gas exchange with the atmosphere. Am J Hyg. 1963;78:173-80.

8. Hunt MA, Currie MJ, Robinson BA, Dachs GU. Optimizing transfection of primary human umbilical vein endothelial cells using commercially available chemical transfection reagents. J Biomol Tech. 2010;21:66-72.

9. Krajcik R, Jung A, Hirsch A, Neuhuber W, Zolk O. Functionalization of carbon nanotubes enables non-covalent binding and intracellular delivery of small interfering RNA for efficient knock-down of genes. Biochem Biophys Res Commun. 2008;369:595-602.

10. Ladeira MS, Andrade VA, Gomes ER, Aguiar CJ, Moraes ER, Soares JS, et al. Highly efficient siRNA delivery system into human and murine cells using single-wall carbon nanotubes. Nanotechnology. 2010;21:385101.

11. Yaron PN, Holt BD, Short PA, Losche M, Islam MF, Dahl KN. Single wall carbon nanotubes enter cells by endocytosis and not membrane penetration. J.Nanobiotechnology. 2011;9:45.

12. Pantarotto D, Singh R, McCarthy D, Erhardt M, Briand JP, Prato M, Kostarelos K, et al. Functionalized carbon nanotubes for plasmid DNA gene delivery. Angew Chem Int Ed Engl. 2004;43:5242-6.

13. Vardharajula S, Ali SZ, Tiwari PM, Eroglu E, Vig K, Dennis VA, et al. Functionalized carbon nanotubes: biomedical applications. Int J Nanomedicine. 2012;7:5361-74.

14. Ajima K, Yudasaka M, Murakami T, Maigne A, Shiba K, Iijima S. Carbon nanohorns as anticancer drug carriers. Mol.Pharm. 2005;2:475-80.

15. Benincasa M, Pacor S, Wu W, Prato M, Bianco A, Gennaro R. Antifungal activity of amphotericin B conjugated to carbon nanotubes. ACS Nano. 2011;5:199-208.

16. Pantarotto D, Briand JP, Prato M, Bianco A. Translocation of bioactive peptides across cell membranes by carbon nanotubes. Chem Commun (Camb). 2004:16-7.

17. Claycomb WC Palazzo MC. Culture of the terminally differentiated adult cardiac muscle cell: a light and scanning electron microscope study. Dev Biol. 1980;80:466-82.

18. Louch WE, Sheehan KA, Wolska BM. Methods in cardiomyocyte isolation, culture, and gene transfer. J Mol Cell Cardiol. 2011;51:288-98.

19. Toraason M, Luken ME, Breitenstein M, Krueger JA, Biagini RE. Comparative toxicity of allylamine and acrolein in cultured myocytes and fibroblasts from neonatal rat heart. Toxicology. 1989;56:107-17.

20. Fire A, Xu S, Montgomery MK, Kostas SA, Driver SE, Mello CC. Potent and specific genetic interference by double-stranded RNA in Caenorhabditis elegans. Nature. 1998;391:806-11.

21. Kam NW, Liu Z, Dai H. Functionalization of carbon nanotubes via cleavable disulfide bonds for efficient intracellular delivery of siRNA and potent gene silencing. J Am Chem Soc. 2005;127:12492-3.

22. Lee JM, Yoon TJ, Cho YS. Recent developments in nanoparticle-based siRNA delivery for cancer therapy. Biomed Res Int. 2013:782041.

23. Liu Z, Winters M, Holodniy M, Dai H. siRNA delivery into human T cells and primary cells with carbon-nanotube transporters. Angew Chem Int Ed Engl. 2007;46:2023-7.

24. Yang R, Yang X, Zhang Z, Zhang Y, Wang S, Cai Z, et at. Single-walled carbon nanotubes-mediated in vivo and in vitro delivery of siRNA into antigen-presenting cells. Gene Ther. 2006;13:1714-23.

25. Zhang Z, Yang X, Zhang Y, Zeng B, et al. Delivery of telomerase reverse transcriptase small interfering RNA in complex with positively charged single-walled carbon nanotubes suppresses tumor growth. Clin Cancer Res. 2006;12:4933-9.

26. Bueno OF Molkentin JD. Involvement of extracellular signal-regulated kinases 1/2 in cardiac hypertrophy and cell death. Circ Res. 2002;91:776-81.

27. Whitehead KA, Langer R, Anderson DG. Knocking down barriers: advances in siRNA delivery. Nat Rev Drug Discov. 2009;8:129-38.

28. McCarroll J, Baigude H, Yang CS, Rana TM. Nanotubes functionalized with lipids and natural amino acid dendrimers: a new strategy to create nanomaterials for delivering systemic RNAi. Bioconjug Chem. 2010;21:56-63.

MATRIZES DESCELULARIZADAS: FUNDAMENTOS, MÉTODOS E APLICAÇÕES

Juliana Lott Carvalho
Pablo Herthel Carvalho
Alfredo Miranda Goes

7.1 INTRODUÇÃO

No ano de 2012, o Brasil realizou 23.999 transplantes de órgãos, atingindo o maior número de cirurgias desse tipo no país em toda a sua história[1]. Dentre estes, destacaram-se os transplantes de córnea (15.141 cirurgias), rim (5.265), fígado (1.576) e coração (227)[2]. A evolução do número de transplantes de órgãos sólidos no Brasil reflete dois importantes eventos: o aumento do investimento e dos incentivos aos hospitais que realizam cirurgias de transplante[1] e o aumento do número de doadores efetivos[3]. Infelizmente, porém, os avanços do país e de outros países estão aquém da demanda de órgãos para transplante. No Brasil, em janeiro de 2013 havia 27.409 pacientes aguardando por um transplante[4]. Ou seja, o Brasil precisa dobrar sua capacidade de realização de transplantes para atender tal demanda, desconsiderando a falta de doadores compatíveis.

Corroborando os dados brasileiros, os Estados Unidos enfrentam a mesma diferença entre a demanda e o número de transplantes realizados. Os dados mais recentes referentes ao transplante de órgãos nos Estados Unidos indicam, em 2011, o número de 72.571 pacientes esperando por um transplante[5] e 30 mil procedimentos realizados no mesmo ano.

Diante dos dados apresentados, torna-se evidente a importância da busca de substituintes para órgãos em falência. Neste contexto, surge a engenharia de tecidos.

A engenharia de tecidos, do inglês, *Tissue Engineering*, é definida como um campo interdisciplinar, que aplica os princípios da engenharia e das ciências da vida com o intuito de desenvolver substitutos biológicos que restauram, mantêm, ou melhoram a função tecidual[6].

De acordo com Langer e Vacanti, considerados pais da engenharia de tecidos, esta pode ser realizada com a utilização de uma de três estratégias gerais: a utilização de células isoladas ou seus substitutos, substâncias indutoras da formação de novos tecidos, ou ainda células associadas a matrizes tridimensionais (Figura 7.1). Cada uma dessas estratégias apresenta seus prós e contras.

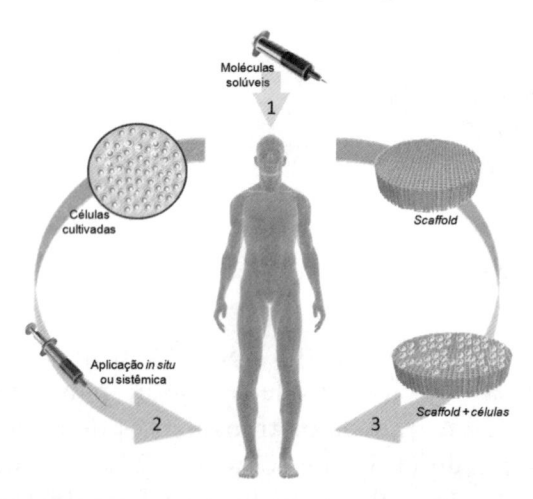

Figura 7.1 Estratégias gerais da engenharia de tecidos. (1) Utilização de moléculas solúveis para estimulação de crescimento celular e reparação tecidual. (2) Aplicação de células isoladas in situ ou via sistêmica para auxiliar na reparação tecidual e regeneração local. (3) Utilização de matrizes tridimensionais (scaffold) associadas ás células.

A utilização de células isoladas, por exemplo, pode ser feita por meio da injeção local ou sistêmica das mesmas, de modo a descartar a necessidade de um novo procedimento cirúrgico para infusão. Por outro lado, quando a perda tecidual é grande, como em casos de retiradas de tumor ou grandes fraturas ósseas, a simples injeção de células não é eficaz, pois não haverá nenhum estímulo forte o suficiente para que as células se mantenham apenas no local da injeção. Nestes casos, a utilização de substâncias indutoras da formação de tecidos pode ser interessante, assim como a associação de células a matrizes tridimensionais. Esta última opção traz a vantagem de que a matriz servirá de arcabouço para reter as células, guiar a regeneração tecidual e reconstituir a continuidade do local enquanto o tecido nativo não se regenera. Para se concretizar, porém, é necessário utilizar matrizes constituídas de biomateriais que possuam as características mais adequadas para cada caso, considerando a afecção do paciente, o tecido afetado, a estratégia terapêutica e as células utilizadas em associação à matriz.

A descelularização de órgãos constitui uma técnica antiga, mas que ganhou destaque nos últimos anos devido a sua aplicação na produção de matrizes para a engenharia tecidual. Ao longo deste capítulo serão apresentados o histórico e evolução da técnica, seu embasamento teórico e exemplos de protocolos e potenciais aplicações da descelularização de órgãos na engenharia de tecidos e medicina.

7.2 BASES TÉCNICAS, FUNDAMENTOS BÁSICOS E APLICADOS

A matriz extracelular (MEC) é a fração acelular dos tecidos, composta por três classes principais de biomoléculas não solúveis: as proteínas estruturais (por exemplo, colágeno e elastina), proteínas especializadas (por exemplo, fibrilina, fibronectina e laminina), e proteoglicanas (por exemplo glicosaminaglicanas). A MEC também apresenta, de maneira importante, uma grande variedade de fatores solúveis, como fatores de crescimento.

Por décadas, a MEC foi ignorada, por ser considerada apenas uma moldura para as células, que dava apoio estrutural aos tecidos. Nos anos 80, um renomado biologista celular chegou até a perguntar por que é que alguém iria querer estudar "aquela coisa"[7].

Desde então, muito mudou. Atualmente, sabe-se que as células são sensores extraordinariamente complexos, capazes de detectar e responder a uma miríade de sinais de diferentes classes. As classes de sinais detectados pelas células incluem não apenas a concentração de oxigênio, fatores parácrinos e interação com outras células[8], mas também fatores relacionados à MEC, como sua composição química, rigidez/elasticidade e topologia, dentre outros.

Nos dias atuais, a MEC é considerada um participante ativo, que interage física e quimicamente com as células e influencia seu comportamento em relação à sobrevivência, proliferação, migração, adesão e secreção proteica, de modo que a MEC não é apenas influenciada pelas células, mas as influencia *de novo*[7].

A composição da MEC varia em diversos órgãos e, hoje, discute-se até que ponto a composição tecido-específica da matriz é propícia ou mesmo essencial à função celular[9]. Hepatócitos, por exemplo, não aderem à superfície de cultivo *in vitro* na ausência de proteínas semelhantes às experimentadas por eles *in vivo*[10]. Células epiteliais do pulmão, também necessitam de substratos familiares para funcionar bem[11].

Diversos trabalhos reportaram o papel da MEC, não apenas em situações de normalidade, mas também em diferentes afecções, inclusive o câncer. Neoplasias são frequentemente detectadas apresentando maior rigidez da MEC do que o tecido saudável. Em modelos animais, demonstrou-se que a rigidez de tumores de mama chega a ser 20 vezes maior do que a de mamas normais[12]. A rigidez anormal do tecido neoplásico é produto de uma maior pressão intersticial gerada pela expansão do tumor, alterações vasculares e fibrose. Se antes a rigidez dos tumores de mama era considerada apenas uma característica destes tumores, atualmente seu papel na afecção é reconhecido. Foi descrito que esta rigidez é detectada pelas células teciduais e leva a ativação de Rho, uma pequena GTPase com diversas funções celulares. Dentre outros, sua ativação promove a ativação de ERK e formação de adesões focais, que levam à estabilização da adesão celular e aumento da proliferação. Portanto, observa-se que o microambiente tumoral favorece a proliferação celular mesmo em nível de matriz extracelular[12].

A topologia, ou seja, conformação tridimensional das superfícies, também constitui fonte importante de informações e estímulos para as células, quando consideradas em nível nano e micrométrico. No organismo, a matriz extracelular é composta principalmente por colágeno I, e é apresentada às células como superfícies formadas por fibras organizadas em diferentes direções. *In vitro*, porém, as células são inseridas em sistemas de cultivo com superfície completamente lisa. Até alguns anos, não havia preocupação em relação a esta diferença, mas atualmente, demonstrou-se que as células respondem até mesmo a este tipo de estímulo. Em ensaios de cultivo de osteoblastos em superfícies de titânio – um material tradicionalmente utilizado como substituto ósseo e reconhecidamente biocompatível – osteoblastos comportaram-se de maneira diferente diante de superfícies totalmente lisas versus superfícies nano e microprocessadas[13]. Dentre outros, as irregularidades na superfície estimularam os osteoblastos a depositar cálcio na MEC e a expressar marcadores de remodelamento ósseo, como TGF-β e prostaglandina E2[13].

O papel da MEC na diferenciação e regeneração também foi descrito recentemente e evidencia a importância de se mimetizar suas características ao se desenvolver biomateriais para aplicação clínica. Por exemplo, foi demonstrado que células-tronco adultas e embrionárias respondem à tensão dos materiais aos quais se aderem. As superfícies rígidas promovem a proliferação celular e a diferenciação de células-tronco adultas em tipos celulares da linhagem osteogênica, uma das poucas populações celulares que no corpo humano interagem com superfícies rígidas. Do mesmo modo, superfícies macias promovem a diferenciação celular em linhagens de rigidez similar a dos substitutos utilizados *in vitro* (Figura 7.2)[8].

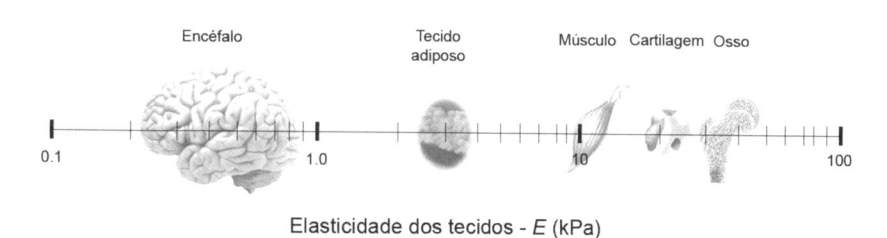

Elasticidade dos tecidos - E (kPa)

Figura 7.2 Elasticidade da MEC e o direcionamento da diferenciação de células-tronco. De acordo com a elasticidade da matriz a qual se aderem, as células-tronco apresentam diferentes comportamentos e tendem a se diferenciar em diferentes linhagens celulares.
Fonte: Baseada em Discher, Mooney, Zandstra, 2009[8].

Já as células-tronco embrionárias não apresentam capacidade de adesão em superfícies que não sejam recobertas por moléculas comumente encontradas na matriz extracelular, como a laminina, colágeno IV e heparan sulfato. Assim como as células-tronco adultas, elas também respondem à rigidez a que são submetidas.

In vitro, porém, as células são classicamente cultivadas em superfícies rígidas constituídas de polímeros como o poliestireno. Neste sistema de cultivo, inúmeras descobertas foram realizadas que contribuíram de maneira indiscutível para a evolução da biologia celular, medicina, farmacologia, dentre outros. Infelizmente, como citado anteriormente, essas condições diferem de maneira importante das condições experimentadas pela maior parte das populações de células *in vivo*.

O desenvolvimento de materiais para a engenharia de tecidos e, mesmo para outras áreas, deve levar em consideração, portanto, a composição química, topologia e rigidez dos mesmos. Neste contexto, as matrizes descelularizadas surgem como biomateriais perfeitos em termos de topologia, composição proteica e rigidez. Afinal, elas são constituídas de tecidos biológicos funcionais destituídos de células. Além disso, as matrizes apresentam a estrutura macroscópica idêntica aos órgãos originais, mantendo toda a cama vascular dos mesmos, apresentando todos os fatores essenciais à mimetização dos tecidos que se deseja formar, *in vitro*, e proveem as condições potencialmente ideais à função celular, e, portanto, tecidual.

As matrizes descelularizadas podem ser utilizadas aplicando-se uma de três possíveis estratégias: o implante das matrizes descelularizadas apenas, o implante das matrizes associadas a células por curtos períodos de tempo e o implante de constructos maduros, compostos por matrizes descelularizadas e um ou mais tipos de células que passaram por um período significativo de maturação *in vitro* (Figura 7.3)[14].

O implante de matrizes isoladas constitui a estratégia mais utilizada atualmente, como registrado nos casos de substituição de válvulas e aloenxertos vasculares. Como esperado, estes enxertos têm sucesso, pois, uma vez inseridas no organismo, as matrizes descelularizadas são reconhecidas pelas células e naturalmente colonizadas (após processo inflamatório moderado), como demonstrado com vasos e válvulas cardíacas implantados[15].

Já a associação das matrizes às células adiciona importante grau de complexidade ao procedimento, já que o risco de contaminação durante o processo de isolamento e cultivo de células é considerável. Portanto, existem duas diferentes estratégias que se baseiam na associação de matrizes descelularizadas e células: uma estratégia que associa ambos componentes e, rapidamente os implanta no paciente, e uma segunda estratégia que mantém estes componentes maturando *in vitro* a fim de implantar um constructo maduro.

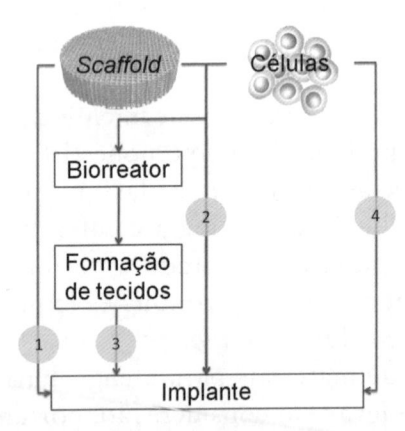

Figura 7.3 Estratégias para a aplicação de matrizes descelularizadas e outros biomateriais na engenharia de tecidos. As estratégias para a engenharia de tecidos envolvem 1. O implante das matrizes descelularizadas apenas, 2. O implante das matrizes associadas a células por curtos períodos de tempo e 3. O implante de constructos maduros, compostos por matrizes descelularizadas e um ou mais tipos de células que passaram por um período significativo de maturação in vitro. A utilização de células isoladas (4) não faz parte de estratégias para utilização de matrizes descelularizadas, mas é uma forma de aplicação da engenharia de tecidos.

Um exemplo de um implante de matrizes descelularizadas associadas às células foi o trabalho de um grupo de pesquisadores espanhóis, italianos e ingleses, que produziram uma traqueia *in vitro* a partir da combinação de uma traqueia humana descelularizada a condrócitos e células epiteliais da própria paciente, que sofria de estreitamento da traqueia. Geralmente, este tipo de enfermidade é tratado cirurgicamente com a retirada do fragmento estreitado e sutura das extremidades da traqueia. Esta paciente, porém, já havia passado por procedimento semelhante, e sua traqueia já havia sido encurtada, não podendo ser novamente submetida ao mesmo procedimento (o comprimento máximo da traqueia que pode ser retirado em adultos, neste tipo de procedimento, é de 6 cm). Deste modo, apenas com a substituição da região retirada cirurgicamente o procedimento poderia ser feito. Existem na literatura relatos da utilização de materiais sintéticos para a substituição da traqueia, porém o ideal é que esta seja substituída por tecido vivo e funcional. O grupo de pesquisadores mostrou exatamente isso em seu trabalho. A traqueia de um doador foi descelularizada a partir de banhos de detergente deoxicolato de sódio e tratamento com enzima DNAse durante seis semanas. Após testes que comprovaram a retirada total de células do órgão, este foi colocado em um biorreator e recelularizado com células epiteliais e condrócitos da paciente. O constructo foi mantido em sistema de cultivo por quatro dias até maturar, quando foi implantado na paciente. Este procedimento foi realizado em 2008 e publicado pela primeira vez após um período inicial de acompanhamento da paciente por quatro meses, passado sem eventos adversos[16].

A traqueia constitui um órgão simples tridimensionalmente, com formato semelhante a um tubo, e é constituída por apenas dois tipos celulares principais: em sua face interior, a traqueia é recoberta por uma camada de células epiteliais, e os anéis traqueais, por condrócitos. Portanto, naturalmente, a demanda por oxigênio e nutrientes por suas células é relativamente baixa. Ainda assim, ao quarto dia após o implante, a traqueia já se apresentava nutrida por microvasos.

É possível perceber que a engenharia de uma traqueia é significativamente mais simples tecnicamente do que a engenharia de órgãos mais complexos, como rins, pulmões, fígado e coração. Os cardiomiócitos, por exemplo, são células com altíssima demanda energética e por oxigênio, não suportando mais do que alguns minutos sem nutrientes. Já os rins constituem os órgãos com maior número de diferentes tipos celulares e necessitam de altíssimo grau de organização celular para serem funcionais. O implante destes órgãos necessita de anastomoses feitas diretamente com a corrente sanguínea do recipiente e faz com que a recelularização dos mesmos seja feita com maior demanda de organização celular. O desafio de se construir estes órgãos *in vitro* é significativamente maior.

Ainda assim, alguns destes órgãos já foram gerados a partir da associação de células e matrizes descelularizadas em modelos experimentais. O primeiro deles foi um coração de rato, composto por uma matriz descelularizada e dezenas de milhões de cardiomiócitos, células musculares lisas, células endoteliais e fibroblastos neonatais murinos. Após cerca de dez dias de manutenção em um biorreator com estímulo elétrico constante, o constructo foi capaz de gerar contração funcional e capacidade de bombeamento de cerca de 2% da capacidade de um órgão adulto de um roedor, ou 25% de um coração humano fetal de 16 semanas[17].

Outro órgão sólido construído *in vitro* a partir desta metodologia foi o fígado de roedor. Até a publicação do trabalho, a construção deste órgão era, principalmente, limitada pela falta de nutrição das células do interior dos constructos. A partir da recelularizacão da matriz previamente descelularizada com hepatócitos isolados a partir de animais adultos, foi possível gerar um constructo capaz de produzir ureia, secretar albumina e expressar citocromo P450, mesmo quando transplantado[18]. O sucesso deste trabalho deve-se, principalmente, à manutenção do sistema vascular do órgão intacto e sua utilização como estratégia de nutrição do mesmo, exatamente como ocorre *in vivo*.

Todos estes trabalhos refletem o estado atual da arte em termos de engenharia de tecidos baseada em matrizes descelularizadas.

7.3 POSSIBILIDADES TERAPÊUTICAS E INDUSTRIAIS

Como será abordado adiante, a produção de tecidos descelularizados foi vislumbrada inicialmente visando-se a produção de enxertos vasculares e válvulas cardíacas com maior duração e menor risco de calcificação.

Desde então, as possibilidades terapêuticas de tecidos descelularizados tornaram-se muito mais abrangentes. A produção de materiais biológicos com sistema vascular preservado e baixa imunogenicidade a partir dos mais diversos tecidos abre portas para a terapia imediata de enfermidades como: queimaduras, feridas de difícil cicatrização, grandes perdas ósseas, disfunções urinárias, lesões no sistema nervoso periférico, dentre outros. Nestes quadros, a matriz descelularizada pode ser usada diretamente no local da lesão, seja para prevenir a perda de água pelo paciente e acelerar a regeneração, como nos casos de tratamento de queimaduras e feridas de difícil cicatrização; seja para promover a formação e mineralização óssea, nos casos de grandes perdas ósseas, ou ainda para reconstruir a bexiga, em casos de disfunção urinária.

De fato, para cada uma destas aplicações já existem produtos sendo comercializados, como exemplifica a tabela abaixo.

Tabela 7.1 Exemplos de matrizes descelularizadas comercializadas.

NOME DO PRODUTO	FUNÇÃO	EMPRESA	FONTE
Permacol™	Reconstrução de bexiga *in vitro*	Tissue Science Laboratories.	Kimuli, Eardley, Southgate, 2004[19]
DermACELL®	Queimaduras e feridas de difícil cicatrização	Arthrex, Inc.	Chen, Tzeng, Wang, 2012[20] Arthrex, 2013[21]
EZ-Derm™	Úlceras e queimaduras	Brennen Medical	Brennen Medical, 2013[22]
CryoValve® SG Pulmonary Human Heart Valve	Substituição de válvulas pulmonares cardíacas	Cryolife®	Cryolife, 2013[23]
Avance® Nerve Graft	Reconstrução de nervos periféricos	AxoGen®	AxoGen, 2013[24]
ChondroFix® Osteochondral Allograft	Reparo de lesões osteocondrais	Zimmer	Biologics, 2013[25]

É importante salientar, porém, que a associação de matrizes descelularizadas às células do paciente torna o processo de geração do constructo um procedimento personalizado, longo, minucioso, não escalonável e, portanto, extremamente caro. Deste modo, é natural que a maior parte dos produtos disponíveis no mercado seja constituída apenas por matrizes descelularizadas isoladas.

Atualmente, a possibilidade de se utilizar matrizes xenogênicas e células alogênicas para a produção de órgãos bioartificiais é considerada, devido a fatores, principalmente, de ordem econômica. Ao se abandonar o modelo artesanal de produção personalizada de órgãos, surge a possibilidade de se gerar órgãos e tecidos prontos para utilização imediata e em larga escala, ou, do inglês, *off-the-shelf*. Para tanto, a fonte de células e matrizes em grandes quantidades deve ser considerada e será abordada adiante.

7.4 HISTÓRICO

A utilização da MEC como matriz para a aplicação na engenharia de tecidos começou após o desenvolvimento de protocolos de descelularização. Estes procedimentos foram, inicialmente, desenvolvidos durante os anos

1980[26], com o intuito de se sanar uma importante dificuldade que desafiava os médicos cirurgiões vasculares: a calcificação que ocorria em válvulas e enxertos vasculares transplantados em pacientes com desordens cardiovasculares. Até aquele momento, transplantes vasculares eram realizados utilizando-se, preferencialmente, enxertos autólogos, porém enxertos alogênicos e substitutos sintéticos também eram utilizados comumente, já que a utilização de enxertos autólogos por muitas vezes era impossível devido ao aumento do número de procedimentos cirúrgicos necessários, falta de saúde do paciente, e possível comprometimento do vaso coletado. Já os transplantes de válvulas eram realizados com o uso de substitutos sintéticos, bioprostéticos (produzidos a partir de válvulas porcinas ou a partir de pericárdio bovino) ou tecidos alogênicos, cada um deles apresentando prós e contras. As válvulas puramente mecânicas, por exemplo, apresentavam (e ainda apresentam) alto caráter trombogênico e potencialmente obstrutivo. Por outro lado, as válvulas bioprostéticas, assim como os transplantes alogênicos, apresentavam (e também ainda apresentam) o problema da calcificação, devido à forte reação imunológica dos pacientes contra seus componentes. Este processo é mais evidente em pacientes jovens, e leva à rápida deterioração e falha da válvula em aproximadamente 5 a 10 anos[27].

Mesmo sofrendo com a calcificação, as válvulas bioprostéticas apresentam vantagens importantes sobre as válvulas mecânicas ou artificiais, mesmo atualmente, já que apesar de durarem por toda a vida do paciente, as válvulas artificiais fazem com que os pacientes sejam submetidos à terapia anticoagulante permanentemente. Os riscos de trombose, tromboembolismo e sangramento espontâneo, que chegam a 1% ao ano, tornam esta opção secundária à possibilidade da utilização de válvulas bioprostéticas em grupos específicos de pacientes[27]. Por fim, válvulas humanas criopreservadas ainda são utilizadas também, mas sofrem de limitações em relação a sua disponibilidade.

Já que as válvulas bioprostéticas apresentam as características mais promissoras, buscou-se sanar suas limitações por meio da redução da rejeição e calcificação sofridas por elas *in vivo*.

O primeiro protocolo desenvolvido a fim de se diminuir a rejeição imunológica aos enxertos biológicos foi a sua fixação com glutaraldeído, previamente ao implante. Foi demonstrado que a fixação tecidual diminui, principalmente, a resposta humoral aos implantes[27]. Além de diminuir a inflamação, a fixação dos materiais biológicos com derivados de aldeídos promove também a esterilização do material e aumento de sua estabilidade *in vitro* e *in vivo,* já que, uma vez implantados, os materiais biológicos sofrem degradação química e enzimática[28]. Apesar de diminuir a inflamação, o glutaraldeído por si só estimula a calcificação tecidual mediada diretamente pela desregulação da concentração de cálcio nas células fixadas. Em células vivas, a concentração de cálcio intracelular é cerca de dez mil vezes menor do que a concentração deste íon no ambiente extracelular. Após a fixação, este íon acumula-se nas células e pode iniciar o processo de calcificação[28], associando-se ao fosfato presente na bicamada de fosfolípides que compõe a membrana celular e gerando a hidroxiapatita ($Ca_{10}(PO_4)_6OH_2$), principal componente inorgânico do osso. De acordo com esta teoria de mineralização de enxertos vasculares, a participação do colágeno acontece posteriormente. O processo de mineralização se inicia, portanto, nos compartimentos intracelulares e é observado logo após o procedimento cirúrgico, tendo sido registrado dois dias após o implante[28].

Devido a importância da fixação dos tecidos para sua função *in vivo* após o implante, este passo não pode ser abandonado. Portanto, para prevenir a calcificação induzida pelos derivados de aldeídos, diversos protocolos foram desenvolvidos, como a associação com o uso de esteroides, agentes antimineralizadores, modificação de espaços intersticiais, utilização de compostos difosfonados, além de tratamentos com detergentes, como o Dodesil Sulfato de Sódio ($C_{12}H_{25}NaO_4S$), também chamado SDS (do inglês, *Sodium Dodecyl Sulfate*) e o Polisorbato-80[26].

Por muitos anos, os protocolos baseados em detergentes foram utilizados com o intuito único de desestabilizar a bicamada lipídica e permitir a eliminação de células e seus fosfolípides constituintes da membrana celular, modificar a carga de biomoléculas e desnaturar proteínas, de modo a prevenir a calcificação. A ausência de células permitiu uma melhor função dos enxertos cardiovasculares, portanto foram utilizadas na clínica em associação ou não à fixação.

A possibilidade de se utilizar as técnicas de descelularização visando à produção de *scaffolds* ou matrizes foi vislumbrada após o desenvolvimento destes protocolos, ainda com o foco restrito à obtenção de implantes completamente biocompatíveis e com longa duração. O objetivo seria permitir a reendotelização das matrizes descelularizadas com células do próprio paciente *in vivo*.

Até o ano de 2008, os protocolos de descelularização eram feitos utilizando-se diversos compostos, como detergentes, enzimas, alterações de temperatura, dentre outros. Porém, em geral, todos apresentavam passos com banhos sucessivos aos órgãos. Deste modo, apresentavam sucesso principalmente com órgãos pouco espessos, como pele, válvulas cardíacas, vasos e nervos. Estes órgãos eram facilmente descelularizados por meio de banhos sucessivos, e seu implante não apresentava grandes desafios, pois os implantes eram capazes de sobreviver até serem colonizados e nutridos por difusão até que um sistema vascular próprio fosse formado[9]. Até então, a descelularização de órgãos ainda não havia atingido, portanto, o seu ápice em termos de complexidade e possibilidades de aplicação.

Em 2008, um trabalho realizado por um grupo de cirurgiões de Harvard e da universidade de Minnesota tornou-se um grande marco neste campo e acabou atraindo as atenções para a geração de matrizes descelularizadas desde então.

O trabalho desenvolvido pelo grupo de pesquisadores consistiu na descelularização de corações de camundongos utilizando uma nova técnica: a descelularização por meio de perfusão. Ao invés de aplicar banhos sucessivos ao órgão, os pesquisadores canularam a aorta e perfundiram as soluções, aproveitando a cama vascular do coração para descelularizar todo o órgão, mesmo em suas regiões mais inacessíveis. O protocolo foi muito bem-sucedido e contribuiu com o fato de que a vascularização de qualquer órgão sólido, mesmo de grandes animais, foi facilitada. A partir deste trabalho, a possibilidade de se utilizar matrizes descelularizadas como arcabouços para a geração de novos órgãos surgiu com mais evidência.

7.5 TÉCNICA PASSO A PASSO DA DESCELULARIZAÇÃO DE ÓRGÃOS

O objetivo principal da descelularização de órgãos é remover as células presentes nos tecidos a fim de se inibir uma resposta inflamatória às matrizes, sem que se afete a composição, atividade biológica e integridade mecânica da MEC, de modo a permitir sua colonização com células do hospedeiro em um segundo momento[9]. Na prática, porém, o sistema imune do hospedeiro "enxerga" não somente células, mas epitopos de proteínas associadas à membrana plasmática e componentes intracelulares como imunogênicos, portanto a remoção destes componentes também é essencial e deve chegar a níveis próximos de 100%. É interessante observar que, em contraposição ao conteúdo celular dos órgãos, as proteínas da MEC são altamente conservadas evolutivamente e não são imunogênicas, mesmo em modelos de transplante xenogênico[9].

Os protocolos inicialmente desenvolvidos para a descelularização de órgãos baseiam-se, principalmente, na utilização de detergentes, como descrito anteriormente. Este protocolo tem sido reproduzido e otimizado por diversos grupos de pesquisa. Os autores deste capítulo, por exemplo, otimizaram o processo e estudaram a interação das matrizes descelularizadas murinas com células-tronco pluripotentes humanas[29].

Atualmente, componentes físicos e enzimáticos são também utilizados com o intuito de remover células e seus componentes das matrizes. Abaixo serão apresentados três protocolos de descelularização baseados em diferentes estratégias e utilizados para descelularizar uma traqueia humana, um coração de rato e um coração de porco, de modo a exemplificar um protocolo de descelularização por banho, e protocolos de descelularização por perfusão de um órgão pequeno (murino) e um órgão de um animal de grande porte (porcino).

7.5.1 Protocolo de descelularização de traqueia humana[16]

Materiais
- Tampão salina fosfato (do inglês, Phosphate Buffer Saline - PBS) 1X suplementado com 1% penicilina, estreptomicina e anfotericina (PBS/PSA).
- Solução de deoxicolato de sódio ($C_{24}H_{39}NaO_4$) a 4% p.v.
- 2.000 KU de DNAse 1 diluída em solução de NaCl 1 mM.
- Água destilada.

Procedimento
- Isolar a traqueia e retirar tecidos adjacentes.
- Lavar o tecido com PBS/PSA.
- Realizar 25 ciclos da sequência abaixo, ao longo de 6 semanas:
    - Banho de água destilada a 4 °C por 72 horas.
    - Banho em solução de deoxilato de sódio por 4 horas.
    - Banho em solução de DNAse 1 por 3 horas.
- Lavar e manter a traqueia descelularizada em PBS a 4 °C até o uso.

7.5.2 Protocolo de descelularização de coração de pequeno porte por perfusão[17,29]

Materiais
- Solução de ketamina (100 mg/mL) e xilazina (10 mg/mL).
- Heparina (5.000 UI).

- Solucão de PBS heparinizado acrescida de 10 mM de adenosina.
- Solução de SDS a 1% por volume (p.v.) diluída em água deionizada.
- Água deionizada.
- Solução de Triton-X100 a 1% volume por volume (v.v.) diluída em água deionizada.
- PBS 1x acrescido de 1% penicilina, estreptomicina e anfotericina (PBS/PSA).

Procedimento
- Sacrificar o animal injetando solução de ketamina e xilazina.
- Heparinizar sistemicamente o animal, injetando 2.500 UI de heparina pela veia femoral.
- Posicionar o animal em decúbito dorsal e realizar esternectomia.
- Abrir o pericárdio, remover a gordura retroesternal, dissecar a aorta e ligar seus ramos.
- Cortar as veias cava e pulmonar, artéria pulmonar e aorta.
- Remover o coração do tórax e canular a aorta, utilizando uma cânula aórtica de 1,8mm.
- Iniciar a perfusão mantendo sempre a pressão similar à fisiológica (77,4 mm Hg). A primeira solução a ser perfundida por 15 minutos é a de PBS acrescido de adenosina.
- Trocar a solução de perfusão por solução de SDS. Manter por 12 horas.
- Perfundir o coração no mesmo sistema com água deionizada por 15 minutos.
- Trocar a solução de perfusão pela solução de Triton-X100 durante 30 minutos.
- Perfundir o coração com PBS acrescido de antibiótico e antimicótico por 124 horas.

7.5.3 Protocolo de descelularização de coração de médio porte por perfusão[30]

Materiais
- Água para reagentes do tipo I.
- PBS 1x.
- Solução de tripsina 0,02%/ EDTA 0,05%/ NaN$_3$ 0,05%.
- Solução de ácido peracético 0,1%/ etanol 4%.

Procedimento

- Sacrificar o animal e isolar o coração, retirando o excesso de gordura e tecido conectivo. Lavar os ventrículos para remover possíveis coágulos.
- Congelar o coração a -80° C por pelo menos 16 horas.
- Descongelar o coração a temperatura ambiente, submerso em água para reagentes do tipo I.
- Canular a aorta e conectá-la a tubo de silicone com 0,25 polegadas.
- Mergulhar o coração em 3 L de água hipotônica do tipo I e reperfundir este líquido por 15 minutos a uma velocidade de perfusão de 1 L min.
- Substituir a água por PBS 2x e reperfundir o líquido por 15 minutos.
- Reperfundir 3 L de tripsina aquecida a 37 °C por 2 horas, a um fluxo de 1,3 L/min.
- Desinfectar o órgão com ácido peracético por 1 hora a velocidade de 1,7 L/min.
- Neutralizar o ácido e removê-lo da MEC perfundindo o coração duas vezes com PBS (pH 7,4) e com água do tipo I por 15 minutos cada, a uma velocidade de 1,7 L/min.

7.5.4 Fonte de órgãos para descelularização

A utilização de matrizes porcinas para implante em humanos já tem sido realizada e mostra a segurança do procedimento. Como dito anteriormente, as proteínas da MEC são conservadas e pouco imunogênicas, fazendo com que o transplante xenogênico possa ser considerado uma possível estratégia na engenharia de tecidos.

As matrizes xenogênicas facilitam a logística do procedimento de obtenção, promovem a reprodutibilidade e um padrão de qualidade e previnem a dispersão de vírus humanos. A utilização de órgãos humanos é possível, já que existe um grande número de órgãos disponibilizados para transplante que não são utilizados. Este número é grande e potencialmente superior ao número de pacientes nas filas de transplante. As vantagens de se utilizar órgãos humanos são óbvias, mas limitam-se quando se considera a frequente observação de danos nos órgãos humanos obtidos e as dificuldades de ordem ética para sua obtenção. Felizmente, ambas opções existem e poderão ser exploradas paralelamente.

7.5.5 O tipo celular ideal para a recelularização

Como citado anteriormente, células e MEC possuem uma relação íntima e interdependente. Portanto, o tipo de célula e sua respectiva fonte utilizada para colonizar uma MEC tecido-específica são críticos para o sucesso do constructo em termos de função e desempenho clínico.

O tipo celular ideal deve proliferar, renovar-se e ainda dar origem aos tipos celulares heterogêneos que compõem um órgão ou tecido funcional. Salvo exceções, tipos celulares terminalmente diferenciados não apresentam alta capacidade proliferativa para que possam ser utilizados como fonte de células para a engenharia de tecidos. Deste modo, células progenitoras e células-tronco constituem as fontes de células mais adequadas para tal aplicação. A escolha passa então a ser entre células autólogas versus alogênicas, ou ainda entre células adultas ou embrionárias.

A escolha entre células autólogas e alogênicas deve ser feita levando-se em consideração a urgência do tratamento e o estado de saúde do paciente. Células autólogas estão prontamente disponíveis, mas precisam passar por rodadas de proliferação *in vitro* para alcançar os números, geralmente utilizados clinicamente. Para alguns tipos celulares como cardiomiócitos, neurônios, dentre outros, isto é impossível. Para os tipos celulares passíveis de proliferação *in vitro*, existe a vantagem de serem não imunogênicos e, portanto, dispensarem tratamentos imunossupressores. Por outro lado, existem casos nos quais o quadro clínico do paciente não permite os procedimentos de coleta e isolamento, não permite aguardar as sucessivas etapas *in vitro* ou apresentam alterações genéticas que impedem a utilização de suas células no tratamento. Células isoladas do próprio paciente são aplicadas no tratamento de enfermidades como doenças onco-hematológicas e infarto agudo do miocárdio, mas são contraindicadas em doenças como as leucemias linfoides crônicas, nas quais células muito jovens podem se apresentar mutadas e um transplante autólogo pode trazer consigo a doença.

Devido às limitações apresentadas, células alogênicas são frequentemente indicadas. Além de poderem ser isoladas de doadores saudáveis, células alogênicas podem ser estocadas ou cultivadas anteriormente para pronta utilização, e, portanto, abreviam o tempo de espera para o tratamento. Do ponto de vista econômico, também, sua utilização é mais interessante do que o uso de células autólogas, pois permite aumentar a escala do procedimento.

A escolha entre células adultas ou embrionárias levanta outros pontos a serem considerados. Células-tronco adultas não sofrem restrições éticas nem apresentam potencial teratogênico, apesar de alguns artigos descreverem seu possível papel oncogênico, ao inibir a apoptose em células tumorais[31]. Por sua vez, possuem capacidade de diferenciação e proliferação limitados quando comparadas às células-tronco embrionárias.

As células-tronco embrionárias (CTE), isoladas da massa interna de blastocistos de embriões, apresentam, por definição, capacidade de autorrenovação e diferenciação em tipos celulares derivados dos três folhetos embrionários (endo, meso e ectoderma). Esta característica também é chamada pluripotência. Por apresentarem expressão de telomerase, dentre outros, estas células proliferam indefinidamente *in vitro*, sem que sofram senescência. Devido à extensa capacidade proliferativa e pluripotência, estas células são uma excelente fonte celular. Por outro lado, o sacrifício de embriões para o isolamento das células ainda é necessário na maior parte dos protocolos atuais, o que constitui um importante fator a ser considerado sobre o uso ético destas células na clínica. Por fim, por derivarem de embriões, as CTE constituem uma fonte alogênica de células, ao contrário de células-tronco adultas e de pluripotência induzida (iPS), que apresentam opções de transplante autólogo.

Por fim, as células-tronco de pluripotência induzida (do inglês, *induced Pluripotent Stem Cells* – iPS) configuram uma terceira opção terapêutica. Estas células derivam de tecidos adultos, mas foram reprogramadas para adquirirem o estado de pluripotência. Funcionalmente, estas células tornam-se virtualmente idênticas às células-tronco embrionárias, sem terem sido geradas a partir da destruição de embriões. A técnica de produção destas células foi laureada com o prêmio Nobel em 2012 (John B. Gurdon – Universidade Cambridge, e Shinya Yamanaka – Universidade de Kyoto) e apresenta o potencial de produzir células pluripotentes compatíveis com o paciente. Porém, por se tratar de um procedimento recente, este precisa passar por testes em humanos antes de ser considerada como uma opção terapêutica consistente.

7.6 OS PROCESSOS DE RECELULARIZAÇÃO, MANUTENÇÃO *IN VITRO* E IMPLANTE DOS CONSTRUCTOS TAMBÉM DEVEM SER DESENVOLVIDOS

7.6.1 Recelularização

Desde sua criação, os protocolos de descelularização de órgãos têm levado à produção de matrizes descelularizadas de maneira consistente. De fato, os protocolos são reprodutíveis e de baixa complexidade. Mas, como dito anteriormente, a real revolução promovida por esta técnica constitui a sua utilização para a geração de órgãos *in vitro*. Para tanto, são necessárias células, mas de maneira mais importante, são necessárias estratégias para sua inserção nas matrizes descelularizadas.

Atualmente, as estratégias resumem-se em injetar as células diretamente no ponto em que se deseja que elas permaneçam ou perfundi-las nos órgãos, esperando que as mesmas gradualmente adiram e colonizem os substratos disponíveis[9].

A recelularização do coração murino foi atingida com a utilização de ambas estratégias, direcionadas para diferentes tipos celulares. Para a inserção de cardiomiócitos, fibroblastos e células de músculo liso, várias injeções foram realizadas. Já para a inserção de células endoteliais foi realizada com a suspensão destas no meio de perfusão. Após sete dias, foi demonstrado que as células não só aderiram, mas proliferaram na superfície dos vasos e endocárdio[17]. A estratégia de reperfusão mostrou-se adequada também para promover a recelularização de um fígado de roedor descelularizado. Após perfundir hepatócitos na matriz, demonstrou-se a viabilidade e funcionalidade das mesmas. Em outro trabalho, porém, sugere-se que a combinação da injeção de células à perfusão promove uma maior igualdade na distribuição das células na matriz, com menor ocorrência de oclusão de vasos[18].

A escolha entre as técnicas ou mesmo o desenvolvimento de novas técnicas de recelularização deverá atender às demandas e particularidades de cada órgão e célula. Por exemplo, as injeções de células na matriz geram pontos de alta concentração celular e possível necrose, em contraste a regiões com baixa densidade celular. Além disso, em órgãos de grande porte, o número de injeções necessárias para inserir células na matriz pode se tornar excessivamente grande e inviabilizar o procedimento. Já a perfusão das células na matriz pode ser danoso e gerar a morte de uma porcentagem importante de células, apesar de ser mais facilmente traduzido para utilização em órgãos de grande porte.

7.6.2 Cultivo dos constructos *in vitro*

A manutenção dos constructos *in vitro* é necessária quando se deseja implantar o órgão funcional. Durante a maturação, espera-se que as células dos constructos proliferem, migrem e reconstituam a MEC eventualmente comprometida durante a descelularização. O período exato no qual os constructos recelularizados deverão ser cultivados previamente ao implante ainda permanece por ser elucidado e otimizado. *In vitro*, a reendotelização de vasos demora cerca de duas semanas, portanto este é o período do qual partem as estimativas iniciais. A necessidade de nutrir as células e remover metabólitos faz com que a técnica de escolha para a manutenção dos órgãos vascularizados *in vitro* seja a de perfusão, a não ser que se trate de fragmentos de pele, cartilagem ou outros tecidos capazes de sobreviver apenas por difusão de nutrientes.

Os sistemas de perfusão utilizados nos trabalhos atualmente consistem em sistemas de cânulas acoplados a bombas peristálticas que bombeiam o líquido em sistemas fechados ou abertos. Em geral, utilizam-se sistemas abertos durante a descelularização, e fechados durante a recelularização e cultivo do constructo. Geralmente, velocidades de bombeamento e pressão utilizados se aproximam dos níveis sistêmicos, a fim de se prevenir morte celular e danos excessivos à matriz.

O perfusato, ou líquido perfundido pelo sistema, configura mais um parâmetro a ser otimizado para o cultivo de constructos. Geralmente, os primeiros perfusatos a serem testados são os meios de cultura utilizados para o cultivo das células inseridas nas matrizes. Apesar de ter sido bem-sucedida até o momento, a utilização de meio de cultura para o cultivo de um constructo não é indicada quando se considera as concentrações de alguns componentes dos meios de cultura, que divergem das concentrações experimentadas pelas células *in vivo*. Estas diferenças podem comprometer a viabilidade do constructo quando implantado, apesar desta possibilidade ainda não ter sido investigada a fundo. A tendência é, portanto, que os perfusatos mimetizem de maneira cada vez mais próxima as concentrações fisiológicas dos mais diversos componentes, como insulina, fatores de crescimento, oxigênio e outros[9].

7.6.3 Implante

Por fim, a inserção do constructo no organismo necessita de planejamento detalhado. A anastomose do sistema vascular do órgão com a do organismo hospedeiro requer cuidado e atenção extremos. Qualquer região da matriz que porventura não estiver recoberta por células, principalmente no sistema vascular, torna-se um local potencial para a formação de coágulos potencialmente fatais para o constructo e para o paciente. Além disso, é difícil prever qual será a performance do constructo implantado, de modo que medidas de precaução devem ser sempre tomadas. Nos modelos animais, por exemplo, transplantes de corações bioartificiais são sempre realizados seguindo o modelo heterotópico, no qual o órgão bioartificial não substitui o natural, mas auxilia sua função. O paciente permanece, portanto, com o órgão natural e o bioartificial[17].

Antes que este tipo de procedimento aconteça, serão necessários testes em relação a dezenas de parâmetros, como reação imunológica, formação de trombos, regulação hormonal da função do órgão, sua estabilidade a longo prazo, sua capacidade de regeneração, crescimento e envelhecimento em relação ao paciente.

7.7 CONCLUSÕES

A produção de matrizes descelularizadas revoluciona a engenharia de órgãos vasculares por fornecer arcabouços com estrutura tridimensional, vascular e composição proteica similares aos tecidos nativos. O grau de complexidade destas matrizes dificilmente é mimetizado por materiais sintéticos em todos os seus aspectos. O número de artigos que demonstram a consistência e reprodutibilidade da técnica substancia a viabilidade do seu desenvolvimento e futura aplicação clínica. Diversos obstáculos como os passos de recelularização, cultivo e implante do constructo *in vivo* permanecem por serem superados.

7.8 PERSPECTIVAS

É indiscutível que a produção de matrizes descelularizadas é possível e constitui um marco já conquistado no campo da engenharia de tecidos e órgãos vascularizados. De fato, é animador que matrizes biocompatíveis e com composição tridimensional e proteica perfeita estejam sendo produzidas rotineiramente a partir de órgãos de animais de pequeno, médio e grande porte, e até de humanos[32].

A produção de matrizes constitui apenas o primeiro de inúmeros marcos que devem ser atingidos antes que se utilize órgãos bioartificiais baseados em matrizes descelularizadas na clínica. Entre os marcos a serem conquistados incluem-se: o estabelecimento do tipo celular mais adequado para colonização das matrizes; o estabelecimento de protocolos consistentes de recelularização; testes de viabilidade dos constructos implantados em modelos animais por períodos médios e longos; ensaios em modelos animais de falência de órgãos; determinações de padrões de qualidade; e, por fim, o início de ensaios em humanos. Estes passos irão levar anos para serem dados, porém alguns pesquisadores já vislumbram a aplicação das matrizes descelularizadas na geração de fragmentos de órgãos utilizados para substituir partes lesadas de órgãos, como lóbulos do fígado, pulmão, ou vasos recelularizados nos próximos 5 a 7 anos[33].

REFERÊNCIAS

1. Portal Brasil. 1º fev. 2013. Disponível em: <http://www.brasil.gov.br/noticias/arquivos/2013/02/01/aumenta-o-numero-de-transplantes-realizadas-pelo-sus-no-norte-e-no-nordeste>. Acesso em: 4 jul. 2013.

2. Sistema Nacional de Transplantes. 2013. Disponível em: <http://portalsaude.saude.gov.br/portalsaude/index.cfm?portal=pagina.visualizarTexto&codConteudo=11280&codModuloArea=1011&chamada=estatisticas-transplantes-realizados-em-2012>. Acesso em: 10 jul. 2013.

3. Portal da Saúde. 2013. Disponível em: <http://portalsaude.saude.gov.br/portalsaude/index.cfm?portal=pagina.visualizarTexto&codConteudo=11279&codModuloArea=1011&chamada=evoluacao-da-doacao-e-do-transplantes-no-brasil>. Acesso em: 10 jul. 2013.

4. Portal da Saúde. 2013. Disponível em: <http://portalsaude.saude.gov.br/portalsaude/index.cfm?portal=pagina.visualizarArea&codArea=414&area=transplantes>. Acesso em: 10 jul. 2013.

5. Organ Procurement and Transplantation Network (OPTN) and Scientific Registry of Transplant Recipients (SRTR). OPTN/SRTR 2011 Annual Data Report. Organ Procurement and Transplantation Network (OPTN) and Scientific Registry of Transplant Recipients (SRTR), Rockville. 2012.

6. Langer RL, Vacanti JP. Tissue Engineering. Science. 1993;260(5110): 920-6.

7. Rozario T, DeSimone D. The extracellular matrix in development and morphogenesis: a dynamic view. Developmental Biology. 2010;341(1):126-40.

8. Discher D, Mooney D, Zandstra P. Growth factors, matrices, and forces combine and control stem cells. Science. 2009;324:1673-7.

9. Badylak S, Taylor D, Uygun K. Whole-Organ Tissue Engineering: Decellularization and Recellularization of Three-Dimensional Matrix Scaffolds. Annual Review of Biomedical Engineering. 2011;13:27-53.

10. Sellaro T, Ranade A, Faulk D, McCabe G, Dorko K, Badylak S, et al. Maintenance of human hepatocyte function in vitro by liver-derived extracellular matrix gels. Tissue Engineering Part A. 2010;16(3):1075-82.

11. Lin Y, Zhang A, Rippon H, Bismarck A, Bishop A. Tissue engineering of lung: the effect of extracellular matrix on the differentiation of embryonic stem cells to pneumocytes. Tissue Engineering Part A. 2010;16(5):1515-26.

12. Paszek M, Zahir N, Johnson K, Lakins J, Rozenberg G, Gefen A, et al. Ensional homeostasis and the malignant phenotype. Cancer Cell. 2005;8:241-54.

13. Boyan B, Bonewald L, Paschalis E, Lohmann C, Rosser J, Cochran D, et al. Osteoblast-mediated mineral deposition in culture is dependent on surface microtopography. Calcified Tissue International. 2002;71(6):519-29.

14. Mol A, Smits A, Bouten C, Baaijens F. Tissue Engineering of Heart Valves: Advances and Current Challenges. Expert Reviews Medical Devices. 2009;6(3):259-75.

15. Miller D, Edwards W, Zehr K. Endothelial and Smooth Muscle Cell Populations in a Decellularized Cryopreserved Aortic Homograft (SynerGraft) 2 Years after Implantation. Journal of Thoracic and Cardiovascular Surgery. 2006;132:175-6.

16. Macchiarini P, Jungebluth P, Go T, Asnaghi M, Rees L, Cogan T, et al. Clinical transplantation of a tissue-engineered airway. The Lancet. 2008;372:2023-30.

17. Ott H, Matthiesen T, Goh S, Black L, Kren S, Netoff T, et al. Perfusion-decellularized matrix: using nature's platform to engineer a bioartificial heart. Nature Medicine. 2008;14(2): 213-21.

18. Uygun B, Soto-Gutierrez A, Yagi H, Izamis M, Guzzardi M, Shulman C, et al. Organ reengineering through development of a transplantable recellularized liver graft using decellularized liver matrix. Nature Medicine. 2010;16(7):814-21.

19. Kimuli M, Eardley I, Southgate J. In vitro assessment of decellularized porcine dermis as a matrix for urinary tract reconstruction. BJU International. 2004;94(6):859-66.

20. Chen SG, Tzeng YS, Wang CH. Treatment of severe burn with DermACELL®, an acellular dermal matrix. International Journal of Burns and Trauma. 2012;2(2):105-9.

21. Arthrex. 2013. Disponível em: http://www.arthrex.com/dermacell/resources. Acesso em: jul. 2013.

22. Brennen Medical. 2013. Disponível em: <http://www.brennenmed.com>. Acesso em: jul. 2013.

23. Cryolife. 2013. Disponível em: <http://www.cryolife.com/products/cardiac-tissues/adult/cryovalve-sg-pulmonary-human-heart-valve>. Acesso em: jul. 2013.

24. AxoGen. 2013. Disponível em: <http://www.axogeninc.com/nerveGraft.html>. Acesso em: jul. 2013.

25. Biologics Z. 2013. Disponível em: <http://www.zimmer.com/en-US/hcp/common/product/chondrofix.jspx?cate=biologics>. Acesso em: jul. 2013.

26. Jones MEE. Effects of 2 types of pre-implantation processes on calcification of bioprosthetic valves. Proceedings of the Third international Symposium Yorke Medical Books. New York: c1986. p. 451-459.

27. Manji R, Menkis A, Ekser B, Cooper D. Porcine bioprosthetic heart valves: The next generation. American Heart Journal. 2012 Aug;164(2):177-85.

28. Schmidt C, Baier J. Acellular vascular tissues: natural biomaterials for tissue repair and tissue engineering . Biomaterial. 2000;21:2215-31 .

29. Carvalho JL, Carvalho PH, Gomes DA, Goes AM. Characterization of decellularized heart matrices as biomaterials for regular and whole organ tissue engineering and initial in-vitro recellularization with ips cells. J Tissue Sci Eng. 2012;S11:1-6.

30. Wainwright J, Czajka C, Patel U, Freytes D, Tobita K, Gilbert T, et al. Preparation of cardiac extracellular matrix from an intact porcine heart. Tissue Engineering: Part C. 2010;16(3):525-32.

31. Wong R. Mesenchymal Stem Cells: Angels or Demons? Journal of Biomedicine and Biotechnology. 2011:1-8.

32. Nichols J, Niles J, Riddle M, Vargas G, Schilagard T, Ma L, et al. Production and Assessment of Decellularized Pig and Human Lung Scaffolds. Tissue Engineering. Part A. 2013. Epub ahead of print.

33. Maher B. How to build a heart. Nature. 2013:499.

34. Hynes R. The evolution of metazoan extracellular matrix. JCB. 2012;196(6):671-9.

AGRADECIMENTOS

Os autores agradecem às agências de fomento Capes, CNPq e Fape-mig por apoiarem o desenvolvimento dos projetos relacionadas ao tema deste capítulo.

MICROSCOPIA CONFOCAL

MICROSCOPIA CONFOCAL POR VARREDURA A LASER: FUNDAMENTOS E MÉTODOS

Renato A. Mortara
Alexis Bonfim-Melo
Bianca Rodrigues Lima
Carina Carraro Pessoa
Cristina Mary Orikaza Toqueiro
Diana Bahia
Éden Ramalho de Araújo Ferreira
Fernando Real
Pilar V. Florentino

8.1 INTRODUÇÃO

A microscopia confocal baseia-se na iluminação por varredura a laser, ponto-a-ponto, de um espécime biológico normalmente tratado ou marcado com compostos fluorescentes. A luz refletida pela amostra (usualmente sob a forma de fluorescência) atravessa uma abertura mecânica ou íris (*pinhole*) que bloqueia feixes provenientes de pontos acima e abaixo do plano focal.

Portanto, ao chegar a um detector (de regra um fotomultiplicador), apenas a luz originada em um único plano focal é observada. Assim, os chamados "microscópios confocais" permitem a aquisição de imagens digitalizadas de diferentes planos focais de uma amostra biológica, em analogia a uma tomografia. Com estas galerias ou séries (no plano z), pode-se reconstruir tridimensionalmente a estrutura observada. Por meio de pseudocores aditivas (*Red, Green, Blue*), diferentes fluoróforos podem ser identificados em detectores específicos, para os quais cores primárias foram definidas. Mediante o uso de diferentes fluoróforos numa mesma amostra, podem-se inferir funções de componentes biológicos visualizados pelos instrumentos bem como se identificar regiões de colocalização (pela sobreposição de cores), normalmente sugestivas de interações fisiológicas. A obtenção simultânea de imagens com exata sobreposição do sinal de fluorescência e da luz transmitida (contraste de fase, ou contraste interferencial de Nomarski - DIC) permite ainda a localização estrutural da marcação por fluorescência, sobre a estrutura biológica analisada. Outra característica, única destes instrumentos, é sua capacidade de se obter uma secção através do eixo z, chamado de corte óptico vertical ou *y section*, que possibilita a visualização lateral de uma amostra. Amostras vivas podem ser observadas e seccionadas opticamente ao longo do tempo, gerando imagens chamadas multidimensionais.

8.2 HISTÓRICO

Marvin Minsky, em 1955, concebeu um arranjo que consiste de iluminação pontual (por meio de *pinholes* – os componentes n° 14, Figura 8.1) acoplada a uma barreira, também pontual, na detecção de luz (*pinholes* – os componentes n° 24, Figura 8.1). Este desenho inovador permitiria a eliminação do brilho intenso e difuso proveniente de luz não focalizada, originada de uma amostra biológica[1]. Seu invento previa a detecção da luz oriunda da amostra tanto por transiluminação (Figura 8.1A), como também por reflexão (Figura 8.1B), arranjo este que persiste até hoje na maioria dos instrumentos. Como os *pinholes* estão situados em planos ópticos conjugados, o invento ficou conhecido pelo nome de microscópio confocal.

A ideia de Minsky começou a atrair a atenção de cientistas e biólogos quando surgiram na literatura os primeiros trabalhos demonstrando o enorme potencial de moléculas fluorescentes como marcadores de estruturas biológicas, particularmente por meio de anticorpos específicos[2] e indicadores de cálcio[3]. Entretanto, as imagens obtidas por microscópios

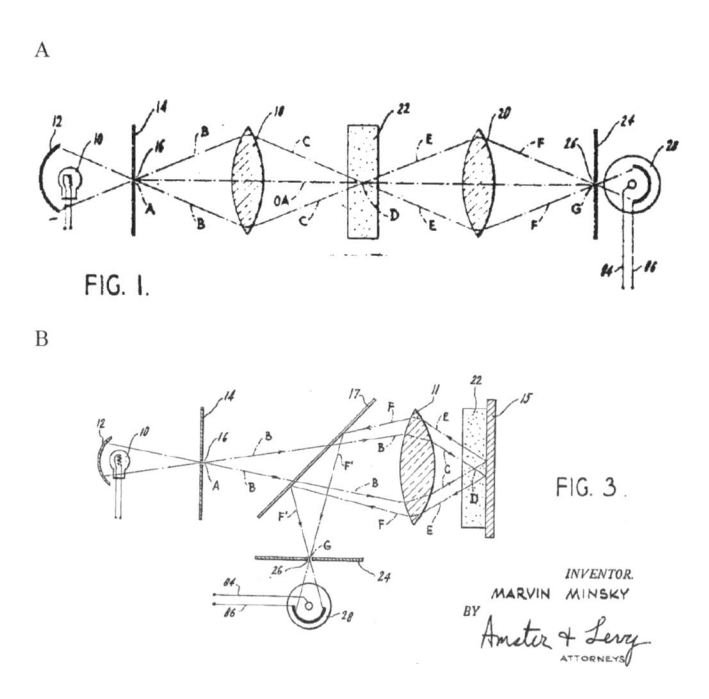

Figura 8.1 Desenhos esquemáticos do princípio da microscopia confocal, extraídos do trabalho original de seu inventor, Marvin Minsky [1]. Na parte **A**, o esquema mostra o percurso da luz com a fonte de iluminação (à esquerda), que atravessa a amostra (22) para ser detectada (à direita, No. 22). Neste caminho por transiluminação do plano focal "D" da amostra, a luz atravessa dois *pinholes*: números 14 na parte da iluminação/excitação e 24, na detecção; na parte **B**, o esquema ilustra o caminho da luz por epi-iluminação (a luz incidente e a refletida passam pela objetiva): a iluminação pontual (*pinhole* assinalado com o número 14) atravessa um espelho dicróico (17) e a objetiva (11), incidindo na amostra (22) no plano focal "D"; a luz refletida retorna ao detector (28) através do segundo *pinhole* conjugado (24).

de fluorescência convencionais eram de baixa qualidade, especialmente pela contribuição da luz oriunda dos diferentes planos focais das amostras. Desta forma, era impossível se distinguir finos padrões de distribuição em um fundo brilhante e difuso. Vários grupos, independentemente, começaram a enfrentar este problema de diferentes formas, por meio de engenhosas abordagens como o disco giratório de Petrăn[4,5] e o *pinhole* fixo do grupo de Brakenhoff que publicou as primeiras imagens convincentes utilizando um microscópio confocal[6] (Figuras 8.2A, B).

Mas foi a perfeita e profícua integração de conhecimento e técnica que permitiu que os biólogos John White e Brad Amos, juntamente com o engenheiro eletrônico Mick (Michael) Fordham da excelente oficina (*workshop*) do Medical Research Council Laboratory of Molecular Biology

(MRC-LMB), em Cambridge, Inglaterra, desenhassem e construíssem o primeiro instrumento com revolucionárias concepções ópticas de White e Amos. Este protótipo era controlado por um programa desenvolvido por Richard Durbin, então estudante de White[7]. Um dos diferenciais deste sistema era a movimentação do feixe de iluminação (a laser) ao invés da instável translação da amostra, que deu origem à denominação de "varredura a laser" (Figura 8.2C). O sistema demonstrou ser extremamente interessante e com ele, White, Amos e Fordham publicaram no *Journal of Cell Biology* suas primeiras imagens[8]. Como descrevem posteriormente White e Amos[7], um dos editores da revista lhes pediu para adquirir um instrumento como aquele! Vale destacar que uma das amostras cujas imagens no microscópio confocal se mostraram espetacularmente mais nítidas do que na microscopia convencional (Figura 8.2, na referência 5) foi, precisamente, uma preparação de plasmócitos marcados com um anticorpo contra uma proteína majoritária do retículo endoplasmático, endoplasmina[9,10], fornecido por Gordon L.E. Koch. Gordon foi orientador de PhD do autor (RAM), além de amigo e colega no MRC-LMB de White e Amos. A tecnologia desenvolvida por White, Amos e Fordham foi comercializada pela BioRad e teve tremendo impacto na área de biologia nos anos seguintes. Hoje, são poucas as instituições de pesquisa na área biomédica que não possuem um microscópio confocal.

Uma das primeiras aplicações na biologia celular de infecções por parasitas intracelulares foi a observação, por microscopia confocal e outras técnicas, que a interação entre formas infectivas tripomastigotas de *Trypanosoma cruzi* (o agente causador da doença de Chagas) com células de cultura, era acompanhada de extensa redistribuição de actina das células[11] e também, de glicoproteínas do parasita[12] (Figura 8.3). Vale lembrar que uma das primeiras imagens em que se utilizou contraste interferencial de Nomarski (DIC, do inglês, *differential interference contrast*), uma técnica de microscopia óptica de iluminação usada para aumentar o contraste nas amostras não coradas ou transparentes, ilustrou a capa do volume das Memórias do Instituto Oswaldo Cruz com material da XXVIII Reunião Anual de Pesquisa Básica em Doença de Chagas, em 1991 (Figura 8.4A, notas de rodapé). DIC trabalha com o princípio da interferometria para obter informações sobre o comprimento do caminho óptico da amostra, para ver detalhes de amostras biológicas de outra forma invisíveis. Trata-se de um sistema de iluminação relativamente complexo que produz uma imagem com o objeto que aparece de tons do preto ao branco, sobre um fundo cinza. Esta imagem é semelhante à obtida por microscopia de contraste de fase, mas sem o halo de

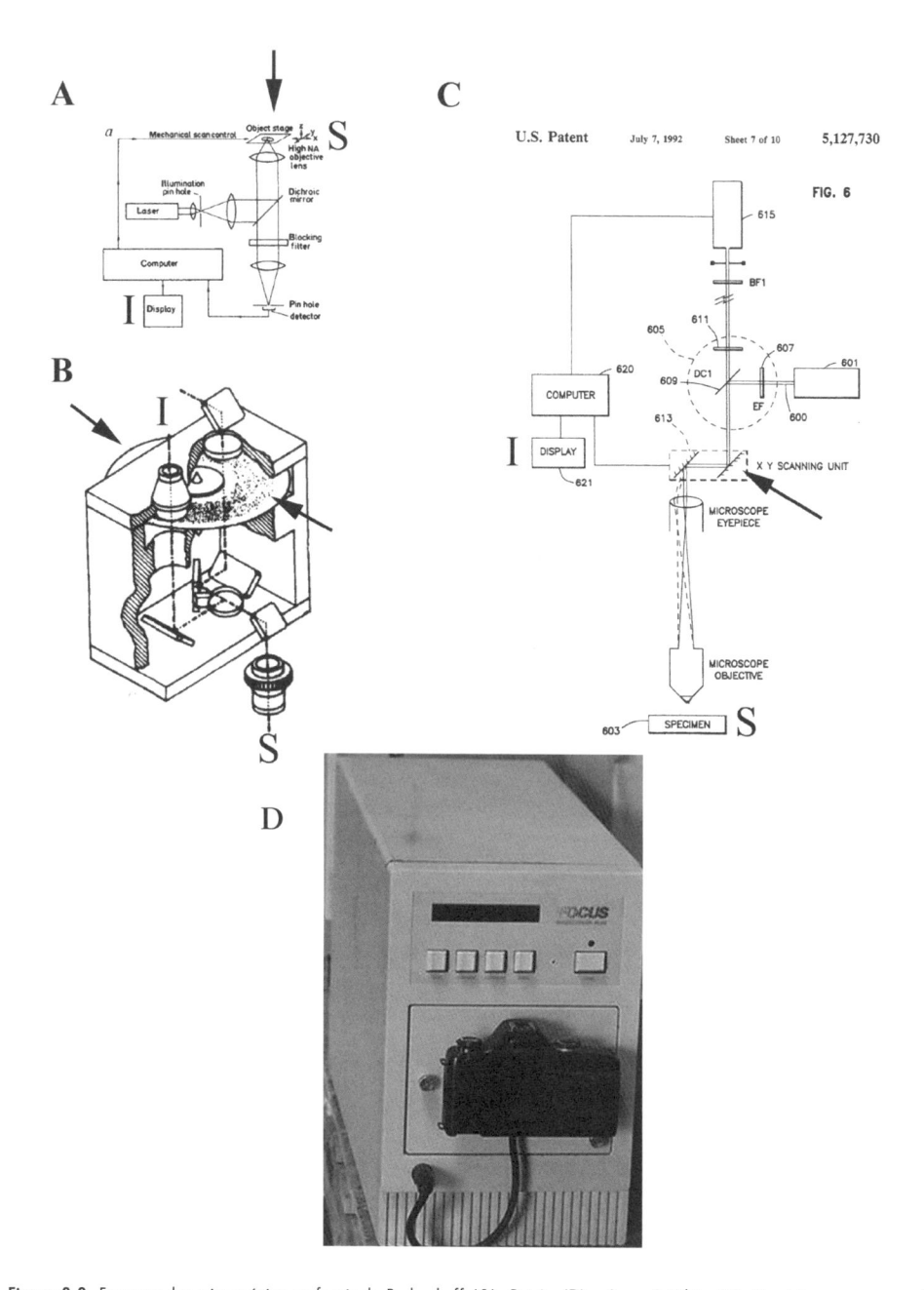

Figura 8.2 Esquema dos microscópios confocais de Brakenhoff (**A**), Petrân (**B**) e Amos & White (**C**). Nos três esquemas, as letras I indicam a detecção/ocular, S indicam a posição da amostra e as setas indicam em **A**: a posição do estágio/platina móvel, em **B**: o disco de Nipkow com os orifícios que permitem iluminação pontual e em **C**: o conjunto de espelhos acoplados a galvanômetros que movimentam o feixe de laser para a varredura. **D**: Acessório para aquisição de imagem de monitor, chamado de *pallete*, com câmera para filme de 35 mm acoplada.

difração brilhante associado à imunofluorescência neste tipo de material. Naquela época, as imagens eram documentadas por meio de filmes fotográficos que registravam a imagem do monitor do computador, projetada num acessório chamado de *palette* que, por sua vez, estava acoplado a uma câmera fotográfica com filme de 35 mm. Para imagens coloridas, utilizava-se filme para cópias coloridas ou para diapositivos (Figura 8.2D). Em 1997, quando o sistema MRC-1024UV foi adquirido pela Escola Paulista de Medicina, este acessório (*pallete*) foi incluído por US$ 12.600. Atualmente (17 anos depois), pode ser encontrado, quase como raridade, por menos de US$ 30 (eBay).

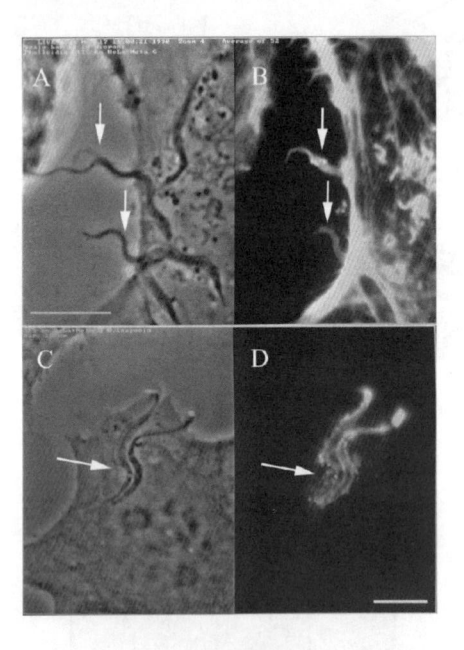

Figura 8.3 Imagens obtidas por microscopia confocal, com contraste de fase e fluorescência, de formas metacíclicas de *Trypanosoma cruzi* invadindo células HeLa revelando concentração de F-actina (marcada com faloidina fluorescente) e redistribuição de glicoproteínas de superfície marcadas com anticorpo anti-mucina 3F5. **A e B**: contraste de fase e marcação para F-actina na região do parasita externa à célula (setas); **C e D**: contraste de fase e marcação para mucina com anticorpo 3F5 mostrando redistribuição das glicoproteínas (setas) [11, 12, 22]. Imagens originalmente registradas em negativo de 35mm, escaneados.

8.3 O RÁPIDO DESENVOLVIMENTO DE UMA TECNOLOGIA

A metodologia se popularizou rapidamente e vários laboratórios passaram a utilizar a microscopia confocal em sua rotina. Para se ter uma ideia deste

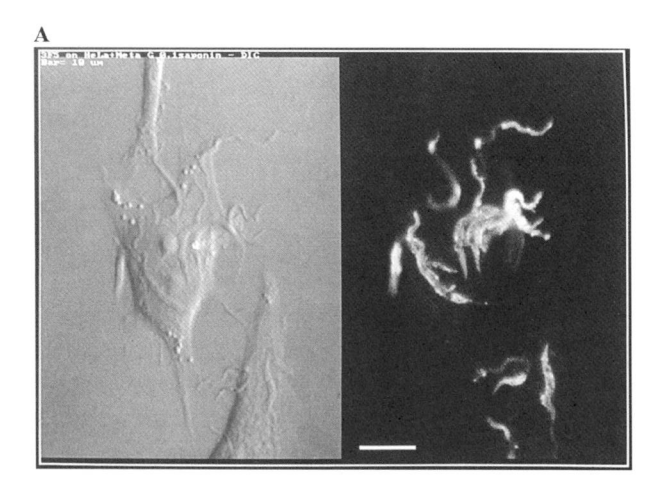

Figura 8.4 A: Imagem por contraste interferencial de Nomarski (DIC) de células HeLa sendo invadidas por formas tripomastigotas metacíclicas de *Trypanosoma cruzi* (painel à esquerda), marcados com anticorpo anti-mucina 3F5 [12], painel à direita; notar as marcações registradas no monitor, ao alto e à esquerda. Possivelmente a primeira imagem em DIC adquirida em microscópio confocal (conforme confirmam mensagens trocadas entre o autor e Brad Amos[I, II]), originalmente registrada em negativo de 35mm, copiada em papel fotográfico e escaneada.

I   "On 24 July 2013 21:46, Renato A. Mortara <ramortara@unifesp.br> wrote:
Hello Brad,I hope everything is fine with you. I hope you remember the very early 1990's when I returned to the MRC (after my PhD) to work with Gordon Koch (who supervised my thesis) on the then excitingly new confocal microscope.You helped me to set up the instrument several times and in one particular occasion, set the DIC prisms/polarizers to detect beautiful images of Trypanosoma cruzi parasites invading HeLa cells that were crucial for a paper that I published with a friend (Schenkman, S. & Mortara, R.A. 1992. HeLa cells extend and internalize pseudopodia during active invasion by Trypanosoma cruzi trypomastigotes. Journal of Cell Science, 101: 895-905).One of such images was selected to illustrate an issue of a Brazilian journal that covered the most important meeting on Chagas' disease (caused by T. cruzi) - attached.I am writing a small review on confocal microscopy and wondered whether this image could be one of the very first DIC images obtained by this technique: any input will be most welcome! My kindest regards, Renato."

II   "Dear Renato,
It is very nice to hear from you.
I can confirm that the trypanosome image was one of the first examples of a combination of scanned DIC and confocal fluorescence imaging.
Currently, I am retired but working like crazy on a novel type of microscope enabling scientists to get confocal images of large objects such as whole mouse embryos 5 mm long. This involves a total redesign of the microscope. I am making two such systems for an MRC funded project in Strathclyde, Scotland.
If you have an hour to spare, you can listen to a long lecture about modern microscopy and my work: just search for ' Brad Amos Royal Society Leeuwenhoek Lecture' and you will be able to click on a box to show the video.
One of the scientists working in the University of Strathclyde, Owain Millington, is already using the system to image Leishmania invading mouse ear tissues.
Brad."

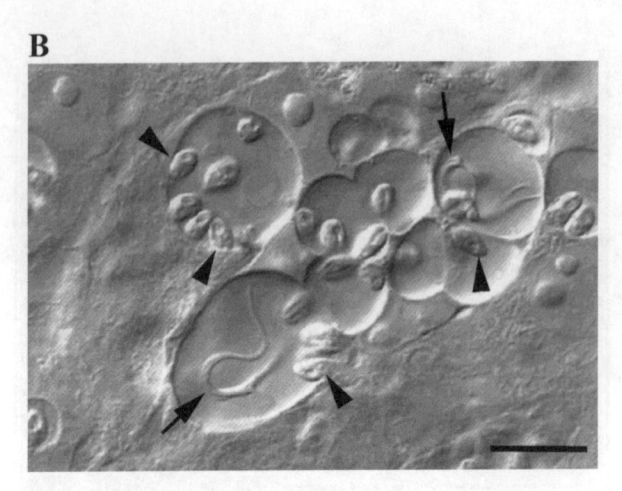

Figura 8.4 B: Imagem por contraste interferencial de Nomarski (DIC) de células Vero coinfectadas com amastigotas de *Leishmania amazonensis* (cabeças de setas) e tripomastigotas metacíclicos de *Trypanosoma cruzi* (setas). Neste caso, como não havia marcação fluorescente e o objetivo foi o registro da coinfecção, o material foi fixado com glutaraldeído. Note que neste plano focal, parasitas das duas espécies coabitam os mesmos vacúolos, neste caso, de *L. amazonensis* [15]. Barra = 10 micrômetros.

crescimento, a palavra-chave, "confocal", na base de dados Pubmed, em 1987, fornece apenas seis entradas: em 2012, foram 4.837! Paralelamente ao desenvolvimento dos microscópios, ocorreu uma significativa evolução nos computadores nos quesitos de armazenamento e aquisição de imagens com maior resolução e velocidade, capacidade de processamento, bem como no arquivamento de dados e imagens. Imagens coloridas deixaram de ser um problema para registro e arquivamento. O repertório de sondas fluorescentes cresce dia a dia, assim como a variedade de proteínas fluorescentes às quais se podem fusionar componentes de interesse sendo observados tanto em células quanto em tecidos. Além disto, a variedade de anticorpos (comercialmente disponíveis) ligados covalentemente a conjugados fluorescentes das mais variadas características espectrais é ampla e crescente no mercado. Com estas construções pode-se avaliar, com precisão, o envolvimento, recrutamento e redistribuição de componentes celulares. Igualmente, a disponibilidade crescente de laseres (de diodo ou de gases) ampliou de forma significativa as possibilidades de estudos nesta área, de modo que se pode visualizar, atualmente, de seis a oito fluoróforos numa mesma amostra.

Há diversos textos sobre o tema e um dos mais citados é o livro de James B. Pawley[13]. Há também uma excelente e completa fonte de informação sobre microscopia de luz em um Portal criado e mantido por quatro dos principais fabricantes de instrumentos ópticos (Leica, Zeiss, Nikon e Olympus - http://micro.magnet.fsu.edu/primer/index.html).

O uso crescente de proteínas fusionadas à *Green Fluorescent Protein* (GFP) e seus inúmeros variantes espectrais também impulsionou a utilização de diferentes técnicas de microscopia de luz *in vivo*, inclusive a microscopia confocal.

A introdução de elementos *Accousto Optical Tunable Filters* (AOTF) (http://micro.magnet.fsu.edu/primer/java/filters/aotf/index.html) que permitem a seleção precisa de comprimentos de onda de excitação (laseres) e emissão também contribuiu enormemente para um avanço significativo na precisão e velocidade de aquisição de imagens pelos novos instrumentos. Com estes dispositivos, que substituem os filtros dicróicos, pode-se selecionar também a geometria de uma área da amostra (*Region Of Interest* – ROI) tanto para iluminação como para detecção, a qualquer momento de um experimento. Detectores espectrais incorporados aos novos instrumentos possibilitam a separação das emissões de fluoróforos com espectros com alto grau de sobreposição (*spectral unmixing* - http://zeiss-campus.magnet.fsu.edu/articles/spectralimaging/introduction.html) como, por exemplo, fluoresceína e GFP (Figura 8.5).

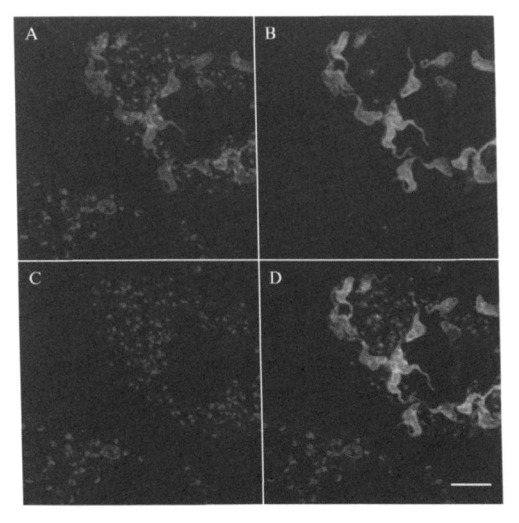

Figura 8.5 Separação espectral da fluoróforos com espectros (excitação e emissão) próximos. **A**: Imagem original, sem separação, de formas intracelulares de *Trypanosoma cruzi*: tripomastigotas (GFP) e amastigotas (revelados por anticorpo monoclonal 4B5 [22]; após separação: **B**: tripomastigotas, GFP; **C**: amastigotas (4B5); **D**: sobreposição dos canais separados. Barra de aumento = 10 micrômetros.

Outra razão para a ampla utilização da microscopia confocal deve-se ao fato de que os protocolos para a preparação de amostras fixadas são relativamente simples e reprodutíveis (ver abaixo); além disso, a inclusão do corante de DNA nuclear, DAPI (4',6-diamidino-2-fenilindol), possibilita a imediata delimitação dos núcleos celulares nas amostras a serem observadas, facilitando enormemente a caracterização dos diferentes compartimentos intra e extra-nucleares (Figura 8.6)[14].

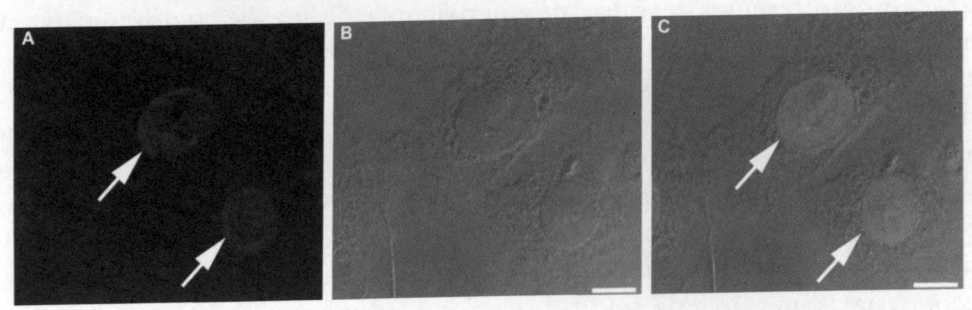

Figura 8.6 Marcação de células em cultura com DAPI (4',6-diamidino-2-fenilindol). **A**: fluorescência de DAPI; **B**: mesmo campo revelando as duas células por contraste interferencial de Nomarski (DIC); **C**: sobreposição de DAPI sobre DIC — as setas indicam a marcação nuclear, facilmente observada. Barras = 10 micrômetros.

Uma particularidade adicional que agrega qualidade às imagens e informação sobre as amostras é, como citado acima, a utilização do DIC para observação da luz transmitida, pois esta técnica permite também o fatiamento óptico da amostra, de modo que apenas o plano de foco aparece contrastado [http://micro.magnet.fsu.edu/primer/techniques/dic/dichome.html]. Um exemplo desta ferramenta é a observação da colocalização de formas tripomastigotas de *Trypanosoma cruzi* em vacúolos espaçosos formados por amastigotas de *Leishmania amazonensis* em células Vero (Figura 8.4B)[15].

A visualização de amostras vivas avançou extraordinariamente com o desenvolvimento de acessórios que permitem a manutenção, *on stage*, de células por até vários dias com temperatura, umidade e CO_2 controlados (http://micro.magnet.fsu.edu/primer/techniques/livecellimaging/index.html)[16].

8.4 PROTOCOLO BÁSICO PARA PREPARAÇÃO DE AMOSTRAS PARA VISUALIZAÇÃO POR MICROSCOPIA CONFOCAL, AQUISIÇÃO DE IMAGENS E PROCESSAMENTO

A preparação de amostras para microscopia confocal normalmente utiliza espécimes fixados. Para cortes de tecidos ou culturas celulares, aderidos ao vidro (lâmina ou lamínula), os agentes mais utilizados para fixação são aldeídos ou, alternativamente, solventes desnaturantes como metanol ou acetona. A vantagem dos aldeídos é permitir melhor preservação geral da morfologia sem extração de componentes que ocorre com os agentes desnaturantes: a reatividade dos epítopos em estudo é que irá determinar o método de escolha. Cortes de material incluído em parafina devem ser previamente desparafinizados com soluções sequenciais de xileno:etanol (1:0; 1:1; 3:7; 0:1; 0:1) e imersão em solução salina tamponada com 0,01M fosfato (PBS, do inglês, *phosphate buffered saline*). Após lavagem das amostras em PBS, recomenda-se fixar com para-formaldeído – solução 4% em solução salina tamponada com 0,1M fosfato, por 10 a 30 minutos à temperatura ambiente (TA). Lava-se com PBS 3 vezes para remoção do aldeído e incuba-se a amostra com compostos com amino grupos livres (50 mM NH_4Cl ou glicina, em PBS) para exaustão dos grupamentos aldeídos remanescentes por 15 minutos à TA. Após fixação, lavam-se as amostras pelo menos três vezes com PBS e imerge-se o material em solução bloqueadora, com excesso de proteína inerte para minimizar ligações não específicas dos anticorpos primários e secundários. Recomenda-se solução de PBS com 2% de gelatina (PG) ou albumina sérica bovina (BSA, do inglês, *bovine serum albumin*). Caso haja necessidade de permeabilização das amostras para garantir o acesso dos anticorpos ao interior de células e tecidos, pode-se acrescentar detergente não iônico à solução de bloqueio (que aqui chamaremos de PBS/gelatina/saponina ou PGS). Na rotina, emprega-se 0,1% saponina (ou, alternativamente, Triton X-100 ou Nonidet P-40). O bloqueio/permeabilização pode ser feito por uma hora à TA. A seguir, as amostras são incubadas com os anticorpos primários previamente titulados, como ilustrado no Esquema 8.1 e diluídos em PG ou PGS (no caso de antígenos intracelulares) por 1 hora à TA ou, alternativamente, por 16 horas em câmara úmida (caixa plástica fechada com um pedaço de algodão umedecido) a 4 ºC. Para células aderidas às lamínulas, pode-se adicionar 20-30 μl (microlitros) da solução de anticorpo primário a uma superfície hidrofóbica (Parafilm®, por exemplo) no fundo de uma câmara úmida e inverte-se a lamínula sobre a gota para as incubações. Após a exposição aos anticorpos primários, as amostras devem ser lavadas com PBS à TA (com um volume adequado de PBS/amostra – tipicamente utiliza-se 3-4 ml por lamínula de 13 mm de diâmetro e 5-10 ml por lâmina). Lava-se por cinco minutos e repete-se três vezes. A seguir, evitando que a amostra seque ao ar, incuba-se com os anticorpos secundários fluorescentes previamente titulados, também chamados de "conjugados", adequados às espécies das imunoglobulinas dos anticorpos primários (por exemplo, um anticorpo primário monoclonal produzido em camundongo deve ser revelado com conjugado fluorescente anti-Ig de camundongo, porém os anticorpos secundários devem ser feitos em espécies diferentes dos preparados em primários). Os conjugados são também diluídos em PG ou PGS, de acordo com o objetivo do experimento. Quando são realizadas duplas ou múltiplas marcações, devem-se observar os seguintes critérios: a) cada par anticorpo primário-conjugado deve ser previamente testado e titulado; b) deve-se verificar a ausência total de reatividade cruzada dos anticorpos secundários com os anticorpos primários não relacionados bem como de seus respectivos fluoróforos (por exemplo, fluoresceína, GFP, rodamina, DAPI etc.) de modo que, para observação ao microscópio, não haja *cross-talk* ou 'vazamento' da fluorescência no canal de um fluoróforo em outro, gerando ao final uma falsa colocalização, semelhantemente ao ilustrado na Figura 8.5. Nestes casos, opta-se pelas incubações sequenciais: 1° anticorpo primário → 1° anticorpo secundário → 2° anticorpo primário → 2° anticorpo secundário etc. Normalmente DAPI e outros corantes fluorescentes como faloidina acoplada a fluoróforos, são adicionados na última incubação, sempre após titulação prévia. Após lavagem final, conforme descrito acima, as lâminas ou lamínulas são montadas em meio próprio (90% glicerol, 0,86M Tris/HCl pH 8,6 e 0,1% de *p*-fenilenodiamina como anti-*fading*, que reduz a fotodestruição ou *photobleaching*). Como normalmente os microscópios acoplados aos sistemas de aquisição são invertidos (por permitirem a visualização de material vivo), as lâminas e lamínulas devem ser seladas porque ao serem invertidas, em direção às objetivas, não podem vazar e ter o conteúdo do meio de montagem misturado com o óleo de imersão; para tanto, esmalte para unhas incolor é adequado (Esquema 8.2).

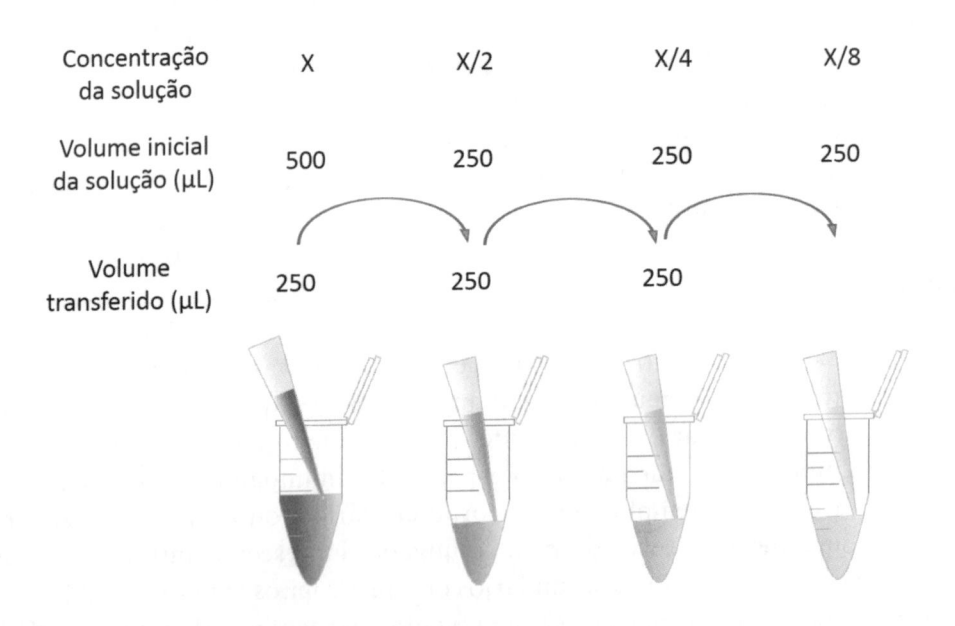

Esquema 8.1 Titulação de anticorpos por diluição seriada. O soro ou anticorpo na concentração inicial X, é diluído sequencialmente para ½ da diluição anterior. O título do anticorpo será a maior diluição que apresentar reação positiva.

Etapa	Fixação	Neutralização	Bloqueio	Permeabilização
Objetivo	Preservação da amostra	Exaustão dos grupamentos amino dos aldeídos	Reduzir ligações inespecíficas	Exposição de epítopos intracelulares/ teciduais
Reagentes (solução) padrão	Paraformaldeído 4% (PBS)	NH_4Cl 50 mM (PBS)	Gelatina 2% (PBS → PG)	Saponina 0,1% - 0,2% (PBS → PS)
alternativos	Formaldeído, acetona, metanol;	Glicina	Albumina 2% - 5% Soro do secundário 5% - 10%	Triton-X 0,1% - 0,2% Nonidet P-40 0,1% - 0,2%
Incubação	10 – 30 min, TA	15 min, TA	1 h , TA	1 h , TA
Observações	Acetona e metanol já permeabilizam	Eventualmente desnecessário	Eventualmente simultâneo ao anticorpo primário	Dispensável para epítopos de superfície

Lavagem 3x PBS — Lavagem 3x PBS — Lavagem 3x PBS — Lavagem 3x PBS

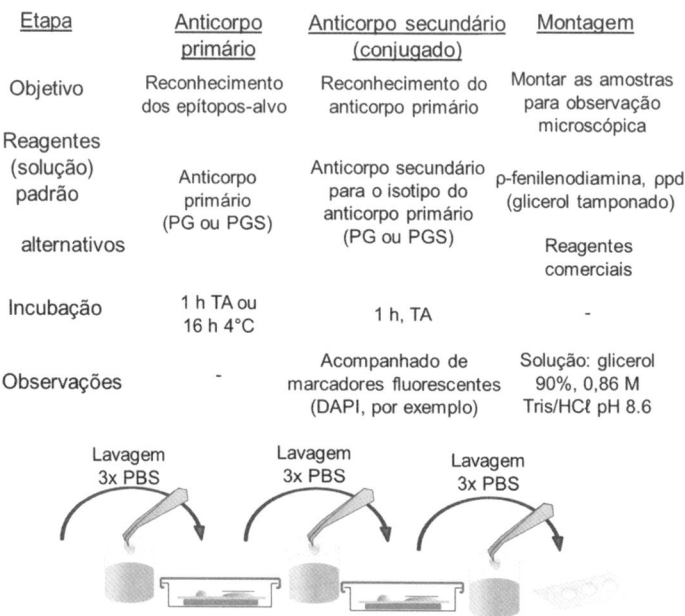

Etapa	Anticorpo primário	Anticorpo secundário (conjugado)	Montagem
Objetivo	Reconhecimento dos epítopos-alvo	Reconhecimento do anticorpo primário	Montar as amostras para observação microscópica
Reagentes (solução) padrão	Anticorpo primário (PG ou PGS)	Anticorpo secundário para o isotipo do anticorpo primário (PG ou PGS)	p-fenilenodiamina, ppd (glicerol tamponado)
alternativos			Reagentes comerciais
Incubação	1 h TA ou 16 h 4°C	1 h, TA	-
Observações	-	Acompanhado de marcadores fluorescentes (DAPI, por exemplo)	Solução: glicerol 90%, 0,86 M Tris/HCl pH 8.6

Lavagem 3x PBS — Lavagem 3x PBS — Lavagem 3x PBS

Esquema 8.2 Imunofluorescência de amostras aderidas a lamínulas. Sequência das etapas, cuja fundamentação e objetivos estão assinalados, para preparação de rotina de amostras para microscopia confocal por imunofluorescência.

Uma vez prontas as amostras, o material é levado ao microscópio confocal. No instrumento, inicialmente se focaliza a amostra ao microscópio com a objetiva adequada, escolhe-se o campo a ser observado e inicia-se a aquisição de imagens. Normalmente, os instrumentos são operados por *softwares* específicos que permitem selecionar os laseres a serem utilizados, os detectores (ou fotomultiplicadores ou PMTs - http://micro.magnet.fsu.edu/primer/digitalimaging/digitalimagingdetectors.html) correspondentes, bem como outros parâmetros como tamanho da imagem, velocidade de aquisição, diâmetro do *pinhole* ou íris, ganho/potência a ser aplicada nos PMTs para ajuste da saturação da imagem, além do tamanho do pixel ou *pixel size* (as dimensões lineares em nm x nm, de cada ponto do monitor ou *picture element ou pixel*). Este último parâmetro – que varia conforme o *zoom* eletrônico aplicado à amostra (quanto maior o *zoom*, menor o *pixel size*), deve ser ajustado de modo a satisfazer o critério de amostragem de Nyquist, um engenheiro sueco que trabalhou nos famosos Bell Telephone Laboratories nos anos 1950 e 1960. Segundo Nyquist, quando um sinal analógico é digitalizado, o conteúdo de informação no sinal digitalizado somente será preservado se o diâmetro da área representada da amostra por cada *Pixel* (ou *pixel size*), for, pelo menos, 2,3 vezes *menor* em dimensões lineares (x, y, z) que o limite de resolução do sistema óptico definido pela equação de Raleigh: $R = 0,61 \times \lambda/NA$. Para uma boa objetiva de N.A. 1.44 - (assumindo-se comprimento de onda $(\lambda) = 488$ nm), a resolução (Rayleigh) será: $R = 206,7$ nm $/ 2,3 = 90$ nm. Portanto, o tamanho do pixel de 90 nm será necessário para se obter uma amostragem ideal (de um pixel) do material a ser observado (x/y). Assim, em termos estatísticos, se ajustarmos o zoom eletrônico para um *pixel size* menor, estaremos "superamostrando" e para um *pixel size* maior, "subamostrando"[13]. Atualmente, os instrumentos trazem estas informações nos painéis de controle dos aplicativos que os controlam. Para se fazer uma série z, selecionam-se os planos limitantes, inferior e superior, que incluam, obviamente, a amostra a ser observada; normalmente, os parâmetros cruciais como o *z-step* ou a distância entre os diferentes planos, que não deve ser maior que 3 vezes o *pixel size*[13], são definidos pelo instrumento e cabe ao operador aceitá-los ou ajustá-los, bem como definir as dimensões das imagens em cada plano e o método de aquisição (ver a seguir). Usualmente, as imagens obtidas em velocidade padrão (400 Hz) e quadros de 512 x 512 *pixels* são ruidosas ("pixeladas") e com baixa resolução. Para uma imagem sequencial (cada fluoróforo excitado é detectado separadamente, para evitar *crosstalk*) de uma série z, deve-se optar por imagens de no mínimo 1024 x 1024 *pixels* e uma velocidade menor ou, alternativamente, um protocolo de *line averaging* ou *frame averaging* ou Kalman, normalmente disponíveis no *software* de aquisição como ilustrado no Esquema 8.3. Por estes procedimentos, as imagens são corrigidas por meio de múltiplas tomadas (tipicamente entre 5 e 10) de uma linha ou de um quadro (*frame*) e os "pixels" não coincidentes vão sendo gradativamente eliminados (filtrados), reduzindo o ruído e aumentando a nitidez e, consequentemente, a qualidade final.

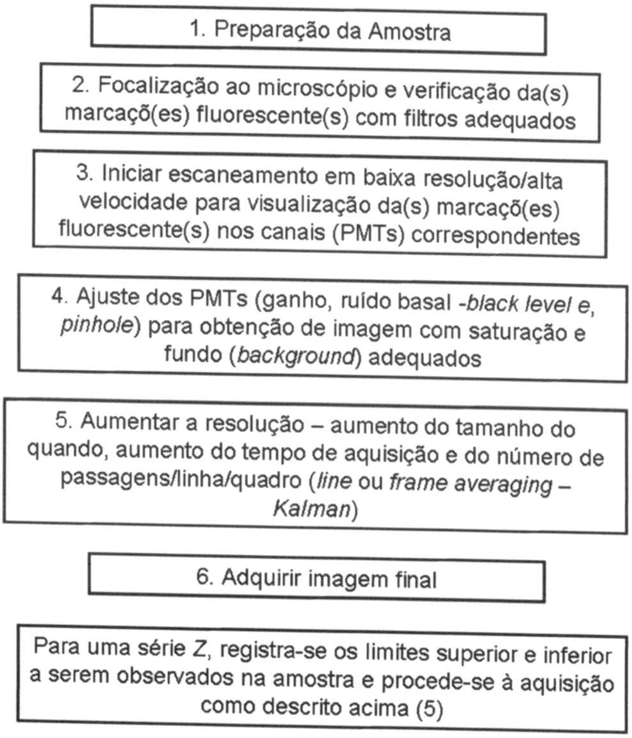

```
┌─────────────────────────────────────────────────────┐
│          1. Preparação da Amostra                     │
└─────────────────────────────────────────────────────┘
┌─────────────────────────────────────────────────────┐
│  2. Focalização ao microscópio e verificação da(s)   │
│  marcaçõ(es) fluorescente(s) com filtros adequados    │
└─────────────────────────────────────────────────────┘
┌─────────────────────────────────────────────────────┐
│  3. Iniciar escaneamento em baixa resolução/alta      │
│     velocidade para visualização da(s) marcaçõ(es)    │
│  fluorescente(s) nos canais (PMTs) correspondentes    │
└─────────────────────────────────────────────────────┘
┌─────────────────────────────────────────────────────┐
│  4. Ajuste dos PMTs (ganho, ruído basal -black level e,│
│  pinhole) para obtenção de imagem com saturação e     │
│          fundo (background) adequados                 │
└─────────────────────────────────────────────────────┘
┌─────────────────────────────────────────────────────┐
│  5. Aumentar a resolução – aumento do tamanho do      │
│  quando, aumento do tempo de aquisição e do número de │
│  passagens/linha/quadro (line ou frame averaging –    │
│                  Kalman)                              │
└─────────────────────────────────────────────────────┘
┌─────────────────────────────────────────────────────┐
│          6. Adquirir imagem final                     │
└─────────────────────────────────────────────────────┘
┌─────────────────────────────────────────────────────┐
│  Para uma série Z, registra-se os limites superior e inferior│
│  a serem observados na amostra e procede-se à aquisição│
│          como descrito acima (5)                      │
└─────────────────────────────────────────────────────┘
```

Esquema 8.3 Fluxograma para aquisição de Imagem em Microscópio Confocal.

Há vários aplicativos, comerciais e abertos, que podem ser utilizados para o processamento de imagens obtidas em microscópios confocais. Um dos *softwares* mais utilizados, por ser de acesso gratuito e ter constante atualização, é o ImageJ (http://rsb.info.nih.gov/ij/). Este aplicativo é compatível com diferentes plataformas (Windows, Macintosh, Linux) e tem inúmeros acessórios ou *plugins* que permitem que o programa processe imagens dos mais diversos formatos digitais.

Um exemplo da capacidade de seccionamento óptico de uma amostra biológica ao microscópio confocal pode ser apreciado na Figura 8.7. Neste caso, miracídios (larvas encontradas em locais com água doce) do parasita *Schistosoma mansoni*, fixados e processados como descrito acima, após marcação com faloidina fluorescente, foram observados em diferentes planos focais.

As imagens apresentadas na Figura 8.7 foram selecionadas, com o ImageJ, entre 51 planos diferentes para se evidenciar as células flama (órgãos excretores primitivos) destas larvas que aparecem claramente marcados (Figura 8.7, cabeças de setas nas partes 1 e 3)[17]. A partir dos 51 diferentes planos focais, pode-se obter, também com o ImageJ, uma projeção (denominada de projeção máxima ou *maximum projection*) na qual ficam evidenciados os feixes musculares longitudinais e transversais da larva (Figura 8.7, parte 2). Ainda, a partir das séries *z* em que se selecionaram os planos de imagem de interesse, neste caso aqueles que evidenciam as células flama, pode-se delimitar as imagens, que significa atribuir um aspecto de sólido aos *pixels* em três dimensões, também chamados de *voxels* (*volume elements*). O aspecto das células flama no formato de túbulo fica claramente evidenciado por meio deste recurso (Figura 8.7 parte 3, B e C).

Conforme citado acima, nos instrumentos atuais, pode-se selecionar por meio do AOTF uma área da amostra para estudo. Se o posicionamento da amostra nos eixos *x,y* puder ser controlado pelo software, em alguns instrumentos é possível se obter séries *z* em diferentes posições da amostra, com sequências temporais nas mesmas posições, permitindo a obtenção de imagens multidimensionais (*x, y, z*, tempo, intensidade de fluorescência etc.)[16], conforme ilustrado adiante.

No portal mencionado abaixo, o usuário pode também ter acesso, com grande riqueza de detalhes e muita interatividade, aos princípios das várias técnicas de microscopia de luz e até simular a utilização de um microscópio confocal com os principais ajustes e controles citados anteriormente como seleção e intensidade dos laseres, diâmetro dos *pinholes*, ganho dos PMTs, velocidade da varredura, detecção da luz transmitida por DIC, plano de foco e ainda pode escolher entre mais de dez amostras diferentes: http://www.olympusconfocal.com/java/confocalsimulator/index.html.

Para material vivo (células em cultura, cortes de tecido etc.) devem-se utilizar placas/câmaras especiais que possuem uma lamínula em seu fundo (com espessura da ordem de 0,15 a 0,17 mm) de modo que as amostras possam ser focalizadas, se necessário, com objetivas de imersão em óleo (Figura 8.8A). Há vários fornecedores deste tipo de material (como por exemplo: http://glass-bottom-dishes.com/pages/, http://ibidi.com/home/, http://www.matrical.com/index.php/consumables/glass-bottom-optical-imaging-microplates). Para tanto,

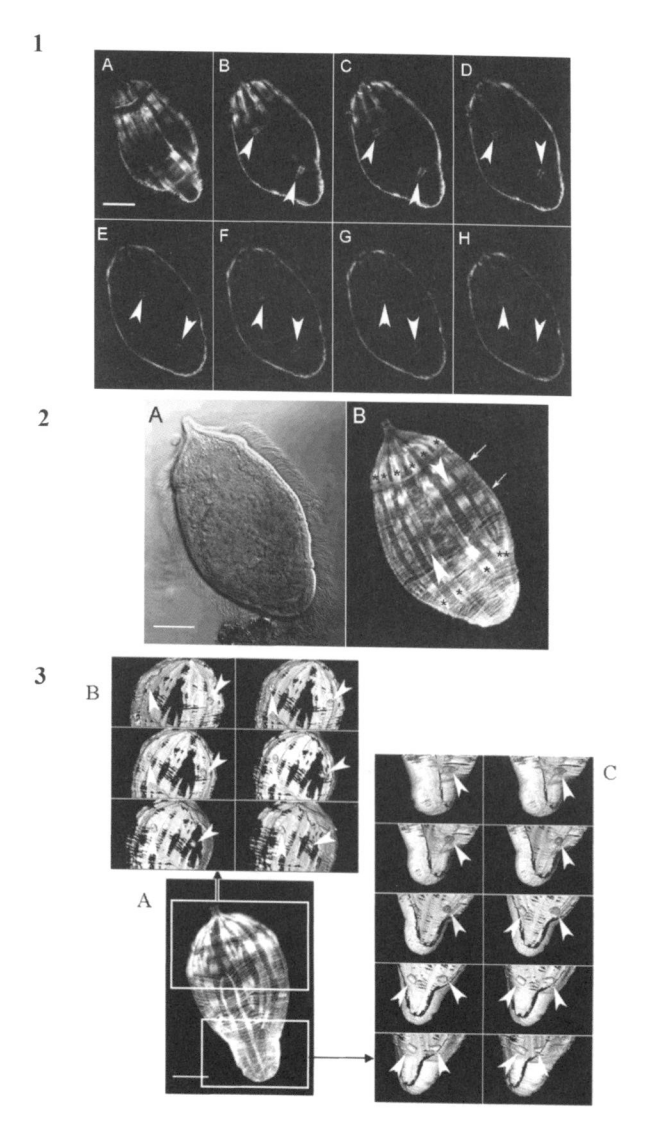

Figura 8.7 **1**: **A-H**: Seccionamento óptico de miracídios de *Schistosoma mansoni* marcados para F-actina com faloidina-rodamina. No painel são mostrados 8 dos 51 diferentes planos de imagens obtidos através do miracídio, selecionados para evidenciar suas 4 células flama (cabeças de seta) [17]. **2**: **A**: imagem de DIC da larva; **B**: projeção dos 51 diferentes planos da série *z* mostrada no painel superior onde podem ser claramente vistos os feixes musculares transversais (*) e longitudinais (setas). Barras = 20 micrômetros. **3**: Visualização das células flama em miracídio de *S. mansoni* por renderização da série z; larvas marcadas para F-actina acima foram submetidas a seccionamento óptico (71 planos) e a galeria submetida à projeção máxima (A); para se obter os detalhes demarcados em B e C, estas regiões foram selecionadas e depois se eliminaram os planos mais externos, para permitir a visualização do interior com as células flama; estas sub-galerias foram então renderizadas com o plugin VolumeJ, do ImageJ e são mostrados, em B e C diferentes ângulos de rotação que evidenciam as duas células flama (cabeças de setas) superiores em B e as duas inferiores, em C.

o equipamento deve possuir adaptadores na platina que permitam a manutenção adequada de temperatura, CO_2 e umidade, além de aquecedor de objetiva para evitar transferência de calor com a amostra. Há no mercado placas de cultura para células com marcações de posição gravadas nas lamínulas que permitem a realização, por exemplo, de microscopia correlativa: após a reação de imunofluorescência e aquisição de imagens, pode-se processar a amostra para localizar a mesma região da amostra para obtenção da imagem correspondente, por exemplo, por microscopia eletrônica[18] (Figura 8.8 B).

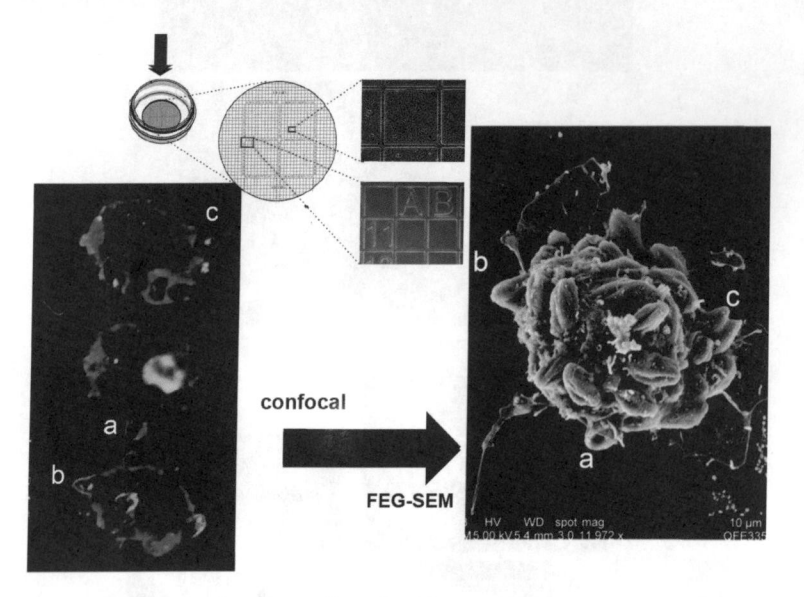

Figura 8.8 Câmaras com registro posicional permitem incubação de células e tecidos vivos e microscopia correlativa. No exemplo, as câmaras (seta vertical, acima; placa da marca ibidi) permitem a incubação de células vivas no microscópio, com sistemas que mantêm CO_2, temperatura e umidade controlados. As células podem ser observadas vivas por vários dias (como na figura 13) ou, alternativamente, processadas para imunofluorescência (painéis coloridos à esquerda mostram diferentes posições no eixo z desta amostra com indicação de 3 estruturas — a, b e c); após processamento para microscopia eletrônica de varredura (fixação, secagem em ponto crítico e metalização), a mesma posição é encontrada e imagens são obtidas (imagem à direita, onde se visualizam novamente as três estruturas)

8.5 A MICROSCOPIA CONFOCAL NO ESTUDO DA INTERAÇÃO *TRYPANOSOMA CRUZI* - CÉLULAS HOSPEDEIRAS

Conforme mencionado acima, as primeiras imagens em microscopia confocal da interação entre *Trypanosoma cruzi* e células hospedeiras[11,12] foram adquiridas no modelo mais antigo do microscópio confocal da BioRad, então chamado de MRC-500. Como já citado, naquele equipamento o registro das imagens era feito por meio de filme fotográfico ou em diapositivos por meio de *palletes* que adquiriam as imagens diretamente do monitor, pois a digitalização ainda não havia se popularizado. Quando o microscópio confocal começou a se difundir rapidamente pelo mundo e aqui no Brasil, o grupo do prof. Wanderley de Souza na UFRJ, provavelmente o primeiro a utilizar a microscopia confocal no Brasil, também focalizou no estudo da interação entre vários parasitas e células hospedeiras, empregando anticorpos e sondas fluorescentes específicas para organelas citoplasmáticas como complexo de Golgi, microfilamentos, microtúbulos, mitocôndrias, lipídeos e vesículas acídicas[19]. Em 1997, a Escola Paulista de Medicina adquiriu, por meio de apoio da Fundação de Amparo à Pesquisa de São Paulo (FAPESP), um instrumento MRC -1024 da BioRad (Hercules, Califórnia, EUA) equipado com laseres UV e visível. Este instrumento foi operado com sucesso por treze anos e permitiu um grande avanço em diferentes áreas da biologia celular na Instituição. Em 2011, foi substituído por um microscópio SP5 Tandem Scanner (que permite aquisições em alta velocidade) da Leica Microsystems (Wetzlar, Alemanha), também com laseres *near*-UV e de vários comprimentos de onda no visível. Este novo instrumento, também adquirido com auxílio da FAPESP, permite aquisição de imagens multidimensionais através de detector espectral e AOTF (para excitação e emissão).

A microscopia confocal no estudo da interação entre *T. cruzi* e células e tecidos de mamíferos foi, gradativamente, gerando resultados por nosso grupo de pesquisa. Outros parasitas e também patógenos intracelulares foram sendo estudados em vários trabalhos sobre coinfecção. Vamos salientar aqui alguns destes trabalhos, cuja relevância pode ser aferida pelas citações ou prêmios recebidos, ou até pelo fato de que imagens de alguns destes artigos tenham sido selecionadas para ilustrar as capas dos periódicos das edições correspondentes (http://www.ecb.epm.br/~ramortara/Covers1.htm). Entre 1997 e 1999, iniciaram-se estudos sobre os componentes parasitários e celulares envolvidos na invasão e crescimento intracelular de *T. cruzi*[20,21] que prosseguiram em várias publicações, além de teses e dissertações. Naquela época também foram produzidos anticorpos monoclonais anti-*T. cruzi* que se mostraram úteis nos anos seguintes[22] e que, posteriormente, permitiram estudos sobre a infecção *in vivo*[23-26].

Em 1999, em um estudo sobre proteínas celulares recrutadas ao local de invasão celular por formas amastigotas extracelulares de *Trypanosoma cruzi*, verificou-se que além de F-actina (facilmente visualizada pela marcação com faloidina fluorescente[27]), componentes do citoesqueleto e da matriz extracelular colocalizavam-se nas expansões de membrana formadas ao redor dos parasitas[20,28,29] (Figura 8.9). Para confirmar que as proteínas colocalizadas com F-actina ao redor do parasita são de fato originadas das células, pode-se realizar o corte vertical ou *y-section* (Figura 8.10).

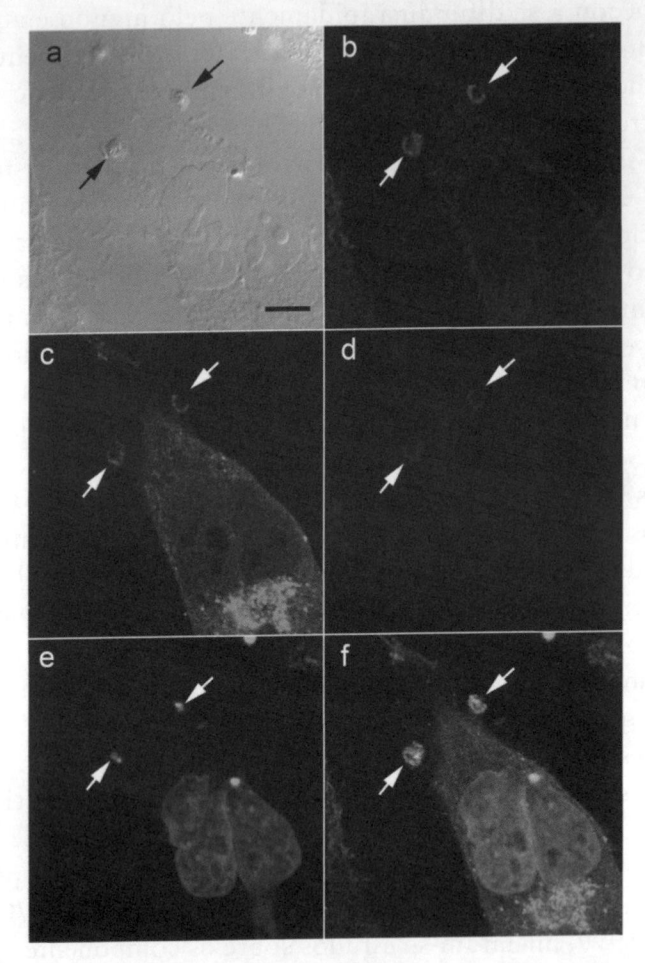

Figura 8.9 Colocalização de três componentes colocalizando em expansões de membrana formadas ao redor de amastigotas de *Trypanosoma cruzi* durante a invasão de células HeLa (setas). a: DIC; b: cortactina (em vermelho, anticorpo + conjugado Alexa®568); c: PKD-GFP, em verde; d: em azul, F-actina (faloidina-Alexa®647); e: em ciano, DAPI; f: sobreposição dos 4 canais de fluorescência. Para preparação desta montagem, foram selecionados os mesmos planos de uma série z e somente estes são mostrados. Barra de aumento= 5 micrômetros.

Uma das aplicações em que a microscopia confocal se mostrou bastante vantajosa foi a análise da distribuição de epítopos definidos por anticorpos monoclonais anti-*T. cruzi*[22]. Como vários destes anticorpos reconhecem epítopos de

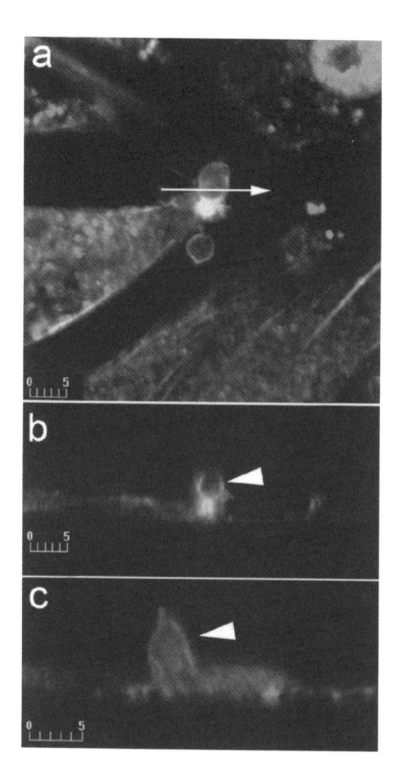

Figura 8.10 Cortes verticais (y sections) confirmam a colocalização de F-actina (marcada com faloidina-rodamina, em vermelho) com gel-solina (proteína ligadora de actina, em verde) nas expansões de membrana ao redor de formas amastigotas extracelulares de *Trypanosoma cruzi* invadindo células HeLa [20], em tons amarelo-alaranjados e DNA (em azul, marcação com DAPI de núcleos e cinetoplastos das células e parasitas). a: imagem *x, y*; b, c: cortes ópticos verticais (*y sections*) através de expansões de membrana formadas ao redor de formas amastigotas, na orientação da seta em a; b e c: dois exemplos de *y sections*, com clara colocalização de F-actina (marcada com faloidina-rodamina, em vermelho) e gelsolina (proteína ligadora de actina, em verde) assinalada com cabeças de setas, e DNA (em azul, marcação com DAPI de núcleos e cinetoplastos dos parasitas, envoltos pela expansão). Barras de aumento em micrômetros.

carboidrato, que são particularmente resistentes à inclusão em parafina, pode-se examinar material de bancos de patologia até a década de 1970. Utilizando cortes de parafina originados de tecidos de pacientes chagásicos com as mais diferentes formas da doença, foi possível se detectar e observar o parasita em material de biópsias daquela época, em doentes chagásicos transplantados e até em portadores de coinfecção com HIV[30]. Num destes materiais, uma biópsia de cérebro de um paciente aidético e chagásico, foi possível se observar até formas tripomastigotas do parasita, detectadas com anticorpo monoclonal específico[22], sugestivas de intensa reativação da infecção (Figura 8.11)[30].

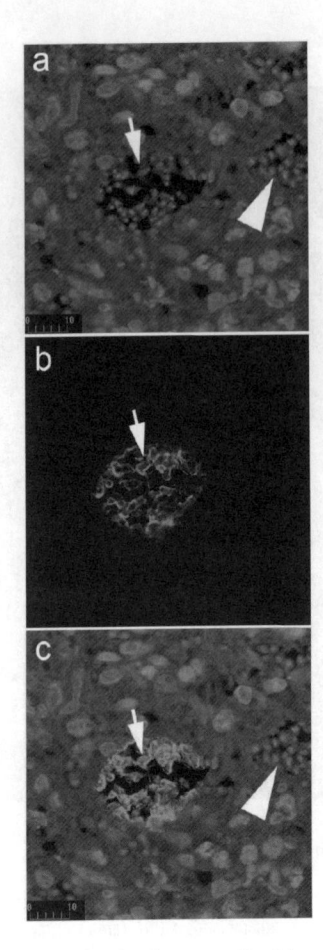

Figura 8.11 Observação de formas tripomastigotas em cérebro de paciente Chagásico com reativação por HIV. Cortes de biópsia foram desparafinados e incubados com DAPI (a) e 3B2 (b) (anticorpo monoclonal específico contra formas tripomastigotas intracelulares[22]) e (c) a sobreposição de a e b. As setas indicam os parasitas visualizados pelas marcações com DAPI e pelo anticorpo. A cabeça de seta indica um ninho de parasitas com formas amastigotas que não são reconhecidas pelo anticorpo[22]. Barras em micrômetros.

Estudos *in vivo* de coinfecção de *T. cruzi* e a bactéria intracelular *Coxiella burnetii*[31,32] também avançaram significativamente em nosso laboratório, por meio da microscopia confocal[33-35]. Dentre os vários trabalhos destaca-se aquele em que se demonstrou que formas tripomastigotas metacíclicas de *T. cruzi* são eficientemente transferidas para o espaçoso vacúolo de *C. burnetii*[35] e, neste ambiente com características lisossomais (marcadores membranares como Lamp-1, pH ácido, hidrolases ativas[33,35-37]), o parasita diferencia-se em formas amastigotas e é capaz de se dividir (Figura 8.12)[34].

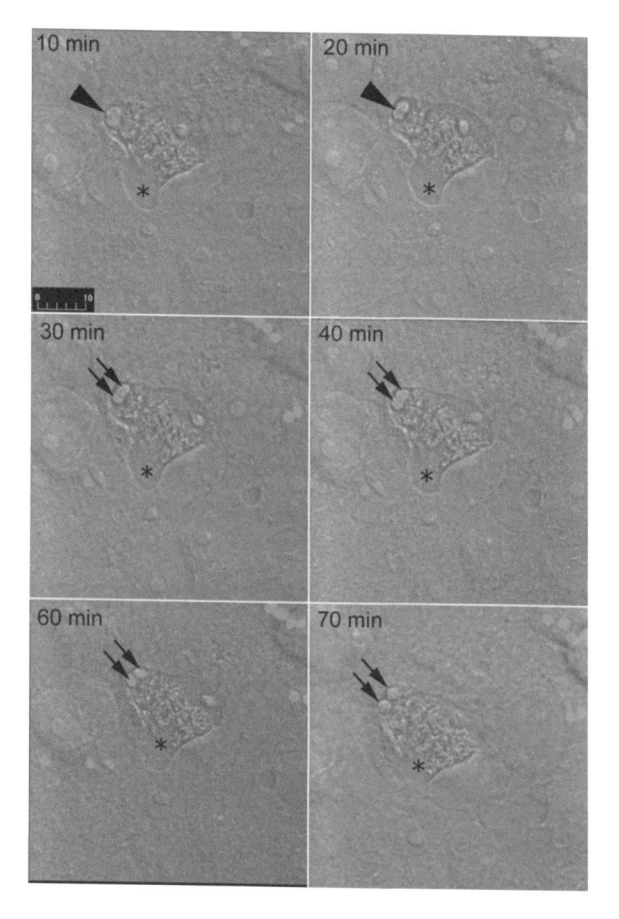

Figura 8.12 Divisão de formas amastigotas de *Trypanosoma cruzi* dentro de vacúolo da bactéria *Coxiella burnetii* (*). Sequência temporal (adquirida em microscópio confocal), de imagens de parasitas (transfectados com histona H2-GFP, em verde): imagem sobreposta sobre registro de luz transmitida (em cinza). Notar que a partir de 40 minutos já é possível se observar a completa divisão dos núcleos dos parasitas, que aparecem totalmente separados aos 70 minutos [31]. Barra de aumento em micrômetros.

A possibilidade de se observar amostras vivas por longos períodos de tempo permite a identificação inequívoca de componentes e suas possíveis interações. Em um estudo recente em que confirmamos os dados da Figura 8.4B, observamos vacúolos espaçosos de *Leishmania amazonensis* albergando concomitantemente formas tripomastigotas de *T. cruzi*. Pelo fato dos vacúolos de *Leishmania* serem fusogênicos[38], a transferência de formas tripomastigotas de *T. cruzi* para seu interior pode ser observada[15], bem como sua posterior diferenciação em amastigotas (Figura 8.13).

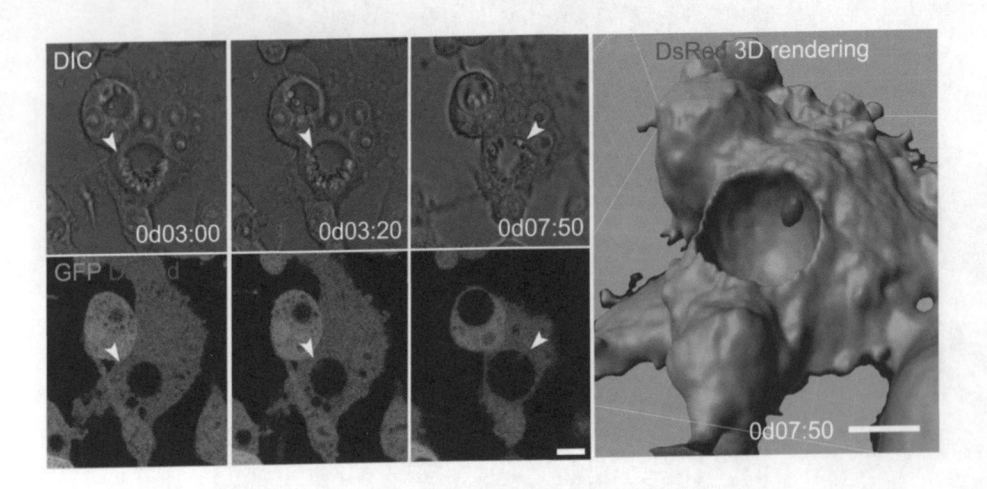

Figura 8.13 Formas tripomastigotas metacíclicas de *Trypanosoma cruzi* são transferidas para o vacúolo de *Leishmania amazonensis* onde se diferenciam em amastigotas. No topo, à esquerda, a sequência de imagens em DIC, com o tempo em horas assinalado abaixo; nestas imagens, é possível observar os amastigotas de *Leishmania* na característica distribuição perivacuolar; as três imagens inferiores mostram os registros de fluorescência das células (transfectadas com GFP) e de *T. cruzi* (transfectado com Ds-RED) nestes mesmos tempos. Nota-se que até as 3 primeiras horas, o tripomastigota ainda se encontra sob forma flagelada, e nos dois tempos seguintes, transforma-se em amastigota (cabeças de seta). A renderização à direita, feita com o programa Imaris (Bitplane – www.bitplane.com) corresponde ao tempo de 7:50h quando é perfeitamente visível o tripomastigota já transformado em amastigota (em vermelho), dentro do vacúolo espaçoso de *Leishmania*.

8.5 CONCLUSÕES E PERSPECTIVAS

A partir do exposto acima, fica claro que a microscopia confocal é uma ferramenta poderosa em biologia. O princípio de geração de imagens confocais tem sido amplamente aplicado na concepção e construção de instrumentos destinados a diferentes procedimentos diagnósticos e terapêuticos em medicina, biologia e ciência dos alimentos[39].

Acreditamos que metodologias que aumentem a resolução espacial (os chamados instrumentos de super-resolução, baseados em diferentes princípios) evoluem para se tornarem viáveis no estudo de material vivo[40] e, certamente, irão contribuir de modo significativo para desvendar novos processos e fenômenos em biologia, ou até para se revisitar amostras do passado[30].

REFERÊNCIAS

1. Minsky M. Memoir on inventing the confocal scanning microscope. Scanning. 1988;10:128-38.

2. Lazarides E, Weber K. Actin antibody: the specific visualization of actin filaments in non-muscle cells. Proc Natl Acad Sci U S A. 1974;71:2268-72.

3. Tsien RY. Fluorescence measurement and photochemical manipulation of cytosolic free calcium. Trends Neurosci. 1988;11:419-24.

4. Petran M, Hadravsky M, Benes J, Boyde A. In vivo microscopy using the tandem scanning microscope. Ann N Y Acad Sci. 1986;483:440-7.

5. Egger MD, Petran M. New reflected-light microscope for viewing unstained brain and ganglion cells. Science. 1967;157:305-7.

6. Brakenhoff GJ, van der Voort HT, van Spronsen EA, Linnemans WA, Nanninga N. Three-dimensional chromatin distribution in neuroblastoma nuclei shown by confocal scanning laser microscopy. Nature. 1985;317:748-9.

7. Amos WB, White JG. How the confocal laser scanning microscope entered biological research. Biol Cell. 2003;95:335-42.

8. White JG, Amos WB, Fordham M. An evaluation on confocal versus conventional imaging of biological structures by fluorescence light microscopy. J Cell Biol. 1987;105:41-8.

9. Koch GL, Smith MJ, Mortara RA. An abundant ubiquitous glycoprotein (GP100) in nucleated mammalian cells. FEBS Lett. 1985;179:294-8.

10. Koch G, Smith M, Macer D, Webster P, Mortara R. Endoplasmic reticulum contains a common, abundant calcium-binding glycoprotein, endoplasmin. J Cell Sci. 1986;86:217-32.

11. Schenkman S, Mortara RA. HeLa cells extend and internalize pseudopodia during active invasion by Trypanosoma cruzi trypomastigotes. J Cell Sci. 1992;101:895-905.

12. Schenkman S, Ferguson MA, Heise N, de Almeida ML, Mortara RA, Yoshida N. Mucin-like glycoproteins linked to the membrane by glycosylphosphatidylinositol anchor are the major acceptors of sialic acid in a reaction catalyzed by trans-sialidase in metacyclic forms of Trypanosoma cruzi. Mol Biochem Parasitol. 1993;59:293-303.

13. Pawley JB. Handbook of Biological Confocal Microscopy. 2nd ed. New York: Plenum Press; 1995.

14. Kapuscinski J. DAPI: a DNA-specific fluorescent probe. Biotech Histochem. 1995;70:220-33.

15. Rabinovitch M, Freymuller E, de Paula RA, Manque PM, Andreoli WK, Mortara RA. Cell co-infections with non-viral pathogens and the construction of doubly infected phagosomes. In: Gordon S, editor. Phagocytosis: microbial invasion. Greenwich, CT: JAI Press Inc.;1999: 349-71.

16. Real F, Mortara RA. The diverse and dynamic nature of Leishmania parasitophorous vacuoles studied by multidimensional imaging. PLoS Negl Trop Dis. 2012;6:e1518.

17. Bahia D, Avelar LG, Vigorosi F, Cioli D, Oliveira GC, Mortara RA. The distribution of motor proteins in the muscles and flame cells of the Schistosoma mansoni miracidium and primary sporocyst. Parasitology. 2006;133:321-9.

18. Redemann S, Muller-Reichert T. Correlative light and electron microscopy for the analysis of cell division. J Microsc. 2013;251:109-12.

19. De Souza W, Ulisses de Carvalho TM, Melo ET, Coimbra ES, Rosestolato CT, Ferreira SR, et al. The use of confocal laser scanning microscopy to analyze the process of parasitic protozoon-host cell interaction. Braz J Med Biol Res. 1998;31:1459-70.

20. Procópio DO, Barros HC, Mortara RA. Actin-rich structures formed during the invasion of cultured cells by infective forms of Trypanosoma cruzi. Eur J Cell Biol. 1999;78:911-24.

21. Procópio DO, Silva S, Cunningham CC, Mortara RA. Trypanosoma cruzi: effect of protein kinase inhibitors and cytoskeletal protein organization and expression on host cell invasion by amastigotes and metacyclic trypomastigotes. Exp Parasitol. 1998;90:1-13.

22. Barros HC, Verbisck NV, Silva S, Araguth MF, Mortara RA. Distribution of epitopes of Trypanosoma cruzi amastigotes during the intracellular life cycle within mammalian cells. J Eukaryot Microbiol. 1997;44:332-44.

23. Mortara RA, Silva S, Taniwaki NN. Confocal fluorescence microscopy: a powerful tool in the study of Chagas' disease. Rev Soc Bras Med Trop. 2000;33:79-82.

24. Taniwaki NN, da Silva CV, Da Silva S, Mortara RA. Distribution of Trypanosoma cruzi stage-specific epitopes in cardiac muscle of Calomys callosus, BALB/c mice, and cultured cells infected with different infective forms. Acta Trop. 2007;103:14-25.

25. Taniwaki NN, Machado FS, Massensini AR, Mortara RA. Trypanosoma cruzi disrupts myofibrillar organization and intracellular calcium levels in mouse neonatal cardiomyocytes. Cell Tissue Res. 2006;324:489-96.

26. Taniwaki NN, Andreoli WK, Calabrese KS, Silva S, Mortara RA. Disruption of myofibrillar proteins in cardiac muscle of Calomys callosus chronically infected with Trypanosoma cruzi and treated with immunosuppressive agent. Parasitol Res. 2005;97:323-31.

27. Adams AEM, Pringle JR. Staining of actin with fluorochrome-conjugated phalloidin. Meth Enzymol. 1990;194:729-31.

28. Mortara RA, Andreoli WK, Taniwaki NN, Fernandes AB, Silva CV, Fernandes MC, et al. Mammalian cell invasion and intracellular trafficking by Trypanosoma cruzi infective forms. An Acad Bras Cienc. 2005;77:77-94.

29. Fernandes MC, Flannery AR, Andrews N, Mortara RA. Extracellular amastigotes of Trypanosoma cruzi are potent inducers of phagocytosis in mammalian cells. Cell Microbiol. 2013;15:977-91.

30. Mortara RA, Silva S, Patricio FR, Higuchi ML, Lopes ER, Gabbai AA, et al. Imaging Trypanosoma cruzi within tissues from chagasic patients using confocal microscopy with monoclonal antibodies. Parasitol Res. 1999;85:800-8.

31. Heinzen RA, Hackstadt T, Samuel JE. Developmental biology of Coxiella burnettii. Trends Microbiol. 1999;7:149-54.

32. Williams JC, Thompson HA. Q Fever: The Biology of Coxiella burnetii. 1 ed. Boc Raton: CRC Press; 1995.

33. Fernandes MC, LAbbate C, Kindro AW, Mortara RA. Trypanosoma cruzi cell invasion and traffic: Influence of Coxiella burnetii and pH in a comparative study between distinct infective forms. Microb Pathog. 2007;43:22-36.

34. Andreoli WK, Taniwaki NN, Mortara RA. Survival of Trypanosoma cruzi metacyclic trypomastigotes within Coxiella burnetii vacuoles: differentiation and replication within an acidic milieu. Microbes Infect. 2006;8:172-82.

35. Andreoli WK, Mortara RA. Acidification modulates the traffic of Trypanosoma cruzi trypomastigotes in Vero cells harboring Coxiella burnetti vacuoles. Int J Parasitol. 2003;33:185-97.

36. Baca OG, Li YP, Kumar H. Survival of the Q fever agent Coxiella burnetii in the phagolysosome. Trends Microbiol. 1994;2:476-80.

37. Howe D, Melnicakova J, Barak I, Heinzen RA. Fusogenicity of the Coxiella burnetii parasitophorous vacuole. Ann N Y Acad Sci. 2003;990:556-62.

38. Collins HL, Schaible UE, Ernst JD, Russell DG. Transfer of phagocytosed particles to the parasitophorous vacuole of Leishmania mexicana is a transient phenomenon preceding the acquisition of annexin I by the phagosome. J Cell Sci. 1997;110:191-200.

39. Confocal laser microscopy: principles and applications in medicine, biology, and the food sciences. Rijeka, Croatia: InTech; 2013.

40. York AG, Chandris P, Nogare DD, Head J, Wawrzusin P, Fischer RS, et al. Instant super-resolution imaging in live cells and embryos via analog image processing. Nat Methods. 2013

AGRADECIMENTOS

Agradecemos ao constante apoio financeiro da Fundação de Amparo à Pesquisa do Estado de São Paulo (Fapesp), do Conselho Nacional de Desenvolvimento Científico e Tecnológico (CNPq) e da Coordenação de Aperfeiçoamento de Pessoal de Nível Superior (Capes). Agradecemos especialmente ao orientador de doutorado de Renato A. Mortara, Gordon L.E. Koch e a Brad Amos pela enorme ajuda nos primórdios do confocal no MRC-LMB, em Cambridge. E a todos os alunos e colaboradores que permitiram que esta história pudesse ser construída.

CAPÍTULO 9

MICROSCOPIA CONFOCAL A LASER: FUNDAMENTOS E MÉTODOS EM ODONTOLOGIA RESTAURADORA E ESTÉTICA

Salvatore Sauro
Victor Pinheiro Feitosa
Cesar Augusto Galvão Arrais
Sandrine Bittencourt Berger
Renata Bacelar Cantanhede de Sá
Marcelo Giannini

9.1 INTRODUÇÃO

Este capítulo é relacionado com a microscopia confocal de fóton único, especialmente suas aplicações em Odontologia no estudo das estruturas dentais e da interação de materiais e equipamentos odontológicos com essas estruturas. Outros tipos de microscopias confocal como microscopia confocal multifóton, microscopia por tempo de vida fluorescente (FLIM) e microscopia confocal intravital não serão abordados já que outros capítulos deste livro irão, detalhadamente tratar sobre esses assuntos.

As restaurações realizadas diariamente em consultórios odontológicos no mundo inteiro sofrem degradação. Isso leva a falhas que ocorrem na interface entre o dente e a restauração. Essas falhas só podem ser observadas a olho nu quando já estão bem amplas e diversas bactérias e detritos alimentares já as infiltraram piorando a situação e o prognóstico dos tratamentos. Dessa forma, as técnicas de microscopias são essenciais para a análise da interação e degradação dos materiais odontológicos com os diferentes substratos dentais. Entretanto, os achados obtidos microscopicamente devem sempre ser relacionados com evidências clínicas para que os pesquisadores não se atenham somente em pequenas áreas dentro dos materiais ou na interface deles com o dente.

Hoje, já é possível fazer imagens de microscopia de luz (óptica) com alta resolução de até 20 nm[1], o que propicia informações significantes para a ciência. Entretanto, os maiores avanços dentro da Odontologia, provenientes da Microscopia Confocal são equipamentos utilizados clinicamente para detecção de substratos dentais cariados. Dessa forma, a Microscopia Confocal abrange desde avaliações macroscópicas na clínica até microscopias de alta resolução em laboratório auxiliando a pesquisa odontológica.

9.1.1 Histórico

A Microscopia Confocal foi primeiramente desenvolvida por Marvin Minsky em 1955. Com funcionamento e alguns princípios semelhantes ao Microscópio de Fluorescência, esse microscópio vem adquirindo grande popularidade por aumentar o contraste da imagem e permitir a construção de imagens tridimensionais através de um orifício de abertura (*pinhole*) que permite alta definição para as imagens em espécimes espessos. Além disso, esse tipo de microscopia óptica propicia alta resolução para imagens abaixo da superfície (internamente) com preparo de amostra simples e sem a necessidade de aparatos sofisticados. Esse tipo de microscopia tem sido amplamente utilizado na pesquisa de materiais, amostras biológicas vivas e na análise química.

Inicialmente, a Microscopia de Fluorescência utilizou luz ultravioleta para aumentar a resolução de microscópios ópticos convencionais. Com isso, estruturas auto-fluorescentes dos espécimes eram destacadas e isso trouxe maior popularidade a esse microscópio e também iniciou a busca por corantes fluorescentes. Tais corantes permitiram pigmentar proteínas e outras substâncias que facilitou o maior entendimento da atividade celular[2] e grande desenvolvimento das ciências biológicas e da saúde.

O microscópio confocal foi então desenvolvido devido à necessidade de se obter imagens e mesmo vídeos de acontecimentos biológicos *in vivo* para o avanço da ciência. Em 1955, Marvin Minsky construiu então tal microscópio para fazer imagens de redes neurais em tecido vivo do cérebro. O surgimento não foi tão difundido na época, já que não havia fontes de luz com intensidade suficiente e mesmo computadores com capacidade de acompanhar a tecnologia inventada. Somente em torno de vinte anos depois foi desenvolvido o primeiro microscópio confocal a laser com disco giratório (*NipKow*) por David Egger. Esse microscópio que também é conhecido como Microscópio Confocal de Varredura Tandem (em inglês pela sigla TSM ou mesmo como "*Spinning-disk Confocal Microscope*") é usado até hoje por sua incrível capacidade de fazer imagens dinâmicas como o corte de uma estrutura dental ou a remoção de um tecido cariado por uma broca[3]. Isso é devido à rápida construção de imagens com esse tipo de microscópio. Após esse período, diversas modificações do microscópio inicial proposto por Minsky surgiram, como o Microscópio de Varrimento Confocal (1979, desenvolvido por Fred Brakenhoff) e o Microscópio Confocal de Fóton Único (1987, desenvolvido por Amos e White). Entretanto, todos os microscópios que apareceram posteriormente a 1955 aplicavam os princípios fundamentados por Marvin Minsky.

Durante a década de 1990, novos lasers com maior estabilidade e potência foram desenvolvidos e trouxeram grande avanço para o microscópio confocal moderno. Além disso, diversos novos corantes foram criados e seus espectros de excitação foram mais consistentemente combinados com a excitação gerada pelos lasers. Tudo isso trouxe mais precisão e confiabilidade aos microscópios atuais.

Novos e inovadores microscópios desta categoria foram recentemente desenvolvidos e ampliaram a capacidade do Microscópio Confocal de Fóton Único tradicional. Alguns exemplos são o Microscópio Confocal Multifóton, o Microscópio de Tempo de Vida da Fluorescência (tradicionalmente chamado pela sigla em inglês FLIM, *fluorescence lifetime imaging microscopy*), o Microscópio Confocal de Super Resolução e o Microscópio Eletrônico de Varredura Confocal[4]. Este último tem funcionamento bem complexo, pois utiliza elétrons em vez de ondas eletromagnéticas e ainda não está disponível comercialmente.

9.1.2 Conceitos

Para maior entendimento por parte do leitor das expressões que serão mencionadas neste e em outras partes deste capítulo, alguns conceitos relacionados à Microscopia Confocal de Fóton Único serão revisados.

Confocal: Tal termo, resumidamente, se refere a um objeto ou região da amostra que tem o mesmo foco em duas lentes paralelas. Além desse mesmo foco, é necessário ter uma abertura circular no plano focal conjugado da lente objetiva que é chamada de *pinhole* para que a resolução dessa imagem seja aumentada (ver Figura 9.1). A expressão confocal deriva do uso da abertura (*pinhole*) no "*conjugate focal plane*" que significa o plano focal conjugado das lentes objetivas.

Fluorescência: É um fenômeno relacionado a moléculas que absorvem uma luz em determinado comprimento de onda e emitem uma luz com comprimento de onda maior que o inicial. O comprimento de onda de absorção e de emissão, bem como o tempo antes da emissão do novo comprimento de onda (utilizado no FLIM) depende da estrutura da molécula fluorescente em questão e do ambiente ao redor dela. Normalmente, a intensidade da luz emitida para excitar a molécula deve ser alta e o comprimento de onda pode ser próximo ao pico de excitação, pois existe geralmente um espectro de excitação (absorção) para cada molécula. Entretanto, a emissão gerada pela molécula após a excitação possui baixa energia. Por isso são necessários detectores altamente sensíveis.

Fluorocromos: São moléculas que possuem fluorescência, também chamadas de corantes fluorescentes ou até fluoróforos. Podem ser naturais ou sintetizados artificialmente para algum fim específico. É importante ressaltar que nem todas as estruturas avaliadas precisam ser coradas com fluorocromos, pois muitos tecidos possuem autofluorescência como, por exemplo, o esmalte dental. Cada fluorocromo possui comprimentos de onda de excitação e absorção específicos. Também é relevante frisar que a fonte de luz (normalmente um laser) deve emitir luz próxima ao espectro de absorção dos fluorocromos usados, caso contrário não haverá nenhuma imagem durante a avaliação das amostras. Isso pode ser observado nas Figuras 9.1 e 9.2, as quais foram feitas numa mesma região de uma área de união dentina-resina, entretanto com o uso de lasers em diferentes comprimentos de onda. Alguns corantes fluorescentes utilizados na Odontologia serão citados posteriormente neste capítulo, assim como o preparo de amostras com esses fluorocromos.

Espectro de Excitação (Absorção): É o espectro de luz que o fluorocromo absorve para entrar no estado excitado. As fontes de luz devem emitir comprimentos de onda específicos para excitar cada estrutura a ser observada. Esses espectros normalmente se encontram na região ultravioleta e de luz visível (Figuras 9.1 e 9.2).

Espectro de Emissão: É o espectro de luz que o fluorocromo ou a estrutura com autofluorescência emite após a excitação gerada pelo(s) fóton(s) emitido(s) pela fonte de luz. Na maioria das vezes, o espectro de emissão é observado no espectro de luz visível e até na região de luz infravermelha. Sempre o espectro de emissão abrangerá maior comprimento de onda que o espectro de excitação, por exemplo, para o fluorocromo fluoresceína, o comprimento de onda ideal para excitação é 460 nm e para emissão o comprimento de onda gerado é de 515 nm.

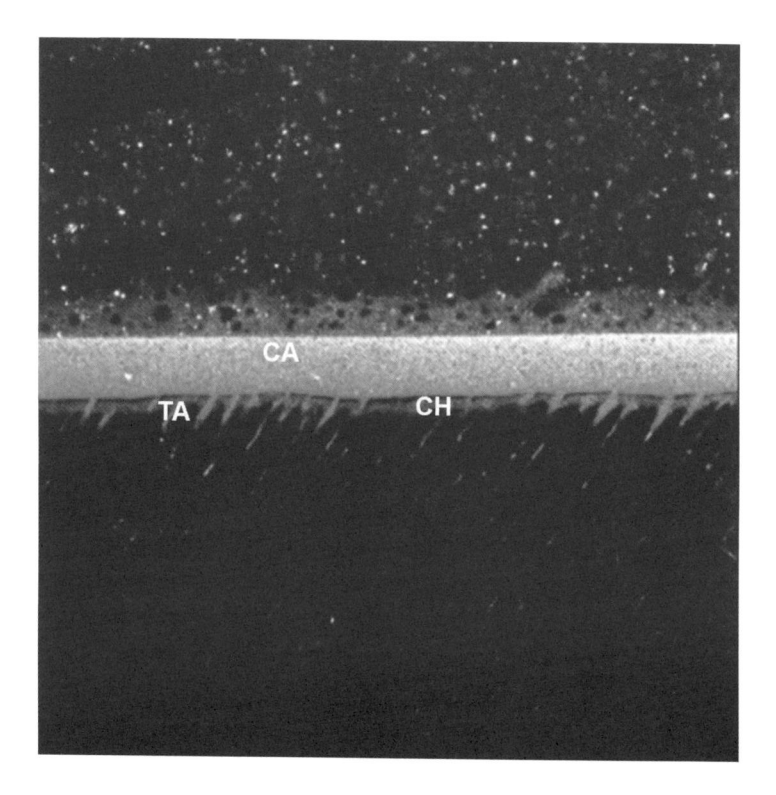

Figura 9.1 Área de união: resina composta, adesivo e dentina, utilizando a Microscopia Confocal de Varredura a Laser (Leica TCS SP5 AOBS, Leica Microsystems). CH (camada híbrida), TA ("*tag*" de resina) e CA (camada de adesivo). O corante Amarelo de Lúcifer pode ser observado na área de união (CA, CH e nos TA), enquanto o corante Rodhamina B foi adicionado ao adesivo previamente a sua aplicação e encontra-se também na área de união misturado ao Amarelo de Lúcifer.

Agradecimentos à Eleine Ap. Orsini Narvaes (Técnica do CMI) e ao Prof. Dr. Pedro Duarte Novaes, Coordenador do Centro de Microscopia e Imagem da FOP-UNICAMP.

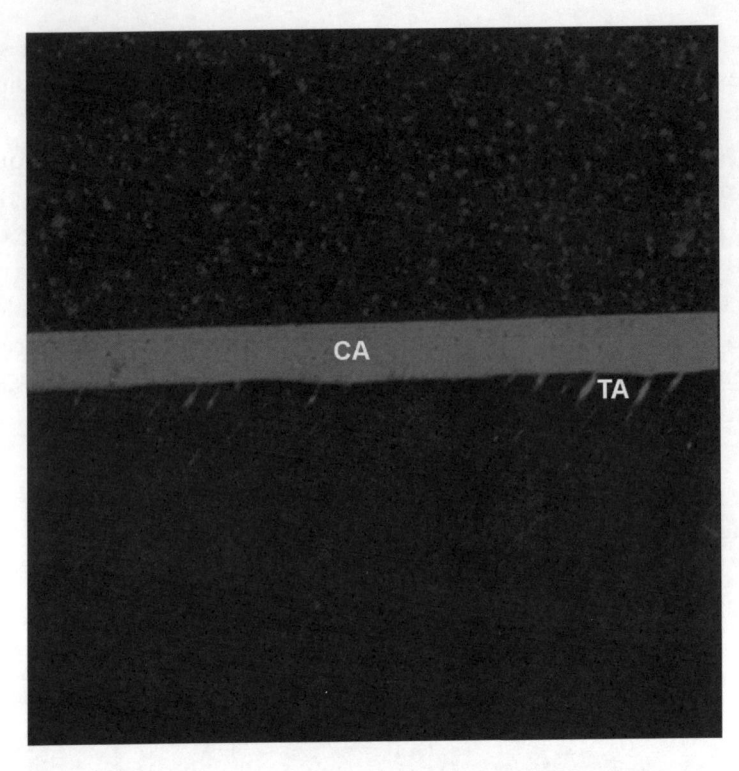

Figura 9.2 Área de união: resina composta, adesivo e dentina, utilizando a Microscopia Confocal de Varredura a Laser (Leica TCS SP5 AOBS, Leica Microsystems). TA ("*tag*" de resina) e CA (camada de adesivo). Com a remoção do laser correspondente ao corante Amarelo de Lúcifer, detalhes morfológicos de certas estruturas da área de união são perdidos, como a camada híbrida. O corante Rodhamina B foi adicionado ao adesivo previamente a sua aplicação e encontra-se na área de união.

Agradecimentos à Eleine Ap. Orsini Narvaes (Técnica do CMI) e ao Prof. Dr. Pedro Duarte Novaes, Coordenador do Centro de Microscopia e Imagem da FOP-UNICAMP.

9.1.3 Fluorocromos em Odontologia

A pesquisa odontológica utiliza diversos corantes fluorescentes com a finalidade de pigmentar estruturas orgânicas e inorgânicas dos tecidos dentais, bactérias, fendas entre o dente e a restauração, resinas adesivas e outros materiais. Um dos fluorocromos mais utilizados na área é a rodamina B que possui espectro de excitação em torno de 553 nm e o de emissão em torno de 627 nm. Esse corante se mistura bem com água, resinas odontológicas e outras soluções, por este motivo é largamente utilizado para diferentes tipos de estudo. Outro fluorocromo muito popular na Medicina, que inclusive rendeu um prêmio Nobel aos seus desenvolvedores é a proteína fluorescente verde (do inglês, *Green Fluorescent Protein*, GFP). Ela foi um fluorocromo sintetizado naturalmente e hoje é muito utilizado para a pesquisa celular e, principalmente em trabalhos com células tronco[5]. A GFP também é um fluorocromo popular nas pesquisas odontológicas.

Existem também fluorocromos específicos para testes de citotoxicidade de materiais e testes microbiológicos para avaliar células e bactérias vivas e mortas[6]. Nesses ensaios comumente conhecidos pelo termo em Inglês "*Live/Dead Stainning Assay*" (Ensaio de pigmentação vivo/morto), usa-se sempre dois corantes celulares, que pigmentam exclusivamente células em atividade e células inativas. Diversos corantes são utilizados, como a calceína AM (494 nm excitação e 517 nm emissão) com emissão de fluorescência verde para células mamárias vivas e o iodeto de propídio (536 nm excitação e 617 nm emissão) com emissão de fluorescência vermelha para células mortas. Outros corantes específicos para diferentes tipos de células estão disponíveis e podem ser utilizados através do mesmo protocolo[6].

Os fluorocromos podem ser utilizados isoladamente ou em conjunto dependendo da avaliação a ser executada. Quando se faz dupla ou tripla pigmentação, é importante usar corantes com espectros de absorção e emissão bem diferentes para que sejam evitados artefatos na observação simultânea dos fluorocromos e para que seja possível distinguir a região que cada corante está presente. No estudo de interfaces adesivas entre resina restauradora e dentina, frequentemente utiliza-se dupla pigmentação[7,8] com a rodamina misturada à resina adesiva e a fluoresceína infiltrada em solução aquosa através da câmara pulpar sob pressão hidrostática (técnica de micropermeabilidade)[9] ou infiltrada na imersão de fatias ou palitos na solução de fluoresceína por 24h (técnica de nanoinfiltração)[8]. Outro corante utilizado para pigmentar estruturas calcificadas relacionadas à Odontologia é o "xylenol Orange" que possui picos de excitação em torno de 390, 440 e 570 nm e de emissão em torno de 610 nm. Ele é um potente pigmento para cálcio[8] sendo útil também para detecção de remineralização e reparo ósseo e dentinário.

Um dos corantes fluorescentes mais populares que também é utilizado na Odontologia é a fluoresceína isotiocianato (excitação em torno de 490 nm e emissão em torno de 518 nm) conhecida pela sigla FITC (do inglês, *fluorescein isothiocyanate*). Ela é um tipo de fluoresceína modificada para marcar colágeno. Serve na pesquisa odontológica principalmente para detectar colágeno desprotegido[8], que é mais suscetível à degradação. O FITC também é muito utilizado na pesquisa relacionada a ossos, cartilagens e outras estruturas que contem colágeno. Algumas outras aplicações de fluorocromos na Odontologia estão relacionadas com a pigmentação de anticorpos[10] e também com a diferenciação de células[11].

Atualmente, existem dezenas de fluorocromos para as diversas aplicações nas Ciências da Saúde, como na bioquímica e também na imuno-histoquímica. O que os pesquisadores devem fazer é somente procurar corantes específicos para o propósito do experimento. Além disso, como é comum se utilizar a combinação de dois ou mais fluorocromos (dupla pigmentação), devem ser cuidadosamente selecionados corantes com parâmetros de fluorescência diferentes. Assim, como qualquer tipo de microscopia, a Microscopia Confocal possui diversos artefatos que devem ser evitados e os mais comuns estão relacionados com os fluorocromos.

9.1.4 Fundamentos

O princípio básico de funcionamento de um microscópio confocal pode ser observado na Figura 9.3. Ele opera de forma semelhante ao Microscópio de Fluorescência, entretanto, enquanto no de Fluorescência o campo todo é iluminado pela fonte de luz, o Microscópio Confocal focaliza em somente um ponto e em determinada profundidade na amostra.

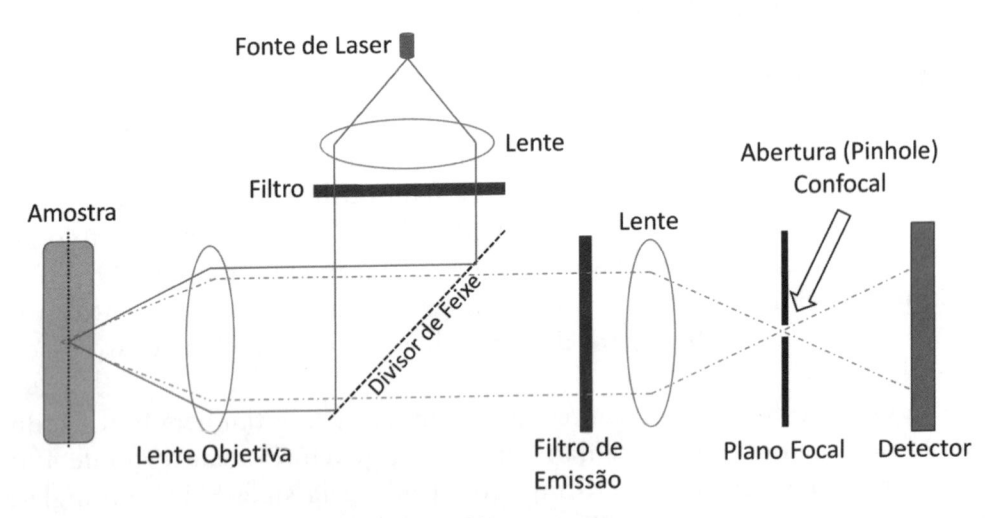

Figura 9.3 Adaptação do esquema proposto por Minsky em 1988.

Com o varrimento em diversas profundidades, uma imagem tridimensional pode ser obtida e certa espessura dentro da amostra pode ser observada.

Isso faz com que as análises sejam mais precisas já que ao contrário da microscopia eletrônica de varredura, por exemplo, que analisa somente uma superfície do espécime, várias superfícies em diferentes profundidades são observadas e podem inclusive ser sobrepostas para a obtenção de uma projeção única que mostra as características de toda a profundidade avaliada.

O Microscópio Confocal possui quase que sempre a fonte de luz constituída por um laser, pois ele possui características extremamente favoráveis para a aplicação nesse tipo de microscopia. A luz de um laser possui alta intensidade e é monocromática, ou seja, ela possui um comprimento de onda específico que vai resultar na cor desejada e na excitação somente do comprimento de onda adequado dos fluorocromos. Além disso, a luz do laser é coerente e direcionada, que significa que os fótons se movem de forma organizada e sem dispersão de luz, respectivamente.

Outros constituintes são o escâner que move o laser focalizando a amostra linha por linha e facilitando a digitalização da imagem, o controle Z que permite o posicionamento do plano focal das lentes mais ou menos profundo no espécime, os fotomultiplicadores (do inglês, *photomultipliers*, PMT) que detectam os fótons emitidos ou refletidos pelo espécime. Há também o *pinhole* que permite a passagem somente da luz referente ao ponto focal da amostra.

Resumidamente, a luz emitida pelo laser no comprimento de onda dos fluorocromos presentes na amostra é incidida sobre a amostra, passando pela lente objetiva e atingindo a região escolhida previamente com a observação na lente objetiva. A luz, então atinge a amostra no plano focal determinado pelo controle Z. Os fluorocromos presentes neste ponto são então excitados e passam a emitir luz em um comprimento de onda maior. Essa luz emitida pelos fluorocromos é então detectada e passa por uma última lente que faz com que as ondas provenientes do ponto focal tenham passagem livre através do *pinhole* e atinjam o detector que digitaliza a imagem. A fatia óptica obtida do plano focal é bem fina (em torno de 0,35 μm) e a profundidade que o plano focal pode alcançar em amostras transparentes é de até 200 μm abaixo da superfície, enquanto que para amostras mineralizadas de esmalte e dentina a penetração máxima do laser (profundidade máxima do plano focal) é de 50 a 60 μm para os microscópios de fóton único. Entretanto, a maioria das imagens é feita de 5 a 25 μm abaixo da superfície, pois nessa região é mais difícil ocorrerem artefatos.

Alguns aspectos são essenciais para o correto funcionamento do microscópio. Primeiro, a abertura do *pinhole* não pode ser muito grande, para evitar a passagem de luz de regiões fora do plano focal, e nem muito pequena, para não eliminar a luz necessária para a formação da imagem. O preparo de amostra é normalmente simples, mas deve ser realizado o polimento das superfícies da amostra para facilitar a penetração da luz do laser e evitar a difusão de luz por rugosidades superficiais. O uso de água ou óleo para imersão dos espécimes facilita a propagação do laser e a correta penetração da luz na amostra. Enquanto que a imersão em água é importante para avaliações que podem ser prejudicadas com a contaminação com óleo, como avaliações de célula. No entanto, a imersão de tecidos dentais duros em óleo é preferencial, pois evita ganho e perda de água da amostra.

Um fator chave na utilização de fluorocromos é usar sempre concentrações muito baixas (0,01% a 0,3%). Com concentrações altas, alguns fenômenos podem ocorrer como, por exemplo, o *"quencing"* que é a perda de luminosidade (emissão de fluorescência) dos fluorocromos devido à grande quantidade deles que, quando excitados provocam forte emissão de luz no comprimento de onda maior. Essa emissão interfere na captação da luz do laser pelos fluoróforos de regiões mais profundas e circundantes. Assim, é comum observar imagens muito claras (brancas) e sem definição, ou mesmo ausência de imagem, pois grandes quantidades de corantes podem gerar sinais muito fortes para o detector e esse não iria gerar imagem. Os pesquisadores devem tomar muito cuidado na mistura de corantes aos espécimes para evitar altas concentrações e os efeitos negativos delas.

Os próximos tópicos deste capítulo vão descrever preparos e avaliações de amostras em Odontologia, principalmente relacionadas à interação de materiais dentários com tecidos dentais observadas em Microscopia Confocal de Varredura à Laser de Fóton Único.

9.2 ESTUDO DO CONTEÚDO ORGÂNICO/MINERAL E MORFOLOGIA DOS TECIDOS DENTAIS

9.2.1 Colágeno dentinário

O principal constituinte (90% em peso) da fase orgânica da dentina humana é o colágeno tipo I que é composto por fibrilas de aproximadamente 100 nm de diâmetro formando uma rede tridimensional ao redor e entre os túbulos dentinários.

O condicionamento ácido é usado na Odontologia Adesiva para expor uma fina camada (de 5 a 8 μm) de matriz de colágeno dentinário desmineralizado para infiltração de monômeros resinosos. Normalmente, de 1 a 3 μm dessa matriz de colágeno desmineralizado permanece conectada à dentina não afetada por ácido, e possui cristalitos de apatita residual na base da rede de colágeno desmineralizado. Esse mineral encontra-se entre as fibrilas colágenas e até com alguns remanescentes intrafibrilares que vão proteger o colágeno da degradação. A presença de água ao redor das fibrilas colágenas e na base da região desmineralizada impede a completa infiltração de resina. Isso pode resultar na degradação da matriz de colágeno desmineralizado e que não está efetivamente envolto por resina, prejudicando significamente a longevidade da união de restaurações com a dentina.

A natureza não destrutiva da microscopia confocal minimiza artefatos induzidos pela preparação e desidratação gerados pelas microscopias eletrônicas de varredura e de transmissão tradicionais. Particularmente, finas camadas de fibras colágenas parcialmente desnaturadas (ou desmineralizadas) são difíceis de serem preservadas no alto vácuo de técnicas de microscopia eletrônica de varredura, mesmo usando-se desidratação de ponto crítico ou com hexametil-dissilazano.

A microscopia confocal oferece a vantagem de mínimo preparo de amostra e avaliação de fibrilas de colágeno em condições normais de hidratação (espécimes úmidos). Além disso, diversas estratégias podem ser usadas *in vitro* em combinação com a Microscopia Confocal para melhor avaliar a degradação de fibrilas colágenas totalmente desmineralizadas, assim como fibrilas colágenas desprotegidas na interface de união entre resina e dentina.

Um método de degradação de colágeno pode ser feito criando-se palitos de dentina mineralizada (área na secção transversal de 1 mm²) obtidos de molares humanos. Estes podem ser usados nesta forma ou desmineralizados em solução de ácido fosfórico 10% (pH 1,0) por doze horas, ou desmineralizados em solução de EDTA 0,5 mol/L (pH 7,4) por seis dias. Todos os espécimes, antes da análise microscópica, devem ser avaliados para medir a "massa seca" com uma balança de precisão (0,01 mg) após oito horas de armazenagem em sulfato de cálcio anidro. Subsequentemente, os espécimes devem ser reidratados em soro (0,9% NaCl) contendo 10 U/mL de penicilina G e 300 μg/mL de estreptomicina (pH 7,0) por 24 horas, antes de qualquer outro processamento. Após isso, estresses mecânicos devem ser aplicados sobre os "palitos" de dentina usando equipamentos de ciclagem mecânica com 100 mil ciclos em uma frequência de 2 Hz e carga de 49 N, longitudinalmente nos palitos imersos em água destilada.

Outros palitos podem ser colocados em *eppendorfs* contendo saliva artificial preparada com 50 mmol/L de HEPES, 5 mmol/L de $CaCl_2.2H_2O$,

0,001 mmol/L de $ZnCl_2$, 150 mmol/L de NaCl, 100 U/mL de penicilina e 1000 μg/mL de estreptomicina (pH 7,2) por quatro semanas. Durante esse longo período, análises de ganho e perda de massa e de microscopia confocal podem ser realizadas em 24 horas, uma e quatro semanas.

9.2.2 Avaliação de Colágeno Pigmentado com Fluorocromos

Fatias de dentina (0,5 a 0,7 mm) podem ser obtidas da dentina coronal de molares humanos hígidos usando disco diamantado em máquina de corte de precisão. As amostras devem ser polidas usando lixas abrasivas de carbeto de silício (granulação 1200 a 4000) para produzir *"smear layer"* bem fina, a qual poderia ser removida com banho ultrassônico em água destilada por 10 minutos para expor a dentina intacta subjacente. Espécimes de dentina podem então ser condicionados com diferentes agentes quelantes ou ácidos e submetidos à análise em Microscopia Confocal auxiliada por fluorocromos para avaliar as características morfológicas induzidas pelo processo de desmineralização. Além disso, a mesma técnica pode ser usada para avaliar as mudanças morfológicas do colágeno induzidas por degradação subsequente aos métodos de envelhecimento, como a degradação enzimática por metalo-proteinases de matriz (MMPs) ou ciclos térmicos e mecânicos. Em detalhes, espécimes de dentina desmineralizados são imediatamente imersos em solução de corante (FITC, isotiocianato de fluoresceína) diluído em água/etanol (50/50% em volume) por quatro horas em 37 °C já que o FITC é capaz de pigmentar covalentemente o colágeno. Subsequente à imersão na solução de fluorocromos, os espécimes devem ser lavados copiosamente em água e levados a ultrassom com água deionizada por cinco minutos (Figura 9.4).

Esses espécimes podem ser submetidos à avaliação em Microscopia Confocal. Espécimes controle (não desmineralizados), assim como espécimes condicionados e submetidos a diferentes métodos de envelhecimento podem também ser preparados e processados como descrito previamente. A análise em microscopia confocal pode ser realizada usando-se um microscópio confocal de varredura a laser de fóton único como o SP-2 (Leica) equipado com uma lente de 63x/1.4 NA (*numeric apertura,* ou abertura numérica) com imersão em óleo e um laser de Argônio/Criptônio de 488 nm (comprimento de onda de excitação do FITC). A fluorescência de emissão, por sua vez, será detectada entre 512 e 538 nm de comprimento de onda. As imagens podem ser obtidas no microscópio a cada 1 μm dentro da

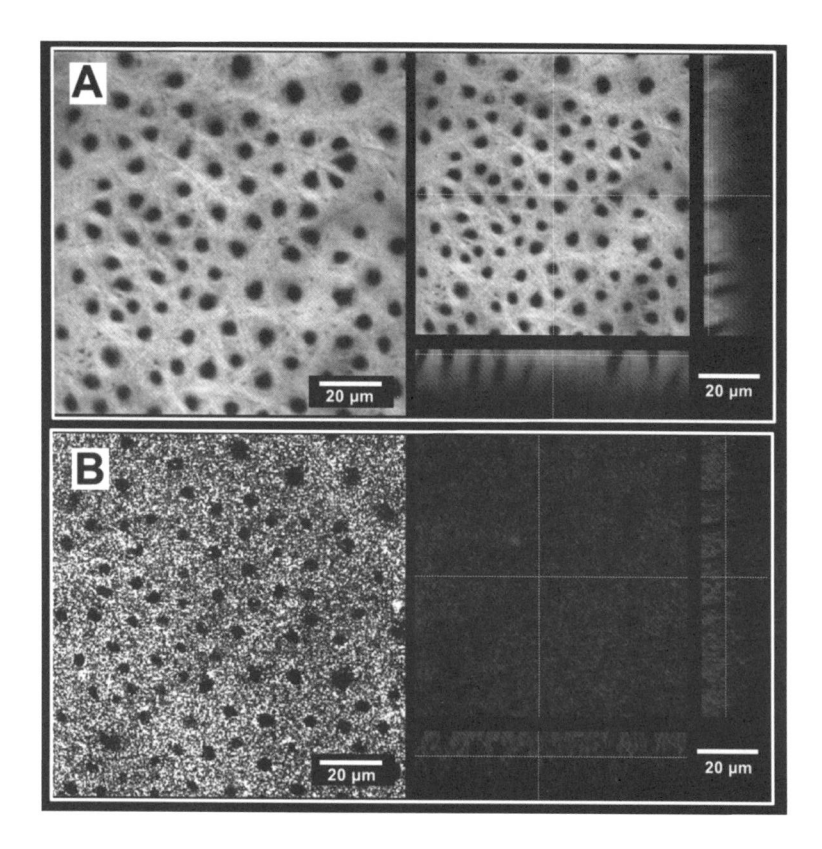

Figura 9.4 (A) Dentina condicionada com ácido fosfórico 34% e corada com isotiocianato de fluoresceína. Esse fluorocromo foi capaz de se unir às fibrilas colágenas expostas durante os procedimentos de condicionamento (quinze segundos), note a presença de muitos túbulos dentinários abertos. (B) O mesmo espécime com a dentina condicionada também foi analisada em modo de reflexão. É claro a presença das fibrilas de colágeno na dentina desmineralizada pelo condicionamento (por quinze segundos) e vários túbulos dentinários abertos.

amostra, tanto no eixo Z (*Z-stack*) como no eixo X (*X-stack*), seccionando oticamente a amostra em uma profundidade de 5 a 25 μm. Os escâneres em Z-*stack* e o X-*stack* podem ser arbitrariamente pseudocoloridos para melhor formatação em projeções únicas, ou imagens 3D usando o *software* de processamento do microscópio. É extremamente importante usar parâmetros e configurações padronizados (por exemplo, a potência do laser, o contraste e a abertura do *pinhole*) durante toda a investigação do projeto. Cada fatia de dentina ou colágeno necessita ser completamente avaliada e somente algumas micrografias representando as características mais comuns encontradas devem ser capturadas (feitas imagens).

9.2.3 Microscopia Confocal de Reflexão e Imuno-histoquímica do Colágeno

Após realizar o mesmo preparo de espécime como descrito na seção anterior, as amostras podem ser imersas em solução contendo 0,1% de albumina em tampão de fosfato com 0,1% de Tween 20 (Sigma Aldrich) por trinta minutos para bloquear sítios de ligação não específicos. Os espécimes são subsequentemente lavados por cinco minutos em solução tampão de fosfato e armazenados em estufa durante a noite usando anticorpos monoclonais tipo I de colágeno como o Clone Col-1 (Sigma Aldrich) na concentração de 1:50. Os espécimes são então lavados por quinze minutos em solução tampão de fosfato contendo 0,1% Tween 20 e imediatamente incubados em estufa com anticorpos secundários diluídos em 1:100. Um exemplo desse anticorpo secundário é o anti-mouse IgG conjugado com um corante fluorescente específico como o Alexa Fluor 568 (Molecular Probes). Essa última imersão é feita em temperatura ambiente por uma hora. Controles negativos imuno-histoquímicos precisam ser obtidos ao omitir o anticorpo primário do protocolo de pigmentação. Subsequentemente, a microscopia confocal pode ser realizada usando um laser com 561 nm de comprimento de onda para excitação e a emissão dos fluorocromos será em 603 nm, com um filtro de ampla passagem.

Também nesse caso, o Z-*stack* com seccionamentos ópticos a cada 1 μm até uma profundidade de 20 a 30 μm abaixo da superfície, ou até 40-60 μm usando-se um microscópio multifóton em 780 nm com laser de titânio-safira. Projeções únicas e imagens tridimensionais podem ser criadas da fluorescência do colágeno pigmentado com anticorpos. As projeções únicas de vários escâneres facilitam a melhor visualização da área estudada dentro de toda a espessura selecionada. Novamente, as configurações do sistema devem ser padronizadas durante a avaliação de todos os espécimes. Outro canal do microscópio pode ser utilizado para fazer imagens de espécimes não pigmentados com fluorocromos, que é o método de reflexão. Em resumo, as amostras tratadas de forma diferente podem ser submetidas à análise em microscopia confocal usando um laser com 488 nm (por exemplo, laser de argônio/criptônio) para "excitação" e nenhum filtro de emissão para obter a reflexão da área no plano focal.

Em ambos os casos (imagens de fluorescência e reflexão), uma análise estatística semiquantitativa pode ser realizada usando três imagens representativas de cada fatia de dentina. Pode ser utilizado o seguinte critério para determinar a degradação do colágeno após métodos de degradação (envelhecimento):

1) Ausência completa de fibrilas colágenas;
2) Presença de colágeno remanescente dentro dos túbulos dentinários;
3) Presença de colágeno remanescente na superfície de dentina intertubular e dentro dos túbulos dentinários;
4) Remanescentes de colágeno intacto desmineralizado na superfície de dentina e dentro dos túbulos;
5) Rede de fibrilas colágenas intacta.

Cada imagem de uma fatia de dentina pode ser considerada como uma unidade estatística e um único valor avaliado por dois examinadores "cegos" no estudo para todas as imagens e grupos. Os dados podem ser analisados estatisticamente com testes específicos como a análise de Pearson, normalmente com nível de significância de 5%.

9.2.4 Pigmentação de Cálcio com Fluorocromos em Colágeno Des/Remineralizado

O uso de materiais bioativos que interagem com tecidos dentais e ósseos duros através de efeitos terapêuticos e protetores podem promover meios adequados para reduzir a degradação do colágeno dentinário e aumentar a longevidade da união de resina-dentina. Cimentos de fosfato de cálcio misturados com resina têm sido utilizados como potenciais materiais restauradores e de base (*liner*) terapêuticos devido às suas habilidades em induzir remineralização de dentina afetada por cárie. Além disso, materiais alternativos com alta liberação de íons cálcio, hidroxila e fosfato, dentro e abaixo da camada híbrida, podem oferecer uma contribuição adicional para a remineralização da dentina afetada por cárie. Partículas de fosfosilicato de cálcio (por exemplo, o biovidro 45S5) assim como de silicatos de cálcio (como o cimento de Portland) têm sido avocadas como materiais biocompatíveis e regeneradores ósseos com excelente habilidade para induzir a precipitação de fosfato de cálcio e, subsequentemente cristalização de hidroxiapatita quando imersos em fluidos corporais simulados livres de proteína ou saliva artificial (Figura 9.5). Tais silicatos são comumente empregados na Odontologia para remineralização *in situ* dos tecidos dentais (esmalte e dentina). Entretanto, novos cimentos odontológicos têm sido desenvolvidos para promover precipitação de mineral na dentina afetada por cárie residual. O desenvolvimento de materiais restauradores resinosos fotopolimerizáveis terapêuticos para aderir e remineralizar tecidos dentais, parcial ou totalmente desmineralizados, ainda é um dos maiores objetivos da pesquisa científica de biomateriais dentários. Atualmente, existem poucos materiais adesivos bioativos fotopolimerizáveis no mercado que consigam preencher completamente dois pré-requisitos fundamentais para prevenir a degradação das interfaces de união entre resina e dentina e aumentar a longevidade através de (1) substituir a fase mineral da dentina para proteger o colágeno da biodegradação; (2) reduzir as regiões preenchidas por água na interface de união (micro e nanoporosidades). A realização de tal objetivo em desenvolver novos materiais terapêuticos para Dentística Restauradora e Conservadora pode ser conseguida pela incorporação de partículas bioativas (biomiméticas) na composição dos materiais resinosos odontológicos, que poderia promover a troca de íons com os sistemas biológicos e iniciar o processo reparador através da deposição de apatita nos tecidos dentais parcial ou totalmente desmineralizados, quando em contato com saliva artificial.

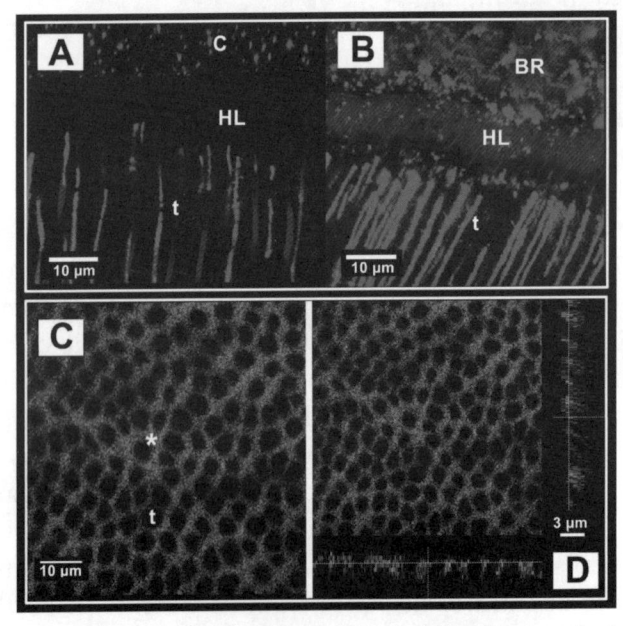

Figura 9.5 (A) Área de união resina-dentina formada após condicionamento com ácido fosfórico e uso de adesivo de três passos "etch-and-rinse". É possível notar cores vermelho e azul, mas a camada híbrida (HL) não se apresenta corada e sem a formação do complexo fluorescente *xylenol orange*-cálcio. Somente dentro dos túbulos dentinários (t) é possível notar esse complexo, formado após um período superior a três meses de armazenamento em saliva artificial. (B) Área de união resina-dentina formada após condicionamento com ácido fosfórico e uso de adesivo de três passos "etch-and-rinse" contendo partículas de carga de vidros bioativos (BR). É possível notar as colorações vermelha e azul na camada híbrida (HL), mostrando que tem a presença do complexo fluorescente *xylenol orange*-cálcio formado devido à precipitação de fosfato de cálcio após um período superior a três meses de armazenamento em saliva artificial. (C) Amostra de dentina condicionada com ácido fosfórico 35% foi corada com *xylenol orange* (*) e analisada em microscopia confocal para avaliar minerais residuais na dentina desmineralizada (t: túbulos dentinários). (D) Note no eixo Z, a presença de uma fina camada do complexo fluorescente *xylenol orange*-cálcio (~3-4 µm) criada durante o condicionamento ácido (por quinze segundos) e também túbulos dentinários abertos.

Mais uma vez, a microscopia confocal auxiliada por fluorocromos representa uma ótima alternativa não destrutiva na avaliação da remineralização da rede de fibrilas colágenas na dentina desmineralizada; essa metodologia deve ser acompanhada de outras análises mais específicas como a difração de raios X, a microscopia eletrônica de transmissão, a espectroscopia micro--Raman e a espectroscopia infravermelha com transformada de Fourier (FTIR, do inglês, *Fourier transform infrared spectroscopy*) para confirmar a natureza das espécies minerais precipitadas na dentina. O uso de fluorocromos quelantes de cálcio específico, como *xylenol orange*, tetraciclina, calceína e muitos outros, podem ser utilizados como pigmentação simples ou com outros fluorocromos (dupla ou tripla pigmentação) já que eles permanecem fixados aos tecidos calcificados até que os minerais sejam removidos do espécime. O corante *xylenol orange* é empregado, geralmente em estudos de remineralização óssea devido a sua habilidade de formar complexos bivalentes com íons cálcio.

9.2.5 Pigmentando Cálcio com Fluorocromos na Interface Resina-Dentina

Espécimes de dentina restaurados podem ser preparados como descrito previamente, com cada resina adesiva (*"primer"* ou *"Bond"*) misturada com 0,1% em peso de Amarelo de Lúcifer B (Sigma Aldrich) e, cortados longitudinalmente à interface adesiva, para obter fatias de resina-dentina (0,7 a 1 mm). As fatias podem ser armazenadas em meios diferentes, como descrito acima, ou após a aplicação imediata de duas camadas de verniz para unha aplicado em todo o espécime deixando somente 1 mm da interface adesiva descoberto. Os espécimes são então imersos em solução aquosa contendo 0,5% em peso de *xylenol orange* por 24 horas em 37 °C (pH 7,2). Subsequentemente, os espécimes devem ser colocados em banho ultrassônico por três minutos e polidos com lixas de carbeto de silício em granulações ascendentes (de 1200 a 4000) com água corrente e em equipamento para polimento metalográfico, como a Meta-Serv 3000 (Grinder-Polisher; Buehler). Um banho ultrassônico final por cinco minutos é realizado para concluir o preparo de amostra para microscopia confocal que pode ser feita usando lentes de imersão em óleo.

O *xylenol orange* deve ser excitado em 568 nm usando laser de criptônio, enquanto que o laser de argônio/criptônio (488 nm) é usado para excitar o amarelo de Lúcifer com emissão de fluorescência em 512-538 nm para avaliar, simultaneamente a morfologia da interface resina-dentina (penetração de resina) e a precipitação de mineral. Nesse caso, também, imagens de microscopia confocal podem ser obtidas com imagens no eixo z a cada 0,5 a 1 μm para seccionar opticamente os espécimes até uma profundidade de 20 a 25 μm abaixo da superfície usando um microscópio confocal de fóton único. As leituras no eixo z podem ser pseudo-coloridas e sobrepostas em uma projeção única, como já descrita, ou em projeções 3D usando o *software* de processamento de imagem do microscópio. Novamente, as configurações do sistema devem ser padronizadas e usadas durante todo o estudo. Cada espécime deve ser completamente analisado e, após isso, pelo menos cinco imagens podem ser capturadas. Finalmente, micrografias representando as características mais comuns na interface adesiva podem ser selecionadas para uma análise estatística adicional[8].

9.2.6 Pigmentando Cálcio com Fluorocromos na Dentina

Superfícies planificadas de dentina coronal devem ser preparadas a partir de molares humanos livres de cárie, usando máquinas de corte de precisão como a Accutom-50 (Struers) equipada com um disco diamantado em baixa rotação e refrigeração à água. As raízes devem ser seccionadas 1 mm abaixo da junção cemento-esmalte. A superfície plana de dentina coronária deve ser polida com lixas de carbeto de silício (granulação 320 ou 600) com refrigeração à água por 30 segundos para criar uma *smear layer* padronizada e clinicamente relevante. Os espécimes foram divididos em diferentes grupos baseados nos materiais e estratégias associadas ao projeto. Discos de dentina com diâmetro (4 mm) e espessura (1 mm) padronizados podem ser preparados enquanto discos semelhantes do material podem ser confeccionados para o protocolo de remineralização. Discos de material sem partículas bioativas podem ser usados como controle.

Após isso, os espécimes podem ser condicionados com ácido orto-fosfórico a 37% por quinze segundos para criar uma camada de colágeno dentinário desmineralizado similar ao criado durante o uso de sistemas adesivos odontológicos de técnica úmida, ou dentina submetida ao processo de ciclagem de pH (des/remineralização) para criar lesões de cárie artificial. Os espécimes de dentina desmineralizados e os discos do material são mantidos em íntimo contato com elásticos ortodônticos ou pinças estáticas. Após a armazenagem, as amostras são incluídas em resina epóxica e seccionadas nas metades para obter fatias de dois milímetros. Uma metade de cada espécime é imediatamente imersa na solução de *xylenol orange* em 0,5% em peso por 24 horas em 37 °C (pH 7,2), enquanto que a outra metade pode ser armazenada em fluido corporal simulado por diferentes períodos (30, 60, 90 dias) e, então imersos na solução de *xylenol orange*. Subsequentemente, as fatias são tratadas com banho ultrassônico por cinco minutos e processadas para avaliação em microscopia confocal. Um microscópio confocal de varredura a laser pode ser usado com os mesmos parâmetros descritos previamente para seccionar os espécimes até uma profundidade de 20 µm abaixo da superfície usando cortes no eixo z, a cada 0,5 ou 1 µm. Novamente, as imagens podem ser compiladas em projeção única ou em projeções 3D. A configuração do sistema deve sempre ser mantida padronizada durante toda a análise.

9.2.7 Microscopia Confocal de Topografia Via Refletância e Fluorescência de Corantes

Molares humanos sadios podem ser usados fazendo-se fatias de dentina de 0,5 a 1 mm em dentina de profundidade média com a máquina de corte e o disco diamantado. Esses espécimes podem ser seccionados em duas partes para serem divididos aleatoriamente em diferentes grupos, de acordo com o número de materiais e o desenho experimental do projeto.

As fatias de dentina devem ser polidas com lixas de granulação 500 por trinta segundos para criar *smear layer* padronizada. Neste ponto, metade dos espécimes pode ser condicionada com diferentes agentes ou sem tratamento para serem analisados através de microscopia confocal de topografia de refletância e de fluorescência de corantes. Resumidamente, lentes com imersão em óleo (preferencialmente) devem ser usadas com laser de argônio/criptônio (488 nm). A luz refletida pode ser detectada por um tubo fotomultiplicador usando filtros de ampla passagem, enquanto a autofluorescência do colágeno pode ser detectada usando filtros de curta passagem (500 a 520 nm). Também, neste caso, leituras a cada 0,5 ou 1 µm devem ser realizadas no processo para seccionar o espécime até uma profundidade de 20 a 25 µm. O escâner no eixo z pode ser convertido em pseudocor para melhor visualização e sobrepostas às várias leituras para formar uma projeção única (não recomendado) ou projeções topográficas, usando o *software* do microscópio.

Normalmente, o *software* também consegue calcular a rugosidade e a perfilometria dos resultados nos espécimes que receberam diferentes tratamentos. Em um projeto fictício, neste ponto, os mesmos espécimes poderiam ser tratados com agentes dessensibilizadores e, novamente processados para avaliação no microscópio confocal com, pelo menos cinco imagens ópticas no eixo z. Essas imagens podem ser representativas das características da superfície tratada ou pode ser feito a contagem de túbulos ocluídos resultantes dos diferentes tratamentos. Isso poderia ser calculado e expressado como porcentagem do número máximo de túbulos abertos em cada espécime. A capacidade de ocluir túbulos (%) poderia ser calculada antes e após diversos tratamentos, dessa forma o mesmo espécime serviria como seu próprio controle. Uma análise estatística poderia ser feita com esses resultados. Também é possível usar a reflexão da microscopia confocal de topografia para investigar a rugosidade e perfil de espécimes de esmalte submetidos a diferentes procedimentos clínicos como jateamento e outros procedimentos profiláticos (Figura 9.6).

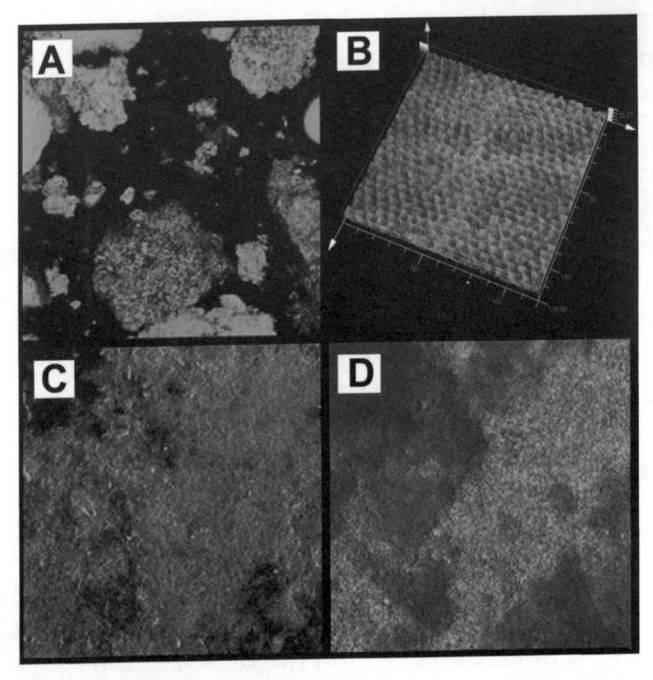

Figura 9.6   (A) Nesta imagem é mostrado como é possível corar estruturas com o xylenol orange e mostrar em 3-D partículas abrasivas de silicato de cálcio. (B) Esmalte erodido com ácido cítrico por dois minutos, sendo a imagem obtida em modo de reflexão. o modo z-stack de varredura foi convertido em imagem topográfica, em que é possível observar prismas de esmalte expostos. (C) Nesta figura é possível observar a amostra de esmalte erodido com ácido cítrico por dois minutos e subsequente tratamento com partículas de silicato de cálcio, previamente corada com xylenol orange. Nota-se que no modo de fluorescência como as partículas coradas com xylenol orange permaneceram unidas ao esmalte, sendo um potencial agente de remineralização. (D) A figura mostra a mesma amostra observada na Figura 9.3C no modo de reflexão. alterações morfológicas e a formação de smear layer induzidas pelo tratamento polidor a ar podem ser observadas e comparadas com a Figura 9.3C.

9.3 USO DA MICROSCOPIA CONFOCAL DE VARREDURA A LASER NA ODONTOLOGIA RESTAURADORA E ESTÉTICA

Na Odontologia, a Microscopia Confocal Laser tem sido uma ferramenta importante no ensino e nas pesquisas realizadas pelas áreas clínicas e básicas. Nas áreas clínicas como a Dentística Operatória, o microscópio Confocal tem sido utilizado na análise da área de união entre o material restaurador e o esmalte ou a dentina, assim como, na avaliação de todos os tratamentos das estruturas dentais com os materiais dentários[12-14]. Ao contrário das técnicas de microscopia eletrônica de varredura, as análises utilizando microscopia confocal laser permitem visualizar componentes de sistemas adesivos, resinas compostas e cimentos resinosos isoladamente na interface de união, uma vez que diferentes marcadores fluorescentes são adicionados em cada componente utilizado no processo de adesão. Além disso, essa técnica permite também a realização de análises da micropermeabilidade da camada híbrida formada por diferentes sistemas adesivos, por meio da adição de marcadores fluorescentes na câmara pulpar[15,16].

As investigações da área de união dentina-restauração têm sido um dos principais alvos dos estudos em microscopia confocal, pois algumas informações somente são obtidas com esse tipo de microscopia. A utilização deste método para análise da interface de união de compósitos e sistemas adesivos em dente foi descrita pela primeira vez em 1987, por Watson e Boyde[17]. A adesão dos materiais odontológicos tem sua importância clínica visto que, substituições consecutivas das restaurações causam prejuízo severo na estrutura dental e na viabilidade e longevidade do órgão dental. Por muitos anos, as restaurações adesivas estéticas eram questionadas quanto à sua durabilidade clínica, principalmente quando eram comparadas às restaurações de amálgama[18]. Vários tipos de microscopias têm sido empregados na avaliação das uniões formadas entre o dente e os materiais restauradores adesivos, e os estudos do mecanismo de união utilizando microscópios, juntamente com o desenvolvimento de novos materiais dentários e técnicas operatórias, têm ajudado no aumento significativo da durabilidade e eficiência dessa união dentina-resina, em restaurações diretas e cimentações.

9.3.1 Estudo de Micropermeabilidade

A área de união entre a dentina e os sistemas adesivos, tem sido estudada quanto às estruturas formadas e o selamento promovido pelo adesivo no tecido dentinário, o qual é muito poroso. Os adesivos têm apresentado altos valores de resistência de união à dentina, mas a qualidade do selamento dos túbulos dentinários ainda é crítica. Essa avaliação é importante, pois está relacionada à longevidade da restauração. No estudo de Cantanhede de Sá e colaboradores[19], foi identificado perda de selamento dentinário do dente restaurado após seis meses de armazenamento em água, utilizando o método para estudar a permeabilidade dentinária sugerido por Sauro e colaboradores[20].

O estudo da micropermeabilidade dentinária tem a finalidade de avaliar a infiltração de agentes fluorescentes nas estruturas da união pela indução de pressão intrapulpar em um aparelho de permeabilidade dentinária[21,22]. É possível observar a infiltração dos corantes, como o Amarelo de Lúcifer na camada do adesivo e nos "*tags*" de resina formados no interior dos túbulos dentinários (Figura 9.7), entretanto, não houve difusão do corante na resina composta. Para produção dessa figura foi utilizado um adesivo do tipo "*etch-and-rinse*" que contém HEMA, Bis-GMA e copolímero (Single Bond Plus, 3M ESPE). Na solução desse adesivo foi adicionado o corante rodamina B (cor vermelha). Após o condicionamento com ácido fosfórico por quinze segundos, o adesivo preparado com o corante foi aplicado na dentina úmida de terceiros molares. O dente foi restaurado com resina composta imediatamente após o procedimento adesivo. Os dentes foram submetidos à pressão pulpar de 20 cm de coluna de água contendo o corante Amarelo de Lúcifer e posteriormente levadas à cortadeira metalográfica de precisão para realização dos cortes e obtenção dos espécimes em formato de fatias. O corante Amarelo de Lúcifer foi utilizado, pois apresenta boa solubilidade em água e baixo peso molecular quando comparados a outros agentes fluorescentes.

9.3.2 Estudo dos Efeitos do Laser de Er: YAG na Adesão

Lasers de alta potência têm sido utilizados na remoção de tecido dental cariado, produzindo técnicas conservadoras e mais eficientes que os tradicionais instrumentos rotatórios. Entretanto, a aplicação desses lasers de alta potência produz alteração significativa da dentina, o que prejudica a união dos sistemas adesivos. O uso da Microscopia Confocal de Varredura a Laser tem sido útil na explicação da redução da resistência de união resina-dentina irradiada.

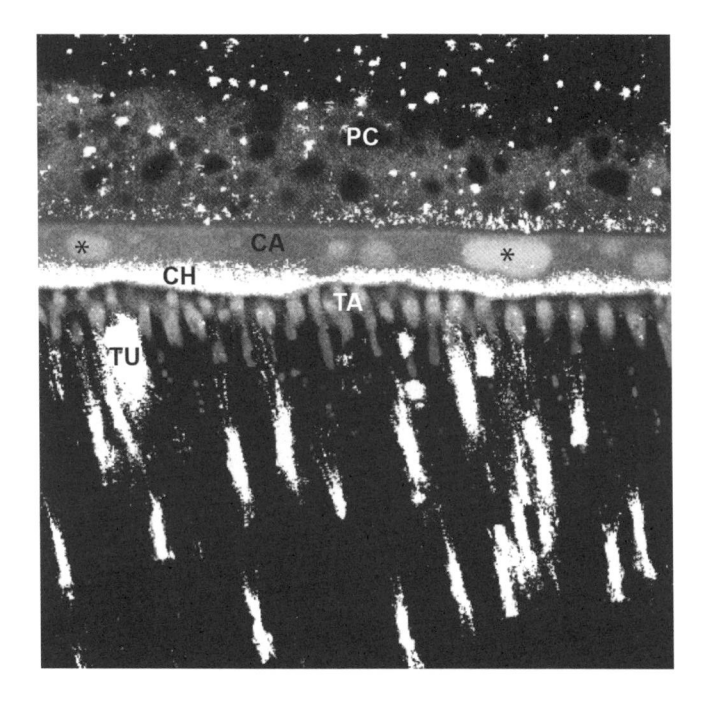

Figura 9.7 Área de união: resina composta, adesivo e dentina, utilizando a Microscopia Confocal de Varredura a Laser (Leica TCS SP5 AOBS, Leica Microsystems). CH (camada híbrida), TU (túbulo dentinário), TA ("*tag*" de resina), CA (camada de adesivo), PC (partícula de carga), * (Separação de fase). O corante Amarelo de Lúcifer pode ser observado na CA e nos TA, entretanto pouco infiltrado em direção à resina composta.

Agradecimentos à Eleine Ap. Orsini Narvaes (Técnica do CMI) e ao Prof. Dr. Pedro Duarte Novaes, Coordenador do Centro de Microscopia e Imagem da FOP-UNICAMP.

No estudo de Oliveira e colaboradores[23], foi possível observar as estruturas dentais 10 μm abaixo da sua superfície, utilizando objetiva com imersão em óleo. Terceiros molares humanos tiveram a superfície dentinária irradiadas com laser de Er:YAG (Kavo Key Laser) com comprimento de onda de 2,94 μm, largura de pulso 250-500 μseg, peça de mão 2065, 180 mJ/pulso e taxa de repetição de 10 Hz. O laser foi aplicado perpendicularmente numa distância de 12 mm da superfície dentinária.

O adesivo utilizado Clearfil SE Protect (Kuraray Noritake Dental Inc.), um adesivo autocondicionante de dois passos, foi utilizado na confecção da amostra fotografada e apresentada na Figura 9.8. No "*Primer*" foi adicionado o corante fluoresceína (0,925 mg/mL) e no "*Bond Resin*" a rodamina B (26,5 mg/mL). Na Figura 9.8 nota-se predominância da cor vermelha do "*Bond Resin*", que foi misturado ao "*Primer*". Verifica-se também que a superfície da dentina irradiada é irregular, com formação de *"tags"* de resina nos túbulos dentinários, mas sem formação de camada híbrida em algumas regiões da interface, enquanto outras regiões apresentavam penetração do adesivo em camadas mais profundas da dentina irradiada. A ablação da dentina promovida pela ação do laser formou uma superfície rugosa e o efeito do laser prejudicou a hibridização dentinária em algumas regiões, sendo esses achados importantes para o melhor entendimento da união aos tecidos dentais irradiados com lasers.

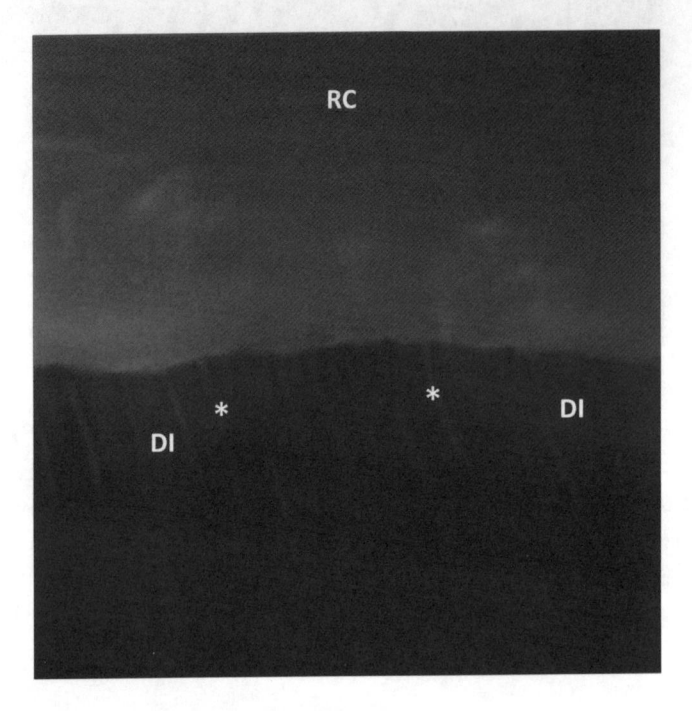

Figura 9.8 Área de união: resina composta, adesivo Clearfil SE Protect e dentina irradiada com laser de Er:YAG 180 mJ, utilizando a Microscopia Confocal de Varredura a Laser (LSM 510 Confocal Microscope, Carl Zeiss Inc.). DI (dentina irradiada com laser de Er:YAG com penetração do adesivo), * (*"tag"* de resina), RC (resina composta). Não foi observada formação de hibridização em algumas regiões do tecido irradiado com a aplicação de um *"primer"* autocondicionante, enquanto outras apresentavam penetração do agente de união em regiões mais profundas da DI. Devido à ablação do tecido dentinário, uma superfície irregular foi produzida.

Agradecimento ao Prof. Frederick A. Rueggeberg e Katsuya Miyake da Georgia Regents University, Augusta, GA, USA e ao Prof. Dr. Marcelo Tavares de Oliveira da Universidade Nove de Julho, São Paulo, SP.

9.3.3 Estudos de cimentações adesivas

As cimentações de peças protéticas no passado eram realizadas com cimentos de fosfato de zinco, policarboxilato e ionomérico, entretanto para as novas peças protéticas sem estrutura metálica, a melhor indicação de cimento é o resinoso. O uso do cimento resinoso tem aumentado em função da maior indicação de próteses estéticas, como as coroas, facetas e "*onlays*", as quais são fixadas com materiais adesivos à base de resina. A área de união entre o material protético e a dentina tem sido estudada, pois essa região tem relação direta com a integridade e durabilidade clínica da restauração indireta. O modo como ocorre a penetração dos monômeros de sistemas adesivos e cimentos resinosos interagem com a dentina é de fundamental importância para o sucesso da restauração. Neste contexto, entre as técnicas de microscopia disponíveis, apenas a Microscopia Confocal Laser permite observar a maneira como os monômeros penetram no interior da dentina, uma vez que diferentes marcadores fluorescentes são adicionados na composição de sistemas adesivos e cimentos resinosos para esta técnica de análise[7,12-14].

Por meio da utilização da Microscopia Confocal Laser, Arrais e colaboradores[7] puderam observar a interação entre cimento resinoso e a camada de adesivo aplicada em dentina, característica esta não observada em outras técnicas de análise de imagens. No estudo, quando o adesivo não foi fotoativado, o cimento resinoso infiltrou-se além da camada de adesivo e conseguiu atingir os túbulos dentinários. A importância clínica disso é que monômeros hidrófobos, provenientes dos cimentos, podem melhorar a qualidade do polímero formado nas estruturas da união: camada de adesivo, camada híbrida e "*tags*" de resina. Se o adesivo estivesse polimerizado, não seria possível a penetração do cimento na área de união. Na Figura 9.9, o adesivo não foi fotoativado previamente à aplicação do cimento resinoso, isso permitiu a mistura dos materiais (cimento resinoso e adesivo). Essas observações são informações importantes e a Microscopia Confocal de Varredura a Laser pode comprovar tais evidências científicas.

No adesivo "*Bond 1 primer/adhesive resin*" (Pentron Corp.) foi adicionado o corante fluoresceína (160 µg/mL) e na pasta base do cimento resinoso (Lute-it, Pentron Corp.) foi adicionado o corante rodamina B (0,32 µg/mL). As imagens foram obtidas no modo fluorescente e as estruturas observadas estavam 10 µm abaixo da superfície do espécime, com imersão da objetiva em óleo.

9.3.4 Estudos dos efeitos da ciclagem de pH e clareadores dentais no esmalte

O esmalte dental também pode ser estudado e avaliado com a Microscopia Confocal de Varredura a Laser. Os efeitos do condicionamento com

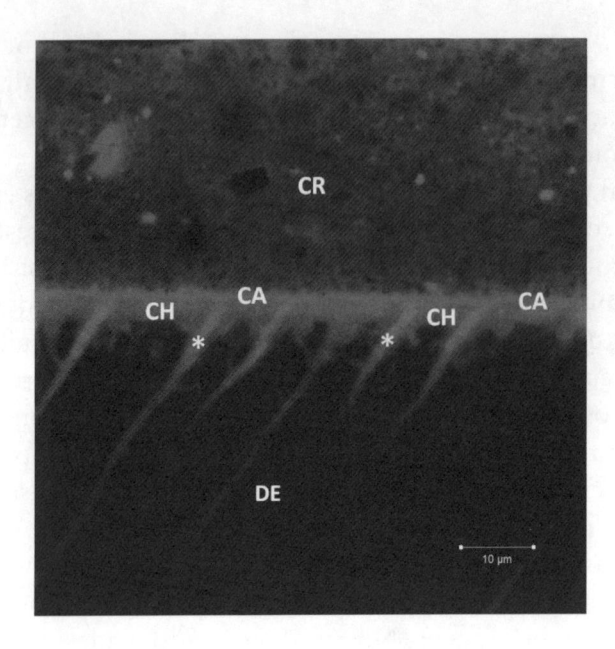

Figura 9.9 Área de união: cimento resinoso (CR), camada híbrida (CH), adesivo (CA) e a dentina (DE), utilizando a Microscopia Confocal de Varredura a Laser (LSM 510 Confocal Microscope, Carl Zeiss Inc.) (* "*tag*" de resina). Observa-se a penetração do adesivo na dentina e nos túbulos dentinários formando a CH e os "*tags*" de resina, respectivamente. A hibridização (CH) da dentina está na cor verde. A aplicação do adesivo, além de forma a CH, criou uma camada acima dela que se une ao CR. Uma vez que os materiais (adesivo/verde e cimento resinoso/vermelho) não foram fotoativados, eles mostraram-se bem misturados na CA e nos "*tags*" de resina, principalmente na embocadura do túbulo. Menor mistura dos monômeros hidrófobos do CR na CH é notada.

Agradecimento ao Prof. Frederick A. Rueggeberg, Georgia Regents University, Augusta, GA, USA.

ácido fosfórico, a desmineralização promovida por protocolos de formação de lesões de mancha branca e outros tipos de lesões artificiais superficiais ou incipientes e até lesões cavitadas são objetivo de estudo do esmalte dental humano em Odontologia.

O trabalho de Berger e colaboradores[24] avaliou os efeitos da indução de cárie artificial por meio da solução desmineralizante (3,12 mL/mm²; composição: 1,4 mM Ca, 0,9 mM P, 0,05 M tampão acetato, pH 5,0) e remineralizadora (1,56 mL/mm²; composição: 1,5 mM Ca, 0,9 mM P, 0,1 M tampão Tris, pH 7,0) por 8 e 16 horas, respectivamente. Entre as soluções, as amostras eram lavadas com água deionizada. Esse protocolo é uma ciclagem de pH, que tenta simular condições de desafio cariogênico, importantes nos estudos em Cariologia e Bioquímica Oral (Figura 9.10A). O protocolo produziu desmineralização superficial e subsuperficial (até aproximadamente 80 μm em profundidade), os quais representam os locais impregnados com o corante rodamina, mas não produziu cavitação na superfície. Na Figura 9.10B, observam-se os efeitos da aplicação de um agente clareador (peróxido de hidrogênio 7,5%, DayWhite ACP, Discus Dental) contendo fosfato de cálcio amorfo (ACP), que tende a reduzir a desmineralização superficial do esmalte dental hígido. Foram feitas duas aplicações diárias por trinta minutos cada, sendo o tratamento realizado por catorze dias. No final do clareamento, o corante penetrou através da superfície até a subsuperfície, entretanto regiões adjacentes apresentaram-se intactas e sem impregnação da rodamina, as quais parecem não terem sido afetadas pelo tratamento clareador.

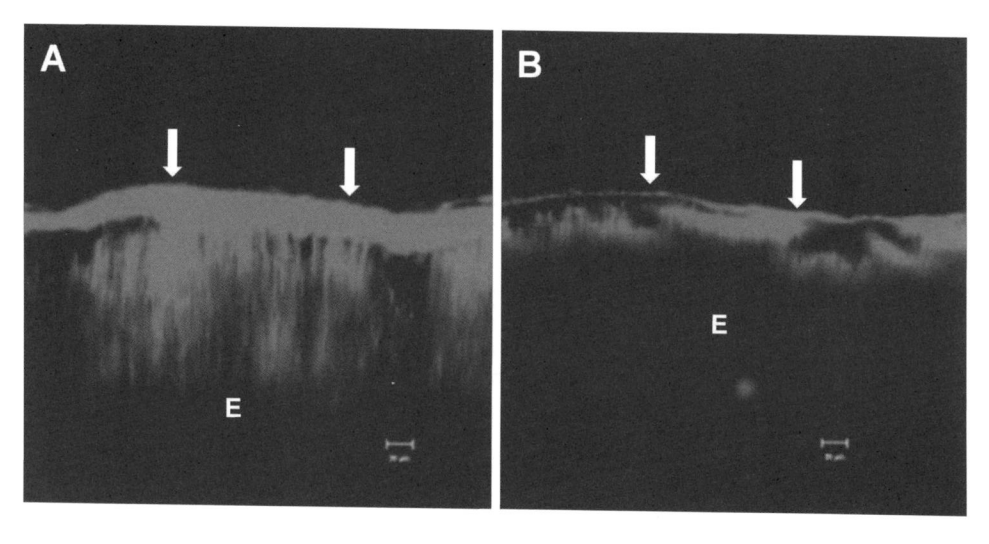

Figura 9.10 (A) Penetração da rodamina B (0,1 mM) no esmalte (E) submetido a um protocolo de formação de cárie incipiente artificial. O corante difundiu-se pelo esmalte até a profundidade de aproximadamente 80 μm. (B) Efeitos do tratamento clareador no esmalte dental com peróxido de hidrogênio (7,5%) durante catorze dias. Observam-se áreas com impregnação do corante vermelho, que podem representar microporosidades causadas pelo clareamento e outras com ausência de penetração da rodamina, que representam áreas não afetadas pelo gel clareador. As setas indicam o local da aplicação dos tratamentos do esmalte (barra de proporção de 20 μm).

Agradecimento à Profa. Dra. Ana Karina Bedran-Russo do Departamento de Odontologia Restauradora, da University of Illinois at Chicago (LSM 510 Confocal Microscope, Carl Zeiss Inc.).

9.4 CONCLUSÃO E PERSPECTIVAS FUTURAS

A Microscopia Confocal de Varredura a Laser é uma ferramenta importante nos estudos dos materiais odontológicos e suas interações com os tecidos dentais. Além de novos materiais odontológicos, os atuais materiais dentários são modificados constantemente e precisam ser avaliados. Esse tipo de microscopia produz informações inéditas e será um método explorado por muito tempo, pois seus resultados podem melhorar a qualidade dos materiais, a prática clínica odontológica e o entendimento das estruturas do órgão dental.

REFERÊNCIAS

1. Klar TA, Jakobs S, Dyba M, Egner A, Hell SW. Fluorescence microscopy with diffraction resolution limit broken by stimulated emission. Proc Natl Acad Sci USA. 2000 Jul 18;97(15):8206-10.
2. Collings DA. Subcellular localization of transiently expressed fluorescent fusion proteins. Methods Mol Biol. 2013;1069:227-58.
3. Watson TF, Pilecki P, Cook RJ, Azzopardi A, Paolinelis G, Banerjee A, et al. Operative dentistry and the abuse of dental hard tissues: confocal microscopical imaging of cutting. Oper Dent. 2008 Mar-Apr;33(2):215-24.
4. Zaluzec NJ. Scanning Confocal Electron Microscopy. Microsc Microanal. 2007 Aug;13(Suppl S02):1560-1.
5. Wang Y, Zhang L, Pan Y, Chen L, Weintraub N, Tang Y. Identification of stem cells after transplantation. Methods Mol Biol. 2013;1036:89-94.
6. Stojicic S, Shen Y, Haapasalo M. Effect of the source of biofilm bacteria, level of biofilm maturation, and type of disinfecting agent on the susceptibility of biofilm bacteria to antibacterial agents. J Endod. 2013 Apr;39(4):473-7.
7. Arrais CA, Miyake K, Rueggeberg FA, Pashley DH, Giannini M. Micromorphology of resin/dentin interfaces using 4th and 5th generation dual-curing adhesive/cement systems: a confocal laser scanning microscope analysis. J Adhes Dent. 2009 Feb;11(1):15-26.
8. Feitosa VP, Bazzocchi MG, Putignano A, Orsini G, Luzi AL, Sinhoreti MA, et al. Dicalcium phosphate (CaHPO4.2H2O) precipitation through ortho- and meta-phosphoric acid-etching: Effects on the durability and nanoleakage/ultra-morphology of resin-dentine interfaces. J Dent 2013 Nov;41(11):1068-80.
9. Sauro S, Watson TF, Mannocci F, Miyake K, Huffman BP, Tay FR, et al. Two-photon laser confocal microscopy of micropermeability of resin-dentin bonds made with water or ethanol wet bonding.J Biomed Mater Res B Appl Biomater. 2009 Jul;90(1):327-37.
10. Bostanci N, Thurnheer T, Aduse-Opoku J, Curtis MA, Zinkernagel AS, Belibasakis GN. Porphyromas gingivalis regulates TREM-1 in human polymorphonuclear neutrophils via its gingipains. PLoS One. 2013 Oct 4;8(10):757-84.
11. Carnevale G, Riccio M, Pisciotta A, Beretti F, Maraldi T, Zavatti M, et al. In vitro differentiation into insulin-producing β-cells of stem cells isolated from human amniotic fluid and dental pulp. Dig Liver Dis. 2013 Aug;45(8):669-76.

12. D'Alpino PH, Pereira JC, Svizero NR, Rueggeberg FA, Pashley DH. Factors affecting use of fluorescent agents in identification of resin-based polymers. J Adhes Dent. 2006 Oct;8(5):285-92.

13. D'Alpino PH, Pereira JC, Svizero NR, Rueggeberg FA, Pashley DH. Use of fluorescent compounds in assessing bonded resin-based restorations: a literature review. J Dent. 2006 Oct;34(9):623-34.

14. Aguiar TR, Andre CB, Arrais CAG, Bedran-Russo AK, Giannini M. Micromorphology of resin–dentin interfaces using self-adhesive and conventional resin cements: A confocal laser and scanning electron microscope analysis. Inter J Adhes Adhes. 2012 Oct;38:69-74.

15. Pioch T, Stotz S, Staehle HJ, Duschner H. Applications of confocal laser scanning microscopy to dental bonding. Adv Dent Res. 1997 Nov;11(4):453-61.

16. Griffiths BM, Watson TF, Sherriff M. The influence of dentine bonding systems and their handling characteristics on the morphology and micropermeability of the dentine adhesive interface. J Dent. 1999 Jan;27(1):63-71.

17. Watson TF, Boyde A. Tandem scanning reflected light microscopy: applications in clinical dental research. Scanning Microscopy 1987 Dec;1(4):1971-81.

18. De Munck J, Van Landuyt V, Peumans M, Poitevin A, Lambrechts P, Braem M, et al. A Critical Review of the Durability of Adhesion to Tooth Tissue: Methods and Results. J Dent Res. 2005 Fev;84(2):118-32.

19. Cantanhede de Sá RB, Oliveira Carvalho A, Puppin-Rontani RM, Ambrosano GM, Nikaido T, Tagami J, et al. Effects of water storage on bond strength and dentin sealing ability promoted by adhesive systems. J Adhes Dent. 2012 Dec;14(6):543-9.

20. Sauro S, Pashley DH, Montanari M, Chersoni S, Carvalho RM, Toledano M, et al. Effect of simulated pulpal pressure on dentin permeability and adhesion of self-etch adhesives. Dent Mater. 2007 Jun;23(6):705-13.

21. Sauro S, Mannocci F, Toledano M, Osorio R, Pashley DH, Watson TF. EDTA and H3PO4/NaOCl dentine treatments may increase hybrid layers' resistance to degradation: a microtensile bond strength and confocal-micropermeability study. J Dent. 2009 Apr;37(4):279-88.

22. Pashley DH, Depew DD. Effects of the smear layer, Copalite, and oxalate on microleakage. Oper Dent. 1986;11(3):95-102.

23. Oliveira MT, Arrais CA, Aranha AC, Paula Eduardo C, Miyake K, Rueggeberg FA, Giannini M. Micromorphology of resin-dentin interfaces using one-bottle etch&rinse and self-etching adhesive systems on laser-treated dentin surfaces: a confocal laser scanning microscope analysis. Lasers Surg Med. 2010 Sep;42(7):662-70.

24. Berger SB, Pavan S, Dos Santos PH, Giannini M, Bedran-Russo AK. Effect of bleaching on sound enamel and with early artificial caries lesions using confocal laser microscopy. Braz Dent J. 2012 Mar-Apr;23(2):110-5.

MICROSCOPIA CONFOCAL INTRAVITAL

Ronald de Albuquerque Lima
Nivaldo R. Villela
Eliete Bouskela

10.1 INTRODUÇÃO

Entre os médicos gregos antigos, era bem estabelecida a ideia que o corpo humano dispunha de um sistema de condutos de variados calibres para o transporte de ar do ambiente diretamente aos órgãos. Esse sistema foi denominado sistema arterial. Não somente essa, mas também outras descrições tinham em comum um evidente viés de observação. Eram descrições baseadas em observações de cadáveres. No caso específico das artérias, uma vez o indivíduo morto, o volume sanguíneo concentra-se nas grandes veias, praticamente esvaziando o sistema arterial. Esse fato conduziu à errônea conclusão de que as artérias encontravam-se cheias de ar quando abertas e observadas. Essa curiosidade histórica reflete o fato crucial de que certos fenômenos só podem ser observados no organismo vivo. Ao longo da evolução da biologia e da medicina, inúmeras descrições macroscópicas anátomo-fisiológicas de organismos vivos foram feitas, refeitas e corrigidas, praticamente esgotando as informações que poderiam ser extraídas desses modelos. A fronteira do conhecimento há muito se deslocou para estruturas que não podem ser observadas a olho nu: células e moléculas microscópicas. Para nos auxiliar a compreender o que ocorre na microestrutura dos órgãos e no funcionamento de organelas intracelulares, atualmente utilizamos um arsenal de tecnologias. Dentre estas, a microscopia e suas mais variadas técnicas merecem destaque. Sua evolução passou de apenas descrever a arquitetura tecidual para desvendar a interação de diferentes células, moléculas e seus processos no tecido vivo. Para esse fim, uma técnica específica de microscopia foi desenvolvida e continua em constante evolução: a microscopia intravital.

10.2 HISTÓRICO

Em um dos muitos caprichos da história da ciência, seria um comerciante holandês, no final do século XVII, que iria colocar a pedra fundamental de uma revolução na história da biologia e da medicina. Negociante de tecidos, o holandês Antoni Van Leeuwenhoek havia desenvolvido uma nova e não muito impressionante ferramenta. Um pequeno dispositivo composto de metal e pequenas lentes que, aumentando a imagem observada, evidenciava detalhes antes invisíveis a olho nu. Ferramenta útil no comércio de tecidos, Leeuwenhoek a utilizava para observar falhas e imperfeições nos tecidos que comercializava. Movido então por uma curiosidade própria dos cientistas, Leeuwenhoek passou a observar estruturas biológicas como fungos, insetos, tecidos vegetais e humanos. Destas observações, escreveu diversos relatos detalhados e livros, sendo, enfim, reconhecido e admitido na Royal Society em 1680. São de sua autoria, os primeiros relatos de microscopia intravital: a observação da microcirculação presente em caudas de girinos e membranas de sapos[1].

Desde o século XVII até aproximadamente 50 anos atrás, a observação de tecidos vivos esbarrava em um limitante crucial: a espessura do tecido. Mesmo em um moderno microscópio óptico, para que a imagem seja observada, é necessário que a luz transilumine o espécime. Nesse caso, utilizamos uma fonte de luz comum e, quanto maior a espessura do espécime, mais luz se dispersa ou é absorvida, menor a quantidade de luz que atinge a objetiva e pior é a qualidade da imagem formada. Infelizmente, esse não é o único obstáculo que a observação intravital enfrenta na microscopia óptica convencional. Quando observamos um tecido no microscópio, na verdade estamos observando apenas um plano focal do objeto em questão. Em uma preparação espessa, vários planos se sobrepõem (Figura 10.1). O foco da imagem se perde entre uma superposição de planos que se confundem. Para tentar solucionar esses problemas e permitir o avanço da microscopia intravital, a ciência olhou para um antigo e curioso fenômeno: a fluorescência.

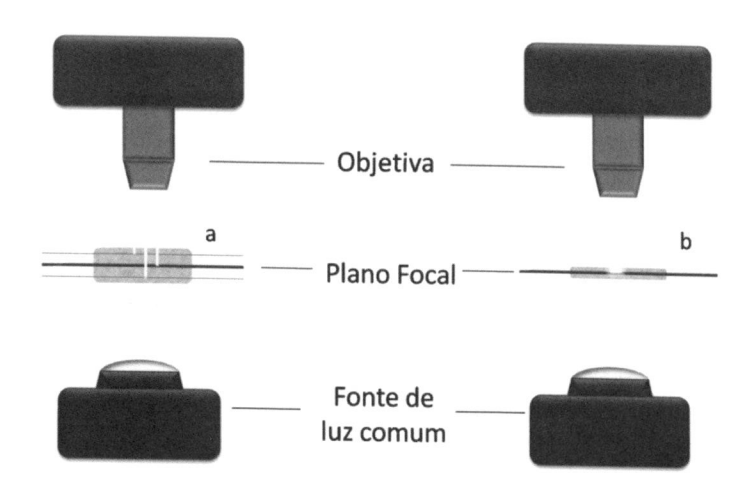

Figura 10.1 Trajeto da luz na microscopia óptica convencional. Em um espécime espesso (a), muita luz é absorvida e diversos planos são estimulados, criando uma superposição ao plano focal e formando uma imagem borrada e pouco iluminada. Em um espécime delgado (b), a luz atravessa com pouca absorção e o plano focal pode ser observado isoladamente.

Mas o que é a fluorescência e como surgiu? Em 1565, Nicolas Monarde, um médico e botânico espanhol, publicou um livro sobre produtos medicinais trazidos das Índias Ocidentais. Em um trecho do livro, ele descreve um curioso acontecimento. Quando um pedaço de madeira, de uma planta medicinal popular à época, era colocado em infusão de água, uma coloração azulada surgia[2]. Ao longo dos séculos posteriores, diversos cientistas iriam reportar fenômenos semelhantes e evidenciar o efeito da luminescência: a habilidade de certos compostos químicos em absorver comprimentos de onda eletromagnéticos infravermelho (IV), ultravioleta (UV) ou da luz visível e emitir outra radiação eletromagnética, do espectro de luz visível, mas com comprimento de onda mais longo que o absorvido (Figura 10.2). No caminho para a associação da microscopia com a fluorescência, o próximo grande salto seria dado em 1872 pelo químico alemão Adolph von Bayer, através da síntese de um composto capaz de emitir fluorescência, a fluoresceína. Notavelmente, esse composto é utilizado até os dias atuais em pesquisa biológica. Os pilares para a microscopia de fluorescência estariam formados quando Stanislaw von Prowazek iniciou os estudos para verificar se compostos fluorescentes poderiam se ligar às células vivas. Felizmente, a resposta foi positiva. Diversos compostos químicos fluorescentes podem ligar-se a elementos de uma célula viva. De fato, é o que permite a marcação e visualização de estruturas celulares.

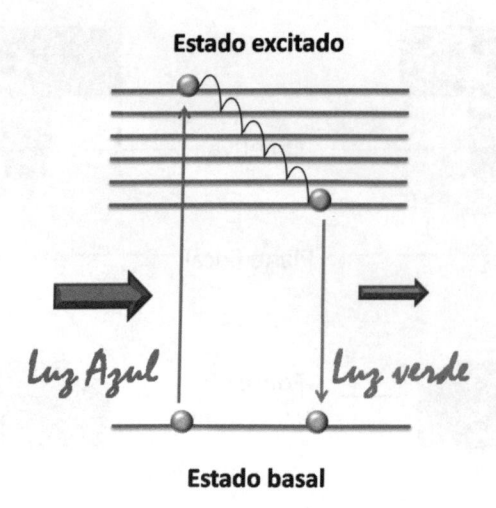

Figura 10.2 O fenômeno da fluorescência. Um elétron estimulado por um comprimento de onda eletromagnético salta de um nível energético para outro. Após pequenas perdas de energia, um grande salto ocorre, retornando o mesmo ao nível inicial e emitindo um comprimento de onda de menor energia.

A junção da microscopia óptica com a fluorescência abriria uma infinidade de possibilidades na observação de diferentes tipos de tecidos. Para tirar proveito do fenômeno da fluorescência e aplicá-lo na microscopia, a luz natural já não é suficiente. É necessária uma fonte de luz especial, que emita uma luz de comprimento de onda específico com energia suficiente para excitar elétrons do fluoróforo e fazê-lo emitir luz. Para isso, em um microscópio de fluorescência, a luz excitante percorre um trajeto diferente da luz comum. Ao invés de transiluminar o espécime, a luz atravessa a objetiva e incide sobre a preparação, desencadeando o fenômeno. A luz emitida é então captada pela própria objetiva e a imagem formada (Figura 10.3). Um grande avanço aconteceu com esse detalhe técnico. A utilização da fluorescência prescindiu de preparações extremamente finas, uma vez que a luz não precisa atravessar todo o espécime e sim atingir o tecido e ser reemitida. Por outro lado, a fluorescência é estimulada em toda a área iluminada, causando uma formação de imagem em múltiplos planos. A estimulação de múltiplos planos de imagem do espécime e a superposição de planos fora de foco prejudica, consideravelmente, a imagem final. Para levar a microscopia de fluorescência ao próximo nível, seria necessária uma tecnologia capaz de selecionar a fluorescência emitida apenas no plano focal de interesse. Esse é o exato conceito da tecnologia confocal.

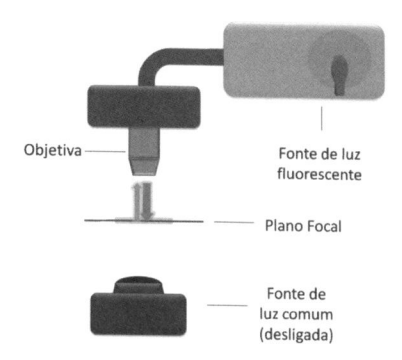

Figura 10.3 Trajeto da luz na microscopia de fluorescência convencional. Uma fonte de luz fluorescente é acoplada no microscópio e percorre um trajeto interno, sendo emitida através da objetiva. A luz refletida na preparação é captada pela mesma objetiva e a imagem é então formada.

Criado por Minsky em 1957[3], o microscópio confocal era um equipamento praticamente inviável nessa época, uma vez que a tecnologia digital para a formação das imagens não estava disponível. Algumas décadas mais tarde, dois pesquisadores da Universidade de Cambridge, Amos e White, tentavam realizar experimentos de fluorescência. Eles se frustraram ao tentar marcar tubulina com um corante fluorescente e observar planos de clivagem em embriões de *C. elegans*. Sua imagem era apenas uma mancha sem um plano definido. Foi quando revisaram a tecnologia proposta por Minsky e montaram um microscópio que, nessa época, já era mais factível, uma vez que a tecnologia digital estava em pleno desenvolvimento[4]. Com a publicação desses cientistas, uma via expressa se abriu na microscopia, uma área que vem se aprimorando rápida e continuamente, provocando uma revolução poucas vezes vista na biologia e medicina.

10.3 A MICROSCOPIA E A FLUORESCÊNCIA

Para utilizar a fluorescência na microscopia, é fundamental o uso de fluoróforos. Fluoróforos ou fluorocromos são geralmente sondas fluorescentes construídas ao redor de anéis aromáticos e desenhadas para se ligar em macromoléculas orgânicas. Podem ser usados não somente para marcação de estruturas celulares, mas também para inferir sobre a integridade celular (células viáveis ou em apoptose), pH tecidual, integridade de membranas, dentre outras características (Figura 10.4). O fator chave da utilização dessas moléculas é a afinidade do fluoróforo com a molécula alvo. É fundamental notar que, se por um lado existe um número limitado de fluoróforos com afinidade para um número limitado de moléculas, por outro lado temos um incontável número de moléculas celulares. Para complicar ainda mais, alguns fluoróforos são pouco específicos, ligando-se a mais de um tipo de molécula e marcando assim, estruturas diferentes ao mesmo tempo. Para aumentar a especificidade dos fluoróforos, ou seja, fazer com que eles marquem moléculas específicas e com isso estruturas específicas, expandindo o número de moléculas que podem ser marcadas, a microscopia teve o auxílio de outro ramo da ciência: a imunologia[5].

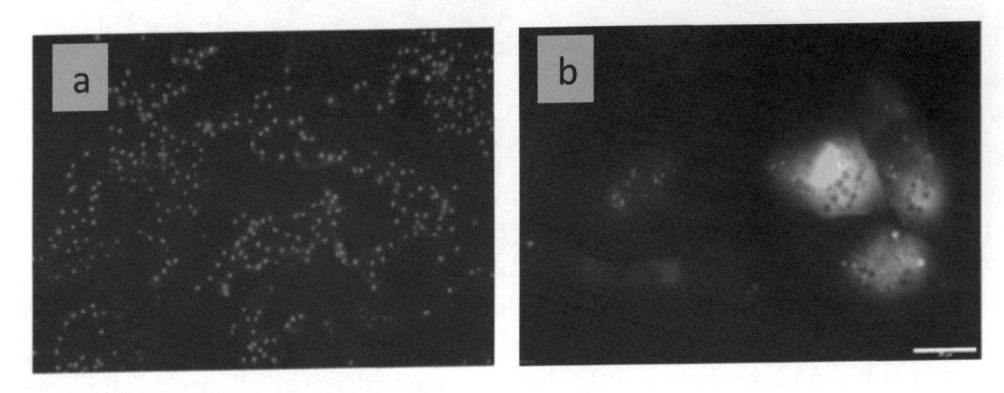

Figura 10.4 a) Marcação de células mortas com iodeto de propídeo. Esse fluoróforo se liga prontamente ao DNA, porém a membrana celular íntegra é impermeável a essa substância. A marcação do núcleo celular por essa molécula indica uma membrana irremediavelmente danificada e consequente morte celular. b) Marcação de lisossomas intracelulares com laranja de acridina. essa molécula fluoresce em laranja em meio ácido, evidenciando essas organelas.

Reproduzido com permissão de "creative commons attribution license".

a) Wen-Tsai Ji et al. "*Areca nut extract induces pyknotic necrosis in serum-starved oral cells via increasing reactive oxygen species and inhibiting GSK3 B: an implication for cytopathic effects in betel quid chewers*", Plos One 2013.

b) Lien Verschooten1 et al., "*Autophagy inhibitor chloroquine enhanced the celldeath inducing effect of the flavonoid luteolin in metastatic squamous cell carcinoma cells*", Plos One 2012.

A imunofluorescência consiste na associação de fluoróforos com anticorpos, tornando muito mais específicas as ligações com moléculas celulares. A técnica é chamada de fluorescência direta quando o anticorpo fluorescente é direcionado contra uma molécula alvo. Podemos, alternativamente, utilizar um anticorpo contra determinada molécula e um segundo anticorpo ligado a um fluoróforo, direcionado contra o primeiro anticorpo, na técnica conhecida como fluorescência indireta[6] (Figura 10.5). Independentemente do tipo, a imunofluorescência já é bem estabelecida e largamente utilizada em técnicas histológicas e ensaios enzimáticos, onde atualmente existe um largo espectro de opções de anticorpos conjugados a fluoróforos comercialmente disponíveis. Além disso, existem kits de conjugação comercialmente disponíveis. Nesses kits, anticorpos isolados podem ser adquiridos separadamente e conjugados ao fluoróforo de interesse na bancada do laboratório. Isso faz com que as opções de anticorpos associados a cores que podem ser utilizadas cresçam de forma exponencial.

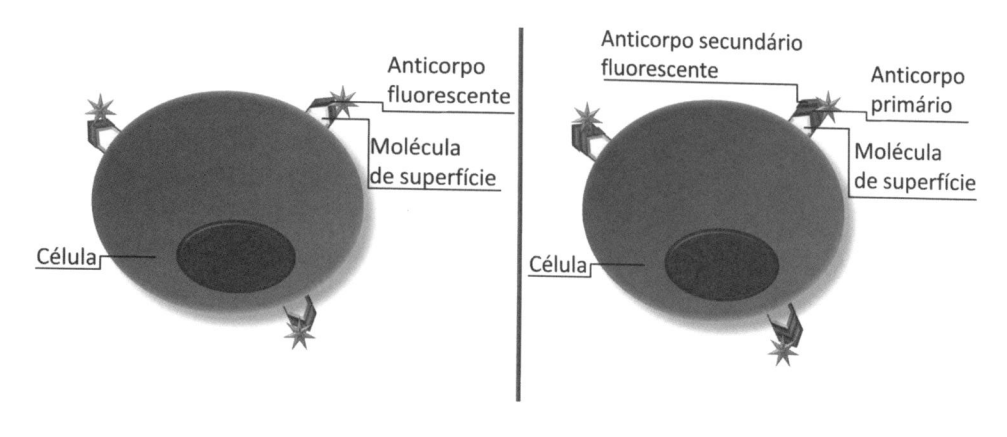

Figura 10.5 Anticorpos conjugados com moléculas fluorescentes e sua relação na marcação de estruturas, direta e indiretamente.

10.4 NANOPARTÍCULAS (QUANTUM DOTS®)

Um avanço relativamente recente na criação de fluoróforos foi a criação do *quantum dot*, ou Qdots®. A palavra "*quantum*" vem do latim "*Quantus*", para "quanto"; e "*quanta*", no plural, é a abreviação de "quanta de eletricidade" (elétrons) ou pontos quânticos, em português. Estas não são moléculas de fluoróforos convencionais, mas na verdade nanocristais. Inicialmente, desenvolvidos na década de 1980, surgiram da experimentação com nanocristais semicondutores[7]. Seus desenvolvedores observaram que diferentes suspensões feitas a partir do mesmo material, apresentavam cores absolutamente diferentes. Isso se deve à fotofísica do nanocristal, onde o tamanho da partícula correlaciona-se diretamente ao comprimento de onda emitido. Essa característica isoladamente já é uma grande vantagem. A partir de uma fonte de luz excitatória com um único comprimento de onda e com suspensões de Qdots® de diferentes tamanhos, podemos prover diversas cores (Figura 10.6). A outra grande vantagem dessas nanopartículas é a sua fantástica fotoestabilidade, permitindo experimentos de longa duração sem a ocorrência de *photobleaching* ou fotodegradação. Qdots® também podem ser bioconjugados, ou seja, ligados a proteínas, oligonucleotídeos etc., marcando estruturas celulares com essas partículas, quando suas especiais características fotópticas são desejadas. Devido à sofisticada tecnologia envolvida para produzi-los são, consideravelmente, mais custosos que fluoróforos convencionais.

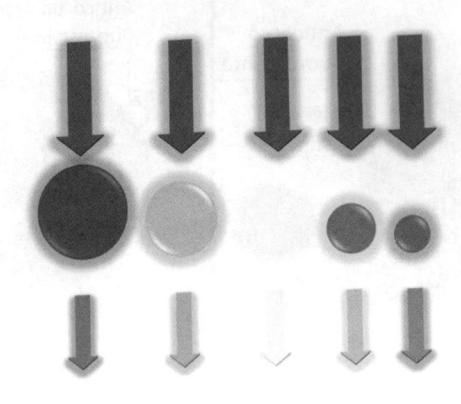

Figura 10.6 Quantum Dots® e sua relação entre tamanho da partícula e emissão de luz. Ao serem estimulados com um mesmo comprimento de onda, nanocristais feitos do mesmo material emitem diferentes comprimentos de onda, dependendo do tamanho da partícula.

10.5 FLUORESCENCE RESONANCE ENERGY TRANSFER (FRET)

Uma técnica de fluorescência com aplicação em microscopia confocal intravital é a transferência de energia ressonante fluorescente. Nessa técnica, um fluorocromo estimulado por um comprimento de onda pode transferir energia a um segundo fluorocromo de outra cor quando estão muito próximos[8]. A implicação biológica prática desse fenômeno é que, moléculas marcadas com esses fluorocromos, quando muito próximas, serão coestimuladas. Um comprimento de onda excitará o primeiro fluorocromo e este estimulará o segundo. O resultado é a percepção do segundo comprimento de onda ao invés do primeiro. O elemento chave para a estimulação de um fluoróforo pelo outro é a proximidade. No caso de uma proteína, pode ser indicativo de uma mudança conformacional. No caso de duas moléculas individuais, um indicativo que estão ligadas (Figura 10.7). Como exemplo, podemos monitorar a atividade da enzima caspase3, intimamente ligada com o processo de apoptose celular. Usando uma construção molecular com dois fluoróforos ligados através de um sítio de clivagem pela caspase, podemos observar mudanças em tempo real. Quando a concentração da enzima ativa começa a aumentar dentro da célula, a molécula com os fluoróforos é clivada, perdendo a proximidade e interrompendo a transferência de energia. Na prática, ocorre uma imediata mudança de cor, indicando a entrada da célula em apoptose.

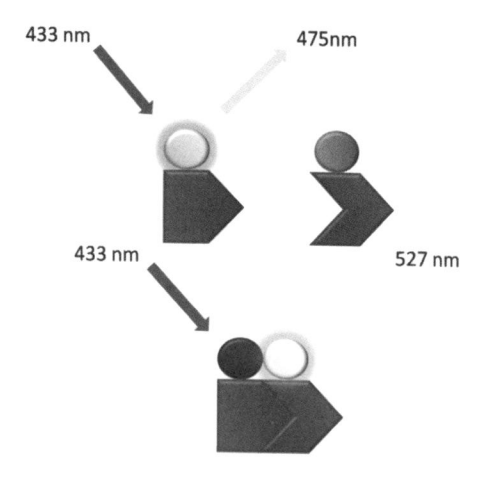

Figura 10.7 Transferência ressonante de energia fluorescente. Ao estimular um fluoróforo com uma radiação eletromagnética, outro pode fluorescer se as moléculas estiverem muito próximas. A mudança de cor pode indicar que duas moléculas estão ligadas ou que uma molécula construída com dois fluoróforos foi clivada.

10.6 PROBLEMAS RELACIONADOS À FLUORESCÊNCIA

10.6.1 *Photobleach*

"*Photobleach*" ou "*fade*" ocorre quando a molécula do fluoróforo perde permanentemente a habilidade de fluorescer. No momento em que a luz incide sobre a molécula e esta entra em excitação, os elétrons saltam de uma camada para outra e ligações covalentes com outras moléculas próximas podem ocorrer, danificando o fluoróforo permanentemente e eliminando sua capacidade de fluorescer (Figura 10.8).

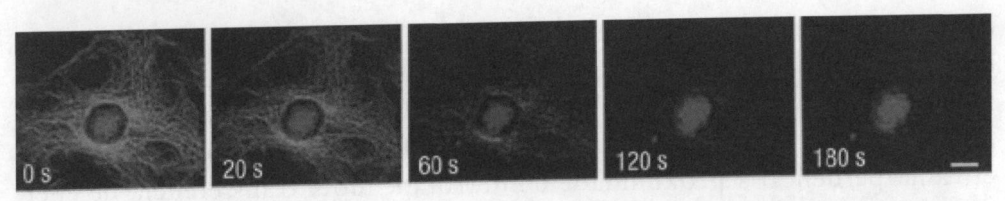

Figura 10.8 Fenômeno de *photobleach* (fotodegradação). Perda de fluorescência ao longo do tempo de exposição ao laser de uma célula marcada com dois fluoróforos diferentes.

Antígenos nucleares foram marcados com QD 630 - estreptavidina (vermelho) e microtúbulos com Alexafluor 488 (verde). É importante notar que diferentes fluoróforos tem velocidades de degradação diferentes. Sob exposição contínua, o fluoróforo verde quase se esgotou em 180 segundos enquanto o vermelho praticamente não perdeu sua capacidade fluorescente.

Reproduzido com permissão de Macmillan Publishers Ltda: Jean Livet et al. Quantum dot bioconjugates for imaging, labelling and sensing, in: Igor L Medintz et al., Nature Materials, 2005.

Essa ocorrência depende de muitos fatores, dentre os quais a própria estrutura da molécula, o ambiente onde o fluoróforo se encontra e a concentração de oxigênio do meio. Esse evento é crítico, uma vez que pode levar a interpretações errôneas do experimento. Células marcadas podem desaparecer completamente, levando o observador a achar que elas não se encontram na área visualizada. O intervalo de tempo entre o início da estimulação e a inutilização da molécula é extremamente variável. Depende da estrutura química do próprio fluoróforo, da intensidade de exposição ao laser e do ambiente. O "*photobleaching*" é um fenômeno fotodinâmico. Ele é consequência direta da interação da luz, moléculas de oxigênio e compostos celulares.

Em ciência, problemas em determinadas situações podem ser transformados em soluções para outras. Esse particular revés pode ser utilizado para obter respostas como difusão de moléculas dentro de determinada célula ou tecido. É uma técnica conhecida como FRAP (do inglês, *Fluorescence recovery after photobleach*, recuperação da fluorescência após fotodegradação). Nessa técnica, um determinado ponto da preparação é atingido com uma alta intensidade do laser levando as moléculas ali presentes ao total desgaste. A partir daí podemos observar qual o tempo necessário para recomposição das moléculas fluorescentes no local, inferindo sobre produção e difusão molecular[9].

10.6.2 *Bleed-through*

Algumas vezes, um tecido estudado exibe autofluorescência (fluorescência natural) em algum comprimento de onda do espectro visível, ou dois, ou mais fluoróforos estão sendo utilizados e emitem comprimentos de onda com superposição parcial (Figura 10.9). A indesejada consequência é a percepção de uma cor em um canal de outra. Esse fenômeno pode causar interpretações errôneas de um experimento. Localizando moléculas de superfície que na verdade não existem, ou tipos celulares que não estão presentes em determinado tecido. Para minimizar esse fenômeno recomenda-se a utilização de fluoróforos com espectros de emissão de comprimentos de onda bem distintos. Outro recurso amplamente utilizado é a utilização de conjuntos de filtros que absorvem comprimentos de onda comuns aos fluoróforos utilizados.

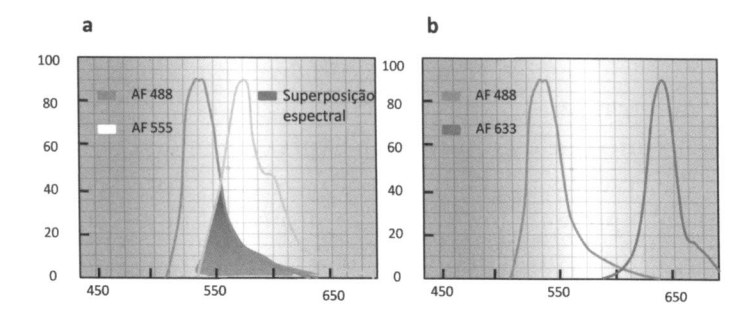

Figura 10.9 Espectro de emissão de diferentes fluoróforos da linha Alexafluor®. A) mostra AF 488 e AF 555. A superposição entre eles favorece com que os dois emitam luz quando apenas um deles é estimulado, não sendo uma boa opção seu uso conjuntamente. B) Espectro de emissão de AF 488 e AF 633. A mínima superposição espectral torna muito improvável a estimulação simultânea de ambos pelo mesmo comprimento de onda, o que torna o seu uso conjunto uma boa opção.

10.7 ANIMAIS TRANSGÊNICOS FLUORESCENTES

Apesar da ampla gama de possibilidades que a imunofluorescência ofereceu à microscopia, a utilização de anticorpos conjugados tem limitações: a especificidade do anticorpo, toxicidade do fluoróforo, perda da fluorescência, além de, obviamente, haver a estrita necessidade da célula ou estrutura alvo estar em íntimo contato com a circulação sanguínea para que seja marcada. Para que nossos modelos experimentais sejam fiéis ao que ocorre no mundo real, é preciso que sejam os mais fisiológicos possíveis. Nesse caso, seria necessário que os animais de experimentação tivessem proteínas naturalmente fluorescentes marcando as células ou estruturas que desejamos visualizar. Para solucionar essa questão, outra área do conhecimento foi solicitada pela microscopia: a genética.

Há muito se observou o fato que certos organismos produzem luz por si mesmos. É o fenômeno de bioluminescência. Para sobreviver em ambientes absolutamente desprovidos de qualquer iluminação, para fins de alerta a outras espécies ou simplesmente para reproduzir, a evolução proveu algumas espécies de proteínas fluorescentes. Seria uma questão de tempo, até que a ciência conseguisse identificar essas moléculas. Em 1962, Shimomura e colaboradores conseguiram isolar uma proteína verde fluorescente (GFP, do inglês, *green fluorescent protein*) da água viva bioluminescente *Aequoria Victoria*[10]. O isolamento dessa proteína e seu posterior sequenciamento permitiu a inclusão desse gene, primeiramente em bactérias e, através do aprimoramento de técnicas genéticas, a inclusão em células de mamíferos. Mais ainda, hoje é possível remover um alelo de determinado gene e substituí-lo por um gene que transcreve uma proteína fluorescente. A vantagem dessa técnica reside no fato que estruturas que expressarem determinada proteína, apresentarão fluorescência devido ao alelo inserido. Por exemplo, podemos ter um animal que apresenta um alelo para proteína fluorescente verde (GFP) no gene que codifica a proteína lisozima M. Essa molécula é uma enzima presente basicamente em neutrófilos. Assim, esse animal apresentará todos os seus neutrófilos naturalmente fluorescentes em verde (Figura 10.10).

Com o desenvolvimento não somente de tecnologia genética, mas também de novas técnicas bioquímicas, outras proteínas sintéticas foram sendo criadas, havendo atualmente uma imensa gama de opções de proteínas que emitem uma ampla faixa de comprimentos de onda. Os genes que codificam essas proteínas podem ser inseridos em um amplo número de alelos, evidenciando diversas estruturas. Talvez, o maior exemplo da evolução da técnica de recombinação gênica para criação de animais fluorescentes transgênicos, seja a técnica conhecida como "*brainbow*". Simplificadamente, construções de DNA recombinante são inseridos sob o controle do gene Thy-1, presente em neurônios. Através de gatilhos bioquímicos previamente estabelecidos, essas construções de DNA são estimuladas a recombinar, produzindo neurônios com uma diversidade de cores fluorescentes aleatoriamente. O efeito prático disso é um animal transgênico que pode possuir neurônios de múltiplas cores, atingindo até noventa cores distinguíveis (Figura 10.11)[11]. Esses animais são ferramentas inestimáveis na neurociência, uma vez que as conexões de neurônios podem ser identificadas individualmente, seguidas e estudadas à luz da microscopia confocal, sem se perderem no complexo emaranhado de conexões sinápticas.

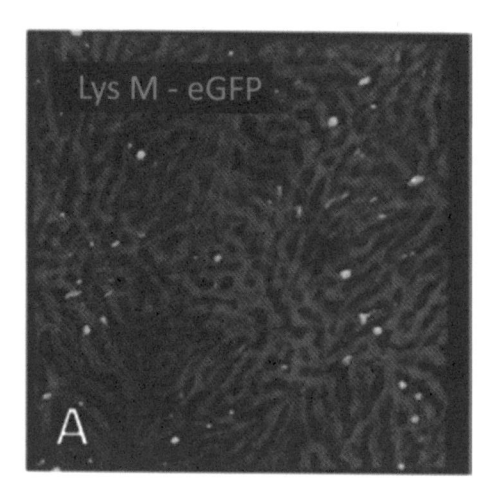

Figura 10.10 Preparação intravital de fígado em um camundongo transgênico Lys M-eGFP. O animal apresenta neutrófilos fluorescentes quando estimulado com o comprimento de onda adequado. Os sinusoides hepáticos estão marcados com um anticorpo anti-PECAM 1 conjugado a um fluoróforo vermelho (ficoeritrina).

Reproduzido com permissão de: "Biomed Central Open Access License Agreement": Altered responsiveness to extracellular ATP enhances acetaminophen hepatotoxicit". Sylvia Amaral et al., Cell Comunication and Signaling, 2013.

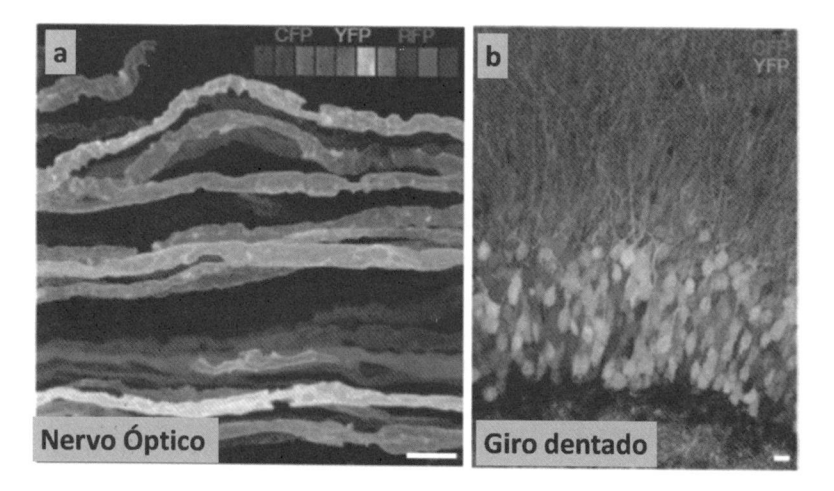

Figura 10.11 "Brainbow". Corte de nervo óptico (a) e cérebro (b) de camundongo transgênico mostrando corpos neuronais e respectivos axônios de múltiplas cores determinados aleatoriamente.

Reproduzido com permissão de Macmillan Publishers Ltda: Jean Livet et al. Transgenic strategies for combinatorial expression of fluorescent proteins in the nervous system, Nature, 2007.

O sucesso de animais transgênicos fluorescentes é tão grande que diferentes laboratórios desenvolvem e comercializam diversas linhagens desses animais. São animais nos quais uma diversidade de proteínas fluorescentes pode ser inserida. O número de linhagens disponíveis é imenso e esse número vem crescendo exponencialmente ao longo dos últimos anos. Nesse exato momento, algum laboratório está tentando produzir um animal transgênico que expressa uma ou mais proteínas fluorescentes em uma ou mais estruturas. Algumas empresas de tecnologia de transgênicos aceitam desenvolver esses animais sob encomenda, caso a linhagem ainda não esteja comercialmente disponível.

10.8 PREPARAÇÕES INTRAVITAIS

Inicialmente, a microscopia confocal foi utilizada para a observação de células isoladas ou em cultura. A aplicação intravital é mais recente e provocou uma explosão de novas imagens, conhecimentos e publicações. Ao lidarmos com esse tipo de preparação, é preciso termos alguns conceitos em mente. Primeiramente, iremos colocar um animal inteiro sob o microscópio, portanto necessitamos de animais de pequeno porte. Em segundo lugar, a proposta é de um experimento o mais fisiológico possível. Isso quer dizer que, uma vez que necessitamos expor o órgão a ser estudado, é necessária uma técnica cirúrgica menos invasiva possível.

Além disso, a manutenção da homeostase do animal durante o experimento é fundamental. Seleção apropriada de drogas anestésicas, assim como sua infusão contínua, hidratação, temperatura corpórea e ventilação pulmonar são exemplos de alguns parâmetros que devem ser observados, assim como em qualquer procedimento cirúrgico realizado em humanos[12].

Por fim, as interações da luz com os tecidos são mais complexas do que diretamente em uma célula ou cultura. Concentrações de fluoróforos e intensidade dos lasers utilizados são consideravelmente maiores que em observações *ex vivo*. Lesões térmicas, *photobleach* e fototoxicicidade são questões a serem consideradas. Existem, atualmente, diversas preparações intravitais descritas e reproduzidas. Cérebro[13], rim[14], fígado[15], pele[16], pulmão[17], pâncreas[18], linfonodo[19], coração[20], medula óssea[21] são alguns exemplos de órgãos que podem ser observados em microscopia confocal intravital. Novas e melhores preparações são descritas frequentemente e o desafio é fazê-las o mais fisiológica possível, minimizando a resposta inflamatória ao trauma.

10.9 A CONFOCALIDADE E O MODERNO MICROSCÓPIO CONFOCAL

Para eliminar o problema da estimulação de fluorescência em outros planos do espécime que não seja o plano de foco foi descrito e desenvolvido o conceito da confocalidade. Para tal, algumas mudanças fundamentais na microscopia de fluorescência precisaram ser feitas. Na microscopia de fluorescência convencional, o espécime é amplamente iluminado através de uma luz de xenônio, argônio ou mercúrio e toda a luz emitida pelo espécime é captada pelo microscópio.

A utilização de uma única fonte de luz é, por si só, um fator limitante. Temos uma luz de um único comprimento de onda e precisamos que um ou mais fluoróforos utilizados sejam estimulados naquela faixa de comprimento de onda. Isso certamente leva a diversos problemas, desde diminuir substancialmente as opções de fluoróforos que podem ser usados, até fluoróforos diferentes emitirem a mesma cor ("*bleedthrough*") devido à semelhança do perfil de emissão necessário para que se utilize uma única fonte de luz excitatória. Para minimizar esses problemas e otimizar a capacidade do microscópio, no microscópio confocal, um conjunto de lasers com diferentes perfis fotópticos é utilizado. Os diferentes lasers permitem a utilização simultânea de diferentes fluoróforos que possuam diferentes espectros de absorção e emissão. Uma estrutura com uma diminuta abertura (*pinhole*) é posicionada e bloqueia a luz emitida em planos fora do plano focal. É importante notar que todo o espécime estudado continua sendo estimulado pelo laser. Isso quer dizer que os fluoróforos utilizados continuam a ser estimulados no local atingido pelo laser, entretanto apenas a luz emitida a partir da área de interesse, ou seja, o plano focal é captado.

Em resumo, após a luz ser emitida pelos lasers, espelhos galvanométricos (instrumentos construídos para se movimentarem com correntes elétricas de baixa intensidades, diferenciando-se assim dos tradicionais galvanômetros, que usam essa movimentação para medirem a amplitude da corrente ou a diferença de potencial elétrico entre dois pontos) direcionam a luz para escanear todo o espécime. A luz emitida então retorna através da mesma objetiva, passa por espelhos dicromáticos e atinge a abertura (*pinhole*), onde somente a luz emitida pelo plano focal atravessa. A luz atinge então um fotomultiplicador de sinal de baixo ruído e a imagem é formada, captada por uma câmera digital e exibida em um computador. Para o processo de formação da imagem, o espécime é escaneado ponto a ponto. O processamento digital forma a imagem final (Figura 10.12).

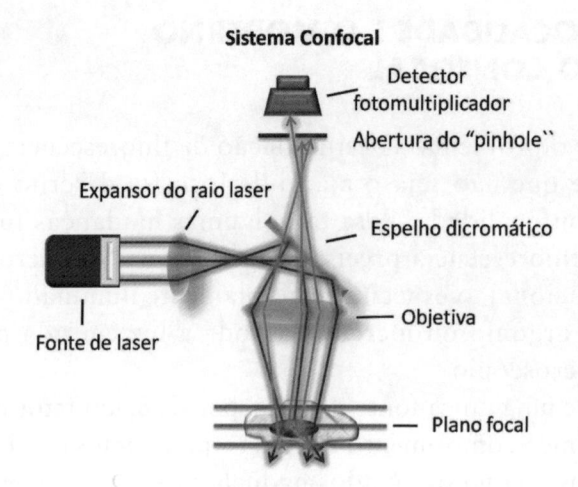

Figura 10.12 Trajeto do laser no microscópio confocal. Após passar por um expansor, o laser é refletido em um espelho dicromático, atravessa a objetiva e atinge o espécime. A luz emitida retorna pela objetiva, atravessa o espelho e atinge o detector. Emissões fora do plano focal são barradas pelo pinhole, formando a imagem apenas desse plano.

Apesar da genialidade de todo o processo e de eliminar as barreiras impostas pela microscopia óptica e de fluorescência convencional, o escaneamento ponto a ponto da imagem tem uma velocidade de escaneamento que atinge, em média, uma imagem por segundo. Essa lentidão deve-se ao funcionamento do conjunto de espelhos galvanométricos, presentes na unidade de escaneamento, como discutiremos adiante. Esses níveis de velocidade permitem a observação de células e alguns tipos de preparações, entretanto não são adequados para a observação de uma ampla gama de fenômenos biológicos. Em se tratando de observação intravital, registrar eventos que acontecem em frações de segundos como liberação de grânulos celulares, rolamento de células dentro de vasos ou, até mesmo, despolarização de membranas, necessita de uma rápida sequência de imagens. É necessária uma velocidade de aquisição de imagens em tempo real. Para resolver essa questão, seria necessário o desenvolvimento de outras tecnologias, que permitissem escanear vários pontos da preparação simultaneamente, acelerando a formação da imagem.

10.10 SISTEMAS CONFOCAIS DE ALTA VELOCIDADE

Apesar do grande salto tecnológico proporcionado pela microscopia confocal, a velocidade de escaneamento em tradicionais equipamentos confocais a laser é limitada pelos espelhos galvanométricos. Eles são movimentados por um mecanismo linear, levando alguns microssegundos para formar cada pixel de imagem. No geral, uma imagem leva de 0,5 a 2 segundos para ser formada, dependendo das dimensões escaneadas. Esse fato limita significativamente a observação dos complexos e frequentemente dinâmicos processos biológicos que ocorrem no tecido vivo.

A indústria tecnológica atendeu a demanda por sistemas mais velozes. Para isso, novas configurações no sistema de escaneamento foram desenvolvidas. A primeira configuração proposta foi uma adaptação do original sistema de escaneamento ponto a ponto. Ao invés do tradicional *pinhole*, que deixa passar a luz em apenas um ponto, uma abertura em linha foi manufaturada, permitindo o escaneamento de uma linha inteira do espécime de uma só vez, ao invés de apenas um ponto. O grande problema dessa abordagem é que a resolução da imagem é obtida em um eixo através do escaneamento confocal, mas no outro, pela óptica convencional, levando a uma natural assimetria na formação da imagem. Não surpreendentemente, sistemas mais modernos foram desenvolvidos a partir desse conceito. No sistema confocal *sweptfield* (campo varrido), um *grid* com 32 pontos de iluminação é utilizado, captando a emissão simultânea desses pontos e formando a imagem[22] (Figura 10.13). O sistema oferece diferentes *grids* com diferentes tamanhos de *pinholes*. Além disso, o equipamento comporta a utilização de aberturas de diferentes profundidades, permitindo maior aproveitamento da energia de excitação e captação da emissão, à custa de um menor efeito confocal. Combinados a um elemento piezo e galvanométrico que movimenta rapidamente o espelho, esse equipamento consegue formar imagens em tempo real.

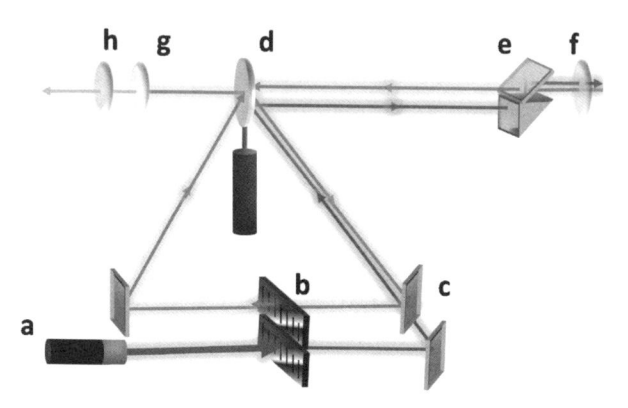

Figura 10.13 Trajeto do laser em um tipo de microscópio confocal *swept field* (varredura de campo). O laser é emitido por uma fonte (a), passa por um grid (b) onde é selecionada uma linha inteira ou vários pontos, é refletido por um espelho simples (c), direcionado a

um conjunto piezo-galvanométrico (d) que faz o movimento de escaneamento do espécime, atravessa um espelho dicromático (e), as lentes da objetiva (f) e chega no espécime. A luz emitida retorna pelo espelho e refaz um trajeto paralelo, passando por outro conjunto de aberturas e sendo de-escaneada. Finalmente, após ser redirecionada pelo conjunto piezo-galvanométrico, atravessa filtros (g) e lentes internas (h) e a imagem final é obtida.

10.10.1 *Spinning disk*

Talvez a mais popular configuração de microscopia confocal de alta velocidade entre os fabricantes de microscópios, a tecnologia *Spinning disk* (disco giratório) é engenhosamente diferenciada e com algumas vantagens. Ela é baseada no disco Nipkow, um dispositivo criado em 1884 pelo engenheiro alemão Paul Nipkow. Inicialmente criado com o intuito de dissecar uma imagem em um sinal eletromagnético para transmissão, sua criação levou a primeira demonstração de uma televisão em 1926. Somente em 1968 o disco Nipkow foi utilizado na composição de um novo tipo de microscópio confocal[23]. Nesse modelo, um novo desenho do disco de Nipkow foi feito, posicionando diversos *pinholes* em um arranjo Arquimediano. À medida que o disco gira, a fonte de luz atravessa vários *pinholes* e chega ao espécime, a luz emitida retorna então ao microscópio e seu fotomultiplicador. Esse efeito cria um escaneamento de múltiplos pontos, permitindo a formação de várias imagens por segundo. O disco de roteamento mais moderno foi desenvolvido no Japão pela Yokogawa Electrical Corporation. Na realidade, uma dupla de discos encontra-se inserido em uma unidade de escaneamento, chamada unidade de escaneamento confocal. Dentro dessa unidade encontram-se dois discos, perfeitamente alinhados. No primeiro, cada abertura possui uma microlente, enquanto o segundo possui apenas os *pinholes*. O laser atravessa o disco com as lentes que concentram significativamente mais o feixe de luz, que chega no segundo disco (Figura 10.14). A rotação espalha a luz sobre o espécime, que estimula os fluoróforos ali presentes. A luz emitida retorna à objetiva e é refletida por um espelho dicromático. Após passar por um conjunto de filtros e lentes, atinge a câmera digital. Essa disposição dos discos, torna mais eficiente não somente a concentração do laser, como também diminui a dispersão da luz emitida pelo espécime[24]. Combinados, esses fatores aumentam a eficiência da exposição, mas principalmente, da captação da fluorescência, tendo um impacto direto no tempo de duração de determinado fluoróforo.

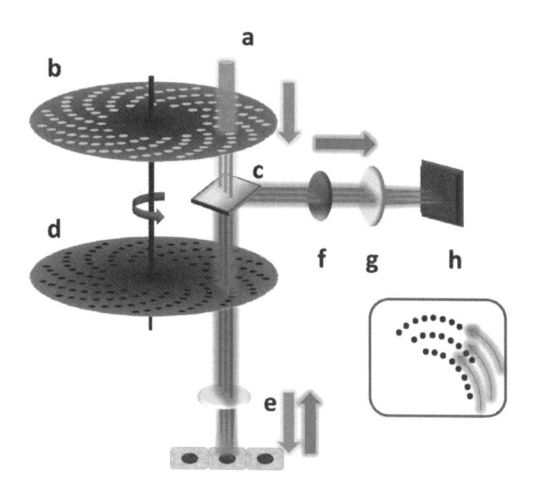

Figura 10.14 Trajeto do laser no microscópio spinning disk. Nesse instrumento, um feixe de laser (a) atravessa um conjunto de dois disco giratórios. No primeiro disco com microlentes (b), o feixe é concentrado e então atravessa um espelho dicromático (c) onde é direcionado a um segundo disco com múltiplos *pinholes* (d). Após passar pela objetiva (e) e provocar a emissão de fluorescência, a luz retorna pelo mesmo trajeto. Após reatravessar o segundo disco, a luz é desviada pelo espelho dicromático, atravessa um conjunto de filtros (f) e lentes (g) e atinge a câmera digital (h), formando a imagem. A janela no canto inferior direito mostra o padrão de escaneamento.

10.11 MICROSCOPIA MULTIFÓTON

A fluorescência e a microscopia confocal resolveram várias questões que limitavam a observação de fenômenos biológicos em tecidos vivos. A espessura do espécime, a visualização de determinado tipo celular ou tecido e, principalmente, o isolamento da imagem no plano focal. Apesar da tecnologia ter trazido várias soluções, outros problemas surgiram. A utilização de fluoróforos e lasers trouxe a questão de lesão tecidual, seja ela química, causada pelos próprios compostos, ou lesão térmica, provocada pelo aquecimento dos lasers. Além disso, as fantásticas imagens obtidas através de um microscópio confocal, estão restritas à superfície do órgão estudado. O poder de penetração do laser é de aproximadamente 40 μm, tornando inviável a observação de tecidos profundos. Esse fato é absolutamente relevante, uma vez que determinados órgãos tem a composição celular de suas camadas mais profundas totalmente diferenciadas da composição de suas camadas superficiais. Além disso, a observação direta de camadas superficiais traz preocupações quanto ao trauma e à inflamação causados pela preparação do tecido, fatos menos preocupantes em camadas mais profundas, que estariam mais protegidas da manipulação.

A necessidade de continuar a avançar nas observações trouxe a necessidade de uma nova solução. A saída, felizmente, já estava pronta e havia sido teorizada na década de 1930 pela física Maria Göppert-Mayer em sua tese de doutorado[25]. Um fenômeno descrito na teoria como excitação multifóton. Algumas décadas se passariam até que o desenvolvimento de novos lasers permitisse sua aplicação na prática. Na microscopia confocal convencional, um único fóton é responsável pela excitação de uma molécula de fluoróforo. Na microscopia multifóton, utiliza-se um laser de safira, equipamento que emite luz próxima ao espectro infravermelho, com um maior poder de penetração nos tecidos. Além disso, o equipamento consegue manter uma alta pulsação (com uma frequência de fentosegundos). Assim, podemos obter um laser com picos de alta energia e uma média, de intensidade relativamente baixa, que permite uma alta densidade de fótons em determinado plano, possibilitando que mais de um fóton de baixa energia excite uma única molécula de determinado fluoróforo ao mesmo tempo e em um único evento quântico[26]. Com isso, normalmente apenas nesse plano, haverá a excitação das moléculas e emissão de luz, tornando o microscópio multifóton, confocal por natureza. Eventualmente, pode ocorrer excitação de moléculas de fluoróforos no trajeto do laser. Isso pode criar ruído de fundo e atrapalhar a formação da imagem, entretanto, a probabilidade de ocorrência é baixa. Normalmente não ocorre excitação em outros planos por onde o laser atravessa, pelo fato de não haver uma densidade de fótons suficiente, que torne provável a excitação da mesma molécula por dois ou mais fótons quase que simultaneamente. Esse simples fato impede a emissão de fluorescência em outros planos e a superposição de múltiplos planos. Como consequência, dispensa a presença de *pinholes* para filtrar emissões vindas de planos adjacentes. Por utilizar um laser de baixa energia média e estimular os fluoróforos apenas no plano de visualização, a tecnologia multifóton normalmente não provoca muitos danos ao tecido (Figura 10.15).

Apesar de todas as vantagens da tecnologia confocal multifóton sobre a convencional *single fóton*, um problema ainda persiste: a lentidão na formação da imagem. Isso ocorre porque o mesmo sistema de escaneamento, baseado em espelhos galvanométricos é utilizado, limitando a velocidade de aquisição da imagem em uma a cada 0,5 até 2 segundos. Infelizmente, para esse tipo de tecnologia, configurações de varredura de múltiplos pontos ou *spinning disk* não são factíveis. Com o intuito de acelerar a formação da imagem, uma mudança precisaria ser feita em outra parte do trajeto óptico.

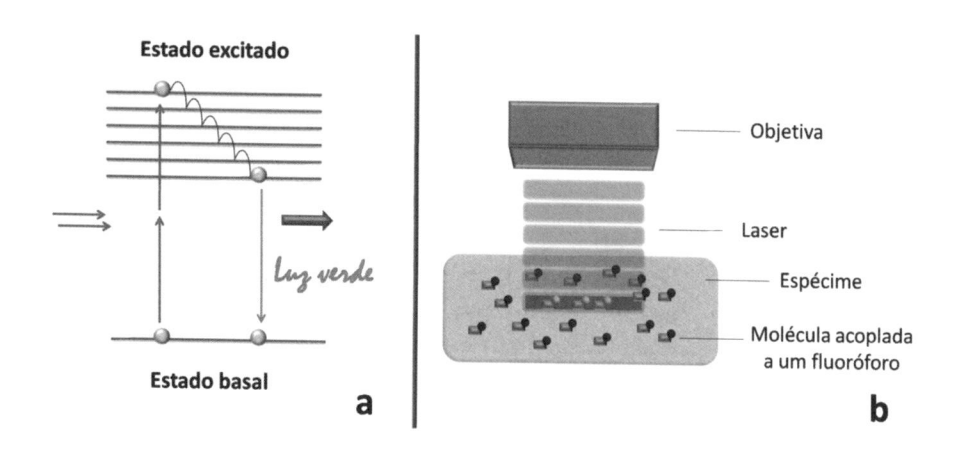

Figura 10.15 Princípio físico da microscopia multi-fóton. (a) Para que haja estímulo de elétrons em um fluoróforo, dois fótons de baixa energia colidem quase que imediatamente com um mesmo elétron, fazendo com que ele salte de camada, atingindo o estado excitado. (b) A alta densidade de fótons necessária para o fenômeno normalmente ocorre somente em um plano pré-determinado, não estimulando fluoróforos em outros planos.

Algumas configurações foram propostas, porém apenas uma encontrou um relativo sucesso comercial até o momento.

Para associar as vantagens do sistema multifóton a uma alta velocidade de aquisição de imagem, foi desenvolvido o escâner ressonante. Essa é uma modificação no funcionamento dos espelhos galvanométricos que direcionam o laser para o escaneamento do espécime. Tradicionalmente, esses espelhos estão posicionados em dupla, de forma que a rotação lateral de um espelho forma a linha de escaneamento lateral e o movimento vertical para cima e para baixo produz a deflecção vertical. Essa movimentação é limitada pela inércia e é o fator crucial que limita a velocidade de escaneamento (Figura 10.16). No escâner ressonante, os espelhos galvanométricos são movimentados por um dispositivo tipo uma mola de torção que armazena energia mecânica e faz os espelhos vibrarem em uma frequência que pode alcançar 4 a 8 kHz. Quando o escâner é vibrado próximo de 8 kHz e o equipamento é programado para adquirir 512 linhas bilateralmente, ou seja, adquiridas na ida e na volta do espelho, cada linha levará aproximadamente 125 microssegundos para ser formada. Isso faz com que o microscópio atinja uma velocidade de aquisição de imagem de trinta quadros por segundo[27].

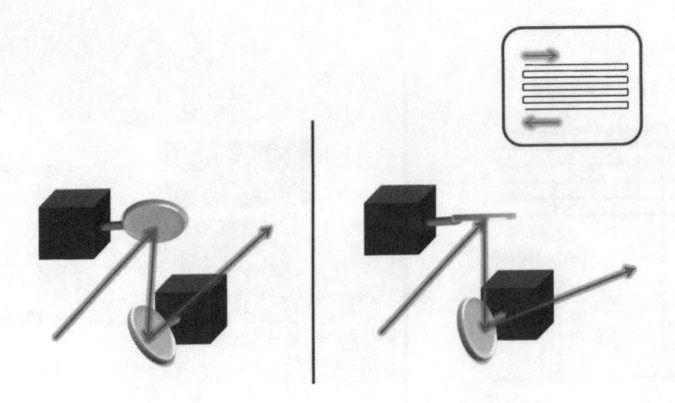

Figura 10.16 Funcionamento dos espelhos galvanométricos no microscópio confocal. O feixe de laser é desviado por um espelho no eixo horizontal e por outro no vertical, formando um linha contínua que escaneia o espécime ponto a ponto. A janela no canto superior direito demonstra o padrão de escaneamento.

10.12 GERAÇÃO DE SEGUNDO HARMÔNICO (DO INGLÊS, *SECOND HARMONIC GENERATION*, SHG)

A geração de segundo harmônico é um fenômeno de óptica não linear explorado no sistema multifóton. Simplificadamente, moléculas que não possuem um centro de simetria possuem a capacidade de, quando estimuladas com um laser, emitir luz com um comprimento de onda que é a metade do comprimento de onda incidente com o dobro da frequência[28]. Não há perda de energia como na tradicional excitação multifóton. Em sistemas de microscopia multifóton equipados para detectar geração de segundo harmônico, estruturas biológicas que não possuem centro de simetria são mais evidenciadas e ganham maior resolução[29]. Exemplos dessas estruturas são membranas celulares, onde a membrana externa é corada, túbulos, miosina e o colágeno. Em experimentos onde, por exemplo, a visualização da membrana celular é necessária em pormenores, a geração de segundo harmônico pode obter imagens mais detalhadas.

10.13 TRATAMENTO E ANÁLISE DAS IMAGENS

Muitas das inúmeras possibilidades da microscopia confocal intravital somente foram possíveis devido ao desenvolvimento de potentes *hardwares* e *softwares* computacionais. Atualmente, além de potentes computadores de alta capacidade gráfica, existe um razoável número de *softwares* voltados para a aquisição, tratamento e análise de imagens.

Inicialmente, *softwares* de aquisição de imagem controlam a câmera digital, permitindo uma aquisição de imagens customizada para cada experimento. O número de imagens obtidas por minuto ou hora, intensidade e exposição ao laser podem ser controlados, de forma a obter as melhores imagens possíveis em relação a ocorrência de *photobleach* e fototoxicicidade. Apesar dos melhores esforços em obter preparações limpas e sem artefatos, a formação de imagens de baixa qualidade pode acontecer e arruinar uma ou mais sequências de experimentos. Para solucionar esse problema, alguns *softwares* possuem uma ferramenta de restauração ou deconvolução. Através desta, o *software* pode recalcular a dispersão de determinado comprimento de onda de luz através do trajeto óptico. Com isso, é possível aumentar a resolução da imagem e eliminar borramentos e imagens sem foco que estejam atrapalhando a análise da mesma.

A obtenção das fantásticas imagens e sequências de vídeo em microscopia confocal é absolutamente inútil se não conseguimos extrair dados delas. O objetivo final é sempre a obtenção de dados numéricos para permitir o tratamento estatístico intragrupo e/ou a comparação intergrupos. O número de células marcadas presentes no campo de observação, expressando determinada proteína fluorescente, intensidade da fluorescência em determinados tecidos, medições de distâncias, áreas e comprimentos, são exemplos de dados passíveis de quantificação. Para extrair esses dados, é necessária a utilização de *softwares* de análises, os quais permitem a marcação em sequências de vídeos, permitindo medições e tabelamento de dados. No momento, existe uma satisfatória gama de opções de *softwares* de análise, alguns fazendo parte conjuntamente com pacotes de *softwares* de aquisição de imagens.

Outra extraordinária possibilidade que os *softwares* de tratamento de imagem oferecem é a formação de imagens em 3D. Uma vez que vários planos do espécime podem ser escaneados, estes podem ser remontados digitalmente. Imagens sequenciais podem ser rearranjadas e empilhadas, ganhando profundidade no eixo z e fornecendo informações sobre a estrutura espacial do tecido ou célula analisado. Essa técnica é conhecida como "*Z stack*". Com isso, uma imagem em três dimensões pode ser formada. Essa imagem pode ser posteriormente aumentada, diminuída, rotacionada ou alterada digitalmente, fornecendo informações que a imagem de um único plano do espécime não forneceria.

10.14 APLICAÇÕES TERAPÊUTICAS

Em relação às aplicações clínicas, a introdução do laser confocal foi introduzida recentemente na área clínica[30]. A finalidade do procedimento é a avaliação microscópica do tecido durante o procedimento, permitindo avaliar uma grande área tecidual e prescindindo da necessidade de múltiplas biópsias. Também conhecida como biópsia virtual, a técnica permite um diagnóstico mais rápido e menos invasivo (Figura 10.17). Inicialmente, tendo como alvo estruturas luminares do tubo digestório como esôfago, estômago e cólon, o potencial diagnóstico já se expandiu. Estruturas ductais como ducto biliar e pancreático, atualmente também podem ser observados. Não somente o trato gastrintestinal, mas árvore brônquica, trato urinário e ginecológico podem ser igualmente avaliados. Disponível como uma sonda isolada, o equipamento já pode ser encontrado acoplado a um equipamento endoscópico específico como broncoscópio ou endoscópio. Em todos esses tecidos, padrões teciduais microscópicos podem ser descritos, evidenciando áreas inflamatórias, atróficas, displásicas e, principalmente, áreas neoplásicas. Sua utilização ainda não está vinculada ao amplo uso de fluoróforos como na pesquisa experimental.

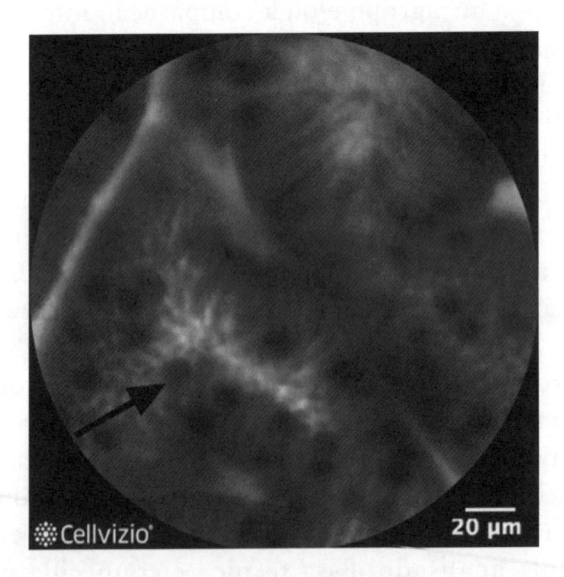

Figura 10.17 Imagem de endomicroscopia confocal de esôfago. A seta aponta células características de metaplasia intestinal, uma alteração pré-maligna.

Reproduzido sob autorização de John Wileyand Sons Inc.: Yosukenakaiet et al., Confocal Laser Endomicroscopy in Gastrointestinal and Pancreatobiliary Diseases; **Digestive Endoscopy**, 2013.

10.15 PROTOCOLO

As preparações para microscopia intravital possuem passos comuns seja qual for o microscópio utilizado. Uma vez que muitas preparações são utilizadas para visualização de vasos, a técnica descrita a seguir é utilizada para visualização da microcirculação hepática. É um experimento hipotético onde queremos observar as interações entre neutrófilos, plaquetas e o endotélio microvascular hepático em condições normais e na inflamação.

A maioria das técnicas de microscopia intravital é feita a partir de preparações agudas, ou seja, o animal é preparado e sacrificado imediatamente após o experimento. Existem algumas técnicas que permitem observações crônicas, entretanto têm um número de opções bem mais restrito.

O primeiro passo para preparações intravitais é anestesiar o animal. Existem algumas opções de anestésicos disponíveis, sendo uma combinação de cetamina com xilazina, uma das melhores, proporcionando hipnose e analgesia. Após, o animal é posicionado em uma placa térmica em decúbito dorsal. Com isso a temperatura será mantida constante. Uma incisão é feita na região cervical, expondo a veia jugular. Esta é dissecada e canulizada. Um cateter preenchido com solução salina é inserido. Com isto, temos um acesso intravenoso (IV) para injeção de fluoróforos. É necessário então, expor o órgão de interesse a ser visualizado: no caso, o fígado. Uma incisão é feita no abdômen e os retos abdominais são removidos. O ligamento falciforme é cortado para que o fígado se solte do diafragma, minimizando a movimentação causada pela respiração, que atrapalha a formação da imagem. Sem encostar no órgão, um lobo é exposto e o animal é virado em decúbito ventral em uma base. O lobo exposto é fixado com um papel absorvente umedecido. Uma lamínula é posicionada sobre o órgão para que fique com uma superfície achatada. O conjunto é então levado ao microscópio. No experimento, gostaríamos de visualizar o acúmulo de neutrófilos e plaquetas nos sinusoides hepáticos do fígado em condições fisiológicas em um grupo, e após estímulo inflamatório em outro. Para tal, uma opção é a injeção de anticorpos anti-GR1 (proteína presente na superfície de neutrófilos) conjugados a um fluoróforo, para a visualização de neutrófilos, mais anticorpos anti-CD49b (proteína presente na superfície de plaquetas) conjugados a um fluoróforo. Em um dos grupos de animais, lipopolissacarídeo bacteriano (LPS, do inglês, *lipopolysaccharide*) é injetado para desencadear a resposta inflamatória.

Os lasers com espectro de absorção e emissão correspondente aos fluoróforos utilizados são ligados. O computador que controla os filtros e a câmera é ligado e o *software* que controla ambos é ativado. Após, a câmera é programada para fotografar cada cor em sequência e montar um quadro único de imagem. Uma sequência de quadros é então montada e um filme formado. Cada experimento é analisado em *software* próprio de análise, onde são analisados número de leucócitos e plaquetas presentes por campo, número de leucócitos rolantes, velocidade dos leucócitos, número de leucócitos aderidos e número de leucócitos extravasados do vaso sanguíneo (Figura 10.18).

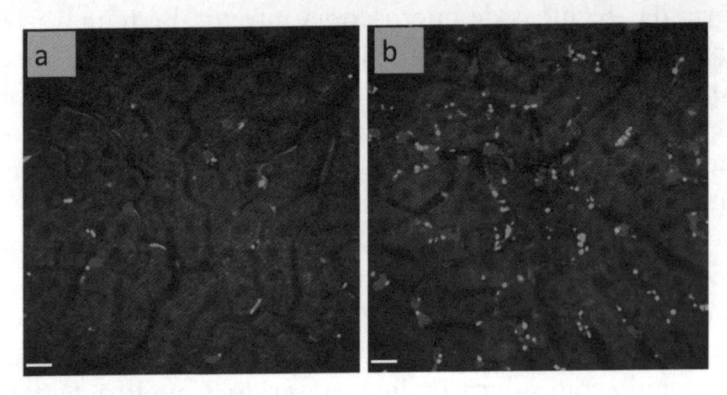

Figura 10.18 Preparação intravital hepática evidenciando os hepatócitos em verde (autofluorescência), sinusoides hepáticos em preto (sem emissão), neutrófilos em azul marcados por anti-GR1 conjugado com um fluoróforo azul e plaquetas marcadas por anti-CD 49b conjugado com um fluoróforo amarelo. O experimento mostra a diferença entre um animal normal (a) e outro após a injeção de LPS bacteriano (b).

Reproduzido com permissão de "creative commons atributtion license": Craig Jenne et al., The Use of Spinning-Disk Confocal Microscopy for the Intravital Analysis of Platelet Dynamics in Response to Systemic and Local Inflammation; Plos One 2011.

10.16 CONCLUSÕES

Desde a criação da microscopia, a visualização da interação de células e moléculas nos tecidos vivos resta como a última fronteira de observação a ser desbravada. A microscopia confocal proporcionou uma fantástica ferramenta para esse fim. Mais que isso, a associação com a fluorescência proporcionou não somente uma maneira de marcar essas estruturas biológicas, mas também de observar alterações fisiológicas e patológicas em tempo real. A tecnologia confocal está em constante evolução. Sistemas de escaneamento mais rápidos, lasers mais potentes e com maior poder de profundidade, *softwares* de aquisição e análise mais poderosos, fluoróforos cada

vez mais estáveis e uma explosão na criação e utilização de animais transgênicos impulsionam os limites da técnica diariamente. Se em um intervalo
de menos de 50 anos a microscopia confocal tornou-se o padrão ouro em
observação intravital, em mais algumas décadas sua evolução está além de
qualquer previsão.

10.17 PERSPECTIVAS FUTURAS

Embora várias barreiras técnicas da microscopia confocal tenham sido
sobrepostas, dificuldades técnicas ainda existem e necessitam de soluções
práticas para o constante aprimoramento.

Apesar da disponibilidade de sistemas mais velozes, atualmente ainda
precisamos balancear resolução e velocidade de aquisição da imagem. A
necessidade de obter imagens de maior resolução leva a uma menor velocidade de aquisição da imagem e vice-versa. Em experimentos onde os eventos
de interesse acontecem muito rapidamente, normalmente obteremos uma
imagem de menor resolução. Com a melhora da tecnologia e microscópios
de mais alto poder de resolução, no futuro o comprometimento da qualidade
da imagem pela velocidade será menos significativo.

Além da resolução, um outro fator ainda limitante, é o poder de penetração do laser no tecido. Apesar de os lasers próximos do espectro infravermelho utilizados nos microscópios multifóton conseguirem penetrar mais
profundamente no tecido, ainda estão limitados a aproximadamente 600 µm
de profundidade. Com esse nível de profundidade, ainda há a necessidade
de preparações cirúrgicas invasivas dos animais para exposições de órgãos
e todo o trauma e processo inflamatório associado. Com o aperfeiçoamento
de lasers no espectro infravermelho, onde a absorção da luz é menor e a
profundidade pode chegar a aumentar em 80%, camadas teciduais mais
profundas poderão ser visualizadas nos órgãos.

Em outra vertente, a utilização da endoscopia em microscopia confocal
é uma possibilidade a ser explorada. Essa abordagem consiste no implante
de um endoscópio de fibras ópticas conectado à objetiva, intimamente no
tecido, visualizando camadas mais profundas. Apesar de fornecer uma iluminação heterogênea e uma imagem com significativa aberração esférica, pode
ser uma opção, no futuro, para visualizar camadas teciduais mais internas.

Não somente os equipamentos deverão ser aprimorados. Nada ilustra
melhor a evolução da microscopia confocal como o desenvolvimento dos
fluoróforos. As novas gerações desses compostos possuem uma qualidade

infinitamente superior que as primeiras gerações. O contínuo desenvolvimento da indústria, em particular das nanopartículas, promete elementos cada vez mais específicos, mais estáveis e menos tóxicos. Seu custo ainda é um fator importante, que deve ser minimizado futuramente com uma maior popularização dos compostos.

No campo da biologia, diversos cientistas têm reportado novas preparações para observação de órgãos específicos. Já existem diversas preparações descritas e reproduzidas. Outras preparações menos invasivas e mais fisiológicas que se assemelhem cada vez mais à realidade continuarão a ser desenvolvidas na medida em que a tecnologia óptica se desenvolver.

Como já exposto, a tecnologia confocal já é utilizada em aplicações clínicas e, certamente, esse campo irá se desenvolver mais. Por outro lado, o potencial da associação com a fluorescência ainda não foi totalmente explorado em humanos. Obviamente, não é ética e muito menos permitida, a utilização em humanos do arsenal de fluoróforos disponível em pesquisa experimental. Entretanto, certos compostos fluorescentes já são utilizados em cirurgia laparoscópica e robótica para evidenciar vascularização e margens tumorais em órgãos no intraoperatórios. Provavelmente, em um futuro próximo, a possibilidade do uso de determinados fluoróforos com a microscopia confocal em humanos abrirá uma enorme gama de possibilidades em pesquisa, diagnóstico e tratamento.

REFERÊNCIAS

1. Friedman M, Friedland GW. Medicine's ten greatest discoveries 1943; (3):63-72.

2. Monarde N. Historia medicinal de las cosas que se traen de nuestras Indias Occidentales. 1580; Sevilha, Espanha.

3. Minsky M. Memoir on inventing the confocal scanning microscope.Scanning. 1988;10 (4):128-38.

4. White JG, Amos WB, Fordham M. An evaluation of confocal versus conventional imaging of biological structures by fluorescence light microscopy. The Journal of cell biology. 1987;105(1):41-8.

5. Lichtman JW, Conchello JA. Fluorescence microscopy. Nature methods. 2005;2(12):910-9.

6. Odell ID, Cook D. Immunofluorescence techniques. The Journal of investigative dermatology. 2013;133(1):e4.

7. Bruchez M, Jr. Moronne M, Gin P, Weiss S, Alivisatos AP. Semiconductor nanocrystals as fluorescent biological labels. Science. 1998;281(5385):2013-6.

8. Pietraszewska-Bogiel A, Gadella TW. FRET microscopy: from principle to routine technology in cell biology. J microsc. 2011; 241 (2) : 111-8.

9. Lippincott-Schwartz J, Altan-Bonnet N, Patterson GH. Photobleaching and photoactivation: following protein dynamics in living cells. Nature cell biology. 2003;Suppl:S7-14.

10. Shimomura O, Johnson FH, Saiga Y. Extraction, purification and properties of aequorin, a bioluminescent protein from the luminous hydromedusan, Aequorea. Journal of cellular and comparative physiology. 1962;59:223-39.

11. Livet J, Weissman TA, Kang H, Draft RW, Lu J, Bennis RA, et al. Transgenic strategies for combinatorial expression of fluorescent proteins in the nervous system. Nature. 2007;450(7166):56-62.

12. Ewald AJ, Werb Z, Egeblad M. Monitoring of vital signs for long-term survival of mice under anesthesia. Cold Spring Harbor protocols. 2011;2011(2):pdb prot5563.

13. Pai S, Danne KJ, Qin J, Cavanagh LL, Smith A, Hickey MJ, et al. Visualizing leukocyte trafficking in the living brain with 2-photon intravital microscopy. Frontiers in cellular neuroscience. 2012;6:67.

14. Dunn KW, Sandoval RM, Molitoris BA. Intravital imaging of the kidney using multiparameter multiphoton microscopy. Nephron Experimental nephrology. 2003;94(1):e7-11.

15. McDonald B, Pittman K, Menezes GB, Hirota SA, Slaba I, Waterhouse CC, et al. Intravascular danger signals guide neutrophils to sites of sterile inflammation. Science. 2010;330(6002):362-6.

16. Norman MU, Hulliger S, Colarusso P, Kubes P. Multichannel fluorescence spinning disk microscopy reveals early endogenous CD4 T cell recruitment in contact sensitivity via complement. Journal of immunology. 2008;180(1):510-21.

17. Looney MR, Thornton EE, Sen D, Lamm WJ, Glenny RW, Krummel MF. Stabilized imaging of immune surveillance in the mouse lung. Nature methods. 2011;8(1):91-6.

18. Coppieters K, Amirian N, von Herrath M. Intravital imaging of CTLs killing islet cells in diabetic mice. The Journal of clinical investigation. 2012;122(1):119-31.

19. Woodruff MC, Herndon CN, Heesters BA, Carroll MC. Contextual Analysis of Immunological Response through Whole-Organ Fluorescent Imaging. Lymphatic research and biology. 2013;11(3):121-7.

20. Li W, Nava RG, Bribriesco AC, Zinselmeyer BH, Spahn JH, Gelman AE, et al. Intravital 2-photon imaging of leukocyte trafficking in beating heart. The Journal of clinical investigation. 2012;122(7):2499-508.

21. Kohler A, Geiger H, Gunzer M. Imaging hematopoietic stem cells in the marrow of long bones in vivo. Methods in molecular biology. 2011;750:215-24.

22. Castellano-Munoz M, Peng AW, Salles FT, Ricci AJ. Swept field laser confocal microscopy for enhanced spatial and temporal resolution in live-cell imaging. Microscopy and

microanalysis : the official journal of Microscopy Society of America, Microbeam Analysis Society, Microscopical Society of Canada. 2012;18 (4):753-60.

23. Petran M, Hadravsky M, Egger MD, Galambos R. Tandem scanning reflected light microscope. Journal of the Optical Society of America. 1968;58(5):661-4.

24. Tanaami T, Otsuki S, Tomosada N, Kosugi Y, Shimizu M, Ishida H. High-speed 1-frame/ms scanning confocal microscope with a microlens and Nipkow disks. Applied optics. 2002;41(22):4704-8.

25. Masters BR, So PT. Antecedents of two-photon excitation laser scanning microscopy. Microscopy research and technique. 2004;63(1):3-11.

26. Denk W, Strickler JH, Webb WW. Two-photon laser scanning fluorescence microscopy. Science. 1990;248 (4951):73-6.

27. Fan GY, Fujisaki H, Miyawaki A, Tsay RK, Tsien RY, Ellisman MH. Video-rate scanning two-photon excitation fluorescence microscopy and ratio imaging with cameleons. Biophysical journal. 1999;76 (5):2412-20.

28. Franken, PA, Hill, AE, Peters CW, Weinreich G. Generation of Optical Harmonics. Physical review letters.1961; 7(4):118-20.

29. Campagnola PJ, Clark HA, Mohler WA, Lewis A, Loew LM. Second-harmonic imaging microscopy of living cells. Journal of biomedical optics. 2001;6(3):277-86.

30. Polglase AL, McLaren WJ, Skinner SA, Kiesslich R, Neurath MF, Delaney PM. A fluorescence confocal endomicroscope for in vivo microscopy of the upper- and the lower-GI tract. Gastrointestinal endoscopy. 2005;62(5):686-95.

CAPÍTULO 11

FRET (*FLUORESCENCE RESONANCE ENERGY TRANSFER*) E BRET (*BIOLUMINESCENT RESONANCE ENERGY TRANSFER*) COMO FERRAMENTAS PARA ESTUDO DA BIOLOGIA DE GPCRS (*G-PROTEIN COUPLED RECEPTORS*)

Frederico Marianetti Soriani
Remo Castro Russo

11.1 INTRODUÇÃO - RECEPTORES ACOPLADOS À PROTEÍNA G (GPCRS)

A família dos receptores acoplados à proteína G (GPCRs), representa o maior e mais versátil grupo de receptores presentes na superfície celular, que podem detectar um conjunto diversificado de sinais químicos externos numa forma altamente seletiva e, em seguida dispara a transdução do sinal em resposta às interações receptor-ligante[1]. Acredita-se que os GPCRs são de uma origem bem primitiva na historia evolutiva, e são encontrados em insetos[2] e plantas[3]. Há poucos GPCRs nos genomas de plantas e fungos mas grandes números de GPCRs existem nos nematoides e linhagens de cordados, mostrando-se extremamente conservados ao longo da historia evolutiva e em numero elevado em organismos mais complexos, tais como mamíferos[4] (Figura 11.1).

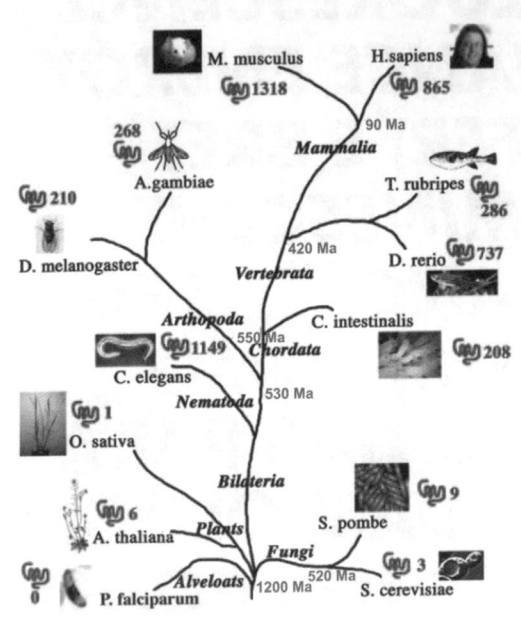

Figura 11.1 Árvore filogenética baseada na expressão de GPCRs nas diferentes espécies. Os números (em vermelho) indicam o tempo em milhões de anos (Ma). GPCRs e números azuis representam o número de GPCRs nas diferentes classes principais de organismos e previstos nos diversos genomas. Adaptado de Perez, 2012.

Os GPCRs podem ser agrupados em seis classes com base na homologia de sequência e similaridade funcional: Classe A (ou 1) (receptores do tipo Rodopsina-like); Classe B (ou 2) (família dos receptores de Secretina); Classe C (ou 3) (receptores metabotrópicos de glutamato/feromônio); Classe D (ou 4) (receptores fúngicos de feromônio de acasalamento); Classe E (ou 5) (receptores de AMP cíclico); Classe F (ou 6) (receptores Frizzled/Smoothened)[5]. O receptor é composto por uma estrutura helicoidal de sete domínios que atravessam a membrana celular, com uma região amino-terminal extracelular e uma cauda carboxi-terminal intracelular (Figura 11.2A)[6]. Estes receptores evoluíram para detectar e transmitir uma ampla gama de sinais extracelulares em virtualmente todas as células eucarióticas (Figura 11.2B). O processo de transdução de sinal começa quando um agonista ligante extracelular se liga ao receptor específico, alterando-o conformacionalmente de um estado inativo para um estado ativo[6]. Os receptores ativados catalisam a troca de GDP por GTP na α-sub-unidade da proteínas G heterotriméricas (G βγ), que por sua vez ancora eventos conformacionais e/ou dissociativos entre a subunidade Gα e a dimérica Gβγ[7]. Tanto a subunidade Gα ligada a GTP e o dímero Gβγ podem então iniciar ou suprimir a atividade de enzimas efetoras (por exemplo, da Adenilato Ciclase, Fosfodiesterase e Fosfolipases), e canais iônicos que modulam diversas vias de sinalização[8].

Como reguladores-chave de muitas cascatas bioquímicas envolvidas na fisiologia dos sistemas vitais tais como: cardiovascular, nervoso, imunológico e endócrino, os GPCRs emergem como alvos importantes para a terapêutica humana[5,6]. GPCRs estão envolvidos numa ampla variedade de processos fisiológicos, dentre os quais se incluem (Figura 11.2B): (i) o sentido visual: os fotorreceptores, como rodopsina, usam uma reação de fotoisomerização para traduzir a radiação eletromagnética em sinais celulares; (ii) o sentido do paladar: nas células gustativas medeiam a ativação de GPCRs de paladar em resposta a substâncias amargas e de sabor doce; (iii) o sentido do olfato: os receptores olfativos no epitélio ligam-se a odorantes (receptores olfativos) e feromônios (receptores vomeronasal); (iv) neurotransmissão: os GPCRs no cérebro de mamíferos ligam-se a vários neurotransmissores diferentes incluindo a serotonina, dopamina, GABA e glutamato, modulando comportamento e humores; (v) regulação da atividade do sistema imune, inflamação e dor: Receptores de Quimiocina se ligam aos agonistas que medeiam a comunicação intercelular seletiva entre as células do sistema imune e células do parênquima, em resposta a agentes infecciosos ou em condições estéreis, além disso, tais receptores para histamina, fMLP, C5a, Bradicinina, PAF (Fator de Ativação Plaquetária), Anexina, Opioides, dentre outros, reconhecem estes mediadores inflamatórios e montando uma resposta imune; (vi) controle autonômico: Ambos os sistemas nervosos simpático e parassimpático são regulados por vias dependentes de sinalização por GPCRs, responsáveis pelo controle de várias funções automáticas do corpo tais como: regulação da pressão arterial, da frequência cardíaca e dos processos digestivos; (vii) modulação da homeostase (por exemplo, o equilíbrio de água e sais minerais); (viii) envolvida no crescimento e na metástase em certos tipos de tumores, agindo como fatores de crescimento induzindo proliferação tumoral, ou como fatores determinantes para migração durante a invasão metastática.

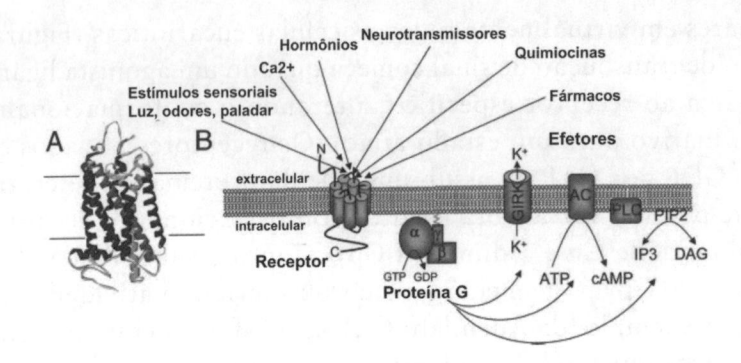

Figura 11.2 Princípio básico da transdução de sinal mediada por GPCR. (A) Uma representação molecular de um GPCR com base na estrutura resolvida do receptor de rodopsina, através de cristalografia por raios x. (B) Múltiplos sinais de agonistas alteram conformacionalmente os receptores e disparam cascatas canônicas envolvidas em diversos processos biológicos ilustrados. Adaptado de Vilardaga et al[6].

Algumas falhas nesta sinalização seletiva do receptor, causada pela super-expressão ou mutações genéticas dos receptores, estão intimamente envolvidas em várias patologias humanas tais como: câncer, retinite pigmentosa, hipercalcemia, e nanismo, entre outras doenças humanas[7-9]. O Projeto Genoma Humano identificou mais de oitocentos genes diferentes de GPCRs, mas ainda são poucos os fármacos que tem GPCR como alvo terapêutico (na prática clínica atual são em cerca de trinta[10]). Há, portanto, grandes oportunidades para a descoberta de novos fármacos no campo dos GPCRs. Além disso, o conhecimento crescente da complexidade dos mecanismos de sinalização ativada pelos GPCRs, a organização celular das proteínas com as quais elas interagem e os mecanismos pelos quais elas são reguladas, proporcionam novos desafios para a compreensão básica da farmacologia desta importante classe de receptores de superfície celular.

11.2 FRET (FLUORESCENCE RESONANCE ENERGY TRANSFER) E BRET (BIOLUMINESCENT RESONANCE ENERGY TRANSFER)

Em uma grande gama de materiais, a absorção do espectro de luz UV-visível está relacionada com um processo de dissipação e degradação interna da energia absorvida na forma de energia térmica. Em materiais mais complexos – aqueles contendo uma variedade de componentes atômicos ou moleculares capazes de absorver luz (cromóforos), com propriedades óticas de absorção e fluorescência bem caracterizadas – a absorção da luz é comumente seguida por uma transferência da radiação eletromagnética absorvida entre diferentes cromóforos. Este processo primário de transferência do estado energético adquirido pela espécie aceptora, seguido imediatamente à excitação gerada pelos fótons absorvidos para outra molécula aceptora, caracteriza o processo físico denominado de Transferência de Energia por Ressonância (RET – *do inglês: Resonance Energy Transfer),* inicialmente caracterizado por Theodor Förster na metade do século XX[9,11].

Em materiais complexos contendo vários componentes cromóforos, as propriedades singulares do RET permitem que o fluxo energético seja manifestado como uma característica direta. Devido ao fato de o processo acontecer mais eficientemente entre cromóforos próximos, o padrão de fluxo energético da luz absorvida é determinado por passos que acontecem de maneira sequencial, começando e terminando com cromóforos que diferem quimicamente entre si, ou ainda, se apresentarem estruturas químicas equivalentes, através das modificações nos níveis de energia influenciados pelo ambiente eletrônico ao seu redor. Desta forma, cromóforos individuais podem atuar como aceptores da energia excitatória e, subsequentemente, adquirem a característica de doadores.

Desta maneira, para que ocorra RET, é necessário que sejam mantidos alguns critérios: (I) Tanto as espécies doadoras quanto as aceptoras devem possuir compatibilidade energética, ou seja, o espectro de emissão da espécie doadora e o espectro de excitação da espécie aceptora devem se sobrepor (Figura 11.3); (II) As espécies doadoras e aceptoras devem apresentar orientações espaciais compatíveis, já que a transferência de energia é máxima quando os momentos dipolo de transição destas espécies são paralelos e mínimos (iguais a zero), ou seja, quando elas se encontram perpendiculares uma à outra; (III) Finalmente, a transferência de energia ocorre somente se as espécies doadora e receptora estiverem próximas o suficiente[9,11,12]. Neste sentido, Förster demonstrou que a eficiência da transferência energética é inversamente proporcional à sexta potência da distância entre as espécies e é dada pela equação:

$$E = \frac{R_0^6}{R_0^6 + r^6}$$

na qual R_0 representa o raio de Förster aonde metade da energia de excitação do doador é transferida para a espécie receptora. Desta forma, o raio de Förster é definido como a distância na qual a eficiência da transferência de energia equivale a 50%, embora R_0 dependa da compatibilidade espectral das duas espécies e seu alinhamento, geralmente esta distância varia entre 30 e 60 Å.

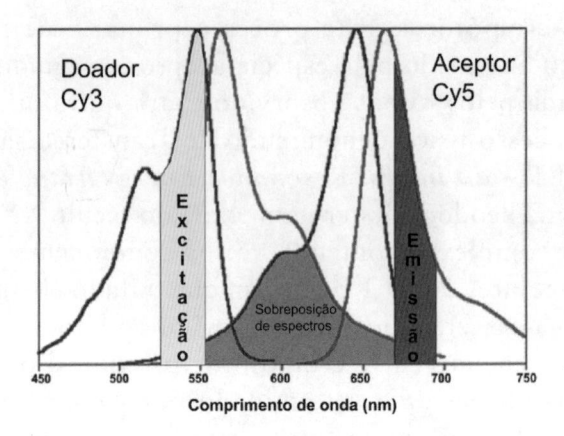

Figura 11.3 Espectro de absorção e emissão de dois fluoróforos (Cy3 e Cy5). Em azul estão representados os espectros de absorção e em vermelho os espectros de emissão de cada fluoróforo. Note que há uma região em que o espectro de emissão do doador Cy3 se sobrepõe ao espectro de emissão do aceptor Cy5. Adaptado de Held[13].

O raio de Förster (R_0) depende também da intensidade de emissão da espécie doadora na ausência da espécie receptora (f_d), o índice de refração da solução (η), a orientação do dipolo angular (K^2) e a integral da sobreposição do espectro do par doador-receptor (J) e é dada por:

$$R_0 = 9{,}78 \times 10^3 (\eta^{-4} \times f_d \times J)^{1/6} \times A^0$$

Em resumo, a taxa de RET depende da extensão da sobreposição dos espectros de emissão e absorção das espécies doadora e receptora, da quantidade de energia emitida pelo doador, da orientação relativa do momento de transição dipolo do par doador-receptor e da distância que separa estas espécies. Qualquer processo que afete a distância entre o par doador-receptor vai afetar a taxa de RET e, consequentemente, permitir que o fenômeno possa ser quantificado, RET geralmente é definido com uma "régua molecular" (Figura 11.4) por permitir que avalie a distância entre dois sítios ativos de proteínas previamente marcadas com cromóforos doador-receptor e, desta forma, monitorar alterações conformacionais nestas proteínas que alterem a quantidade de RET entre os dois cromóforos[9,11-13].

O desenvolvimento de um ensaio eficiente baseado em RET necessita de cuidados especiais com a relação sinal-ruído que pode ser afetada por fatores como (i) a extensão da sobreposição dos espectros de emissão do doador e excitação da molécula aceptora, (ii) a autofluorescência do meio reacional e/ou da preparação biológica e do espalhamento da luz gerado pelas células ou membranas que afetam profundamente a relação sinal-ruído.

Outro aspecto importante na padronização de um ensaio RET é a marcação das proteínas de interesse. Inicialmente, os experimentos eram realizados com proteínas purificadas e a marcação feita diretamente por reações químicas. Em sistemas biológicos, novas estratégias de marcação de proteínas são necessárias como a biologia molecular, através da construção de proteínas de fusão fluorescentes. Neste sentido, variantes da proteína fluorescente verde (GFP – do inglês: *Green Fluorescente Protein*) e outras proteínas fluorescentes com diferentes comprimentos de onda de emissão têm sido desenvolvidas.

Neste sentido, duas novas estratégias têm sido desenvolvidas nas últimas décadas: BRET (do inglês – *Bioluminescent Resonance Energy Transfer*) e FRET (do inglês – *Fluorescence Resonance Energy Transfer*). De maneira interessante, estas duas técnicas se relacionam diretamente com toda a caracterização dos mecanismos moleculares associados à GPCRs (do inglês – *G-Protein Coupled Receptors*)[14].

11.2.1 FRET

FRET entre duas moléculas representa um importante fenômeno físico com interesse considerável para o entendimento de alguns sistemas biológicos. FRET é um mecanismo de transferência de energia não radioativa dependente da distância entre um fluoróforo doador e outro fluoróforo aceptor e representa uma das poucas ferramentas para medição de distâncias na escala manométrica e de alterações nestas distâncias, tanto *in vivo* quanto *in vitro*.

No FRET, a molécula doadora é um fluoróforo (D) que inicialmente absorve a energia de uma luz incidente (λ_1), entra em um estado excitado (D*) e, muito rapidamente (picossegundos) os elétrons excitados que mudaram seu estado energético sofrem decaimento e emitem fótons de luz. Quando as condições favoráveis para ocorrer FRET são encontradas, a diminuição da fluorescência emitida por D*, assim como a transferência de energia para o fluoróforo aceptor (A) vão competir pelo decaimento do estado energético. Desta forma, por meio de RET, o fóton não é emitido e a energia é transmitida para o aceptor próximo (A) que se torna excitado (A*) e emite uma fluorescência em um novo comprimento de onda (λ_2) segundo a equação abaixo. Esta ressonância ocorre em distâncias maiores que as encontradas entre átomos, sem a conversão para energia térmica e sem colisão entre moléculas. A transferência de energia leva à redução da intensidade da fluorescência do doador e do estado excitado intermediário e a um aumento da intensidade da fluorescência de emissão do fluoróforo aceptor[11,13,15].

$$D + \lambda_1 \rightarrow D^*$$
$$D^* + A \rightarrow D + A^*$$
$$A^* \rightarrow A + \lambda_2$$

A transferência de energia se manifesta através da diminuição ou *quenching* da fluorescência do doador e por uma redução do tempo de existência do estado intermediário de excitação, acompanhados por um aumento da intensidade de fluorescência da molécula aceptora.

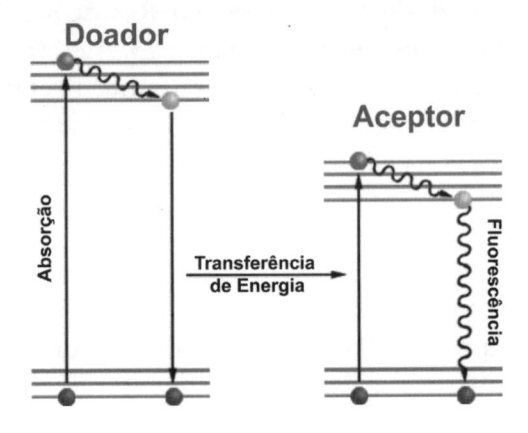

Figura 11.4 Diagrama mostrando o mecanismo de FRET no qual a molécula doadora é excitada e atinge um estado intermediário no qual transfere sua energia diretamente para a molécula aceptora que se torna excitada e por sua vez emite fluorescência em outro comprimento de onda que pode ser detectado. Modificado de HUSSAIN et al. 2012.

A detecção e quantificação das fluorescências emitidas durante FRET podem ser realizadas por diferentes metodologias. O fato de FRET ser o resultado tanto de uma diminuição da fluorescência do doador quanto um aumento da fluorescência do aceptor, permite-se avaliar as intensidades de sinal através de uma razão dos dois sinais. A vantagem desta metodologia é que a avaliação da interação entre as moléculas pode ser feita de maneira independente da concentração absoluta de cada molécula sensora. O fato de nem todo aceptor possuir características fluorescentes, permite que estas moléculas possam ser usadas como sequestradores (*quencher*) da fluorescência emitida pelo doador que, com a aproximação das moléculas durante o FRET, vai decaindo. De maneira inversa, alterações que afetam a proximidade do doador fluorescente e do *quencher* vão resultar em um aumento do sinal detectado emitido pelo próprio doador. Um exemplo deste tipo de reação é o que ocorre em ensaios de avaliação de atividade proteásica. Nestes ensaios, tanto espécies doadoras quanto os aceptores estão acoplados em extremidades opostas (N- e C- terminal) em um peptídeo contendo um sítio de clivagem proteolítico. A atividade enzimática vai afastar as espécies e o sinal da fluorescência emitida pelo doador aumenta[11,13,15].

FRET pode ser utilizado em uma grande variedade de aplicações biotecnológicas, a saber: estrutura e dobramentos de proteínas; distribuição espacial e montagem de proteínas; interações proteicas (receptor/ligante); imunoensaios; estrutura e conformação de ácidos nucleicos; PCR (polymerase chain reaction) em tempo real e detecção de SNPs (single nucleotide polymorphism); distribuição e transporte de lipídeos; ensaios de fusão de membranas; avaliação de potencial de membranas biológicas; ensaios para atividade proteolítica; acoplamento e sinalização de receptores associados à proteína G; entre outros (exemplos na Figura 11.5).

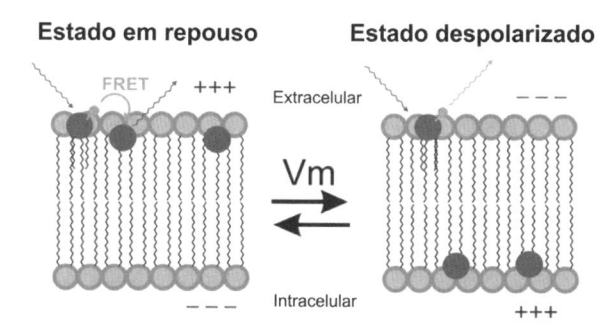

Figura 11.5 Exemplos de interações entre biomoléculas que podem ser visualizados e quantificados por FRET. (A) Interação proteína--proteína com emissão de energia no comprimento de onda azul pela espécie doadora, seguida de FRET e emissão em comprimento de onda na faixa do verde pela espécie receptora. (B) FRET entre Cy3 e Cy5 de duas moléculas de DNA complementares após a formação da dupla fita. (C) FRET entre proteínas sensíveis à voltagem. Alterações no potencial de membrana mudam a localização de uma destas proteínas, impedindo que ocorra FRET. Neste caso há um aumento de detecção da energia emitida pelo doador e uma diminuição da emissão do aceptor[16-18].

O uso de FRET requer cuidados especiais que devem ser considerados. (i) A principal característica para que ocorra FRET é a proximidade entre as espécies que participarão da RET. Dependendo do design experimental, a proximidade entre as espécies vai aumentar ou diminuir durante o ensaio resultando em alterações no sinal detectado. (ii) Os pares doador/aceptor devem ser cuidadosamente selecionados, pois precisam apresentar uma sobreposição no espectro de emissão e absorção de energia para que possa ocorrer a transferência energética. (iii) Além disto, os espectros de emissão do doador e do aceptor também devem ser distintos para que as fluorescências emitidas possam ser diferenciadas. (iv) A escolha do comprimento de onda de excitação do doador deve ser selecionada com vistas a minimizar a excitação direta do aceptor (exemplo na Figura 11.3, excitação apropriada do Cy3 gera pouca interferência no Cy5). A Figura 11.6 mostra os principais fluoróforos com seus respectivos comprimentos de onda de excitação e emissão, assim como alguns *quenchers*.

Fluoróforo	Abs	Em	Coef. Ext.	PM
Alexa Fluor 350	346	442	19,000	409.35
Dy-415	418	467	34,000	552.00
ATTO 425	436	484	45,000	499.00
ATTO 465	453	508	75,000	393.00
Bodipy FL	504	510	70,000	391.30
Alexa Fluor 488	495	519	71,000	630.00
FAM	495	520	83,000	474.50
FITC	495	520	73,000	505.00
Fluorescein	495	520	83,000	504.00
Fluorescein-dT	494	522	75,000	472.71
ATTO 488	501	523	90,000	687.00
Oregon Green 488	496	524	76,000	510.00
Oregon Green 514	506	526	85,000	609.40
Rhodamine Green	503	528	74,000	472.00
TET	521	536	73,000	612.30
ATTO 520	516	538	110,000	464.00
JOE	520	548	73,000	603.40
Yakima Yellow	530	549	84,000	654.30
Bodipy 530/550	534	551	77,000	514.31
HEX	535	556	73,000	681.20
Alexa Fluor 555	555	565	150,000	940.00
Dy-549	553	566	150,000	916.00
Bodipy TMR-X	544	570	56,000	610.55
Cy3	552	570	150,000	444.60
ATTO 550	554	576	120,000	691.00
TAMRA	544	578	90,000	512.58 / 612.70
Rhodamine Red	560	580	129,000	770.00
ATTO 565	563	592	120,000	608.00

Fluoróforo	Abs	Em	Coef. Ext.	PM
ROX	575	602	82,000	632.78
Texas Red	583	603	116,000	818.00
Cy3.5	588	604	150,000	544.70
LightCycler 610	590	610	n.a.	761.48
ATTO 594	601	627	120,000	903.00
DY-480 XL	500	630	50,000	612.68
DY-610	610	630	80,000	743.00
ATTO 610	615	634	150,000	488.00
LightCycler 640	625	640	n.a.	824.68
Bodipy 630/650	625	640	101,000	662.60
ATTO 633	629	657	130,000	649.00
Alexa Fluor 647	650	665	239,000	957.00
Bodipy 650/665	650	665	101,000	645.60
ATTO 647N	644	669	150,000	743.00
Cy5	649	670	250,000	470.63
DY-649	655	674	250,000	942.00
LightCycler 670	645	678	215,000	470.63
Cy5.5	675	694	250,000	570.74
ATTO 680	680	700	125,000	623.00
LightCycler 705	685	705	215,000	570.74
DY-682	690	709	140,000	906.00
ATTO 700	700	719	120,000	663.00
ATTO 740	740	764	120,000	565.00
DY-782	782	800	170,000	932.00

Figura 11.6 Principais fluoróforos (fluor) e quenchers. *Abs* representa o comprimento de onda de absorção ou excitação. *Em* representa o comprimento de onda de emissão. As barras ao lado da tabela mostram os quenchers. Tide flúor e Tide quencher são marcas registradas de AAT Bioquest, Inc. Irdye é marca registrada de Li-Cor Biosciences. Alexa Fluor, Ned, Vic, Rox, Texas Red, Oregon Green, Rhodamine Green, Rhodamine Red e Fam são marcas registradas de Life Technologies. Cy é marca registrada de GE Healthcare. Modificado de Eurofins MWG Operon.

Outro fator importante durante o FRET envolve a concentração das espécies envolvidas na análise. Como apenas moléculas que interagem entre si produzirão FRET, mesmo altas concentrações destas espécies não produzirão FRET. Neste exemplo, enquanto as moléculas doadoras e aceptoras são facilmente detectadas separadamente, a quantidade de FRET pode não ser suficiente para ser detectada. Além disto, considerando que a maior parte das interações representam processos dinâmicos que alcançam o estado de equilíbrio, se um dos componentes apresenta-se em baixas concentrações o sinal final emitido será insuficiente para detecção[11,13,15,19].

Variações na metodologia FRET têm sido desenvolvidas no sentido de se melhorar a detecção do sinal de fluorescência emitido pela espécie aceptora, assim como melhorar a relação sinal/ruído durante a utilização de FRET. Dentre estas modificações podemos destacar a metodologia *Time-resolved FRET* que elimina o ruído de fluorescência basal de curta duração emitido logo após a incidência da luz excitatória (Figura 11.7). Nesta tecnologia, após a incidência da luz, em comprimento de onda adequado, ocorre um intervalo de tempo que varia entre 50 a 150 microssegundos entre a excitação da espécie doadora e a emissão de luz pelas espécies aceptoras, o que permite que o sinal emitido seja muito mais limpo, sem emissões inespecíficas de curta duração que possam interferir na leitura final. Além disto, esta tecnologia é utilizada com moléculas que emitem luz de longa duração, ou seja, a luz é emitida por um tempo maior permitindo uma detecção mais precisa e acurada[14].

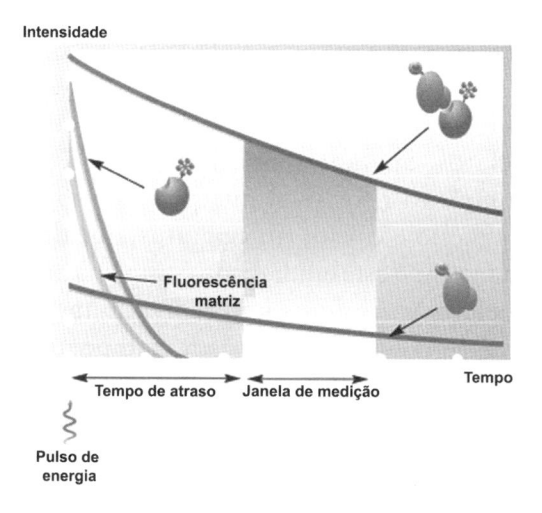

Figura 11.7 Representação esquemática de Time-Resolved FRET. A linha amarela representa a fluorescência contaminante emitida pela matriz onde está sendo feita a reação. A linha verde é a fluorescência inespecífica emitida pela espécie aceptora do par doador-aceptor. Em cinza está representada a fluorescência emitida pela espécie doadora após excitação com o pulso energético inicial. A linha em

vermelho representa a energia emitida pelo aceptor após FRET. Note que a fluorescência emitida pelo doador é de baixa intensidade, enquanto a emitida pelo aceptor é de alta intensidade. Ambas são duradouras e esta característica é utilizada no TR-FRET, no qual a detecção ocorre após decorrido um certo tempo. Este tempo é o suficiente para se eliminar as fluorescências contaminantes em verde e amarelo, tornando o experimento muito mais robusto. Modificado de: <http://www.htrf.com/usa/tr-fret-basics>.

A emissão de longa duração com início tardio é conseguida através da utilização de átomos da família dos lantanídeos como o térbio e o európio (Figura 11.8). Os lantanídeos exibem este comportamento de emissão de luz de longa duração porque as transições eletrônicas dipolo não ocorrem. Desta forma, pode-se considerar que a luz emitida pelos lantanídeos não se configura um processo fluorescente nem fosforescente, pois não envolve transições eletrônicas convencionais. Apesar destas diferenças, as variações de RET neste tipo de FRET são dependentes da distância entre as espécies doadora e receptora da mesma maneira que ocorre no FRET convencional.

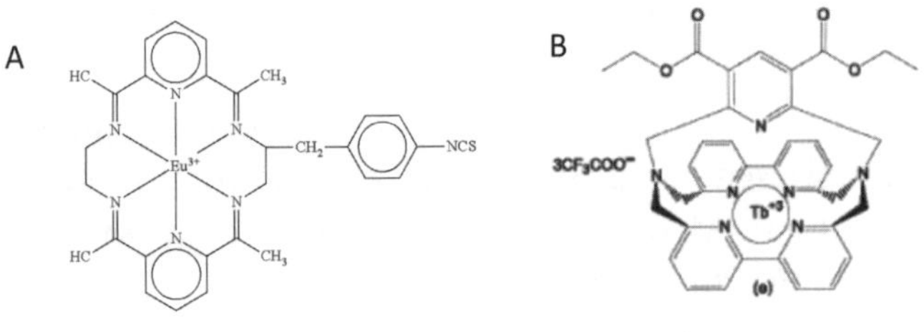

Figura 11.8 (A) Quelato de európio; (B) Criptato e térbio.

Existem dois tipos de estruturas básicas que podem complexar átomos de lantanídeos: (i) quelatos, que apresentam uma alta afinidade por európio e térbio, mas com complexo reversível que pode ser afetada por outros íons como manganês, magnésio e cálcio; (ii) criptatos, que diferentemente do anterior, apresentam uma grande estabilidade de complexação com lantanídeos. De maneira curiosa, quelatos e criptatos não representam apenas carreadores de lantanídeos, mas possuem outras características importantes que aprimoram a tecnologia: (i) eles influenciam as propriedades fluorescentes dos lantanídeos, atuando como antenas que absorvem a luz e transferem a energia para os lantanídeos. Esta característica é essencial porque esses átomos exibem uma absorbância muito fraca, da ordem de 10.000 vezes menor que os fluoróforos convencionais. E (ii) estas estruturas protegem os lantanídeos do *quenching* ou sequestro de energia proveniente das moléculas de água de solvatação[20-22].

11.2.2 BRET

BRET representa uma variação de FRET na qual são evitados os problemas associados com a luz incidente de excitação do sistema. A Transferência de Energia de Ressonância por Bioluminescência (*Bioluminescence Resonance Energy Transfer* – BRET) ocorre quando um fluoróforo doador do par doador-aceptor é trocado por uma enzima que tenha a capacidade de produzir bioluminescência, como a luciferase. Na presença de substrato, a luciferase emite fótons que excitam o fluoróforo aceptor através do mesmo mecanismo de transferência energética por ressonância que ocorre no FRET (14).

BRET é um mecanismo que utiliza a enzima luciferase isolada de *Renilla reniformis* (RLUC; PM = 35 kDa), espécie produtora de bioluminescência, juntamente com um substrato como a coelenterazina. Na presença de oxigênio, RLUC catalisa a transformação do substrato em coelenteramida com a emissão de um fóton em comprimento de onda de 395 nm (luz azul). Quando um aceptor apropriado (p.ex. YFP – yellow fluorescent protein ou GFP – green fluorescent protein) estiver fisicamente próximo (10-100 angstrons Å), a energia azul emitida é capturada por esta espécie aceptora por RET, resultando em sua excitação e emissão de fluorescência em comprimento de onda específico e característico desta espécie[16,23,24].

A tecnologia clássica de BRET conforme descrita acima usa RLUC e coelenterazina como geradores de bioluminescência e a proteína fluorescente YFP como aceptora. Neste processo a bioluminescência azul gerada pela ação de RLUC é emitida nos comprimentos de onda entre 475 e 480 nm e a luz emitida pela proteína YFP entre 525 e 530 nm, o que resulta em uma baixa resolução espectral (diferença entre as emissões do doador e do aceptor) de 45-55 nm (Figura 11.6). Além disto, RLUC produz um pico de emissão muito largo que se sobrepõe consideravelmente ao pico de emissão da YFP. Desta forma, a bioluminescência gerada pela RLUC "contamina" a emissão de YFP contribuindo para uma fluorescência basal muito alta, diminuindo assim a capacidade de detecção do sistema[14].

Uma nova geração de BRET denominada BRET[2] foi desenvolvida utilizando as propriedades de um derivado da coelenterazina, o Deep Blue C (composto muito menos tóxico e permeável a membranas biológicas), como espécie geradora da bioluminescência, que apresenta propriedades espectrais especiais quando oxidado pela RLUC. De fato esta molécula emite luz em 395 nm, um comprimento de onda muito menor que o sistema BRET original. A proteína GFP possui um espectro de excitação que pode ser adaptado no BRET[2] e após excitação, emite em um comprimento de onda ao redor de 510 nm, gerando um largo espectro de resolução entre espécie doadora e aceptora (aproximadamente 115 nm) (Figura 11.9). Este largo espectro de resolução permite a seleção de filtros que podem diminuir a fluorescência basal aumentando a robustez da detecção[14,25].

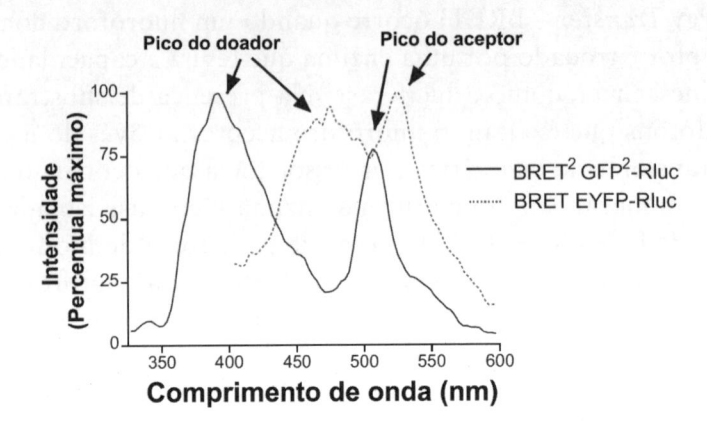

Figura 11.9 Comparação entre os espectros de absorção e emissão de BRET e BRET². Em vermelho estão representados os espectros de absorção e emissão em BRET e pode-se notar a pequena resolução espectral entre a luminescência emitida pelo doador e a fluorescência emitida pelo aceptor. Já em azul, BRET² mostra um grande intervalo espectral entre os comprimentos de onda emitidos pela bioluminescência e os emitidos pelo aceptor final. Modificado de Joly et al., 2001.

A tecnologia BRET de segunda geração oferece muitas vantagens sobre as tecnologias existentes. A princípio, BRET² assim como BRET clássico, não necessita do passo de excitação da espécie doadora com uma fonte de luz externa. Desta forma, BRET² não apresenta os problemas comumente encontrados nas tecnologias baseadas em FRET como a autofluorescência, dissipação da luz, degradação fotoquímica do fluoróforo (*photobleaching*), foto-isomerização das espécies doadoras ou lesão celular causada pela emissão de luz. Além disto, a ausência de "contaminação" da luz resultante pela luz incidente excitatória faz do BRET uma tecnologia muito robusta com uma baixa relação ruído/sinal, permitindo uma detecção de pequenas variações de fluorescência com uma melhor resolução espectral.

O sinal de BRET² é uma medida relativa, sendo corrigida pela intensidade do sinal bioluminescente gerado na primeira etapa do processo, na qual o tipo de detecção elimina uma variabilidade causada por flutuações da luz emitida devido a variações no volume do ensaio, tipos celulares, número de células ou decaimento do sinal em diferentes amostras. Desta forma, BRET e BRET² são tecnologias que podem ser aplicadas a diversas áreas do conhecimento e em uma gama enorme de ensaios que incluem desde dimerização de receptores, interações GPCR e β-arrestina, ativação de receptores tirosina quinase, detecção da sinalização de cálcio, liberação de AMPc, ensaios de apoptose, atividade de quinases e fosfatases, e ensaios proteolíticos. Enfim, esta metodologia é extremamente aplicável ao estudo de interações proteína-proteína e, portanto, importantes como ferramentas utilizadas no design e validação de fármacos[24,26-31].

Em comparação, BRET e TR-FRET apresentam características diferentes: estratégias de marcação de proteínas são mais simples com BRET do que com TR-FRET, entretanto FRET é uma ferramenta mais versátil pois possibilita o estudo dos receptores em sua forma nativa[14]. Em três variantes de BRET dependentes de substrato/enzima doadora do complexo (círculo verde) e no receptor (amarelo quadrados), dão a oportunidade de marcar receptores específicos intracelulares ou de superfície celular (Figura 11.10). Variantes de TR-FRET dependentes do carreador de fluorescência foram desenvolvidos, possibilitando discriminar o receptor alvo para a superfície da célula a partir daqueles que estão acoplados a compartimentos intracelulares. TR-FRET também é mais adaptável a diferentes contextos celulares e é a única compatível com receptores expressos em tecidos num contexto nativo (Figura 11.10).

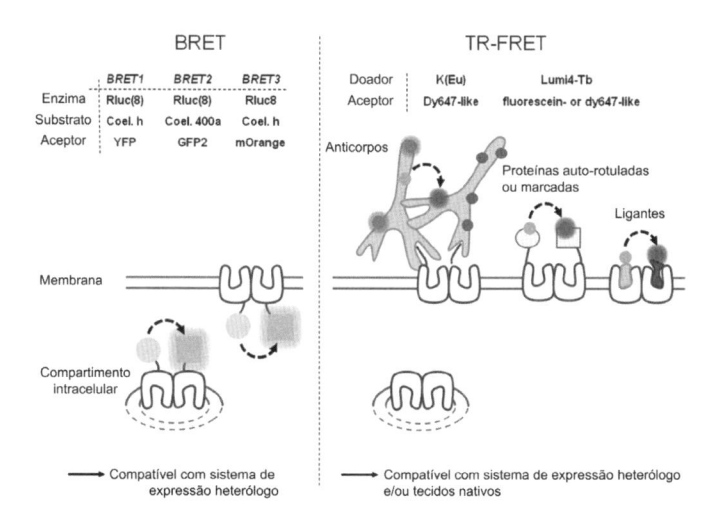

Figura 11.10 Comparação entre as BRET e TR-FRET. BRET e TR-FRET são técnicas RET mais utilizadas, uma vez que oferecem uma boa relação sinal-ruído. Modificado de Cottet et al. 2012.

11.3 FRET (FLUORESCENCE RESONANCE ENERGY TRANSFER) E BRET (BIOLUMINESCENT RESONANCE ENERGY TRANSFER) COMO FERRAMENTAS PARA ESTUDO DA BIOLOGIA DE GPCRS

FRET ou sensores de BRET foram desenvolvidos para evidenciar, através de técnicas ópticas, os estudos de praticamente todos os passos na sinalização mediada por GPCRs[32]. Estas etapas começam com a ligação dos agonistas aos receptores e desencadeiam a sinalização dependente da proteína G-heterotrimerica, com a sinalização clássica e não clássica, que envolve a fosforilação dos receptores por ativação da proteína G acopladas às proteínas cinases, GRKs, seguido pela ligação de β-arrestinas, que recrutam outras proteínas para provocar tanto a internalização quanto a reciclagem do receptor (Figura 11.11)[32,33]. Estes passos envolvem alterações conformacionais dentro de proteínas (tais como a ativação dos receptores dependente da ligação agonistas) ou interações proteína-proteína (tal como a interação das proteínas G dos receptores); ambos podem ser investigados com tecnologias RET, desde que as marcações sejam inseridas nos locais apropriados na proteína relevante ao estudo[32]. Abaixo discutiremos algumas das aplicações destas técnicas no estudo da biologia de GPCRs (Figuras 11.12 e 11.13).

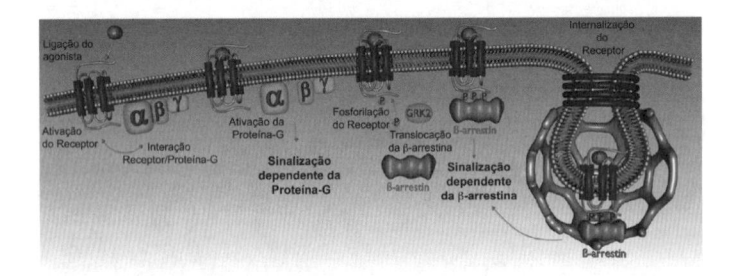

Figura 11.11 Sinalização e internalização de GPCRS. As etapas de ativação dos GPCRS pelo agonista são ilustradas desde a ligação do agonista ao receptor e suas etapas sequenciais, como mudança conformacional e ativação do receptor, recrutamento e interação com as proteínas G, fosforilação do receptor, sinalização intracelular e internalização do receptor. Modificado de Lohse et al. 2012.

11.4 LIGAÇÃO DO AGONISTA AO RECEPTOR

Ligantes fluorescentes para GPCRs foram introduzidos em meados dos anos 1970 e oferecem um grande potencial para estudar os receptores em seu ambiente nativo. Uma melhor resolução ainda pode ser obtida utilizando ligantes fluorescentes usando FRET. Eles oferecem uma alta resolução espacial na detecção de imagem do receptor. Em contraste com a maioria dos radioligantes, um ligante marcado com uma fluorescência se torna uma entidade química individual, sem alterar a sua afinidade ou seletividade para ligante marcado por fluorescência, na qual a ligação do grupo fluorescente não causa influência na farmacologia da proteína ou do receptor[32].

Dois tipos gerais de ensaios de FRET podem ser realizados usando ligantes fluorescentes para GPCRs. Em primeiro lugar, pode-se estudar a interação entre ligantes e receptores, assim como na etapa inicial da cascata de sinalização intracelular (Figuras 11.10, 11.12A e 11.13). Em segundo lugar, dois ligantes fluorescentes diferentes ligados aos receptores marcados podem detectar complexos GPCRs oligoméricos não só em células transfectadas, mas também no tecido nativo (Figuras 11.10, 11.12 e 11.13). Sinais de FRET entre diferentes ligantes são indicativos de homo e hetero-oligomerização de receptores. Com a utilização de dois sítios diferentes de marcação no receptor, é possível também medir distâncias distintas entre agonista-receptor ou receptor-receptor, o que podem ser usados para modelar a interação agonista-receptor quanto antagonista-receptor[32]. A marcação fluorescente do ligante não causa alterações na farmacologia do agonista ou receptor. Estes estudos têm sido feitos com mais frequência com ligantes peptídicos do que para ligantes menores (*small molecules*).

Com o uso de FRET para várias combinações de complexo ligante-receptor, foi possível calcular várias distâncias destes complexos, determinando a orientação do ligante no interior do receptor, contribuindo para estudo da resolução de interação dos sítios específicos de ligante-receptor (Figura 11.13). Assim, diferentes mapas de distâncias foram obtidos pelos complexos antagonista ou agonista parcial-receptores dentro das voltas extracelulares, onde consistentemente uma orientação diferente dos ligantes dentro desta região causam desvios de acordo com os diferentes complexos formados[32].

Uma cinética da ligação dos ligantes aos receptores pode ser registrada com alta resolução temporal, quando uma parte da energia de ressonância do fluoróforo doador (por exemplo, GFP), inserido ou fundido com o domínio extracelular N-terminal de um receptor, é transferida para a molécula receptora (tais como o fluoróforo vermelho, tetrametil-rodamina (TMR)) acoplado ao ligante[34]. Se GFP e TMR não estão em estreita proximidade, a energia não é eficientemente transferida, e só a luz verde emitida pela GFP é detectada. Quando GFP e TMR são trazidas para a proximidade por meio da ligação entre os ligantes e os receptores específicos, a energia é transferida de forma eficiente a partir de GFP para TMR, resultando na emissão de luz vermelha da TMR e, simultaneamente, a redução da emissão de luz verde de GFP (Figura 11.12A). Esta diminuição na fluorescência da GFP permite a medição da cinética, em tempo real, da associação entre peptídeos e os seus respectivos receptores[6,32,34].

Recentemente, FRET entre dois ligantes fluorescentes diferencialmente marcados, foi classificado como uma nova abordagem para investigar oligomerização do receptor (Figura 11.13), e realizou-se também este tipo de experimento para tecidos nativos[32,35]. O desenvolvimento de novos ligantes fluorescentes tem avançado nos últimos anos e tem sido utilizado não somente em ensaios de FRET, tal como discutido aqui, mas também em outros campos de farmacologia de uma única célula isolada associado a técnicas de microscopia, a localização de subtipos de receptores dentro dos tecidos, ou de localização dentro de subestruturas celulares[6,14,32].

11.5 ATIVAÇÃO DE RECEPTORES, MUDANÇA CONFORMACIONAL, RECRUTAMENTO DE PROTEÍNAS E SEGUNDOS MENSAGEIROS

Ligação de um agonista no GPCR provoca, na maioria dos casos, alterações conformacionais nos receptores e subsequente internalização. Essas mudanças podem ser inferidas a partir das consequências a jusante da ligação do agonista (que nos permitem distinguir agonistas totais e parciais e agonistas inversos), mas também a partir de um número crescente de dados bioquímicos e cristalográficos estruturais dos receptores. Com base no conceito de movimentos hélice durante a ativação de GPCRs, Gether e colaboradores[36] começaram a marcar receptores β2-adrenérgicos com fluoróforos purificados para estabelecer os sinais de fluorescência que foram influenciados no receptor por atividade dos ligantes. Os seus estudos, desde o primeiro método para monitorar alterações conformacionais diretamente em um receptor acoplado à proteína G, confirmaram a hipótese sobre relação de movimentos das hélices transmembranares 6 e 3 induzidas por ligação do agonista (Figura 11.12B). Além disso, a utilização de diferentes ligantes mostrou que os agonistas parciais causam apenas mudanças parciais na fluorescência do receptor, indicando uma alteração não total de conformação do receptor.

A rápida transformação para um estado ativado do receptor pode ser monitorada através de um sinal de FRET intramolecular, que ocorre em um GPCR, com ambas, proteína fluorescente ciano (CFP) e proteína fluorescente amarela (YFP), ou CFP e fluoresceína ligante hairpin arsénico (FlAsH), ligada à terceira alça intracelular e à cauda carboxi-terminal do receptor (Figura 11.12B). Quando a ligação do agonista induz uma alteração conformacional do receptor, a distância em relação a orientação dipolo-dipolo do CFP e da YFP mudam levando a uma diminuição rápida no sinal de FRET, monitorada como a razão das intensidades de emissão de fluorescência de YFP e CFP. A elevada sensibilidade dos sensores de receptores permite a visualização direta do sinal disparado de ativação do receptor em resposta a ligação de um agonista em células vivas[37], bem como o registro simultâneo de ativação e desativação do receptor. Portanto, após a ligação de um determinado agonista, um sinal de FRET produzido por um sensor-receptor é rapidamente seguido de uma diminuição mono-exponencial do sinal, refletindo um rearranjo conformacional que ocorre como interruptores do receptor, alterando de uma forma inativa para um estado ativado. Esta estratégia revelou que uma mudança de conformação do receptor para sua forma ativa é um sinal muito mais rápido do que se imaginava anteriormente[6]. Além disso, estudos adicionais revelaram que o curso de tempo da ativação de um determinado receptor é uma propriedade intrínseca do receptor em questão, ou dependente do tipo de ligante e do seu modo de ligação ao receptor.

Uma propriedade fundamental de fármacos que atuam nos receptores é a distinção entre os ligantes que podem produzir um limiar máximo de ativação (agonistas totais) ou submáximo (agonistas parciais) à resposta mediada pelo receptor, ou reduzir (agonistas inversos) os níveis basais de sinalização do receptor[6]. Para entender o mecanismo pelo qual estas classes distintas de ligantes produzem respostas variáveis correspondentes às suas diferentes eficácias intrínsecas, têm sido apresentados em dois modelos gerais de proteínas alostéricas. Segundo o modelo de Monod, Wyman e Changeux[38], os agonistas totais e parciais de um determinado receptor deslocam-se a partir de um estado inativado do receptor (chamado R) para o estado conformacional ativo (denominado R*), capaz de fazer acoplamento ativando proteínas G, enquanto os agonistas parciais podem estabilizar o receptor na sua conformação ativa (R*) de maneira menos eficaz, produzindo, assim, sinais celulares menores. Em contraste, os agonistas inversos preferencialmente estabilizam o estado de repouso do receptor (R) (Figura 11.12B). Já no modelo Koshland-Nemethy-Filmer[39], agonistas de eficácias distintas podem induzir a alterações conformacionais diferentes dos receptores, cada um exibindo habilidades distintas para ativar sinalização de proteínas G. De acordo com este último modelo, vários estudos espectroscópicos de fluorescência têm comparado os efeitos dos agonistas totais e parciais fornecendo provas de que os GPCRs adotam conformações diferentes em resposta aos agonistas de eficácias distintas[40]. Recentes estudos por FRET de receptores também mostraram que os GPCRs adotam vários estados conformacionais em uma célula viva[40]. Estes compostos não apenas sofrem mudanças conformacionais induzidas de natureza diversa, mas modificações também aparecem na sua cinética: sinais FRET induzidos por agonistas parciais são menores e mais lentos do que os induzidos por agonistas totais e dependem das eficácias funcionais de cada agonista. Estes estudos suportam a ideia de que GPCRs em células vivas mudam não só de um estado inativo do receptor (desligado) para um estado ativo, quando disparado por um ligante (ligado), mas podem adotar conformações distintas em resposta a compostos de diversas eficácias intrínsecas.

Proteínas G heterotriméricas compreendem uma família de proteínas intracelulares funcionalmente diversas, mas estruturalmente conservadas em Gα e Gβγ subunidades. A ativação de GPCRs leva à interação de diversos subtipos de proteínas G heterotriméricas (por exemplo, Gs, a Gq, G12/13, e Gi) ligadas ao lado interno da membrana celular, para mediar a transdução de sinal, que é um processo rápido e seletivo. Para os ensaios de FRET envolvendo proteínas G (Figuras 11.12C e 11.12D), as variantes de GFP foram anexadas às subunidades da proteína G em várias posições. Também, técnicas de FRET e BRET foram recentemente empregados para investigar essa interação em células vivas (Figura 11.12C). Ao medir FRET entre GPCR e as subunidades Gαi1 e Gβγ, Hein e colaboradores[41] foram capazes de medir um sinal de FRET estimulado por ligação do agonista, com uma amplitude limitada pela natureza transiente da interação proteína G e receptor. Além disso, esta cinética de interação da proteína-G com receptor pode ser diferente, sendo dependente do nível de expressão de cada receptor em questão, e podem ser diferentes de tecido para tecido. Estudos bioquímicos demonstraram que a ativação de proteínas G envolve uma troca de GTP por um GDP no heterotrímero inativo Gα(GDP)Gβγ, que dispara mudanças conformacionais que conduzem à dissociação entre a subunidade Gα(GTP) e a subunidade Gβγ (Figura 11.12D). Ambas subunidades, α e βγ, são então capazes de interagir com proteínas efetoras, tais como enzimas ancoradas às membranas ou canais de íons[42], que também podem ser monitoradas por técnicas de FRET e BRET.

Após a transmissão de um sinal, a partir da mudança conformacional do GPCR à proteínas G heterotrimérica, vários GPCRs se tornam ativados pela fosforilação feita por quinases de receptores acoplados à proteína G (GRKs) (Figura 11.11), e alguns GPCRs também são ativados por segundos mensageiros, tais como a proteína-quinases A (PKA) e C (PKC), através de quinases ativadas por fosforilação. Estas quinases fosforilam diretamente regiões dos receptores que estão envolvidos no acoplamento à proteína G, inibindo as interações receptor/proteína G, e a fosforilação dos que levam à ligação β-arrestinas. O mecanismo de interação GRK/β-arrestina foi inicialmente visto como um mecanismo de dessensibilização, que impedia a ativação da proteína G pelos receptores ativados por agonistas. Entretanto foi posteriormente evidenciado que também participa provocando a internalização do receptor de maneira endossomal, que é seguida por desfosforilação e reciclagem do receptor que levam a re-sensibilização ou degradação do receptor[32], participando no trafego celular dos receptores (Figura 11.11). Novamente as técnicas de FRET e BRET têm sido aplicadas às diversas etapas, citadas anteriormente, envolvidas na sinalização desencadeada por ligação a um determinado GPCR (Figura 11.13).

Apenas alguns poucos estudos têm investigado a interação entre receptores e GRKs por meio de técnicas de Transferência de Energia de Ressonância (32). Através da fusão de luciferase para o receptor da Oxitocina na região C-terminal e YFP acoplado ao C-terminal da GRK2, foi observado um sinal de BRET que começou imediatamente após a adição de agonista, que alcançou quase 80% do primeiro ponto máximo com quatro segundos. O sinal mostrou um pico desta interação por cerca de um minuto e depois diminuiu, atingindo cerca de um terço do valor máximo em oito minutos[43]. Estes dados indicaram que a interação receptor/GRK é de natureza transitória, e que GRKs podem dissociar do receptor fosforilado. Em resumo, a interação de GRKs com GPCRs pode ser monitorizada por BRET e tem sido demonstrado que ocorrem rapidamente após a estimulação do agonista (dentro de poucos segundos).

Na maioria dos casos, GRKs fosforilam os sítios específicos nos GPCRs que fornecem sítios de ligação para β-arrestinas, que, em seguida, desligam as interações com a proteína G, internalizando o receptor e disparando a sinalização não clássica[32]. β-arrestinas estão sujeitas a vários tipos de modificações que alteram a sua distribuição celular, bem como a sua função como uma molécula adaptadora e como proteínas de sinalização. A translocação do citosol para a membrana celular, que a β-arrestina sofre quando ocorre a ligação ao GPCR estimulada por agonistas, faz com que este processo seja adequado para estudos através de ensaios ópticos, incluindo BRET e FRET. Um ensaio de BRET para a interação de β-arrestinas com GPCRs foi primeiramente descrito por Angers e colaboradores[29] para o receptor β2-adrenérgico, marcado no seu domínio C-terminal com a luciferase, e β-arrestina marcada com YFP no seu sitio C-terminal; observaram um sinal elevado, dez vezes acima do fundo, no qual se mostrou com elevada sensibilidade e afinidade dependente do agonista[29]. Estes ensaios baseados em BRET para a interação de GPCR/β-arrestina se mostraram tão robustos sendo assim adequados para o high-throughput screening, e que têm sido desenvolvidos para vários receptores alvos de fármacos, por exemplo, quimiocinas, opiáceos, dopamina, e receptores de prostanóides. Estes receptores foram geralmente marcados na porção C-terminal com CFP, YFP ou FlAsH, e as β-arrestinas marcadas com CFP ou YFP na região C-terminal. E, finalmente, β-arrestinas são ubiquitinadas através de um processo dependente de Mdm2, importante para a formação de complexos com alta afinidade com os receptores e a sua subsequente internalização[44]. Esta ubiquitinação foi monitorada em células intactas através do uso de BRET^2, usando β-arrestina marcada com luciferase e ubiquitina marcada com GFP^2, mostrando que cinéticas de ubiquitinação distintas ocorrem em resposta à ativação de diferentes GPCRs[45].

Sensores de FRET foram gerados para os principais segundos mensageiros intracelulares: Inositol trifosfato, cálcio, e AMPc, bem como GMPc[32,46-50]. Estes sensores foram utilizados em uma grande variedade de ensaios, principalmente em linhagens de células ou em células primárias isoladas, mas também aplicadas para imagem dos segundos mensageiros *in vivo*. Ensaios de FRET intramolecular têm sido utilizados para monitorar a propagação de cAMP mediada por sinalização de receptor GPCR, utilizando a proteína de trocadora diretamente ativada por cAMP (Epac) fundida com a GFP, com variantes nos seus sítios N e C-terminais. Após a ligação de cAMP, Epac sofre uma alteração conformacional, alterando a relação de distância e orientação das GFPs, diminuindo o FRET[47,50] (Figura 11.12E). Além disso, proteínas reguladas por ativação de segundo mensageiro também têm sido utilizadas na visualização passo a passo *downstream* dos segundos mensageiros, como por exemplo os sensores de proteínas quinases, o que é conseguido através de um monitoramento dos constructos com quinase marcadas, ou através da medição da modificação das respostas à fosforilação de substratos.

11.6 CONCLUSÃO

Abordagens baseadas em imagem por FRET e BRET têm contribuído imensamente para nossa compreensão acerca da sinalização e regulação dos GPCRs. Elas têm, em particular, ajudado a elucidar a cinética e os passos individuais em células isoladas, levando a confirmação de modelos

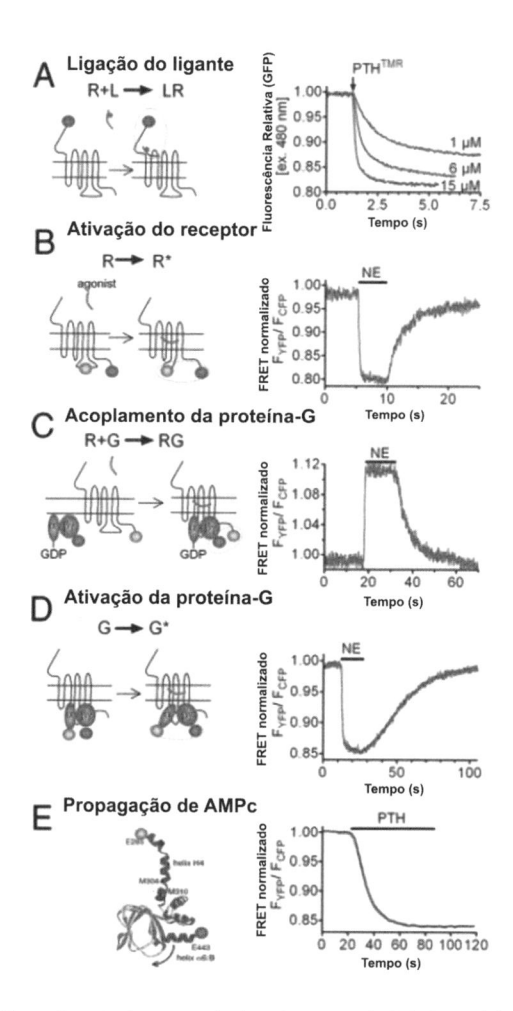

Figura 11.12 Aplicação de FRET para detecção de etapas individuais da ativação de GPCRS em células *in vivo*. Ligação do agonista (a), a interação do receptor (b), acoplamento de proteína G (c), activação da proteína G (d), a propagação de segundos mensageiros (e). Modificado de Vilardaga et al. 2009.

postulados e de sequência de eventos celulares. Com resolução temporal na escala de milissegundos, podemos agora visualizar a ligação do ligante, a alteração conformacional e ativação do receptor, sua associação à proteína G e ativação, endocitose do receptor, propagação do cAMP e subsequentes cascatas de fosforilação (Figura 11.13). Além disso, a visualização da mudança conformacional induzida pelo ligante a um GPCR permite uma análise direta das eficácias intrínsecas de ligantes, tanto no entendimento das interações com seus agonistas, quanto no estudo das interações de fármacos com os receptores, contribuindo assim para o desenvolvimento de novos fármacos que possuem GPCRs como alvo terapêutico. Estes exemplos mostram que os estudos com base na tecnologia de BRET e FRET não só ajudam a avaliar os mecanismos moleculares de ativação GPCR e sinalização, mas que também podem chegar na dimensão fisiológica, apresentando em detalhes sem precedentes, como os GPCRs exercem as suas muitas funções biológicas, e como diferentes sinais celulares são integrados para produzir uma resposta global celular.

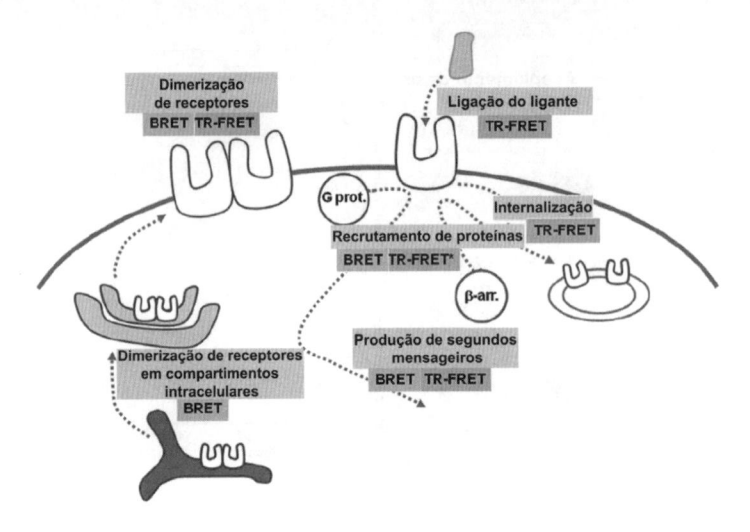

Figura 11.13 Sinalização e internalização de GPCRS e utilização de BRET e FRET. As etapas de ativação dos GPCRS pelo agonista são ilustradas de acordo com a aplicação das técnicas de BRET e FRET, desde a ligação do agonista ao receptor e suas etapas sequenciais, como mudança conformacional e ativação do receptor, recrutamento e interação com as proteínas G, fosforilação do receptor, sinalização intracelular e internalização do receptor. Modificado de Cottet et al. 2012.

REFERÊNCIAS

1. Strange PG. Signaling mechanisms of GPCR ligands. Curr Opin Drug Discov Devel. 2008;11(2):196-202.

2. Hill CA, Fox AN, Pitts RJ, Kent LB, Tan PL, Chrystal MA, et al. G protein-coupled receptors in Anopheles gambiae. Science. 2002;298(5591):176-8.

3. Josefsson LG. Evidence for kinship between diverse G-protein coupled receptors. Gene. 1999;239(2):333-40.

4. Perez DM. From plants to man: the GPCR "tree of life". Mol Pharmacol. 2005;67(5):1383-4.

5. Katritch V, Cherezov V, Stevens RC. Diversity and modularity of G protein-coupled receptor structures. Trends Pharmacol Sci. 2012;33(1):17-27.

6. Vilardaga JP, Bunemann M, Feinstein TN, Lambert N, Nikolaev VO, Engelhardt S, et al. GPCR and G proteins: drug efficacy and activation in live cells. Mol Endocrinol. 2009;23(5):590-9.

7. Bourne HR, Sanders DA, McCormick F. The GTPase superfamily: conserved structure and molecular mechanism. Nature. 1991;349(6305):117-27.

8. Wettschureck N, Offermanns S. Mammalian G proteins and their cell type specific functions. Physiol Rev. 2005;85(4):1159-204.

9. Förster T. Zwischenmolekulare Energie wanderungund Fluoreszenz. AnnPhys (Leipzig). 1948;2:55-75.

10. Wise A, Jupe SC, Rees S. The identification of ligands at orphan G-protein coupled receptors. Annu Rev Pharmacol Toxicol. 2004;44:43-66.

11. Noginov MADG, McCall MW, Zheludev NI. Tutorials in Complex Photonic Media. Washington: Spie Press; 2009.

12. Lakowicz JR. Principles of Fluorescence Spectroscopy. 3 ed. Singapore: Springer; 2006.

13. Held P. An Introduction to Fluorescence Resonance Energy Transfer (FRET) Technology and its Application in Bioscience Application Guide BioTek. 2012.

14. Cottet M, Faklaris O, Maurel D, Scholler P, Doumazane E, Trinquet E, et al. BRET and Time-resolved FRET strategy to study GPCR oligomerization: from cell lines toward native tissues. Frontiers in endocrinology. 2012;3:92.

15. Hussain SAC, Bhattacharjee D, Schoonheydt RA. Fluorescence resonance energy transfer between organic dyes adsorbed onto nano-clay and Langmuir-Blodgett (LB) films Spectrochim Acta A Mol Biomol Spectrosc. 2010;75(2):664-70.

16. Ward WWC, M.J. ENERGY TRANSFER VIA PROTEIN-PROTEIN INTERACTION IN RENILLA BIOLUMINESCENCE. Photochemistry and Photobiology. 1978;27(4):389-96.

17. Gonzalez JE, Tsien RY. Voltage sensing by fluorescence resonance energy transfer in single cells. Biophysical journal. 1995;69(4):1272-80.

18. Parkhurst KM, Parkhurst LJ. Kinetic studies by fluorescence resonance energy transfer employing a double-labeled oligonucleotide: hybridization to the oligonucleotide complement and to single-stranded DNA. Biochemistry. 1995;34(1):285-92.

19. Jares-Erijman EA, Jovin TM. FRET imaging. Nature biotechnology. 2003;21(11):1387-95.

20. Selvin PR. Principles and biophysical applications of lanthanide-based probes. Annual review of biophysics and biomolecular structure. 2002;31:275-302.

21. Mathis G. Probing molecular interactions with homogeneous techniques based on rare earth cryptates and fluorescence energy transfer. Clinical chemistry. 1995;41(9):1391-7.

22. Bazin H, Trinquet E, Mathis G. Time resolved amplification of cryptate emission: a versatile technology to trace biomolecular interactions. Journal of biotechnology. 2002;82(3):233-50.

23. Lorenz WW, McCann RO, Longiaru M, Cormier MJ. Isolation and expression of a cDNA encoding Renilla reniformis luciferase. Proceedings of the National Academy of Sciences of the United States of America. 1991;88(10):4438-42.

24. Xu Y, Piston DW, Johnson CH. A bioluminescence resonance energy transfer (BRET) system: application to interacting circadian clock proteins. Proceedings of the National Academy of Sciences of the United States of America. 1999;96(1):151-6.

25. Joly E, Houle B, Dionne P, Taylor S, Ménard L. Bioluminescence Resonance Energy Transfer (BRET$^2_{TM}$): principle, pplications and products. BRET2 Technology. Application Note BRT-001. Packard BioScience Inc., 2001.

26. Ayoub MA, Pfleger KD. Recent advances in bioluminescence resonance energy transfer technologies to study GPCR heteromerization. Current opinion in pharmacology. 2010;10(1):44-52.

27. Hamdan FF, Audet M, Garneau P, Pelletier J, Bouvier M. High-throughput screening of G protein-coupled receptor antagonists using a bioluminescence resonance energy transfer 1-based beta-arrestin2 recruitment assay. Journal of biomolecular screening. 2005;10(5):463-75.

28. Pfleger KD, Seeber RM, Eidne KA. Bioluminescence resonance energy transfer (BRET) for the real-time detection of protein-protein interactions. Nature protocols. 2006;1(1):337-45.

29. Angers S, Salahpour A, Joly E, Hilairet S, Chelsky D, Dennis M, et al. Detection of beta 2-adrenergic receptor dimerization in living cells using bioluminescence resonance energy transfer (BRET). Proceedings of the National Academy of Sciences of the United States of America. 2000;97(7):3684-9.

30. Kroeger KM, Hanyaloglu AC, Seeber RM, Miles LE, Eidne KA. Constitutive and agonist-dependent homo-oligomerization of the thyrotropin-releasing hormone receptor. Detection in living cells using bioluminescence resonance energy transfer. The Journal of biological chemistry. 2001;276(16):12736-43.

31. Mason WT. Fluorescent and Luminescent Probes for Biological activity. Adams SRB, B.J; Taylor, S.S.; Tsien, R.W. , editor. London: Academic Press; 1999.

32. Lohse MJ, Nuber S, Hoffmann C. Fluorescence/bioluminescence resonance energy transfer techniques to study G-protein-coupled receptor activation and signaling. Pharmacological reviews. 2012;64(2):299-336.

33. Russo RC, Garcia CC, Teixeira MM. Anti-inflammatory drug development: Broad or specific chemokine receptor antagonists? Curr Opin Drug Discov Devel. 2010;13(4):414-27.

34. Castro M, Nikolaev VO, Palm D, Lohse MJ, Vilardaga JP. Turn-on switch in parathyroid hormone receptor by a two-step parathyroid hormone binding mechanism. Proc Natl Acad Sci U S A. 2005;102(44):16084-9.

35. Albizu L, Cottet M, Kralikova M, Stoev S, Seyer R, Brabet I, et al. Time-resolved FRET between GPCR ligands reveals oligomers in native tissues. Nat Chem Biol. 2010;6(8):587-94.

36. Gether U, Lin S, Kobilka BK. Fluorescent labeling of purified beta 2 adrenergic receptor. Evidence for ligand-specific conformational changes. The Journal of biological chemistry. 1995;270(47):28268-75.

37. Hoffmann C, Gaietta G, Bunemann M, Adams SR, Oberdorff-Maass S, Behr B, et al. A FlAsH-based FRET approach to determine G protein-coupled receptor activation in living cells. Nat Methods. 2005;2(3):171-6.

38. Monod J, Wyman J, Changeux JP. On the Nature of Allosteric Transitions: A Plausible Model. J Mol Biol. 1965;12:88-118.

39. Koshland DE, Jr., Nemethy G, Filmer D. Comparison of experimental binding data and theoretical models in proteins containing subunits. Biochemistry. 1966;5(1):365-85.

40. Vilardaga JP, Steinmeyer R, Harms GS, Lohse MJ. Molecular basis of inverse agonism in a G protein-coupled receptor. Nat Chem Biol. 2005;1(1):25-8.

41. Hein P, Frank M, Hoffmann C, Lohse MJ, Bunemann M. Dynamics of receptor/G protein coupling in living cells. EMBO J. 2005;24(23):4106-14.

42. Hamm HE. The many faces of G protein signaling. The Journal of biological chemistry. 1998;273(2):669-72.

43. Hasbi A, Devost D, Laporte SA, Zingg HH. Real-time detection of interactions between the human oxytocin receptor and G protein-coupled receptor kinase-2. Mol Endocrinol. 2004;18(5):1277-86.

44. Shenoy SK, Lefkowitz RJ. beta-Arrestin-mediated receptor trafficking and signal transduction. Trends Pharmacol Sci. 2011;32(9):521-33.

45. Perroy J, Pontier S, Charest PG, Aubry M, Bouvier M. Real-time monitoring of ubiquitination in living cells by BRET. Nat Methods. 2004;1(3):203-8.

46. Harbeck MC, Chepurny O, Nikolaev VO, Lohse MJ, Holz GG, Roe MW. Simultaneous optical measurements of cytosolic Ca2+ and cAMP in single cells. Sci STKE. 2006;2006(353):pl6.

47. Nikolaev VO, Bunemann M, Hein L, Hannawacker A, Lohse MJ. Novel single chain cAMP sensors for receptor-induced signal propagation. The Journal of biological chemistry. 2004;279(36):37215-8.

48. Nikolaev VO, Bunemann M, Schmitteckert E, Lohse MJ, Engelhardt S. Cyclic AMP imaging in adult cardiac myocytes reveals far-reaching beta1-adrenergic but locally confined beta2-adrenergic receptor-mediated signaling. Circ Res. 2006;99(10):1084-91.

49. Nikolaev VO, Gambaryan S, Lohse MJ. Fluorescent sensors for rapid monitoring of intracellular cGMP. Nat Methods. 2006;3(1):23-5.

50. Nikolaev VO, Lohse MJ. Monitoring of cAMP synthesis and degradation in living cells. Physiology (Bethesda). 2006;21:86-92.

12

O USO DE PROTEÍNAS FLUORESCENTES NA CIÊNCIA CONTEMPORÂNEA

Rayson Carvalho Barbosa
Anderson Kenedy Santos
José Luiz da Costa
Luiz Orlando Ladeira
Mauro Cunha Xavier Pinto
Rodrigo R. Resende

12.1 INTRODUÇÃO

A revolução científica das proteínas fluorescentes (PF) iniciou-se na década de 1960, quando o cientista Osamu Shimomura começou a estudar a bioluminescência de águas-vivas da espécie *Aequorea victoria*[1]. O objetivo de Shinomura era entender por que estas águas-vivas brilhavam. Em 1962, Shimomura publicou um trabalho descrevendo pela primeira vez o processo de isolamento e descrição da proteína fluorescente verde (do inglês, *green fluorescent protein*, GFP)[1]. Na década de 1970, Shimomura e seu grupo de pesquisa caracterizaram como a luz era absorvida no comprimento de onda UV e emitida em comprimento de onda verde pela GFP[2]. O aspecto mais revolucionário sobre a GFP é que esta proteína apresenta fluorescência por si só, não necessitando de processos bioquímicos para emitir luz[2]. O segundo passo desta revolução veio no início da década de 1990, quando o pesquisador Martin Chalfie usou o código genético da GFP para expressar a proteína em micro-organismos como *Escherichia coli* e *Caenorhabditis elegans*[3]. Pela primeira vez foi possível observar diretamente organismos vivos que antes eram transparentes. Um avanço considerável na utilização de proteínas fluorescentes foi obtido pelo grupo do cientista Roger Y. Tsien. Tsien e colaboradores foram capazes de modificar a GFP, criando novas variedades capazes de emitir cores no espectro azul, ciano e amarelo[4-7]. Posteriormente, o grupo de Tsien também foi capaz de modificar proteínas derivadas de corais fluorescentes, *Discosoma* sp., para gerar uma pequena proteína com emissão no espectro de luz vermelha, a DsRED (do inglês, *desired red protein*), favorecendo a complexação com outras moléculas com baixo risco de interferir nos processos biológicos[8]. O trabalho destes três pesquisadores foi laureado com um Prêmio Nobel de Química no ano de 2008 em reconhecimento ao excepcional avanço que trouxeram à ciência contemporânea.

Atualmente, existem proteínas fluorescentes de diferentes fontes e que são excitáveis em todas as faixas de comprimento de onda do espectro UV-visível. Estas proteínas podem ser usadas para revelar inúmeras estruturas celulares, possibilitando a visualização e o entendimento do funcionamento das células, tecidos e sistemas biológicos[9]. Na área biomédica, a revolução das proteínas fluorescentes possibilitou não só visualizar, mas como também quantificar eventos de sinalização molecular em alta escala de resolução espacial e temporal dentro das células[5].

A escolha da proteína fluorescente mais adequada deve considerar requisitos básicos destas proteínas, dos sistemas estudados e dos equipamentos disponíveis para análise[10]. Normalmente, é fácil encontrar as informações físicas de cada proteína fluorescente, como o espectro de emissão e excitação (λ, comprimento de onda), a radiação eletromagnética por unidade de tempo (brilho), a capacidade de radiação eletromagnética por mol de substância (coeficiente de extinção), a razão entre o número de fótons emitidos e o número de fótons absorvidos pela proteína fluorescente (rendimento quântico), bem como sua estabilidade em meio ácido (pKa).

No entanto, antes de escolher uma proteína fluorescente é importante tomar alguns cuidados. Em primeiro lugar, é importante observar a estabilidade da expressão e a toxicidade da proteína fluorescente no sistema escolhido, bem como se a fusão da proteína fluorescente com uma proteína-alvo causa oligomerização e perda de função da molécula de estudo[10]. Em segundo lugar, deve-se observar se a excitabilidade desta proteína é intensa o suficiente para fornecer um sinal fluorescente maior que a autofluorescência do sistema analisado[10]. Em terceiro lugar, a proteína fluorescente deve ser suficientemente fotoestável para ser avaliada durante todo o procedimento de aquisição de dados e resistente à variações ambientais como temperatura e pH[10]. Por último, nos ensaios com múltiplas marcações, as diferentes proteínas fluorescentes devem ter mínima interferência nos canais de excitação e emissão uma das outras[11]. Com um espectro tão grande de possibilidades, saber escolher a proteína fluorescente adequada é fundamental para o sucesso de uma análise. Os detalhes sobre estes aspectos são discutidos abaixo.

12.2 DIVERSIDADE ESPECTRAL DE PROTEÍNAS FLUORESCENTES

Atualmente, existem proteínas fluorescentes que brilham em várias cores do espectro, cobrindo desde a luz ultravioleta até o infravermelho. Este elevado número de proteínas fluorescentes foi alcançado graças à descoberta de novas fontes como corais e anêmonas marinhas, bem como com a manipulação molecular destas proteínas selvagens. Mas como uma proteína fluorescente do tipo GFP pode apresentar cores tão distintas?

Em primeiro lugar, as cores distintas podem emergir de diferentes interações não covalentes entre o cromóforo das proteínas fluorescentes e o ambiente. Várias proteínas derivadas de *Aequorea victoria* apresentam esta característica. Em segundo lugar, os cromóforos quimicamente distintos podem determinar mudanças drásticas no espectro de emissão. Neste caso, a diversidade de estruturas de cromóforos encontrados em proteínas derivadas de *Anthozoa* é um bom exemplo[12]. A proteína fluorescente DsRed, uma proteína tipo GFP, emite no comprimento de onda vermelho, deriva sua qualidade espectral de uma desidrogenação autocatalítica adicional na ligação alfa entre um átomo de carbono e o átomo de nitrogênio na Q65 (glutamina 65) da proteína, promovendo a retirada de dois elétrons das ligações duplas e, consequentemente, aumentando o espectro de emissão para o vermelho[8,13]. A partir da estrutura de DsReD, o grupo de pesquisas de Tsien foi capaz de desenvolver proteínas fluorescentes de diversas cores como a mPlum, mCherry, mStrawberry, mOrange e mCitrine, nomeadas de acordo com as cores que brilhavam[14,15].

As proteínas fluorescentes são classificadas de acordo com a luz que emitem após serem excitadas. Na Tabela 12.1 podem ser encontrados oito grupos de proteínas fluorescentes: Proteína Ultravioleta ($\lambda \approx 380{-}450$ nm), proteína fluorescente azul ($\lambda \approx 450{-}475$ nm), proteína fluorescente ciano ($\lambda \approx 476{-}500$ nm), proteína fluorescente verde (500 –525 nm), proteína fluorescente amarela ($\lambda \approx 525{-}555$ nm), proteína fluorescente alaranjada ($\lambda \approx 555{-}580$ nm), proteína fluorescente vermelha ($\lambda \approx 580{-}680$ nm) e proteína infravermelha ($\lambda > 680$ nm).

Tabela 12.1 Lista das principais proteínas fluorescentes segundo classe espectral.

PROTEÍNAS	λEx (nm)	λEm (nm)	CE	RQ	BRILHO	pKa	FD (S)	TM (MIN)	ESTRUTURA	REF.
PROTEÍNAS UV										
Sirius	355	424	15000	0,24	3,6	3			Monômero	(16)
PROTEÍNAS AZUIS										
Azurite	383	450	26200	0,55	14,4	5	33		Monômero	(17)
EBFP2	383	448	32000	0,56	18	4,5	55		Monômero	(18)
mKalama1	385	456	36000	0,45	16	5,5			Monômero	(18)
mTagBFP2	399	454	50600	0,64	32,4	2,7	53		Monômero	(19)
TagBFP	402	457	52000	0,63	32,8	2,7	34		Monômero	(20)
PROTEÍNAS CIANO										
ECFP	433	475	32500	0,4	13	4,7			Monômero	(4)
Cerulean	433	475	43000	0,62	26,7	4,7	36		Monômero	(21)
mCerulean3	433	475	40000	0,8	32	4,7				(22)
SCFP3A	433	474	30000	0,56	16,8	4,5			Monômero	(23)
CyPet	435	477	35000	0,51	17,8	5,02				(24)
mTurquoise	434	474	30000	0,84	25,2				Monômero	(25)
mTurquoise2	434	474	30000	0,93	27,9	3,1	90		Monômero	(26)
TagCFP	458	480	37000	0,57	21	4,7				
mTFP1	462	492	64000	0,85	54	4,3			Monômero	(27)
monomeric Midoriishi-Cyan	470	496	22150	0,7	15,5	7			Monômero	(28)
Aquamarine	430	474	26000	0,89	23,1	3,3				(29)
PROTEÍNAS VERDES										
TurboGFP	482	502	70000	0,53	37,1	5,2			Monômero	(30)
TagGFP2	483	506	56500	0,6	33,9	4,7			Monômero	(20)
mUKG	483	499	60000	0,72	43,2	5,2			Monômero	(31)
Superfolder GFP	485	510	83300	0,65	54,1				Monômero	(32)
Emerald	487	509	57500	0,68	37,3	6	101		Monômero	(33)
EGFP	488	507	56000	0,6	33,6	6	174	25	Monômero	(34)
Monomeric Azami Green	492	505	55000	0,74	40,7	5,8			Monômero	(35)
mWasabi	493	509	70000	0,8	56	6	93		Monômero	(36)
Clover	505	515	111000	0,76	84,4	6,1	50	30	Monômero	(37)
mNeonGreen	506	517	116000	0,8	92,8	5,7	158	10	Monômero	(38)
PROTEÍNAS AMARELAS										
TagYFP	508	524	64000	0,62	39,7	5,5			Monômero	(39)
EYFP	513	527	83400	0,61	50,9	6,9	60		Monômero	(40)
Topaz	514	527	94500	0,6	56,7					
Venus	515	528	92200	0,57	52,5	6	15		Monômero	(41)
SYFP2	515	527	101000	0,68	68,7	6			Monômero	(23)
Citrine	516	529	77000	0,76	58,5	5,7	49		Monômero	(42)
Ypet	517	530	104000	0,77	80,1	5,6				(24)

PROTEÍNAS	λEx (nm)	λEm (nm)	CE	RQ	BRILHO	pKa	FD (S)	TM (MIN)	ESTRUTURA	REF.
PROTEÍNAS AMARELAS										
lanRFP-ΔS83	521	592	71000	0,1	7,1	4,7		720		(43)
mPapaya1	530	541	43000	0,83	35,7	6,8				(44)
PROTEÍNAS LARANJAS										
mKO (monomeric Kusabira-Orange)	548	559	51600	0,6	31	5			Monômero	(45)
mOrange	548	562	71000	0,69	49	6,5	9	150	Monômero	(46), (15).
mOrange2	549	565	58000	0,6	34,8	6,5			Monômero	(47)
mKOκ	551	563	105000	0,61	64	4,2			Monômero	(31)
mKO2	551	565	63800	0,62	39,6	5,5			Monômero	(48)
PROTEÍNAS VERMELHAS										
TagRFP	555	584	100000	0,48	49	3,8	48	100	Monômero	(49)
TagRFP-T	555	584	81000	0,41	33,2	4,6	337	100	Monômero	(46)
mRuby	558	605	112000	0,35	39,2	4,4			Monômero	(50)
mRuby2	559	600	113000	0,38	43	5,3	123	150	Monômero	(51)
mTangerine	568	585	38000	0,3	11,4	5,7			Monômero	(46)
mApple	568	592	75000	0,49	36,7	6,5			Monômero	(46)
mStrawberry	574	596	90000	0,29	26,1	4,5	15	50	Monômero	(46), (15).
FusionRed	580	608	95000	0,19	18,1	4,6	150	130		(52)
mCherry	587	610	72000	0,22	15,8	4,5	96	40	Monômero	(46), (15).
mNectarine	558	578	58000	0,45	26,1	6,9	11	30		(53)
mKate2	588	633	62500	0,4	25	5,4	84	20	Monômero	(54)
HcRed-Tandem	590	637	160000	0,04	6,4				Monômero	(54)
mPlum	590	649	41000	0,1	4,1	4,5	53	100	Monômero	(55), (15).
mRaspberry	598	625	86000	0,15	12,9				Monômero	(55)
mNeptune	600	650	67000	0,2	13,4	5,4	255	35	Monômero	(56)
NirFP	605	670	15700	0,06	0,9	4,5			Dímero	(57)
TagRFP657	611	657	34000	0,1	3,4	5			Monômero	(58)
TagRFP675	598	675	46000	0,08	3,7	5,7		25	Monômero	(59)
PROTEÍNAS IV										
iFP1.4	684	708	92000	0,07	6,4	4,6	50	114		(60)
iRFP713 (iRFP)	690	713	105000	0,06	6,2	4	450	168		(61)
iRFP670	643	670	114000	0,11	12,5	4				(62)
iRFP682	663	682	90000	0,11	9,9	4,5				(62)
iRFP702	673	702	93000	0,08	7,4	4,5				(62)
iRFP720	702	720	96000	0,06	5,8	4,5				(62)

Comprimento de onda de excitação λEx(nm), comprimento de onda de emissão λEm(mn), coeficiente de extinção (CE), rendimento quântico (RQ), tempo de foto degradação (FD), tempo de maturação (TM). Os dados representados na tabela correspondem a valores experimentais obtidos a 37 °C e com pH 7,4.

12.3 EXPRESSÃO, OLIGOMERIZAÇÃO E TOXICIDADE DE PROTEÍNAS FLUORESCENTES

Nos últimos anos, o avanço da engenharia molecular de GFP de *Aequorea victoria* trouxe uma nova variedade de proteínas mutantes aprimoradas e com diferentes cores e mais brilhantes, permitindo análises de processos biológicos mais complexos. Outra fonte de inovação veio dos estudos de cromoproteínas não fluorescentes de animais *Anthozoa* que gerou uma nova variedade de proteínas fluorescentes tipo GFP, amarelas e vermelhas[12].

As proteínas do tipo GFP são uma família de proteínas homólogas pequenas com tamanho de 25 a 30 KDa e apresentam brilho no espectro de 442 a 645 nm. Estas proteínas não necessitam de mecanismos bioquímicos sofisticados para apresentar fluorescência, exceto oxigênio molecular, pois têm a capacidade de formar cromóforos em sua estrutura que conferem fluorescência a qualquer organismo biológico que as expressem[12].

Um dos pontos mais importantes em relação às PFs é que toda a estrutura da proteína é essencial para o desenvolvimento e manutenção da sua fluorescência[63]. A estrutura de uma PF consiste de um enovelamento em β-barril extremamente rígida compreendendo 11 β folhas que cercam uma α-hélice central[40]. Em todas as PFs de águas-vivas e corais estudadas até agora, o princípio cromóforo é derivado de apenas alguns aminoácidos essenciais que estão localizados próximos do centro do β-barril (Figura 12.1). No entanto, ao contrário dos aminoácidos da maior parte das proteínas solúveis, muitos dos aminoácidos interiores nas PFs são carregados ou polares. Eles se ligam a várias moléculas de água e prendem-nas em conformações rígidas dentro da proteína. Dentro do contexto deste ambiente específico, ocorre uma reação entre aminoácidos centrais das PF para formar um anel imidazol com conjugação prolongada[7]. A fluorescência destas proteínas é altamente dependente do ambiente químico único que envolve o cromóforo, tal como evidenciado pelo fato de que os análogos sintéticos de cromóforos são desprovidos de fluorescência[64]. Com mudanças no ambiente, o cromóforo local também produz variações dramáticas nas características espectrais, fotoestabilidade, resistência ácida e uma variedade de outras propriedades físicas.

O mecanismo de formação do cromóforo é acreditado ser semelhante para todas as PFs, independentemente da fonte[63]. O exame das sequências de aminoácidos de mais de cem variantes de cromóforos que ocorrem naturalmente, a partir de muitas espécies, revelou que apenas quatro resíduos são absolutamente conservados[63]. O primeiro resíduo é a G67 (glicina 67), o qual é crucial para a ciclização do cromóforo através de ataque nucleofílico; consequentemente, qualquer mutação deste aminoácido oblitera completamente a formação do cromóforo. O segundo resíduo conservado é a Y66 (tirosina 66), que também está envolvida na formação do cromóforo. Entretanto, os estudos de mutagênese mostram que qualquer resíduo aromático pode substituir a Y66[4] o que é, por conseguinte, altamente intrigante por que este aminoácido é tão conservado na natureza. Os dois últimos resíduos de aminoácidos conservados são a R96 (arginina 96) e o E222 (glutamato 222), ambos os quais são resíduos catalíticos que estão posicionados próximos ao cromóforo e são essenciais para o processo de maturação. Vários outros resíduos próximos ao cromóforo, tais como os G20 (glicina 20), G33 (glicina 33), Gl91 (glicina 191) e F130 (fenilalanina 130), também são conservados entre as PFs e também se acredita que estejam envolvidos na formação do cromóforo. Como a maioria dos outros resíduos não é conservada, as PFs podem acomodar um elevado grau de modificação para criar proteínas com propriedades físicas diferentes[65].

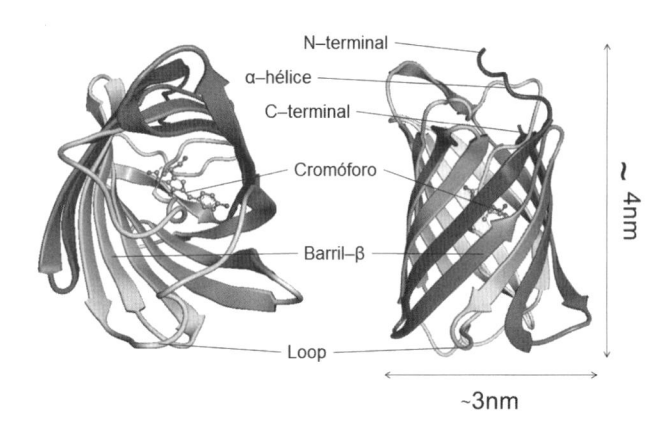

Figura 12.1 Estrutura em β-barril das proteínas fluorescentes indicando os quatro aminoácidos centrais responsáveis pela formação do cromóforo.

As proteínas fluorescentes são geneticamente codificadas, podendo ser facilmente clonadas e expressas em diversos organismos vivos através de técnicas de biologia molecular. Este código genético também pode ser utilizado para fundir a proteína fluorescente a uma proteína-alvo, tornando-a visível em um microscópio de fluorescência. Infelizmente, algumas interações indesejadas entre a proteína fluorescente e a proteína-alvo podem ocorrer, levando a perda da função de uma ou ambas as proteínas. Um bom exemplo vem das proteínas fluorescentes verde-amarelo do tipo selvagem que, por serem tetraméricas, muitas vezes causavam oligomerização das proteínas e até mesmo toxicidade em células[66].

As proteínas fluorescentes selvagens derivadas de *Aequorea victoria* (PFAV) têm uma baixa tendência à dimerização, enquanto as proteínas fluorescentes derivadas de outros animais, como as do grupo *Anthozoa* são normalmente diméricas ou tetraméricas[12]. A dimerização de PFAV pode ser inibida pela substituição A206K em sua sequência, permitindo a forma monomérica, sem a perda funcional de sua característica fluorescente. Além disto, proteínas fluorescentes selvagens podem ser manipuladas à monômeros ou dímeros com fenótipo de proteína monomérica, embora com o dobro da massa molecular. No passado, proteínas fluorescentes vermelhas (do inglês, *Red Fluorescent Proteins*, RFP) apresentavam problemas substanciais por serem tetraméricas e susceptíveis à oligomerização dentro das células. Atualmente, pode-se encontrar RFP na forma de monômeros ou dímeros acoplados em várias faixas espectrais.

É raro encontrar efeitos tóxicos associados à expressão de proteínas fluorescentes nas células, porém experimentos em condição controle são necessários para estimar a possível toxicidade sempre que esta ferramenta for utilizada em células transformadas. De maneira geral, proteínas monoméricas não apresentam toxicidade para bactérias e células de mamíferos, enquanto proteínas tetraméricas apresentam uma baixa toxicidade, principalmente quando apresentam potencial de agregação. Seguindo esta linha de raciocínio, grupos de pesquisadores que produziram animais transgênicos utilizando proteínas fluorescentes monoméricas obtiveram sucesso, sendo difícil gerar animais transgênicos com proteínas fluorescentes tetraméricas. Na Tabela 12.1 estão descritas algumas proteínas fluorescentes monoméricas ou diméricas que podem ser utilizadas na marcação de proteínas-alvo em modelos experimentais.

12.4 A ESTABILIDADE E O BRILHO DAS PROTEÍNAS FLUORESCENTES

A estabilidade das proteínas fluorescentes é um fator importante para o sucesso dos experimentos, principalmente quando devem ser interpretadas quantitativamente. Os parâmetros experimentais devem ser levados em conta na hora da escolha das proteínas fluorescentes, uma vez que estas proteínas podem ser sensíveis a alterações no ambiente. A maioria das proteínas fluorescentes apresenta certa sensibilidade a ambientes ácidos. Esta característica pode ser fonte de viés analítico, uma vez que proteínas fluorescentes direcionadas para compartimentos ácidos da célula, como o lúmen de lisossomos ou grânulos de secreção, podem ser afetadas pelo pH destes compartimentos e confundir a interpretação dos dados. Por este motivo, proteínas fluorescentes como GFP, YFP e mOrange devem ser evitadas em experimentos com condições ácidas, pois há um forte risco de gerar artefatos na análise[15]. Apesar disto, esta condição pode ser explorada para avaliações de pH luminal de organelas e vesículas celulares.

Como outras proteínas, as proteínas fluorescentes também são afetadas por alterações na temperatura durante os procedimentos experimentais, afetando diretamente o processo de dobragem e a eficiência de maturação. As proteínas selvagens têm seu processo de maturação e expressão de proteínas fluorescentes na temperatura ambiente, bem como as proteínas geneticamente manipuladas em bactérias. Um processo adicional de otimização é necessário para tornar estas proteínas viáveis para experimentação em células de mamíferos. Normalmente, proteínas fluorescentes disponíveis no mercado foram aprimoradas para maturar e expressar a uma temperatura de 37 °C, mas esta eficiência pode variar de uma proteína para outra. As PFVC, como a Emerald GFP, naturalmente dobram razoavelmente bem a 37 °C, enquanto sondas como a Venus e a T-Safira 6 foram aprimoradas para isto[11].

As proteínas derivadas de GFP também são dependentes da presença de oxigênio molecular para seu funcionamento. O processo de maturação das PFAV gera uma molécula de H_2O_2 (peróxido de hidrogênio) através da desidrogenação da cadeia lateral de aminoácidos, sendo que os comprimentos de onda mais longos de proteínas fluorescentes de corais provavelmente geram duas moléculas de H_2O_2. Este fato é relevante, uma vez que em situações de anóxia (< 0,75 μM de O_2) a formação de fluorescência é completamente bloqueada, sendo restaurada a partir de concentrações de 3 μM de O_2.

Outro fator importante sobre as proteínas fluorescentes é a fotoestabilidade, que depende diretamente da forma como estas proteínas são excitadas. Eventualmente, todas as proteínas fluorescentes sofrem fotodegradação após um longo período de excitação, sendo importante observar os valores para cada tipo de proteína utilizada (11). Em análises que requerem um número pequeno de imagens (menor que 10 imagens), a fotoestabilidade não é um fator importante, mas para experimentos mais longos é um fator fundamental. Diferentes proteínas fluorescentes apresentam variações significativas na taxa de fotodegradação, mesmo nos casos onde estas proteínas apresentam propriedades óticas semelhantes (Tabela 12.1).

Segundo Shaner e colaboradores, as proteínas mais adequadas para estudos com longo tempo de exposição, levando em conta o brilho e a maturação a 37 °C, são os monômeros mCherry e mKO[12,15]. O dímero tdTomato também é muito estável, podendo ser utilizado quando o tamanho da proteína fluorescente não interfere com a função da proteína-alvo[67]. Com exceção da proteína fluorescente Venus, todas as PFAV apresentam boa fotoestabilidade, sendo a seleção de PFAV baseada na luminosidade e sensibilidade ao ambiente escolhido para análise. Algumas PFAV como Cerulean e GFP apresentam uma taxa de fotodegradação (do inglês, *photobleaching*) mais rápida, sendo recomendadas para experimentos que requerem poucas imagens[11]. Estas informações demonstram a importância da seleção de proteínas e filtros adequados para realização de experimentos com longos períodos de exposição.

Uma vez respeitados as condições ideais para o funcionamento das proteínas fluorescentes, o brilho emitido por uma proteína fluorescente será determinado por fatores intrínsecos e extrínsecos. Os fatores intrínsecos às proteínas são o tempo de maturação, a eficiência de expressão, bem como o coeficiente de extinção, o rendimento quântico e claro, a fotoestabilidade. Os fatores extrínsecos são relacionados à detecção e às propriedades óticas dos equipamentos, dependendo da intensidade de iluminação e do comprimento de onda de excitação, dos filtros espectrais, bem como a sensibilidade da câmera ou do olho humano ao espectro de emissão. As proteínas listadas na Tabela 12.1 apresentam resistência à interferência ácida e boa capacidade de dobramento a 37 °C, sendo adequadas para análises em células de mamíferos.

12.5 APLICAÇÕES DA TECNOLOGIA DE PROTEÍNAS FLUORESCENTES

Com o número crescente de novas proteínas fluorescentes de diferentes classes espectrais especialmente desenvolvidas para marcação de proteínas-alvo dentro das células, as possibilidades experimentais para esta tecnologia só dependem da imaginação do pesquisador. As novas proteínas fluorescentes são monômeros cada vez menores e mais brilhantes, o que possibilita a marcação desde proteínas estruturais e até mesmo receptores de membrana sem alteração na função das proteínas-alvo[10,68,69].

Uma das ferramentas mais valiosas utilizadas na atualidade é a múltipla marcação de proteínas-alvo, que permite estudos funcionais e morfológicos em diferentes tecidos. Neste caso a escolha do conjunto de proteínas fluorescentes é crucial para o sucesso do experimento, sendo a sobreposição do brilho de diferentes proteínas fluorescentes o maior risco associado à múltipla marcação[10,68,69]. Atualmente, os sistemas de filtros oferecidos pelos microscópios de fluorescência convencionais oferecem uma configuração óptica simples e capaz de distinguir claramente entre três ou quatro flurocromos diferentes. As abordagens mais limpas e tradicionais normalmente adotam as colorações azul, verde e vermelho ou ciano, laranja e vermelho.

A tecnologia de proteínas fluorescentes também possibilita o estudo do movimento de proteínas dentro das células ou nas membranas. Estas técnicas exploram as taxa de fotodegradação (*photobleaching*) das proteínas fluorescentes[10,68]. A técnica de recuperação de fluorescência após fotodegradação (do inglês, *Fluorescence recovery after photobleaching*, FRAP) e a técnica de perda de fluorescência por fotodegradação (do inglês, *Fluorescence Loss in Photobleaching*, FLIP) permitem quantificar a difusão lateral bidimensional de proteínas fluorescentes para uma área cuja fluorescência foi extinta por irradiação intensiva.

Por último, o uso de proteínas fluorescentes também permite o estudo de interação entre proteínas marcadas na ordem de nanômetros através da técnica de Transferência de Energia por Ressonância de Förster (do inglês, *Förster resonance energy transfer*, FRET)[10,68,69]. Nesta técnica, um cromóforo doador quando é excitado transfere sua energia para um cromóforo receptor através do acoplamento dipolo-dipolo dos cromóforos[69]. A eficiência da transferência de energia entre dois cromóforos é inversamente proporcional à distância entre o cromóforo doador e o receptor[69]. Quando combinado com várias proteínas fluorescentes de diferentes cores, o FRET permite ensaios de alta resolução espacial de diferentes interações proteína-proteína em células vivas[69].

12.6 A PALETA DE CORES DAS PROTEÍNAS FLUORESCENTES

Como a fluorescência é uma técnica intrinsecamente cor-resolvido, a consideração mais importante na escolha de uma PF é o seu perfil espectral, isto é, a cor da sua fluorescência. Uma ampla gama de variantes de PF que abrangem quase todo o espectro visível tem sido desenvolvido e otimizado (Figura 12.2). O painel destaca as propriedades espectrais e de imagem de algumas PFs amplamente utilizadas em todo o espectro. As PFs foram purificadas e seus coeficientes de extinção, rendimentos quânticos e as propriedades espectrais medidas como anteriormente descrito[70]. Para comparar o brilho de várias PFs, cada espectro de excitação normalizado foi multiplicado pelo seu pico de coeficiente de extinção molar, e então dividido pelo pico do coeficiente de extinção molar de EGFP. Da mesma forma, cada espectro de emissão normalizado foi multiplicado pelo seu brilho molecular (coeficiente de extinção molar × rendimento quântico) e, em seguida, dividida pelo brilho de EGFP.

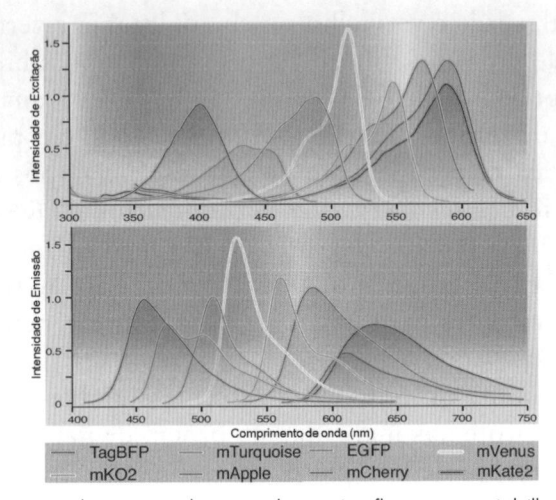

Figura 12.2 Propriedades espectrais de excitação e de emissão das proteínas fluorescentes mais brilhantes.

As escolhas para as atuais PFs com melhor desempenho em cada classe de cores são baseadas em uma série de fatores cruciais, incluindo a eficiência de maturação, propriedades espectrais, fotoestabilidade, caráter monomérica, o brilho, a fidelidade em fusões e eficiência potencial como doador ou aceitador da transferência de energia por ressonância de Förster (*Förster resonance energy transfer*, FRET). Existem várias mutações-chaves que são usadas repetidamente em diferentes PFs para melhorar suas funções como analisadas por estes parâmetros (Tabela 12.2). Com base no desempenho geral, consideramos mTagBPF[71] e mTurquoise[72], as PFs, azul e ciano, mais brilhantes e mais fotoestáveis, respectivamente (Figura 12.3). mEGPF foi a primeira PF de confiança de uso geral, devido à combinação de atributos positivos, ela continua sendo o padrão ouro com o qual se comparam o desempenho de todas as outras PFs. Nas regiões espectrais de amarelo e laranja, mVenus[41] e mKO2[48] são úteis porque elas amadurecem rapidamente e são ambas variantes monoméricas brilhantes, mesmo que elas não tenham o nível de fotoestabilidade exibida pela mEGPF. Na região do espectro do laranja-vermelho, mCherry[66] é amplamente utilizada em muitas aplicações, mas tem sido relatada em agregar quando expressas com algumas fusões[73]. mApple[47] pode ser utilizada como uma substituta eficaz em lugar da mCherry em várias proteínas de fusão (como as conexinas, α-tubulina e adesões focais). O uso de mApple ajuda a reduzir os artefatos, mas a sua emissão é desviada para o azul por aproximadamente 18 nm, o que aumenta a sua sobreposição espectral com as variantes de PFs amarelas e laranjas. Na região do vermelho ao vermelho-extremo, mKate2[54] é atualmente a melhor escolha em termos de brilho, fotoestabilidade e desempenho em proteínas de fusão. As propriedades fotofísicas importantes das PFs selecionadas estão resumidas na Tabela 12.3.

Tabela 12.2 Melhoramento da fluorescência de proteínas geradas por mutação utilizando ferramentas de biologia molecular.

MUTAÇÃO	CARACTERÍSTICA ADQUIRIDA
S30R	Aumento da taxa de dobramento e aumento da estabilidade proteica
F64L	Acelera a formação do cromóforo
Q69M	Melhora a resistência ao pH, a fotoestabilidade e dobramento
S72A	Acelera o dobramento e estabiliza a proteína
S147P	Acelera a taxa de maturação da proteína
N149K	Acelera o dobramento e estabiliza a proteína
V163A	Reduz a hidrofobicidade
I167T	Reduz a termossensibilidade e acelera a taxa de maturação da proteína

Tabela 12.3 Propriedades de proteínas fluorescentes.

PROTEÍNA	λEx (nm)	λEm (nm)	CE X 10^3 ($M^{-1}cm^{-1}$)	RENDIMENTO QUÂNTICO	BRILHO RELATIVO (% DE EGFP)
mTagBFP	399	456	52,0	0,63	98
mTurquoise	434	474	30,0	0,84	75
mEGFP	488	507	56,0	0,60	100
mVenus	515	528	92,2	0,57	156
mKO2	551	565	63,8	0,62	118
mApple	568	592	75,0	0,49	109
mCherry	587	610	72,0	0,22	47
mKate2	588	633	62,5	0,40	74

Usando microscopia de fluorescência multicolor, as PFs são muitas vezes utilizadas em combinação para analisar as interações entre seus parceiros de fusão (Figura 12.4). Na imagem de duas cores mostrada aqui, células epiteliais de rim de porco (a linhagem celular LLC-PK1) expressa mApple fundida à histona H2B humana, e mEGFP fundida à α-tubulina humana. A imagem de três cores mostra células HeLa que expressam mVenus fundida ao antígeno nuclear T SV40 com o sinal de direcionamento nuclear, ao passo que mTurquoise e mCherry são fundidas com peptídeos direcionados para o complexo de Golgi e mitocôndrias, respectivamente. No painel de quatro cores, as células de rim de coelho (*rabbit kidney*, RK-13, *cells*) são apresentadas e expressam mCherry (fundida à piruvato desidrogenase), mEGFP (fundida com Lifeact), mTurquoise (fundida com a proteína de membrana do peroxissoma), e mTagBFP (fundida a H2B) para visualizar a mitocôndria, filamentos de actina, peroxissomas e núcleo. Finalmente, o ensaio de cinco cores combina a expressão de mTagBFP, mTurquoise, mEGFP, mKO2 e mKate2 para marcar o núcleo, peroxissomos, retículo endoplasmático, adesões focais e mitocôndrias, respectivamente.

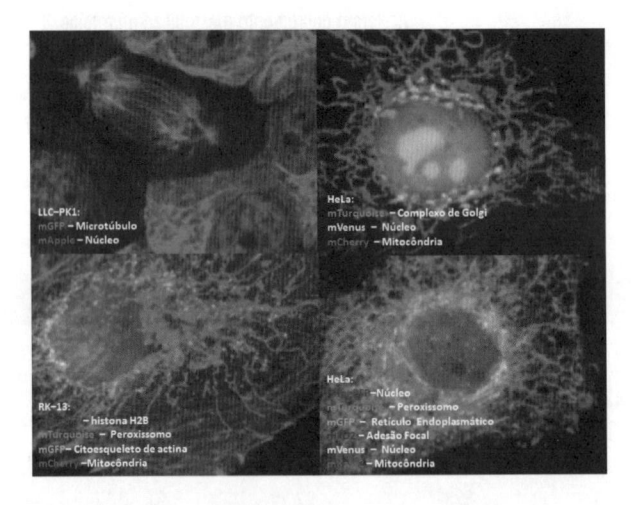

Figura 12.3 Imagem multi-color com fusões de proteínas fluorescentes.

12.7 PERSPECTIVAS

O presente conjunto de proteínas fluorescentes abriu os horizontes para novas descobertas na área biomédica, porém vários aprimoramentos ainda precisam ser feitos. Novos estudos estruturais sobre a GFP, bem como a descoberta de novas proteínas fluorescentes vindas de fontes naturais ou sintéticas, podem mover o espectro de emissão para regiões mais altas no espectro do vermelho e infravermelho (650-900 nm). Nessa faixa espectral, a luz é capaz de atravessar os tecidos animais com mais facilidade, permitindo análises com maior profundidade.

Além disto, o desenvolvimento de novas proteínas fluorescentes monoméricas com maior brilho e estabilidade permitirão uma melhor fusão com proteínas-alvo e maior capacidade de detecção em experimentos de imagem dentro das células e tecidos animais. Estas novas proteínas fluorescentes com diferentes espectros de emissão também facilitarão a marcação múltipla de proteínas-alvo, permitindo análise visual de várias atividades bioquímicas que ocorrem simultaneamente em uma mesma parte da célula.

Por último, uma nova geração de microscópios de varredura a laser capazes de detectar múltiplas marcações em diferentes espectros de emissão irá ampliar o número de marcadores a serem observados ao mesmo tempo, possibilitando análises funcionais entre diferentes proteínas. Tomados em conjunto, todos estes avanços gerados pela descoberta e desenvolvimento da tecnologia de proteínas fluorescentes poderão, no futuro, revelar como proteínas interagem funcionalmente nos sistemas, elucidando os mecanismos bioquímicos de processos fisiopatológicos e trazendo luz para novas descobertas científicas.

REFERÊNCIAS

1. Shimomura O, Johnson FH, Saiga Y. Extraction, Purification and Properties of Aequorin, a Bioluminescent Protein from the Luminous Hydromedusan, Aequorea. Journal of Cellular and Comparative Physiology. 1962;59(3):223-39.

2. Shimomura O. Structure of the chromophore of Aequorea green fluorescent protein. Febs Letters. 1979;104(2):220-2.

3. Chalfie M, Tu Y, Euskirchen G, Ward W, Prasher D. Green fluorescent protein as a marker for gene expression. Science. 1994;263(5148):802-5.

4. Heim R, Prasher DC, Tsien RY. Wavelength mutations and posttranslational autoxidation of green fluorescent protein. Proceedings of the National Academy of Sciences. 1994;91(26):12501-4.

5. Heim R, Cubitt AB, Tsien RY. Improved green fluorescence. Nature. 1995;373(6516):663-4.

6. Heim R, Tsien RY. Engineering green fluorescent protein for improved brightness, longer wavelengths and fluorescence resonance energy transfer. Current Biology. 1996;6(2):178-82.

7. Tsien RY. The green fluorescent protein. Annual Review of Biochemistry. 1998;67(1):509-44.

8. Gross LA, Baird GS, Hoffman RC, Baldridge KK, Tsien RY. The structure of the chromophore within DsRed, a red fluorescent protein from coral. Proceedings of the National Academy of Sciences. 2000;97(22):11990-5.

9. Patterson GH, Lippincott-Schwartz J. Selective photolabeling of proteins using photoactivatable GFP. Methods. 2004;32(4):445-50.

10. Shaner NC, Steinbach PA, Tsien RY. A guide to choosing fluorescent proteins. Nat Meth. 2005;2(12):905-9.

11. Shaner NC, Steinbach PA, Tsien RY. A guide to choosing fluorescent proteins. Nature methods. 2005;2(12):905-9.

12. Verkhusha VV, Lukyanov KA. The molecular properties and applications of Anthozoa fluorescent proteins and chromoproteins. Nat Biotechnol. 2004;22(3):289-96.

13. Wall MA, Socolich M, Ranganathan R. The structural basis for red fluorescence in the tetrameric GFP homolog DsRed. Nat Struct Mol Biol. 2000;7(12):1133-8.

14. Wang L, Tsien RY. Evolving proteins in mammalian cells using somatic hypermutation. Nat Protocols. 2006;1(3):1346-50.

15. Shu X, Shaner NC, Yarbrough CA, Tsien RY, Remington SJ. Novel Chromophores and Buried Charges Control Color in mFruits†,‡. Biochemistry. 2006;45(32):9639-47.

16. Tomosugi W, Matsuda T, Tani T, Nemoto T, Kotera I, Saito K, et al. An ultramarine fluorescent protein with increased photostability and pH insensitivity. Nat Meth. 2009;6(5):351-3.

17. Mena MA, Treynor TP, Mayo SL, Daugherty PS. Blue fluorescent proteins with enhanced brightness and photostability from a structurally targeted library. Nat Biotech. 2006;24(12):1569-71.

18. Ai H-w, Shaner NC, Cheng Z, Tsien RY, Campbell RE. Exploration of New Chromophore Structures Leads to the Identification of Improved Blue Fluorescent Proteins†. Biochemistry. 2007;46(20):5904-10.

19. Subach OM, Cranfill PJ, Davidson MW, Verkhusha VV. An Enhanced Monomeric Blue Fluorescent Protein with the High Chemical Stability of the Chromophore. PLoS ONE. 2011;6(12):e28674.

20. Chai Y, Li W, Feng G, Yang Y, Wang X, Ou G. Live imaging of cellular dynamics during Caenorhabditis elegans postembryonic development. Nat Protocols. 2012;7(12):2090-102.

21. Rizzo MA, Springer GH, Granada B, Piston DW. An improved cyan fluorescent protein variant useful for FRET. Nat Biotech. 2004;22(4):445-9.

22. Markwardt ML, Kremers G-J, Kraft CA, Ray K, Cranfill PJC, Wilson KA, et al. An Improved Cerulean Fluorescent Protein with Enhanced Brightness and Reduced Reversible Photoswitching. PLoS ONE. 2011;6(3):e17896.

23. Kremers G-J, Goedhart J, van Munster EB, Gadella TWJ. Cyan and Yellow Super Fluorescent Proteins with Improved Brightness, Protein Folding, and FRET Förster Radius†,‡. Biochemistry. 2006;45(21):6570-80.

24. Nguyen AW, Daugherty PS. Evolutionary optimization of fluorescent proteins for intracellular FRET. Nat Biotech. 2005;23(3):355-60.

25. Goedhart J, van Weeren L, Hink MA, Vischer NOE, Jalink K, Gadella TWJ. Bright cyan fluorescent protein variants identified by fluorescence lifetime screening. Nat Meth. 2010;7(2):137-9.

26. Goedhart J, von Stetten D, Noirclerc-Savoye M, Lelimousin M, Joosen L, Hink MA, et al. Structure-guided evolution of cyan fluorescent proteins towards a quantum yield of 93%. Nat Commun. 2012;3:751.

27. Ai HW, Henderson JN, Remington SJ, Campbell RE. Directed evolution of a monomeric, bright and photostable version of Clavularia cyan fluorescent protein: structural characterization and applications in fluorescence imaging. The Biochemical journal. 2006;400(3):531-40.

28. Karasawa S, Araki T, Nagai T, Mizuno H, Miyawaki A. Cyan-emitting and orange-emitting fluorescent proteins as a donor/acceptor pair for fluorescence resonance energy transfer. The Biochemical journal. 2004;381(Pt 1):307-12.

29. Erard M, Fredj A, Pasquier H, Beltolngar D-B, Bousmah Y, Derrien V, et al. Minimum set of mutations needed to optimize cyan fluorescent proteins for live cell imaging. Molecular BioSystems. 2013;9(2):258-67.

30. Evdokimov AG, Pokross ME, Egorov NS, Zaraisky AG, Yampolsky IV, Merzlyak EM, et al. Structural basis for the fast maturation of Arthropoda green fluorescent protein. EMBO reports. 2006;7(10):1006-12.

31. Tsutsui H, Karasawa S, Okamura Y, Miyawaki A. Improving membrane voltage measurements using FRET with new fluorescent proteins. Nat Meth. 2008;5(8):683-5.

32. Pedelacq J-D, Cabantous S, Tran T, Terwilliger TC, Waldo GS. Engineering and characterization of a superfolder green fluorescent protein. Nat Biotech. 2006;24(1):79-88.

33. Cubitt A, Woollenweber L, Heim R. Chapter 2: Understanding Structure—Function Relationships in the Aequorea victoria Green Fluorescent Protein. Green Fluorescent Proteins. 581998. p. 19-30.

34. Yang T-T, Cheng L, Kain SR. Optimized Codon Usage and Chromophore Mutations Provide Enhanced Sensitivity with the Green Fluorescent Protein. Nucleic Acids Research. 1996;24(22):4592-3.

35. Karasawa S, Araki T, Yamamoto-Hino M, Miyawaki A. A Green-emitting Fluorescent Protein from Galaxeidae Coral and Its Monomeric Version for Use in Fluorescent Labeling. Journal of Biological Chemistry. 2003;278(36):34167-71.

36. Ai HW, Olenych SG, Wong P, Davidson MW, Campbell RE. Hue-shifted monomeric variants of Clavularia cyan fluorescent protein: identification of the molecular determinants of color and applications in fluorescence imaging. BMC biology. 2008;6:13.

37. Lam AJ, St-Pierre F, Gong Y, Marshall JD, Cranfill PJ, Baird MA, et al. Improving FRET dynamic range with bright green and red fluorescent proteins. Nat Meth. 2012;9(10):1005-12.

38. Shaner NC, Lambert GG, Chammas A, Ni Y, Cranfill PJ, Baird MA, et al. A bright monomeric green fluorescent protein derived from Branchiostoma lanceolatum. Nat Meth. 2013;10(5):407-9.

39. Pletneva NV, Pletnev VZ, Souslova E, Chudakov DM, Lukyanov S, Martynov VI, et al. Yellow fluorescent protein phiYFPv (Phialidium): structure and structure-based mutagenesis. Acta Crystallographica Section D. 2013;69(6):1005-12.

40. Ormö M, Cubitt AB, Kallio K, Gross LA, Tsien RY, Remington SJ. Crystal Structure of the Aequorea victoria Green Fluorescent Protein. Science. 1996;273(5280):1392-5.

41. Nagai T, Ibata K, Park ES, Kubota M, Mikoshiba K, Miyawaki A. A variant of yellow fluorescent protein with fast and efficient maturation for cell-biological applications. Nat Biotech. 2002;20(1):87-90.

42. Griesbeck O, Baird GS, Campbell RE, Zacharias DA, Tsien RY. Reducing the Environmental Sensitivity of Yellow Fluorescent Protein: MECHANISM AND APPLICATIONS. Journal of Biological Chemistry. 2001;276(31):29188-94.

43. Pletnev VZ, Pletneva NV, Lukyanov KA, Souslova EA, Fradkov AF, Chudakov DM, et al. Structure of the red fluorescent protein from a lancelet (Branchiostoma lanceolatum): a novel GYG chromophore covalently bound to a nearby tyrosine. Acta Crystallographica Section D. 2013;69(9):1850-60.

44. Hoi H, Howe Elizabeth S, Ding Y, Zhang W, Baird Michelle A, Sell Brittney R, et al. An Engineered Monomeric Zoanthus sp. Yellow Fluorescent Protein. Chemistry & Biology. 2013;20(10):1296-304.

45. Kikuchi A, Fukumura E, Karasawa S, Mizuno H, Miyawaki A, Shiro Y. Structural Characterization of a Thiazoline-Containing Chromophore in an Orange Fluorescent Protein, Monomeric Kusabira Orange†‡. Biochemistry. 2008;47(44):11573-80.

46. Shaner NC, Campbell RE, Steinbach PA, Giepmans BNG, Palmer AE, Tsien RY. Improved monomeric red, orange and yellow fluorescent proteins derived from Discosoma sp. red fluorescent protein. Nat Biotech. 2004;22(12):1567-72.

47. Shaner NC, Lin MZ, McKeown MR, Steinbach PA, Hazelwood KL, Davidson MW, et al. Improving the photostability of bright monomeric orange and red fluorescent proteins. Nat Meth. 2008;5(6):545-51.

48. Sakaue-Sawano A, Kurokawa H, Morimura T, Hanyu A, Hama H, Osawa H, et al. Visualizing Spatiotemporal Dynamics of Multicellular Cell-Cycle Progression. Cell. 2008;132(3):487-98.

49. Merzlyak EM, Goedhart J, Shcherbo D, Bulina ME, Shcheglov AS, Fradkov AF, et al. Bright monomeric red fluorescent protein with an extended fluorescence lifetime. Nat Meth. 2007;4(7):555-7.

50. Kredel S, Oswald F, Nienhaus K, Deuschle K, Röcker C, Wolff M, et al. mRuby, a Bright Monomeric Red Fluorescent Protein for Labeling of Subcellular Structures. PLoS ONE. 2009;4(2):e4391.

51. Lee S, Lim WA, Thorn KS. Improved Blue, Green, and Red Fluorescent Protein Tagging Vectors for <italic>S. cerevisiae</italic>. PLoS ONE. 2013;8(7):e67902.

52. Shemiakina II, Ermakova GV, Cranfill PJ, Baird MA, Evans RA, Souslova EA, et al. A monomeric red fluorescent protein with low cytotoxicity. Nat Commun. 2012;3:1204.

53. Johnson DE, Ai H-w, Wong P, Young JD, Campbell RE, Casey JR. Red Fluorescent Protein pH Biosensor to Detect Concentrative Nucleoside Transport. Journal of Biological Chemistry. 2009;284(31):20499-511.

54. Shcherbo D, Murphy CS, Ermakova GV, Solovieva EA, Chepurnykh TV, Shcheglov AS, et al. Far-red fluorescent tags for protein imaging in living tissues. The Biochemical journal. 2009;418(3):567-74.

55. Wang L, Jackson WC, Steinbach PA, Tsien RY. Evolution of new nonantibody proteins via iterative somatic hypermutation. Proceedings of the National Academy of Sciences of the United States of America. 2004;101(48):16745-9.

56. Lin MZ, McKeown MR, Ng H-L, Aguilera TA, Shaner NC, Campbell RE, et al. Autofluorescent Proteins with Excitation in the Optical Window for Intravital Imaging in Mammals. Chemistry & Biology. 2009;16(11):1169-79.

57. Shcherbo D, Shemiakina II, Ryabova AV, Luker KE, Schmidt BT, Souslova EA, et al. Near-infrared fluorescent proteins. Nat Meth. 2010;7(10):827-9.

58. Morozova KS, Piatkevich KD, Gould TJ, Zhang J, Bewersdorf J, Verkhusha Vladislav V. Far-Red Fluorescent Protein Excitable with Red Lasers for Flow Cytometry and Superresolution STED Nanoscopy. Biophysical Journal. 2010;99(2):L13-L5.

59. Piatkevich KD, Malashkevich VN, Morozova KS, Nemkovich NA, Almo SC, Verkhusha VV. Extended Stokes Shift in Fluorescent Proteins: Chromophore–Protein Interactions in a Near-Infrared TagRFP675 Variant. Sci Rep. 2013;3.

60. Shu X, Royant A, Lin MZ, Aguilera TA, Lev-Ram V, Steinbach PA, et al. Mammalian Expression of Infrared Fluorescent Proteins Engineered from a Bacterial Phytochrome. Science. 2009;324(5928):804-7.

61. Filonov GS, Piatkevich KD, Ting L-M, Zhang J, Kim K, Verkhusha VV. Bright and stable near-infrared fluorescent protein for in vivo imaging. Nat Biotech. 2011;29(8):757-61.

62. Shcherbakova DM, Verkhusha VV. Near-infrared fluorescent proteins for multicolor in vivo imaging. Nat Meth. 2013;10(8):751-4.

63. Remington SJ. Fluorescent proteins: maturation, photochemistry and photophysics. Current Opinion in Structural Biology. 2006;16(6):714-21.

64. Follenius-Wund A, Bourotte M, Schmitt M, Iyice F, Lami H, Bourguignon J-J, et al. Fluorescent Derivatives of the GFP Chromophore Give a New Insight into the GFP Fluorescence Process. Biophysical Journal. 2003; 85(3):1839-50.

65. Day RN, Davidson MW. The fluorescent protein palette: tools for cellular imaging. Chemical Society reviews. 2009;38(10):2887-921.

66. Shaner NC, Campbell RE, Steinbach PA, Giepmans BN, Palmer AE, Tsien RY. Improved monomeric red, orange and yellow fluorescent proteins derived from Discosoma sp. red fluorescent protein. Nat Biotechnol. 2004;22(12):1567-72.

67. Morris L, Klanke C, Lang S, Lim F-Y, Crombleholme T. TdTomato and EGFP identification in histological sections: insight and alternatives. Biotechnic & Histochemistry. 2010;85(6):379-87.

68. Chudakov DM, Matz MV, Lukyanov S, Lukyanov KA. Fluorescent Proteins and Their Applications in Imaging Living Cells and Tissues. Physiological Reviews. 2010;90(3):1103-63.

69. Piston DW, Kremers G-J. Fluorescent protein FRET: the good, the bad and the ugly. Trends in Biochemical Sciences.32(9):407-14.

70. Patterson GH, Knobel SM, Sharif WD, Kain SR, Piston DW. Use of the green fluorescent protein and its mutants in quantitative fluorescence microscopy. Biophysical Journal. 1997;73(5):2782-90.

71. Subach FV, Subach OM, Gundorov IS, Morozova KS, Piatkevich KD, Cuervo AM, et al. Monomeric fluorescent timers that change color from blue to red report on cellular trafficking. Nature Chemical Biology. 2009;5(2):118-26.

72. Goedhart J, van Weeren L, Hink MA, Vischer NOE, Jalink K, Gadella TWJ. Bright cyan fluorescent protein variants identified by fluorescence lifetime screening. Nature Methods. 2010;7(2):137-U74.

73. Katayama H, Yamamoto A, Mizushima N, Yoshimori T, Miyawaki A. GFP-like Proteins Stably Accumulate in Lysosomes. Cell Structure and Function. 2008;33(1):1-12.

CITOGENÉTICA

13

CITOGENÉTICA HUMANA: FUNDAMENTOS E APLICAÇÕES

Fábio Morato de Oliveira

13.1 INTRODUÇÃO

A citogenética humana permite avaliar a morfologia e estrutura dos cromossomos metafásicos, possibilitando a avaliação de características morfológicas e funcionais do genoma. Esta metodologia apresenta uma ampla gama de aplicações na genética clínica e na investigação de neoplasias. A cultura de linfócitos de sangue periférico é a metodologia mais utilizada para obtenção de cromossomos metafásicos, sendo que os mesmos também podem ser obtidos diretamente de células de medula óssea ou a partir de culturas de fibroblastos. Os estudos morfológicos permitem a avaliação da constituição cromossômica numérica e estrutural, sendo que esta avaliação é realizada por meio da coloração convencional, onde os cromossomos são organizados em grupos de acordo com o tamanho e posição do centrômero, ou com a utilização de técnicas de bandamento, que produzem um padrão de bandas claras e escuras ao longo dos cromossomos, possibilitando a individualização de cada par cromossômico. As anormalidades cromossômicas numéricas e estruturais constituem uma categoria importante de doenças genéticas de base constitucional ou neoplásica. Entretanto, a diversidade das anormalidades cromossômicas sempre representou um desafio para a citogenética. O aprimoramento da citogenética molecular, especialmente a técnica de hibridação *in situ* por fluorescência (FISH), tem permitido o reconhecimento de um número cada vez maior de anormalidades cromossômicas e uma melhor compreensão do papel da arquitetura genômica na formação desses rearranjos.

13.2 GENES, CROMOSSOMOS E COMPLEMENTO CROMOSSÔMICO NORMAL

Os genes são unidades funcionais da informação genética, os quais residem em cada um dos 23 pares de cromossomos. Essas unidades são sequências lineares de bases nitrogenadas, que se traduzem em moléculas proteicas, necessárias ao funcionamento do organismo. A informação genética contida nos cromossomos é copiada e distribuída para as novas células criadas, durante o processo de divisão celular[1]. A própria estrutura tridimensional da molécula de DNA permite responder a determinadas questões, a exemplo: Como a molécula é precisamente copiada em cada divisão celular? Como ocorre a síntese de proteínas? A cromatina humana consiste de uma única molécula de DNA complexada com proteínas de classe histona e não histona. Quando "esticado", o conteúdo de DNA de uma célula humana alcança, aproximadamente, dois metros de comprimento, o qual deve ser rigorosamente duplicado e, subsequentemente, condensado para que possa ser transmitido às novas células-filhas[2-4].

Em uma célula diploide humana normal existem 46 cromossomos, ou seja, 23 pares. Um membro de cada par é derivado da mãe e o outro, derivado do pai. Os 22 pares iniciais são chamados de cromossomos autossomos (à exceção dos cromossomos sexuais) e o 23º par compreende aos cromossomos sexuais. Em homens, o 23º par cromossômico é constituído por um cromossomo X e um Y, ao passo que em mulheres têm-se dois cromossomos X. Dessa forma, o cromossomo Y tem sua origem paterna e o cromossomo X é derivado da mãe (Figura 13.1A/B), cariótipo masculino e feminino[4]. Exceto em situações de mosaicismo (situação na qual o indivíduo possui duas ou mais populações celulares, com composições cromossômicas distintas entre si), todas as células de um indivíduo apresentam o mesmo complemento cromossômico em suas células diploides. Por outro lado, nas células germinativas, também chamadas de células haploides, apenas um membro de cada par cromossômico está presente no núcleo[4].

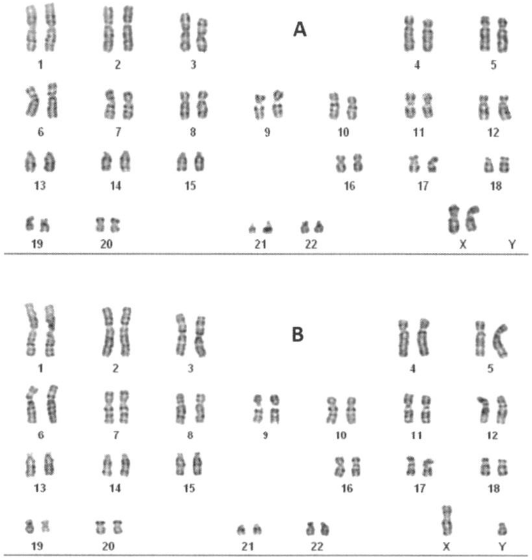

Figura 13.1 Cariótipo com bandamento G, obtido a partir de linfócitos do sangue periférico. (A) Paciente do sexo feminino, 46,XX. (B) Paciente do sexo masculino, 46,XY.

Cada cromossomo consiste de duas cromátides irmãs, unidas pelo centrômero. Ainda fazem parte da estrutura dos cromossomos, os telômeros e as regiões organizadores nucleolares. O centrômero de cada cromossomo é uma constrição visível na célula metafásica (fase do ciclo celular em que o material genético alcança seu grau máximo de condensação), essencial para sobrevivência do cromossomo, durante o processo de divisão celular, por meio da interação com as fibras do fuso mitótico; sendo esses últimos elementos importantes que promovem a separação das cromátides irmãs (Figura 13.2)[4-6]. Os cromossomos humanos são classificados de acordo com a posição do centrômero em metacêntricos (centrômero localizado próximo ao meio do cromossomo), submetacêntricos (centrômero localizado entre o meio do cromossomo e a região distal) e acrocêntricos ou telocêntricos (centrômero localizado próximo à região distal do cromossomo. Adicionalmente, a posição do centrômero divide cada cromossômico em braço curto, designado pela letra "p" (*do francês petit*) e em braço longo "q". Para fins descritivos, a região pericentromérica é composta de duas porções. A região localizada entre a metade do centrômero e a primeira banda do braço curto é denominada "p10" (lê-se "p, um, zero", e não "p, dez") (Figura 13.2). Similarmente, a região localizada entre a metade do centrômero e a primeira banda do braço longo é designada de "q10". Dessa forma, antes do advento do bandamento cromossômico, cada cariótipo era composto de sete grupos de cromossomos, nomeados de A a G. A cada grupo, os cromossomos eram organizados conforme o tamanho do cromossomo e a posição do centrômero. O cromossomo X pertencia ao terceiro grupo, nomeado de grupo C, enquanto o Y pertencia ao grupo G, dada à sua similaridade morfológica aos demais "acrocêntricos menores", pertencentes a esse grupo (Figura 13.3). Embora esse sistema de classificação morfológica seja pouco utilizado atualmente, tem se mostrado bastante útil nos passos iniciais para o aprendizado na identificação cromossômica[4-6].

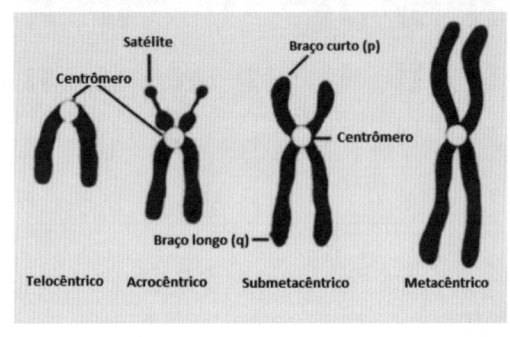

Figura 13.2 Estrutura dos cromossomos humanos. Conforme a posição dos centrômeros, os cromossomos são classificados em telocêntricos, acrocêntricos, submetacêntricos e metacêntricos.

Outra importante região dos cromossomos são os telômeros, os quais formam as regiões terminais dos cromossomos e atuam como uma "cobertura" de proteção ao cromossomo, prevenindo fusões com outros cromossomos, assim como, a degradação do DNA, após o processo de quebra cromossômica[7,8]. Repetições *in tandem* da sequência de bases nitrogenadas TTAGGG, por cerca de 3 a 20 Kb ao longo das regiões terminais dos cromossomos, constituem a composição dos telômeros. A enzima telomerase sintetiza novas cópias da sequência TTAGGG por meio da utilização de um *template*, o qual é um componente da enzima. Entretanto, concomitante ao aumento da idade dos indivíduos, assim como ao número de divisões celulares, ocorre um gradual decréscimo no comprimento telomérico[7,8]. Por outro lado, células que apresentam defeitos na telomerase, exibem telômeros mais curtos, fato esse que conduz a um aumento da instabilidade cromossômica e morte celular[4,9]. Por fim, as regiões organizadoras nucleolares, presentes nos cromossomos acrocêntricos, constituem sítios de genes associados à expressão de RNA ribossomal e produção de RNA ribossômico. Na espécie humana são reconhecidas dez regiões nucleolares, embora nem todas elas possam estar ativas durante o curso do ciclo celular[10,11].

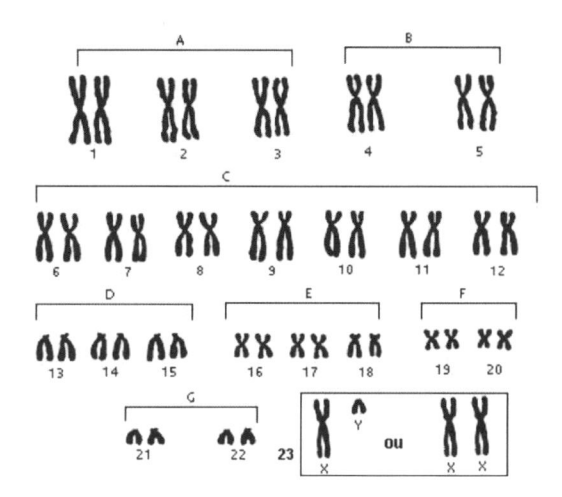

Figura 13.3 Esquema representativo da distribuição dos cromossomos humanos em grupos (A-G), segundo o tamanho de cada cromossomo e a posição do centrômero.

13.2.1 Citogenética – Perspectiva Histórica

A citogenética constitui o estudo da estrutura e propriedades dos cromossomos. O comportamento dos cromossomos durante os processos de divisão celular (mitose e meiose) e a influência de fatores que causam anormalidades cromossômicas, com consequências sobre o fenótipo, representam objetos de estudo da citogenética[12]. A metodologia empregada ao estudo dos cromossomos tem sido desenvolvida gradualmente ao longo do tempo. As primeiras observações de cromossomos datam de 1875, realizadas pelo botânico alemão, Edward Strasburger, a partir de amostras de plantas[12]. Subsequentemente, Walter Flemming, biólogo alemão, obteve as primeiras observações de cromossomos em animais de pequeno porte, entre 1879-1889. Uma das contribuições de Flemming para ciência moderna está representada nos termos amplamente utilizados nos dias de hoje: o emprego das expressões *mitose*, *cromatina*, *prófase*, *metáfase*, *anáfase* e *telófase*. O termo "cromossomo" (do grego *chromos* = cor, e *soma* = corpo) foi cunhado por W. Waldeyer (1888), após o desenvolvimento de técnicas de coloração, as quais permitiram uma melhor identificação de estruturas subcelulares[12].

Embora Strasburger e Flemming tenham realizado as primeiras observações de cromossomos a mais de cem anos atrás, várias dificuldades técnicas foram enfrentadas para que se definisse o correto número de cromossomos da espécie humana. Em 1923, o zoologista americano Theophilus S.

Painter foi o primeiro a atribuir o número de 48 cromossomos para a espécie humana[13]. Painter era um citologista de insetos, que se especializou em estudos sobre espermatogênese. Previamente, em 1921, ele publicou seu primeiro trabalho em cromossomos humanos, mostrando a presença de um cromossomo Y em preparações testiculares, num total de 48 cromossomos[4,12]. Na leitura dos documentos originais de Painter evidencia-se a incerteza do autor sobre suas observações. Porém, independentemente, ele concluiu que o número correto de cromossomos na espécie humana deveria estar entre 46 e 48 cromossomos[4,12]. Posteriormente, Levitsky formulou o termo *cariótipo,* como referência ao ordenamento dos cromossomos[12]. Ainda tendo em vista as dificuldades técnicas inerentes à observação dos cromossomos, a partir de preparações realizadas na década de 50, um erro conduziu ao grande sucesso do estudo citogenético. Tao-Chiuh Hsu, um entomologista da Universidade do Texas, considerado internacionalmente o pai da citogenética moderna, durante uma preparação citológica, erroneamente utilizou uma solução hipotônica, ao invés de uma solução isotônica, conforme o protocolo. O resultado dessa ação culminou no espalhamento mais eficiente dos cromossomos, o que, consequentemente, tornou a identificação dos cromossomos mais satisfatória. Entretanto, mesmo a partir dos achados obtidos, Hsu manteve o número de cromossomos da espécie humana, como sendo 48.

Cerca de um ano após a descrição de seus respectivos achados, Hsu e Pomerat[14] descreveram o potencial uso do "choque" hipotônico na citologia. Em 1955, Ford e Hamerton[15] modificaram o método de Hsu e introduziram a colchicina, um alcaloide natural, à preparação cromossômica. A colchicina, quando aplicada às células em divisão promove a inibição do processo de polimerização das proteínas que constituem as fibras do fuso mitótico. Como consequência, tem-se a descontinuidade do ciclo celular e o concomitante acúmulo de células em metáfase. Nessa fase, o material genético alcança seu grau máximo de condensação. Por outro lado, a solução de cloreto de potássio, também denominada solução hipotônica, possui igualmente um papel importante no processo de obtenção de células metafásicas[12]. A solução hipotônica, quando aplicada ao *pellet* de células viáveis, promove um gradiente de concentração diferenciado ("choque" hipotônico), em relação ao interior das células, que por consequência causa um fenômeno conhecido como tumefação ou inchaço celular. Dessa forma, ao término da preparação cromossômica, têm-se células metafásicas, sem que haja sobreposição de cromossomos[12,15,16].

Por mais de trinta anos acreditou-se ser 48 o número correto de cromossomos em homens e mulheres. Entretanto, este fato mudou após os incessantes trabalhos de Jon Hin Tjio e Albert Levan[16]. Tjio nasceu em Java, 1919, onde permaneceu como agrônomo e desenvolveu estudos empregando citogenética de plantas. Após o término da segunda grande guerra, foi contemplado com uma bolsa de estudos do governo holandês para estudar na Europa, onde estabeleceu uma colaboração com Albert Levan, na University of Lund, Suíça. Na década de 1950 já estava disponível toda a tecnologia necessária para a obtenção de preparações cromossômicas de alta qualidade, entretanto, os artigos da época ainda reforçavam o trabalho de Painter, sobre o número de 48 cromossomos, na espécie humana. Em 1956, Tjio e Levan avaliaram uma nova estratégia para a visualização cromossômica, mediante os achados de Hsu e Ford, o que culminou no número de cromossomos da espécie humana conhecido atualmente: 46 cromossomos. É provável que a mais importante modificação para o estudo dos cromossomos tenha sido o advento do "choque" hipotônico, introduzido por Hsu. A importância desse achado não reside apenas na definição correta do número de cromossomos humanos, mas em eventuais variações acerca dos 46 cromossomos. Mais tarde, outra importante descoberta, provavelmente não prevista por Tjio e Levan, iria revelar o impacto da variabilidade numérica e estrutural dos cromossomos, na genética humana. Em 1960, a inclusão de um novo advento técnico facilitou a rotina de estudo do cariótipo humano. Peter C. Nowell observou que a fito-hemaglutinina, extraída a partir do feijão, inicialmente utilizada para a separação de hemácias e leucócitos, apresentava também a capacidade de induzir proliferação em linfócitos[17]. Dessa forma, a partir das observações de Nowell foi possível a utilização do sangue periférico para estudo citogenético. Essa nova estratégia eliminou a necessidade de coleta da medula óssea para investigação de anormalidades cromossômicas constitucionais.

13.2.2 O Advento do Bandamento Cromossômico

A partir do desenvolvimento de protocolos de coloração cromossômica por Caspersson e colaboradores em 1968[18], a análise citogenética deu um importante passo na identificação individual de cada cromossomo. Torbjörn Caspersson foi um geneticista de origem sueca que introduziu o uso da quinacrina mostarda ao estudo citogenético em plantas. Subsequentemente, uma rápida sucessão de estudos com quinacrina mostarda e dihidrocloreto de quinacrina foram realizados em humanos e plantas. Os corantes à base de quinacrina são membros da família da acridina, os quais compartilham entre si, a presença de três anéis aromáticos planares, às suas respectivas estruturas químicas. Dessa forma, a interação desses corantes ao DNA ocorre a partir de duas formas potenciais: como intercalantes entre as bases nitrogenadas da molécula de DNA e interações iônicas com o grupamento fosfato, ou ainda, pela alquilação de bases nitrogenadas, particularmente ao átomo de nitrogênio (N-7) da guanina. Para a visualização do padrão de bandas, a partir dos derivados da quinacrina, se faz necessário a utilização de um microscópio de fluorescência, com filtros específicos para excitação a 455 nm e emissão a 495 nm. Originalmente, o padrão de bandamento cromossômico desenvolvido por Caspersson e colaboradores ficou conhecido como Bandas-Q, sendo a letra "Q", uma referência ao corante utilizado (*quinacrina mostarda*) (Figura 13.4A)[18-20]. Embora o bandamento por quinacrina não seja rotineiramente utilizado na maioria dos laboratórios de citogenética, este procedimento representou um importante passo no campo da citogenética e seu significado foi sistematicamente utilizado para o diagnóstico clínico. Concomitantemente à utilização da quinacrina para obtenção de bandas cromossômicas, outro bandamento, denominado Bandas-C, consideradas uma extensão da técnica de hibridação *in situ*, permitem o estudo de polimorfismos cromossômicos, assim como a identificação de rearranjos estruturais, como por exemplo, cromossomos dicêntricos, ou inversões cromossômicas[4,6]. As Bandas-C localizam-se nas regiões heterocromáticas dos cromossomos. Muitos cromossomos apresentam regiões que se diferem entre os indivíduos de uma população, porém sem consequências patológicas detectáveis. Tais regiões polimórficas podem ser visualizadas com métodos de bandamento C. Nessa estratégia, os cromossomos são tratados com solução de hidróxido de bário e corados com *Giemsa*. Com este método, são coradas regiões específicas em que o cromossomo apresenta DNA altamente repetitivo, como nas regiões dos centrômeros e em outras regiões cromossômicas (por exemplo, braço longo do Y e telômeros), correspondendo à heterocromatina constitutiva, motivo de sua denominação (Figura 13.4C)[4,6].

A introdução do bandamento com *Giemsa* em 1971 por Summer e colaboradores[4,12] foi outro importante marco no campo da citogenética. Essa nova estratégia dispensou a necessidade de um microscópio de fluorescência e conferiu às amostras cromossômicas uma permanente coloração, com um padrão de bandas de alta resolução.

A coloração com *Giemsa* representa uma complexa mistura de componentes, os quais podem variar em concentração, pureza e proporção. O principal composto compreende o grupo das amino-fenotiazina, tionina e azul de metileno. De acordo com Summer e colaboradores, os estágios iniciais do processo de coloração, por *Giemsa* envolvem ligações iônicas entre moléculas de azul de metileno e áreas da molécula de DNA, onde os grupos fosfatos estão posicionados de tal forma que se liga a duas moléculas de azul de metileno[12].

Atualmente, o bandamento com *Giemsa*, denominado bandamento G, representa a mais ampla forma de coloração e identificação de cromossomos humanos. Entretanto, faz-se necessário destacar que o processo de coloração cromossômica por *Giemsa* é precedido pelo tratamento de digestão das amostras fixadas, com tripsina. Essa forma de coloração dos cromossomos tem permitido a identificação de várias anormalidades estruturais, como por exemplo, translocações, inversões, deleções e duplicações, assim como alterações numéricas dos cromossomos[12].

O padrão diferencial do bandamento G, obtido por meio do tratamento com tripsina e subsequente coloração pelo *Giemsa* (Figura 13.4B), produz bandas claras e escuras ao longo de cada cromossomo. Dessa forma, a cromatina pode ser dividida em dois grandes grupos: heterocromatina e eucromatina[4,12]. A heterocromatina constitutiva encontra-se altamente condensada (regiões escuras dos cromossomos), composta de DNA repetitivo e transcricionalmente inativa durante a interfase. Essas regiões são ricas em bases nitrogenadas de adenina e timina. Em contrapartida, a eucromatina sofre descondensação durante a interfase, tendo em vista a necessidade de transcrição gênica, e são ricas em guanina e citosina. Um tipo de eucromatina, a heterocromatina facultativa, comporta-se como heterocromatina durante o desenvolvimento embrionário, alternando-se entre o estado de transcricionalmente inativa/ativa, com replicação tardia e novamente condensada, durante a interfase. Nas mulheres, o cromossomo X inativo representa um exemplo de heterocromatina constitutiva[4,12].

Embora a citogenética clássica tenha alcançado importantes resultados a partir da coloração diferencial de cada cromossomo, por meio do bandamento G, a resolução dos estudos cromossômicos permaneceu relativamente limitada, em vista do baixo número total de bandas produzidas em células metafásicas, o que tornava difícil a identificação de pequenos rearranjos intracromossômicos, devido à excessiva condensação dos cromossomos. Entretanto, essa situação ganhou especial atenção, a partir do desenvolvimento de técnicas de alta resolução por Yunis[21], o qual iniciou estudos de sincronização em culturas de linfócitos, com obtenção de células em estágios prévios à metáfase (pró-metáfase), cujos cromossomos apresentam-se mais alongados e, consequentemente, com maior número de bandas e sub-bandas visíveis. Cariótipos em alta resolução

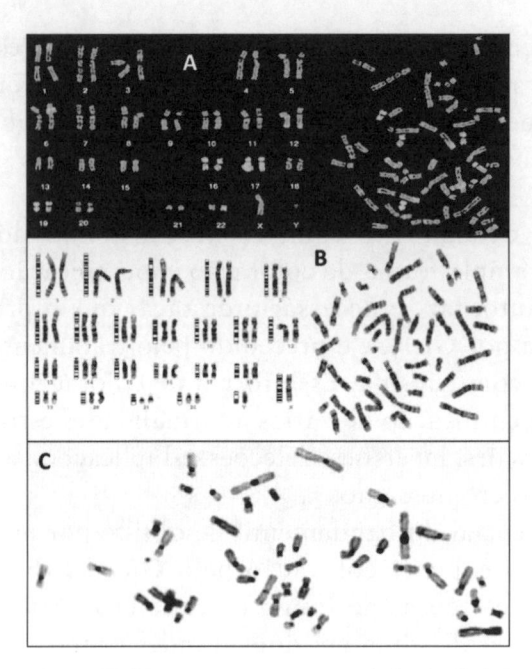

Figura 13.4 Bandamentos cromossômicos. (A) Coloração com quinacrina mustarda (bandas Q). As bandas cromossômicas apresentam fluorescência em exposição à luz UV. Os padrões podem ser correlacionados com o bandamento G. Entretanto, uma desvantagem da técnica de bandamento Q é que a intensidade de fluorescência desaparece rapidamente, assim observações e fotografias devem ser realizadas dentro de alguns minutos de coloração. (B) Célula metafásica e cariograma com bandamento G. Note as regiões claras e escuras ao longo de cada cromossomo. Os cromossomos são digeridos com tripsina e posteriormente submetidos à coloração com Giemsa. O bandamento G representa a forma mais amplamente utilizada de bandamento, destinada à análise cromossômica. (C) Célula metafásica com bandamento C. As Preparações cromossômicas são desnaturadas com calor, ou com a utilização de uma base forte (hidróxido de bário) e os cromossomos são corados com Giemsa. As regiões fortemente coradas representam regiões ricas em DNA altamente repetitivo.

permitiram uma precisa delineação de pontos de quebra cromossômica e subsequentemente, a identificação de microdeleções e microduplicações[12,21].

13.2.3 A descoberta da primeira anormalidade cromossômica

A partir da introdução de novas técnicas de preparação cromossômica, na década de 1950, as quais culminaram no estabelecimento do número correto de cromossomos na espécie humana por Tjio e Levan (1956), Jérome Lejeune anunciou a presença de um cromossomo extra em pacientes portadores da síndrome de Down[22]. Os achados de Lejeune foram recebidos com grande interesse pela comunidade científica, mas também com algum ceticismo. Alguns cientistas argumentaram que as malformações congênitas presentes na síndrome de Down eram atribuídas a alguma mutação de natureza dominante ou a algum gene autossômico. Entretanto, no final da década de 1950, várias publicações confirmaram os achados de Lejeune e, nesse contexto, surgiu uma nova disciplina denominada: Citogenética Humana[4]. Após Lejeune, sucessivas investigações correlacionaram a presença de anormalidades cromossômicas ao fenótipo de síndromes e demais patologias, como por exemplo, 45,X, na síndrome de Turner[23], 47,XXY na síndrome de Klinefelter[24], trissomia do cromossomo 13, na síndrome de Patau[25] e trissomia do cromossomo 18, na síndrome de Edwards[26].

Com a descoberta de que variações no número e estrutura dos cromossomos estavam associadas ao surgimento de fenótipos com malformações severas acompanhadas de retardo mental, tornou-se necessário o estabelecimento de *guidelines* destinados à correta utilização da terminologia e nomenclatura cromossômica, a ser aceita universalmente. A primeira conferência realizada na cidade de Denver, nos Estados Unidos, em 1960, culminou com a publicação do documento intitulado: *Denver Conference (1960): A Proposed Standard System of Nomenclature of Human Mitotic Chromosomes*. Subsequentemente à conferência de Denver, novos e sucessivos ajustes foram realizados à nomenclatura cromossômica (Conferência de Londres e Chicago, 1963 e 1966, respectivamente e Paris, 1971~1977). A partir da confer*ência de Estocolmo em 1977, a nomenclatura cromossômica recebeu uma nova designação e ficou sendo* conhecida como *Internacional System for Human Cytogenetic Nomenclature* ou simplesmente como *ISCN*[27]. Concomitante ao avanço de novas estratégias de análise em citogenética clássica e molecular, cada ISCN é identificado pelo ano de sua publicação e, atualmente já se encontra em sua edição de 2013[27].

13.2.4 O cromossomo *Philadelphia*

Em 1960, Peter C. Nowell e David Hungerford, estudantes da Universidade da Pennsylvania, descreveram um pequeno e incomum cromossomo nos leucócitos de pacientes com leucemia mieloide crônica (LMC). Esta anormalidade foi designada como cromossomo *Philadelphia*, tendo em vista a cidade na qual fora descoberto[28] (Figura 13.5). Embora a presença de anormalidades cromossômicas já tenha sido evidenciada em estudos anteriores, a descoberta do cromossomo *Philadelphia* representou a primeira documentação de uma assinatura genética distinta, em doença neoplásica. Este achado impulsionou Nowell a hipotetizar que a presença do cromossomo *Philadelphia*, de alguma forma, promovia uma vantagem proliferativa às células anormais. A descoberta de Nowell e Hungerford marcou uma nova era na genética do câncer e muitos questionamentos surgiram à época, dentre eles se a presença do cromossomo *Philadelphia* era causa ou consequência da LMC. Tornou-se crítico saber se a instabilidade genética associada à LMC era comum a outras neoplasias ou se representava uma situação exclusiva. Entretanto, somente treze anos mais tarde (1973), e concomitante ao progresso nas técnicas de identificação cromossômica, foi possível identificar que o pequeno cromossomo descrito por Nowell e Hungerford ser de fato o resultado de uma translocação recíproca entre os cromossomos nove e 22[29]. Investigações subsequentes demonstraram que a translocação cromossômica promove o rearranjo entre os genes *BCR*, localizado no cromossomo 22q11 e *ABL1*, localizado no cromossomo 9q34. Esta fusão resulta na formação de uma proteína quimérica, responsável pela fisiopatologia da LMC[30].

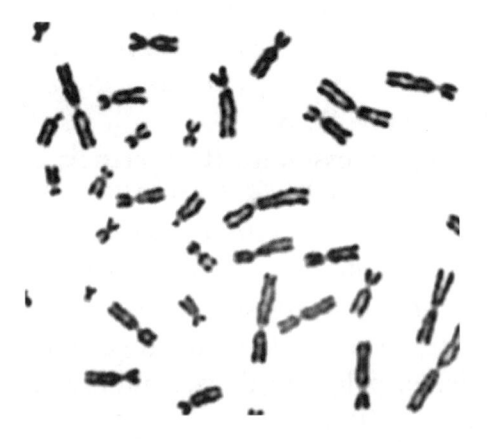

Figura 13.5 Célula em metáfase, sem bandamento, corada com Giemsa, de uma paciente do sexo feminino, com diagnóstico de LMC e presença do cromossomo Philadelphia (seta).

13.2.5 Anormalidades cromossômicas: significado e consequências

As anormalidades cromossômicas constituem a mais frequente causa de perdas fetais na espécie humana. O surgimento de alterações junto aos cromossomos está vinculado a vários fatores como, por exemplo, circunstâncias ambientais, exposição a compostos químico-físicos, assim como fatores genéticos intrínsecos a cada indivíduo[31-35]. Do ponto de vista reprodutivo, a formação dos gametas masculino e feminino, associada à idade materno-paterna avançadas constituem fatores cruciais para o surgimento de cromossomopatias constitucionais. A formação do gameta masculino constitui um processo contínuo, apresentando algumas variações durante a vida do indivíduo, o qual depende de um número de divisões celulares que varia de aproximadamente 35, em um homem de 14 anos de idade, até 840 divisões em homens com idade superior a 50 anos. Essas divisões celulares estão condicionadas a erros, principalmente associadas à estrutura do cromossomo. Por outro lado, em mulheres as células germinativas são originadas no período embrionário, com quantidade suficiente para atender o mecanismo reprodutivo e a formação de gametas ocorre a partir de aproximadamente 24 divisões celulares, com uma taxa de erro superior à gametogênese masculina sendo afetado, principalmente, o número de cromossomos[34-36]. Tendo em vista a grande incidência de aneuploidias associadas aos cromossomos 13, 18 e 21, com significativas consequências individuais e socioeconômicas, a idade materna elevada constitui o mais significativo fator de risco para esta condição. Entretanto, os mecanismos moleculares responsáveis por este fenômeno ainda não estão totalmente elucidados[32,33].

As anormalidades cromossômicas são classificadas em numéricas ou estruturais e podem envolver um ou mais cromossomos. No tocante às anormalidades cromossômicas numéricas, alguns termos necessitam de especial atenção quanto ao seu significado. O número de cromossomos normal na espécie humana consiste de 46 (*diploide*), o qual é o dobro de um conjunto euploide (*haploide*) ou ainda, equivalente ao dobro da composição de cada gameta. Dessa forma, múltiplas cópias de um conjunto euploide podem ocorrer e constituem triploidias e/ou tetraploidias. Em cerca de 80% dos casos, as triploidias (*69 cromossomos*) são de origem materna e surgem a partir da incorporação de um corpúsculo polar ($n = 23$) ao oócito ($n = 23$), com subsequente fecundação por um espermatozoide ($n = 23$), constituindo uma célula dita poliploide ou triploide (*3n*). Já nas triploidias de origem paterna, os quais compreendem, cerca de 20% dos casos, o oócito é fecundado por dois espermatozoides. Mais raras em relação aos casos de triploidia estão as tetraploidias, as quais tem sua origem a partir da primeira divisão mitótica do zigoto (*2n = 46*), porém sem que haja citocinese (*divisão do citoplasma*). Dessa forma, tem-se uma célula com quatro conjuntos euploides (4n = 92)[4,34-36].

Uma célula dita aneuploide apresenta ganho ou perda de um ou mais cromossomos. Em indivíduos portadores da síndrome de Down, a qual se caracteriza pela presença de uma cópia extra do cromossomo 21, ou ainda nos portadores da síndrome de Turner, 45,X (*nulissomia do cromossomo X*) constituem exemplos de aneuploidias. Parte significativa dos casos que envolvem ganhos ou perdas de cromossomos tem sua origem a partir de eventos de não disjunção, durante a meiose I materna. Cada mitose acarreta na formação de duas células filhas, com número diploide semelhantes à célula mãe. A meiose, por outro lado, também chamada de divisão reducional, produz células haploides a partir de células diploides. Erros durante o processo de segregação cromossômica, durante a gametogênese, contribuem para a formação de células aneuploides (Figura 13.6). A não disjunção durante a meiose I materna é o principal, mas não o único, mecanismo responsável pela geração de células aneuploides. A separação prematura dos cromossomos homólogos antes da anáfase I e das cromátides-irmãs antes da meiose II também pode levar à formação de células aneuploides[31-33].

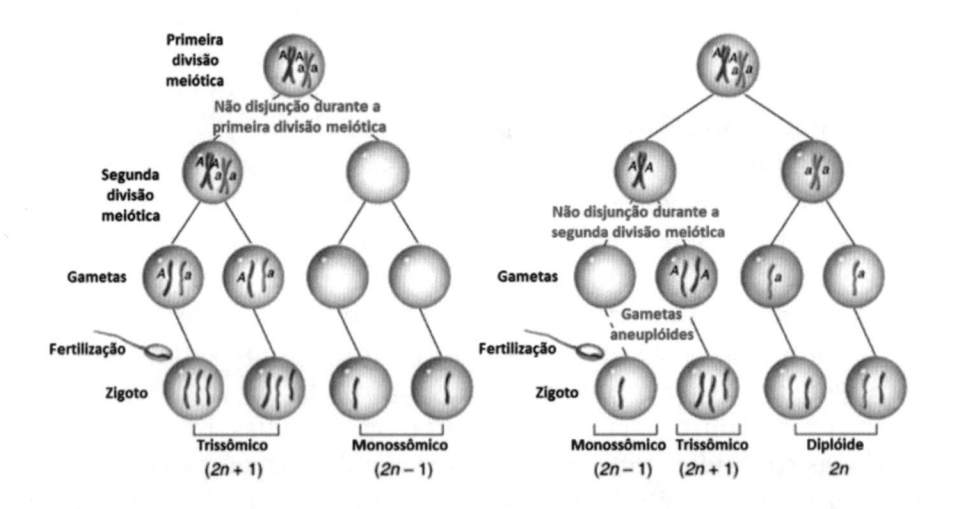

Figura 13.6 Formação de gametas aneuploides, a partir da não disjunção cromossômica durante a primeira divisão meiótica (figura à esquerda) e não disjunção cromatídica, durante a segunda divisão meiótica (figura à direita).

Ocasionalmente, podem coexistir em um mesmo indivíduo células aneuploides e células diploides normais. Essa condição é conhecida como mosaicismo e envolve duas ou mais populações celulares distintas derivadas de um mesmo zigoto. O mosaicismo pode envolver tanto os cromossomos de origem autossômica, como os cromossomos sexuais e é observada em cerca de 0,2% dos exames pré-natal, cerca de 1% dos casos de síndrome de

Down, 10% dos casos de síndrome de Klinefelter e em 30% dos casos de síndrome de Turner[31-36]. O significado clínico dos casos de mosaicismo está estritamente relacionado à proporção e distribuição, nos tecidos, das células aneuploides. Em contraste, o quimerismo é distinguido do mosaicismo pela presença de populações celulares distintas, oriundas de mais de um zigoto.

Os rearranjos estruturais que acometem os cromossomos envolvem quebras seguidas de perdas ou reunião dentro de um mesmo cromossomo ou entre dois ou mais cromossomos, resultando em cariótipos balanceados ou não balanceados. Rearranjos cromossômicos classificados como balanceados não acarretam em perdas de material genômico. Consistem apenas na alteração do "reposicionamento" do material genético. Em contrapartida, os rearranjos não balanceados contribuem para a perda de material, por meio de deleções cromossômicas, ou ganhas de material genético, em duplicações de segmentos cromossômicos[4,12].

Normalmente, as quebras cromossômicas ocorrem em qualquer fase do ciclo celular (G1, S ou G2), durante a mitose ou meiose. Quando há uma fratura cromossômica durante a fase G1 (*fase do ciclo celular onde o material genético encontra-se ainda não duplicado*), ao alcançar a fase S do ciclo, a mesma fratura cromossômica passa a se manifestar como uma quebra cromossômica e não mais cromatídica, quando observada na metáfase. Quando a quebra no material genético não promove a formação de rearranjo cromossômico, o resultado será um cromossomo deletado e o fragmento resultante será perdido a partir das sucessivas divisões celulares. Deleções terminais resultam a partir de uma única quebra ao longo do braço p ou q do cromossomo[4,12]. Por outro lado, as deleções intersticiais manifestam-se a partir da quebra em dois segmentos ao longo do mesmo cromossomo, seguido de reunião das partes remanescentes e, consequente perda do segmento quebrado. Como consequência das quebras cromossômicas, pode ocorrer a formação de cromossomo em anel. As regiões terminais dos cromossomos, denominadas telômeros são estruturas responsáveis pela manutenção da integridade da estrutura do cromossomo. Quando os telômeros são perdidos por meio de deleções terminais, o cromossomo perde a sua estabilidade e as partes remanescentes se fundem constituindo uma estrutura em anel. Anéis cromossômicos são instáveis durante as sucessivas divisões celulares e, raramente são transmitidos para as gerações subsequentes[4,12,37,38].

A duplicação de um segmento cromossômico normalmente ocorre por consequência de um *crossing over* desigual, entre cromossomos homólogos ou cromátides irmãs. Em geral, as consequências das duplicações de segmentos cromossômicos causam menos prejuízo do que as perdas de material genético por meio de deleções[4,12,27,37,38]. O grau de severidade clínica está correlacionado ao tamanho do segmento duplicado. Em outras circunstâncias, um isocromossomo é definido como um cromossomo com duas cópias idênticas de um braço (*p* ou *q*) e ausência do outro. Em indivíduos com 46 cromossomos, um isocromossomo resulta em monossomia parcial e trissomia parcial, de determinado cromossomo. Normalmente, a ocorrência de isocromossomos é resultante de *crossing over*, entre homólogos durante a meiose, ou ainda como resultado da quebra, seguida de reunião de cromátides irmãs próxima ao centrômero. A mais comum forma de isocromossomo envolve o braço longo do cromossomo X (Xq), o qual é frequentemente observado em indivíduos portadores da síndrome de Turner. A maioria dos isocromossomos Xq são dicêntricos, ou seja, são constituídos por dois centrômeros. A inativação de um dos centrômeros contribui para uma maior estabilidade do isocromossomo, durante as sucessivas divisões celulares[4]. A formação de isocromossomos a partir de cromossomos autossômicos também pode se manifestar, sendo mais frequentemente observados entre os cromossomos acrocêntricos (*cromossomos 13, 14, 15, 21, 22 e Y*), a partir da perda de seus braços curtos[4,12,37,38].

13.3 CITOGENÉTICA MOLECULAR

O estudo dos cromossomos humanos tem sido utilizado por vários anos em diversas aplicações, as quais incluem desde o diagnóstico clínico até a pesquisa básica. A análise citogenética convencional, também chamada de citogenética clássica, a qual se baseia no bandamento cromossômico, vem sendo empregada desde a década de 70. Concomitante, ao aprimoramento das estratégias de análise cromossômica, observou-se um significativo ganho na resolução, o que tornou possível a identificação de anormalidades cromossômicas sutis à análise convencional. A incorporação de metodologias aplicadas ao campo da genética molecular à citogenética convencional fez surgir a citogenética molecular. A citogenética molecular baseia-se na utilização da hibridação *in situ* por fluorescência (*do inglês, fluorescence in situ hybridization, FISH*). Nessa metodologia, uma sonda de DNA marcada com um corante fluorescente é hibridizada a alvos citológicos, como por exemplo, uma célula metafásica, núcleo interfásico, fibras de cromatina estendidas, ou mais recentemente, micro arranjos de DNA[4,12,37,38].

13.3.1. Hibridação in situ por Fluorescência (FISH)

A técnica de FISH, desenvolvida por Pinkel e colaboradores na década de 1980[37], tem permitido a visualização de cromossomos e segmentos cromossômicos específicos, por meio da utilização de sondas marcadas com agentes fluorescentes. A hibridação pode ser realizada em cromossomos metafásicos, núcleos interfásicos, fibras cromossômicas estendidas ou, mais recentemente, em plataformas de microarranjos (*arrays*) de DNA. Uma significativa variedade de amostras pode ser analisada pela técnica de FISH: sangue periférico, medula óssea, pele, linfonodos e tumores sólidos. Pela sua versatilidade, rapidez e confiança, o FISH tem sido muito utilizado na citogenética, para fins de diagnóstico cromossômico. A grande vantagem da técnica de FISH sobre a citogenética clássica (bandamento G) refere-se ao fato do FISH não requerer cultura de tecido. Em geral, amostras bem preservadas ou frescas podem ser submetidas ao processo de hibridação e, em cerca de 24h horas já é possível saber o resultado. Outro aspecto que dever ser considerado, quando se comparam os dois métodos, está associado ao grau de resolução oferecido pela técnica de FISH. Em geral, a citogenética clássica por meio do bandamento G, oferece uma resolução em torno de 10Mb. Em termos práticos, essa informação indica que anormalidades cromossômicas sutis, como por exemplo, microdeleções ou microduplicações não podem ser observados, quando abaixo do limite de 10Mb. Por outro lado, o limite de resolução da técnica de FISH pode chegar a menos de 1 Kb[4,12,37,38]. Tecnicamente, o FISH se baseia na desnaturação do DNA genômico, com o aumento da temperatura e utilização de um agente químico denominado formamida (*agente desnaturante*). A elevação da temperatura garante a dissociação das ligações de hidrogênio, as quais mantêm unidas a dupla fita de DNA e a manutenção da dupla hélice nessa condição é garantida pela formamida. Concomitantemente à desnaturação do DNA alvo, se faz necessário também a desnaturação da sonda alvo, a qual é constituída de uma sequência de DNA, marcada com um determinado agente fluorescente. O DNA alvo e o da sonda desnaturados são então colocados em temperatura adequada para haver hibridização, o que normalmente ocorre à temperatura de 37°C. O resultado da hibridização da sonda ao DNA alvo é observado em microscópio de fluorescência. Durante o processo de marcação pode ser utilizado uma única sonda ou conjunto de sondas, marcadas por diferentes fluorocromos (Figura 13.7)[37,38].

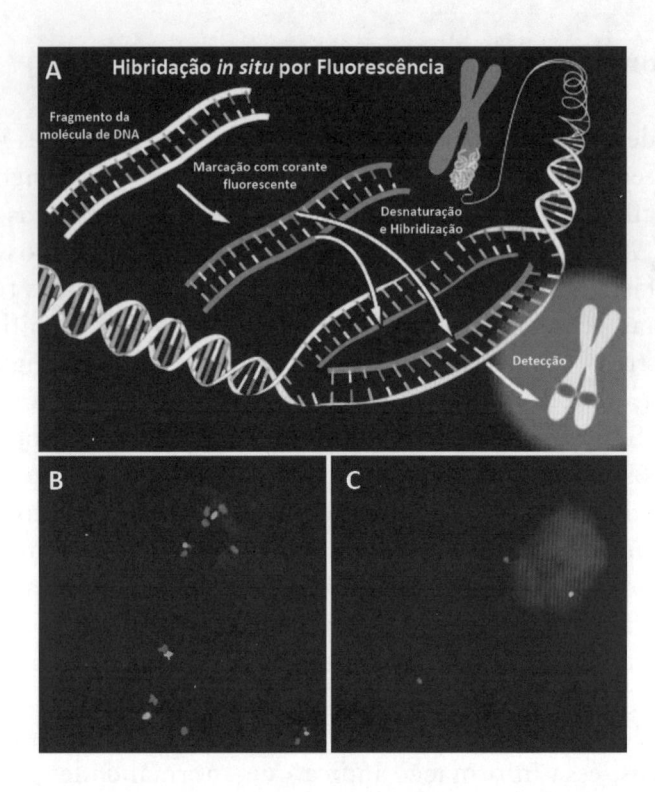

Figura 13.7 (A) Esquema representativo do processo de hibridação *in situ* por fluorescência (FISH). (B) Hibridação *in situ*, em núcleo interfásico, com utilização de sonda para detecção de amplificações do gene aurora kinase A (AURKA), localizado em 20q13.3. Múltiplas cópias do gene são evidenciadas em vermelho. Em verde, nota-se a marcação do centrômero do cromossomo 20 (controle). (C) Hibridação *in situ*, em núcleo interfásico, com sonda para avaliação de quimerismo X/Y, pós-transplante de medula óssea. São apresentadas duas células, sendo uma XX (dois sinais em vermelho) e outra XY (um sinal em vermelho, correspondente ao cromossomo X, e um sinal em verde, representando o cromossomo Y).

Normalmente, as sondas utilizadas na técnica de FISH são classificadas pela região do genoma onde se hibridizam ou pelo tipo de anormalidade cromossômica, as quais são detectadas. As principais classes de sondas (centroméricas, locus-específicas e de pintura cromossômica) serão prontamente abordadas e exemplificadas no texto que se segue. As informações contidas na Tabela 13.1 refletem a variedade de sondas disponíveis, assim como a sua utilização.

Sondas centroméricas apresentam sinais de marcação intensos e podem ser utilizadas em diferentes aplicações, como, por exemplo, na detecção de aneuploidias, na determinação sexual (X/Y), na elucidação da origem de cromossomos marcadores, em amostras destinadas ao diagnóstico pré-implantacional (detecção das trissomias dos cromossomos 13, 18 e 21), tumores sólidos e em neoplasias do sangue. Outra variedade de sondas são as sondas

Tabela 13.1 Tipos de sondas comumente utilizadas na técnica de FISH e suas respectivas aplicações.

TIPOS DE SONDAS	INTENSIDADE DO SINAL	APLICAÇÃO
Centromérica	Forte	Enumeração de cromossomos, identificação de aneuploidias, Avaliação de quimerismo pós-transplante, em núcleo interfásico.
Telomérica	Moderado	Identificação de rearranjos sub-teloméricos.
Cromossômica	Forte/Moderado	Identificação de cromossomos marcadores ou anormalidades complexas, quando o bandamento G é inconclusivo.
Translocações/Junções	Moderado	Detecção de rearranjos cromossômicos específicos, como por exemplo, BCR/ABL, na leucemia mieloide crônica, em núcleo interfásico ou célula metafásica.
Microdeleções	Moderado	Identificação de deleções submicroscópicas, cujos tamanhos escapam aos limites de resolução do bandamento G.
Amplificação Gênica	Forte	Detecção do aumento no número de cópias de genes associados ao processo neoplásico, em núcleo interfásico ou célula metafásica.

lócus-específicas, as quais permitem a identificação de pequenas regiões no genoma. Para o diagnóstico citogenético de síndromes associadas à microdeleções, como por exemplo, a deleção 22q11.2 e 7q11.23, nas síndromes de DiGeorge e Williams-Beuren, respectivamente, faz-se necessário a utilização de sondas lócus-específicas. Outro exemplo pode ser atribuído ao diagnóstico do neuroblastoma (*tumor maligno que acomete a glândula suprarrenal*), condição que se caracteriza pela amplificação do gene denominado *MYCN*, localizado junto ao braço curto do cromossomo 2 (2p24.3). Em pacientes com amplificação do *MYCN* são observados um "*pool*" de sinais em núcleos interfásicos, quando submetidos à técnica de FISH. As sondas de pintura cromossômica são obtidas por meio de clones de bibliotecas de DNA, ou por meio da amplificação de sequências pela técnica de PCR. Essas sondas são especialmente utilizadas na identificação de rearranjos cromossômicos complexos, com envolvimento de dois ou mais cromossomos, cromossomos marcadores e na citogenética aplicada ao estudo de tumores sólidos[4,12].

13.3.2. "Multicolor FISH"

A técnica de *multicolor FISH* baseia-se na simultânea hibridização de 24 sondas cromossomo específicas. Essa estratégia é bastante útil na identificação de anormalidades cromossômicas crípticas (*alterações estruturais nos cromossomos, as quais "escapam" aos limites de resolução da citogenética clássica = 10Mb*), como por exemplo, translocações em regiões teloméricas, identificação de cromossomos marcadores e a identificação de rearranjos não balanceados de difícil identificação por meio do bandamento G. As sondas destinadas à aplicação do *multicolor FISH* são normalmente originadas a partir da separação de cromossomo humanos (*flow-sorted human chromosomes*) ou pela combinação de múltiplos fluorocromos. Nesse contexto, duas estratégias têm se destacado: o FISH multiplex (M-FISH) e o cariótipo espectral (SKY)[39-41]. A diferença entre os dois métodos se baseia no processo de aquisição da imagem, o qual emprega diferentes métodos para a detecção e discriminação das diferentes combinações de fluorocromos. A técnica de SKY baseia-se no princípio da imagem espectral e espectroscopia de *Fourier*. As sondas para os 23 pares de cromossomos são obtidas a partir da combinação de cinco fluorocromos, com a utilização da fórmula $2^n - 1$, onde "n" representa o número de fluorocromos disponíveis. Dessa forma, a partir da combinação dos fluorocromos (n = 5) é possível a obtenção de 31 combinações de cores, com espectros distintos. Entretanto, para o estudo do cariótipo humano são necessárias apenas 23 cores, dentre as 31 opções obtidas. A grande versatilidade da técnica de SKY reflete-se sobre a capacidade de aquisição de todo o espectro de emissão, a partir de uma única exposição. Dessa forma, cada pixel da imagem é capturado, a partir de diferentes comprimentos de onda[41]. Em contrapartida, a técnica de M-FISH baseia-se na captura individual de cada um dos seis fluorocromos utilizados pelo método, por meio de filtros específicos. Subsequentemente, a imagem de cada captura é recomposta numa única imagem por meio de *softwares* específicos[39,40]. Embora a acurácia do SKY seja considerada elevada, tendo em vista às informações obtidas a partir de cada pixel da imagem, em ambas as estratégias (M-FISH e SKY) faz-se necessário à obtenção de células metafásicas de boa qualidade para o sucesso do método. Outro aspecto a ser considerado, reside na inabilidade de detecção de anormalidades intracromossômicas, como por exemplo, inversões, duplicações e deleções.

Em um estudo recentemente desenvolvido, junto à Faculdade de Medicina de Ribeirão Preto, Universidade de São Paulo, a técnica de SKY foi aplicada a uma coorte de 60 amostras de células-tronco mesequimais (MSCs), obtidas a partir da medula óssea de pacientes com diagnóstico de síndrome mielodisplásica. Nesse contexto a utilização da técnica de SKY foi importante não apenas para confirmar os achados obtidos pelo bandamento G, como também para reafirmar a natureza não aleatória sobre a presença de anormalidades cromossômicas nas MSCs. Dentre as amostras analisadas, 18 apresentaram anormalidades cromossômicas de natureza numérica e estrutural. Em outras situações, a técnica de SKY tem sido empregada na elucidação de cariótipos complexos e na identificação de cromossomos marcadores (Figura 13.8A/B/C)[42]. Outra variação da técnica de FISH, denominada mBAND, revela o padrão de bandas, com aproximadamente 550 bandas de resolução no conjunto haploide do cariótipo humano. A técnica se baseia na microdissecção de bibliotecas genômicas, diferencialmente marcadas e utilizadas como sondas, as quais se sobrepõem quando hibridizadas ao cromossomo. O resultado da hibridação evidencia um cromossomo com padrão de bandas diferencialmente marcado e elevado nível de resolução (Figura 13.5d/e)[43]. O mBAND é bastante útil na identificação de rearranjos intracromossômicos (inversões, duplicações e deleções), outrora não identificados pela técnica de SKY ou M-FISH e possui a versatilidade de ser utilizado em um único cromossomo de interesse ou aplicado em todos os 23 pares.

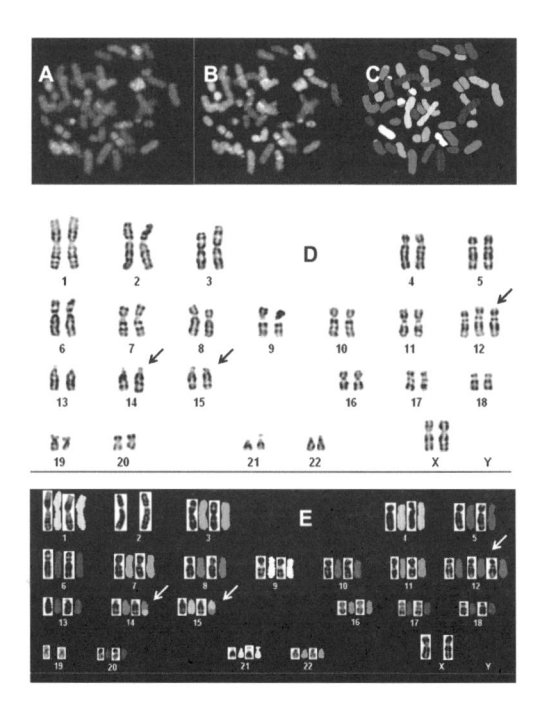

Figura 13.8 Cariótipo espectral (SKY). (A) Imagem espectral de uma célula metafásica, observada ao microscópio. (B) Imagem espectral capturada pelo *software* de análise. (C) Imagem de uma célula metafásica classificada pelo *software*. (D) Cariótipo, com bandamento G, de uma célula-tronco mesenquimal da medula óssea, com trissomia do cromossomo 12 e translocação recíproca entre os cromossomos 14 e 15 (setas). (E) Cariótipo espectral da mesma amostra de célula-tronco mesenquimal (MSC, Mesenchymal Stem Cells) e confirmação dos achados observados pelo bandamento G (setas).

13.3.3. Hibridação Genômica Comparativa (Comparative Genomic Hybridization, CGH)

A técnica de CGH compreende uma metodologia amplamente utilizada, no âmbito da citogenética molecular e baseia-se na identificação de regiões com ganho ou perda de material genômico, a parir da co-hibridação de um DNA teste (DNA tumoral) e um DNA de referência, diferencialmente marcado com fluorocromos44. Originalmente, a técnica de CGH utiliza uma lâmina contendo células em metáfase, como "arcabouço" para a hibridação dos dois DNAs marcados (tumoral vs. referência). A partir da extração do DNA tumoral e do DNA de referência, ambos são marcados com agentes fluorescentes, por meio de um processo denominado nick translation, o qual envolve a quebra da molécula de DNA e a substituição de nucleotídeos da molécula por nucleotídeos marcados com fluoróforos (marcação direta), ou pela incorporação de biotina/digoxigenina e a subsequente conjugação com anticorpos marcados (marcação indireta). Durante o processo de co-hibridação, em célula metafásica, são utilizadas quantidades equivalentes dos dois DNAs (tumoral vs referência)44,45. Dessa forma, a partir da intensidade de fluorescência de cada DNA marcado é possível a identificação de ganhos ou perdas de material genômico, associado a cada cromossomo (Figura 13.8A). Porém, atualmente a técnica de CGH dita "cromossômico" tem sido deixada de lado, em função do baixo nível de resolução oferecida e a co-hibridação dos dois DNAs (tumoral vs. referência) tem sido realizada numa matriz de DNA contendo diversos segmentos da molécula (clones), pré-selecionados e correspondentes às diferentes localizações cromossômicas (array) (Figura 13.6B). Esta nova modalidade de CGH tem sido denominada de arrayCGH. Cerca de milhares de clones de DNA, mapeados e representativos do genoma, são imobilizados em uma placa e são utilizados como uma plataforma à hibridação. A distância entre cada alvo é da ordem de micrômetros e determina o nível de resolução da metodologia[46].

A utilização do *arrayCGH* tem possibilitado o diagnóstico molecular de alterações cromossômicas submicroscópicas, previamente não identificadas pelo bandamento cromossômico. A grande vantagem do método, quando comparado a outros métodos de citogenética, está associada ao fato de que, a partir de um único experimento, o DNA genômico inteiro pode ser analisado. O *arrayCGH* ainda apresenta-se como uma estratégia de alta sensibilidade e especificidade. Algumas plataformas de *arrays* de alta resolução permitem a detecção de desequilíbrios genômicos da ordem de 6Kb. A critério de comparação, a resolução média obtida a partir do bandamento

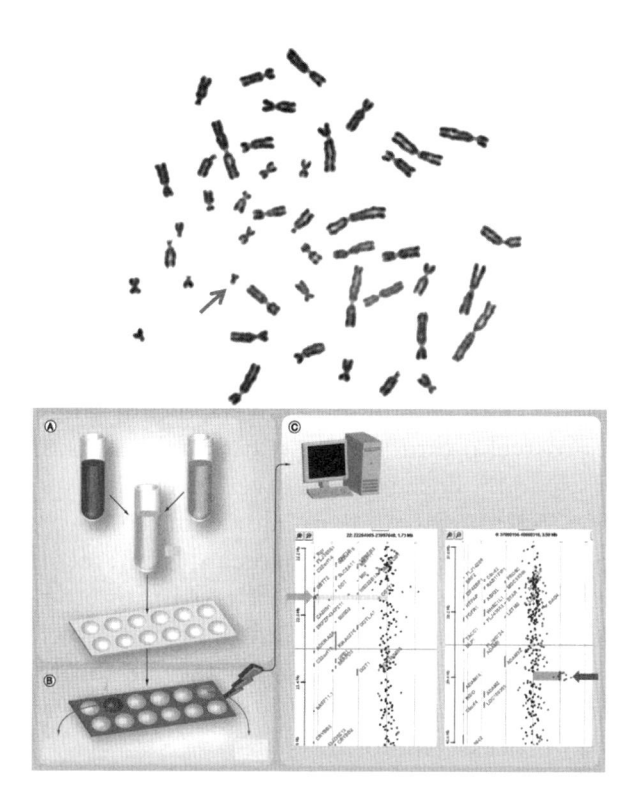

Figura 13.9 Hibridação Genômica Comparativa (Comparative Genomic Hybridization, CGH). (A) Técnica de CGH cromossômico, com hibridação de DNA teste (verde) e de referência (vermelho) em uma célula metafásica. A co-hibridação dos dois DNAs determina diferenças na intensidade o que se traduz em ganhos ou perdas de DNA genômico. Na figura A são apresentados os perfis de ganho junto ao braço longo do cromossomo 8 (8q) e braço curto do cromossomo 6 (6p). (B) Esquema representativo da hibridação genômica comparativa em uma plataforma com vários clones pré-selecionados e correspondentes às diferentes localizações cromossômicas (array). Em ambas as situações fazem-se necessárias a leitura e a interpretação dos achados por meio de *softwares* específicos.

cromossômico, conforme já mencionado anteriormente, é da ordem de 10Mb. Dessa forma, o *arrayCGH* tornou possível a identificação de novas síndromes, assim como o mapeamento de genes envolvidos na etiologia de inúmeras condições clínicas[46]. Entretanto, embora a técnica tenha provado ser de grande valia, no contexto da genética médica e no estudo de condições neoplásicas humanas, algumas limitações do método são notadas, como por exemplo, a inabilidade de definir a ordem e a orientação dos segmentos rearranjados em uma alteração cromossômica, assim como a diferenciação entre uma célula normal e outra poliploide e baixos níveis de mosaicismo[45,46].

A técnica de *arrayCGH* é de grande importância para a investigação acerca da presença de desequilíbrios ao genoma, associados às alterações fenotípicas distintas. O impacto da aplicação dessa estratégia é de particular importância na identificação de lócus/loci associados ao desenvolvimento de síndromes genéticas, com manifestação de malformações esporádicas, e/ou retardo mental[47].

13.3.4. Arquitetura Tridimensional Nuclear

Theodore Boveri (1862-1915) postulou que a organização tridimensional dos cromossomos em uma célula de mamífero constitui o fator essencial para a tumorigênese[48]. Um século após Boveri, e com o advento de estratégias que tornam possível o estudo da estrutura tridimensional nuclear, esse conceito continua sendo a base para os diversos estudos que buscam correlacionar alterações estruturais no genoma e o início do processo tumoral. Isso inclui nosso melhor entendimento acerca das interações entre a matriz nuclear e os cromossomos[49] e a existência de territórios cromossômicos específicos dentro do núcleo, como evidenciado por métodos de hibridação *in situ* por fluorescência (FISH)[50]. Essas descobertas têm fornecido importantes evidências acerca do microambiente nuclear genômico e sua relevância no estabelecimento do processo tumoral.

A organização tridimensional (3D) nuclear tem sido alvo de vários estudos. Com o desenvolvimento de novos métodos de investigação, tem-se tornado evidente que a replicação e a transcrição ocorrem em compartimentos nucleares específicos[51]. Adicionalmente, a maioria dos grupos de pesquisa nessa área tem descrito uma provável, e não randômica organização dos cromossomos em territórios específicos[52-55]. Os cromossomos têm seus vizinhos, e a proximidade com outros cromossomos é tecido-específica, sendo os territórios cromossômicos evolutivamente conservados. Com o passar dos anos, a extensa coleção de dados sobre o tema permitiu afirmar que a densidade gênica humana distribui-se no centro do núcleo interfásico, e ao passo que se segue em direção à periferia nuclear há uma menor densidade de genes[53,55]. Considerando-se todas essas informações, torna-se evidente que a organização nuclear é altamente específica e apresenta relevância funcional para que a célula possa coordenar os níveis de expressão gênica, a replicação e estabilidade do genoma.

Quando se avalia o modelo de organização tridimensional nuclear em células tumorais, notam-se diferenças em relação às células normais tecido-específicas. Na Patologia, a morfologia e o formato do núcleo de uma célula tumoral têm sido cruciais para avaliação do diagnóstico e prognóstico[56-58]. Alguns grupos de pesquisa têm tentado definir o que causa essa diferença e se essa característica pode ser utilizada para o entendimento dos mecanismos associados à presença de alterações estruturais no genoma, as quais são relevantes para o estabelecimento do processo tumoral e ao desenvolvimento de novas estratégias de diagnóstico[50-53]. No contexto final, o melhor cenário será a identificação de alterações que são relevantes do ponto de vista de diagnóstico e prognóstico e, concomitantemente, tornar possível o desenvolvimento de estratégias terapêuticas para a neoplasia em estudo.

Mai e colegas examinaram a organização tridimensional nuclear de telômeros em núcleos normais, imortalizados e em células tumorais[59]. Essas observações permitiram concluir que os telômeros de células normais não se sobrepõem. Além disso, que os telômeros estão organizados de forma dependente ao ciclo celular. Nas fases G0 e G1, eles estão amplamente distribuídos através do núcleo interfásico, em linfócitos de camundongos e em linfócitos humanos. Na fase S, os telômeros ocupam esse mesmo espaço. Entretanto, na fase G2 do ciclo celular, ocorre uma mudança nuclear e os telômeros constituem uma nova estrutura, chamada pelos autores, de disco telomérico[59] (Figura 13.9). Nessa estrutura, os telômeros alinham-se no centro do núcleo interfásico, fato que constitui uma identidade organizacional. Ao contrário do que se observam em células normais, as células tumorais exibem uma desorganização do disco telomérico, com a formação de vários agregados nucleares. Dessa forma, o espaço nuclear tridimensional, o qual os telômeros normalmente ocupam está comprometido (Figura 13.10)[59]. As diferenças entre células normais e tumorais tornam possível investigar alguns aspectos relevantes, como por exemplo, se a formação dos agregados teloméricos está associada a eventos relacionados à transformação celular e, eventualmente se a ocorrência desses agregados exerce influência na organização cromossômica nuclear e, consequentemente na estabilidade do genoma (Figura 13.11)[58,60].

A elucidação dos eventos celulares envolvidos nos processos de instabilidade genômica, acima descritos, só foi possível pelo emprego da deconvolução. Atualmente, a reconstituição tridimensional nuclear pode ser avaliada segundo duas categorias distintas: microscopia confocal e deconvolução. Cada estratégia utiliza diferentes métodos para reduzir a captura de luz dos planos "fora de foco" do espécime para composição da imagem 3D. O microscópio confocal utiliza a abertura de um *pinhole* para limitar a quantidade de luz, proveniente dos diversos planos do espécime e normalmente requer pouca manipulação pós-imagem. Entretanto, esse método emprega longas exposições aos fluoróforos, o que, consequentemente causa fotodegradação precoce. Por outro lado, a recomposição tridimensional

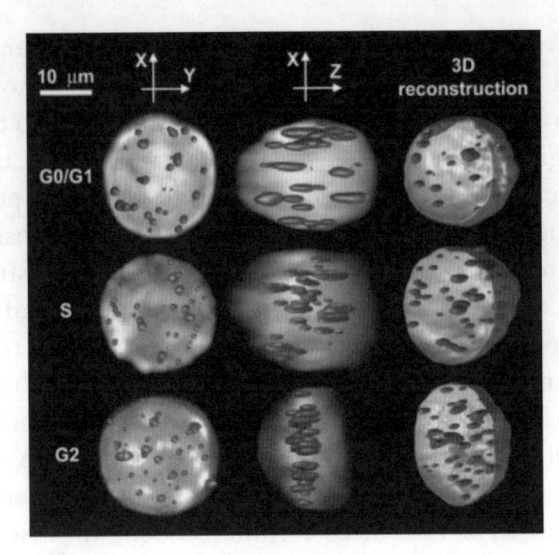

Figura 13.10 Distribuição dos telômeros no núcleo de três células seleccionadas a partir das fases G0/G1 (superior), a fase S (meio) e na fase G2 / M (inferior). A distribuição de cada telômero é mostrada segundo planos distintos (plano XY, plano XZ e em 3D). O plano XZ demosntra a extensão da cromatina e define o volume limíitrofe do núcleo.

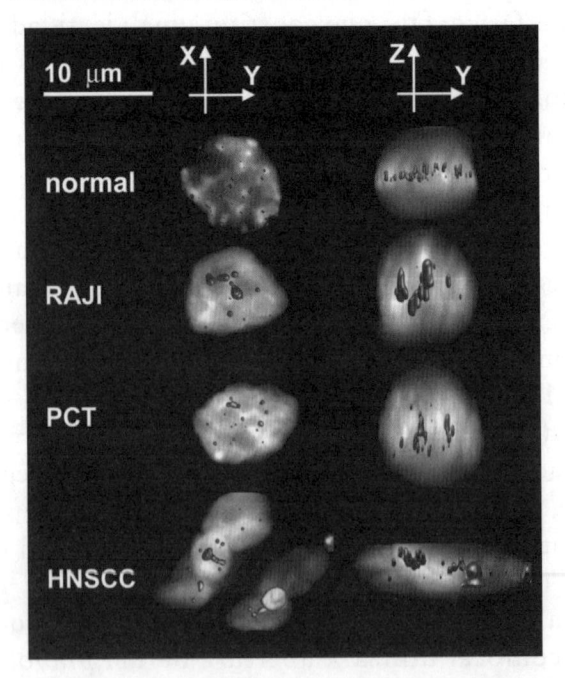

Figura 13.11 Distribuição dos telômeros em uma célula normal (1), em uma célula de linhagem do linfoma de Burkitt (RAJI) (2), em uma célula derivada de plamocitoma de camundongo (PCT) (3), e, por último, em uma célula proveniente de carcinoma de cabeça e pescoço humano (4). A comparação entre as imagens permite evidenciar a presença de agregados teloméricos, junto à fase G2 do ciclo celular, nas células neoplásicas.

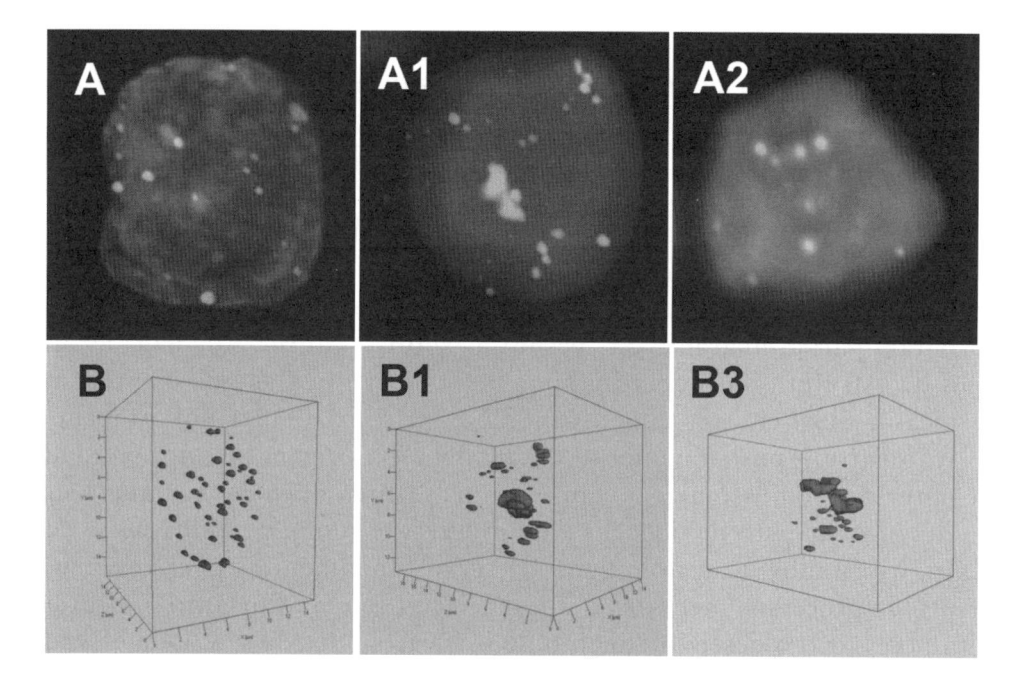

Figura 13.12 Técnica de hibridação *in situ* por fluorescência (FISH), em núcleo interfásico, com marcação telomérica. A) Imagem em duas dimensões (2D). A célula normal (controle) e A1/A2 células neoplásicas. B) Organização tridimensional dos telômeros. B, célula normal (controle) e B1/B2 células neoplásicas. Notar a presença de agregados teloméricos nas imagens B1/B2, quando comparadas ao controle.

nuclear por meio da deconvolução emprega uma estratégia mais simples, com microscopia de fluorescência associada a algoritmos matemáticos para redução da quantidade de luz em cada plano de interesse. Esses algoritmos têm sido desenvolvidos na década de 1950 e foram inicialmente utilizados no campo da astronomia, antes de serem aplicados à obtenção da imagem por microscopia[61].

13.4 PERSPECTIVAS FUTURAS

As estratégias de estudo da citogenética moderna tem permitido desde a identificação de anormalidades grosseiras no genoma, como por exemplo, a visualização de alterações numéricas e estruturais nos cromossomos, até diferenças de cópias de um único nucleotídeo. Plataformas de *array*CGH e a investigação tridimensional do genoma cada vez mais nos permitem compreender processos envolvidos em doenças de base genética e em neoplasias humanas. Entretanto, hoje em dia, a integração de diversos métodos de estudo entre a citogenética moderna e a biologia molecular constitui a base para a análise detalhada acerca das anormalidades genômicas de uma determinada patologia. Por exemplo, no estudo sobre a biologia de tumores sólidos a inclusão de análises do genoma, quanto ao *status* de metilação do DNA e acetilização de histonas, assim como das alterações no número cópias de um grupo de genes, evidenciado por técnicas de *array*CGH, já se tornaram parte integrante das pesquisas sobre o câncer. Ademais, as análises da estrutura da cromatina, por meio de estratégias que empregam a técnica de FISH em três dimensões (3D) será de particular importância na relação entre o posicionamento do genoma e a origem de anormalidades de natureza cromossômica, assim como na identificação de rearranjos sutis no desenvolvimento de doenças e na progressão tumoral. Ainda nesse contexto, os estudos do genoma em 3D serão fundamentais para o entendimento de processos inerentes à diferenciação celular. Portanto, no futuro, será necessário o desenvolvimento de softwares e hardwares com elevadas taxas de processamento de dados tendo em vista a riqueza de informações obtidas, a partir da integração de diversos métodos que empregam a alta resolução. Em última análise é provável que as estratégias mais refinadas de investigação do genoma possam vir a substituir métodos clássicos da citogenética humana.

REFERÊNCIAS

1. Watson JD, Crick FHC. The structure of DNA. Cold Spring Harbor Symp Quant Biol. 1956;18:123-31.

2. Sharma T (ed.). Trends in chromosome research. Narosa Publishing House, New Delhi. 1990.

3. Khorana HG. Synthesis in the study of nucleic acids. Biochem J. 1968;109:709-25.

4. Therman E, Susman M. Human chromosomes: structure, behavior, and effects. New York: Springler-Verlag; 1993.

5. Willard HF, Waye JS. Hierarchal order in chromosome-specific human alpha satellite DNA. Trends Genet. 1987;3:192-8.

6. Willard HF. Centromeres of mammalian chromosomes. Trends Genet. 1990;6:410-6.

7. Lese CM, Ledbetter DH. The means to an end: exploring human telomeres. J Assoc Genet Technol. 1998;24:165-70.

8. Moyzis RK, Buckingham JM, Cram LS, et al. A highly conserved repetitive DNA sequence, (TTAGGG)n present at the telomeres of human chromosomes. Proc Natl Acad Sci USA. 1998;85:6622-6.

9. Zakian VA. Structure and function of telomeres. Annu Rev Genet. 1989;23:579-604.

10. Yurov YB, Mitkevich SP, Alexandrov IA. Application of cloned satellite DNA sequences to molecular-cytogenetic analysis of constitutive heterochromatin heteromorphisms in man. Hum Genet. 1987;76(2):157-64.

11. Miklos G, John B. Heterochromatin and satellite DNA in man: properties and prospects. Am J Hum Genet. 1979;31:264-80.

12. Barch MJ, Knutsen T, Spurbeck JL (Eds.). The AGT cytogenetic laboratory manual. Philadelphia: Raven-Lippincott; 1997.

13. Painter TS. Studies in mammalian spermatogenesis. II. The spermatogenesis of man. J Exp Zool. 1923;37:291-36.

14. Hsu TC, Pomerat CM. Mammalian chromosomes in vitro. II. A method for spreading the chromosomes of cells in tissue culture. J Heredity. 1953;44:23-9.

15. Ford CE, Hamerton JL. A colchicine, hypotonic citrate, squash sequence for mammalian chromosomes. Stain Technol. 1956;31:247.

16. Tjio HJ, Levan A. The chromosome numbers of man. Hereditas. 1956;42:1-6.

17. Nowell PC. Phytohaemagglutinin: an initiator of mitosis in cultures of normal human leukocytes. Cancer Res. 1960;20:462-6.

18. Caspersson T, Farber S, Foley GE, et al. Chemical differentiation along metaphase chromosomes. Exp Cell Res. 1968;49:219-22.

19. Caspersson T, Zech L, Johansson C. Differential binding of alkylating fluorochromes in human chromosomes. Exp Cell Res. 1970;60:315-19.

20. Caspersson T, Lomakka G, Zech L. The 24 fluorescence patterns of the human metaphase chromosomes - distinguishing characters and variability. Hereditas. 1971;67:89-102.

21. Yunis JJ, Soreng AL. Constitutive fragile sites and cancer. Science. 1984;226:1199-204.

22. Lejeune J, Gautier M, Turpin R. Étude des chromosomessomatiques de neuf enfants mongoliens. C R Acad Sci. 1959;248:1721-2.

23. Ford CE, Miller OJ, Polani PE, et al. A sex-chromosome anomaly in a case of gonadal dysgenesis (Turner's syndrome). Lancet. 1959;I:711-3.

24. Jacobs PA, Strong JA. A case of human intersexuality having a possible XXY sex-determining mechanism. Nature. 1959;183:302-3.

25. Patau K, Smith DW, Therman E, et al. Multiple congenital anomaly caused by an extra chromosome. Lancet. 1960;i:790-3.

26. Edwards JH, Harnden DG, Cameron AH, et al. A new trisomic syndrome. Lancet. 1960; I:711-3.

27. ISCN. An International System for Human Cytogenetic Nomenclature, Shaffer LG, McGowan-Jordan J, Schmid M (eds), (Karger AG, Basel 2013).

28. Nowell PC, Hungerford DA. A minute chromosome in human chronic granulocytic leukemia. Science. 1960;132:1497.

29. Rowley JD. The role of chromosome translocations in leukemogenesis. Semin Hematol. 1973;36(4)(Suppl. 7):59-72.

30. Nowell PC, Rowley JD, Knudson AG. Cancer genetics, cytogenetics defining the enemy within. Nature Med. 1998;4:1107-11.

31. Jacobs PA, Browne C, Gregson N, et al. Estimates of the frequency of chromosome abnormalities detectable in unselected newborns using moderate levels of banding. J Med Genet. 1992;29:103-8.

32. Hassold TJ, Takaesu N. Analysis of non-disjunction in human trisomic spontaneous abortions. In: Hassold TJ, Epstein, CJ (Eds.). Molecular and cytogenetic studies of non--disjunction. New York: Alan R Liss; 1989. p. 115-34.

33. Warburton D, Byrne J, Canki N. Chromosome anomalies and prenatal development: an Atlas. Oxford Monographs on Medical Genetics, n. 21. New York: Oxford University Press; 1991.

34. Martin RH, Ko E, Rademaker A. Distribution of Aneuploidy in human gametes: comparison between human sperm and oöcytes. Am. J. Med. Genet. 1991;39:321-31.

35. Spriggs EL, Rademaker AW, Martin RH. Aneuploidy in human sperm: the use of multicolor FISH to test various theories of nondisjunction. Am J Hum Genet. 1996;58:356-62.

36. Angell RR, Xian J, Keith J, et al. First meiotic division abnormalities in human oöcytes: mechanism of trisomy formation. Cytogenet Cell Genet. 1994;65:194-202.

37. Pinkel D, Gray J, Trask B, et al. Cytogenetic analysis by in situ hybridization with fluorescently labeled nucleic acid probes. Cold Spring Harbor Symp. Quant Biol. 1986;51:151-7.

38. Jauch A, Daumer C, Lichter P, et al. Chromosomal in situ suppression hybridization of human gonosomes and autosomes and its use in clinical cytogenetics. Hum Genet. 1990;85:145-50.

39. Speicher MR, Gwyn Ballard S, Ward DC. Karyotyping human chromosomes by combinatorial multifluor FISH. Nature Genet. 1996;12:368-75.

40. Azofeifa J, Fauth C, Kraus J, et al. An optimized probe set for the detection of small interchromosomal aberrations by use of 24-color FISH. Am J Hum Genet. 2000;66:1684-8.

41. Schröck E, du Manoir S, Veldman T, et al. Multicolor spectral karyotyping of human chromosomes. Science. 1996;273(5274):494-7.

42. Oliveira FM, Lucena-Araujo AR, Favarin Mdo C, et al. Differential expression of AURKA and AURKB genes in bone marrow stromal mesenchymal cells of

myelodysplastic syndrome: correlation with G-banding analysis and FISH. Exp Hematol. 2013;41(2):198-208.

43. Chudoba I, Plesch A, Lorch T, et al. High resolution multicolor-banding: a new technique for refined FISH analysis of human chromosomes. Cytogenet Cell Genet. 1999;84:156-60.

44. Kallioniemi OP, Kallioniemi A, Sudar D, et al. Comparative genomic hybridization: a rapid new method for detecting and mapping DNA amplification in tumors. Semin Cancer Biol. 1993;4(1):41-6.

45. Levy B, Dunn TM, Kaffe S, et al. Clinical applications of comparative genomic hybridization. Genet Med. 1998;1:4-12.

46. Snijders AM, Nowak N, Segraves R, et al. Assembly of microarays for genome-wide measurement of DNA copy number. Nature Genet. 2001;29(3):263-4.

47. Pinkel D, Segraves R, Sudar D, et al. High resolution analysis of DNA copy number variation using com- parative genomic hybridization to microarrays. Nature Genet. 1998;20:207-11.

48. Boveri T (Ed.). The origin of malignant tumors. Baltimore, USA: The Williams & Wilkins Company; 1929.

49. Parnaik VK. Role of nuclear lamins in nuclear organization, cellular signaling, and inherited diseases. Int Rev Cell Mol Biol. 2008;266:157-206.

50. Cremer T, Cremer M. Chromosome territories. Cold Spring Harb Perspect Biol. 2010.

51. Zaidi SK, Young DW, Choi J-Y, et al. The dynamic organization of gene-regulatory machinery in nuclear microenvironments. EMBO Rep. 2005;6:128-33.

52. Cremer T, Cremer C. Chromosome territories, nuclear architecture and gene regulation in mammalian cells. Nat Rev Genet. 2001;4:292-301.

53. Parada L, Misteli T. Chromosome positioning in the interphase nucleus. Trends Cell Biol. 2002;12:425-32.

54. Bolzer A, Kreth G, Solvei I, et al. Three-dimensional maps of all chromosomes in human female fibroblast nuclei and prometaphase rosettes. PLOS Biol. 2005;3(5):e157.

55. Parada LA, McQueen PG, Misteli T. Tissue-specific spatial organization of genomes. Genome Biol. 2004;5(7):R44.

56. Kazanowska B, Jelen M, Reich A, et al. The role of nuclear morphometry in prediction of prognosis for rhabdomyosarcoma in children. Histopathology. 2004;45:352-9.

57. Nafe R, Schlote W, Schneider B. Histomorphometry of tumour cell nuclei in astrocytomas using shape analysis, densitometry and topometric nanalysis. Neuropathol Appl Neurobiol. 2005;31:34-44.

58. Gadji M, Adebayo Awe J, Rodrigues P, et al. Profiling three-dimensional nuclear telomeric architecture of myelodysplastic syndromes and acute myeloid leukemia defines patient subgroups. Clin Cancer Res. 2012;18(12):3293-304.

59. Chuang TCY, Moshir S, Garini Y, et al. The three-dimensional organization of telomeres in the nucleus of mammalian cells. BMC Biology. 2004;2:12.

60. Mai S, Garini Y. Oncogenic remodeling of the three-dimensional organization of the interphase nucleus: c-Myc induces telomeric aggregates whose formation precedes chromosomal rearrangements. Cell Cycle. 2005;4(10):1327-31.

61. Klonisch T, Wark L, Hombach-Klonisch S, Mai S. Nuclear imaging in three dimensions: a unique tool in cancer research. Ann Anat. 2010;192(5):292-301.

CITOGENÉTICA MOLECULAR: FUNDAMENTOS BÁSICOS, MÉTODOS E APLICAÇÕES CROSS-SPECIES/ ZOO-FISH, REVERSE-FISH, RECIPROCAL-FISH

Ricardo Utsunomia
José Carlos Pansonato-Alves
Priscilla Cardim Scacchetti
Duílio Mazzoni Zerbinato de Andrade Silva
Claudio Oliveira
Fausto Foresti

14.1 INTRODUÇÃO

A técnica de hibridação *in situ* fluorescente (FISH) em cromossomos foi inicialmente desenvolvida no final dos anos 1960 e visava o mapeamento de sequências satélites em cromossomos de ratos utilizando procedimentos de hibridação radioativa[1]. Fundamentalmente, esta técnica baseia-se no princípio da *desnaturação/renaturação* e na complementaridade das fitas de DNA. Nesse sentido, ao separar a dupla fita de DNA cromossômico por meio de altas temperaturas e incubar este material com sondas na forma de fita simples e complementares à determinada região do DNA cromossômico, uma competição entre as sondas e as fitas do DNA cromossômico se estabelecerá no momento da renaturação deste DNA, formando regiões híbridas (sonda--DNA cromossômico) que podem ser detectadas posteriormente.

Devido à sua eficiência e adaptabilidade, uma extensa diversificação do protocolo original da técnica FISH foi desenvolvida, permitindo desde a localização altamente resolutiva de sequências nas fibras de cromatina (*Fiber*-FISH), até o mapeamento de cromossomos inteiros (pintura cromossômica). Nesse sentido, uma ampla gama de aplicações também se desenvolveu, permitindo o uso desta técnica em diferentes áreas de pesquisa como Genética Clínica, Medicina Reprodutiva, Biologia Evolutiva, Genômica Comparativa, Toxicologia e Biologia dos cromossomos[2]. Além da versatilidade desta técnica, também se deve destacar os avanços tecnológicos na microscopia, na busca por preparações cromossômicas de melhor qualidade e na integração de dados genômicos com as análises cromossômicas.

Neste capítulo serão abordados aspectos da metodologia de pintura cromossômica e suas variações, enfocando as bases técnicas e a aplicabilidade em questões evolutivas e clínicas.

14.2 HISTÓRICO

Os avanços nas tecnologias e metodologias para análise cromossômica tornaram a citogenética um campo multidisciplinar, possibilitando aos citogeneticistas avançarem da simples caracterização e descrição de cariótipos para a busca de uma melhor compreensão sobre a organização de genomas e sequências nucleotídicas, relações filogenéticas, rearranjos cromossômicos e biologia de cromossomos peculiares, como os sexuais e supranumerários[3]. Uma etapa fundamental para este desenvolvimento foi a adaptação da técnica de FISH, originalmente aplicada em tecidos[4] para os estudos de citogenética, permitindo a localização de sequências específicas nos cromossomos[1] (Figura 14.1A).

Para facilitar a identificação de cromossomos humanos específicos e a interpretação de aberrações cromossômicas, algo somente possível por meio de bandeamentos clássicos, foram criados métodos alternativos de análises cromossômicas, correspondendo em sua grande maioria a variações da técnica de FISH. No final dos anos 1980, uma primeira abordagem baseada na localização de sondas cromossomo-específicas em núcleos interfásicos foi utilizada e permitiu a detecção de aberrações numéricas específicas como trissomias de determinados cromossomos[5,6]. No entanto, por utilizar sondas elaboradas a partir de sub-regiões específicas dos cromossomos, este método não permitia a cobertura total dos cromossomos alvos e, consequentemente, impedia análises de alterações cromossômicas como translocações e deleções, deixando pendente a necessidade da formulação de uma técnica que possibilitasse a detecção de todo o espectro de sequências de um determinado cromossomo, possibilitando a realização de análises mais refinadas.

Pouco tempo depois, uma estratégia de hibridação *in situ* utilizando sondas de bibliotecas genômicas construídas a partir de cromossomos separados por citometria de fluxo[7] permitiu a marcação e localização de cromossomos inteiros em placas metafásicas e núcleos interfásicos, o que permitiu, consequentemente, a detecção de translocações e outros rearranjos[8,9], além de possibilitar um primeiro estudo de Citotaxonomia em primatas e a determinação de homologias cromossômicas entre humanos e macacos[10,11]. Uma estratégia importante adotada nesta metodologia, utilizada até os dias de hoje, incluía um passo de pré-hibridação das sondas com DNA total humano antes de serem colocadas em contato com as preparações cromossômicas. Assim, a hibridação das sondas em locais inespecíficos (por exemplo, cromossomos não desejáveis) seria suprimida, facilitando a visualização dos cromossomos alvos. Por apresentar este passo de pré-hibridação, esta técnica ficou conhecida como "*in situ supression hybridization*" (supressão *in situ* da hibridação) e se caracterizou como uma primeira variação da pintura cromossômica (Figura 14.1B). Posteriormente, em meados dos anos 1990, experimentos utilizando bibliotecas de DNA derivadas de cromossomos humanos e de rato foram utilizados com sucesso como sondas sobre cromossomos de diversos mamíferos e a partir deste trabalho, o termo ZOO-FISH passou a ser utilizado nos experimentos de pintura cromossômica comparativa[12]. No entanto, embora fosse altamente eficaz na busca por respostas clínicas e evolutivas, a técnica de "*in situ supression hybridization*" mostrou-se bastante custosa, em termos de trabalho e tempo.

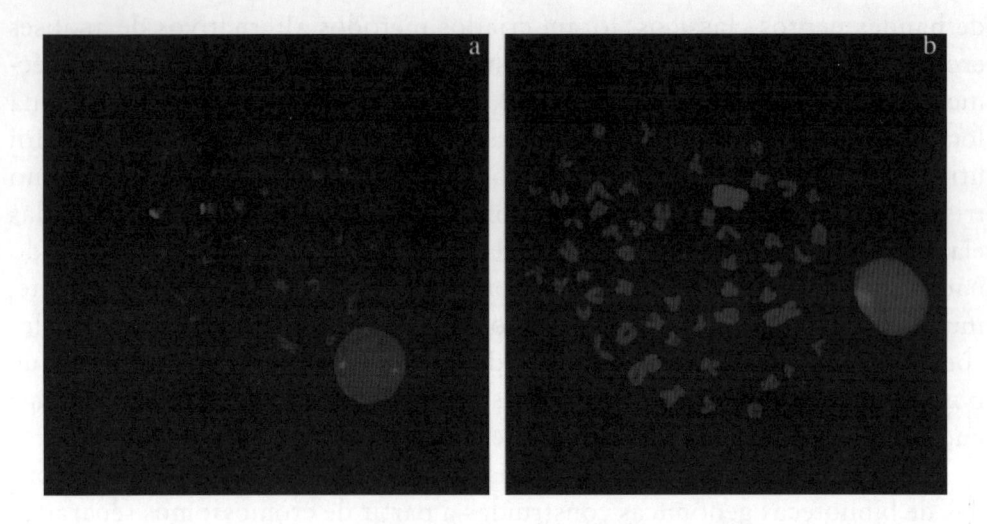

Figura 14.1 Metáfases da espécie de peixe *Astyanax paranae* após FISH empregando distintas sondas. Em (A) utilizando sequências do gene ribossômico 18S como sonda. Em (B), utilizando um cromossomo inteiro como sonda (pintura cromossômica). Deve-se destacar que tanto na metáfase quanto no núcleo interfásico as sondas são detectadas.

A partir de 1992, uma variante da reação de PCR (do inglês, *polymerase chain reaction*, reação em cadeia da polimerase) nomeada DOP-PCR (do inglês, *degenerate oligonucleotide-primed PCR*, PCR com oligonucleotídeo iniciador degenerado) foi desenvolvida e empregava oligonucleotídeos parcialmente degenerados, o que garantiria a amplificação total e eficiente de qualquer segmento de DNA de interesse[13]. Esta técnica foi posteriormente adaptada para a amplificação e produção de sondas a partir de cromossomos obtidos diretamente por microdissecção[14,15] ou citometria de fluxo[16,17], caracterizando-se como um método mais simples e rápido. Atualmente, a maioria dos estudos é desenvolvida com as técnicas de isolamento, amplificação e detecção de cromossomos apresentadas acima e serão detalhadas no decorrer deste capítulo.

14.3 BASES TÉCNICAS DA HIBRIDAÇÃO *IN SITU* FLUORESCENTE – PINTURA CROMOSSÔMICA

A pintura cromossômica é uma variação da técnica de FISH quando sondas cromossômicas totais ou parciais são utilizadas (Figura 14.1B). No entanto, o mesmo princípio da hibridação *in situ* é válido e baseia-se no pareamento complementar das sondas com as sequências presentes na célula a ser examinada, visando verificar se a célula apresenta determinada sequência e onde está localizada. Nesse sentido, o uso da pintura cromossômica tem como objetivo investigar a condição numérica e estrutural que o cromossomo utilizado como sonda apresenta nas células a serem analisadas. De forma geral, uma sequência lógica de passos metodológicos (Figura 14.2) é seguida para se chegar ao resultado final.

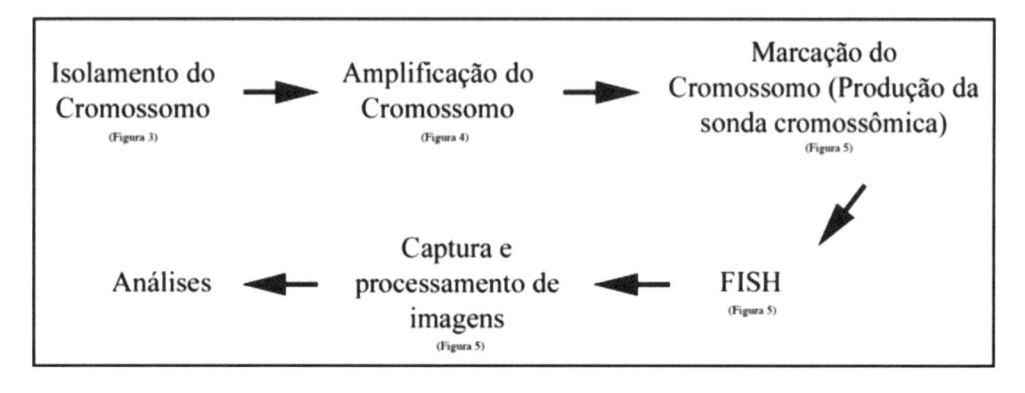

Figura 14.2 Fluxograma evidenciando a sequência de passos metodológicos necessários para a realização de pintura cromossômica. Destaca-se que o passo de isolamento do cromossomo não necessita ser repetido caso haja necessidade de maior quantidade de sonda deste mesmo cromossomo, pois o passo de amplificação do cromossomo gera material estoque suficiente.

14.3.1 Obtenção de sondas cromossômicas

As sondas para FISH podem ser compostas por qualquer sequência de interesse para localização física cromossômica, o que inclui sequências repetitivas, cromossomos inteiros, sequências de poucas cópias e até genomas inteiros. No entanto, uma condição primária deve ser respeitada para que sua detecção em cromossomos metafásicos seja possível: as sondas devem ser compostas por fragmentos de DNA com aproximadamente 100-500 pb, fato que permitirá uma penetração destas até os sítios alvo nos cromossomos. Desta forma, um cromossomo inteiro que apresenta milhões de pares de bases (pb) necessita estar fragmentado para ser utilizado como sonda.

Para a obtenção de sondas cromossômicas é necessário um passo inicial para isolar o cromossomo de interesse. Dois métodos principais para isolar cromossomos podem ser utilizados – separação por citometria de fluxo e microdissecção, cada um apresentando vantagens e desvantagens (Figura 14.3, Tabela 14.1).

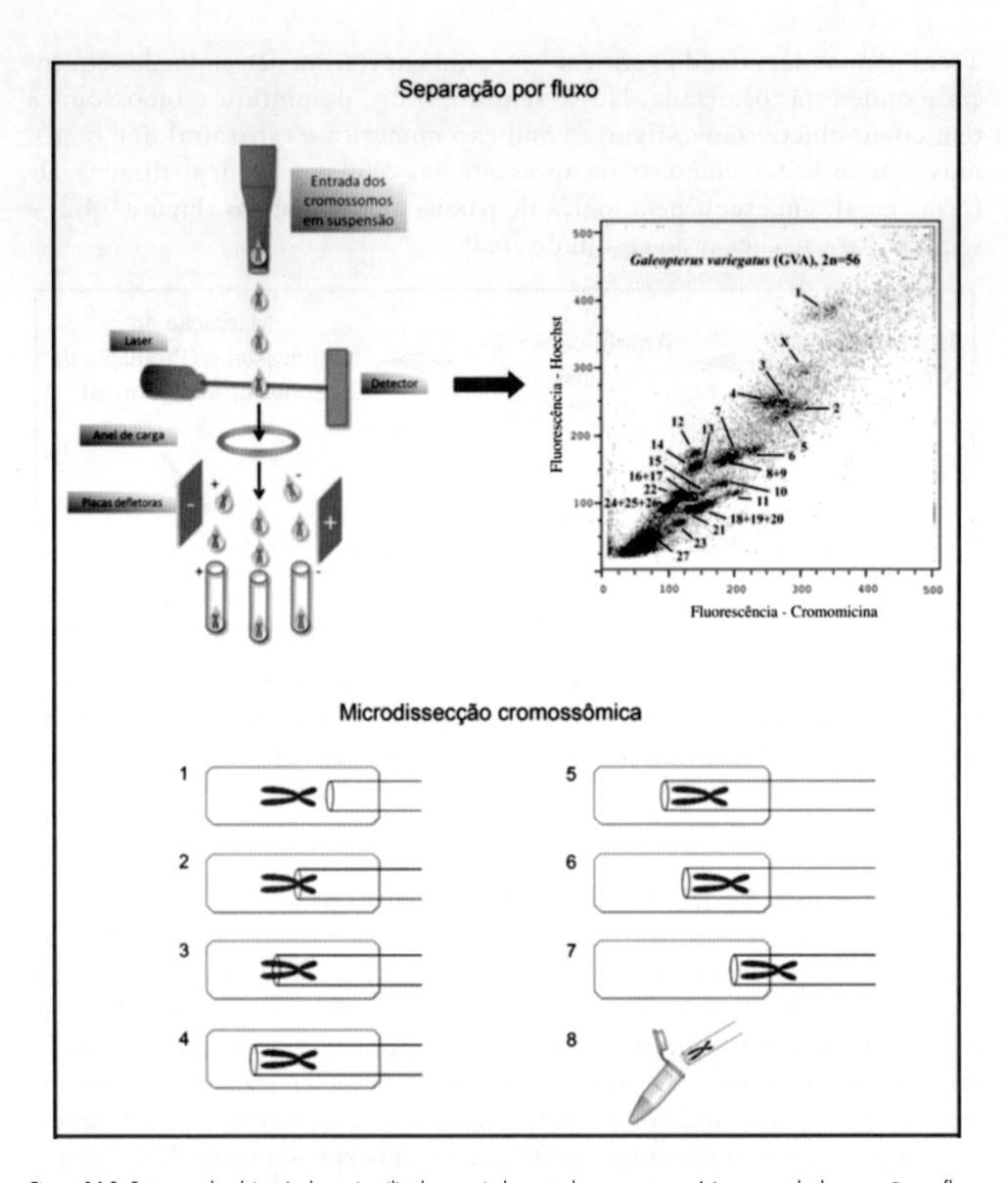

Figura 14.3 Esquemas dos dois métodos mais utilizados para isolamento de cromossomos. Acima, exemplo de separação por fluxo, cada cromossomo marcado passa pelo feixe de raio *laser*, cujo comprimento de onda seja o ideal para o cromossomo marcado com a fluorescência desejada, recebe uma carga elétrica e é desviado para o seu respectivo tubo. À direita, exemplo de cariótipo de fluxo[18] da espécie *Galeopterus variegatus* (Mammalia, Dermoptera) com as correspondências cromossômicas. Abaixo, cromossomo localizado em uma metáfase é retirado da lamínula por meio de uma agulha e depositado em um tubo contendo solução diluidora.

Tabela 14.1 Vantagens e desvantagens dos métodos de obtenção de sondas cromossômicas.

MÉTODO	VANTAGENS	DESVANTAGENS
Microdissecção	• Permite o isolamento de sub-regiões cromossômicas específicas • Não necessita de cultura celular • Método rápido e eficaz para isolar cromossomos facilmente distinguíveis morfologicamente	• Cromossomo-alvo precisa ser facilmente distinguível • Sondas produzidas não permitem hibridações eficazes entre espécies muito distantes
Separação por fluxo	• Permite o isolamento de todos os cromossomos do cariótipo • Sondas altamente complexas, com conteúdo de DNA representativo dos cromossomos	• Necessita de cultura celular com quantidades expressivas de metáfases • Separação dos cromossomos é ineficaz em alguns grupos

14.3.1.1 Separação por fluxo

A separação de cromossomos por fluxo foi demonstrada pela primeira vez em meados dos anos 1970 em experimentos utilizando cultura de células de roedores[19]. Esta técnica consiste em isolar os cromossomos de determinado organismo pelo seu tamanho e quantidades relativas de pares de base AT:GC[20]. Para o isolamento de determinado cromossomo, uma solução, contendo cromossomos duplamente corados com fluorocromos que se ligam preferencialmente às regiões ricas em AT (por exemplo, Hoechst) ou GC (por exemplo, *Cromomicina* A3), é analisada em um citômetro de fluxo com feixes de raios *laser*. Esta solução é dividida em pequenas gotas, das quais algumas contêm um único cromossomo, e passa pelo feixe de raio *laser*. Quando o cromossomo é submetido ao raio *laser*, a fluorescência emitida por cada cromossomo contido nessas gotas é coletada e armazenada em um computador, gerando um cariótipo de fluxo. Uma vez identificados os cromossomos, as gotas podem receber uma carga elétrica que permitirá a deflexão destes de forma controlada após passarem por duas placas de alta voltagem, separando apenas os cromossomos desejados de forma isolada (Figura 14.3).

14.3.1.2 Microdissecção

A microdissecção cromossômica, assim como a separação por fluxo, também é uma técnica bastante útil para se isolar cromossomos a partir de placas metafásicas. Este método foi utilizado pela primeira vez em estudos envolvendo cromossomos politênicos de *Drosophila* para a construção de marcadores de DNA cromossomo-específicos[21]. Em alguns organismos como peixes, que apresentam cariótipos bastante uniformes e de difícil separação por fluxo, esta técnica se mostra bastante útil ao permitir o isolamento de cromossomos ou de fragmentos específicos. Assim, através de um microscópio invertido acoplado a um micromanipulador, é possível visualizar, isolar e coletar qualquer fragmento ou cromossomo de interesse (Figura 14.3). No entanto, uma limitação inicial desta técnica é notável – o cromossomo a ser identificado e coletado deve ser distinguível dos outros. Para superar esta questão, alguns autores têm utilizado métodos citogenéticos clássicos, como bandeamento-C e/ou marcação por fluorocromos base-específicos, para auxiliar na identificação correta do cromossomo antes da microdissecção[22,23].

14.3.2 Amplificação dos cromossomos isolados

Uma vez isolados, seja utilizando o método de separação por fluxo ou por microdissecção, os cromossomos necessitam passar por uma etapa de amplificação para ampliar a quantidade de material inicial e produzir uma quantidade adequada de material estoque.

De forma geral, métodos para amplificação total do genoma (em inglês, WGA, *Whole Genome Amplification*), têm sido adaptados para este passo inicial. O método de DOP-PCR (Figura 14.4) desenvolvido inicialmente[13], tem sido o mais utilizado para a amplificação cromossômica inicial, que tem por base a aplicação de um *primer* com uma sequência de seis pares de bases degeneradas entre os finais 5' e 3'. A reação de DOP-PCR compreende dois estágios distintos. No primeiro estágio, uma baixa temperatura de anelamento é utilizada para facilitar a ligação dos *primers* em muitos locais do material alvo, neste caso, o cromossomo. No segundo estágio, uma maior estringência é empregada e o produto gerado no primeiro estágio é amplificado com maior especificidade do *primer*. Por fim, a reação de DOP-PCR irá gerar uma grande quantidade de segmentos com tamanho entre 200 a 600 pb, resultando em um arrasto visto em gel de agarose (Figura 14.4). Reações adicionais de DOP-PCR podem ser realizadas com o ciclo de alta estringência para aumentar a quantidade de fragmentos de DNA.

Por se basear na ligação randômica de *primers* degenerados, o método de DOP-PCR apresenta alguns problemas como forte viés de amplificação, geração de artefatos (ex: amplificação exacerbada de sequências repetitivas) e cobertura incompleta do genoma ou do cromossomo molde[24]. Nesse sentido, alternativas à DOP-PCR também foram adaptadas e utilizadas com sucesso para a amplificação cromossômica[24]. Especificamente para a produção de sondas cromossômicas, uma adaptação do método de PCR com adaptadores vem sendo amplamente utilizada e com resultados melhores em relação às sondas obtidas por DOP--PCR [25,26]. Este método compreende três estágios principais, i) fragmentação química ao acaso do DNA cromossômico; ii) acoplamento de adaptadores aos inúmeros fragmentos gerados no passo anterior; e iii) amplificação utilizando *primers* universais que se pareiam aos adaptadores (Figura 14.4).

Após estes passos, amplificações subsequentes podem ser realizadas para estocar o material. Ao fim da técnica, o cromossomo isolado estará representado muitas vezes em sequências de tamanhos randômicos entre 200 a 1000 pb, o que torna esta metodologia bastante interessante para a produção de sondas, uma vez que melhores resultados de FISH são obtidos com a utilização de sondas que apresentam este tamanho aproximado, como visto anteriormente.

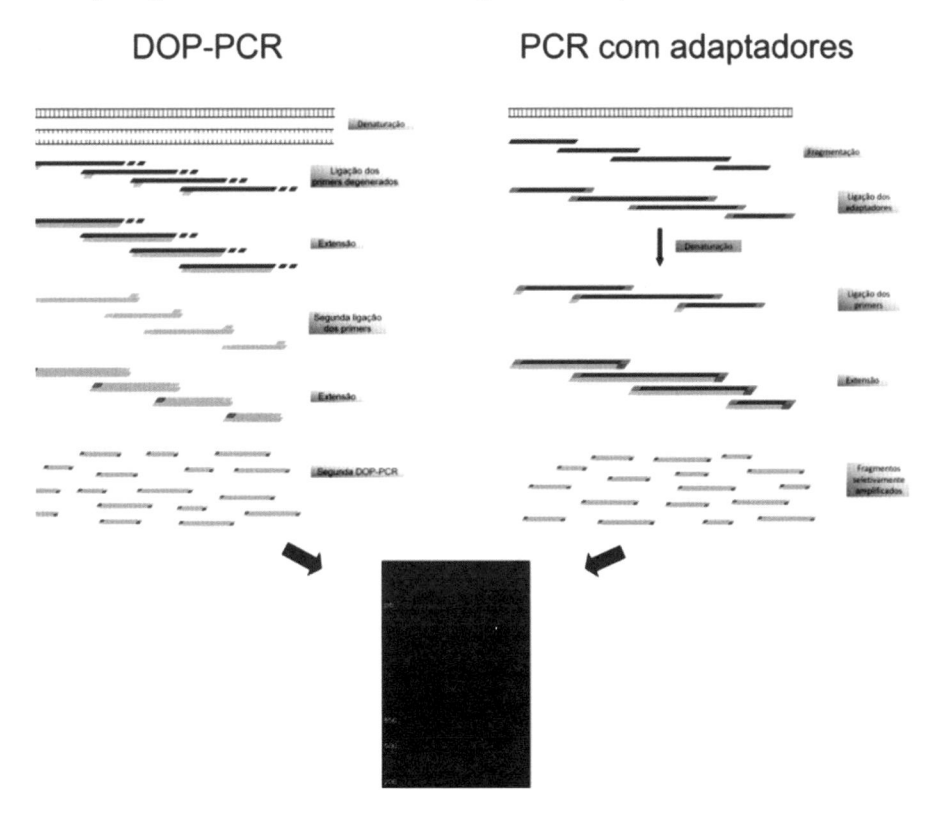

Figura 14.4 Dois métodos mais utilizados para amplificação de cromossomos isolados. À esquerda, o método de DOP-PCR que se baseia na utilização de *primers* degenerados para a amplificação uniforme do DNA alvo. À direita, o método de PCR com adaptadores, que consiste em fragmentação, ligação de adaptadores e *primers* adaptadores específicos para amplificação do DNA alvo. Apesar das diferenças, o resultado final da amplificação é similar quando observados em gel de agarose, o que torna ambas as técnicas ótimas para amplificação e produção de sondas.

14.3.3 Marcação e detecção das sondas cromossômicas

Após a amplificação, o DNA cromossômico estoque deve ser marcado utilizando algum nucleotídeo modificado acoplado a uma molécula marcadora que permitirá a localização da sonda ao final da técnica de FISH. Este nucleotídeo modificado pode estar ligado a um fluorocromo, caracterizando uma marcação direta da sonda, ou pode estar ligado a uma molécula marcadora, que poderá ser detectada por métodos imunológicos durante a técnica de FISH.

Para a marcação da sonda propriamente dita, os nucleotídeos modificados devem ser acrescentados durante as reações secundárias de amplificação, seja ela DOP-PCR ou PCR com adaptadores. Desta forma, nucleotídeos normais e modificados irão competir e serão incorporados às moléculas de DNA, resultando em milhares de fragmentos cromossômicos marcados com os nucleotídeos modificados em diversas posições (Figura 14.5). O brilho intenso que as sondas emitem no sítio alvo após a FISH se deve justamente à presença dos fluorocromos. Neste caso, quando excitados com radiação luminosa de comprimentos de onda específicos, cada fluorocromo irá emitir um brilho de cor particular devido ao deslocamento de elétrons em sua órbita. Por esta razão o microscópio utilizado para a captura de imagens deve ser de fluorescência e apresentar um filtro de excitação que permita selecionar o comprimento de onda de máxima excitação de determinado fluorocromo e um filtro de emissão que deixará passar luz na faixa do visível para o observador (Tabela 14.2)

Tabela 14.2 Fluorocromos mais utilizados para detecção de sondas em fish e seus respectivos comprimentos de onda.

FLUOROCROMO	MÁXIMA EXCITAÇÃO (NM)	MÁXIMA EMISSÃO (NM)	COR DA FLUORESCÊNCIA
FITC	492	520	Verde
Cy3	550	570	Laranja/Vermelho
Texas-Red	596	620	Vermelho
Cy5	650	670	Azul

A utilização de fluorocromos de forma combinada é outro aspecto a ser considerado e permite o uso simultâneo de diferentes sondas em um único experimento. Neste caso, cada sonda é marcada com um fluorocromo distinto ou usada de forma combinada no momento da incorporação à molécula de DNA, o que aumenta a possibilidade de obtenção de distintas cores em uma única FISH, procedimento denominado FISH *Multicolor*. Além da economia de amostras e reagentes, a técnica de FISH *Multicolor* permite definir com mais clareza os pontos de junção de diferentes cromossomos. Uma fórmula simples indica quantos fluorocromos são necessários para marcar uma quantidade determinada de sondas e é dada por 2^n-1 (onde n é o número de fluorocromos disponíveis)[27]. Nesse sentido, utilizando 2 fluorocromos é possível marcar até 3 sondas, enquanto com 3 fluorocromos, 7 sondas podem ser marcadas (Tabela 14.3).

Tabela 14.3 Combinação de fluorocromos para marcação de sondas[27].

	FITC-DUTP	CY3-DUTP	COR
Sonda 1	+		
Sonda 2		+	
Sonda 3	+	+	

A detecção das marcações com diferentes fluorocromos é feita em microscopia de fluorescência com filtros especiais (bloqueadores e excitadores) para cada tipo de fluorocromo utilizado (Figura 14.5).

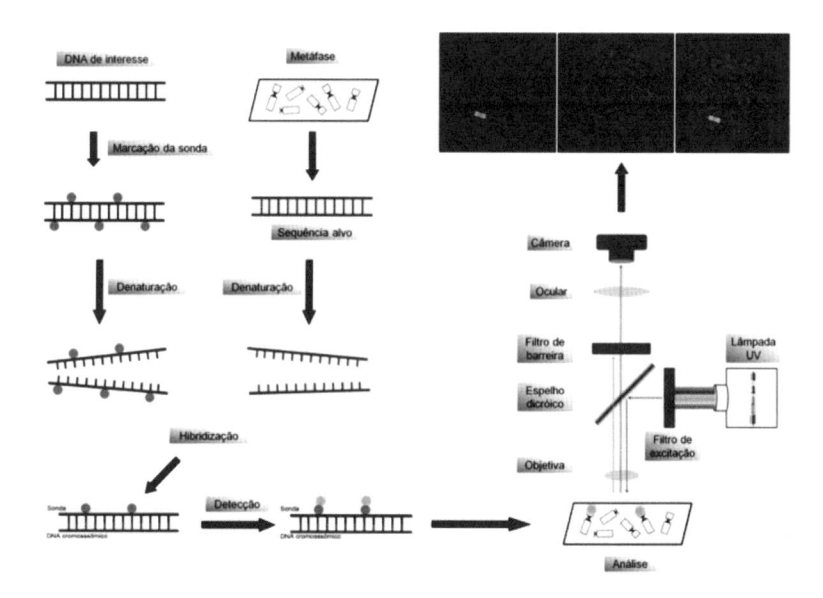

Figura 14.5 Série de passos metodológicos necessários para realização da FISH. À direita, notar a trajetória da luz sob microscopia de fluorescência. A partir da fonte de luz ultravioleta, o filtro de excitação seleciona o comprimento de onda desejado pelo pesquisador, excitando somente determinado fluorocromo. O fluorocromo irá, então, emitir fluorescência e o filtro de emissão deixará passar a luz na faixa visível para o observador/câmera.

14.3.4 Variações de pintura cromossômica

Embora a pintura cromossômica seja uma técnica única, diferentes nomenclaturas foram criadas para designar cada tipo de experimento (Figuras 14.6 e 14.7).

14.3.4.1 Cross-Species FISH (ZOO-FISH ou pintura cromossômica comparativa)

O termo ZOO-FISH se refere a um protocolo modificado de FISH para pintura cromossômica comparativa, que permite detectar segmentos cromossômicos homólogos em espécies distintas, também conhecida como *cross--species* FISH ou pintura cromossômica comparativa[12,28]. De forma geral, este procedimento consiste em obter sondas cromossômicas totais ou parciais de determinado organismo e investigar como estes cromossomos estão organizados nos genomas de outras espécies. Estudos desta natureza vêm sendo realizados principalmente em mamíferos[29-31], permitindo um melhor entendimento sobre os rearranjos cromossômicos ocorridos durante a história evolutiva deste grupo. Adicionalmente, esta técnica também pode ser utilizada em estudos voltados à estrutura de cromossomos particulares como os sexuais e supranumerários, fornecendo informações importantes sobre a origem destes cromossomos em diferentes linhagens de organismos[23,26,32].

14.3.4.2 Reciprocal-FISH

Reciprocal-FISH, também conhecida como pintura cromossômica recíproca, é uma subclassificação da ZOO-FISH e consiste em hibridações bidirecionais de sondas obtidas entre diferentes organismos. De forma simplificada, sondas de um organismo A são hibridadas sobre uma espécie B e sondas obtidas deste organismo B são hibridadas no organismo A.

Embora pareçam experimentos redundantes, esta estratégia é extremamente importante para o refinamento das análises comparativas entre diferentes espécies. Por exemplo, um resultado que mostre uma sonda do cromossomo 1 de uma espécie A pintando os cromossomos 3, 5 e 6 de uma espécie B já seria bastante interessante; no entanto, é impossível predizer quais segmentos específicos do cromossomo 1 (espécie A) correspondem aos cromossomos 3, 5 e 6 (espécie B). Desta forma, as hibridações com as sondas 3, 5 e 6 (espécie B) em metáfases da espécie A poderia fornecer este tipo de resposta, refinando a análise citogenética dos cariótipos destas duas espécies (Figura 14.6).

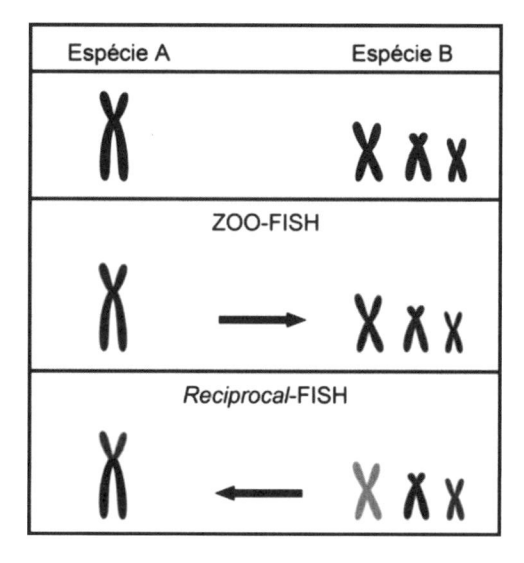

Figura 14.6 Exemplo de ZOO-FISH, exemplificado pela utilização de uma sonda cromossômica da espécie A sobre os cromossomos da espécie B. E exemplo de *Reciprocal*-FISH para definir quais partes do cromossomo da espécie A hibridam sobre os cromossomos da espécie B.

14.3.4.3 Reverse-FISH

A terminologia *Reverse*-FISH pode ser utilizada em dois contextos distintos, sendo considerada sinônimo de *Reciprocal*-FISH[28] ou empregada em um contexto clínico[2,16]. Neste caso, a *Reverse*-FISH é definida quando a sonda, usualmente um cromossomo aberrante, é o material de interesse. Assim, após a identificação de um cromossomo anormal, uma sonda deste cromossomo é produzida e hibridada em placas metafásicas normais, tornando esta técnica bastante útil na caracterização de amplificações, quebras ou deleções cromossômicas específicas (Figura 14.7).

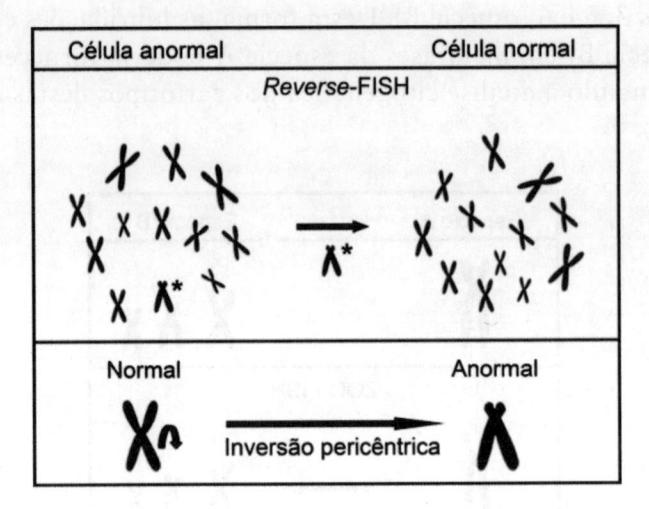

Figura 14.7 Exemplo de *Reverse*-FISH. Na parte esquerda superior, uma metáfase com um cromossomo aberrante (indicado com *). Utilizando-se uma sonda fabricada a partir deste cromossomo sobre uma metáfase normal, verifica-se a hibridação em um par cromossômico de morfologia distinta, porém, de tamanho idêntico, levando à conclusão de que o cromossomo anormal surgiu a partir de uma inversão pericêntrica, representada abaixo.

Nota: Uma inversão ocorre quando um único cromossomo sofre duas quebras, no braço longo ou no braço curto, e o segmento quebrado é reconstituído ao cromossomo original. Quando as duas quebras envolvem um segmento cromossômico sem centrômero, temos a **inversão paracêntrica**, e quando há envolvimento da região centromérica, chamamos de **inversão pericêntrica**. As inversões paracêntricas não modificam a forma do cromossomo, sendo que apenas a disposição das bandas é alterada. Já a inversão pericêntrica, além da disposição das bandas, pode modificar a forma cromossômica (Figura 14.8).

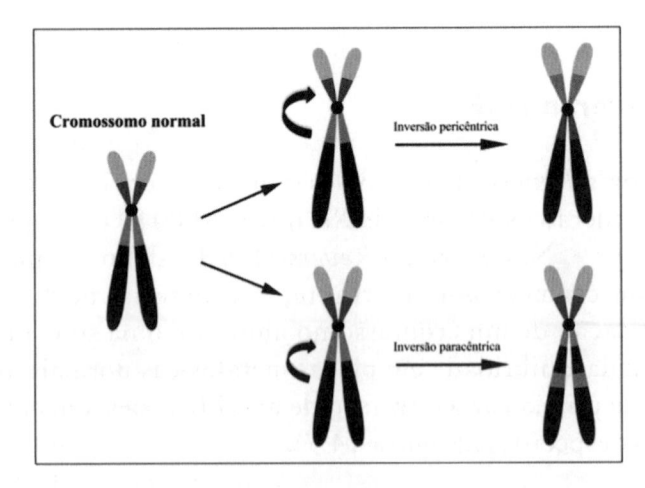

Figura 14.8 Exemplos da ocorrência de inversão pericêntrica e paracêntrica.

14.4 PINTURA CROMOSSÔMICA APLICADA A ESTUDOS EVOLUTIVOS

O complemento cromossômico dos animais pode apresentar variações numéricas e morfológicas bastante acentuadas. No entanto, com o sequenciamento de genomas dos mais distintos organismos, é possível verificar que suas características gênicas como um todo são bastante conservadas, não somente em nível de sequências codificadoras como também em grupos de genes, com a presença de grandes regiões cromossômicas em conformação similar em espécies muito distantes[33,34]. Assim, é possível verificar que grandes blocos genômicos podem se apresentar conservados em espécies distintas, sendo que a extensa variabilidade cariotípica existente é determinada pelo modo como estão arranjados nos cariótipos, podendo estar fusionados em uma espécie e separados em outra.

Estudos citogenéticos comparativos tiveram início na década de 1970 em diferentes grupos animais e eram baseados na macroestrutura cariotípica e nos padrões de bandeamento cromossômico. A partir dos anos 1990, a pintura cromossômica se tornou uma ferramenta utilizada de forma intensiva em estudos cario-evolutivos de aves e mamíferos, com amostragens representativas na maioria das ordens destes grupos[35-38] e, principalmente, em mamíferos. Assim, devido à massiva quantidade de dados gerados a partir de sondas cromossômicas nestes dois grupos, revisões considerando as relações filogenéticas, mudanças cariotípicas e evolução genômica nestes grupos já foram realizadas[37,38]. De forma oposta, os outros representantes dos vertebrados apresentam pouca ou nenhuma informação com base na aplicação das técnicas de ZOO-FISH e pintura cromossômica recíproca, o que provavelmente se deve a fatores como: i) dificuldade de se obter culturas celulares rotineiramente; e ii) similaridade de tamanho dos cromossomos e sua condição de compartimentalização, impedindo a separação adequada dos cromossomos por citometria de fluxo. Para efeito de comparação, apenas três espécies de peixes tiveram seus cariótipos analisados comparativamente utilizando pintura cromossômica[39,40], o que também se estende aos anfíbios, com duas espécies analisadas e répteis, com dezesseis espécies analisadas[41-43], que podem ser considerados como dados escassos quando comparados às centenas de espécies de mamíferos analisadas até o momento. Embora ainda incipientes, estes estudos têm gerado informações bastante interessantes e têm promovido um aumento significativo do conhecimento sobre a relação entre espécies crípticas (por seu conceito de espécie, Lineu pensava que todas elas poderiam ser reconhecidas por suas características estruturais (morfológicas). Porém, isso pode ser insuficiente, visto que existem espécies que divergem somente em aspectos genéticos e bioquímicos, mas são idênticas morfologicamente. Essas espécies são chamadas **espécies crípticas**) e rearranjos cromossômicos, bem como da biologia de cromossomos particulares como os sexuais e supranumerários. Como exemplos da utilização de pintura cromossômica na resolução de questões cario-evolutivas em peixes, serão discutidos dois exemplos pontuais para ilustração da importância desta técnica como ferramenta de análise.

14.4.1 Evolução cariotípica em peixes: gênero *Gymnotus* como modelo experimental

Os peixes do gênero *Gymnotus* estão relacionados na ordem dos Gymnotiformes e têm sua distribuição identificadas em localidades desde o Sul do México até o norte da Argentina[44], sendo representados por aproximadamente setenta espécies válidas[45]. Estudos citogenéticos neste grupo evidenciam uma extensa variedade cariotípica, com números diploides variando desde 34 cromossomos em *G. capanema* até 54 em *G. cf. carapo*, *G. mamiraua* e *G. inaequilabiatus*[46,47]. Além disso, variações nas fórmulas cariotípicas e na distribuição de segmentos de DNA repetitivo no genoma das espécies também constituem caracteres variáveis e evidenciam a alta dinâmica dos cariótipos deste grupo biológico[46,48].

Gymnotus carapo constitui um complexo de espécies crípticas devido à semelhança morfológica existente entre elas e sua ampla distribuição. Dados cariotípicos revelam que na porção Sul/Sudeste do Brasil os exemplares desta espécie podem apresentar número diploide de 52 ou 54 cromossomos[46,49-51], enquanto na bacia Amazônica podem apresentar 2n = 40, 42 ou 48 cromossomos [39,47,52]. Analisando exemplares com 40 e 42 cromossomos por meio de técnicas citogenéticas clássicas e FISH com sondas teloméricas, Milhomem e colaboradores em 2008[52] sugeriram que a ocorrência de inversões pericêntricas e uma fusão cromossômica seriam responsáveis pela diversificação do cariótipo destas espécies crípticas, resultando em isolamento reprodutivo pós-zigótico. Posteriormente, utilizando sondas produzidas a partir dos cromossomos totais de *Gymnotus carapo* com número diploide 2n = 42 sobre metáfases da amostra com 2n = 40, foi possível demonstrar variações cariotípicas maiores do que aquelas presumidas com a aplicação de técnicas de citogenética clássica. Mesmo utilizando sondas compostas em sua maioria por mais de um cromossomo, o uso da *cross-species* FISH evidenciou a ocorrência de múltiplos rearranjos cromossômicos, sendo encontrados apenas 7 de 21 pares de cromossomos com sintenia conservada (propriedade de dois ou mais genes estarem localizados no mesmo cromossomo) entre os dois citótipos, enquanto todos os outros cromossomos mostraram-se envolvidos em rearranjos. Quando hibridadas sobre os cromossomos de *Gymnotus capanema*, espécie próxima de *G. carapo*, a variação foi ainda maior, com apenas 2 cromossomos apresentando sintenia conservada entre estas espécies.

Embora incipientes e inicialmente descritivos, estudos como este levam ao refinamento do mapa de homologias entre espécies. Nesse sentido, quanto maior o número de espécies analisadas, mais informações serão obtidas sobre os rearranjos específicos de cada grupo de espécies e relações filogenéticas existentes entre elas. Além disso, tais dados revelam a dinâmica evolutiva intensa que identifica os cariótipos dos peixes e evidenciam a extrema necessidade de estudos desta natureza.

14.4.2 Cromossomos sexuais em peixes: o gênero *Eigenmannia* como modelo

Embora representem uma pequena fração de qualquer genoma, os cromossomos sexuais são elementos interessantes para estudo por apresentarem características distintivas do conjunto autossômico em diversos aspectos como composição nucleotídica e gênica e taxas de evolução e degeneração[53-55]. De forma básica, dois sistemas diploides podem ser encontrados nos organismos, podendo resultar em linhagens heterogaméticas presentes nos machos (XX/XY) ou nas fêmeas (ZZ/ZW)[55-57]. Entre os mamíferos, nos quais os indivíduos do sexo masculinos são heterogaméticos, um conservado sistema de cromossomos sexuais do tipo XX/XY ocorre em relação ao gene SRY, determinante do sexo masculino alocado no cromossomo Y[58]. No grupo das aves, as fêmeas é que se apresentam heterogaméticas; contudo, os mecanismos genéticos que controlam a diferenciação sexual nestes organismos ainda não foram completamente desvendados[59]. Pode ser destacado que tanto as aves quanto os mamíferos possuem um sistema de determinação sexual considerado antigo e conservado em suas respectivas linhagens[60,61].

Dentre os vertebrados, o grupo dos peixes se destaca por exibir sistemas alternativos de reprodução, em comparação aos modelos apresentados pelos vertebrados superiores. De fato, os mecanismos que controlam esta característica nos peixes podem ser bastante variáveis, incluindo a ocorrência de espécies gonocoristas, unissexuais ou hermafroditas, nas suas formas pro-tândricas, protogínicas ou ambas[62,63]. Em espécies gonocorísticas, diversas formas de determinação sexual genética já foram observadas como a hete-rogametia masculina ou feminina, com ou sem a influência de *loci* autos-sômicos; ausência de cromossomos sexuais, porém envolvendo vários *loci* distribuídos pelos cromossomos do complemento; ou ainda, com a presença de múltiplos pares de cromossomos sexuais.

O gênero de peixes elétricos *Eigenmannia* está inserido na ordem dos Gymnotiformes e constitui um excelente modelo para estudos citogenéti-cos, apresentando uma grande variabilidade cariotípica, incluindo diferen-tes tipos de heteromorfismos identificados como cromossomos sexuais[64-66]. Considerando apenas as espécies do grupo *E. virescens*, três sistemas de cromossomos sexuais heteromórficos já foram descritos e estão presentes nas espécies referidas como *E. virescens* (XX/XY), *E. virescens* (ZZ/ZW) e *E.* sp2 ($X_1X_1X_2X_2/X_1X_2Y$). Embora os dados obtidos por bandamentos cromossômicos clássicos tenham permitido a elaboração de hipóteses sobre a origem de cada um destes sistemas, informações sobre a homologia entre estes cromossomos ainda são restritas.

Em estudo pioneiro, Henning e colaboradores, em 2008[32], utilizaram son-das do cromossomo X de *E. virescens* (XX/XY), nomeada EVX e do cro-mossomo Y de *E.* sp2 ($X_1X_1X_2X_2/X_1X_2Y$), nomeada E2Y, em experimentos de pintura cromossômica recíproca entre espécies e demonstraram que estes cromossomos não eram homólogos entre si. Enquanto as sondas hibridavam sobre os respectivos sexuais nos organismos dos quais foram produzidas, a sonda E2Y proveniente de *E.* sp2 mostrou correspondência com dois pares cromossômicos autossômicos em *E. virescens*, do mesmo modo que a sonda EVX hibridou apenas sobre um pequeno par acrocêntrico de *E.* sp2. Tais resultados sugerem a ocorrência de origem independente para estes sistemas cromossômicos. Além disso, utilizando uma abordagem múltipla com dados filogenéticos, foi possível estimar que o sistema $X_1X_1X_2X_2/X_1X_2Y$ surgiu a 5 milhões de anos, enquanto o sistema XX/XY mostrou origem mais recente, de cerca de 0,6 milhões de anos[67].

Estudos como estes constituem exemplos do poder de resolução da apli-cação de metodologias que envolvem o uso de múltiplas técnicas, princi-palmente microdissecção cromossômica, produção de sondas específicas e FISH relacionadas a cromossomos sexuais ou supranumerários, que podem resultar em informações de interesse para a resolução de questões sobre a origem e evolução destes cromossomos.

Nota: A estimativa do tempo de divergência entre duas espécies pode ser feita através da comparação de sequências de DNA ou aminoácidos. Nesse sentido, caso a taxa de mutação de uma determinada sequência seja conhecida, é possível utilizar esse índice para calcular o tempo de separação entre diferentes espécies. Assim, se uma sequência "Y" possui uma taxa de mutação de 3% a cada milhão de ano, e esta sequência apresenta uma divergência de 8,5% entre os organismos A e B, então os organismos A e B se divergiram a aproximadamente 2,83 milhões de anos atrás. Esse tipo de abordagem em evolução molecular é comumente nomeado de relógio molecular.

14.5. POSSIBILIDADES TERAPÊUTICAS E/OU INDUSTRIAIS

As aneuploidias constituem os tipos de alterações cromossômicas mais comuns e significativos do ponto de vista clínico[68,69]. Dados citogenéticos de 2007 apontam que aproximadamente 5% dos casos de gravidez apresentam alguma anormalidade cromossômica, como trissomias ou monossomias[68]. Embora a obtenção dos cariótipos seja suficiente para a detecção destes tipos de alteração dos cariótipos, a pintura cromossômica permite a identificação dos cromossomos específicos portadores da modificação estrutural até mesmo em núcleos interfásicos, tornando este procedimento mais rápido e eficiente[8].

O uso de *Reverse*-FISH é um excelente exemplo da aplicação desta técnica em estudos clínicos/terapêuticos. Nesse sentido, Blennow e colaboradores em um estudo de 1992[70] utilizaram uma sonda produzida a partir de um cromossomo marcador (supranumerário)e hibridaram sobre células normais, o que permitiu verificar que este cromossomo era composto por partes de três diferentes cromossomos (região centromérica do par 7 e teloméricas do par 5 e do cromossomo X). Posteriormente, utilizando-se do fundamento da *Reciprocal*-FISH, definiram quais partes do cromossomo supranumerário correspondia a cada um dos cromossomos normais utilizando sondas específicas destes cromossomos.

No estudo do câncer, análises moleculares e citogenéticas têm permitido a identificação de ganhos e perdas cromossômicas, amplificação de genes e mutações específicas em oncogenes e genes de supressão tumoral[71]. A comparação das alterações genômicas dos tipos histológicos de determinados tipos de câncer constitui uma aplicação interessante desta metodologia e foi desenvolvida em estudos sobre carcinoma gástrico primário por Stamouli e colaboradores em 2002[72]. Basicamente, dois tipos histológicos podem ser encontrados neste tipo de câncer, com características pouco ou muito diferenciadas. Assim, utilizando pintura cromossômica, os autores verificaram que ambos os tipos histológicos apresentavam anormalidades cromossômicas estruturais específicas, mas também compartilhavam alguns rearranjos cromossômicos, tornando esta técnica um interessante ponto de partida para a busca de alterações gênicas específicas e para a avaliação dos eventos genéticos que levam a este tipo de câncer ou qualquer outra anomalia genética (Figura 14.7).

Diante do exposto, deve-se destacar o papel importante da pintura cromossômica na caracterização primária de doenças como o câncer e de algumas síndromes, além de permitir um melhor entendimento sobre o surgimento e composição de cromossomos supranumerários e os efeitos fenotípicos relacionados a estes elementos genômicos.

14.6 TÉCNICAS PASSO-A-PASSO

14.6.1 Microdissecção e FISH

14.6.1.1 Preparo da lamínula

O uso de lamínulas é imprescindível para a realização da microdissecção cromossômica. As lâminas comuns, além de serem incompatíveis com as lentes de 40X e 100X do microscópio invertido, causariam a quebra das agulhas pela sua inflexibilidade.

- Para realização da técnica de microdissecção, deve-se limpar uma lamínula 24 x 60 mm com álcool 70% e pingar uma gota da suspensão celular do organismo desejado. Após a secagem, proceder com a coloração convencional com Giemsa 5% devidamente autoclavado.

14.6.1.2 Preparo das agulhas de vidro

As agulhas que serão utilizadas para a retirada do material da lamínula devem ser preparadas utilizando um aparelho denominado *micropipette puller* (polidor de micropipetas), que permite ajustar o diâmetro da abertura da agulha através da regulagem da temperatura de aquecimento do capilar de vidro.

- Utilizar capilares de 1 mm x 4 inn devidamente autoclavados e expostos à luz UV. Levar o capilar ao *micropipette puller* e ajustar a temperatura para preparar pontas de aproximadamente 0,7 µm, no caso de microdissecção de cromossomos totais. Para retirar cromossomos menores ou bandas cromossômicas ajustar a temperatura do *micropipette puller* para obter pontas mais finas.

14.6.1.3 Microdissecção em manipulador mecânico

- Levar a lamínula com a suspensão celular ao microscópio invertido equipado com um micromanipulador, sendo esta depositada sobre a platina. A microdissecção dos cromossomos da lamínula se dá por processo no qual se deve "raspar" gentilmente o cromossomo, fazendo com que este entre na abertura da agulha ou fique aderido em sua ponta, sendo então transferido para um microtubo de PCR estéril contendo solução diluidora. A ponta da agulha é então quebrada na parede interna do tubo sem encostá-la à solução, para evitar que o cromossomo se interiorize na agulha por capilaridade. Após microdissecar uma quantidade desejável de cromossomos, proceder à amplificação do material genético.

Nota: Diversos estudos realizados utilizam entre 10 e 20 cromossomos como material inicial. No entanto, experimentos com apenas um cromossomo ou banda cromossômica também já foram realizados com sucesso.

14.6.1.4 Amplificação cromossômica – Primeira DOP-PCR

- Montar a seguinte reação de amplificação no fluxo laminar com o tubo contendo as pontas de agulhas com os cromossomos microdissectados e com outro tubo sem amostras (controle negativo): 1X thermo-sequenase buffer concentrated; 2 µM primer DOP (5'-CCG ACT CGA GNN NNN NAT GTG G-3'); 0,2 mM dNTPs (2'-desoxynucleotide 5'-triphosphate) e água destilada suficiente para 20 µL. Aquecer por 15 minutos a 100°C no termobloco ou em banho-maria. Centrifugar brevemente. Acrescentar 2 µL da enzima thermo-sequenase (5 U/µL) e levar ao termociclador, desenvolvendo o seguinte o protocolo:

5 min a 94ºC
1 min e 30s a 94ºC
10 s a 35ºC   12X (baixa
Rampa: 35 ºC até 72 ºC aumentando 0,2 ºC/seg   estringência)
2 min a 72 ºC
1 min e 30 s a 94 ºC   12X (alta
1 min e 30 s a 56 ºC   estringência)
1 min e 30 s a 72 ºC
5 min a 72 ºC
Manutenção a 4 ºC.

Aplicar 2 µL da reação de DOP-PCR em gel de agarose 1% para verificação. O resultado esperado é um arrasto em gel entre 200 e 600pb, com maior intensidade no valor intermediário.

14.6.1.5 Segunda reação de DOP-PCR

A segunda reação DOP-PCR tem como função principal gerar uma quantidade maior do amplificado e aumentar o número de pinturas cromossômicas possíveis, sem esgotar o produto da primeira DOP-PCR.

- No fluxo laminar montar a seguinte reação de PCR: 100 ng DNA molde (produto da primeira reação de DOP-PCR); 1X Fideli Taq reaction *buffer*; 2 mM $MgCl_2$; 40 µM dNTPs; 2 µM DOP *primer* e 1 U Fideli Taq DNA polimerase. Esta reação é organizada para um volume final de 50 µL. Levar a reação ao termociclador desenvolvendo o seguinte o protocolo:

1 min e 30s a 94 ºC
1 min e 30s a 94 ºC
1 min e 30s a 56 ºC   35X (alta estringência)
1 min e 30s a 72 ºC
5 min a 72 ºC
Manutenção a 4 ºC.

Checar o produto desta amplificação em gel de agarose 1%. O resultado esperado é um arrasto entre 100 e 500pb.

14.6.1.6 Reação de marcação DOP-PCR

Uma vez amplificado, o material cromossômico precisa ser marcado com algum nucleotídeo modificado. Assim, a sonda pode ser marcada indiretamente com biotina ou digoxigenina, ou de modo direto com nucleotídeos acoplados a fluorófloros.

- No fluxo laminar montar a seguinte reação de PCR de marcação: 100 ng de DNA molde (Produto da segunda reação de DOP-PCR); 1X reaction *buffer*; 2 mM $MgCl_2$; 40 µM dATP; dGTP and dCTP; 28 µM dTTP; 12 µM 11-dUTP-digoxigenina* (Roche Applied Science); 2 µM DOP *primer* e 1 U *Taq* DNA polymerase.

O produto desta reação deve ser verificado em gel de agarose 1% ao lado do produto da segunda DOP-PCR (não marcado). O resultado esperado é que o produto marcado possua um peso molecular um pouco maior que o produto não marcado.

14.6.1.7 Hibridação in situ fluorescente (FISH)

Passo 1 – Tratamento com RNAse

1) Lavar as lâminas em tampão PBS 1x durante 5 min. à temperatura ambiente (shaker);
2) Desidratar as lâminas em série alcoólica 70, 85 e 100%, 5 min. cada (secar);
3) Incubar as lâminas em 100µl de RNAse (O,4% RNAse/ 2xSSC) a 37ºC por 1 h em câmara úmida com água milli-Q;
4) Lavar 3 vezes por 5 min. em 2xSSC (*saline sodium citrate*);
5) Lavar durante 5 min. em PBS 1x.

Obs.: Preparar a solução de pepsina e formaldeído durante a incubação em RNAse. A lâmina de FISH só deve secar após as desidratações em série alcóolica.

Passo 2 - Tratamento com Pepsina

1) Incubar as lâminas por 10 min. em solução de pepsina 0,005% (em 10 mM HCl) a 37 °C;
2) Lavar em PBS 1x durante 5 min. (shaker) a temperatura ambiente;

Passo 3 - Fixação

1) Fixar em formaldeído 1% em PBS 1x/50 mM $MgCl_2$ durante 10 min. a temperatura ambiente;
2) Lavar em PBS 1x por 5 min. (shaker);
3) Desidratar as lâminas em série alcoólica 70, 85 e 100%, por 5 min. cada (secar);

Obs.: Durante esta etapa, preparar e aquecer a solução de formamida a ser utilizada no próximo passo.

Passo 4 - Pré-hibridação

1) Compor a solução de hibridação contendo 50% de formamida, 10% sulfato dextrano, 2xSSC, de 200 a 300ηg de sonda marcada para cada lâmina e de 400 a 600 ηg de bloqueador Cot-1 (fração repetitiva utilizada como DNA competidor) para cada lâmina. Utilizar o modelo a seguir, sendo o mix de hibridação de 50 μl suficiente para 1 lâmina:

- Mix de hibridação (estringência em torno de 77%)
- 25 μl formamida (50% de Formamida);
- 10 μl sulfato de dextrano 50% (concentração final de 10%);
- 5 μl de 20 x SSC (concentração final 2xSSC);
- x μl de bloqueador Cot-1(volume suficiente para um total de 400 a 600 ηg);
- x μl de sonda (volume suficiente para um total de 200 a 300 ηg).
- Volume final 50μl.

2) Desnaturar a solução de hibridação a 100 °C por um período de 10min. e deixar por 30 min. a 37 °C como pré-hibridação em sonda bloqueadora.
3) Desnaturar o DNA cromossômico com formamida 70% em 2xSSC a 70 °C por 5 min.

4) Desidratar as lâminas em série alcoólica 70, 85 e 100%, por 5 min. cada (secar). Obs.: A série alcoólica deverá estar a –20 °C.

Passo 5 - Hibridação

1) Preparar a câmara úmida a 37 °C;
2) Montar a lâmina com 50 µl de solução de hibridação, cobrir com lamínula e deixar *overnight* a 37 °C por intervalo entre 16 a 48h;

Passo 6 - Lavagens de estringência

1) Lavar 2 vezes em formamida 15% a 30% em 0,2xSSC pH 7.0 a 42 °C durante 10min. cada.
2) Lavar durante 5 min. em solução de Tween 0,5% em 4 x SSC à temperatura ambiente (Shaker).

Passo 7a - No caso de marcação direta da sonda.

1) Desidratar as lâminas em série alcoólicas (70, 85, 100%) por 5 min. cada.
2) Realizar a contra-coloração da lâmina com 25 µl da solução de DAPI (4',6-diamidino-2-phenylindole) antifade (0,2 µg/mL).

Passo 7b - Somente para sondas com marcação indireta

Bloqueio

1) Incubar as lâminas em tampão 5% non-fat dry milk – NFDM (*non-fat dry milk*) em 4xSSC por 15 minutos;

Obs.: Reservar quantidade do tampão 5% NFDM em 4xSSC suficiente para montagem dos anticorpos de detecção.

2) Lavar 2 x 5 min. com Tween 0,5%/4xSSC, à temperatura ambiente (Shaker).

Passo 8 - Detecção de sondas marcadas com digoxigenina

1) Incubar as lâminas com 100 μl de anti-digoxigenina/rodamina 1mM conjugada em diluição 1:200 em tampão NFDM em 4xSSC (0,5μ l anti-digoxigenina/rodamina em 99,5μl NFDM em 4 xSSC) durante 1h em câmara úmida e escura, à temperatura ambiente.
2) Lavar 3 x 5 min. com Tween 0,5%/4xSSC à temperatura ambiente (Shaker).
3) Desidratar as lâminas em série alcoólica 70, 85 e 100%, por 5 min. cada (secar).

Obs.: No caso de sondas marcadas com biotina, utilizar anticorpos acoplados a fluorófloros específicos.

Passo 9 – Contra-coloração

• Realizar a contra-coloração da lâmina com 25μl da solução de DAPI antifade (0,2 μg/mL).

14.7 CONCLUSÕES

A pintura cromossômica constitui uma ferramenta eficaz para estudos de relações filogenéticas e evolução cariotípica de diferentes organismos, sendo possível detectar homologias cromossômicas em grupos distantes e pontos de quebra/junção específicos de determinadas espécies, permitindo a construção e o estabelecimento de filogenias cromossômicas, além da determinação de cariótipos ancestrais. Por outro lado, em grupos que ainda apresentam dificuldades metodológicas, como os vertebrados não mamíferos, a pintura cromossômica é útil no estudo da origem e evolução de cromossomos particulares, como os sexuais e supranumerários. Neste caso, a avaliação sobre origem comum ou independente destes cromossomos em diferentes linhagens é extremamente útil, apresentando-se como um passo inicial para o entendimento de processos biológicos como a determinação do sexo, algo pouco compreendido nestes organismos.

O uso da pintura cromossômica no diagnóstico pré- e pós-natal de alterações cromossômicas também se tem mostrado bastante útil, sendo considerada uma ferramenta adicional em estudos clínicos. Utilizada geralmente após uma primeira detecção de anomalia cromossômica, a pintura cromossômica apresenta ainda algumas lacunas de informação, como a incapacidade de detectar inversões cromossômicas. No entanto, a sua notável eficácia em elucidar rearranjos complexos, que envolvem a participação de mais de um cromossomo, torna esta técnica importante também para a citogenética humana.

14.8 PERSPECTIVAS FUTURAS

Em vista da importância da metodologia da pintura cromossômica em estudos evolutivos, o aumento no número de espécies analisadas é esperado, mesmo para aquelas com dificuldade de se obter sondas a partir de separação por fluxo. A integração com dados de sequenciamento de genomas inteiros, mapeamento de BACs (cromossomos artificiais de bactéria) e identificação de sequências repetitivas será cada vez mais rotineira e de extrema importância para o refinamento das análises.

REFERÊNCIAS

1. Pardue ML, Gall JG. Chromosomal localization of mouse satellite DNA. Science. 1970;168(3937):1356-8.
2. Volpi EV, Bridger JM. FISH glossary: an overview of the fluorescence in situ hybridization technique. BioTechniques. 2008;45(4):385-6, 388, 390 passim.
3. Martins C, Cabral-de-Mello DC, Valente GT, Mazzuchelli J, Oliveira S. Cytogenetic mapping and its contribution to the knowledge of animal genomes. Nova Science Publishers, Advances in Genetics Research. 2011;4:1-82.
4. Gall JG, Pardue ML. Formation and detection of RNA-DNA hybrid molecules in cytological preparations. Proceedings of the National Academy of Sciences of the United States of America. 1969;63(2):378-83.
5. Cremer T, Landegent J, Bruckner A, Scholl HP, Schardin M, Hager HD, et al. Detection of chromosome aberrations in the human interphase nucleus by visualization of specific target DNAs with radioactive and non-radioactive in situ hybridization techniques: diagnosis of trisomy 18 with probe L1.84. Human Genetics. 1986;74(4):346-52.
6. Pinkel D, Landegent J, Collins C, Fuscoe J, Segraves R, Lucas J, et al. Fluorescence in situ hybridization with human chromosome-specific libraries: detection of trisomy 21 and translocations of chromosome 4. Proceedings of the National Academy of Sciences of the United States of America. 1988;85(23):9138-42.

7. Deaven LL, Van Dilla MA, Bartholdi MF, Carrano AV, Cram LS, Fuscoe JC, et al. Construction of human chromosome-specific DNA libraries from flow-sorted chromosomes. Cold Spring Harbor symposia on quantitative biology. 1986;1:159-67.

8. Lichter P, Cremer T, Borden J, Manuelidis L, Ward DC. Delineation of individual human chromosomes in metaphase and interphase cells by in situ suppression hybridization using recombinant DNA libraries. Human Genetics. 1988;80(3):224-34.

9. Lichter P, Cremer T, Tang CJ, Watkins PC, Manuelidis L, Ward DC. Rapid detection of human chromosome 21 aberrations by in situ hybridization. Proceedings of the National Academy of Sciences of the United States of America. 1988;85(24):9664-8.

10. Wienberg J, Jauch A, Stanyon R, Cremer T. Molecular cytotaxonomy of primates by chromosomal in situ suppression hybridization. Genomics. 1990;8(2):347-50.

11. Wienberg J, Stanyon R, Jauch A, Cremer T. Homologies in human and Macaca fuscata chromosomes revealed by in situ suppression hybridization with human chromosome specific DNA libraries. Chromosoma. 1992;101(5-6):265-70.

12. Scherthan H, Cremer T, Arnason U, Weier HU, Lima-de-Faria A, Fronicke L. Comparative chromosome painting discloses homologous segments in distantly related mammals. Nature Genetics. 1994;6(4):342-7.

13. Telenius H, Carter NP, Bebb CE, Nordenskjold M, Ponder BA, Tunnacliffe A. Degenerate oligonucleotide-primed PCR: general amplification of target DNA by a single degenerate primer. Genomics. 1992;13(3):718-25.

14. Meltzer PS, Guan XY, Burgess A, Trent JM. Rapid generation of region specific probes by chromosome microdissection and their application. Nature Genetics. 1992;1:24-8.

15. Guan XY, Meltzer PS, Cao J, Trent JM. Rapid generation of region-specific genomic clones by chromosome microdissection: isolation of DNA from a region frequently deleted in malignant melanoma. Genomics. 1992;14(3):680-4.

16. Carter NP, Ferguson-Smith MA, Perryman MT, Telenius H, Pelmear AH, Leversha MA, et al. Reverse chromosome painting: a method for the rapid analysis of aberrant chromosomes in clinical cytogenetics. Journal of Medical Genetics. 1992;29(5):299-307.

17. Telenius H, Pelmear AH, Tunnacliffe A, Carter NP, Behmel A, Ferguson-Smith MA, et al. Cytogenetic analysis by chromosome painting using DOP-PCR amplified flow-sorted chromosomes. Genes, Chromosomes & Cancer. 1992;4(3):257-63.

18. Nie W, Fu B, O'Brien P, Wang J, Su W, Tanomtong A, et al. Flying lemurs - The 'flying tree shrews'? Molecular cytogenetic evidence for a Scandentia-Dermoptera sister clade. BMC Biology. 2008;6(1):18.

19. Gray JW, Carrano AV, Steinmetz LL, Van Dilla MA, Moore DH, 2nd, Mayall BH, et al. Chromosome measurement and sorting by flow systems. Proceedings of the National Academy of Sciences of the United States of America. 1975;72(4):1231-4.

20. Ferguson-Smith MA, Yang F, O'Brien PC. Comparative Mapping Using Chromosome Sorting and Painting. ILAR journal / National Research Council, Institute of Laboratory Animal Resources. 1998;39(2-3):68-76.

21. Scalenghe F, Turco E, Edstrom JE, Pirrotta V, Melli M. Microdissection and cloning of DNA from a specific region of Drosophila melanogaster polytene chromosomes. Chromosoma. 1981;82(2):205-16.

22. Machado TC, Pansonato-Alves JC, Pucci MB, Nogaroto V, Almeida MC, Oliveira C, et al. Chromosomal painting and ZW sex chromosomes differentiation in Characidium (Characiformes, Crenuchidae). BMC Genetics. 2011;12:65.

23. Cioffi MB, Sanchez A, Marchal JA, Kosyakova N, Liehr T, Trifonov V, et al. Whole chromosome painting reveals independent origin of sex chromosomes in closely related forms of a fish species. Genetica. 2011;139(8):1065-72.

24. Höckner M, Erdel M, Spreiz A, Utermann G, Kotzot D. Whole Genome Amplification from Microdissected Chromosomes. Cytogenetic and Genome Research. 2009;125(2), 98-102.

25. Gribble S, Ng BL, Prigmore E, Burford DC, Carter NP. Chromosome paints from single copies of chromosomes. Chromosome Research. 2004;12(2):143-51.

26. Teruel M, Cabrero J, Perfectti F, Acosta MJ, Sanchez A, Camacho JP. Microdissection and chromosome painting of X and B chromosomes in the grasshopper Eyprepocnemis plorans. Cytogenetic and Genome Research. 2009;125(4):286-91.

27. Pieczarka JC, Nagamachi CY. Pintura cromossômica como instrumento para estudos filogenéticos em Primatas. In: Guerra M, editor. FISH - Conceitos e Aplicações na Citogenética. 1: SBG; 2004. p. 115-32.

28. Chowdhary BP, Raudsepp T. Chromosome painting in farm, pet and wild animal species. Methods in Cell Science. 2001;23(1-3):37-55.

29. Yang F, Carter NP, Shi L, Ferguson-Smith MA. A comparative study of karyotypes of muntjacs by chromosome painting. Chromosoma. 1995;103(9):642-52.

30. Barros RM, Nagamachi CY, Pieczarka JC, Rodrigues LR, Neusser M, de Oliveira EH, et al. Chromosomal studies in Callicebus donacophilus pallescens, with classic and molecular cytogenetic approaches: multicolour FISH using human and Saguinus oedipus painting probes. Chromosome Research. 2003;11(4):327-34.

31. Pieczarka JC, Nagamachi CY, O'Brien PC, Yang F, Rens W, Barros RM, et al. Reciprocal chromosome painting between two South American bats: Carollia brevicauda and Phyllostomus hastatus (Phyllostomidae, Chiroptera). Chromosome Research 2005, 13(4):339-47.

32. Henning F, Trifonov V, Ferguson-Smith MA, de Almeida-Toledo LF. Non-homologous sex chromosomes in two species of the genus Eigenmannia (Teleostei: Gymnotiformes). Cytogenetic and Genome Research. 2008;121(1):55-8.

33. Murphy WJ, Larkin DM, Everts-van der Wind A, Bourque G, Tesler G, Auvil L, et al. Dynamics of mammalian chromosome evolution inferred from multispecies comparative maps. Science. 2005,309(5734):613-7.

34. Putnam NH, Srivastava M, Hellsten U, Dirks B, Chapman J, Salamov A, et al. Sea anemone genome reveals ancestral eumetazoan gene repertoire and genomic organization. Science. 2007,317(5834):86-94.

35. Shetty S, Griffin DK, Graves JA. Comparative painting reveals strong chromosome homology over 80 million years of bird evolution. Chromosome Res. 1999;7(4):289-95.

36. Derjusheva S, Kurganova A, Habermann F, Gaginskaya E. High chromosome conservation detected by comparative chromosome painting in chicken, pigeon and passerine birds. Chromosome Res. 2004;12(7):715-23.

37. Griffin DK, Robertson LB, Tempest HG, Skinner BM. The evolution of the avian genome as revealed by comparative molecular cytogenetics. Cytogenetic and Genome Research. 2007;117(1-4):64-77.

38. Ferguson-Smith MA, Trifonov V. Mammalian karyotype evolution. Nature Reviews Genetics. 2007;8(12):950-62.

39. Nagamachi CY, Pieczarka JC, Milhomem SS, O'Brien PC, de Souza AC, Ferguson--Smith MA. Multiple rearrangements in cryptic species of electric knifefish, Gymnotus carapo (Gymnotidae, Gymnotiformes) revealed by chromosome painting. BMC Genetics. 2010;11:28.

40. Nagamachi CY, Pieczarka JC, Milhomem SS, Batista JA, O'Brien PC, Ferguson-Smith MA. Chromosome Painting Reveals Multiple Rearrangements between Gymnotus capanema and Gymnotus carapo (Gymnotidae, Gymnotiformes). Cytogenetic and Genome Research. 2013;141: 2-3.

41. Giovannotti M, Caputo V, O'Brien PC, Lovell FL, Trifonov V, Cerioni PN, et al. Skinks (Reptilia: Scincidae) have highly conserved karyotypes as revealed by chromosome painting. Cytogenetic and Genome Research. 2009;127(2-4):224-31.

42. Trifonov VA, Giovannotti M, O'Brien PC, Wallduck M, Lovell F, Rens W, et al. Chromosomal evolution in Gekkonidae. I. Chromosome painting between Gekko and Hemidactylus species reveals phylogenetic relationships within the group. Chromosome Research. 2011;19(7):843-55.

43. Krylov V, Kubickova S, Rubes J, Macha J, Tlapakova T, Seifertova E, et al. Preparation of Xenopus tropicalis whole chromosome painting probes using laser microdissection and reconstruction of X. laevis tetraploid karyotype by Zoo-FISH. Chromosome Research. 2010;18(4):431-9.

44. Lovejoy NR, Lester K, Crampton WG, Marques FP, Albert JS. Phylogeny, biogeography, and electric signal evolution of Neotropical knifefishes of the genus Gymnotus (Osteichthyes: Gymnotidae). Molecular Phylogenetics and Evolution. 2010;54(1):278-90.

45. Eschmeyer WN. Catalog of fishes. California Academy of Sciences. Eletronic version 2013. http://research.calacademy.org/research/ichthyology/catalog/fishcatmain.asp. [Accessed 5 Oct. 2013].

46. Scacchetti PC, Alves JC, Utsunomia R, Claro FL, de Almeida Toledo LF, Oliveira C, et al. Molecular characterization and physical mapping of two classes of 5S rDNA in the genomes of Gymnotus sylvius and G. inaequilabiatus (Gymnotiformes, Gymnotidae). Cytogenetic and genome research. 2012;136(2):131-7.

47. Milhomem SS, Crampton WG, Pieczarka JC, Shetka GH, Silva DS, Nagamachi CY. Gymnotus capanema, a new species of electric knife fish (Gymnotiformes, Gymnotidae) from eastern Amazonia, with comments on an unusual karyotype. Journal of Fish Biology. 2012;80(4):802-15.

48. Silva M, Matoso DA, Vicari MR, de Almeida MC, Margarido VP, Artoni RF. Physical mapping of 5S rDNA in two species of Knifefishes: Gymnotus pantanal and Gymnotus paraguensis (Gymnotiformes). Cytogenetic and genome research. 2011;134(4):303-7.

49. Fernandes-Matioli FM, Almeida-Toledo LF, Toledo-Filho as. Extensive nucleolus organizer region polymorphism in Gymnotus carapo (Gymnotoidei, Gymnotidae). Cytogenetics and cell genetics. 1997;78(3-4):236.

50. Margarido VP, Bellafronte E, Moreira O. Cytogenetic analysis of three sympatric Gymnotus (Gymnotiformes, Gymnotidae) species verifies invasive species in the Upper Parana River basin, Brazil. Journal of Fish Biology. 2007;70:155-64.

51. Scacchetti PC, Pansonato-Alves JC, Utsunomia R, Oliveira C, Foresti F. Karyotypic diversity in four species of the genus Gymnotus Linnaeus, 1758 (Teleostei, Gymnotiformes, Gymnotidae): physical mapping of ribosomal genes and telomeric sequences. Comparative Cytogenetics. 2011;5(3):223-35.

52. Milhomem SS, Pieczarka JC, Crampton WG, Silva DS, De Souza AC, Carvalho JR, et al. Chromosomal evidence for a putative cryptic species in the Gymnotus carapo species-complex (Gymnotiformes, Gymnotidae). BMC genetics. 2008;9:75.

53. Mank JE, Hall DW, Kirkpatrick M, Avise JC. Sex chromosomes and male ornaments: a comparative evaluation in ray-finned fishes. Proceedings Biological Sciences/The Royal Society. 2006;273(1583):233-6.

54. Vicoso B, Charlesworth B. Evolution on the X chromosome: unusual patterns and processes. Nature Reviews Genetics. 2006;7(8):645-53.

55. Ellegren H. Sex-chromosome evolution: recent progress and the influence of male and female heterogamety. Nature reviews Genetics. 2011;12(3):157-66.

56. Charlesworth D, Charlesworth B, Marais G. Steps in the evolution of heteromorphic sex chromosomes. Heredity. 2005;95(2):118-28.

57. Mank JE. The W, X, Y and Z of sex-chromosome dosage compensation. Trends in Genetics. 2009,25(5):226-33.

58. Goodfellow PN, Lovell-Badge R. SRY and sex determination in mammals. Annual Review of Genetics. 1993;27:71-92.

59. Smith CA, Roeszler KN, Ohnesorg T, Cummins DM, Farlie PG, Doran TJ, et al. The avian Z-linked gene DMRT1 is required for male sex determination in the chicken. Nature. 2009;461(7261):267-71.

60. Marshall Graves JA, Shetty S. Sex from W to Z: evolution of vertebrate sex chromosomes and sex determining genes. The Journal of Experimental Zoology. 2001;290(5):449-62.

61. Schartl M. Sex chromosome evolution in non-mammalian vertebrates. Current opinion in Genetics & Development. 2004;14:634-641.

62. Devlin RH, Nagahama Y. Sex determination and sex differentiation in fish: an overview of genetic, physiological, and environmental influences. Aquaculture. 2002;208(3-4):191-364.

63. Piferrer FM, Ribas P, Viñas LA, Díaz, N. Functional genomic analysis of sex determination and differentiation in Teleost fish. In: Saroglia MLZ, editor. Functional Genomics in Aquaculture Oxford: Wiley-Blackwell; 2012.

64. Almeida-Toledo LF, Foresti F, Daniel MF, Toledo-Filho as. Sex chromosome evolution in fish: the formation of the neo-Y chromosome in Eigenmannia (Gymnotiformes). Chromosoma. 2000;109(3):197-200.

65. Almeida-Toledo LF, Foresti F, Pequignot EV, Daniel-Silva MF. XX:XY sex chromosome system with X heterochromatinization: an early stage of sex chromosome differentiation in the Neotropic electric eel Eigenmannia virescens. Cytogenetics and Cell Genetics. 2001;95(1-2):73-8.

66. Silva DS, Milhomem SS, Pieczarka JC, Nagamachi CY. Cytogenetic studies in Eigenmannia virescens (Sternopygidae, Gymnotiformes) and new inferences on the origin of sex chromosomes in the Eigenmannia genus. BMC Genetics. 2009;10:74.

67. Henning F, Moyses CB, Calcagnotto D, Meyer A, de Almeida-Toledo LF. Independent fusions and recent origins of sex chromosomes in the evolution and diversification of glass knife fishes (Eigenmannia). Heredity. 2011;106(2):391-400.

68. Hassold T, Hall H, Hunt P. The origin of human aneuploidy: where we have been, where we are going. Human Molecular Genetics. 2007;16 Spec n. 2:R203-8.

69. Fragouli E, Wells D, Delhanty JD. Chromosome abnormalities in the human oocyte. Cytogenetic and genome research. 2011;133(2-4):107-18.

70. Blennow E, Telenius H, Larsson C, de Vos D, Bajalica S, Ponder BA, et al. Complete characterization of a large marker chromosome by reverse and forward chromosome painting. Human genetics. 1992;90(4):371-4.

71. Das K, Tan P. Molecular cytogenetics: recent developments and applications in cancer. Clinical genetics. 2013;84(4):315-25.

72. Stamouli MI, Ferti AD, Panani AD, Raftakis J, Consoli C, Raptis SA, et al. Application of multiplex fluorescence in situ hybridization in the cytogenetic analysis of primary gastric carcinoma. Cancer genetics and cytogenetics. 2002;135(1):23-7.

DNA *MICROARRAYS:* TIPOS E APLICAÇÕES

Iran Malavazi

15.1 INTRODUÇÃO

A tecnologia do DNA *microarray*, também conhecida como microarranjos de DNA, é um dos exemplos mais elegantes de como a informação genômica obtida e acumulada ao longo do tempo em projetos de sequenciamento completo de diversos organismos tem sido utilizada. A compreensão de como essa técnica tornou-se uma das mais importantes ferramentas de biologia molecular, principalmente a partir dos anos 2000, deve levar em conta a maneira como a genômica avançou. Diante disso, antes da descrição da técnica dos DNA *microarrays*, algumas informações essenciais sobre a chamada "era genômica" devem ser consideradas.

A genômica refere-se à organização e a sequência da informação genética em determinado genoma através da análise da sua sequência nucleotídica de forma ordenada como um ponto de partida para a identificação de genes, suas sequências codificantes e não codificantes bem como as regiões regulatórias e intergênicas, como pode ser observado na Figura 15.1 que mostra um esquema simplificado da estrutura do gene. Os primeiros genomas sequenciados foram aqueles de vírus como o do bacteriófago λ, (um vírus que infecta bactérias exclusivamente), em 1982 contendo um genoma compacto com 48.502 pb[1]. Posteriormente, em 1995 o genoma do primeiro procarioto, a bactéria *Haemophilus influenzae* foi divulgado[2] seguido do sequenciamento do primeiro eucarioto, a levedura *Saccharomyces cerevisiae* (que contém apenas 6 mil genes) em 1996[3]. O sequenciamento da levedura *S. cerevisiae* configura-se um importante evento da genética molecular uma vez que esta levedura é um dos organismos modelos mais importantes. Seu estudo sistemático resultou em grandes avanços na compreensão de mecanismos básicos da fisiologia das células eucarióticas e nos mecanismos elementares de replicação, transcrição e tradução, sinalização celular e transporte em células eucarióticas[4]. Nos anos seguintes seguiu-se a divulgação dos genomas da bactéria *Escherichia coli* (1997), *Arabidopsis thaliana* e *Drosophila melanogaster* em 2000. Em 2001 foi possível ter acesso aos primeiros rascunhos do genoma humano oriundos dos dois consórcios independentes de sequenciamento[5,6]. Um desses consórcios do Projeto Genoma Humano (HGP – *Human Genome Project*) foi financiado através de recursos públicos originados do governo norte-americano. O outro consorcio tratava-se de um projeto paralelo financiado pela inciativa privada através da empresa *Celera Genomics* fundada em 1998 pelo então pesquisador John Craig Venter. Esse consórcio privado buscou finalizar o sequenciamento do genoma humano em menos tempo que o consórcio com financiamento público e deixou como uma importante contribuição o uso de um método de sequenciamento chamado de *shotgun* e o método de montagem do genoma chamado de *pairwise end sequencing*[7,8], os quais, anteriormente, só haviam sido utilizados no sequenciamento de genomas pequenos. Esse método eliminou a etapa laboriosa de reunir o mapa físico do genoma, ao invés disso no sequenciamento *shotgun* as sequencias foram obtidas aleatoriamente ao longo do genoma. Posteriormente as sequencias aleatórias eram alinhadas utilizando programas de computador para identificar sobreposição das sequencias (*pairwise*). O grupo privado da Celera nesse momento da montagem do genoma utilizou também alguma referência dos mapas físicos do genoma que haviam sido produzidos pelo consórcio público. Ajudaram na rapidez e no êxito desse processo *shotgun* os métodos automatizados de sequenciamento e a melhoria dos softwares utilizados.

Como se pode perceber, a aplicação em larga escala do método clássico de obtenção de sequências desenvolvido por Frederick Sanger na década de 1970[9,10] foi o elemento propulsor para o conhecimento do genoma dos mais variados organismos durante a década de 1990 e nos anos 2000. A partir de 2004 foram introduzidas técnicas mais modernas e rápidas de sequenciamento de genomas que utilizam princípios diferentes da técnica descrita por Sanger e são conhecidas, coletivamente, como tecnologias de

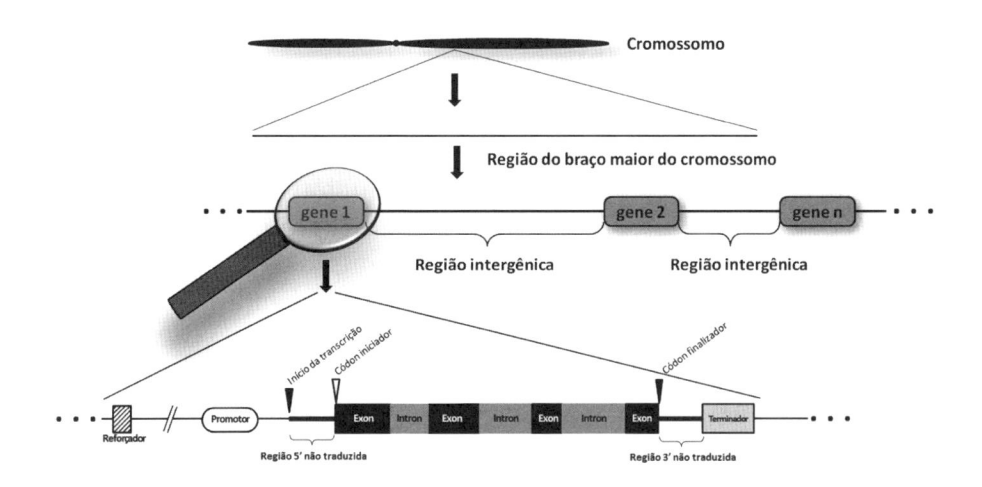

Figura 15.1 Organização da informação genética em determinado genoma. Neste esquema está representado a estrutura de um gene tomando como modelo um organismo eucariótico que apresenta as regiões codificantes do gene (éxons) interrompidas por regiões não codificantes (íntrons). As regiões intrônicas são removidas pela maquinaria celular de *splicing* para possibilitar a geração de um mRNA maduro o qual será traduzido pelo ribossomo levando a síntese de um polipetídeo funcional. A identificação dessas sequências gênicas codificantes é de vital importância para os estudos transcriptômicos. Dentre eles, os estudos que utilizam a tecnologia dos *microarrays* visando a análise da expressão gênica em condições experimentais planejadas para responder a questões biológicas (ver texto para detalhes). Entretanto, as sequências codificantes advêm da sequência genômica, a qual, em última instância, está contida dentro dos cromossomos da célula. No esquema, uma região aleatória do braço maior do cromossomo hipotético foi escolhida como exemplo. Os cromossomos guardam um número variável de genes (gene 1, gene 2, gene n) que varia dependendo do tamanho do cromossomo. Esses genes contidos nos cromossomos estão separados por regiões espaçadoras chamadas de intergênicas, as quais não são transcritas ou traduzidas, mas contêm as regiões regulatórias dos genes e tem tamanho variável. Estas regiões regulatórias estão à jusante (acima) e à montante (posteriormente) dos segmentos gênicos e incluem os reforçadores (elementos opcionais, isto é, não estão presentes em todos os genes), região promotora e terminadora do gene. As regiões promotora e terminadora dos genes obrigatoriamente localizam-se à montante e à jusante deste, respectivamente. Entretanto, os reforçadores, quando presentes, não têm localização fixa e funcionarão à montante, à jusante ou no interior do próprio gene que ele regula. Em eucariotos, os reforçadores podem se localizar cerca de 50 kb ou mais distantes da região codificadora. Essa distância está representada pela interrupção da linha na figura.

nova geração (do inglês, *next generation sequencing*). Estas tornaram ainda mais eficientes o processo de obtenção de sequências e organização estrutural de genomas (para uma revisão ver[11-13]). Com estes avanços e a introdução dessas novas tecnologias, genomas de todos os filos foram já identificados e depositados em inúmeros bancos de dados em todo o mundo. Muitos organismos têm bancos de dados exclusivos, muito bem estruturados e completamente devotados para os avanços em suas respectivas áreas. Dentre os bancos de dados dessa natureza pode-se destacar o de *S. cerevisiae*

(SGD – *Saccharomyces* Genome Database, disponível em: <http://www.yeastgenome.org>). Outros bancos de dados são repositórios de sequências de vários organismos cujos genomas foram elucidados. Dentre estes, um dos maiores e mais conhecidos é o NCBI (National Center for Biotechnology Information, disponível em: <http://www.ncbi.nlm.nih.gov>) que armazena sequências de DNA e proteínas tornadas públicas. Hoje o NCBI conta com mais de 167.295.840 sequências.

Embora os dados obtidos a partir dos genomas completos representam quantidades massivas de informação em termos de sequências de DNA, essas informações não podem ser efetivamente úteis se não forem devidamente analisadas para que possam fornecer dados capazes de serem interpretados. As sequências oriundas dos projetos de sequenciamento dos organismos precisam ser compiladas de forma a gerar informações precisas sobre o posicionamento dos genes dentro dos genomas, seu início e final identificando assim, regiões intergênicas, regulatórias (tanto a montante quanto a jusante dos genes) e intrônicas, quando for o caso em organismos eucarióticos (Figura 15.1). Esse processo de trabalho é denominado genericamente de anotação de um genoma o qual é amplamente dependente de ferramentas de bioinformática que capacitam o processamento múltiplo dessas sequências. Quanto mais complexo for o organismo em estudo, maior será a dificuldade em produzir um genoma anotado da forma mais acurada possível. A anotação de um genoma inclui também a análise de similaridade das novas sequências obtidas com sequências já conhecidas e, previamente depositadas nos bancos de dados. Esse tipo de análise permite comparar um segmento de DNA genômico com sequências de DNA ou proteínas disponíveis nos bancos de dados de forma a estabelecer alinhamentos significativos destas. Isso permite inferir uma função *in silico* a um determinado gene até então desconhecido ou não caracterizado num novo genoma em estudo. Essa abordagem permite também buscar genes evolutivamente relacionados (homólogos) em estudos de genômica comparada atribuindo genes ortólogos e parálogos nos organismos em estudo. Os genes homólogos encontrados em diferentes organismos e que evolutivamente originaram-se de um mesmo ancestral comum são chamados de ortólogos. Por outro lado, os genes homólogos encontrados em um mesmo organismo os quais surgiram a partir de eventos de duplicação gênica em algum período do processo evolutivo são chamados de parálogos.

Como mencionado, a genômica estrutural possibilita a identificação das sequências de nucleotídeos, o posicionamento dos genes e outros aspectos estruturais de um genoma e a anotação dessas sequências. Entretanto há uma grande distância entre o conhecimento dessas sequências e a compreensão efetiva da função gênica. Assim, a identificação da função dos genes é o objetivo primário da chamada genômica funcional, uma área de inserção da genômica a qual tem utilizado ferramentas muito poderosas para a identificação e a caracterização da função gênica.

A abundância de dados gerados pela genômica proporcionou certa revolução na forma como a pesquisa biológica vinha sendo realizada. Anteriormente à grande disponibilidade de sequências de DNA, (especialmente antes de 1995) o estudo da função dos genes era realizado de forma individual. Ou seja, estavam baseados essencialmente no estudo de linhagens celulares mutantes e seus fenótipos. A partir da caracterização fenotípica sistemática dessas linhagens celulares com perda total, parcial ou alteração da função, buscava-se a identificação do gene mutado. Somente após isto, o gene alvo identificado era sequenciado e depositado nos bancos de dados. Essa abordagem de estudo é conhecida, historicamente, como genética direta, pois se baseia no isolamento ou identificação de um mutante e posterior descrição da sequência do gene mutado e da sua respectiva cópia selvagem, através de técnicas moleculares. A genética direta foi e ainda é uma ferramenta de grande importância no estudo da função gênica e é especialmente valiosa na identificação de genes que desempenham uma função em particular (Figura 15.2). Vale ressaltar que, estudos dessa natureza traçados a partir de experimentação biológica empregando a genética direta, foram os responsáveis pela compreensão de um grande número dos processos biológicos descritos.

Em contrapartida, a genética reversa é uma abordagem que nasceu justamente da apropriação do grande número de sequências depositadas nos bancos de dados e da informação gigantesca que estas carregam consigo para estabelecer uma forma de análise que reverte o curso natural da genética. Isso porque, a partir de uma sequência de um gene alvo de interesse previamente identificado e depositado em algum banco de dados, pode-se planejar o estudo detalhado deste gene em particular e atribuir-lhe função biológica, mesmo na ausência inicial de uma linhagem mutante daquele organismo. A genética reversa complementa a genética direta e permite que a função de um gene seja planejadamente alterada utilizando técnicas de manipulação do genoma (por exemplo, deleções, rompimentos e substituições gênicas) e o efeito desta alteração no organismo modelo seja analisado (Figura 15.2). A genética reversa permite, por exemplo, estudar a função de todos os genes pertencentes a uma grande família com a função genérica conhecida (por exemplo, todas as proteínas quinases, fosfatases, transportadores de membrana etc.) algo que não poderia ser realizado facilmente utilizando genética

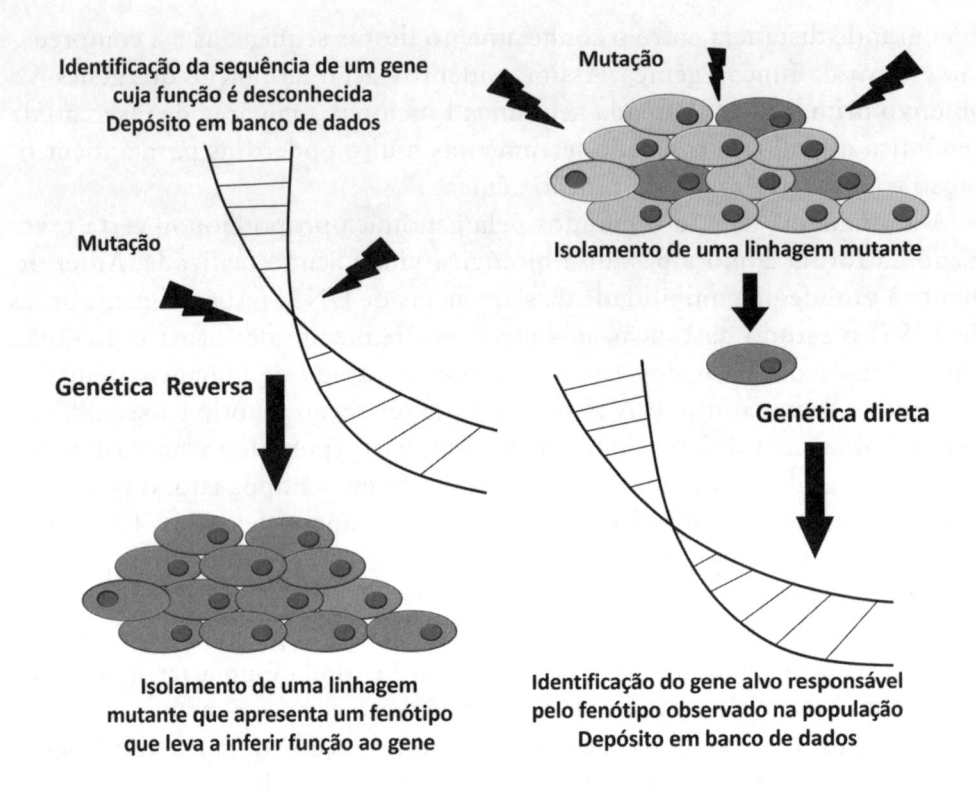

Figura 15.2 A genômica estrutural e o conhecimento da sequência dos mais diversos organismos favorece a aplicação da Genética Reversa no estudo da função gênica. Com a grande disponibilidade de sequências, a genética reversa utiliza técnicas de biologia molecular e de manipulação do genoma de organismos para a caracterização funcional dos genes através da criação de mutantes que permitem a exploração dos fenótipos. Essa abordagem é tão eficiente que pode ser estendida para a mutagênese do genoma completo, isto é, gene a gene de um dado organismo. Um exemplo é a biblioteca de deleção de *S. cerevisiae*[65]. A genética reversa permite também estudar famílias inteiras de genes com função homóloga (por exemplo, proteínas quinases, classes de transportadores etc.) através da criação sistemática e dirigida de mutantes. Além disso, é a premissa básica para as aplicações dos DNA *microarrays*. Atualmente a Genética Reversa tem também sido capaz de gerar informações relevantes, principalmente aquelas relacionadas ao perfil transcricional das células. Por exemplo, no campo da divisão celular e sua correlação com a tumorigênese, inúmeros estudos identificaram padrões de genes diferencialmente expressos em tecidos normais e tumorais que podem ser correlacionados com a progressão, evolução clínica e resposta aos quimioterápicos antitumorais. Por outro lado, a Genética direta busca a caracterização da função de um gene a partir da análise fenotípica de um mutante encontrado entre a população selvagem de um determinado organismo. O aparecimento deste mutante pode acontecer por variabilidade natural, ou pode ser induzida pela ação de um xenobiótico ou agente físico. A partir do estudo do fenótipo de um mutante, o gene pode ser clonado e descrito. Exemplos da aplicação da Genética Direta podem ser obtidos a partir dos resultados gerados pelos "screenings genéticos" dos mais variados organismos. Alguns deles tiveram consequências inéditas no estudo da biologia celular como, por exemplo, os estudos pioneiros de Hartwell que identificou os genes *cdc* (do inglês, "cell division cycle") responsáveis pela proliferação celular usando como organismo modelo *S. cerevisiae*[66]. Nestes casos, o ponto de partida da clonagem e caracterização de um gene foi o isolamento do mutante e seu estudo sistemático.

direta, pois dependeria do isolamento de um mutante de cada gene quando a sua sequência não seria conhecida. Além disso, permite o estudo de um gene homólogo envolvido em um determinado processo conhecido apenas em outro organismo modelo, mas que mutantes ainda não foram identificados no organismo de interesse. Adicionalmente possibilita a construção de linhagens mutantes para cada gene identificado no genoma[14].

Além das formas mencionadas acima para a identificação e caracterização da função de um gene utilizando a genética reversa, uma das maneiras de produzir informações a esse respeito é através do estudo do conjunto de genes que são expressos em uma determinada célula ou organismo através da análise da abundância do conjunto de transcritos na célula. Esse tipo de análise identifica o perfil transcricional de uma célula ocupando-se com o estudo das moléculas informacionais de RNA mensageiro (mRNA) em uma subárea da genômica funcional que é a transcriptômica.

A transcrição de um segmento de DNA em mRNA, como outras etapas do fluxo da informação genética, está sujeita a uma intrincada rede regulatória na célula. Isso por que em última instância, a presença de um determinado transcrito maduro no citoplasma de uma célula é um dos eventos que indica que um determinado polipeptídio será traduzido pelo ribossomo gerando o efeito fenotípico daquela célula mediante a função da proteína. Entretanto, essa afirmação nem sempre guarda uma correspondência perfeita, isto é, um transcrito maduro não obrigatoriamente irá gerar um polipeptídio, já que este é justamente um dos mecanismos regulatórios da tradução. Porém, a transcrição de um gene não é um processo perdulário e, portanto, ela guarda uma boa correlação com o que a célula produz em termos de mRNA e o montante que será efetivamente traduzido em proteína. Por esse motivo, pode-se inferir que a análise do transcriptoma de uma dada célula em diferentes condições contrastantes, por exemplo, no estado patológico em relação ao estado fisiológico gera informações relevantes sobre o panorama da célula naquele momento da análise. A partir da exploração do perfil transcricional de uma célula pode-se identificar uma série de alterações nos seus mecanismos regulatórios que levam à ativação ou à inativação de genes e/ou eventuais respostas compensatórias oriundas de genes homólogos. Ou então, a natureza pleiotrópica de genes cuja função ou atividade em determinado evento celular ainda não havia sido descrita. Por exemplo, quando uma determinada célula é exposta ao dano oxidativo causado por espécies reativas de oxigênio, o efeito fisiológico mais provável é a ativação de genes que codificam enzimas dos diferentes sistemas antioxidantes celulares como catalases, superóxido dismutases e peroxiredoxinas. Entretanto, como as espécies reativas de oxigênio podem danificar a molécula de DNA causando lesões e quebras de dupla fita[15], em experimentos análise transcricional encontramos também genes relacionados ao reparo ao dano causado sobre o DNA como super expressos nessas condições, visando a manutenção da integridade genômica[16].

A transcriptômica pode estudar a abundância do mRNA em larga escala determinando os valores de expressão de cada um dos transcritos de uma determinada célula de forma simultânea e, inclusive, comparar essa abundância em duas ou mais condições testadas. Com isso, pode-se investigar o padrão espaço-temporal de conjuntos de genes em um genoma e caso existam naquela determinada condição experimental, suas inter-relações. Esse tipo de abordagem é altamente relevante para o estudo de mecanismos fisiopatológicos de doenças humanas ou para entender mecanismo de ação de fármacos e seus efeitos colaterais bem como propor novos usos e aplicações de drogas no tratamento de doenças. Por exemplo, quais são os genes que se apresentam diferencialmente expressos em uma célula tumoral de um determinado tecido humano em relação a uma célula controle não tumoral naquele mesmo tecido? Ou então, quais são os genes ativados ao nível transcricional importantes para o combate a uma infecção ocasionada por um microrganismo patogênico?

Neste capítulo uma das principais técnicas utilizadas para o estudo do transcriptoma em larga escala em um determinado tipo celular, tecido isolado ou mesmo um organismo será discutido: os microarranjos de DNA ou também chamado de DNA *microarrays*. Embora os DNA *microarrays* não sejam somente utilizados para estudos de análise transcricional, como veremos a seguir, essa técnica teve e ainda tem um papel revolucionário no estudo da fisiologia celular e da função gênica.

15.2 O NASCIMENTO DA TECNOLOGIA DOS DNA-*MICROARRAYS* E SUAS CARACTERÍSTICAS TÉCNICAS

A técnica de *microarray* é uma das mais importantes para a quantificação da expressão gênica cujo objetivo central é gerar informação sobre a abundância do número de transcritos em determinada amostra. Dessa forma, para compreendermos como a técnica de *microarray* foi desenvolvida e suas principais características metodológicas, iremos descrevê-la nas próximas seções sob esse panorama da análise da expressão gênica. Antes disso, vamos discutir como o elemento básico de DNA *microarray*, isto é, o chip de DNA, ou microarranjo é produzido, quais suas características e como os chips de DNA variaram e se aprimoraram ao longo do tempo.

15.2.1 Os chips de DNA

Os DNA *microarrays* como o concebemos hoje só puderam ser idealizados a partir da segunda metade dos anos 90 uma vez que, técnicas muito sólidas de detecção de DNA e RNA baseados no princípio da hibridização dos ácidos nucleicos foram aprimoradas a partir daquelas inicialmente desenvolvidas desde a década de 70. Dentre estas, em especial as técnicas de *Southern blot* e *Northern blot*[17,18]. A análise do padrão de expressão gênica em condições experimentais contrastantes (isto é, célula na condição A *versus* célula na condição B) passou então a ser realizada em diversos laboratórios ao redor do mundo desde 1977, com a descrição da técnica de *Northern blot*[17]. Um esquema de como a técnica de *Northern blot* é realizado pode ser visto na Figura 15.3. Nesta, toda a população de RNA da célula é extraída e separada eletroforeticamente. Depois o material é transferido para um suporte sólido, geralmente uma membrana de *nylon* onde este estará imobilizado por uma reação de *crosslinking* ou ligação cruzada, entre o RNA e o suporte de *nylon*. Para a detecção do transcrito de interesse, uma sonda geralmente marcada isotopicamente com ^{32}P é sintetizada e hibridizada com o material imobilizado na membrana. Note que, neste procedimento, uma sonda específica para cada gene alvo deve ser sintetizada e hibridizada com o material na membrana de *nylon* a cada teste. Embora o *Northern blot*, seja esta uma técnica altamente robusta e reprodutiva, sua limitação sempre residiu em dois aspectos essenciais: (i) não é possível realizar estudos amplos capazes de analisar comparativamente o padrão de expressão simultâneo de vários genes nas condições que se deseja estudar; (ii) a amplitude de detecção da técnica (chamado em inglês de *dynamic range*) é baixa, isto é, não é possível identificar diferenças sutis da variação da quantidade de transcritos e a quantificação desta variação não é precisa. Essa limitação reside no fato de que muitas vezes pequenas variações da quantidade de um transcrito na célula podem gerar um efeito biológico pronunciado.

Além da técnica de *Northern blot*, a análise da expressão gênica de forma individual foi bastante realizada no passado pela técnica de RT-PCR semi-quantitativo e, hoje, pode ser realizada através de PCR quantitativo (qPCR) utilizando-se a técnica de RT-PCR em tempo real (transcrição reversa acoplada à PCR) em aparelhos de detecção fluorescente das moléculas de DNA sintetizadas a cada ciclo da PCR.

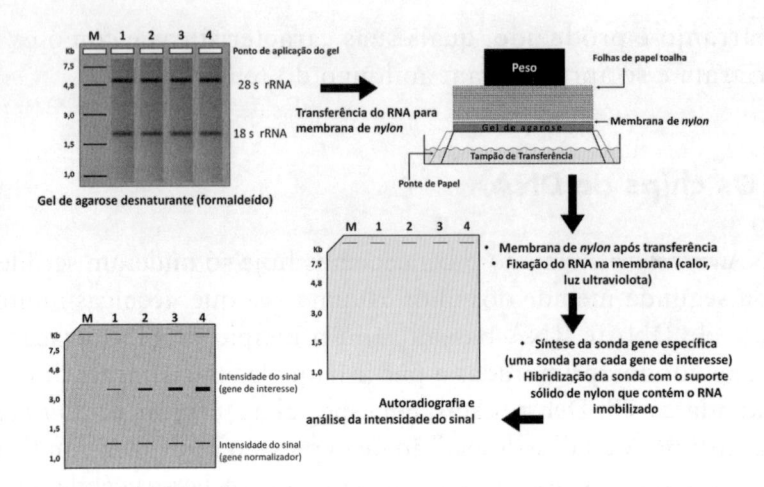

Figura 15.3 A técnica de *Northern blot* permite avaliar a expressão gênica individualmente. Nessa técnica de transferência, o material genético utilizado é o RNA. O RNA total (RNA mensageiro, RNA ribossômico e RNA transportador) extraído na forma íntegra das células em análise é submetido a um fracionamento em gel de agarose desnaturante. Esse gel é chamado desnaturante, pois utiliza em sua composição o agente formaldeído que desnatura o RNA rompendo suas estruturas secundárias (alças, grampos). A utilização do agente desnaturante permite que durante a corrida eletroforética o RNA seja separado mediante apenas o tamanho das moléculas sem a interferência das estruturas secundárias. O padrão dos fragmentos separados eletroforeticamente pode ser visualizado e fotografado sob luz ultravioleta. Um resultado típico desse tipo de corrida eletroforética de RNA mostrará em evidência duas bandas, uma maior e outra menor que correspondem às subunidades maior e menor do RNA ribossômico. Os outros RNAs não são vistos como bandas bem definidas nesse tipo de gel. A ilustração do gel representa o RNA extraído de RNA de células de mamífero uma vez que as subunidades ribossomais apresentam 28 S e 18 S o que corresponde aproximadamente a segmentos de RNA de 5,0 e 1,9 kb, respectivamente no gel. O marcador de tamanho molecular está representado à esquerda no gel (canaleta M). As demais canaletas (1-4) representam amostras de RNA total extraídas em diferentes períodos de crescimento da célula (experimento em curso de tempo, ver Figura 15.8). A seguir, o RNA é transferido para um suporte sólido que será uma membrana de *nylon*. Para isso o gel é colocado sobre um suporte contendo um tipo específico de papel que está em contato direto com o tampão de transferência contido em um reservatório. Várias camadas de papel absorvente são colocadas acima da membrana de *nylon* e mantidas assim pela colocação de um peso no topo do sistema. Esse sistema é mantido assim por um período de cerca de 12-16 horas. O RNA será assim transferindo do gel para a membrana de *nylon* por ação da capilaridade. Após a transferência para a membrana, o RNA estará mesma posição espacial que o RNA tinha no gel de agarose desnaturante. O RNA é fixado na membrana por ação do calor ou luz ultravioleta e pode então ser submetido à hibridização molecular com uma sonda preparada (geralmente marcada radioativamente com ^{32}P) específica para o gene cuja expressão se deseja analisar (gene de interesse). Uma sonda para um gene normalizador, isto é, cuja expressão não varia ao longo do experimento é também hibridizada (separadamente com a membrana) e servirá como padrão de comparação. Após a hibridização, a membrana é lavada para a retirada do excesso de sonda e das ligações não específicas na membrana e revelados através de autorradiografia. Os fragmentos reconhecidos pela sonda aparecem como bandas no filme de raios-X. No exemplo o gene em estudo apresentou aumento da intensidade do sinal ao longo do curso do experimento, tendo sido mais expresso na canaleta 4. O gene normalizador por sua vez mostrou sempre o mesmo padrão de intensidade ao longo do experimento. A intensidade do sinal do gene normalizador utilizado nesses experimentos tem também um papel essencial de servir como um controle de carregamento do gel. Isto é, ele indica que em todas as canaletas foi colocada a mesma quantidade de RNA total, fortalecendo a conclusão do experimento que a variação da intensidade do sinal deve-se ao aumento da sua expressão.

Os DNA *microarrays* por sua vez trazem a análise da expressão gênica da escala unitária para a escala genômica. Por algumas vezes, essa técnica é referida como um "*Northern blot* reverso". Isso porque, nos DNA *microarrays*, o material imobilizado no suporte sólido dos chips de DNA são sequências de genes conhecidos com, geralmente dezenas ou centenas de nucleotídeos os quais são organizadamente dispostos nestes suportes (os diferentes suportes utilizados serão comentados a seguir). A organização das sequências de DNA no suporte é fundamental para a identificação dos genes diferencialmente expressos durante a análise dos resultados gerados pelas hibridizações dos *microarrays* (seção 15.2.2). A técnica de *microarray* foi possível graças ao aprimoramento da capacidade da construção de grandes bibliotecas de cDNA, o que está diretamente relacionado com a capacidade de sequenciamento discutida na seção anterior, e sua densa organização em suportes sólidos. Além disso, também na capacidade de hibridização dos ácidos nucleicos em pequena escala de forma que fosse possível organizar a maior quantidade de sequências de genes conhecidos do organismo de interesse em estudo no menor espaço possível sobre um suporte sólido. Dessa forma, para garantir reprodutibilidade do posicionamento fixo das sequências de DNA nas coordenadas X e Y do suporte e por se tratar de um grande número de sequências de DNA que podem perfazer o genoma completo do organismo em estudo, a construção dos chips de DNA *microarrays* emprega aparelhos robóticos. Inicialmente, esses robôs foram chamados de arranjadores (do inglês, *arrayers*). Estes precisamente constroem os microarranjos de forma a conservarem a sua organização estrutural.

Os primeiros *microarrays* eram construídos em membranas de *nylon*, da mesma natureza que aquelas comumente utilizadas em experimentos de *Southern* ou *Northern blot*[19]. Os microarranjos construídos utilizando membranas de *nylon* como suporte de uma maneira geral tinham baixa densidade se comparados aos chips de DNA construídos em laminas de vidro, como veremos a seguir. A densidade de um *microarray* se refere ao número máximo de sequências de DNA (sondas) que podem ser depositadas no suporte em relação a suas dimensões. Por esse motivo, essas membranas eram chamadas de "*macroarray*" numa menção à sua menor densidade de sondas e, portanto, sua limitada capacidade de analisar a expressão gênica global em organismos mais complexos e com genomas maiores. Por essa razão, os *macroarrays* em suporte de *nylon*, praticamente caíram em desuso atualmente. Além disso, os *macroarrays* tinham outra desvantagem marcante que era a necessidade de hibridização utilizando sondas marcadas radioativamente com ^{32}P ou ^{33}P e apresentavam maior variação dos sinais nas réplicas técnicas e biológicas, pois as hibridizações tinham que ser realizadas em membranas diferentes. A Figura 15.4 mostra um exemplo de uma membrana de *nylon* de *macroarray* construída a partir de clones de uma biblioteca de cDNA e hibridizada com cDNA marcado com ^{33}P. Neste *macroarray*, as sondas de DNA imobilizado foram os insertos de cDNA clonados num vetor de clonagem. A mini preparação do DNA plasmidial foi acondicionada em placas de 384 poços e utilizadas em um robô do tipo *arrayer* para produzir o arranjo mostrado na Figura 15.4. Observe que nesse *macroarray* existiam 11 placas que acomodaram 3.629 clones. Os números indicam o número da placa de 384 poços (1 a 11) para uma dada posição das placas. Os números repetidos indicam que os *spots* foram feitos em duplicata para cada clone[20].

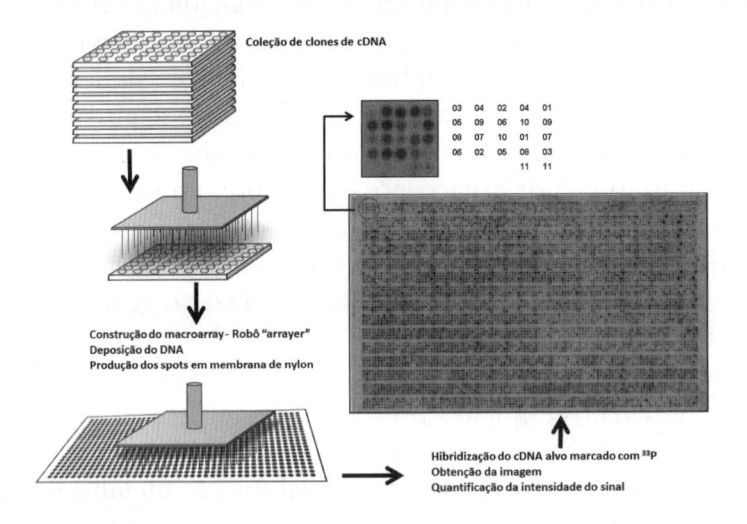

Figura 15.4 Construção de *macroarray* em membrana de *nylon* para a análise do perfil transcricional. A membrana de *nylon* foi produzida a parte de 11 placas de 384 poços contendo o transcriptoma parcial do fungo filamentoso *Aspergillus nidulans*. Um robô arranjador (do inglês, *arrayer*) foi utilizado para a criação de 3.629 *spots*. Os números iguais mostrados na matriz do *macroarray* indicam *spots* réplicas. As membranas foram hibridizadas com os alvos de cDNA das condições em teste marcados radioativamente com [α-^{33}P] dCTP e a imagem foi obtida utilizando um *phosphorimager*. Os cDNAs das populações referência e teste forma hibridizados separadamente em diferentes *macroarrays*. Observe que esta abordagem é a mesma utilizada hoje para as hibridizações de *microarray* com o sistema de uma só cor (Cy3) para marcação do cDNA ou cRNA, porém a hibridização é realizada em diferentes chips comerciais o que diminui drasticamente a variação em relação ao uso de *macroarrays* "caseiros" (ver seção 15.4.1, Figura 15.8). Adaptado de MALAVAZI, 2007.

Atualmente, a maioria dos *microarrays* é sintetizada utilizando-se lâminas de vidro como suporte. Estas têm as dimensões aproximadas de lâminas convencionais utilizadas em microscopia ótica. De uma maneira geral, as lâminas de vidro utilizadas na produção dos chips de DNA quando hibridizadas revelam imagens com menor ruído de fundo (do inglês, *background*), pois apresentam baixa fluorescência intrínseca gerando dados mais reprodutíveis. Isso é crucial, pois a técnica de *microarray* está baseada essencialmente no princípio da hibridização molecular dos ácidos nucleicos. Além de sólido, o material vítreo é não poroso e resistente à temperatura[21]. O DNA é covalentemente ligado à superfície do vidro por interação eletrostática entre os grupos negativamente carregados do DNA com a cobertura positivamente carregada da lâmina ou então por *crosslinking* químico entre as timidinas do DNA e grupamentos amino nos *slides* tratados com poli L-lisina ou aminosilano[21]. A utilização de superfícies de vidro para a imobilização de ácido nucleico foi incialmente descrita em 1992[22] pelo grupo de Edwin Southern, que em 1975 havia já descrito a técnica de *Southern blot* para a transferência e imobilização de DNA, a qual foi decisiva para o aprimoramento e expansão da técnica.

Uma das grandes variações ocorridas na forma de construção dos chips de DNA para as hibridizações em *microarrays*, certamente se refere às sequências de DNA que foram ao longo do tempo sendo utilizadas para compor o chip. As sequências de DNA imobilizadas em um suporte de DNA *microarray* são chamadas de sondas e serão detectadas pelo seu respectivo alvo presente na amostra em estudo. Basicamente, existem dois tipos de DNA *microarrays* dependendo do DNA que será imobilizado (para uma revisão ver[23]). Esses dois tipos de DNA *microarrays* serão abordados a seguir.

O primeiro caso compreende os *microarrays* onde as sequências de DNA podem ser segmentos de cDNA, EST (*expressed sequence tags*), produto de PCR purificados ou oligonucleotídeos previamente sintetizados. A característica principal nesse tipo de *microarray* é que essas sequências de DNA que formarão as sondas são depositadas na lâmina de vidro na forma de *spots* (*spotted microarrays*) através de um robô (*arrayer*) mencionado acima. Este robô utiliza a solução de DNA armazenada em placas para "carimbar" e depositar nanolitros dessa solução na superfície da lâmina de forma ordenada e repetitiva, utilizando agulhas metálicas finas, gerando assim, o spot[24]. Esse tipo de *microarray* em lâminas de vidro pode ser construído em qualquer laboratório que disponha de um equipamento robotizado do tipo *arrayer* capaz de gerenciar o posicionamento dos spots nas coordenadas X e Y em cada microarranjo que é sintetizado. Os *microarrays* construídos por esse método de "carimbo" de sequências de DNA em solução tendem a gerar mais variação entre os experimentos devido à eficiência variável no momento da produção da lâmina pelas agulhas do robô ao produzirem os *spots*[25].

Entretanto, dados bastante importantes foram obtidos em vários laboratórios ao redor do mundo utilizando *spotted DNA microarrays* em lâminas de vidro. Em 1995 um importante e pioneiro estudo de Schena et al. demonstrou a utilização de *microarrays* de alta densidade de cDNA para o estudo da expressão global do organismo modelo *A. thaliana*[26]. Esse estudo liderado por Patrick Brown da Universidade de Stanford (EUA) foi um dos mais importantes, uma vez que, pela primeira vez, utilizou um equipamento desenvolvido para essa finalidade (*arrayer*) para a deposição das sequências de cDNA nas lâminas de vidro para compor um *microarray* de alta densidade para aquele período. Em 1997 o *microarray* contendo aproximadamente metade dos genes de *S. cerevisiae* foi primeiramente descrito e construído a partir de produtos de PCR obtidos a partir da amplificação das ORF (do inglês, *open reading frames*, fase de leitura aberta) de *S. cerevisiae*. Esse *microarray* foi utilizado para analisar a expressão de genes diferencialmente expressos a partir de culturas de levedura crescidas em glicose ou galactose como fonte de carbono[27].

O segundo tipo de DNA *microarray,* com relação à molécula de DNA utilizada como sonda, é aquele onde oligonucleotídeos são sintetizados *in situ* na lâmina de *microarray*, sem, portanto a utilização de DNA pré-existente em solução e do robô *arrayer*. Esse tipo de *microarray* é comercialmente disponível e seu processo de produção varia dependendo da companhia que os manufatura e comercializa. Por exemplo, a empresa Affymetrix, uma das pioneiras na produção de chips de DNA de oligonucleotídeos de alta densidade produzidos *in situ*, começou a comercializar suas lâminas de *microarray* sintetizadas pelo processo de Fotolitografia em 1996[28,29] (Figura 15.5). Os *microarrays* de Affymetrix são conhecidos como GeneChip® e utilizam oligonucleotídeos de vinte bases sintetizados em uma placa de quartzo polido. Em 2002 outra companhia, a NimbleGen passou a produzir e comercializar *microarrays* de alta densidade com oligonucleotídeos sintetizados também *in situ* utilizando uma tecnologia diferente da Affymetrix denominada *Maskless Photolithography*®[30]. Desde 2006, outra empresa (Agilent), produz também esse tipo de *microarray* utilizando outra tecnologia própria de síntese *in situ* chamada de "jato de tinta" (tecnologia *Inkjet SurePrint*®). Esta plataforma sintetiza oligonucleotídeos de 60 bases em lâminas de vidro para serem utilizados em seu sistema de hibridização[31,32]. Para uma revisão sobre os diferentes tipos de produção *in situ* dos chips de DNA mencionados nesse texto ver referência 33.

441

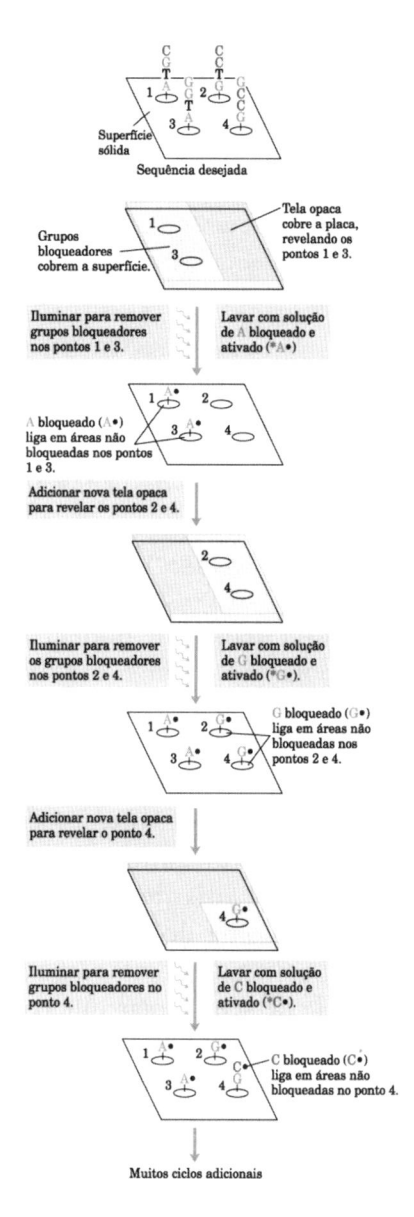

Figura 15.5 Produção de um DNA *microarray* (Affymetrix Biochip®) através da tecnologia de fotolitografia: Essa técnica de preparação de microarranjo de DNA faz uso de precursores de nucleotídeos ativados pela luz, juntando um nucleotídeo ao outro através de uma fotorreação. Um computador é programado com as sequências oligonucleotídicas a serem sintetizadas em cada ponto na superfície sólida. Os grupos reagentes na superfície são inicialmente desativados devido aos grupos bloqueadores fotoativos ligados (●). Uma tela cobrindo a superfície é aberta sobre as áreas programadas para receber um nucleotídeo particular. Um feixe de luz ilumina um grupo bloqueador nos pontos descobertos e então uma solução com um nucleotídeo particular (por exemplo, *A●), ativada para reagir com o seu grupo 3'-hidroxil (*), é derramada sobre a superfície. Um grupo bloqueador na posição 5'-hidroxil impede reações indesejadas, e o nucleotídeo

se liga à superfície nos pontos iluminados via seu grupo 3'-hidroxil. A tela é então substituída por outra tela que ilumina seletivamente apenas os pontos programados para receber um G; a luz remove os grupos bloqueadores 5' dos nucleotídeos anteriormente ligados e *G• é então acrescentado para conectar G àqueles pontos. A superfície é sucessivamente lavada com soluções contendo cada tipo remanescente de nucleotídeo ativado (*C• e *T•), usando telas de luz adequadas para assegurar que os nucleotídeos certos sejam adicionados a cada ponto na sequência correta. Essas etapas continuam até que as sequências exigidas sejam construídas em cada ponto na superfície do suporte sólido. Muitos polímeros com a mesma sequência são gerados em cada ponto, não apenas o único nucleotídeo mostrado. A superfície em si possui milhares de pontos, cada um com diferentes sequências. Esse esquema mostra apenas quatro pontos para ilustrar a estratégia. *Reproduzido com permissão[67].*

A capacidade de expansão do quanto de sequências poderia ser manipulada simultaneamente para a produção dos chips de DNA *microarrays* foi um dos diferenciais para a sofisticação da técnica. Com as novas tecnologias de construção dos chips de DNA descritas acima foi possível incluir milhões de sondas (*spots*) correspondendo cada um deles a um segmento de DNA conhecido em um conjunto pré-estabelecido em termos de posição no espaço X e Y em lâminas de vidro com poucos centímetros quadrados de superfície. Esses chips de alta densidade podem acomodar até cerca de 1 milhão de sondas gerando, portanto, uma cobertura completa de genomas de alguns organismos.

A tecnologia para a produção de *microarrays* de alta densidade permitiu ainda uma maior reprodutibilidade dos resultados, pois tornou possível o planejamento da inclusão de um maior número de *spots* réplicas dentro de cada *microarray* de forma a gerar dados numéricos de intensidade do sinal fluorescente (como veremos adiante) mais reprodutíveis e precisos. Dependendo do tamanho do genoma do organismo para qual o chip está sendo construído, podem ser colocados tantos *spots* réplicas quanto possível, até o limite da capacidade de sequências que o chip de DNA acomoda. Uma forma comum de se mensurar o número de sondas que um *microarray* acomoda é indicando a quantidade de spots em unidades de milhares que podem ser depositados naquele formato do *microarray*. Por exemplo, a empresa Agilent produz *microarrays* em diferentes formatos, como por exemplo, 8x15K, 4x44K, 2x400K etc. Esses formatos indicam que existem 8, 4 e 2 arranjos replicados na lâmina, os quais podem ser usados em experimentos de réplica biológica e/ou técnica. Cada um desses arranjos contém 15 mil, 44 mil ou 400 mil *spots*, respectivamente. Com isso, é possível perceber que a complexidade do genoma dita o formato e os desenhos da lâmina de *microarray* necessário para um dado experimento. Vamos levar em consideração o exemplo do organismo modelo *S. cerevisiae*, mencionado na seção anterior como um dos mais bem sucedidos modelos de estudo da função gênica de células eucarióticas. O genoma de *S. cerevisiae* apresenta em torno de 6 mil genes. Portanto, para ter uma única cobertura do genoma dessa levedura precisaríamos de 12 mil spots em um dado arranjo, o qual conteria cada gene desse organismo representado duas vezes no arranjo, gerando dois sinais réplicas de intensidade para cada gene. Dessa forma, poderia optar-se pelo formato 8x15K pois em uma única lâmina existiriam oito diferentes *microarrays* réplicas, cada um contendo 15 mil *spots*. Esse formato é suficiente para acomodar o genoma de *S. cerevisiae,* completo, todos os controles internos do *microarray* e as sondas alvo dos RNAs "*spike in*", que são um outro tipo de controle de hibridização utilizado nesse tipo de DNA *microarrays*, os quais serão novamente abordados na seção 15.4.

Nos DNA *microarrays* empregados na análise de expressão gênica podem existir uma única sonda para cada gene a qual é depositada no arranjo em replicatas, conforme mencionado acima dependendo da capacidade do *microarray*. Alternativamente, podem ser sintetizadas várias sondas com diferentes sequências para um mesmo gene. Um exemplo desse tipo de estratégia está presente no GeneChip® da Affymetrix. Nestes são sintetizadas na superfície do *microarray* que apresenta aproximadamente 1,2 cm^2, cerca de vinte diferentes sondas curtas de 20 a 25 bases para cada gene. Adicionalmente, um grupo dessas sondas possui uma mutação de uma base planejadamente inserida no meio da sequência da sonda, isto é na base 13 de uma sonda de 25 bases. Essa sonda mutada apresentará mau pareamento com seu alvo e, portanto funciona como um controle negativo que serve para identificar hibridizações inespecíficas[33]. No caso dos *microarrays* sintetizados *in situ* da empresa Agilent esse problema de hibridizações inespecíficas é prevenido pelo uso de sondas bem mais longas, com 60 bases (também chamadas de 60 mer). Além disso, durante o processo de identificação e desenho das sondas para aquele determinado genoma em estudo, estas são simultaneamente testadas *in silico* para possíveis hibridizações cruzadas que poderiam ocorrer durante o experimento real. O mesmo tamanho de sonda (60 bases) era usado nos *microarrays* da companhia Roche NimbleGen.

Há que se dizer que, atualmente, os *microarrays* de oligonucleotídeos sintetizados *in situ* produzidos comercialmente têm de uma maneira geral substituído aqueles construídos em robôs pelo método de "carimbo" da solução de DNA nas lâminas de vidro. Uma das principais razões para isso é a maior reprodutibilidade e robustez dos dados gerados nos *microarrays* comerciais, uma vez que, no processo de produção *in situ*, invariavelmente todos os *spots* apresentarão a mesma quantidade de sonda o que pode não ocorrer no processo de produção através de *spots* em robôs do tipo *arrayers*. Organismos modelos bem estabelecidos como *Arabidopsis thaliana, Caenorhabditis elegans, Danio rerio, Homo sapiens, Mus musculus, Rattus norvegicus, Saccharomyces cerevisiae* entre muitos outros têm chips comerciais construídos e disponíveis de imediato para a compra, por companhias como a Agilent ou Affymetrix. Por outro lado, pesquisadores que empregam modelos de estudo não convencionais ou pouco estudados devem sintetizar seus próprios chips de DNA. Dentro desse panorama emergem dois cenários. Quando a sequência do organismo não é conhecida e apenas se dispõe de bibliotecas de cDNA, bibliotecas de ESTs ou mesmo bibliotecas de DNA genômico, a opção mais plausível seria a construção de chips de *microarrays* domésticos pelo sistema de *spots* utilizando os robôs arranjadores. Por outro lado, quando a sequência do genoma ou do transcriptoma de tal organismo é já conhecida, a maneira mais conveniente de se obter um *microarray* comercial de oligonucleotídeos é utilizar o suporte bioinformático das empresas que manufaturam os *microarrays*. Esse suporte geralmente possibilita o uso de programas que, a partir da sequência fornecida pelo cliente, identifica as regiões que mais adequadamente servirão como sondas para cada transcrito de forma a maximizar o sucesso da hibridização, levando em conta padrões de qualidade específicas de cada plataforma. Dentre estes, por exemplo, a minimização de hibridização cruzada com sequências aleatórias do genoma alvo.

15.2.2 Os DNA *microarrays* e seu uso na análise da expressão gênica em larga escala

Conforme mencionado anteriormente, o processo de transcrição é um dos pontos de controle do fluxo da informação genética e, portanto fenótipos específicos observados em diferentes populações celulares podem ser esclarecidos tendo como a base a compreensão do perfil transcricional da célula. A busca de genes diferencialmente expressos, isto é, presentes em diferentes quantidades em uma dada célula foi alvo de muitos estudos e muitas metodologias foram descritas e utilizadas no passado para tal finalidade. Muitos experimentos desse tipo foram absolutamente bem sucedidos e permitiram a clonagem "às cegas" de genes que em última instância eram responsáveis por funções celulares diferentes. Um dos exemplos mais elegantes desse tipo de abordagem transcricional permitiu, por exemplo, em 1984 a clonagem do receptor de células T (do inglês, *T cell receptor*, TCR) a partir da comparação dos linfócitos T com linfócitos B. Neste estudo, uma técnica chamada de hibridização subtrativa foi utilizada para identificar o transcrito que estava presente apenas no linfócito T e não no linfócito B[34]. Observe que, embora de grande importância, essa técnica permitiu aos autores desse trabalho apenas identificar transcritos diferentes na forma daqueles que estavam ausentes ou presentes nos dois tipos celulares. O restante da informação transcricional das células estudadas foi perdido, limitando a informação sobre os transcritos presentes em ambas as populações de células.

A análise da expressão gênica usando DNA *microarrays* segue o mesmo princípio da comparação entre duas populações celulares. De modo interessante, um primeiro estudo utilizando aquilo que seria um protótipo de um experimento de análise de expressão gênica em larga escala foi, possivelmente, um trabalho publicado em 1982. Este estudo utilizou uma biblioteca de cDNA de apenas 378 clones construída a partir de cDNA obtido de carcinoma de colón de rato. Os clones foram hibridizados com cDNAs marcados radioativamente com ^{32}P provenientes de amostras de tecido normal e tumoral[35]. Posteriormente o mesmo autor desse trabalho aumentou o poder de *screening* ou varredura de sua metodologia aumentando o número de clones da biblioteca para 4 mil, avaliando tecido normal e tumoral, dessa vez de amostras humanas[36], ou avaliando os genes diferencialmente expressos em pacientes com diferentes graus de risco genético para câncer de cólon[37]. Ainda em 1987, um arranjo de DNA em membrana de *nylon* a partir de duas bibliotecas de cDNA foi utilizado para analisar genes modulados pela citocina interferon em células de mamíferos[38].

Para a compreensão de como os DNA *microarrays* fornecem dados interpretáveis, vamos novamente nos fixar nos experimentos que empregam os *microarrays* para a análise da expressão gênica a partir da comparação de duas populações celulares. Um resumo do processo de obtenção dos dados para essa finalidade pode ser observado nas Figuras 15.6 e 15.7. A partir das populações em estudo, o RNA total é extraído e purificado. Em algumas situações para a hibridização de *microarrays,* a partir de organismos eucarióticos, o mRNA, ou também chamado de RNA poli-A+, pode ser purificado a partir do RNA total usando metodologias que se baseiam da ligação da cauda poli-A do mRNA dos eucariotos a resinas inertes, ou partículas magnéticas recobertas com oligonucleotídeo poli-T. Em organismos eucarióticos, de uma maneira geral, o "pool" de mRNA corresponde a cerca de 1,5-2,5% do RNA total. Baseado no desenho experimental, as amostras de RNA obtidas das diferentes condições em estudo trarão consigo os transcritos expressos naquele tipo celular fornecendo uma "fotografia" da situação transcricional da célula no momento da análise, isto é, no momento onde o RNA foi obtido.

As moléculas de mRNA são convertidas em cDNA complementar (cDNA) através de uma transcriptase reversa a partir de iniciadores que podem ser oligonucleotídeos randômicos (geralmente hexâmeros) ou oligo poli(dT) (Figura 15.7). Após essa etapa, os cDNAs oriundos das diferentes condições celulares são marcados com moléculas análogas de nucleotídeos, porém com modificação em sua estrutura de forma a conterem uma molécula fluorescente (fluoróforo). Os fluoróforos mais comumente utilizados na marcação de ácidos nucleicos utilizados em hibridizações de *microarray* são a cianina 3 (Cy3) e a cianina 5 (Cy5), os quais apresentam diferentes comprimentos de onda de excitação e emissão. As cianinas 3 e 5, geralmente estão acopladas a dCTP ou ao dUTP, dependendo do fabricante e do sistema de marcação. A Cy3 emite fluorescência na faixa do verde-amarelo (550 nm excitação; 570 nm emissão) enquanto a Cy5 emite fluorescência na faixa do vermelho (649 nm excitação; 670 nm emissão). Essa característica espectral desses fluoróforos fez com que estes sejam os mais utilizados em experimentos de *microarray*, pois são capazes de marcar diferencialmente as duas populações de moléculas de cDNA sem o fenômeno de *crosstalk* entre os dois fluoróforos, o que levaria a erros na quantificação da expressão, como veremos adiante.

A marcação de cDNA com os fluoróforos referentes às condições em teste pode ser realizada de duas formas: direta ou indireta. Na marcação direta os nucleotídeos já conjugados com a cianina 3 ou cianina 5 são incorporados diretamente no cDNA nascente durante o preparo da amostra pela ação da transcriptase reversa (Figura 15.7). No caso da marcação indireta, a molécula de cDNA é marcada com as cianinas após a sua síntese. Para isso, durante a transcrição reversa, nucleotídeos modificados deixam grupos amino reativos (aminoalil) e posteriormente Cy3 e Cy5 reagem com os grupamentos amino livres previamente incorporados na cadeia[39].

Após a marcação diferencial das duas populações de cDNAs estas são misturadas e hibridizadas competitivamente com o suporte sólido contendo as sondas cobrindo o genoma de interesse. Neste processo, as sequências complementares entre alvo na amostra cDNA e as sondas imobilizadas serão hibridizadas. Depois da hibridização a lâmina de *microarray* é submetida a uma varredura completa nos diferentes comprimentos de onda para excitar separadamente os fluoróforos Cy3 (verde) e Cy5 (vermelho) que foram incorporados no cDNA. Esse processamento é realizado em um *scanner* especializado que acomoda exatamente o suporte sólido, no caso, uma lâmina ou um GeneChip® e gera dois canais independentes de imagem digitalizadas em cores, conforme mostrados na Figura 15.6 e que guarda consigo a informação espacial das coordenadas X e Y de cada *spot* no *microarray*. A

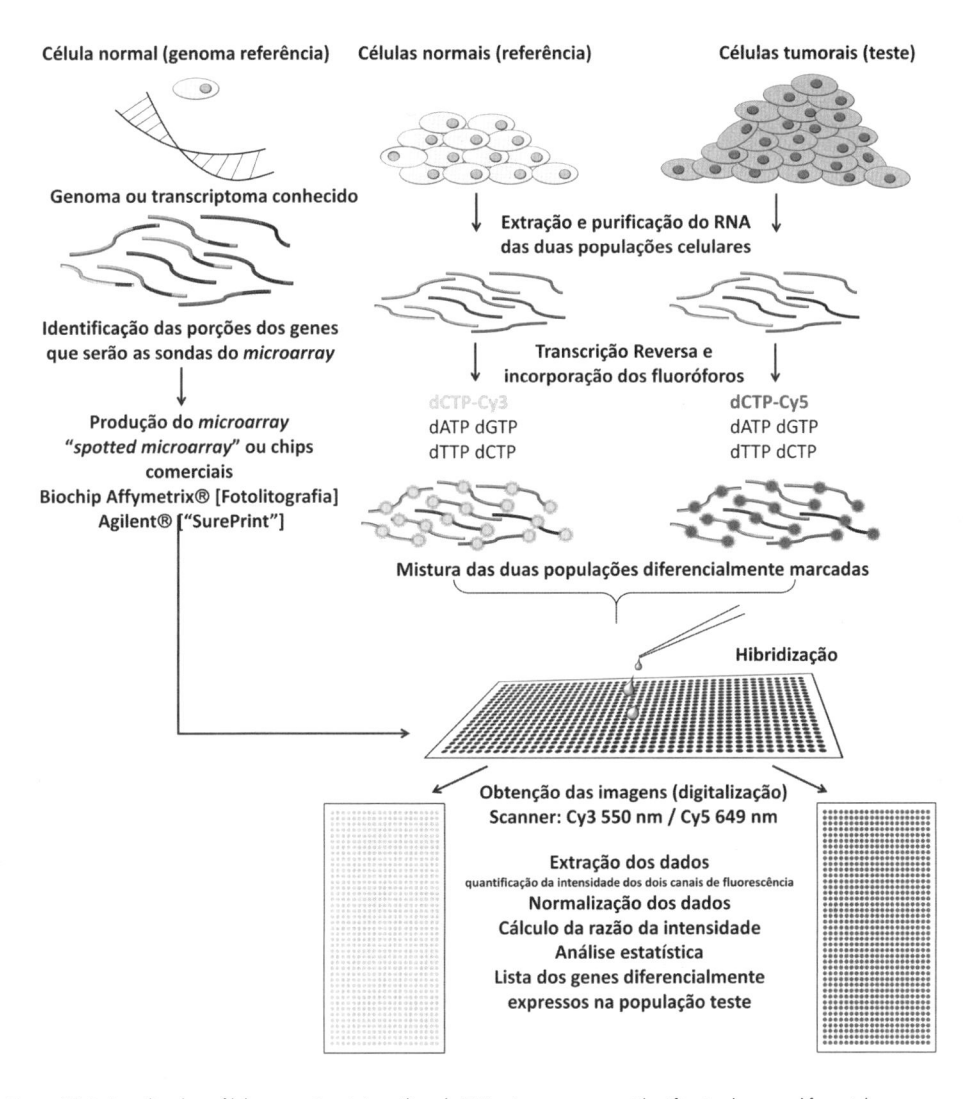

Figura 15.6 A análise do perfil de expressão gênica utilizando DNA *microarrays* para a identificação de genes diferencialmente expressos em duas linhagens celulares diferentes. Neste exemplo a pergunta biológica em questão é: quais são os genes modulados em células de um tecido tumoral (população teste) em relação às células de um tecido normal (população de referência). A população de RNA dos dois tipos celulares é extraída e o RNA (total ou poliA+) é utilizado como molde para uma reação de transcrição reversa para a obtenção do *pool* de cDNA de cada população, o qual traz consigo informação do número de transcritos de cada gene. Os diferentes transcritos estão representados pelas linhas curvas coloridas onde cada cor representa um transcrito diferente. Neste exemplo a marcação do cDNA ocorre de forma direta, isto é, os fluoróforos Cy3 e Cy5 na forma de Cy3-CTP e Cy5-CTP são diretamente incorporados na cadeia de cDNA nascente durante a atividade da transcriptase reversa adicionada na reação. Cy3-CTP é fornecido apenas na reação de transcrição reversa da população referência e Cy5-CTP apenas para a reação da população teste. As duas populações de cDNA são misturadas em quantidades rigorosamente iguais e colocadas em uma câmara de hibridização que imobiliza e veda o *microarray* para permitir a hibridização competitiva.

As moléculas alvo marcadas durante a transcrição reversa irão formar híbridos com as sondas imobilizadas no chip de *microarray*. Quanto maior a abundância de um determinado transcrito em uma das populações, maior será a chance destas moléculas formarem híbridos com o seu alvo no chip. Por exemplo, podemos assumir que o transcrito roxo esteja presente numa concentração 100 vezes maior na amostra das células tumorais em relação às células da população normal. Por esse motivo, já que esta é uma hibridização competitiva, as moléculas do transcrito roxo da população teste encontrarão a sonda imobilizada na lâmina com mais frequência do que a da população referência. Para a construção do chip de DNA o genoma e/ou transcriptoma da população de referência é conhecido (sequenciado) e depositado em um banco de dados. Análises bioinformáticas das sequências do genoma e/ou transcriptoma dessa célula permitem identificar regiões adequadas de todos os transcritos para a síntese de sondas. As barras escuras destacadas nos diferentes transcritos da célula indicam a sequência das sondas. Essas sequências apresentam baixo potencial de hibridização cruzada ou auto hibridização e são sintetizadas "in situ" nos chips de DNA comerciais. O posicionamento nas ordenadas X e Y de cada sonda no microarranjo é conhecido de forma a identificar qual transcrito relaciona-se com qual intensidade de sinal fluorescente. Após a hibridização, a lâmina de *microarray* é lavada com soluções de lavagem apresentando estringência crescente para a retirada de ligações inespecíficas das moléculas alvo ao suporte do *microarray* ou então hibridizações alvo/sonda com baixa especificidade. O sinal da intensidade de fluorescência é obtido pela exposição do *microarray* após a lavagem ao comprimento de onda dos dois fluoróforos utilizados na síntese do cDNA em um scanner de *microarrays*. Isso gera imagens dos dois canais de fluorescência, isto é, verde e vermelho, uma vez que Cy3 e Cy5 emitem fluorescência no espectro do verde e vermelho, respectivamente. Estas imagens dos canais de fluorescência guardam o posicionamento de cada ponto (spot) na imagem digitalizada onde a cor verde corresponde à hibridização predominante da sonda com o alvo presente na população referência e a cor vermelha indica a hibridização destes provenientes da população teste. Ver Figura 15.7 para detalhes.

sobreposição dos canais de fluorescência fornece informações sobre a abundância dos transcritos nas amostras que estão sendo comparadas.

A intensidade de fluorescência registrada na imagem capturada pelo *scanner* é quantificada por um *software* e dá uma medida relativa da abundância de cada cDNA na mistura obtida e hibridizada (Figura 15.8). Após a quantificação dos dados de fluorescência pelo *software* de análise, estes passam por uma primeira etapa de tratamento e validação utilizando algoritmos de normalização. O processo de normalização efetua correções no sinal de fluorescência levando em conta imperfeições da hibridização, a presença de manchas ou ruído de fundo (do inglês, *background*) derivado da hibridização. Isto é, sinais de fluorescência em um dos canais, mas que não são *spots* verdadeiros. Ainda, variações relacionadas às possíveis diferenças de incorporação dos fluoróforos no *pool* de cDNA etc. A Figura 15.7 mostra um fluxograma contendo os principais pontos da produção e análise de dados de *microarray* onde podem ocorrer variações experimentais que podem comprometer a qualidade dos dados.

Para a compreensão dos resultados gerados a partir de um *microarray* vamos tomar como exemplo um experimento que visou comparar genes diferencialmente expressos em uma dada cultura celular normal e outra tumoral.

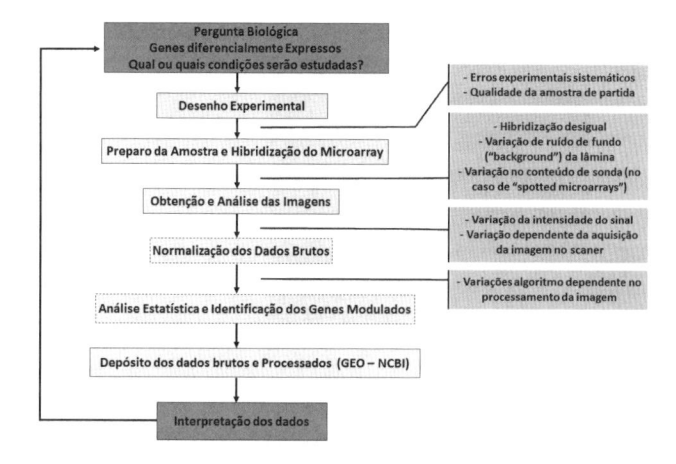

Figura 15.7 Fluxograma da obtenção de dados através de experimentos utilizando DNA *microarrays*. Nos experimentos de *microarray* visando à análise da expressão gênica a pergunta biológica e o estabelecimento das condições do teste são muito importantes para que diferenças possam ser observadas. A partir disso, a qualidade da amostra é o ponto de partida para o sucesso da hibridização uma vez que as moléculas de RNA serão processadas e submetidas a reações enzimáticas para a obtenção de cDNA (Figura 15.6) ou cRNA (Figura 15.10) marcados A manipulação correta das amostras de RNA e seu armazenamento garantem preservação da sua estrutura. A hibridização das moléculas-alvo marcadas presentes nas amostras com as sondas imobilizadas no suporte do *microarray* gera uma imagem da fluorescência que preserva a relação espacial das sondas no *microarray* quando o suporte é submetido a aquisição de imagem em um *scanner* que excita os fluoróforos incorporados nas moléculas-alvo e que hibridizaram com as sondas. Os dados de intensidade são quantificados e processados para a obtenção dos genes diferencialmente expressos nas populações de celulares. Os detalhes de cada uma dessas etapas estão descritos no texto. Os processos de análise da imagem, quantificação e normalização (destacados com as linhas pontilhadas) estão além dos objetivos deste capítulo e por isso não serão considerados detalhadamente. Os quadros à direita indicam os principais problemas aliados ao fluxo experimental de obtenção de dados a partir de hibridizações de *microarray*.

Para tanto, a população de cDNA da cultura de célula normal foi marcada com Cy3, sendo portanto esta a amostra de referência, isto é, aquela cujos valores de expressão servirão de base para a comparação. A amostra de cDNA proveniente das células tumorais é a amostra teste e foi marcada com Cy5. Observe que, por se tratar de uma hibridização competitiva entre duas populações marcadas, quanto maior o número de moléculas de um dado transcrito em uma população, maior será a quantidade do alvo e, portanto, a hibridização destas com a sonda imobilizada no *microarray* irá gerar maior o sinal de intensidade. Diante dessa possibilidade existem basicamente três situações distintas que podem ocorrer como resultado desse tipo de experimento para um dado transcrito entre os "n" transcritos cuja expressão será avaliada simultaneamente: (i) o transcrito "t_1" apresenta-se com maior

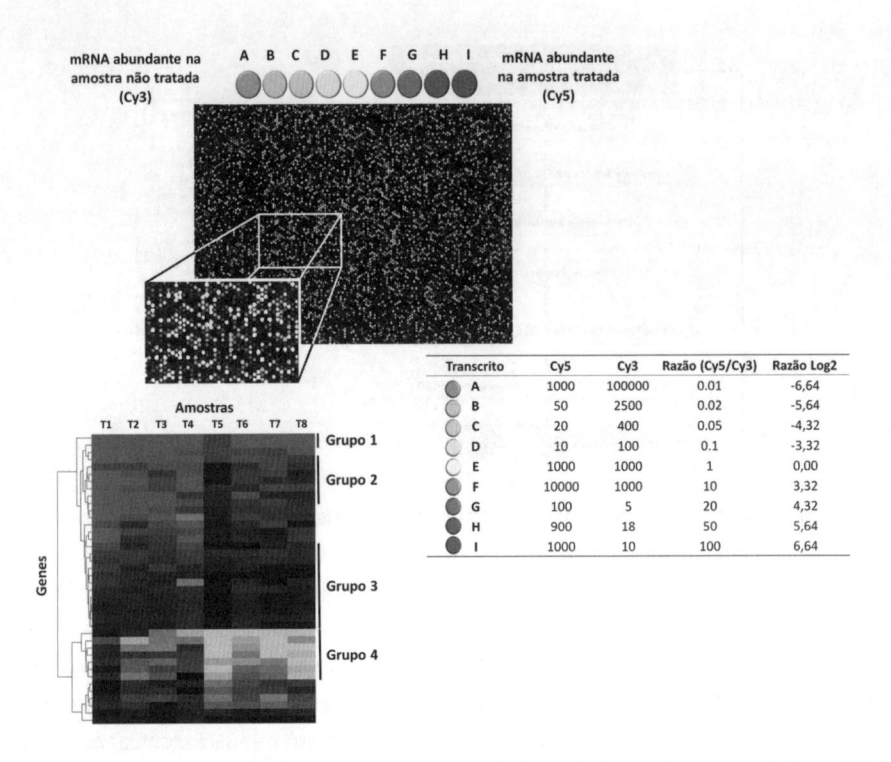

Transcrito	Cy5	Cy3	Razão (Cy5/Cy3)	Razão Log2
A	1000	100000	0.01	-6,64
B	50	2500	0.02	-5,64
C	20	400	0.05	-4,32
D	10	100	0.1	-3,32
E	1000	1000	1	0,00
F	10000	1000	10	3,32
G	100	5	20	4,32
H	900	18	50	5,64
I	1000	10	100	6,64

Figura 15.8 Identificação dos genes diferencialmente expressos a partir da hibridização das lâminas de *microarray*. As lâminas hibridizadas com as amostras das condições contrastantes em análise cujos cDNAs foram marcadas diferencialmente com Cy5 e Cy3 são submetidas a obtenção das imagens de cada um dos canais de fluorescência (verde e vermelho) através de um *scanner* para *microarrays*. A imagem mostra o resultado da sobreposição dos dois canais de fluorescência e uma área na lâmina onde a imagem dos *spots* foi ampliada tornando possível a identificação de spots com marcação mais intensa verde (proveniente da população marcada com Cy3 na Figura 15.6) ou vermelha (proveniente da população marcada com Cy5). Os tons de intensidade com variação de cor indicam *spots* cuja abundância de cDNA variou nas amostras. Quando os transcritos estão em condições equivalentes nas duas populações celulares e, portanto sem variação da sua abundância, a sobreposição dos dois canais gera a imagem de um spot amarelo. Para a quantificação da expressão gênica um *software* converte a intensidade do sinal de cada *spot* obtido em cada canal (Cy3 e Cy5) após o escaneamento da lâmina e gera um valor numérico. Esse valor deve ser normalizado, conforme mencionado no texto na Figura 15.7. Os valores normalizados da intensidade do sinal dos spots referentes à população teste são divididos pela intensidade do sinal da população referência para criar a razão da intensidade do sinal (Cy5/Cy3). Esse valor da razão da intensidade é convertido em logaritmo na base 2 (log_2) para obter-se a razão log_2. Essa conversão transforma qualquer número menor que 1 em valor negativo e qualquer número maior que 1 em valor positivo, como pode ser visto na tabela. A Tabela mostra exemplos hipotéticos de nove transcritos (A-I) cuja variação foi negativa (A-D), isto é encontravam-se em menor quantidade na população teste; um transcrito (E) que não mostrou alteração da expressão gênica e os transcritos que mostraram-se induzidos na população teste (F-I). Ainda, como recurso para facilitar a análise dos dados algoritmos aglomerativos podem ser aplicados à tabela dos genes diferencialmente expressos e estes são clusterizados como mostrado no *heat map*. T1 a T8 indicam tempos de exposição a droga num experimento de cinética, conforme descrito no texto. Os dados de expressão são agrupados de acordo com seus valores da razão log_2 e os clusters indicados como grupos nas figuras mostram genes cujo perfil de expressão é similar. Entretanto esse tipo de agrupamento não leva em conta a ontogenia e função biológica dos genes agrupados.

abundância na amostra de células normais em relação à célula tumoral. Como esta população foi marcada com Cy3, o resultado será um *spot* com intensidade de fluorescência maior emitida na cor verde. (ii) o transcrito "t_2" apresenta-se com maior abundância na amostra de células tumorais em relação à normal. Como esta população foi marcada com Cy5, o resultado será um *spot* com intensidade de fluorescência alta emitida na cor vermelha. (iii) o transcrito "t3" apresenta igual quantidade de moléculas em ambas as amostras e, portanto sua expressão não foi afetada pela condição tumoral da célula. Dessa forma, a sobreposição dos canais verde e vermelho após o scaneamento do *microarray* irá gerar um *spot* amarelo que indica ausência de alteração no número original de transcrito nas duas populações. A Figura 15.8 mostra um resultado típico de uma hibridização mostrando *spots* com diferentes intensidades de fluorescência que representam as três situações descritas acima. Cores intermediárias variando de verde ao vermelho indicam que os cDNAs estavam presentes em quantidades diferentes nas duas amostras refletindo sua abundância na população.

Uma vez obtidas as imagens, a extração e normalização dos valores de fluorescência dos canais verde (Cy3) e vermelho (Cy5), o resultado de um experimento de *microarray* em termos de expressão relativa da amostra teste em relação à referência será dado pela razão da intensidade de fluorescência dos dois canais. Assim, esta razão é definida como: o sinal para cada sonda no arranjo derivado da amostra teste (Cy5, neste exemplo, célula tumoral) dividido pelo sinal da mesma sonda obtido a partir da amostra de referência (Cy3, no exemplo, célula normal). Por razões de facilidade de visualização dos dados, a razão da intensidade Cy5/Cy3 dos dois canais é convertida em razão $\log_2$. Assim, valores negativos significam repressão na amostra teste e valores positivos indicam superexpressão nesta. A Tabela mostrada na Figura 15.8 apresenta um exemplo simplificado do processamento desses dados usando valores hipotéticos, os quais estão correlacionados com as intensidades de fluorescência obtidas quando os dois canais verde e vermelho são sobrepostos. Os transcritos estão denominados por letras de A-I indicando diferentes valores de expressão. A análise da Tabela permite ainda obter uma informação interessante. Observe que, por exemplo, o transcrito "G". Embora este se apresente modulado estando mais expresso na amostra tratada (razão $\log_2$ 4,32) ele é o que apresenta menor abundância nas amostras. Isto é, o transcrito "G" é baixamente expresso na célula mesmo em condições fisiológicas, se compararmos, por exemplo, com o transcrito "A" ou "B".

Os dados gerados nos experimentos de *microarray* são bastante extensos e, em última instância, são tabelas que contém as informações de intensidade do sinal, razão, razão $\log_2$ além do posicionamento do gene no arranjo e sua respectiva anotação no organismo em estudo. O mapa de localização de cada sonda no *microarray* é crucial para a identificação dos genes diferencialmente expressos. Mais uma vez, fica claro perceber porque o desenvolvimento da técnica de *microarray* apresentou grande avanço com a utilização de *arrayers* para manipular as sequências das sondas de forma invariável[26] ou, a partir dos processos patenteados de síntese *in situ*.

Com a análise desse dado é possível obter uma lista dos genes mais e menos expressos na condição teste e analisá-los quanto ao seu significado biológico. O poder das análises de DNA *microarrays* favorece a genética reversa, pois a partir da identificação dos genes pode-se estuda-los individualmente a partir da hipótese levantada quando da escolha das populações de mRNA que serão analisadas. Ainda, para possibilitar um melhor acesso ao dado obtido e sua interpretação os genes que apresentam valores de expressão similares podem ser agrupados utilizando *softwares* e algoritmos específicos que propiciam a construção de *heat maps* ou mapas quentes, permitindo estabelecer algum tipo de conexão entre os genes. Esse processo, genericamente, é chamado de clusterização hierárquica dos dados, pois gera *clusters* ou grupos com diferentes padrões de expressão. A Figura 15.8 mostra um *heat map* contendo agrupamentos de genes obtidos após a clusterização hierárquica de um determinado experimento. Este estudo identificou o padrão de expressão causado pelo tratamento da cultura celular tumoral com uma determinada droga por intervalos de tempo crescentes. Esse tipo de experimento, chamado de experimento em curso de tempo, cria uma cinética da expressão gênica a medida da variação do tempo de exposição da célula à droga. As cores vermelha e verde referem-se também ao perfil de expressão dos genes na amostra tratada em cada tempo em relação à amostra controle não tratada (tempo zero). As correlações que os agrupamentos hierárquicos geram através na análise dos *heat maps* apenas estão baseadas em perfis de expressão similares e nem sempre guardam correlação com a função dos genes que se agruparam em um mesmo *cluster*. Dessa forma, as análises mais esclarecedoras do ponto de vista da função dos genes identificados como diferencialmente expressos nas hibridizações de *microarray* hoje tem levado em conta a ontologia dos genes. Essas análises possibilitam a construção de redes de interação da lista dos genes identificados no experimento de *microarray*. Com esse tipo de análise é possível perceber conexões funcionais entre os genes e conhecer, por exemplo, que genes identificados nos resultados do *microarray* como diferencialmente expressos com valores de expressão aparentemente sem nenhuma correlação pertencem a uma mesma via metabólica ou pertencem a um mesmo grupo funcional. Essa abordagem de interpretação dos dados vem se tornando mais comum e, programas comerciais e de uso público, tem trazido implementações para esse tipo de avaliação. Essa forma de análise faz parte de um conjunto de métodos e abordagens coletivamente denominados de biologia de sistemas que, entre outras coisas, se preocupa essencialmente com a análise de interações complexas em sistemas biológicos.

O conjunto de dados derivados de experimentos de *microarray* publicados ao redor do mundo em revistas de divulgação científica aumentou exponencialmente ao longo dos anos desde sua consolidação como método padrão para análise de expressão gênica em larga escala. Com isso, houve a necessidade de que os dados brutos e processados desses experimentos fossem tornados públicos para a comunidade científica em bancos de dados. Um desses repositórios de dados derivados de análise de expressão gênica em larga escala é o GEO – "*Gene Expression Omnibus*" (disponível em http://www.ncbi.nlm.nih.gov/geo/), o qual em outubro de 2013 apresentava cerca de 1.010.610 amostras diferentes obtidas de experimentos de expressão gênica global[40,41]. O GEO foi iniciado em 2000, justamente para atender a necessidade do armazenamento dos dados crescentes obtidos por análise de expressão gênica global e seguir um processo de padronização das informações mínimas requeridas para que os resultados de *microarray* pudessem ser interpretados e verificados independentemente pela comunidade científica. Essas informações mínimas foram reunidas em uma proposta denominada MIAME – "*Minimum Information About a Microarray Experiment*"[42]. Esses dados depositados hoje têm servido de suporte para a comunidade científica para novas análises e novas hipóteses a partir de dados experimentalmente já disponíveis, num processo chamado de mineração de dados (do inglês, *data mining*).

15.2.3 Outros usos da tecnologia dos DNA *microarrays*

Além da análise da expressão gênica em larga escala os DNA *microarrays* são amplamente utilizados para outras finalidades, dentre estas a identificação de polimorfismos de uma única base (do inglês, *single nucleotide polimorphisms*, SNP) em sequências genômicas de vários organismos. Da mesma forma que os *microarrays* para análise da expressão gênica, essa técnica foi a primeira capaz de permitir a realização de rastreamentos na escala genômica para a identificação de polimorfismos nos genomas de interesse. Os SNPs identificados podem ser correlacionados com aspectos relevantes da função gênica. Basicamente, neste tipo de análise, DNA *microarrays* são fabricados com sondas de sequências genômicas contendo SNPs previamente identificados e que, pelo sinal de hibridização, permite identificar se a amostra genômica em teste apresenta tal SNP. Sequências do DNA genômico da amostra que contenham determinado polimorfismo produzirão sinal de fluorescência após a detecção enquanto a ausência de polimorfismo não irá produzir sinal. A Affymetrix é um dos fabricantes mais bem estabelecidos na comercialização de SNP *microarrays*. A última versão do seu SNP *microarray* para o genoma humano apresenta cerca de 1,8 milhão de marcadores genéticos incluindo cerca de 906.600 SNPs. Nesse tipo de experimento para genotipagem a expansão do número de sondas no *microarray* contendo SNP aumenta o poder de resolução da análise e a possibilidade de encontrar um dado SNP na amostra em teste.

Outra aplicação dos DNA *microarrays* é a hibridização genômica comparativa (do inglês, *Comparative Genomic Hybridization*, CGH) na técnica conhecida como CGH *array,* a qual foi introduzida inicialmente em entre 1999 e 2000, detectando alterações genômicas em células tumorais[43,44]. Nessa aplicação, as hibridizações com DNA *microarrays* são capazes de detectar perdas ou ganhos de regiões cromossômicas do genoma em teste em comparação com um genoma de referência. O princípio de detecção é o mesmo utilizado para a análise de expressão gênica utilizando-se dois canais de fluorescência, sendo a amostra teste e a de referência marcadas diferencialmente com Cy3 e Cy5 e hibridizadas competitivamente. Neste caso os DNA *microarrays* comercializados atualmente, utilizados para CGH, apresentam sondas imobilizadas que perfazem a cobertura total do genoma em estudo ou regiões de interesse como, por exemplo, cromossomos específicos. Inicialmente os *microarrays* utilizados nos estudos mencionados acima[43,44] foram *microarrays* de cDNA fabricados pela técnica de *spotting* robotizado.

15.3 POSSIBILIDADES TERAPÊUTICAS E/OU INDUSTRIAIS DO USO DOS DNA *MICROARRAYS*

Conforme descrito na seção anterior, a tecnologia de DNA *microarray* tomou grande corpo na esfera científica por sua característica inovadora na geração de dados em larga escala relacionados, principalmente à análise da expressão gênica, os quais anteriormente eram obtidos de forma individual. Desde o surgimento dos *microarrays* de alta densidade realizados por *spot* através de robôs e do início da comercialização dos BioChips® - chips de DNA de alta densidade - da empresa Affymetrix, os experimentos em larga escala têm como principal aplicabilidade sua capacidade de fornecer informações que podem convergir na atribuição da função gênica.

A aplicação dos DNA *microarrays* pode ser verificada em todas as áreas da biologia e medicina produzindo informações diretamente voltadas nos campos do diagnóstico de doenças, seu prognóstico clínico e suas relações com o tratamento farmacológico. Neste campo se enquadram principalmente a caracterização molecular e identificação de genes relacionados aos diferentes tipos de tumor, sua classificação e o seu perfil de resposta aos principais quimioterápicos antitumorais. Ao longo do estudo da biologia celular e molecular do câncer, este foi inserido como uma doença genética e a disponibilidade dos genomas dos principais organismos modelos no estudo desta doença como rato, camundongo e o próprio genoma humano foram tidos como elementos importantes[45,46]. A análise do perfil de expressão de tecidos tumorais utilizando DNA *microarrays* mostrou que diferentes neoplasias têm padrões de expressão diferentes, os quais podem ser correlacionados, por exemplo, com a origem do tumor e a alguns genes específicos e a grupos de genes em comum. Certamente, a busca do perfil de expressão de um tecido tumoral visando sua correlação exata com o prognóstico desse tumor é um campo em que a técnica de *microarray* e outros métodos de análise de expressão gênica global têm sido bastante utilizados. Uma ferramenta útil nessa busca é o isolamento de tecidos tumorais utilizando microdissecção a laser para remover regiões estritas do tumor na população de células amostradas. Isso previne a presença de células normais das adjacências do tecido tumoral coletado no momento do preparo da amostra e extração do RNA.

O estudo de patologias humanas através da utilização de DNA *microarrays* não se restringe somente à oncologia, pois de uma maneira geral, em qualquer doença, um dos elementos chave de investigação refere-se à definição de eventos celulares que possam auxiliar na resposta à questão sobre como um tecido, órgão ou célula sadio passa do estado fisiológico para o estado patológico. A resposta a esse tipo de questão auxilia em vários elementos, principalmente na compreensão dos mecanismos moleculares, especialmente de doenças raras ou aquelas de natureza poligênica e multifatorial, onde a causa primordial da instalação da doença não é tão óbvia. Nesse sentido, a análise do perfil transcricional de células para o estudo de doenças humanas por meio da utilização de animais modelos e/ou animais transgênicos ou nocautes tem sido uma fonte importante de experimentação. Células ou tecidos desses animais podem ser comparados com as células de animais controles sadios auxiliando na compreensão ou na especulação de mecanismos patológicos a partir de genes ou vias metabólicas diretamente envolvidas neste processo. Em especial, camundongos transgênicos ou nocautes podem ser gerados em laboratório e utilizados para esta finalidade. De posse desses animais tem sido possível estabelecer estudos sistemáticos levando em conta a progressão da doença e a alteração do seu perfil de expressão gênica durante o seu curso. Um exemplo bastante importante desse tipo de abordagem advém do estudo de animais modelos com alteração da função de genes específicos envolvidos em doenças neurodegenerativas. Como o ciclo de vida desses animais é curto, torna-se possível fazer simulações sobre o curso da doença, o que não é facilmente obtido no estudo direto de pacientes humanos. Com isso é possível inferir os períodos de maior agressividade da doença. Uma vez validados, esse tipo de dado pode auxiliar também no estadiamento clínico dos pacientes direcionando o tratamento farmacológico dos portadores de acordo com a fase clínica da doença em que se encontram. Nesse sentido, análises de *microarray* podem ser também aplicadas à farmacogenômica, uma área da genética e da farmacologia que vem se desenvolvendo desde a década de 1950 quando pesquisadores identificaram que reações a drogas tem um componente hereditário. Para esse tipo de abordagem SNP *microarrays* têm sido usados para a identificação de polimorfismos de um único nucleotídeo que possam fornecer alguma relação genética entre as populações que apresentam uma mesma reação à droga, não observada em todos os indivíduos tratados.

Os DNA *microarrays* tem também fornecido informações relevantes no campo do estudo da microbiologia e dos mecanismos de interação patógeno-hospedeiro, gerando, por exemplo, informações sobre genes ou grupos de genes responsáveis pela infecção primária, colonização e manutenção do agente patogênico no seu organismo hospedeiro. Devido ao seu menor tamanho, os genomas de microrganismos de todos os filos foram já sequenciados. Dentre estes microrganismos estão àqueles patogênicos e também organismos modelos ou espécies filogeneticamente próximas, mas não patogênicas. Isso tem possibilitado análises comparativas e auxiliado na compreensão da evolução das espécies patogênicas.

No estudo dos mecanismos de virulência e patogenicidade desses microrganismos uma das questões centrais é a compreensão de como estes bioagentes se adaptam às condições de um organismo hospedeiro. Por exemplo, no caso de infecção com patógenos oportunistas, isto é, originalmente saprófitas, o estudo da expressão gênica destes permite identificar genes e vias metabólicas e de sinalização celular associadas às diferentes fontes de estresse para o microrganismo quando já no interior do hospedeiro, como por exemplo, estresse osmótico, térmico, oxidativo, nutricional ou em resposta a determinado agente antimicrobiano exógeno ou do sistema imunológico do hospedeiro[33]. Esses trabalhos têm sido bastante realizados através de experimentos utilizando os microrganismos em cultura (*in vitro*). Porém, quando possível, experimentos de análise do perfil transcricional dos microrganismos patogênicos têm sido conduzidos a partir de amostras de RNA do patógeno obtidas diretamente do tecido ou célula colonizada. Esses experimentos de análise *in vivo* fornecem resultados interessantes e estão disponíveis para agentes como bactérias, fungos e protozoários[47-50]. A utilização de experimentos de DNA *microarrays* no estudo da expressão gênica de microrganismos submetidos as mais diversas condições de estresse e cultivo permite identificar genes como candidatos a novos fatores de virulência que merecem estudos detalhados (Figura 15.9). Esses estudos fornecem um exemplo muito elegante do uso da informação das sequências desses organismos através da genética reversa. A caracterização da função gênica desses candidatos a fatores de virulência passa pela análise de sua capacidade de atenuar a virulência do patógeno quando este for inoculado no organismo modelo. Para tanto, linhagens nocaute ou com perda de função desses genes candidatos podem ser construídas em alguns organismos patógenos utilizando técnicas de biologia molecular e manipulação genômica. Essas linhagens mutantes obtidas podem ser utilizadas em ensaios de virulência nos modelos animais adequados para cada tipo de patógeno e da doença causada por estes. Esses experimentos permitem a validação do Postulado Molecular de Koch, ou também chamado de Postulado de Falkow, que preconiza dentre outras coisas, que a inativação específica de genes sob a suspeita de serem fatores de virulência de um determinado microrganismo patogênico deve estar obrigatoriamente associada à perda observável e mensurável da sua capacidade infectiva e patogenicidade num organismo modelo da infecção. Ainda, que a reversão genética do alelo mutante introduzido no microrganismo pela reintrodução de uma cópia selvagem do gene (complementação gênica) em estudo deve restaurar a capacidade patogênica do organismo no mesmo modelo de estudo[51]. Com esse tipo de abordagem, a lista de genes importantes no estabelecimento do processo de infecção dos mais diversos microrganismos foi consideravelmente aumentada nos últimos anos a partir de dados de análise de expressão gênica obtidos em experimentos de *microarrays*[52-53]. A Figura 15.9 mostra um exemplo de como essas informações podem ser obtidas levando a identificação de categorias de genes importantes para a infecção e colonização do hospedeiro. Através dessa abordagem, pode-se monitorar o curso da infecção em unidades de tempo (horas, dias, dependendo do patógeno) pode-se assim identificar genes que são expressos logo no início do processo de infecção (precoces), genes que se expressam em tempos mais longos de interação com o hospedeiro (tardios) ou os genes que são expressos durante todo o período da infecção. O estudo desses genes torna também possível a identificação de genes que podem ser candidatos a vacinas contra o determinado patógeno em estudo.

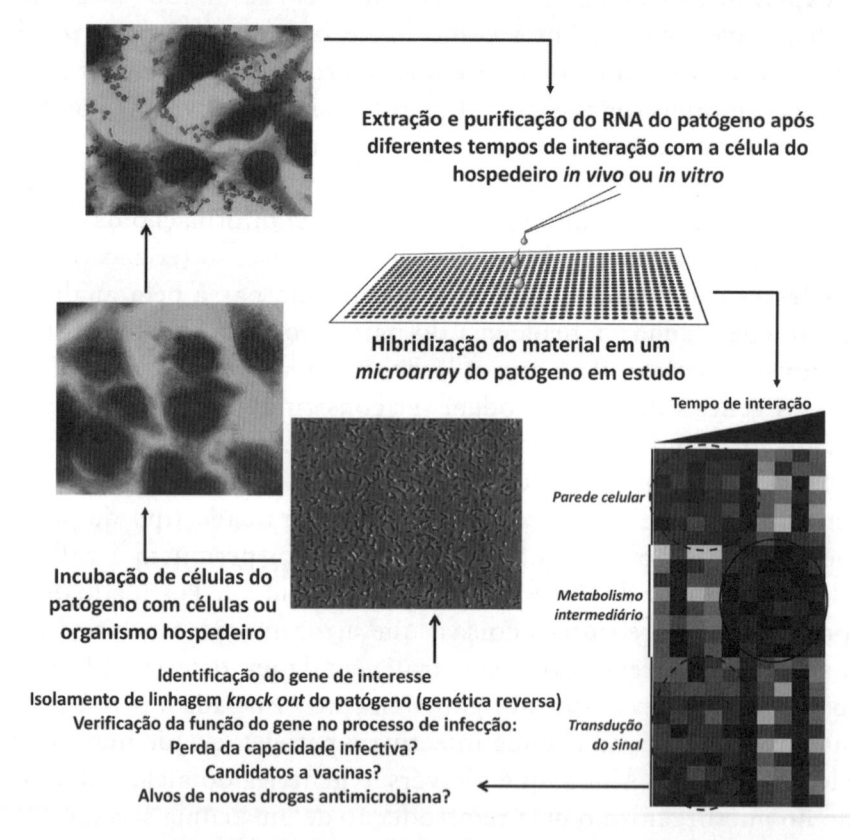

Figura 15.9 Os *microarrays* de expressão gênica podem ser empregados na identificação de genes importantes para o processo de infecção e no curso da doença causado por agentes patogênicos. Neste exemplo busca-se traçar o perfil transcricional do microrganismo patogênico, neste caso uma determinada bactéria durante o curso da interação com a célula humana. Dessa forma esse experimento *in vitro* monitora-se o tempo de interação crescente entre a bactéria e a célula em cultivo. Após os tempos estabelecidos no desenho experimental, células do patógeno e do hospedeiro podem ser separadas e o RNA da bactéria é extraído e utilizado nas hibridizações de microarray com uma lâmina contendo o transcriptoma da bactéria em estudo. Os resultados da hibridização podem ser vistos no *heat*

map que identifica genes induzidos e reprimidos durante o curso da infecção. É possível identificar agrupamentos de genes envolvidos em determinadas funções celulares, como por exemplo, metabolismo intermediário, síntese da parede celular etc. Além disso, o experimento dá uma ideia dos genes expressos precocemente durante a infeção (linhas pontilhadas), isto é, genes que o patógeno necessita já no início da infecção ou genes tardios (expressos em períodos mais longos da infecção - linha cheia). Estes genes tardios indicam aqueles envolvidos no processo de manutenção do patógeno no organismo ou célula hospedeira. A funcionalidade desses genes pode ainda ser verificada determinando-se se tais genes constituem-se efetivamente como fatores de virulência do patógeno. Para isso, a genética rever-sa é uma ferramenta muito importante, pois permite, utilizando técnicas de biologia molecular e manipulação genômica, criar linhagens *knock out* para genes escolhidos. Se estes genes forem efetivamente importantes ou fundamentais para o processo de infecção, quando esta linhagem *knock out* for colocada em contato com o organismo hospedeiro, esta terá perdida a sua capacidade de causar doença. A reintrodução do gene deletado na mesma linhagem *knock out* deve restabelecer a condição patogênica desse organismo (postulado de Falkow- ver texto para detalhes).

Ainda no estudo de microrganismos, a genotipagem utilizando os *microarrays* de DNA propicia a comparação de cepas patogênicas com cepas não patogênicas de uma mesma espécie de organismo. Essa aborda-gem facilita a identificação clínica das amostras para verificar a presença de genes presentes nas cepas patogênicas os quais estão relacionados com a sua virulência sem a necessidade de sequenciamento completo e anotação de genoma. Além disso, outra aplicação importante em microbiologia é o estudo de linhagens resistentes a agentes antimicrobianos. Cepas resisten-tes podem ter seu perfil de expressão avaliado e os resultados fornecem informações sobre os genes induzidos e reprimidos sob a ação da droga e permitem inferir sobre os mecanismos de resistência e genes direta ou indi-retamente envolvidos na inativação *in vivo* da droga.

15.4 ELEMENTOS BÁSICOS DA TÉCNICA DE *MICROARRAY* E PROCEDIMENTOS EXPERIMENTAIS

Conforme descrito anteriormente, pelo menos duas formas de produção de *microarrays* (robotizado utilizando *arrayers* ou sintetizados *in situ*) e duas formas de marcação das moléculas alvo (direta ou indireta) estão dis-poníveis. Nesta seção, iremos nos concentrar nos detalhes metodológicos referentes a um experimento completo incluindo a marcação do material genético em estudo, hibridização e obtenção da imagem em um experi-mento típico de DNA *microarray* para análise da expressão gênica. Para isso, uma descrição da técnica utilizada nas hibridizações da plataforma da companhia Agilent será utilizada como exemplo, pois esta utiliza, ao invés de cDNA (Figura 15.10), cRNA marcado para as hibridizações. Adotaremos no exemplo a marcação para hibridização com dois canais de fluorescência para células eucarióticas.

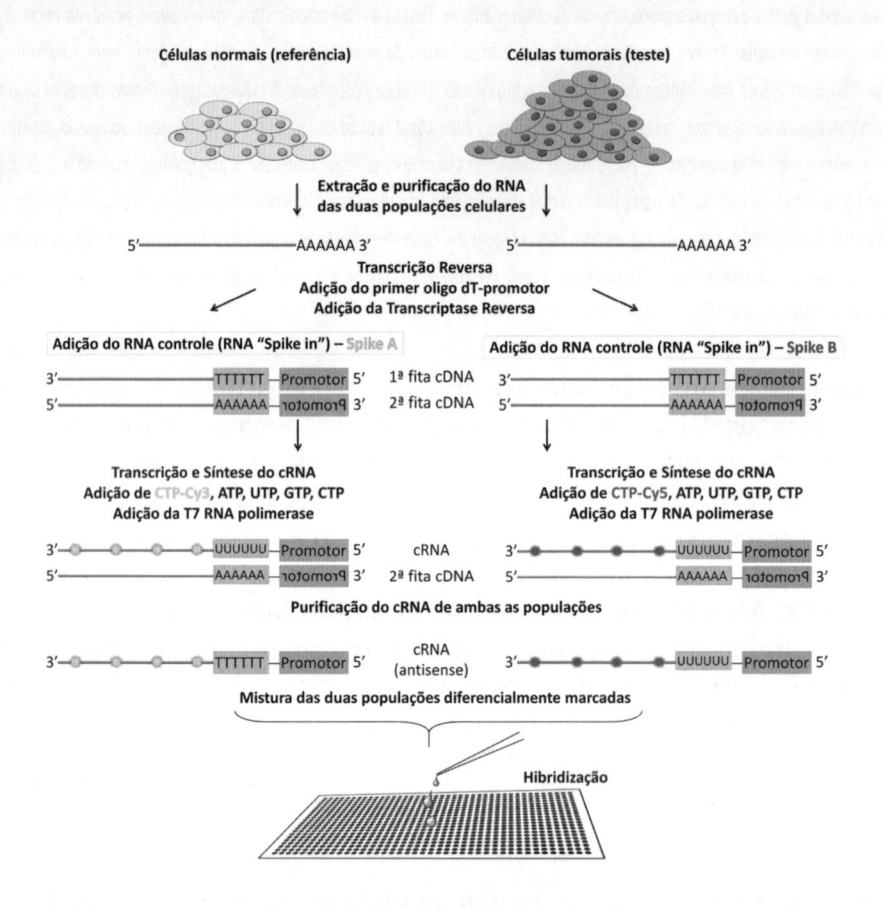

Figura 15.10 A análise do perfil de expressão gênica utilizando DNA *microarrays* e cRNA marcado. Este protocolo de marcação é utilizado para as hibridizações de chips de DNA produzidos pela companhia Agilent® e pode ser de uma ou duas cores (a marcação de duas cores está mostrada no exemplo). As populações de RNA de cada tipo celular são extraídas e submetidas a transcrição reversa, da mesma forma mostrada no esquema geral da Figura 15.5. Entretanto para a síntese do cDNA é utilizado um oligonucleotídeo poli T (oligo dT) que irá hibridizar na porção 3' do transcrito na sua cauda poliA. Além disso, esse primer apresenta uma região promotora para propiciar a ação da T7 RNA polimerase que será adicionada na próxima etapa da síntese. As sequências controle de "RNA spike in" são adicionadas nesse momento do protocolo para que sofram também as mesmas reações enzimáticas de preparação que as amostras de RNA oriundas das populações celulares em estudo. Neste protocolo cDNA dupla fita será sintetizado e as letras invertidas da palavra "Promotor" indica a sequência de DNA reversa e complementar. As moléculas de cDNA produzidas são submetidas a reação de transcrição pela T7 RNA polimerase a qual irá simultaneamente amplificar e incorporar Cy3-CTP ou Cy5-CTP às moléculas de cDNA gerando dessa forma o cRNA. As duas populações de cRNA são testadas para apresentarem atividade específica adequada e misturadas em quantidades equivalentes para serem hibridizadas com o DNA *microarray*. O restante do protocolo é o mesmo descrito no texto para as Figuras 15.6 e 15.7.

Neste protocolo, o leitor pode-se perguntar: por que essa técnica utiliza marcação do alvo na forma de cRNA ao invés de cDNA? Para respondermos a essa pergunta devemos ter em mente duas premissas. As sondas imobilizadas presentes no *microarray* estão na forma de DNA. Portanto, são complementares às moléculas alvo que estarão nas amostras em estudo. A outra informação relevante refere-se à estabilidade dos híbridos de ácidos nucleicos. A estabilidade térmica de um híbrido DNA-RNA é intermediária entre a estabilidade de híbridos DNA-DNA (menos estável) e RNA-RNA (mais estável)[46,54-57]. Como a técnica de *microarray* está essencialmente baseada na hibridização dos ácidos nucleicos, esse fato pode auxiliar na obtenção de sinal de fluorescência mais intensos e específicos.

Uma vez de posse do chip de *microarray*, o estabelecimento das condições de comparação é crucial para que diferenças nos perfis de expressão gênica possam ser observadas. Esse planejamento envolve observação dos dados de interesse e os objetivos de cada teste a fim de se obter as condições contrastantes para o isolamento das populações de RNA. Em se tratando de análise de expressão gênica global, a extração e a integridade do RNA de interesse é um ponto crítico para o sucesso da técnica. RNAs extraídos tem que, obrigatoriamente estarem íntegros, pois serão transcritos reversamente para a geração das moléculas que hibridizarão com os alvos. RNAs degradados estarão clivados aleatoriamente formando oligonucleotídeos levando à ineficiência do processo de incorporação e marcação com as cianinas. Como consequência, a hibridização torna-se ineficiente e sinal de fluorescência baixo ou ausente será obtido. Em alguns protocolos para análise de expressão de células eucarióticas, o RNA total extraído será submetido adicionalmente a purificação do RNA poliA+ e, nestes casos, os mesmos cuidados devem ser adotados para a manutenção da integridade da molécula desse RNA. Dessa forma, o manipulador das amostras deve conhecer os procedimentos básicos para a análise de RNA. Esses conceitos estão além do escopo desse capítulo, porém excelentes compêndios de biologia molecular podem ser consultados para tal finalidade[58,59]. Ainda, o melhor método para extração do RNA total e purificação do RNA poliA+, quando for o caso, deve ser escolhido dependendo da amostra biológica em questão.

Os *microarrays* de oligonucleotídeos comerciais da companhia Agilent apresentam sondas controles desenhadas e incorporadas no arranjo. Essas sondas são depositadas no *microarray* para que sofram hibridização com sequências controles que são introduzidas nas amostras em estudo e cujas sequências são únicas e, portanto não apresentam possibilidade de hibridização cruzadas com as sondas do organismo de interesse imobilizadas na lâmina. Esses RNAs controles são chamados de *RNA spike in* e são adicionados às amostras em estudo em quantidades descritas pelos fabricantes. Os RNAs controle, contidos no *Spike in* (Spike A e Spike B), são basicamente controles positivos para monitorar o controle de qualidade do experimento de *microarrays* desde a sua amplificação da amostra, transcrição reversa e transcrição para gerar o cRNA. O reagente *Spike in* contém dez transcritos sintetizados poliadenilados *in vitro* derivados do transcriptoma do adenovírus E1A, os quais estão misturados em proporções conhecidas na amostra teste e referência. Dessa forma, quando essas misturas são competitivamente hibridizadas no *microarray* deverão gerar um sinal esperado que sirva para monitorar a linearidade da sensibilidade e precisão da técnica. Os dez cRNAs formados a partir da adição do *Spike A* e do *Spike B*, serão marcados com Cy3 e Cy5, respectivamente, e são adicionados no mesmo meio de reação onde irá se processar a transcrição reversa, logo no início do preparo da amostra (Figura 15.10). O *RNA spike in* sofrerá, portanto todo o processamento e reações enzimáticas que as amostras reais são submetidas e servirão tanto como controle da hibridização, como um controle das reações enzimáticas. Os sinais de hibridização dos controles na forma de *RNA spike in* é utilizado pelo software de quantificação e normalização para gerar um relatório de qualidade a ser avaliado em cada hibridização[60].

Para a produção e marcação do cDNA, inicialmente as populações de RNA total ou RNA poliA+ serão reversamente transcritas utilizando uma transcriptase reversa e o produto dessa reação será o cDNA dupla fita. Para isso, um oligonucleotídeo contendo uma região promotora para direcionar a atividade da RNA polimerase no próximo passo e uma sequência de T (oligo dT) é utilizado para hibridizar na porção 3' dos mRNAs, na cauda poliA (Figura 15.10). A ação da transcriptase reversa irá gerar então o cDNA dupla fita e a segunda fita do cDNA terá polaridade no sentido 5' → 3'. Neste protocolo, quantidades de RNA total variando de 10 ng a 200 ng de RNA total ou 5 ng de RNA poli A+ podem ser utilizados. Esse protocolo (*Two-Color Microarray-Based Gene Expression Microarrays Analysis* v.6.6, disponível em: <http://www.chem.agilent.com/library/usermanuals/Public/G4140-90050_GeneExpression_TwoColor_6.7.pdf>) também tem como característica a amplificação linear da amostra original de RNA utilizada ao mesmo tempo em que ocorre a transcrição. Isso permite a utilização de menor quantidade de RNA de partida e, segundo o fabricante, possibilita a identificação do perfil de expressão de genes raramente expressos ou pouco abundantes.

Para possibilitar a produção do cRNA marcado, a sequência promotora inserida juntamente com o *primer* oligo dT anteriormente, é essencial para o reconhecimento da RNA polimerase a qual converterá o cDNA em uma molécula de RNA anti sense (cRNA) (Figura 15.10). A marcação é realizada de forma direta pela incorporação na reação de nucleotídeos Cy3-CTP ou Cy5-CTP em competição com nucleotídeos não marcados também adicionados na reação de transcrição. O cRNA marcado obtido é purificado de ambas as populações em teste, quantificado e misturado em quantidades iguais para serem hibridizados na lâmina de *microarray*.

A obtenção e purificação do cRNA marcado com as cianinas é um passo essencial para a obtenção de sinal de fluorescência após a hibridização. Um importante elemento de qualidade que deve ser analisado é a quantidade de cianinas que foram efetivamente incorporados ao cRNA durante a reação de transcrição pela RNA polimerase. Dessa forma, o número de moléculas de Cy3- ou Cy5-CTP incorporados pela enzima nas populações de cRNA deve ser otimizado para gerar sinal apropriado. Uma baixa incorporação irá gerar sinal baixo. Geralmente, esse fato é decorrente da má qualidade do RNA de partida ou mesmo do processo ineficiente de incorporação durante a transcrição por problemas das condições da reação como, por exemplo, enzima inativa, temperaturas de reação inadequadas, entre outros. Por outro lado, a incorporação excessiva das cianinas na cadeia do RNA pode levar ao "abafamento" da fluorescência (do inglês, *quenching*) e também causa perda de sinal. Isto ocorre pois, quando dois fluróforos estão localizados muito próximos uns dos outros (neste caso várias moléculas de Cy3- ou Cy5-CTP incorporados imediatamente uma após a outra na cadeia de cRNA) a energia de excitação destes é dissipada entre eles ao invés de ser emitida e captada pelo sistema de detecção (no caso de *microarrays*, o *scanner*). Dessa forma o *quenching* pode acontecer quando uma amostra está densamente marcada ou quando uma quantidade muito grande de amostra marcada é hibridizada. A incorporação excessiva de cianinas, geralmente nesse tipo de reação, é controlada, pois a razão da quantidade de CTP marcado ou não com Cy3 ou Cy5 utilizada na reação é pré-estabelecido no protocolo de marcação do fabricante. De qualquer forma, antes da hibridização, seja ela competitiva ou não, as amostras devem ser verificadas quanto a quantidade (rendimento do cRNA) obtido e a atividade específica, isto é, pmol de Cy3 ou Cy5 por µg de cRNA que deve ser em torno de 6. Os valores de referência, geralmente dependem de cada protocolo, pois estão relacionados diretamente à quantidade inicial de RNA utilizado.

Após a preparação das amostras, estas são misturadas juntamente com a solução de hibridização e hibridizadas nas lâminas de *microarray*. Cada fabricante apresenta um tipo de câmara de hibridização que servirá em última instância como um suporte para imobilizar a lâmina a qual será colocada no forno de hibridização. A composição do tampão de hibridização varia, mas contém os reagentes necessários para impedir marcação inespecífica e permitir hibridização das sondas com o alvo na amostra. Geralmente, a hibridização é realizada durante cerca de 18 horas a 65 °C. Após o período de hibridização, as câmaras de hibridização são desmontadas e as lâminas lavadas com pelo menos três soluções de lavagem, com aumento da estringência entre elas. As lavagens removem os híbridos que não são completamente específicos e eliminam o *backgound* da lâmina para que uma imagem sem ruído de fundo possa ser obtida, de onde será extraído o sinal de fluorescência. Os protocolos da empresa Agilent ainda preconizam a lavagem das lâminas com acetonitrila e a uma lavagem adicional com uma solução de estabilização e secagem. Essa solução apresenta reagentes que evitam a degradação da cianina 5 frente ao ozônio atmosférico e preserva o sinal de fluorescência da amostra até que esta seja submetida ao escaneamento. Valores de ozônio de cerca de 5 a 10 ppb (partes por bilhão) por períodos curtos de 10 a 30 segundos causam perda de sinal de Cy5[61].

Para a obtenção da imagem, o escaneamento das lâminas deve ser realizado com uma resolução mínima de 5 μm para a maioria dos *microarrays* (8x15K, 4x44K, 1x244K). Para aqueles com densidade maior, como por exemplo, 1x1M, 2x400K, 4x180K e 8x60K, a resolução deve ser de 3 μm. As imagens são obtidas no formato Tiff. Os aspectos essenciais sobre o processamento das imagens obtidas e a quantificação dos sinais e a obtenção dos valores de expressão foram descritos na seção 15.2.2.

15.4.1 A marcação das moléculas alvo para o estudo da expressão gênica pode ser feita com um só fluoróforo

Basicamente, vimos na seção anterior que para a análise de expressão gênica, as duas populações de moléculas alvo são marcadas diferencialmente com os fluoróforos Cy3 e Cy5 e hibridizadas competitivamente no suporte sólido que contém o microarranjo de DNA. Vamos retomar o exemplo anterior mencionado acima sobre a identificação de transcritos diferencialmente expressos na população de células tumorais em relação à célula normal (Figura 15.6). Neste exemplo, pode-se perceber que para cada experimento em que se deseja comparar populações de transcritos será necessário um *microarray*, isto é um arranjo para cada teste. Imaginemos agora um experimento em que se deseja verificar a expressão dos genes após diferentes tempos de exposição da cultura celular a uma droga de interesse, num experimento em curso de tempo, como aquele mostrado no *heat map* da Figura 15.8. Neste exemplo serão avaliados quatro tempos diferentes de exposição. A amostra de referência será a cultura celular não exposta à droga (tempo 0) para todas as comparações. Assim, num experimento típico utilizando essa abordagem teríamos quatro diferentes hibridizações e seriam necessários, quatro diferentes *microarrays* para realizar um experimento completo (Figura 15.11). O fabricante Agilent, por exemplo, apresenta *microarrays* para alguns organismos com o desenho de 4x44K em uma lâmina, conforme descrito na seção 15.2.

Entretanto é possível utilizar as plataformas de *microarray* para realizar hibridizações não competitivas. A diferença essencial entre esses tipos de hibridização é que na hibridização não competitiva, ambas as populações de cDNA ou cRNA (referência e teste) serão marcadas com o mesmo fluoróforo, geralmente Cy3, porém serão hibridizadas em *microarrays* diferentes, conforme pode ser comparado na Figura 15.11. Geralmente, o usuário pode decidir que tipo de hibridização deseja utilizar.

No momento da aquisição da imagem, da mesma forma que descrito na seção anterior para os experimentos de hibridização com duas cores, teremos também dois canais de intensidade de fluorescência, porém eles advêm de hibridizações obtidas de diferentes *microarrays*. Da mesma forma é possível obter os valores das razões de intensidade de sinal e $\log_2$ dessa razão para gerar as listas dos genes diferencialmente expressos nas duas condições. Uma desvantagem da utilização de marcações de uma cor é que estas consomem mais *microarrays* e, dependendo do desenho, o experimento chega a utilizar duas vezes mais *microarrays*. Como cada *microarray* tem um determinado custo, essa decisão de qual sistema de marcação usar deve ser considerada durante o planejamento das hibridizações. A marcação com duas cores pode estar associada a problemas na taxa de incorporação diferente das duas cianinas nas amostras. Alguns investigadores reportam que é mais difícil incorporar a cianina 5 na cadeia do que a cianina 3, já que a primeira é maior e isso pode gerar sinais de intensidades diferentes entre as sondas. Uma vantagem da marcação de uma só cor é que, eventuais amostras de baixa qualidade não comprometem o dado bruto da outra amostra com a qual ela será comparada, já que cada *microarray* é hibridizado com uma única população de cDNA. Vale ressaltar que a utilização de *microarrays* de um só canal tornou-se possível graças ao aprimoramento dos processos e tecnologias de síntese dos *microarrays in situ*, o que forneceu alta reprodutibilidade às análises.

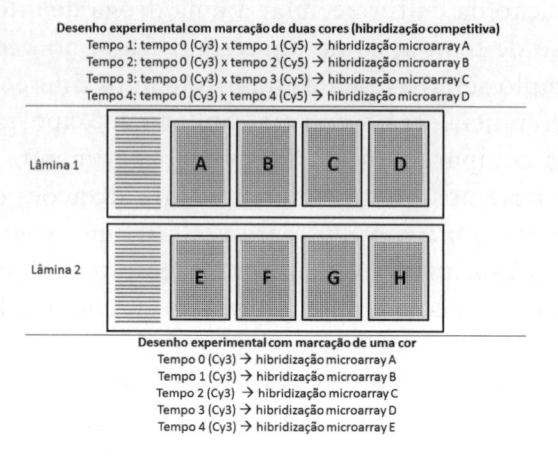

Figura 15.11 A marcação do cDNA ou cRNA para a hibridização com o DNA *microarray* pode ser de uma ou duas cores. As principais diferenças entre a marcação de uma ou duas cores com relação ao desenho experimental da hibridização é o número de arranjos utilizados. Como exemplo estão mostradas lâminas de *microarray* comercialmente disponíveis no formato 4x44K, isto é 4 *microarrays* de 44 mil spots em cada lâmina o que permite portanto hibridizar quatro diferentes amostras em um mesmo chip. Na parte superior está mostrado o planejamento da hibridização de um experimento onde a amostra referência é o tempo zero de exposição a uma droga e as amostras 1, 2, 3 e 4 indicam diferentes tempos de exposição à esta. No caso das hibridizações competitivas onde as amostras de cRNA serão marcadas com duas cores (Cy3 e Cy5) produzindo dois canais de fluorescência, será necessário apenas um chip para hibridizar as quatro amostras nos *microarrays* A-D. Por outro lado, marcações de uma cor as quais utilizam somente o fluoróforo Cy3, para este mesmo experimento irá resultar no uso de um *microarray* a mais (A-E). De uma maneira geral marcações de uma só cor utilizam mais *microarrays* e dependendo do desenho experimental e das comparações que se deseja realizar, podem representar o dobro de *microarrays*. As barras horizontais nas lâminas indicam o código de barras do fabricante.

15.5 CONCLUSÕES E PERSPECTIVAS FUTURAS DO USO DOS DNA *MICROARRAY*

Os DNA *microarrays* revolucionaram a forma como a informação gerada ao longo dos anos pela genômica estrutural foi analisada. Os DNA *microarrays* abriram a possibilidade da consolidação para uma nova área, a genômica funcional, a qual tornou possível um novo olhar sobre o estudo da conversão do DNA em RNA (transcriptômica) nas células dos mais diferentes organismos e tipos celulares. Conforme mencionado anteriormente, o banco de dados GEO do NCBI conta com um número de depósitos de dados derivados de análises de *microarray* exponencial ao longo dos anos 2000. Desses dados, muito possivelmente existem informações ainda a serem pormenorizadamente analisadas e novas questões biológicas relevantes podem emergir, além daquelas abordadas nos desenhos experimentais originalmente idealizados em cada experimento.

Hoje, o panorama dos estudos transcriptômicos em larga escala também sofreu mudanças e outras tecnologias de análise da expressão gênica global têm emergido. Atualmente, técnicas de sequenciamento de nova geração (conhecido como *next generation sequencing*, NGS) tem parcialmente substituído os *microarrays* para análises de expressão global, pois se configuram num conjunto de técnicas que também se prestam para a identificação de transcritos diferencialmente expressos. Os métodos de NGS sequenciam diretamente todo o *pool* de mRNA das condições em estudo (condição teste e condição referência) em experimentos genericamente chamados de sequenciamento de RNA ("RNA seq")[62]. Os detalhes dessas técnicas de NGS, embora também relevantes estão além do escopo desse capítulo. Todavia a utilização de DNA *microarrays* é uma abordagem extremamente robusta capaz de gerar dados igualmente confiáveis em comparação àqueles obtidos através do sequenciamento de RNA.

As técnicas de NGS são capazes de gerar informação numérica da quantidade de sequências (*reads*) de um determinado transcrito nas amostras cuja comparação está sendo efetuada, ao invés de inferir a quantidade indiretamente baseada num sinal de fluorescência gerado mediante a hibridização do alvo com a sonda, o qual é capturado pelo *scanner*. Além disso, atualmente os custos de experimentos completos de *microarrays* (incluindo replicatas técnicas e biológicas) ainda parecem ser menores se comparados ao custo de sequenciamento de RNA. Porém, tem sido concreta e crescente a queda do custo desse tipo de sequenciamento global (ver: <http://www.genome.gov/sequencingcosts/>). Dessa forma, pode-se esperar para os futuros anos uma queda na utilização dos DNA *microarrays* e/ou sua coexistência com métodos de sequenciamento de nova geração, principalmente no campo da transcriptômica. Por esse motivo, uma nova ordem em experimentos de análise de expressão gênica em larga escala deverá ser ditada, a qual, possivelmente, será coordenada pela avaliação dos laboratórios dos custos e da eficiência das duas tecnologias. Definitivamente, a análise da expressão gênica global provou-se como uma ferramenta poderosa para a inovação e descoberta científica sem precedentes, e que por isso, melhorias dessa metodologia passaram a ser buscadas ao longo do tempo e estão em implantação, como é o caso do NGS. Exemplificando-se esse fato, a companhia Roche NimbleGen, mencionada anteriormente nesse capítulo, foi uma das pioneiras no desenvolvimento de chips de DNA de alta densidade através de sua tecnologia própria de síntese *in situ*. Essa empresa anunciou em junho de 2012 que os seus produtos e serviços destinados aos *microarrays* (expressão gênica, CGH, SNPs etc.) foram descontinuados.

Por outro lado, algumas aplicações dos *microarrays* ainda parecem ser eficientes e competitivas com relação a abordagens de sequenciamentos de nova geração em larga escala. Por exemplo, considerando o seu poder de resolução, o CGH *microarray* ainda pode ser uma técnica de escolha para se detectar alterações do genoma de grandes extensões, em comparação ao sequenciamento. Ainda, apontando para as tendências correntes do uso dos DNA *microarrays,* as empresas líderes na produção de chips de DNA de alta densidade tem investido em esforços para a diminuição dos preços dos *microarrays,* o que poderá render em um uso ampliado para aplicações direcionadas ao diagnóstico clínico, que é um segmento que deve absorver essa metodologia em relação a abordagens de NGS[63]. Adicionalmente, *microarrays* chamados de arranjos de captura (do inglês, *capture array*) tem sido desenvolvido para isolar regiões específicas de interesse no genoma para posterior sequenciamento. Essa é uma estratégia engenhosa, pois com os arranjos de captura torna-se possível o sequenciamento direcionado de genes ou grupos de genes, por exemplo, relacionados ao desenvolvimento de algum tipo de patologia sem a necessidade do sequenciamento de segmentos aleatórios do genoma que não são de interesse para aquele determinado objetivo[63,64].

Ao longo da última década, o uso dos *microarrays* fomentou o aparecimento de diversos programas, tanto publicamente disponíveis quanto comercializados por empresas que fabricam seus chips de DNA. Isso facilitou e disseminou o uso, pois tornou os pesquisadores independentes para produzir e analisar os seus próprios resultados sem propriamente a necessidade de pessoal altamente especializado em bioinformática. Atualmente, esse panorama ainda não é o mesmo para as análises dos resultados de sequenciamento de nova geração o que, além do custo, limita o uso mais massivo desse método. Para os próximos anos será razoável esperar o aparecimento de forma de programas de análises mais simplificados que farão parte dos elementos a serem ponderados pelos laboratórios ao escolherem suas técnicas de análise global.

REFERÊNCIAS

1. Sanger F, Coulson AR, Hong GF, Hill DF, Petersen GB. Nucleotide sequence of bacteriophage lambda DNA. Journal of molecular biology. 1982;162(4):729-73.

2. Fleischmann RD, Adams MD, White O, Clayton RA, Kirkness EF, Kerlavage AR, et al. Whole-genome random sequencing and assembly of *Haemophilus influenzae* Rd. Science. 1995;269(5223):496-512.

3. Goffeau A, Barrell BG, Bussey H, Davis RW, Dujon B, Feldmann H, et al. Life with 6000 genes. Science. 1996;274(5287):546, 563-47.

4. Hinnebusch AG, Johnston M. YeastBook: an encyclopedia of the reference eukaryotic cell. Genetics. 2011;189(3):683-4.

5. Lander ES, Linton LM, Birren B, Nusbaum C, Zody MC, Baldwin J, et al. Initial sequencing and analysis of the human genome. Nature. 2001;409(6822):860-921.

6. Venter JC, Adams MD, Myers EW, Li PW, Mural RJ, Sutton GG, et al. The sequence of the human genome. Science. 2001;291(5507):1304-51.

7. Roach JC, Boysen C, Wang K, Hood L. Pairwise end sequencing: a unified approach to genomic mapping and sequencing. Genomics. 1995;26(2):345-53.

8. Venter JC, Smith HO, Hood L. A new strategy for genome sequencing. Nature. 1996;381(6581):364-6.

9. Sanger F, Coulson AR. A rapid method for determining sequences in DNA by primed synthesis with DNA polymerase. Journal of molecular biology. 1975;94(3):441-8.

10. Sanger F, Nicklen S, Coulson AR. DNA sequencing with chain-terminating inhibitors. Proceedings of the National Academy of Sciences of the United States of America. 1977;74(12):5463-7.

11. Koboldt DC, Steinberg KM, Larson DE, Wilson RK, Mardis ER. The next-generation sequencing revolution and its impact on genomics. Cell. 2013;155(1):27-38.

12. Mardis ER. A decade's perspective on DNA sequencing technology. Nature. 2011;470(7333):198-203.

13. Metzker ML. Sequencing technologies – the next generation. Nature reviews Genetics. 2010;11(1):31-46.

14. Ahringer J. Reverse genetics. 2006. In: WormBook [Internet]. The C. elegans Research Community, WormBook.

15. Barzilai A, Yamamoto K. DNA damage responses to oxidative stress. DNA repair. 2004;3(8-9):1109-15.

16. Salmon TB, Evert BA, Song B, Doetsch PW. Biological consequences of oxidative stress-induced DNA damage in Saccharomyces cerevisiae. Nucleic acids research. 2004;32(12):3712-23.

17. Alwine JC, Kemp DJ, Stark GR. Method for detection of specific RNAs in agarose gels by transfer to diazobenzyloxymethyl-paper and hybridization with DNA probes.

Proceedings of the National Academy of Sciences of the United States of America. 1977;74(12):5350-4.

18. Southern EM. Detection of specific sequences among DNA fragments separated by gel electrophoresis. Journal of molecular biology. 1975;98(3):503-17.

19. Schulze A, Downward J. Navigating gene expression using microarrays – a technology review. Nature cell biology. 2001;3(8):E190-195.

20. Malavazi I. Caracterização funcional de diferentes componentes das vias metabólicas de resposta ao dano ao DNA no fungo filamentoso *Aspergillus nidulans* [Tese de doutorado]. Ribeirão Preto: Universidade de São Paulo (USP); 2007.

21. Cheung VG, Morley M, Aguilar F, Massimi A, Kucherlapati R, Childs G. Making and reading microarrays. Nature genetics. 1999;21(1 Suppl):15-9.

22. Maskos U, Southern EM. Oligonucleotide hybridizations on glass supports: a novel linker for oligonucleotide synthesis and hybridization properties of oligonucleotides synthesised in situ. Nucleic acids research. 1992;20(7):1679-84.

23. Barrett JC, Kawasaki ES. Microarrays: the use of oligonucleotides and cDNA for the analysis of gene expression. Drug discovery today. 2003;8(3):134-41.

24. Auburn RP, Kreil DP, Meadows LA, Fischer B, Matilla SS, Russell S. Robotic spotting of cDNA and oligonucleotide microarrays. Trends in biotechnology. 2005;23(7):374-9.

25. Bammler T, Beyer RP, Bhattacharya S, Boorman GA, Boyles A, Bradford BU, et al. Standardizing global gene expression analysis between laboratories and across platforms. Nature methods. 2005;2(5):351-6.

26. Schena M, Shalon D, Davis RW, Brown PO. Quantitative monitoring of gene expression patterns with a complementary DNA microarray. Science. 1995;270(5235):467-70.

27. Lashkari DA, DeRisi JL, McCusker JH, Namath AF, Gentile C, Hwang SY, et al. Yeast microarrays for genome wide parallel genetic and gene expression analysis. Proceedings of the National Academy of Sciences of the United States of America. 1997;94(24):13057-62.

28. Dalma-Weiszhausz DD, Warrington J, Tanimoto EY, Miyada CG. The affymetrix GeneChip platform: an overview. Methods in enzymology. 2006;410:3-28.

29. Lockhart DJ, Dong H, Byrne MC, Follettie MT, Gallo MV, Chee MS, et al. Expression monitoring by hybridization to high-density oligonucleotide arrays. Nature biotechnology.1996;14(13):1675-80.

30. Nuwaysir EF, Huang W, Albert TJ, Singh J, Nuwaysir K, Pitas A, et al. Gene expression analysis using oligonucleotide arrays produced by maskless photolithography. Genome research. 2002;12(11):1749-55.

31. Hughes TR, Mao M, Jones AR, Burchard J, Marton MJ, Shannon KW, et al. Expression profiling using microarrays fabricated by an ink-jet oligonucleotide synthesizer. Nature biotechnology. 2001;19(4):342-7.

32. Wolber PK, Collins PJ, Lucas AB, De Witte A, Shannon KW. The Agilent in situ-synthesized microarray platform. Methods in enzymology. 2006;410:28-57.

33. Miller MB, Tang YW. Basic concepts of microarrays and potential applications in clinical microbiology. Clinical microbiology reviews. 2009;22(4):611-33.

34. Hedrick SM, Cohen DI, Nielsen EA, Davis MM. Isolation of cDNA clones encoding T cell-specific membrane-associated proteins. Nature. 1984;308(5955):149-53.

35. Augenlicht LH, Kobrin D. Cloning and screening of sequences expressed in a mouse colon tumor. Cancer research. 1982;42(3):1088-93.

36. Augenlicht LH, Wahrman MZ, Halsey H, Anderson L, Taylor J, Lipkin M. Expression of cloned sequences in biopsies of human colonic tissue and in colonic carcinoma cells induced to differentiate in vitro. Cancer research. 1987;47(22):6017-21.

37. Augenlicht LH, Taylor J, Anderson L, Lipkin M. Patterns of gene expression that characterize the colonic mucosa in patients at genetic risk for colonic cancer. Proceedings of the National Academy of Sciences of the United States of America. 1991;88(8):3286-9.

38. Kulesh DA, Clive DR, Zarlenga DS, Greene JJ. Identification of interferon-modulated proliferation-related cDNA sequences. Proceedings of the National Academy of Sciences of the United States of America. 1987;84(23):8453-7.

39. Xiang CC, Kozhich OA, Chen M, Inman JM, Phan QN, Chen Y, et al. Amine-modified random primers to label probes for DNA microarrays. Nature biotechnology. 2002;20(7):738-42.

40. Barrett T, Edgar R. Gene expression omnibus: microarray data storage, submission, retrieval, and analysis. Methods in enzymology. 2006;411:352-69.

41. Edgar R, Domrachev M, Lash AE. Gene Expression Omnibus: NCBI gene expression and hybridization array data repository. Nucleic acids research. 2002;30(1):207-10.

42. Brazma A, Hingamp P, Quackenbush J, Sherlock G, Spellman P, Stoeckert C, et al. Minimum information about a microarray experiment (MIAME)-toward standards for microarray data. Nature genetics. 2001;29(4):365-71.

43. Lucito R, West J, Reiner A, Alexander J, Esposito D, Mishra B, et al. Detecting gene copy number fluctuations in tumor cells by microarray analysis of genomic representations. Genome research. 2000;10(11):1726-36.

44. Pollack JR, Perou CM, Alizadeh AA, Eisen MB, Pergamenschikov A, Williams CF, et al. Genome-wide analysis of DNA copy-number changes using cDNA microarrays. Nature genetics. 1999;23(1):41-6.

45. Balmain A. Cancer genetics: from Boveri and Mendel to microarrays. Nature reviews Cancer. 2001;1(1):77-82.

46. Stoughton RB. Applications of DNA microarrays in biology. Annual review of biochemistry. 2005;74:53-82.

47. Daily JP, Le Roch KG, Sarr O, Fang X, Zhou Y, Ndir O, et al. In vivo transcriptional profiling of Plasmodium falciparum. Malaria journal. 2004;3:30.

48. Orihuela CJ, Radin JN, Sublett JE, Gao G, Kaushal D, Tuomanen EI. Microarray analysis of pneumococcal gene expression during invasive disease. Infection and immunity. 2004;72(10):5582-96.

49. Camejo A, Buchrieser C, Couve E, Carvalho F, Reis O, Ferreira P, et al. In vivo transcriptional profiling of *Listeria monocytogenes* and mutagenesis identify new virulence factors involved in infection. PLoS pathogens. 2009;5(5):e1000449.

50. Zakikhany K, Naglik JR, Schmidt-Westhausen A, Holland G, Schaller M, Hube B. In vivo transcript profiling of *Candida albicans* identifies a gene essential for interepithelial dissemination. Cellular microbiology. 2007;9(12):2938-54.

51. Falkow S. Molecular Koch's postulates applied to microbial pathogenicity. Reviews of infectious diseases. 1988;10 Suppl 2:S274-276.

52. Bryant PA, Venter D, Robins-Browne R, Curtis N. Chips with everything: DNA microarrays in infectious diseases. The Lancet infectious diseases. 2004;4(2):100-11.

53. Chizhikov V, Rasooly A, Chumakov K, Levy DD. Microarray analysis of microbial virulence factors. Applied and environmental microbiology. 2001;67(7):3258-63.

54. Lehninger AL, Nelson DL, Cox MM. Lehninger principles of biochemistry. 6th ed. New York: W.H. Freeman; 2013.

55. Gyi JI, Lane AN, Conn GL, Brown T. The orientation and dynamics of the C2'-OH and hydration of RNA and DNA.RNA hybrids. Nucleic acids research. 1998;26(13):3104-10.

56. Lesnik EA, Freier SM. Relative thermodynamic stability of DNA, RNA, and DNA:RNA hybrid duplexes: relationship with base composition and structure. Biochemistry. 1995;34(34):10807-15.

57. Ratmeyer L, Vinayak R, Zhong YY, Zon G, Wilson WD. Sequence specific thermodynamic and structural properties for DNA.RNA duplexes. Biochemistry. 1994;33(17):5298-304.

58. Ausubel FM. Current protocols in molecular biology. Brooklyn, N.Y. Media, Pa.: Greene Pub. Associates; J. Wiley, order fulfillment; 1987.

59. Green MR, Sambrook J. Molecular cloning: a laboratory manual. 4th ed. Cold Spring Harbor, N.Y.: Cold Spring Harbor Laboratory Press; 2012.

60. Yang IV. Use of external controls in microarray experiments. Methods in enzymology. 2006;411:50-63.

61. Fare TL, Coffey EM, Dai H, He YD, Kessler DA, Kilian KA, et al. Effects of atmospheric ozone on microarray data quality. Analytical chemistry. 2003;75(17):4672-5.

62. Wang Z, Gerstein M, Snyder M. RNA-Seq: a revolutionary tool for transcriptomics. Nature reviews Genetics. 2009;10(1):57-63.

63. Ledford H. The death of microarrays? Nature. 2008;455(7215):847.

64. Almomani R, van der Heijden J, Ariyurek Y, Lai Y, Bakker E, van Galen M, et al. Experiences with array-based sequence capture; toward clinical applications. European journal of human genetics: EJHG. 2011;19(1):50-5.

65. Giaever G, Chu AM, Ni L, Connelly C, Riles L, Veronneau S, et al. Functional profiling of the *Saccharomyces cerevisiae* genome. Nature. 2002;418(6896):387-91.

66. Hartwell LH, Mortimer RK, Culotti J, Culotti M. Genetic Control of the Cell Division Cycle in Yeast: V. Genetic Analysis of cdc Mutants. Genetics. 1973;74(2):267-86.

67. Lehninger AL, Nelson DL, Cox MM. Princípios de Bioquímica de Lehninger. 5. ed. Porto Alegre: Artmed; 2011.

AGRADECIMENTOS

Os autores agradecem o suporte financeiro da Fundação de Amparo à Pesquisa do Estado de São Paulo (Fapesp) e do Conselho Nacional de Desenvolvimento Científico e Tecnológico (CNPq) para os estudos de análise da expressão gênica em seus laboratórios. Agradecem também à Dra. Elaine C. P. de Martinis e à Dra. Bruna Carrer Gomes por terem cedido as imagens de microscopia utilizadas na Figura 15.9 desse capítulo.

TOXINAS E PURIFICAÇÕES

16

PURIFICAÇÃO DE PRODUTOS BIOTECNOLÓGICOS

Adalberto Pessoa Junior
Adriano Rodrigues Azzoni
André Moreni Lopes
Beatriz Vahan Kilikian

16.1 INTRODUÇÃO

Neste capítulo, serão descritas operações unitárias utilizadas em processos de purificação de biomoléculas. A diversidade de aplicações e a importância dos produtos biotecnológicos têm levado ao contínuo desenvolvimento das operações utilizadas nos processos de recuperação e purificação. Avanços nas áreas de genética e biologia molecular estimulam o desenvolvimento e utilização comercial de novos micro-organismos ou células, geneticamente modificados ou não, na produção de antigas e novas biomoléculas de maneira mais eficiente, introduzindo, contudo, novos desafios aos processos de purificação de biomoléculas. Os produtos industriais baseados em biomoléculas são diversificados quanto à composição (ácidos orgânicos, antibióticos, anticorpos, polissacarídeos, hormônios, aminoácidos, peptídeos e proteínas) e quanto à localização em relação à célula produtora. Como resultado dessa diversidade, não há processos de purificação de aplicação geral. Entretanto, conceitualmente, o processo pode ser dividido em quatro etapas: separação de células e seus fragmentos (clarificação ou separação celular); concentração e/ou purificação de baixa resolução, a qual compreende a separação da molécula-alvo, por exemplo, uma proteína, em relação a moléculas com características físico-químicas significativamente diferentes (água, íons, pigmentos, ácidos nucleicos, polissacarídeos e lipídeos); purificação de alta resolução, a qual compreende a separação de classes de moléculas com algumas características físico-químicas semelhantes, como, por exemplo, proteínas; e, finalmente, operações para acondicionamento final do produto. Além disso, para produtos associados às células, é necessário efetuar o rompimento celular após a separação celular. A Figura 16.1 apresenta um diagrama ilustrativo das diversas etapas de purificação.

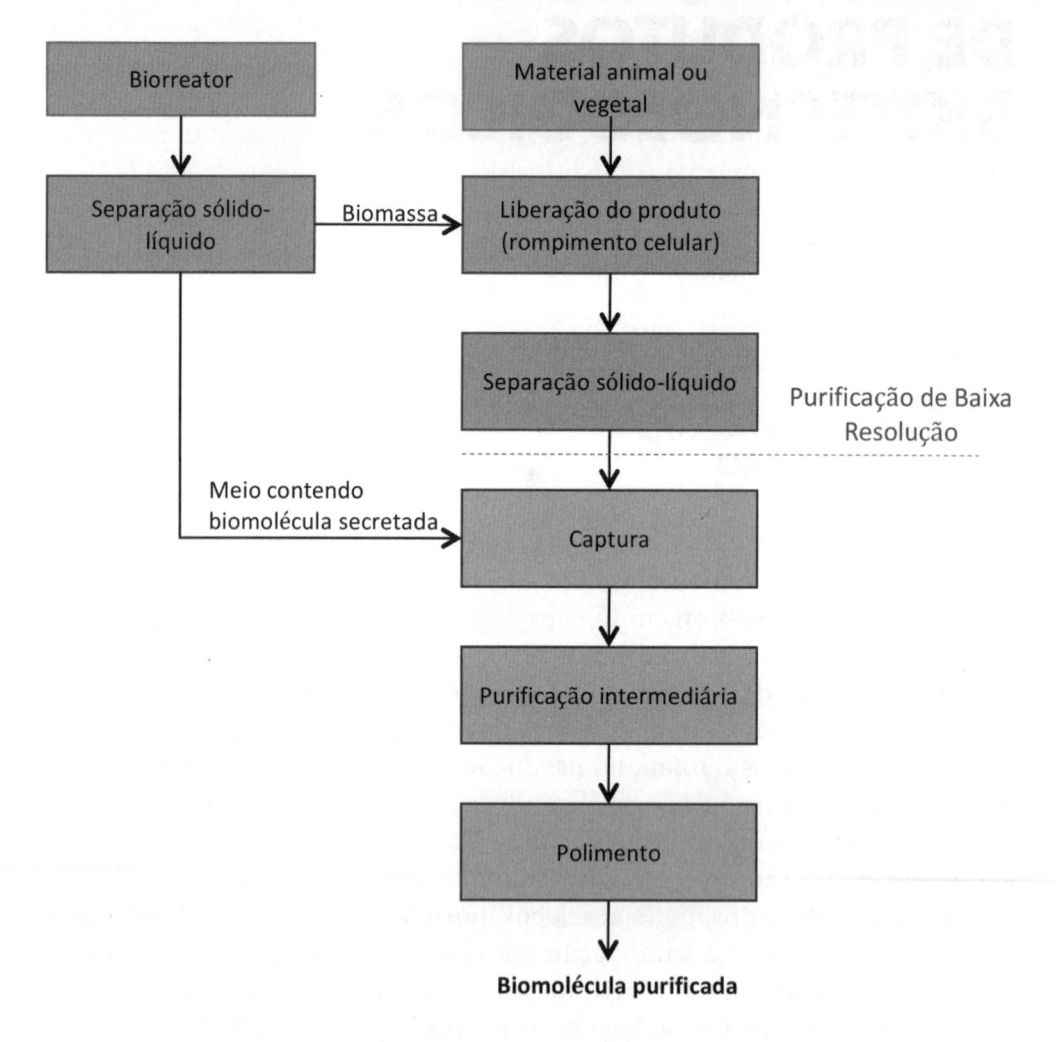

Figura 16.1 Diagrama ilustrativo apresentando as principais etapas de recuperação e purificação de biomoléculas.

A efetivação de cada etapa não necessariamente compreende a aplicação de uma única operação unitária. Por exemplo, após uma precipitação por adição de sal com o intuito de separar e concentrar uma biomolécula, é necessária a diálise para ajuste da força iônica a valores adequados a uma cromatografia. Por outro lado, há produtos (ácidos orgânicos e enzimas industriais) cujas aplicações não requerem elevado grau de pureza, de modo que operações cromatográficas não são necessárias. Entretanto, em qualquer situação, a redução do número de etapas é de fundamental importância na viabilidade do processo. Por exemplo, se a cada operação unitária o rendimento em produto for de 90%, a aplicação de nove operações levará a um rendimento final de cerca de apenas 40%.

A definição das operações unitárias de um processo de purificação depende do uso da molécula-alvo, suas características físico-químicas, bem como aquelas das impurezas. Produtos destinados a usos terapêuticos e de diagnósticos são, obviamente, os que requerem maior grau de pureza e, portanto, o processo de purificação é complexo. Uma medida dessa complexidade é o custo do processo de purificação em relação ao custo final do produto, o qual pode chegar a valores tão elevados quanto 80%[1].

16.2 SEPARAÇÃO CELULAR

A purificação de biomoléculas é iniciada após o cultivo das células, animais, microbianas ou vegetais, por meio da clarificação, a qual compreende a separação entre células e meio líquido, da qual resulta um líquido clarificado. Em processos industriais, a clarificação se dá por meio das operações unitárias de filtração, convencional ou tangencial, e de centrifugação.

A filtração convencional é aplicada, sobretudo, a suspensões de fungos filamentosos, os quais não sedimentam numa centrifugação, pois apresentam densidade muito próxima à densidade da água e causam entupimento das membranas empregadas na filtração tangencial. Leveduras, em função de sua dimensão entre 1 e 8µm e densidade 1,05g/cm^3, sedimentam eficientemente num campo centrífugo. Suspensões de bactérias exigem elevada energia na centrifugação por apresentarem dimensão de apenas 0,1 a 1,0µm, sendo frequentemente dirigidas à filtração tangencial, assim como as células animais, sobretudo pela possibilidade de manutenção de assepsia.

16.2.1 Filtração convencional e filtração tangencial

A filtração se dá por alimentação da suspensão de células na direção perpendicular ao meio filtrante, a qual se denomina filtração convencional ou *dead end filtration*, ou se dá por alimentação na direção tangencial à membrana filtrante quando então é denominada filtração tangencial. Os dois tipos de filtração, isto é, *dead end filtration* ou tangencial, são realizados sob pressão aplicada no meio alimentado.

Na filtração convencional ocorre deposição contínua de células e meio de cultura sobre a membrana, do que resulta uma camada denominada torta de filtração, a qual oferece maior resistência à filtração, em comparação à resistência oferecida pela membrana filtrante. A elevada resistência oferecida pela torta de filtração à passagem da suspensão de células é diretamente proporcional à compressibilidade das células e à pressão, uma vez que existe sinergia entre a pressão de filtração e a compressão da torta.

A Equação 16.1 deriva da lei de Darcy e representa o tempo necessário à filtração perpendicular ou convencional de uma dada suspensão de células:

$$t = \frac{\mu \alpha' X}{2\Delta P^{(1-S)}} \frac{V^2}{A^2} \qquad \text{Equação 16.1}$$

em que μ = viscosidade da suspensão (cp); α' = constante relacionada ao tamanho e forma das células; X = concentração de células na suspensão (g/L); ΔP = redução de pressão através do leito (N/m²); S = compressibilidade da torta (adimensional que variade 0 a 1,0); V = volume de filtrado (L); A = área de filtração (m²).

A constante α' é específica para uma dada suspensão de células e é determinada experimentalmente em função da pressão aplicada, ΔP, com base na Equação 16.2, em que α é a resistência específica da torta (m/g):

$$\alpha = \alpha' (\Delta P)^s \qquad \text{Equação 16.2}$$

Por exemplo, na filtração de uma suspensão de *Streptomyces* à concentração de 15 g/L, com viscosidade μ de 1,1 cp, sob ΔP de $6,78 \times 10^4$ N/m², o valor de α é de $2,4 \times 10^{11}$ cm/g.

Sólidos rígidos resultam tortas incompressíveis cujo valor de S, compressibilidade da torta, é nulo, e, portanto, demandam tempo de filtração menor em comparação a tortas constituídas por células microbianas, cujo valor de

S pode chegar a 0,8. Auxiliares de filtração como terra diatomácea ou perlita, podem ser adicionados à suspensão antes da filtração ou depositados sobre o meio filtrante, para adsorverem as células daí resultando em torta de menor compressibilidade e menos problemas com o entupimento do filtro em consequência a penetração de células ou seus fragmentos. Considerando que o diâmetro dos poros dos meios filtrantes convencionais situa-se na faixa entre 10 e 1000 µm, o emprego destes filtros depende do uso de auxiliares de filtração para a retenção de bactérias e leveduras, visto que a dimensão destes micro-organismos frequentemente situa-se abaixo de 10 µm.

A efetividade dos auxiliares de filtração é ilustrada por reduções do tempo de filtração da ordem de 5 a 20 vezes. Embora a compressibilidade, S, seja reduzida, a viscosidade µ, é incrementada, a qual é variável diretamente relacionada ao tempo necessário a uma dada filtração.

A filtração tangencial é a operação unitária frequentemente empregada para a clarificação de suspensões microbianas. O escoamento tangencial à superfície do meio filtrante, sob velocidade linear elevada, entre 0,2 e 5 m/s dependendo da configuração do filtro, minimiza o acúmulo de sólidos na superfície das membranas (Figura 16.2). A filtração tangencial é atraente por demandar baixo consumo de energia, porém os custos da membrana são, em geral, elevados. A força motriz que promove a filtração é a diferença entre a pressão existente entre os lados interno e externo da membrana, também conhecida por Pressão Transmembranar ou Pressão de Transmembrana (PTM) (Equação 16.3).

$$ PTM = \left(\frac{\left(P_{a\lim entação} + P_{concentrado} \right)}{2} - P_{permeado} \right) \qquad \text{Equação 16.3} $$

em que, $P_{alimentação}$ e $P_{concentrado}$ são os valores de pressão na alimentação e saída do concentrado, respectivamente; e $P_{permeado}$ corresponde ao valor da pressão no lado do permeado (Figura 16.2).

Durante o processo de filtração tangencial ocorre a formação de um gradiente de concentração (ou polarização) de células ou solutos na direção da superfície da membrana, o qual reduz o fluxo de permeado através da membrana. Adicionalmente, ocorre o estreitamento dos poros da membrana em resultado à penetração de solutos, fenômeno denominado *fouling*. Enquanto o gradiente de concentração constitui fenômeno reversível, o *fouling* é parcialmente reversível. O aumento da velocidade linear e, até certo ponto, da pressão, minimizam o efeito da polarização de concentração e do *fouling*.

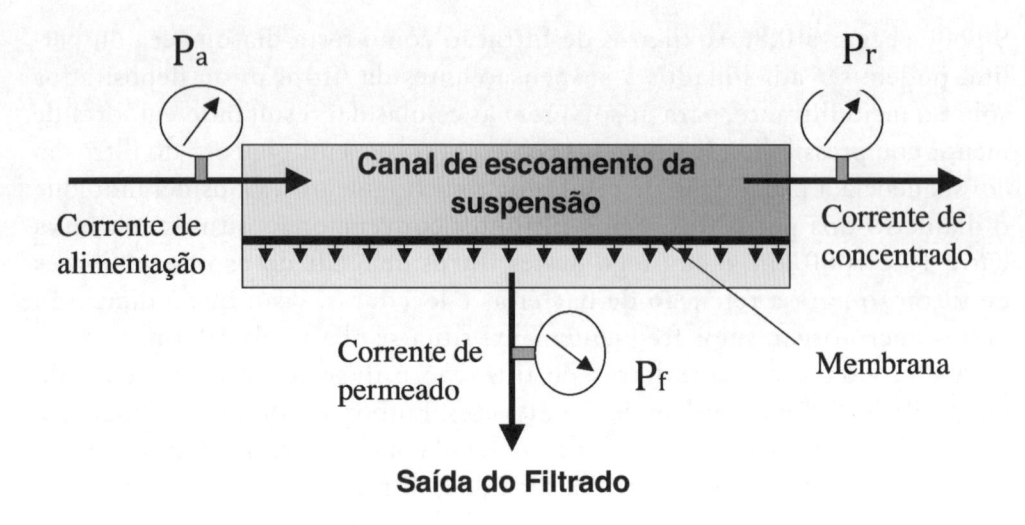

Figura 16.2 Esquema de uma filtração tangencial[1].

Pa = pressão na alimentação; Pr = pressão do retido ou concentrado; Pf = pressão do filtrado ou permeado.

O material das membranas dependerá da composição do meio a ser filtrado e do desempenho da filtração avaliado experimentalmente, inclusive quanto à capacidade de reuso da membrana após sucessivos ciclos de filtração e lavagem. O material das membranas dependerá também da área de aplicação final da biomolécula a ser purificada, se farmacêutica, alimentícia ou industrial. Quanto à configuração, as membranas apresentam-se geralmente na geometria de placas planas ou cilindros, também conhecidos como fibras ocas, sendo essa última configuração mais tolerante à polarização de concentração por operar sob fluxo turbulento.

O diâmetro médio dos poros da membrana escolhida deve considerar a finalidade da operação, se de clarificação ou de concentração de solutos. A clarificação é geralmente efetuada por Microfiltração, na qual o diâmetro dos poros varia entre 0,1 e 10 μm. Na concentração de biomoléculas tais como proteínas e DNA utilizam-se membranas com poros que variam entre 2 e 100 nm (aproximadamente 2 a 750 kDa), em operação denominada Ultrafiltração. Moléculas ainda menores podem ser separadas por Nanofiltração (poros entre 0,1 e 2 nm). Logicamente, quanto menor o diâmetro dos poros, maiores são os valores de pressão transmembranar necessários para a operação e, consequentemente, maior é o consumo de energia.

A ampliação de escala do processo de filtração tangencial limita-se à ampliação da área de membrana filtrante para uma dada configuração de filtro, pois se mantidas a PTM e a velocidade linear da suspensão alimentada, o fluxo de filtrado é mantido. Para a operação em escala industrial, os módulos de filtro podem ser arranjados de forma a serem operados em regime contínuo, dispostos em paralelo ou em série. Um possível arranjo é o de módulos em série, no qual a fração do meio líquido que não atravessou a membrana em um dado estágio é alimentada em um segundo estágio de filtração para, assim, sucessivamente ter sua concentração aumentada em resultado à eliminação de água e moléculas de reduzida massa molar em cada estágio.

16.2.2 Centrifugação

Células suspensas em um meio líquido sedimentam por ação da força da gravidade (g), quando apresentam densidade maior que a densidade do líquido. Tal sedimentação pode ser acelerada em equipamento no qual se estabelece um campo gravitacional centrífugo.

Da centrifugação resultam suspensões de células mais concentradas em relação à original, enquanto que a filtração dá origem a uma torta relativamente seca, o que constitui vantagem desta última operação unitária em relação à centrifugação. Todavia, a filtração gera grandes volumes de torta, dificulta a manutenção de assepsia e demanda significativa mão de obra.

Células microbianas, como bactérias e leveduras, podem ser separadas do meio líquido através da centrifugação, enquanto que na filtração, causam severos problemas de entupimento dos filtros. Para produtos intracelulares, a centrifugação e a filtração tangencial, são alternativas atraentes, tendo em vista que as células são obtidas isentas de auxiliares de filtração.

A velocidade de sedimentação em um campo centrífugo, v_c, depende da diferença de densidade entre a célula (ρ_c) e o meio líquido (ρ), da viscosidade do meio líquido (μ), do diâmetro da partícula (d), da força motriz (dada pelo produto entre o quadrado da rotação angular, w, em rad/s) e da distância radial desde o centro do rotor da centrífuga até a célula (r) (Equação 16.4).

$$v_c = \frac{d^2(\rho_c - \rho)w^2 r}{18\mu} \qquad \text{Equação 16.4}$$

A razão entre a força motriz, w²r, e a aceleração padrão da gravidade (g) representa um múltiplo desta última, pois, g é a força motriz de sedimentação natural de uma célula sob ação da gravidade. A essa razão, um adimensional, portanto, denomina-se Fc a qual é dada pela Equação 16.5.

$$F_c = \frac{w^2 r}{g}$$

Equação 16.5

Suspensões de leveduras são centrifugadas sob valores de Fc da ordem de 1000 a 2000g, embora 20 a 30g sejam suficientes para aumentar a velocidade natural de sedimentação de cerca de 1000 vezes. Para bactérias recomenda-se comparar desempenho e custo da centrifugação e da microfiltração, dado que se emprega Fc da ordem de 5000g, devido o reduzido valor de d (diâmetro da partícula) deste tipo de células. Para bactérias recomenda-se comparação com a microfiltração quanto a desempenho e custo.

Na clarificação de suspensões microbianas, utilizam-se centrífugas tubulares e centrífugas de discos (Figura 16.3).

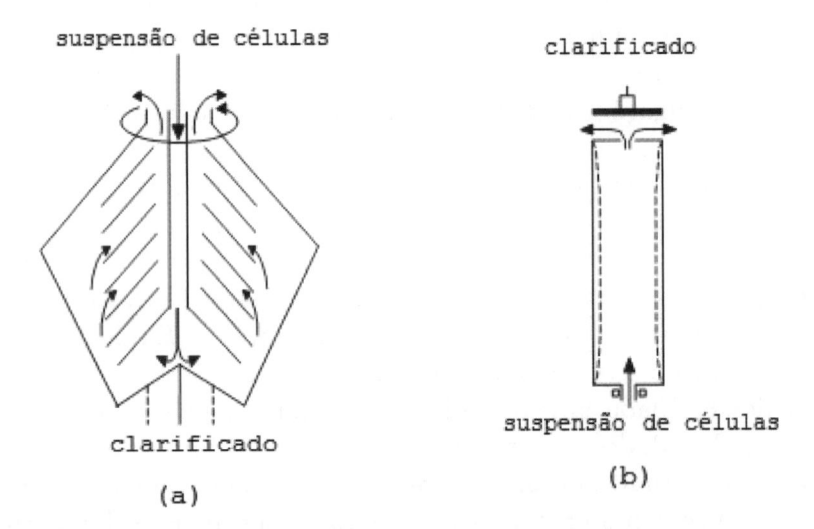

suspensão de células

clarificado

clarificado

suspensão de células

(a)

(b)

Figura 16.3 Centrífuga de discos (a) e centrífuga tubular (b).

A seleção de uma centrífuga pode ser iniciada com base na vazão necessária de clarificado, Q (m³/h), expressa pela Equação 16.6, na qual o termo Σ (m²), denominado Fator Sigma, representa a área de um tanque de sedimentação sob ação da gravidade que levaria ao mesmo desempenho de clarificação daquela centrífuga. O parâmetro denominado Fator Sigma leva em conta a geometria interna da centrífuga, a velocidade de rotação e a trajetória das partículas ou células no interior da centrífuga. O termo v_g é a velocidade de sedimentação natural ou gravitacional da célula, portanto uma característica intrínseca da suspensão, dada pela Equação 16.7.

$$Q = v_g \times \in$$
Equação 16.6

$$v_g = d^2 \frac{d^2}{18\mu}(\rho_s - \rho)g$$
Equação 16.7

Escolhido um dado equipamento (Tabela 16.1), a manutenção da eficiência de centrifugação alcançada em escala experimental, dependerá da manutenção do valor do produto Fc x t que resultou o adequado grau de clarificação e adensamento das células. Por exemplo, se na escala experimental 3.000g durante cinco minutos são suficientes para obtenção de sedimento compacto e sobrenadante de turbidez aceitável, uma centrífuga para operar a 1.500g na escala ampliada, demandará dez minutos de operação para que o mesmo resultado seja alcançado.

Tabela 16.1 Características das centrífugas de discos e tubular empregadas na clarificação de suspensões microbianas.

TIPO DE CENTRÍFUGA	FAIXA DE VALORES DE FC *(g)*	LIMITE DE VALORES DE CONCENTRAÇÃO CELULAR (g/L)	MODO DE OPERAÇÃO	VAZÃO	CIP* E SIP**
CENTRÍFUGA DE DISCOS	5.000 a 20.000g	Até 250	Descontínua ou Contínua	Até 200m³/h	SIM
CENTRÍFUGA TUBULAR	13.000 a 17.000g	Até 30	Descontínua, refrigerada	Até dezenas de litros	SIM

*CIP Cleaning in place.
**SIP Sterilising in place.

16.2.3 Rompimento celular

O aumento na demanda por produtos intracelulares pelas indústrias alimentícia e farmacêutica tem evidenciado a importância dos processos de rompimento celular, que ocorre após a etapa de separação e lavagem (clarificação) das células. Os critérios utilizados para seleção da técnica de rompimento celular devem considerar alguns fatores, tais como: tamanho da célula, tolerância a tensões de cisalhamento, necessidade de controle de temperatura, tempo de operação, rendimento do processo, gasto de energia, custo e capital de investimento.

Células envolvidas somente por membranas celulares, tais como células animais, são frágeis e facilmente rompidas sob baixas tensões de cisalhamento. Consequentemente, tais células requerem pouca energia para seu rompimento. Além disso, podem ser rompidas pela simples variação da pressão osmótica do meio, por meio da adição de detergentes ou pela aplicação de ultrassom de baixa intensidade. Por outro lado, há células com estrutura de parede robusta, caso das células microbianas, as quais são de difícil rompimento.

As bactérias Gram-positivas possuem paredes mais rígidas do que as Gram-negativas e, portanto, são mais difíceis de serem rompidas. No entanto, em comparação às bactérias, as leveduras e outras formas de fungos são mais difíceis de serem rompidas, pela alta resistência de suas paredes celulares.

Os métodos de rompimento celular podem ser divididos em quatro classes: mecânicos (homogeneizador de alta pressão, moinho de bolas, prensa francesa e ultrassom); não-mecânicos ou físicos (choque osmótico, congelamento e descongelamento, aquecimento e secagem); químicos (álcalis, solventes, detergentes e ácidos) e enzimáticos (lise enzimática ou inibição da síntese da parede celular). A parede celular poderá ser totalmente rompida ou parcialmente permeabilizada, a fim de permitir que a molécula-alvo seja liberada para o meio extracelular sem fragmentos celulares.

Após o rompimento celular obtém-se um homogeneizado celular constituído pela molécula-alvo, por biomoléculas contaminantes e por fragmentos celulares. Esses compostos são, em geral, indesejáveis e devem ser removidos por processos tais como filtração, centrifugação, precipitação ou extração líquido-líquido. A purificação de produtos intracelulares é de custo mais elevado em comparação à purificação de produtos extracelulares, pois a presença de inúmeras impurezas e fragmentos celulares exige maior número de etapas no processo. Nesse sentido, a biologia molecular pode contribuir para a redução dos custos dos processos de purificação de produtos biotecnológicos, uma vez que pode ser aplicada para a modificação genética, de tal forma que ela passe a secretar a biomolécula-alvo para o meio extracelular.

Na seleção do processo de rompimento, alguns fatores são considerados, como: rendimento, especificidade, necessidade de controle de temperatura, custo e viabilidade de ampliação de escala da operação unitária e capital investido.

Como dito anteriormente, algumas enzimas são capazes de hidrolisar paredes de células microbianas. O rompimento por lise enzimática apresenta vantagens, tais como o fácil controle do pH e da temperatura do meio, baixo investimento de capital, alta especificidade para degradação da parede celular, além da possibilidade de ser usado em associação com métodos mecânicos ou não mecânicos. A principal desvantagem é o custo da enzima, que muitas vezes torna seu uso proibitivo em escala industrial. Outro problema encontrado nesse método é a variação da eficiência da lise enzimática com o estado fisiológico do micro-organismo.

Embora existam muitos exemplos específicos de rompimento celular por processos enzimáticos e químicos, são os métodos mecânicos que têm sido utilizados industrialmente. O tamanho e a forma das células, assim como a estrutura da parede celular são fatores determinantes para a definição do tipo de processo a ser utilizado para o rompimento celular mecânico. Dentre os equipamentos que podem ser utilizados industrialmente tem-se o homogeneizador de alta pressão e o moinho de bolas.

Os homogeneizadores são constituídos de pistões projetados para aplicar altas pressões à suspensão celular forçando sua passagem através de um orifício estreito, seguida de colisão contra uma superfície em uma câmara sob baixa pressão. A queda instantânea de pressão, associada ao impacto, provoca o efetivo rompimento celular sem danificar proteínas. Nesse tipo de rompimento, as células maiores rompem-se mais facilmente, assim como pressões mais elevadas aumentam a eficiência de rompimento. O processo conduzido a pressões elevadas proporciona altos rendimentos de recuperação com somente uma etapa do processo. No entanto, rompimentos em múltiplas etapas podem ser utilizados para aumentar o rendimento do processo.

Vários fatores operacionais afetam o desempenho de um homogeneizador de alta pressão: pressão de operação, temperatura, fase de crescimento do micro-organismo (tamanho da célula e composição da parede celular), condições de cultivo, tipo de célula e concentração celular. Na ampliação de escala do rompimento celular utilizando homogeneizador de alta pressão, alguns parâmetros devem permanecer constantes, como: velocidade linear de alimentação, pressão e temperatura de operação, número de passagens através da válvula do homogeneizador, viscosidade e concentração celular da alimentação.

O moinho de bolas é constituído por uma câmara cilíndrica fechada, horizontal ou vertical, por um sistema de refrigeração e por um eixo que gira em alta rotação. Nessa câmara, são adicionadas esferas de vidro e células em suspensão. Ao longo do eixo de rotação estão distribuídas um ou mais discos ou hastes que giram em alta velocidade e provocam atrito entre as esferas e as células intactas e causam rompimento celular. O rompimento ocorre em virtude da força de cisalhamento aplicada pelas esferas de vidro contra a parede celular das células. As condições de rompimento nesse equipamento são facilmente controláveis e a eficiência do processo depende do tipo de câmara de rompimento, da velocidade e tipo de agitador, do tamanho das esferas, da carga de esferas, da concentração celular, da velocidade de alimentação e da temperatura.

Para serem rompidas, as bactérias requerem esferas com diâmetro reduzido, da ordem de 0,1 mm, enquanto as leveduras podem ser rompidas com esferas da ordem de 0,5 mm. Esferas com diâmetros menores tendem a proporcionar rompimentos mais eficientes, pois é maior a probabilidade de cisalhamento com as células intactas. No caso da biomolécula-alvo estar localizada no espaço periplasmático, indica-se o uso de esferas com diâmetros maiores, pois auxiliarão na liberação sem a necessidade de rompimento total da célula.

As esferas devem ocupar entre 80 e 85% do volume da câmara horizontal e entre 50 e 60% se a câmara for vertical. Se a carga for muito pequena, não haverá frequência de colisão suficiente para proporcionar uma boa desintegração das células. Se a carga de esferas for muito grande, elas se chocarão entre si e diminuirão a eficiência do processo, além de aumentar a temperatura e o consumo de energia. A concentração celular exerce pouca influência na eficiência do rompimento, no entanto a concentração mais recomendada varia de 30 a 50% (v/v).

A fração de células rompidas diminui com o aumento do fluxo de alimentação do moinho, pois diminui o tempo de residência no rompedor. O fluxo ótimo de alimentação depende da velocidade do agitador, da carga de esferas, da geometria do equipamento e das propriedades do micro-organismo. As temperaturas de operação em processos de rompimento celular devem ser controladas para prevenir a destruição da biomolécula-alvo. Recomenda-se que o rompimento seja feito entre 5 e 15°C e, para isso, os moinhos de bolas devem possuir uma manta de resfriamento. É importante ressaltar que na faixa de 5 a 40°C verifica-se pouco efeito da temperatura sobre a eficiência de rompimento.

Na ampliação de escala do rompimento com moinho de bolas, devem ser mantidos constantes os seguintes parâmetros: tamanho das esferas, proporção em volume entre a suspensão celular e as esferas de vidro e velocidade de rotação do eixo ou a velocidade periférica das pás do agitador.

16.2.4 Concentração

A concentração da biomolécula a ser purificada compreende, geralmente, a redução do teor de água do meio clarificado obtido após a remoção das células e *debris* celulares. A concentração é necessária em vista da elevada diluição em que se encontram as biomoléculas obtidas por meio de cultivos de micro-organismos e células animais. Dependendo da aplicação final da biomolécula, o meio concentrado é já a solução destinada à comercialização, caso em que se encontram, por exemplo, as enzimas destinadas à composição de detergentes. Quando da necessidade de elevado grau de pureza da biomolécula de interesse ou da remoção de impurezas específicas, a solução reduzida quanto ao teor de água e, portanto, reduzida em volume, tornará as operações subsequentes de purificação menos custosas.

Além da redução do teor de água, o aumento do teor da biomolécula de interesse em relação às demais moléculas presentes no clarificado também pode ocorrer, o que pode facilitar o processo de purificação. As duas operações unitárias mais utilizadas para concentração de biomoléculas são a precipitação e a ultrafiltração através de filtração tangencial. Como esta última já foi discutida anteriormente, esta seção tratará da concentração de biomoléculas através de precipitação.

16.2.4.1 Precipitação

Na operação unitária de precipitação promove-se uma perturbação química ou física na solução, tal que proteínas, ácidos nucleicos e pequenos metabólitos tornem-se insolúveis, para serem removidos por meio de operações de separação sólido-líquido, e posteriormente serem novamente solubilizados.

A perda da conformação tridimensional de proteínas funcionais é uma desvantagem, sobretudo quando sua restauração não for possível, pois a ação biológica específica depende do arranjo espacial.

Partindo-se do princípio que proteínas em solução assim se encontram em virtude de (1) interações com o solvente e (2) ocorrência de forças de repulsão entre cargas na superfície da proteína e cargas em solução ou mesmo cargas em outras moléculas, a interferência sobre esses fatores resulta na precipitação a qual pode ser dividida em dois grupos: (1) alteração da composição do solvente com vistas à redução da solubilidade da proteína; (2) redução da solubilidade da proteína, por meio de mudança da sua carga.

Vários agentes de precipitação podem ser utilizados além do aumento da temperatura e ajuste do pH (Tabela 16.2).

Tabela 16.2 Agentes de precipitação de proteínas.

PRECIPITANTE	FUNDAMENTO
SAIS NEUTROS *(SALTING-OUT)*	Interações hidrofóbicas pela redução da camada de hidratação da proteína.
POLÍMEROS NÃO-IÔNICOS	Exclusão da proteína da fase aquosa reduzindo a quantidade de água disponível para sua solvatação.
CALOR	Interações hidrofóbicas e interferência das moléculas de água nas ligações de hidrogênio.
POLIELETRÓLITOS	Ligação com a molécula de proteína atuando como agente floculante.
PRECIPITAÇÃO ISOELÉTRICA	Neutralização da carga global da proteína pela alteração do pH do meio.
SAIS METÁLICOS	Formação de complexos.
SOLVENTES ORGÂNICOS	Redução da constante dielétrica do meio aumentando as interações eletrostáticas intermoleculares.

Na precipitação por *salting-out*, a adição de sal a elevada concentração reduz a disponibilidade de moléculas de água por meio da solvatação dos íons, resultando consumo das moléculas de água ordenadas em torno das regiões hidrofóbicas da proteína, que ficam assim expostas podendo resultar em agregação das moléculas. A proteína precipitada por *salting-out* em geral não é desnaturada, pois sua atividade é recuperada após dissolução do precipitado. Além disso, os sais estabilizam as proteínas contra a desnaturação, proteólise ou contaminação bacteriana.

Os sais mais eficientes são aqueles que apresentam elevada solubilidade, que aumentam a tensão superficial do solvente resultando menor grau de hidratação das zonas hidrófobas e, portanto, aumentam a probabilidade de interação entre estas zonas. A eficiência relativa de sais neutros no *salting--out* foi definida por Hofmeister em 1888, que propôs a série liotrópica $SCN > CIO_4 > NO_3 > Br > Cl > acetato > citrato > HPO_4^{2-} > SO_4^{2-} > PO_4^{3-}$.

Sulfato de amônio é o sal mais utilizado em razão da solubilidade elevada e estável entre 0 e 30°C, além da densidade de sua solução ser menor que a densidade do precipitado o que viabiliza a centrifugação. A solução saturada de sulfato de amônio é de 4,05 M (533 g/L a 20°C) com densidade de 1,235 g/cm³, sendo a densidade média de um agregado proteico de cerca 1,29 g/cm³.

Ao contrário do *salting-out*, pode ocorrer precipitação quando a força iônica é reduzida, por exemplo, menor que 0,15 M, valor típico do interior das células, nesse caso denominada precipitação por *salting-in*. A baixa interação das cargas da superfície da proteína com cargas em solução, somada à insuficiência de forças eletrostáticas repulsivas entre elas, resulta em interação entre moléculas de proteínas.

Na precipitação por ação de solventes orgânicos o efeito principal é a redução da atividade da água pela diminuição da constante dielétrica do meio com consequente aumento das forças eletrostáticas de atração entre as moléculas de proteínas. Formam-se, portanto, precipitados por meio de mecanismo distinto daquele verificado no *salting-out*, baseado em interações das zonas hidrófobas. Esses diferentes mecanismos resultam em agregados diferentes, sendo que na precipitação por atração eletrostática os precipitados são mais densos e, portanto, sedimentam com maior velocidade demandando menor energia cinética na centrifugação. Além disso, solventes orgânicos tendem a reduzir a densidade do meio a valores inferiores a 1,0 g/mL o que também aumenta a velocidade de sedimentação.

Além da redução da interação iônica da proteína com o solvente, ocorre interação do solvente orgânico com zonas hidrofóbicas internas da proteína o que pode causar alteração irreversível da conformação da proteína. A redução da temperatura até valores da ordem de 0°C ou menores, minimiza esse efeito, pois sob flexibilidade reduzida da molécula, reduz-se a capacidade de penetração do solvente.

O solvente utilizado deve ser miscível com água, não reagir com as proteínas e ter bom efeito precipitante. Os solventes mais utilizados são metanol, etanol e acetona, contudo pode-se aplicar *n*-propanol, i-propanol e 2-metoxietanol.

São vantagens da precipitação por ação de solventes orgânicos a operação asséptica, a rapidez e, na comparação com a precipitação com sulfato de amônio, a maior eficiência na centrifugação. Outra vantagem é a possibilidade de recuperação e reciclagem do solvente ao processo, além de suas propriedades bactericidas. Finalmente, tem-se que pequenas proporções de solvente orgânico (10% v/v) não afetam outros métodos de separação, com exceção da cromatografia por interação hidrofóbica ou outros métodos de adsorção que dependam das interações hidrofóbicas.

A precipitação pode ser conduzida por etapas, quando, então, é denominada precipitação fracionada, que explora as diferentes solubilidades das biomoléculas. A concentração do precipitante é a principal variável e o fracionamento comum é em "dois-cortes". Na primeira etapa adiciona-se o precipitante em concentração suficiente para remover as moléculas menos solúveis e, na etapa seguinte, adiciona-se mais precipitante para separação da biomolécula-alvo. Embora resoluções elevadas tal como na cromatografia não sejam alcançadas, ocorre aumento da pureza da molécula-alvo e aumento da concentração.

No escalonamento são mantidas as mesmas condições da escala experimental, tais como temperatura, pH, tipo e concentração do agente de precipitação, condições para crescimento do precipitado, sobretudo cisalhamento, e condições da separação entre precipitado e sobrenadante.

A precipitação emprega equipamentos comuns, que podem ser operados em regime descontínuo, contínuo ou tubular (*plug-flow* – reator de fluxo pistonado). Processos com elevados tempos de nucleação do precipitado geralmente são descontínuos para evitar desnaturação.

16.2.5 Processos cromatográficos

Nos processos cromatográficos, os solutos de um meio líquido, tais como, proteínas, peptídeos, anticorpos ou outras biomoléculas são adsorvidos em um leito de material poroso e, posteriormente, dessorvidos como resultado de modificações na fase líquida móvel (eluente). A configuração física geral é de uma fase estacionária (matriz) empacotada em uma coluna, através da qual a fase móvel é bombeada.

As operações cromatográficas têm por objetivo isolar e purificar a biomolécula de interesse em relação às demais, levando-a à pureza adequada para o seu uso. A cromatografia pode ser dividida em dois grandes grupos, líquida e gasosa, sendo a líquida aquela de interesse às purificações de biomoléculas como proteínas, DNA, antibióticos e outros. Na cromatografia líquida, os solutos de um meio líquido são retidos em um leito de material poroso, por meio de fenômenos de adsorção (química ou física), partição ou exclusão molecular. A fase estacionária pode ser constituída por sílica porosa, polímeros orgânicos sintéticos, polímeros de carboidratos, na forma de partículas esféricas de aproximadamente 100 μm embebidas em solvente, os quais constituem a maior parte da fase estacionária ($\approx$90%), portanto denominada gel. A posterior remoção gradual dos diferentes solutos se dá por ação de uma fase líquida eluente ou fase móvel, com a migração diferencial dos solutos entre as duas fases (estacionária e móvel), do que resulta a separação dos diferentes componentes do meio (Figura 16.4).

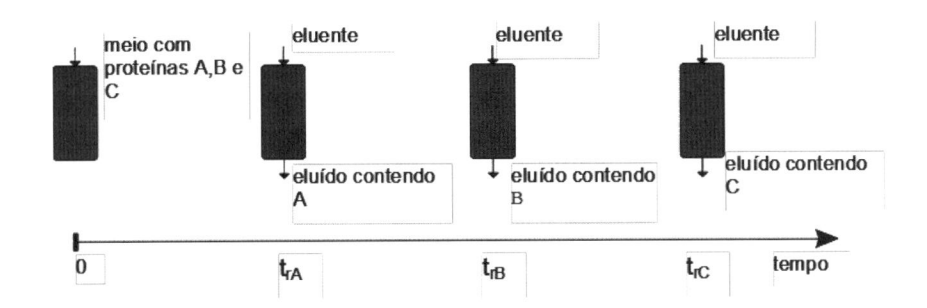

Figura 16.4 Ilustração de um processo cromatográfico genérico em que t_{rA}, t_{rB} e t_{rC} representam os tempos de retenção das moléculas A, B e C.

16.2.5.1 Exclusão molecular

Um dos métodos mais úteis e eficazes na separação de biomoléculas em função da massa molar é a cromatografia de exclusão molecular, que também é conhecida como filtração em gel, cromatografia de permeação em gel, cromatografia de exclusão em gel, cromatografia de peneira molecular ou simplesmente cromatografia em gel.

O princípio básico desse método é da separação das moléculas em função de diferenças no tamanho. Uma mistura de proteínas dissolvidas em solução tampão flui por gravidade ou com o auxílio de bombas, através de uma coluna preenchida por esferas microscópicas de material polimérico poroso altamente hidratado e inerte, fase estacionária, previamente lavado e equilibrado com a solução tampão. As moléculas alvo distribuem-se entre fase móvel (solvente) e fase estacionária, em função do tamanho das mesmas, pois, a fase estacionária apresenta porosidade definida ou faixa de fracionamento. O que significa que moléculas dentro dessa faixa de massa molar podem ser separadas.

Consideremos uma amostra contendo uma mistura de moléculas de tamanhos menores e maiores que os poros da fase estacionária: as moléculas menores podem penetrar em todos os poros da matriz e, então, mover-se lentamente ao longo da coluna, tendo acesso tanto à fase móvel do interior dos poros quanto à existente entre as partículas. Assim, num gráfico que representa as diferentes moléculas em função do tempo de cromatografia ou do volume de eluente, denominado cromatograma, as moléculas menores são as últimas a deixarem a coluna. As moléculas maiores, por sua vez, por serem excluídas da fase estacionária são eluídas antes que as outras. Moléculas de tamanho intermediário podem apresentar penetração parcial na fase estacionária, entrando em alguns dos poros, mas não em todos, despendendo, assim, tempos mais reduzidos para a eluição que as moléculas menores. Dessa forma, as moléculas serão eluídas de acordo com o decréscimo em seus tamanhos, percorrendo a coluna com velocidades diferenciadas. A diferença no tempo gasto para que proteínas distintas percorram a coluna relaciona-se, assim, com a fração de poros acessíveis aos solutos.

A cromatografia de exclusão molecular é a mais simples e a mais suave de todas as técnicas cromatográficas, podendo ser fundamentalmente empregada de duas maneiras distintas, na separação de grupos e no fracionamento de alta resolução de biomoléculas. Na separação de grupos os componentes da amostra são separados em duas populações principais, de acordo com sua faixa de tamanho. Essa estratégia pode ser utilizada na remoção de impurezas de alta ou baixa massa molar ou na dessalinização e troca de soluções tamponantes. No fracionamento de alta resolução, os solutos da amostra são separados de acordo com diferenças nas suas massas molares, podendo ser empregados para isolar um ou mais componentes, para separar monômeros de agregados, para determinação da massa molar ou para efetuar uma análise de distribuição de massas molares.

16.2.5.2 Troca-iônica

A troca-iônica é comumente utilizada para purificar proteínas, pois, em comparação com outros métodos, apresenta as seguintes características: é simples, apresenta fácil ampliação de escala, alta resolução e alta capacidade de adsorção. Tem ainda diversas aplicações analíticas e preparativas, tanto em pesquisa como em processos industriais.

Na troca-iônica há uma etapa de adsorção reversível de moléculas de solutos eletricamente carregados a grupos com cargas opostas, imobilizadas em uma matriz sólida. Os solutos adsorvidos são, subsequentemente, eluídos após serem trocados por outros íons com o mesmo tipo de carga, porém com maior afinidade pela fase estacionária. São os diferentes graus de afinidade eletrostática entre a fase estacionária e os íons da fase móvel que regem esse tipo de cromatografia.

O princípio básico da cromatografia de troca-iônica baseia-se na competição entre íons de interesse e contaminantes pelos grupos carregados da matriz. As moléculas de proteína possuem, em sua superfície, grupamentos com cargas positivas e negativas. As cargas positivas são oriundas, sobretudo, dos aminoácidos histidina, lisina, arginina e das aminas terminais. As cargas negativas são resultado da presença do ácido aspártico e glutâmico e de grupamentos carboxílicos terminais. A carga líquida de uma proteína depende da proporção entre suas cargas positivas e negativas, e varia em função do pH. O pH no qual o número de cargas positivas é igual ao de cargas negativas é denominado ponto isoelétrico (pI). Acima do pI as proteínas possuem carga líquida negativa enquanto, abaixo, a carga líquida é positiva.

A separação de proteínas é feita em função das diferenças no equilíbrio entre os íons da fase móvel e os íons da fase estacionária. Para uma efetiva purificação por troca-iônica, a fase estacionária deve ser capaz de se ligar a proteínas que estejam carregadas positiva ou negativamente. As matrizes de troca-iônica que contêm grupos positivamente carregados são denominadas de trocadores aniônicos e adsorvem proteínas com carga líquida negativa. As matrizes denominadas trocadores catiônicos são negativamente carregadas e adsorvem proteínas com carga positiva. Os contra-íons, também denominados íons de substituição, são íons de baixa massa molar que se ligam à fase estacionária ou às proteínas solúveis na fase móvel. Para que a proteína se ligue à fase estacionária, os contra-íons devem ser eletroliticamente dissociados. Os cátions Na^+ e H^+ são contra-íons comumente encontrados em trocadores catiônicos e os ânions Cl^- e OH^- são os mais utilizados em trocadores aniônicos. Esses íons podem ser classificados de acordo com as forças de interação com seus respectivos grupos ionogênicos. Como exemplo, tem-se que os íons cloreto (Cl^-) substituiriam os íons hidróxido (OH^-) em um trocador aniônico. Portanto, antes da utilização, o trocador iônico deve ser condicionado com um contra-íon adequado à aplicação desejada.

O processo de purificação por troca-iônica tem como objetivo a adsorção à matriz da proteína-alvo ou dos contaminantes, com posterior eluição. Determinada a capacidade da matriz, selecionado o pH e a força iônica para melhor adsorção e eluição de uma proteína, deve-se definir a forma mais apropriada de operar o processo, como é o caso da adsorção por processo descontínuo. O fracionamento proteico por processo descontínuo é simples e ideal para tratamento de grandes volumes. Nesse caso, a eluição da biomolécula poderá ser feita também de modo descontínuo.

A eluição da coluna cromatográfica pode ser feita usando o próprio tampão utilizado no preparo da coluna. Nesse caso, as proteínas que adsorveram à matriz de troca-iônica serão eluídas após aumento da força iônica, pela inclusão de novas espécies iônicas ou pela mudança do pH. É comum conduzir a eluição ao se promover o aumento da concentração de um sal, como o NaCl, pois com isso aumenta-se a competição e reduz-se a interação entre o grupo trocador e as biomoléculas a serem eluídas. A eluição de uma determinada proteína pode ser conduzida de diversas formas. Quando o objetivo é concentrá-la, a eluição pode ser feita com um pequeno volume de eluente. Outra forma muito comum de eluição é quando a separação da proteína se dá em função das diferenças de velocidade de migração na coluna entre todos os componentes presentes na amostra. A eluição por etapas é usada para purificar e concentrar biomoléculas. Ela é dividida em etapas de tal forma que em cada uma delas ocorra mudança no pH e na força iônica, com eluição da biomolécula-alvo de uma só vez e em um pequeno volume. Na eluição por gradiente, a força iônica ou o pH do eluente varia continuamente em função do tempo. Isso faz com que, dependendo da força iônica, as proteínas sejam eluídas sequencialmente dependendo da força de interação com a matriz. Os gradientes são obtidos por misturas de tampões de tal forma que a concentração do sal no eluente seja crescente. Essa mistura pode ser feita por aparelhos programados para proporcionar gradiente previamente definido e com boa reprodutibilidade. A eluição por gradiente com aumento de pH pode ser empregada em trocadores catiônicos de forma a tornar as proteínas menos carregadas positivamente e, portanto, mais facilmente dessorvidas da matriz, enquanto que o gradiente de redução de pH pode ser usado para trocadores aniônicos uma vez que as proteínas adsorvidas se tornam menos negativas. No caso da eluição por variação do pH, a estabilidade da proteína deve ser avaliada.

Para que a coluna possa ser utilizada em um novo processo de purificação, ela precisa ser regenerada, isto é, ser reequilibrada com o eluente inicial. A regeneração de trocadores iônicos envolve a remoção das impurezas ligadas à matriz. A condição de equilíbrio é alcançada fazendo-se passar pela coluna um volume de eluente igual a 5-10 vezes a sua capacidade. Desse modo, ocorre a troca de íons, com eliminação daqueles contidos nos eluentes anteriormente utilizados.

16.2.5.3 Interação hidrofóbica

Na cromatografia de interação hidrofóbica, moléculas proteicas em solução salina são adsorvidas em um suporte hidrofóbico e, subsequentemente, eluídas. Na interação hidrofóbica, grupos alifáticos ou de outras estruturas apolares tendem a se associarem quando em meio aquoso. As proteínas, embora solúveis em água, possuem grupos que lhe conferem hidrofobicidade, cuja intensidade varia segundo a quantidade destes grupos na molécula.

A cromatografia de interação hidrofóbica se baseia na interação hidrofóbica ou na associação entre proteínas e ligantes hidrofóbicos imobilizados em suporte sólido. Esses ligantes são obtidos pela fixação de grupos hidrofóbicos de cadeia curta (butil, octil ou fenil) na superfície de um suporte sólido, podendo-se utilizar ainda espaçadores para diminuir efeitos de impedimento estérico.

A cromatografia por interação hidrofóbica (CIH) é uma técnica simples, de ampla aplicação e complementar à cromatografia por troca-iônica e exclusão molecular.

Proteínas são compostas por cadeias de aminoácidos com grupos laterais ligados, alguns dos quais são hidrofóbicos. As proteínas enovelam-se em soluções aquosas para atingir a mínima energia livre, colocando muitos dos seus grupos hidrofóbicos voltados para o interior da molécula e os grupos carregados para o exterior. Alguns grupos hidrofóbicos que ficam expostos originam regiões hidrofóbicas disponíveis para se associarem a grupos hidrofóbicos de uma matriz.

A adsorção por hidrofobicidade requer, frequentemente, a presença de íons *salting-out* tais como os íons dos sais de cloreto de sódio e sulfato de amônio, os quais intensificam a propriedade hidrofóbica de proteínas pela redução da disponibilidade de moléculas de água na solução, do que resulta aumento da tensão superficial e das interações hidrofóbicas. Em altas concentrações dos sais de *salting-out*, a maioria das proteínas pode ser adsorvida por grupos hidrofóbicos fixos na matriz do adsorvente, entretanto, a concentração salina é ajustada de modo a separar diferentes proteínas. A eficácia da CIH é, geralmente, reduzida pela presença de impurezas hidrofóbicas na alimentação.

A cromatografia de interação hidrofóbica idealmente é aplicada após a precipitação com sal, pois, a força iônica do meio favorecerá as interações hidrofóbicas. Na purificação por CIH, em que a proteína-alvo é eluída num gradiente de força iônica decrescente, pode-se associar na sequência uma cromatografia por troca iônica, com pouca necessidade de mudança no tampão. A possibilidade de alta resolução de separação entre proteínas na CIH resulta da alta capacidade de adsorção de proteínas em meio a elevada concentração de sal.

Os principais parâmetros a considerar quando selecionamos suportes de CIH são os seguintes: tipo de ligante e grau de substituição ("densidade de ligantes"), tipo de matriz, tipo e concentração do sal, pH e temperatura.

16.2.5.4 Afinidade

A cromatografia de afinidade baseia-se nas propriedades biológicas ou funcionais da proteína a ser separada e da fase estacionária. Ocorrem interações altamente específicas como: enzima–substrato; enzima–inibidor; antígeno–anticorpo. Um dos componentes dessa interação (denominado ligante) é imobilizado num suporte insolúvel que é uma matriz porosa, e o outro componente é seletivamente adsorvido nesse ligante, previamente imobilizado. O componente adsorvido é subsequentemente eluído em meio a uma solução que enfraquece a interação previamente estabelecida.

A cromatografia de afinidade pode ser aplicada em qualquer estágio do processo de purificação, entretanto, aplica-se após a redução dos contaminantes por métodos mais baratos. A purificação resultante é de alta resolução e a recuperação do material ativo é geralmente elevada, pois, a cromatografia por afinidade é de alta especificidade podendo resultar a purificação necessária em apenas uma etapa, separa formas nativas de formas desnaturadas de uma mesma proteína e remove pequenas quantidades da proteína de interesse em meio à elevada quantidade de proteínas contaminantes. Como desvantagens, além do elevado custo, tem-se a baixa capacidade de adsorção em comparação com as cromatografias de troca-iônica ou de interação hidrofóbica, e o menor número de ciclos de operação, causado pela fragilidade de muitos dos ligantes utilizados nestes adsorventes.

A cromatografia de afinidade compreende os seguintes estágios: adsorção reversível da proteína pelo adsorvente, e possível adsorção de impurezas dentro dos poros da matriz ou nos ligantes da superfície da matriz; lavagem para redução da concentração das impurezas dentro das partículas porosas da matriz; recuperação da molécula-alvo adsorvida, por meio da dissociação do complexo adsorvido–ligante (estágio de eluição); e, finalmente, regeneração do adsorvente pelo contato com a solução tampão inicial.

A eluição da molécula-alvo ligada à fase estacionária ou matriz pode ser seletiva, quando ocorre interferência nas interações bioespecíficas das proteínas, ou não seletiva, quando se vale de alterações do pH, força iônica, sais, e, em alguns casos raros, da temperatura. Frequentemente, o método utilizado é o da eluição não seletiva, o qual reduz a intensidade da ligação entre o ligante e a proteína adsorvida resultando na dissociação do complexo. Uma forma de eluição seletiva é o uso de solução com alta concentração de moléculas contendo grupos químicos semelhantes ao da proteína adsorvida, resultando competição entre os grupos na solução, presentes em excesso, e as proteínas adsorvidas, e, finalmente, eluição.

Um caso específico, mas bastante utilizado, de cromatografia de afinidade é a Cromatografia de Afinidade por Íons Metálicos Imobilizados, também conhecida por IMAC (*Immobilized Metal-Ion Affinity Chromatography*). O princípio desta técnica baseia-se na afinidade que íons metálicos imobilizados em uma matriz sólida apresentam por certos grupamentos químicos expostos na superfície de uma biomolécula em solução. No caso de proteínas em solução, essa afinidade será regida pela interação, na forma de ligações de coordenação reversíveis, entre os resíduos de alguns aminoácidos (principalmente histidinas e cisteínas em sua forma reduzida) e os íons metálicos imobilizados na superfície da matriz. As matrizes cromatográficas utilizadas em IMAC são semelhantes às matrizes utilizadas em cromatografia de afinidade, mas possuem em sua superfície agentes quelantes responsáveis pela imobilização dos íons metálicos. Os agentes quelantes mais utilizados são o ácido iminodiacético (IDA) e o ácido nitrilotriacético (NTA), mas outros como o ácido aspártico carboximetilado (CM-Asp) e o tris-2(aminoetil) amina (TREN) também tem sido estudados.

A intensidade da interação entre uma proteína presente em solução e a matriz de IMAC será função de diferentes fatores, como o número de resíduos (por exemplo, histidinas) expostos na superfície da proteína, o tipo de íon metálico imobilizado (Ni^{2+}, Co^{2+}, Cu^{2+}, Zn^{2+} etc.), além do tipo de agente quelante responsável pela imobilização do íon metálico (IDA, NTA etc.). Por exemplo, é comum que uma proteína contendo um único resíduo de histidina exposto seja adsorvida em uma matriz contendo íons cobre imobilizados. No entanto, caso o íon imobilizado seja o níquel ou o cobalto, apenas proteínas contendo vários (dois ou mais) resíduos de histidina serão adsorvidas. Aproveitando-se deste mecanismo de adsorção seletiva de proteínas em matrizes de IMAC, os biólogos moleculares criaram vetores de expressão de proteínas recombinantes que levam à inserção de sequências de resíduos de histidina (geralmente seis) na estrutura das proteínas recombinantes. Essas "caudas de histidina" facilitam a purificação das proteínas recombinantes, uma vez que aumentam fortemente a afinidade destas proteínas por matrizes contendo níquel ou cobalto imobilizado, facilitando assim a adsorção seletiva em detrimento das demais impurezas.

16.2.5.5 Ampliação de escala

O objetivo principal da purificação em larga escala é reproduzir o desempenho do processo (resolução, tempo e rendimento) que foi desenvolvido e otimizado em pequena escala. Porém, a ampliação de escala é necessária à produção de quantidades suficientes para atender ao mercado consumidor.

Inicialmente, é necessário mencionar a ordem de grandeza da massa de produto no processo de purificação em pequena ou larga escala. Os processos de purificação em escala laboratorial rendem microgramas ou miligramas de bioproduto. Em escala piloto essas quantidades são de miligramas a gramas, e na purificação em larga-escala a quantidade necessária pode variar de gramas a quilogramas, pois depende do uso final.

A ampliação de escala de alguns processos cromatográficos é semelhante, como troca iônica, interação hidrofóbica e afinidade. A fase estacionária e o grau de empacotamento empregado na escala de laboratório devem ser mantidos na escala ampliada. Também se adotam altura de coluna, velocidade linear de alimentação (vazão volumétrica dividida pela área de corte transversal da coluna), concentração da molécula a ser purificada e soluções de tratamento idênticas àquelas da escala de laboratório. Assim sendo, a ampliação da capacidade da coluna para o processamento de volumes ampliados de meio é obtida mediante aumento do seu diâmetro. O aumento de escala de um processo cromatográfico significa, na prática, aumentar o diâmetro da coluna de tal forma que passe a comportar o volume adicional de amostra a ser purificada. A ampliação da largura da coluna pode provocar alterações no empacotamento da fase estacionária em virtude do fato de que uma elevada massa de material adsorvente estará distante da parede da coluna, a qual auxilia na manutenção do empacotamento do leito. O resultado pode ser a deformação, principalmente na parte central do leito, cujo achatamento induzirá o fluxo preferencial do líquido através dessa parte, alterando a resolução do processo cromatográfico. É por essa razão que frequentemente, as colunas industriais, apresentam altura de leito da ordem de 30 cm e diâmetro da ordem de 1 m. Porém, há casos em que o diâmetro da coluna atinge dois metros. De modo geral, os maiores volumes de colunas cromatográficas são de 700 a 2.000 L, como acontece na purificação das proteínas do soro de queijo ou da albumina do plasma humano. Caso se deseje aumentar ainda mais a produção, recomenda-se aumentar o número de colunas.

16.2.6 Adsorção em leito expandido

A adsorção em leito expandido (ALE) é uma técnica baseada no emprego de leito fluidizado na purificação de proteínas em soluções contendo ou não material particulado, pois, permite integrar as etapas de clarificação e purificação. O desenvolvimento de matrizes com propriedades físicas adsorventes nos últimos anos ampliou acentuadamente o uso desta técnica desenvolvida na década de 1970.

A disposição convencional do adsorvente na forma de um leito empacotado exige a alimentação de meios isentos de partículas em suspensão e, portanto, exige meios previamente clarificados. Como alternativa ao leito empacotado, o meio adsorvente pode encontrar-se suspenso em reatores agitados, de leito fluidizado ou expandido, que, juntamente com o uso de adsorventes que reduzam a limitação difusional do líquido, diminuem o tempo do processo. Além disso, torna-se possível a captura de proteínas a partir de meios com células íntegras ou não, reduzindo-se o número de etapas do processo e a possibilidade de perda de atividade da molécula-alvo, pois, dessa forma, viabiliza-se a clarificação simultânea a concentração e a purificação de uma dada biomolécula.

Por exemplo, quando do emprego da centrifugação para a remoção de células suspensas, adicionalmente é necessária uma microfiltração para a obtenção de um meio tratável em leito empacotado, tendo em vista que, após a centrifugação, restam partículas suspensas. Caso esse meio seja alimentado para uma coluna cromatográfica com o leito empacotado existe a possibilidade de perda de escoamento do fluido, devido a entupimentos. Dessas operações de clarificação resultam, em geral, maiores custos e tempos para o processo global, principalmente quando se trata de meio oriundo de rompimento de células, por apresentar elevada viscosidade.

A possibilidade de separações por cromatografia em meios contendo fragmentos de células é importante na produção de proteínas para uso terapêutico e diagnóstico, proteínas frequentemente associadas às células, e na redução das perdas por ações de proteases, em virtude da redução do tempo do processo.

As colunas de leito fluidizado ou expandido apresentam forma tubular, tal como as colunas de leito empacotado. Porém, o material adsorvente é suspenso pela passagem do meio, tendo em vista que apresenta densidade maior que aquela da fase líquida. A coluna é alimentada pela parte inferior a uma velocidade superficial suficiente para que o leito sofra expansão, de forma que o leito de partículas expandidas ocupe volume maior que o de repouso. Na subsequente eluição da molécula-alvo, geralmente o leito é compactado.

16.2.7 Tratamentos finais

O grau de pureza necessário a um produto biotecnológico depende de sua aplicação final. A simples secagem de micro-organismos cultivados para produção de proteína celular é suficiente para sua comercialização. Caldos enzimáticos parcialmente purificados podem ser utilizados como catalisadores em conversões químicas industriais como, por exemplo, na produção de xarope de frutose utilizando a enzima glicose isomerase. No entanto, um grau de pureza elevado é necessário para grande parte dos produtos biotecnológicos, especialmente aqueles de uso farmacêutico. Além disso, é comum que os produtos sejam comercializados na forma seca, seja na forma de sólidos cristalinos ou amorfos, e, para tanto, recorre-se a tratamentos finais como a cristalização ou liofilização.

A liofilização é o processo de remoção do solvente de uma solução, geralmente a água, por sublimação. Nesse processo o material é congelado e, em seguida, submetido à baixa pressão para sublimação da água livre com consequente concentração dos solutos. Como resultado, as propriedades físico-químicas - pH, força iônica, viscosidade, ponto de congelamento, tensão superficial e interfacial - da fase não congelada alteram-se significativamente. Os materiais liofilizados são apresentados na forma de pó e as atividades biológicas se mantêm estáveis por muito mais tempo, quando comparadas com a conservação em solução aquosa. Por esse motivo, muitas proteínas comerciais estão disponíveis na forma liofilizada. Porém, se a liofilização não for adequadamente planejada poderá ocorrer desnaturação proteica. Embora seja uma técnica amplamente empregada na conservação de muitos materiais, em sua maioria, biológicos, há uma série de fatores envolvidos na liofilização que devem ser manipulados de forma a obter-se um material de boa qualidade.

Soluções proteicas são facilmente desnaturadas (muitas vezes, irreversivelmente) pelo aparecimento de numerosos eventos que podem afetar a estabilidade das soluções, tais como: aquecimento, agitação, congelamento, mudanças no pH e exposição a interfaces ou agentes desnaturantes, resultando geralmente na perda da eficácia clínica e no aumento do risco de efeitos colaterais adversos. Mesmo se a estabilidade física for mantida, as proteínas podem ser degradadas por reações químicas, como, por exemplo, hidrólise e desamidação, muitas das quais são mediadas pela água[2]. O aumento da estabilidade de proteínas pode ser obtido através da remoção da água (desidratação).

A liofilização é o método mais comumente utilizado para a preparação de proteínas desidratadas, as quais devem apresentar estabilidade adequada por longo período de armazenagem em temperaturas ambientes. A liofilização é um processo de secagem constituído de três etapas: congelamento, secagem primária e secagem secundária. A finalidade do congelamento dentro do processo de liofilização consiste na imobilização do produto a ser liofilizado, interrompendo reações químicas e atividades biológicas. O material, previamente congelado, é desidratado por sublimação seguida pela dessorção, utilizando-se baixas temperaturas de secagem a pressões reduzidas. A estrutura e forma do produto, assim como a taxa de sublimação, são determinadas pelo processo de congelamento. A estrutura não deve ser alterada durante o processo de liofilização para se evitar a ocorrência de danos irreversíveis ou a perda do produto. O congelamento é uma das etapas mais críticas do processo de liofilização[3].

Um parâmetro importante que precisa ser definido durante o congelamento é a taxa de congelamento. O grau de desnaturação proteica induzida pelo congelamento é uma função complexa, tanto da taxa de congelamento como da temperatura final obtida. Os efeitos relacionados com as taxas de congelamento na estabilidade das proteínas variam de forma significativa. A liofilização pode causar diversas mudanças estruturais no espectro das proteínas. Estudos recentes com espectroscopia no infravermelho têm documentado que os problemas relacionados com o congelamento e a desidratação induzidos pela liofilização podem levar ao desdobramento molecular da proteína. Deve-se, portanto, enfatizar que a liofilização não pode ser considerada como processo inofensivo, necessitando de total controle e conhecimento de todas as etapas envolvidas.

O mecanismo da liofilização, congelamento seguido de secagem por sublimação, induz à obtenção de produtos que em sua maioria estão no estado amorfo. Devido à natureza amorfa da proteína e dos agentes estabilizantes geralmente usados (açúcares ou polióis), as formulações liofilizadas exibem frequentemente o fenômeno da transição vítrea, um importante parâmetro para o desenvolvimento do ciclo de liofilização. A transição vítrea de um produto liofilizado pode ser estudada e aplicada para melhorar o processamento, a qualidade e estabilidade do produto[4]. Sob temperaturas abaixo da transição vítrea, a matriz do soluto encontra-se no estado de um sólido amorfo vítreo. Durante a liofilização, se a temperatura de congelamento ultrapassar a *Tg'*, a solução amorfa concentrada ficará menos viscosa, podendo causar o colapso do produto. Durante a liofilização, a concentração do soluto da matriz aumenta progressivamente devido à perda de água. A matriz torna-se mais rígida e a *Tg* aumenta. O produto pode, então, tolerar o aumento da temperatura sem sofrer o colapso. A determinação dos parâmetros do processo de liofilização está diretamente relacionada com as características térmicas da formulação e a análise térmica por calorimetria exploratória diferencial (DSC) é um método conveniente para se avaliar estas características[4].

Outra operação unitária bastante utilizada em processos de recuperação e purificação de biomoléculas é a cristalização. A cristalização é o processo de formação, por agregação, de cristais de moléculas presentes em soluções homogêneas supersaturadas. É uma técnica comumente empregada na fase final dos processos de purificação de proteínas, particularmente as enzimas. A cristalização é de grande importância em processos biotecnológicos, pois permite a estocagem estável. Compostos cristalizados são estáveis, pois as moléculas são imobilizadas. Soluções proteicas cristalizadas contaminadas por proteases têm sua atividade preservada, uma vez que a enzima também cristaliza. Após a cristalização, o produto pode ser recuperado por filtração ou centrifugação, seguida de secagem.

16.2.8 Rendimento e pureza

Em processos de purificação de moléculas de origem biológica ou não, é necessário dispor de rotinas de análise que permitam determinar a fração recuperada em cada estágio do processo, e frequentemente no caso das biomoléculas, determinar o grau de pureza e, por vezes, a ausência de contaminantes específicos.

À fração recuperada, dá-se o nome de rendimento η, e P é o grau de pureza. A determinação do η requer a quantificação da molécula-alvo, o que, por sua vez, requer a medida de sua concentração e do volume de meio em cada estágio (Equação 16.8). A determinação de P requer uma definição prévia, sendo uma das mais comuns a relação entre a concentração da molécula-alvo e a concentração de proteína total no sistema (Equação 16.9).

$$\eta = \frac{C_{Xn} \times V_n}{C_{X0} \times V_0} \times 100 \qquad \text{Equação 16.8}$$

$$P = \frac{C_X}{C_T} \qquad \text{Equação 16.9}$$

Na Equação 16.8, C_{Xn} representa a concentração da molécula-alvo na etapa n do processo de purificação e C_{X0} representa a concentração da mesma molécula no meio inicial. V_0 e V_n representam respectivamente o volume de meio inicial e o volume de meio na etapa n.

Na determinação da pureza com base na Equação 16.9, C_X é a concentração da molécula-alvo e C_T a concentração de todas as moléculas. Frequentemente, C representa a concentração de proteínas, dado que estas constituem a maioria das biomoléculas de interesse – peptídeos, enzimas, antígenos, anticorpos e hormônios – e também, as principais impurezas. A variável P representa, portanto, a fração da concentração da molécula-alvo em relação à concentração do conjunto de moléculas que compreende as impurezas. Caso C seja expresso em termos de massa, P será a fração da massa de proteínas referente à proteína-alvo, a qual reflete uma pureza.

É interessante determinar o rendimento e o aumento de pureza que cada etapa confere, a fim de avaliar seu impacto no processo completo e, eventualmente, a substituição de uma dada operação unitária por outra. O aumento da pureza é dado pelo aumento do valor de P, aqui denominado AP. A Equação 16.10 define AP para uma dada etapa do processo em relação à etapa anterior, na qual P_n é a pureza da molécula-alvo no estágio n e P_{n-1}, é a pureza da mesma molécula no estágio anterior. Analogamente, determina-se o aumento de pureza do processo completo, substituindo P_{n-1} por P_0 (pureza no meio inicial), na Equação 16.10.

$$AP = \frac{P_n}{P_{n-1}} \qquad \text{Equação 16.10}$$

Existem alguns métodos para determinação de concentração de proteínas, cada um deles com diferentes fundamentos e limitações, sobretudo relativas a moléculas interferentes: método de Lowry-Folin-Ciocalteau; método de Bradford; método do biureto-reagente alcalino de cobre; absorção de luz UV a 280nm (aminoácidos aromáticos) ou a 205-220nm (peptídeos); e método do ácido Bis-cincrônico.

Considerando-se que cada um desses métodos baseia-se em princípios diferentes, os resultados obtidos não podem ser diretamente comparados. Além disso, mesmo que se adote uma única metodologia, o resultado obtido somente expressará a verdadeira concentração de proteínas se a curva de calibração for determinada com solução de proteínas de composição idêntica à solução-alvo, o que não é possível.

Os métodos anteriormente descritos aplicam-se à quantificação de misturas de proteínas, sendo que é necessário quantificar a proteína-alvo, a fim de satisfazer as equações 8, 9 e 10. Uma quantificação indireta é obtida com relativa facilidade quando a molécula-alvo apresenta atividade biológica específica, como por exemplo, atividade enzimática ou antigênica.

A avaliação do grau de pureza, de forma qualitativa, em uma mistura de proteínas é largamente praticada com auxílio de eletroforese, a qual consiste na separação das proteínas por ação de um campo elétrico que força o movimento das moléculas eletricamente carregadas através de um gel de poliacrilamida.

REFERÊNCIAS

1. Kilikian BV, Pessoa A. Integração de processos. In: Adalberto Pessoa Junior e Beatriz Vahan Kilikian. (Org.). Purificação de Produtos Biotecnológicos. 1 ed. Barueri: Manole; 2005. p. 428-40.
2. Carpenter JF, Izutsu K, Randolph TW. Freezing- and drying-induced perturbations of protein structure and mechanisms of protein protection by stabilizing additives. In: Rey L. (Ed.). Freezing-drying/lyophilization of pharmaceutical and biological products. 1999.
3. Murgatroyd K, Butler LD, Kinnarney K, Monger P. Good pharmaceutical freeze-drying practice, Peter Cameron (ed.); 1997.
4. Wang W. Lyophilization and development of solid protein pharmaceuticals. International Journal of Pharmaceutics. 2000;203:1-60.

AGRADECIMENTOS

Os autores agradecem o apoio das agências de fomento: CNPq, Capes e Fapesp.

USO DE RESSONÂNCIA MAGNÉTICA NUCLEAR DE ALTA RESOLUÇÃO PARA ESTUDOS DE INTERAÇÕES RECEPTORES--LIGANTES: FUNDAMENTOS, MÉTODOS E APLICAÇÕES

Lucas Gelain Martins
Isis Martins Figueiredo
Luis Fernando Cabeça
Ljubica Tasic
Carlos Henrique Inácio Ramos
Anita Jocelyne Marsaioli

17.1 INTRODUÇÃO

17.1.1 Macromoléculas e os complexos supramoleculares

Todos os organismos são formados por células, as quais são compostas basicamente por água, moléculas orgânicas e inorgânicas. Dentre os componentes moleculares de uma célula de *Escherichia coli*, por exemplo, 27% em massa correspondem a macromoléculas, tais como proteínas, ácidos dessoxi e ribonucleicos (DNA e RNA) e polissacarídeos, além dos lipídeos que compõem as membranas. Estas macromoléculas são polímeros essenciais para a manutenção da vida, sendo que a maioria dos processos biológicos envolve a interação não covalente das macromoléculas entre si, ou com moléculas menores. Tais interações são denominadas supramoleculares, e um exemplo muito importante de complexos supramoleculares são os ribossomos, que são funcionais somente quando as duas subunidades estão unidas por ligações não covalentes[1].

Vários processos biológicos, entre quais se destacam a transcrição (síntese de RNAm), tradução (síntese proteica), formação de membranas e lipoproteínas (HDL e LDL), síntese e hidrólise de metabólitos secundários e transporte através de membranas, são mediados por interações supramoleculares e podem ser inibidos ou promovidos pelas interações das macromoléculas com moléculas pequenas (cofatores, ativadores ou inibidores de massa molecular até 700 g mol^{-1}, aproximadamente)[2]. Qualquer disfunção nos processos biológicos resulta automaticamente em mau funcionamento do organismo em questão, como é o caso do crescimento desordenado das células (câncer)[3], diminuição das funções colinérgicas (Mal de Alzheimer)[4] ou mau funcionamento de qualquer via metabólica[5]. Neste contexto, é necessário compreender como ocorrem as interações supramoleculares bem sucedidas e quais são as origens de determinadas disfunções a fim de se propor soluções. Dentre as técnicas analíticas utilizadas para este tipo de estudo, destaca-se a Ressonância Magnética Nuclear (RMN).

17.1.2 RMN aplicada às interações supramoleculares

A RMN é uma das técnicas espectroscópicas mais utilizadas para estudos estruturais de compostos orgânicos. Apresenta diversas vantagens nos estudos das interações supramoleculares fornecendo detalhes estruturais no nível atômico[6]. Um detalhe importante a respeito dos estudos com receptores é que a maioria dos estudos é realizada com foco nas variações sofridas pelos ligantes em decorrência das interações. Isto se deve ao fato de que as estruturas dos receptores são muito complexas e necessitam de experimentos específicos e demorados[7], além de marcação isotópica com os núcleos menos abundantes, como é o caso de ^{13}C e ^{15}N.

Consideramos oportuno apresentar aqui alguns conceitos básicos de RMN. De uma maneira muito simplista, a RMN consiste na interação de ondas eletromagnéticas (na escala de radiofrequência) com os *spins* nucleares, na presença de um campo magnético externo (B_0). Existem vários núcleos que são observáveis por RMN, tais como ^{1}H, ^{13}C, ^{14}N, ^{15}N, ^{18}O, ^{31}P, entre outros. Entretanto, quando se trata de estudos de interações não covalentes entre moléculas, o núcleo mais observado é o de hidrogênio-1 (^{1}H) por possuir alta abundância natural e razão magnetogírica (γ) grande, o que resulta em maior sensibilidade na detecção. Na presença de B_0, os *spins* nucleares dos átomos de ^{1}H vão se orientar em dois sentidos diferentes (paralelos e antiparalelos com relação a B_0). Existe uma pequena diferença de energia entre essas duas orientações, o que gera uma magnetização resultante. Esta magnetização é perturbada com um pulso de radiofrequência (*rf*) alterando a sua orientação. O detector, localizado perpendicularmente em relação à direção do campo magnético B_0, é induzido pela magnetização resultante, gerando um sinal elétrico que decai no tempo (FID), o qual é digitalizado e sofre um processamento matemático (transformada de Fourier) resultando no espectro de RMN de ^{1}H no domínio das frequências, conforme ilustrado na Figura 17.1.

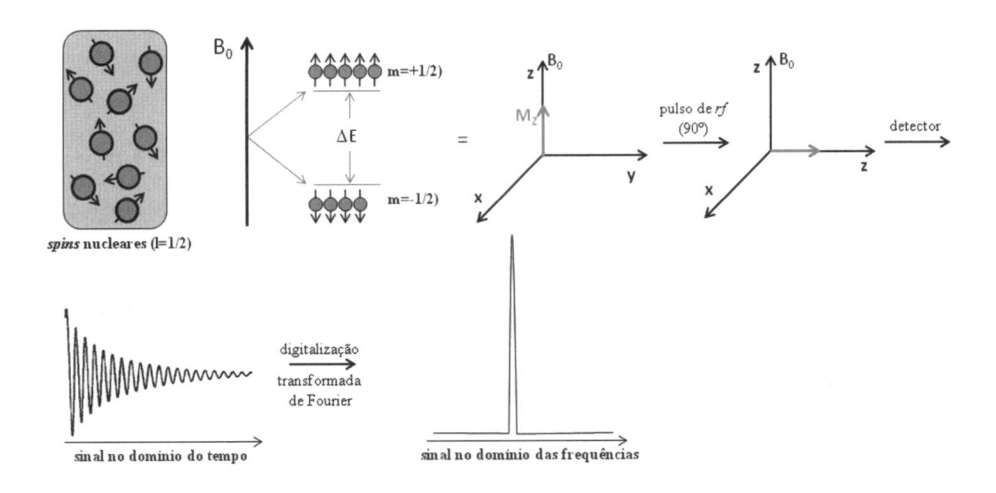

Figura 17.1 Esquema representativo da geração do sinal de RMN para núcleos de *spins* ½.

Contudo, o campo magnético sentido pelos átomos de ^{1}H de uma molécula difere dependendo de sua vizinhança química. Por este motivo, os ^{1}H magneticamente não equivalentes apresentam sinais específicos no espectro de RMN (deslocamento químico, δ). Este fenômeno nos permite diferenciar os ^{1}H de uma molécula simplesmente pelo sinal que ele apresenta no espectro, o que é uma ferramenta essencial para que esta espectroscopia seja utilizada nos estudos de interações supramoleculares.

Evidentemente, esta é uma maneira muito superficial de introduzir o conceito básico de RMN para que se possa ter uma ideia de como o fenômeno é observado. Para melhor compreensão de todos os fenômenos que ocorrem na espectroscopia de RMN, a literatura específica sobre o assunto deve ser consultada[8-10]. O fenômeno mais simples que ocorre nestas interações é a variação do deslocamento químico (posição em que o sinal aparece no espectro). O método mais rápido e fácil de avaliar variações em deslocamentos químicos é obtendo espectros de RMN de ^{1}H. No entanto, quando se trabalha com estruturas químicas muito complexas existem muitas superposições dos sinais dos ^{1}H no espectro de RMN de ^{1}H, o que impossibilita tal avaliação. Nestas circunstâncias técnicas bidimensionais podem ser utilizadas para avaliação de interações de receptores e ligantes (HSQC ^{1}H-^{13}C, HSQC ^{1}H-^{15}N etc.)[11]. Contudo, em um capítulo introdutório voltado para aplicações em biotecnologia é impossível fazer a abordagem teórica de todas essas técnicas de RMN. Limitamo-nos a abordar fenômenos como variações dos tempos de relaxação longitudinal e transversal (T_1 e T_2, respectivamente), difusão molecular e acoplamento dipolar, os quais são essenciais para estudos de complexos supramoleculares.

17.1.2.1 Relaxação dos spins nucleares e seus efeitos em interações supramoleculares

O processo de relaxação dos spins nucleares consiste no retorno dos mesmos a situação de equilíbrio após terem sido perturbados por um pulso *rf*, resultando na ausência de magnetização no plano transversal. O processo no qual a magnetização decai no plano transversal é denominado Relaxação Transversal (T_2) enquanto que o processo de relaxação no eixo *z*, paralelo ao campo magnético externo (B_0) é denominado Relaxação Longitudinal (relaxação *spin*-rede, T_1)[8]. É conhecido que macromoléculas relaxam mais rapidamente que moléculas pequenas por apresentarem longos tempo de correlação (t_c, tempo de reorientação dos *spins* nucleares no campo magnético externo B_0)[12]. Nesse contexto, quando ocorre complexação entre uma macromolécula e um ligante, este adquire características semelhantes à macromolécula, como t_c longo e, consequentemente, tempo de relaxação curto. Monitorando, portanto, esse fenômeno, é possível avaliar a interação entre um ligante e um receptor. Uma das formas de se avaliar essa interação é utilizando a medida de tempo de relaxação spin-rede, ou relaxação longitudinal seletiva (T_{1sel}), pois, para moléculas pequenas ($\omega_0 t_c < 1$, entre 0 e 700 g mol^{-1}, no qual ω_0 é denominado frequência de Larmor e corresponde à frequência de precessão dos *spins* nucleares em torno do campo externo B_0), T_1 é maior ou igual a T_2[13]. Essa técnica, denominada inversão-recuperação[14], consiste em excitar seletivamente com um pulso de 180°, o sinal relativo ao hidrogênio que apresenta maior interação com a proteína, seguido de um pulso de 90° com um intervalo variável entre eles. Os pulsos têm a mesma fase, de forma que inicialmente são obtidos espectros com sinais negativos, apresentando intensidades menores à medida que aumenta o intervalo entre os pulsos. Quando tal intervalo for igual a T_1 (1,44^{-1}) a resultante macroscópica do vetor da magnetização em $-z$ será nula no instante em que o pulso de 90° for aplicado. Portanto, o espectro obtido nestas condições não apresentará nenhum sinal. A vantagem de utilizar excitação seletiva no lugar de pulsos duros é que os efeitos de relaxação cruzada ocasionados pela presença de spins excitados nas proximidades do sistema de *spins* em questão são anulados, evidenciando apenas o efeito da complexação na relaxação do hidrogênio a ser analisado. A variação ocorrida na relaxação de uma espécie em decorrência de complexação com outra pode ser quantificada, indicando a força desta interação. Os complexos supramoleculares são formados e desfeitos de uma maneira dinâmica e alcançam uma situação de equilíbrio na qual as frações de complexos e moléculas livres são mantidas constantes, sendo possível quantificar a formação do complexo calculando a constante de associação aparente (*Ka*, **Equação 17.1**, na qual [*M*], [*L*] e [*ML*] são as concentrações da macromolécula, do ligante e do complexo formado, respectivamente). É muito importante não confundir esta constante (*Ka*) com a constante de dissociação ácida (equilíbrio ácido-base) que é simbolizada com a mesma sigla (*Ka*).

$$M + L \rightleftharpoons ML \qquad K_a = \dfrac{[ML]}{[M][L]} \qquad \text{Equação 17.1}$$

O valor de T_1 obtido para um complexo supramolecular traz informação indireta a respeito da fração de complexo existente no meio. No entanto, na ocasião em que se tem uma mistura de macromolécula e ligante que formam um complexo, o T_1 observado é uma média ponderada do T_1 do substrato livre com o T_1 do substrato complexado (Equação 17.2). Os efeitos da complexação geralmente são abordados em termos da taxa de relaxação spin-rede $(R=1/\,T_1)$ ao invés de tempo de relaxação spin-rede (T_1) apenas para facilitar os cálculos.

$$R_{obs}^{sel} = f_{livre}R_{livre}^{sel} + f_{compl}R_{compl}^{sel} \qquad \text{Equação 17.2}$$

Na qual f_{livre} é a fração molar do ligante livre e *fcompl* é a fração molar do ligante complexado.

Como a concentração de macromolécula utilizada nestes experimentos é em torno de cem vezes menor que a concentração de ligante, pode-se fazer a seguinte aproximação:

$$f_{livre} = 1 - f_{compl} \approx 1, \text{ logo } R_{obs}^{sel} - R_{livre}^{sel} = \Delta R^{sel} = f_{compl}R_{compl}^{sel} \quad \text{Equação 17.3}$$

Construindo um gráfico de $1/\,\Delta R^{sel}$ *versus* a concentração do ligante, é possível obter a constante de associação aparente entre o receptor e o ligante (Ka) quando $1/\,\Delta R^{sel}=0$ (Equação 17.4).

$$^{1}/_{R^{sel}} = \left\{^{1}/_{K_a} + [L]\right\}^{1}/_{R_{compl}^{sel}[M]} \qquad \text{Equação 17.4}$$

De forma que ΔR^{sel} é a variação na taxa de relaxação spin-rede entre as formas livre e complexada, R_{compl}^{sel} é a taxa de relaxação spin-rede da forma complexada, $[L]$ é a concentração de ligante, $[M]$ é a concentração da macromolécula que é constante durante todo o experimento e Ka é a constante de associação aparente.[13]

17.1.2.2 Difusão molecular por RMN

A difusão molecular consiste no movimento das moléculas em um fluído (líquido ou gás) decorrente do movimento térmico de todas as partículas do meio. O coeficiente de difusão depende da viscosidade do meio, da temperatura e do tamanho das moléculas (raio hidrodinâmico)[15]. É evidente, no caso de interações entre ligantes e receptores, que as medidas de coeficientes de difusão são perfeitamente aplicáveis uma vez que a molécula livre apresenta um raio hidrodinâmico muito menor do que a molécula que está interagindo com o receptor. Os coeficientes de difusão podem ser determinados por RMN através de experimentos de *ecos de spin* com gradiente de campo magnético pulsado (PFGSE). Neste tipo de experimento, quanto maior a difusão translacional da molécula (paralelo ao campo magnético B_0) menores são as intensidades dos sinais de RMN de ^1H observados. A obtenção de espectros com diferentes amplitudes de gradientes de campo pulsados fornece uma curva de decaimento de intensidade de sinais de RMN de ^1H de cada componente da mistura. A partir dessas curvas são extraídos matematicamente os coeficientes de difusão[16].

Foi proposta uma forma de apresentação dos resultados, na qual um mapa de contorno pseudo-2D é gerado com os deslocamentos químicos em F2 e os coeficientes de difusão em F1, denominada DOSY (do inglês, *Diffusion-Ordered SpectroscopY*). Este procedimento separa os sinais dos componentes de uma mistura de acordo com seus coeficientes de difusão[17]. Hoje em dia, existem diversas sequências de pulsos específicas para obtenção de coeficientes de difusão com o menor erro possível. No entanto não entraremos em detalhes operacionais neste capítulo, deixando apenas as referências para que os interessados possam estudar mais detalhadamente o fenômeno de difusão molecular por RMN[18].

Assim como os valores de T_1 (sessão 17.1.3.1, Equação 17.1), os valores de constantes de difusão obtidos para complexos supramoleculares trazem informações indiretas a respeito da fração molar do complexo formada no meio.

No equilíbrio, $[ML]$ corresponde a fração complexada (f_{compl}), enquanto $[L] = 1 - f_{compl}$. Para complexos de estequiometria 1:1, $[M] = [M]_i - [L]_{i\,fcompl}$ ($[M]_i$ e $[L]_i$ são as concentrações iniciais). A inserção de todas essas considerações na Equação 17.4 resulta na Equação 17.5, a qual possibilita o cálculo de KA em função de f_{compl}.

$$K_A = {f_{compl}} \Big/ {(1 - f_{compl})([M]_i - [L]_i f_{compl})} \qquad \text{Equação 17.5}$$

O valor de f_{compl} pode ser obtido a partir de medidas de coeficientes de difusão. Num processo de troca rápida entre a forma complexada e a forma livre, relativo ao tempo disponibilizado para difusão e a frequência do equipamento utilizado, os coeficientes de difusão resultam em médias ponderadas dos coeficientes das populações das espécies em troca (molécula receptora e seu ligante), de acordo com a Equação 17.6.

$$D_{obs} = f_{compl}D_{compl} + f_{livre}D_{livre}$$ Equação 17.6

Assumindo que os raios hidrodinâmicos do complexo e da macromolécula são iguais, temos que (na qual D_{compl} e DM são os coeficientes de difusão do complexo e da macromolécula, respectivamente). Considerando que para o ligante e fazendo as devidas substituições e rearranjos na Equação 17.6, obtemos a Equação 17.7, a qual fornece o valor de *fcompl* a ser utilizado na Equação 17.5 para o cálculo de KA[19].

$$f_{compl} = \frac{(D_{livre} - D_{obs})}{(D_{livre} - D_{compl})}$$ Equação 17.7

Outro experimento que fornece informações de complexos macromoleculares é o experimento de DOSY-NOESY[20], uma extensão do DOSY (DBPPSTE). Criado através da adição de uma sequência NOESY, depois da sequência de DOSY, o experimento de DOSY-NOESY foi o primeiro experimento 3D escrito e testado[20]. O propósito do DOSY-NOESY não é medir os coeficientes de difusão, mas apenas usar os efeitos da difusão para realçar o estudo de misturas complexas ou moléculas em equilíbrio dinâmico entre os estados livre e complexado.

17.1.2.3 Experimentos com transferência de nOe

O efeito Overhauser nuclear (nOe) é um fenômeno exaustivamente utilizado em experimentos de RMN a fim de obter informações a respeito de interações intra e intermoleculares. O efeito nOe consiste no aumento da população de determinado *spin* nuclear através de relaxação cruzada com outros *spins* previamente saturados.[8, 21] A transferência de nOe é inversamente proporcional a distâncias entre os dois *spins* envolvidos e, portanto, no caso de interações com receptores fornece informações a respeito do epitopo de ligação entre as moléculas envolvidas.

17.1.2.3.1 O experimento de STD

O experimento de RMN-STD[22] (abreviação do inglês, *Saturation Transfer Difference,* desenvolvido por Meyer e Mayer), o qual tem como base o fenômeno de transferência de nOe, foi desenhado especialmente para avaliação de sistemas proteínas-ligantes. STD é, sem dúvida, um dos experimentos mais populares de transferência de nOe, provavelmente, por ser o mais sensível e rápido, além de possibilitar o cálculo do epitopo de ligação do ligante e as constantes de dissociação dos complexos (Kd)[22].

Este método, como o nome sugere, fornece a diferença de dois experimentos. No primeiro experimento (*on resonance*), a magnetização dos hidrogênios do receptor é seletivamente saturada via um trem de pulsos Gaussianos. O trem de pulsos de radiofrequência (*rf*) é aplicado numa frequência que contém apenas os sinais do receptor e que os sinais dos ligantes estejam ausentes (entre $-1,0$ a $0,0$ ppm para proteínas). A saturação se propaga a partir dos hidrogênios saturados do receptor para outros hidrogênios do receptor *via* caminhos de relaxação cruzada intramolecular (^{1}H-^{1}H); esse processo chamado de difusão de *spin* é eficiente devido a grande massa molecular do receptor. Como ilustrado no Esquema 17.1, a saturação é transferida para os compostos complexados via relaxação cruzada intermolecular (^{1}H-^{1}H) na interface receptor-ligante. As moléculas do ligante que interagem com o receptor recebem a transferência de magnetização, se dissociam e voltam para a solução onde seu estado saturado persiste devido à pequena velocidade de relaxação longitudinal (*R1*) do mesmo. Ao mesmo tempo, novos ligantes não saturados trocam com o receptor enquanto mais energia de saturação continua a entrar no sistema através de aplicação do pulso de *rf*, aumentando a população de ligantes livres e saturados. Um experimento de referência (*off resonance*) é obtido aplicando um trem de pulsos fora da janela espectral, onde nenhum sinal é perturbado. Os experimentos *on-resonance* e *off-resonance* são obtidos num esquema alternado e subtraídos sequencialmente através de ciclagem de fase. O resultado da diferença dos espectros fornece somente os sinais dos ligantes que foram saturados. O valor percentual obtido, relativo à intensidade do experimento de referência, é chamado com o próprio nome da técnica, STD.

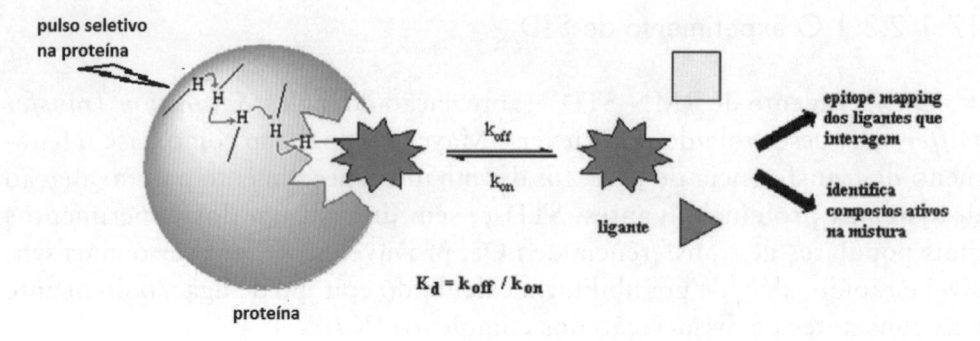

Esquema 17.1 Representação esquemática do experimento de RMN-STD. Quando a proteína torna-se saturada, os ligantes que estão complexados a ela tornam-se saturados também. Este fenômeno, chamado de difusão de *spin*, está representado pelas setas vermelhas. Através da subtração deste espectro de um espectro sem a saturação da proteína fornece um espectro no qual apenas os sinais dos compostos complexados à macromolécula aparecem. Em geral, a saturação da proteína consiste de uma cascata de pulsos Gaussianos.

Como este tipo de experimento é realizado com um grande excesso na concentração de ligante quando comparado com o receptor, faz-se uma correção do valor de STD obtido (fator de amplificação STD, STD-AF – Equação 17.8).

$$STD - AF = \frac{I_0 - I_{sat}}{I_0} \varepsilon$$
Equação 17.8

Na qual I_0 é a intensidade do sinal de RMN no experimento controle, sem irradiação da proteína, I_{sat} é a intensidade do sinal de RMN no experimento de transferência de saturação com irradiação da proteína e ε é o excesso de ligante com relação a concentração de proteína.[23]

O experimento de STD tem vários aspectos interessantes que merecem atenção especial. Primeiro, o STD é ajustado idealmente para receptores com grandes massas moleculares (MM > 30000 Da). Receptores com grande MM possuem longos tempos de correlação (τ_c), que aumentam a *difusão de spin* e consequentemente, a transferência de saturação do receptor para o ligante. Segundo, o STD requer relativamente pequenas concentrações de receptor (≈ 1 μM).

Diferentemente dos experimentos que medem *T1* e constantes de difusão molecular, o STD avalia a dissociação do complexo previamente formado. A quantificação das interações, neste caso, é realizada com cálculos de constantes de dissociação aparentes (K_d), a qual é o recíproco de K_a ($K_d = 1/K_a$). A Equação 17.9 define o conceito de K_d.

$$ML \rightleftharpoons L+M \qquad K_d = {[M][L]}\big/{[ML]}$$
Equação 17.9

Assumindo uma velocidade de ligação entre ligante e receptor limitada pela difusão, o K_d para o método de STD tem sido estimado entre $10^{-8} <$ $K_d < 10^{-3}$ M. Valores de K_d fora dessa faixa não são observáveis por esta metodologia.

A isoterma de ligação (isoterma de Langmuir, Equação 17.10), construída em função da concentração de ligante, fornece valores de K_d para um determinado sistema proteína/ligante. Contudo, alguns contrapontos são encontrados na utilização dessa metodologia. O primeiro deles está relacionado ao acumulo de saturação de determinados *spins* nucleares de ligantes devido a processos de religação dos mesmos no sítio ativo da proteína. Esse efeito é pronunciado com o aumento do tempo de saturação da proteína, que permite várias reentradas da mesma molécula de ligante no sítio ativo. Outro revés é o fato de se obter valores diferentes de K_d, dependendo dos sinais de STD escolhidos para construir as isotermas de ligação[24,25].

$$STD - AF\,([L]) = V_{máx}\frac{[L]}{[L]+K_d} \qquad \text{Equação 17.10}$$

na qual $[L]$ é a concentração de ligante.

Para contornar esse problema, foi proposta uma metodologia para determinação de K_d a partir de experimentos de competição nos quais uma amostra de proteína contendo o ligante de interesse é titulada com um outro ligante de referência cujo K_d foi previamente determinado por outra metodologia, porém nas mesmas condições experimentais[22]. Contudo, além de problemas como superposição de sinais, a necessidade de um ligante de referência com K_d previamente determinado limita significativamente as aplicações dessa metodologia. Todos esses problemas que envolvem os estudos de afinidade entre ligantes e proteínas utilizando RMN-STD podem ser contornados quando se utiliza a isoterma de ligação substituindo-se STD-AF, obtido a partir de um dado tempo de saturação, pelas taxas de crescimento iniciais (STD-AF$_0$) da curva de saturação, as quais são construídas em função do tempo de saturação, de acordo com a Equação 17.11[26].

$$STD - AF(t_{sat}) = STD - AF_{máx}(1 - e^{-k_{sat}t_{sat}}) \qquad \text{Equação 17.11}$$

na qual, t_{sat} é o tempo de saturação, *STD-AFmáx* é o platô da curva e k_{sat} é uma taxa constante de saturação, diretamente relacionada com a relaxação longitudinal seletiva de cada próton do ligante e demonstra o quão rápido o platô de cada curva é atingido. A inclinação STD-AF$_0$ é obtida da equação . $STD - AF_0 = STD - AF_{máx}k_{sat}.$

17.1.2.3.2 O experimento de WaterLOGSY

O experimento de WaterLOGSY[27], analogamente ao STD, repousa na excitação do complexo proteína-ligante através de um trem de pulsos de *rf* seletivos. Entretanto, o WaterLOGSY consegue isto indiretamente pela perturbação seletiva da magnetização da água, ao contrário do STD, que usa a perturbação direta da magnetização do receptor. O caminho de transferência de magnetização no WaterLOGSY passa a ser água → receptor → ligante. A transferência de magnetização pode ocorrer *via* vários mecanismos, que serão discutidos a seguir. A apresentação original do WaterLOGSY propõe tanto a saturação seletiva como a inversão do sinal da água. A tendência atual favorece a inversão seletiva do sinal da água conseguida através do método e-PHOGSY (do Inglês, *enhanced Protein Hydration Observed through Gradient SpectroscopY*)[28].

A magnetização invertida da água pode ser transferida aos ligantes complexados *via* três caminhos simultâneos, como mostrado no Esquema 17.2. Um caminho envolve a relaxação cruzada (^{1}H-^{1}H) direta entre o ligante complexado e a água de complexação presente no sítio ativo. Por definição, as moléculas de água de complexação são as que possuem tempos de residência maior que o tempo de correlação da macromolécula. Como resultado, a velocidade que governa as relaxações cruzadas dipolo-dipolo intermoleculares entre o ligante complexado e as moléculas de água são negativas e tendem a trazer a magnetização do ligante para o mesmo estado invertido da água. Um segundo caminho, apresenta a troca química entre os hidrogênios de moléculas da água "invertidas" e os hidrogênios dos grupos –NH e -OH do sítio ativo. A troca química desses hidrogênios com os da água inverte suas magnetizações. Os hidrogênios -NH e -OH propagam a inversão para os hidrogênios não lábeis do ligante *via* relaxação cruzada dipolo-dipolo intermolecular. No terceiro caminho, a transferência de magnetização ocorre indiretamente com -NH/--OH lábeis em posições remotas (distantes das moléculas de água/regiões hidrofóbicas) *via* difusão de spin. A magnetização invertida é, então, transferida para outros *spins* não lábeis tornando-se um centro de propagação da saturação do *spin*. Dessa forma, os hidrogênios remotos NH/OH do sítio ativo atuam como pontos de entrada para a dispersão de inversão de spin através do receptor. Enquanto os mecanismos acima tratam da transferência de magnetização para os ligantes complexados, outro mecanismo existe para transferência de magnetização para os ligantes livres, que ocorre *via* troca química da água com hidrogênios lábeis dos ligantes e, consequente relaxação cruzada dipolo-dipolo intramolecular do ligante. Este efeito tem o potencial de complicar a interpretação dos dados, mas pode ser esclarecido adquirindo um WaterLOGSY controle para os ligantes livres.

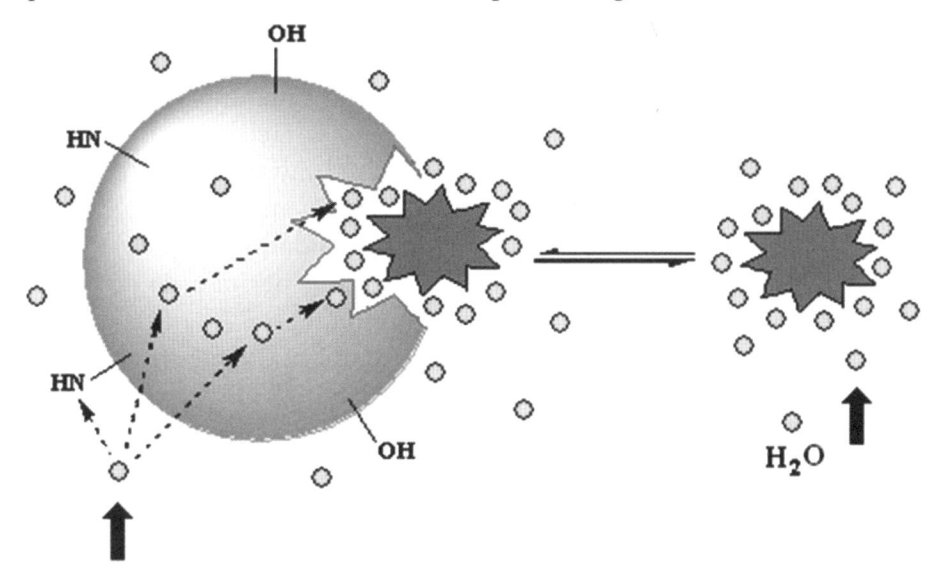

Esquema 17.2 Mecanismos de transferência de magnetização fundamentais para ocorrência de espectros de WaterLOGSY. Transferência da magnetização a partir da água para os ligantes ocorre via hidrogênios lábeis do receptor dentro e fora do sítio ativo, bem como, a partir das moléculas de água com vida longa dentro do sítio de ligação. As bolinhas azuis indicam as moléculas de água invertidas. Somente os ligantes complexados experimentam ambos tipos de transferência de magnetização. O reservatório de ligantes livres vai trocando com a macromolécula e experimentando a transferência de magnetização.

Os esquemas de transferência de magnetização, discutidos acima, permitem que a magnetização dos compostos em complexos com a macromolécula seja invertida no sítio ativo do receptor. Dessa forma, os ligantes se dissociam para solução, onde, analogamente ao experimento de STD, seu estado de magnetização perturbado é mantido devido aos seus pequenos valores de $R1$. Quanto menores os valores de $R1$, maior será o tempo disponível para os ligantes se complexarem com receptor, recebendo a transferência de inversão de magnetização a partir do complexo receptor-ligante e, então, ao se dissociar, eles se somam ao reservatório crescente de ligantes com *spins* invertidos.

A diferenciação dos ligantes livres dos complexados com a proteína no experimento de WaterLOGSY é obtida através da observação das diferentes propriedades de relaxação cruzada desses ligantes com a água. Nos esquemas de transferência de magnetização, os ligantes complexados interagem direta ou indiretamente com os spins invertidos da água *via* interações dipolo-dipolo com tempos de correlação (τc) relativamente longos resultando em velocidades de relaxação cruzada negativa. Em contraste, interações dipolo-dipolo de ligantes não complexados com a água apresentam τc muito menores levando a velocidade de relaxação cruzada positiva. Como consequência, compostos ligantes e não ligantes apresentam sinais com fases opostas no WaterLOGSY, fornecendo uma maneira fácil de discriminá-los.

A sensibilidade intrínseca do WaterLOGSY é limitada pela eficiência da inversão da água, bem como da eficiência do esquema de transferência de energia: água ® receptor ® ligante. Deve-se ter cuidado para evitar grandes perdas através da difusão translacional durante o período de *eco* de *spin* e-PHOGSY. Condições experimentais que diminuam o *R1* da água são desejáveis já que eles permitem que uma quantidade maior de novos ligantes troquem com o receptor. Como no experimento de STD, os valores de *R1* dos estados de ligante livre e complexado limitam a quantidade de transferência de magnetização. Para uma sensibilidade ótima, as velocidades de troca devem ser significantemente mais rápidas do que o *R1* do ligante no estado complexado.

Como todos os experimentos de triagem, o WaterLOGSY está baseado na detecção de ligantes que interagem fracamente com receptor. Ligantes com fortes afinidades ao receptor terão correspondentemente tempos de residência mais longos. Similar ao caso do STD, se os tempos de residência se tornam muito longos, a inversão de spin irá desaparecer devido à relaxação longitudinal antes do ligante de dissociar para solução. O valor limite mínimo de *Kd* para WaterLOGSY é de aproximadamente 0,1 μM.

17.2 APLICAÇÕES

As aplicações serão apresentadas em casos de estudos introduzindo as abordagens modernas de investigações de interações receptores-ligantes. Estão resumidas algumas das metodologias de RMN que podem se aplicadas nos estudos de diferentes tipos de interações a fim de introduzir o leitor ao mundo das interações supramoleculares em sistemas biológicos. No entanto, não temos a pretensão de abordar todas as pesquisas relevantes sobre assunto de extrema importância.

17.2.1 Estudo de caso I: Interações proteína-cofator, proteína-substrato e proteína-inibidor

Várias patologias estão relacionadas com falhas no enovelamento de proteínas, o que resulta na perda da função biológica ou na formação de agregados moleculares em células[29]. Em contrapartida, os organismos dispõem de mecanismos que fazem a manutenção das células, como é o caso das chaperonas (comumente conhecidas como proteínas de choque térmico, do inglês, *Heat Shock Proteins* Hsp) as quais são reguladoras da homeostase de proteínas[30]. As chaperonas são nomeadas de acordo com o sua massa molecular, ou seja, aquela que apresenta massa molecular aproximadamente de 70 kDa é denominada Hsp70. Mais de vinte famílias de chaperonas já foram descritas em procariotos e eucariotos. Como exemplos é possível citar as Hsp70 e Hsp100 que impedem a formação de agregados oligoméricos auxiliando na solubilização de proteínas parcialmente desenoveladas. Embora os mecanismos de desagregação sejam desconhecidos, é sabido que essas chaperonas apresentam afinidade pelas sequências inespecíficas de resíduos de aminoácidos hidrofóbicos da superfície dos polipeptídeos não enovelados. Além de prevenir o processo de agregação proteica, essas proteínas auxiliam no enovelamento de proteínas e participam do transporte de polipeptídeos recém-sintetizados através de membranas para outras organelas.

A família Hsp70 apresenta atividade ATPase, estabiliza proteínas para o enovelamento, previne a agregação de proteínas e participa do transporte de proteínas via membrana. Pode ser encontrada no citoplasma, reticulo endoplasmático, mitocôndria e cloroplasto. Também apresenta a característica de participar em sistemas de cooperação com outras famílias de chaperonas, tais como Hsp60, Hsp90 e Hsp104. O estado de alta e baixa afinidade por substratos é regulado pela presença de nucleotídeos de adenina.

A Hsp70 é constituída pelo domínio que contém o sítio de ligação de nucleotídeos (do inglês, *Nucleotide Binding Domain* – NBD, domínio N-terminal de 45 kDa), o qual possui atividade ATPase e um domínio que contém o sitio de interação com substratos (do inglês, *Substrate Binging Domain* – SBD, domínio C-terminal de 25 kDa), o qual é composto pelos subdomínios β-*sandwich* (SBD1) de 15 kDa e de α-helicoidal (SBD2) de 10 kDa que funciona como uma tampa. Os nucleotídeos ATP e ADP atuam na HSP70 como reguladores de afinidade por substratos. Quando ATP se liga em NBD, o subdomínio SBD2 assume uma conformação aberta, expondo o sítio de interação com substrato. Antagonicamente, a interação de ADP em NBD promove o fechamento de SBD2 sobre o substrato em SBD1.

O mecanismo de ação das Hsp70 ocorre diretamente em função da ligação de ATP num estado de baixa afinidade, seguido pela hidrólise daATP a ADP+P_i (P_i = fosfato) e ligação da ADP com alta afinidade à Hsp70[31] (Esquema 17.3).

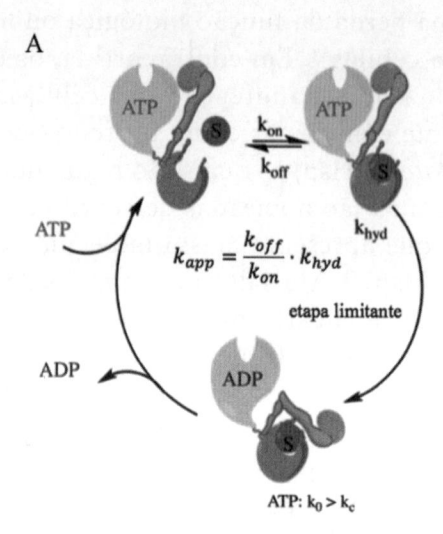

Esquema 17.3 Modelo de interação das chaperonas Hsp70 com substratos[37]: A) interação inicial do substrato com DnaK na conformação aberta o que determina a eficiência da interação do substrato; B) estados ATP e ADP complexados somente diferenciam a frequência de transição entre as conformações aberta e fechada.

Os deslocamentos químicos de todos ^{1}H dos nucleotídeos devem ser conhecidos na ausência de Hsp70. A caracterização estrutural de um ligante, seja inibidor, cofator ou substrato, é fundamental no início de qualquer estudo de interação utilizando técnicas de RMN. A Figura 17.2 apresenta os valores de deslocamentos químicos de ^{1}H para os cofatores (ATP e ADP).

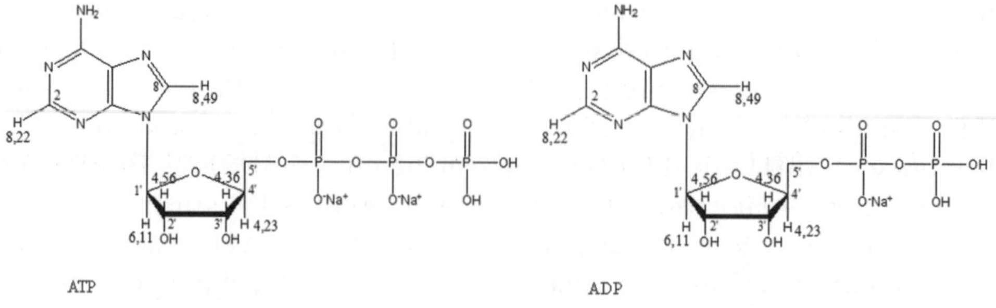

Figura 17.2 Os números sobre as estruturas representam os δH dos hidrogênios da ATP e ADP.

As variações nos valores de coeficientes de difusão dos cofatores (D) na ausência [(D_{ATP} = 3,99±0,02 m².s⁻¹) e (D_{ADP} = 4,25±0,03 m².s⁻¹)] e na presença de Hsp70 [(D_{ATP} = 3,14±0,03 m².s⁻¹) e (D_{ADP} = 3,35±0,04 m².s⁻¹)] demonstram que ocorrem interações. Os cofatores isolados têm maior facilidade para se difundirem no meio e, portanto, apresentam valores de D maiores. Quando em presença de Hsp70, os valores de D diminuem, sugerindo que interações estão ocorrendo.

A confirmação é dada pelo experimento de STD, como pode ser visto na Figura 17.3 para ADP e na Figura 17.4 para ATP.

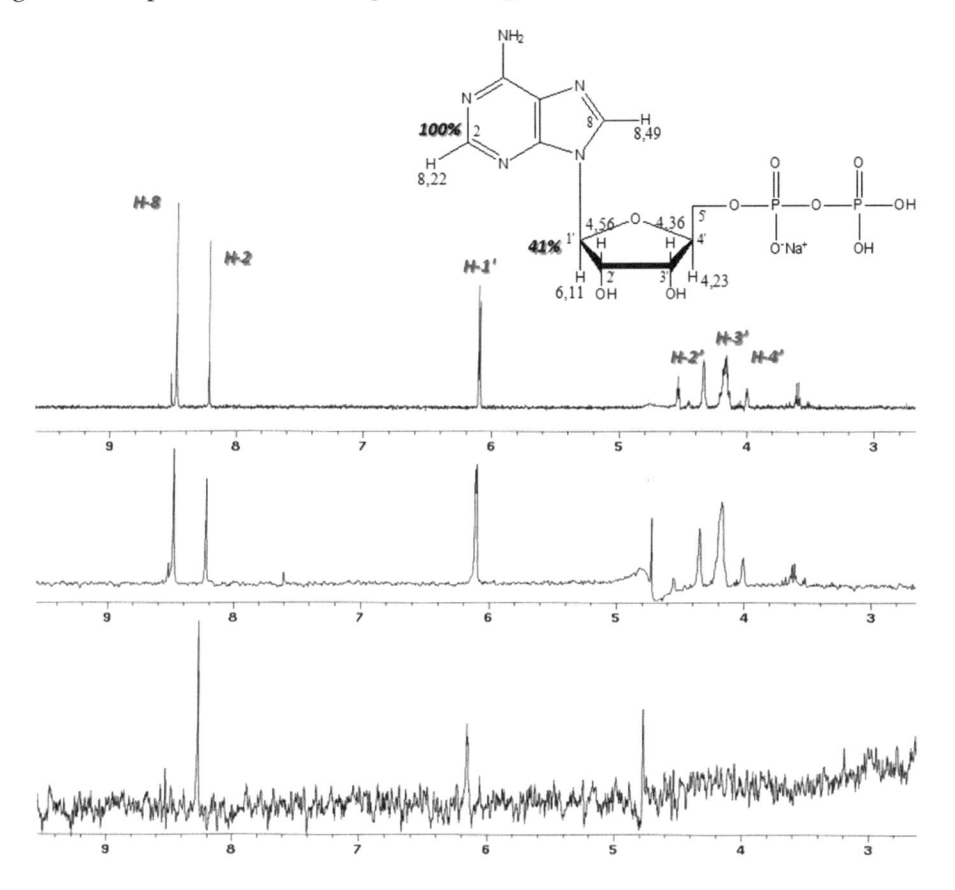

Figura 17.3 Espectros de RMN de ¹H na região 3,0 a 9,5 ppm (499,99 MHz, 99,9 % D₂O) da Hsp70/ADP (1:100), (A) PRESAT, (B) STD-controle e (C) STD. Os números em negrito sobre as estruturas representam o mapa de epitopo.

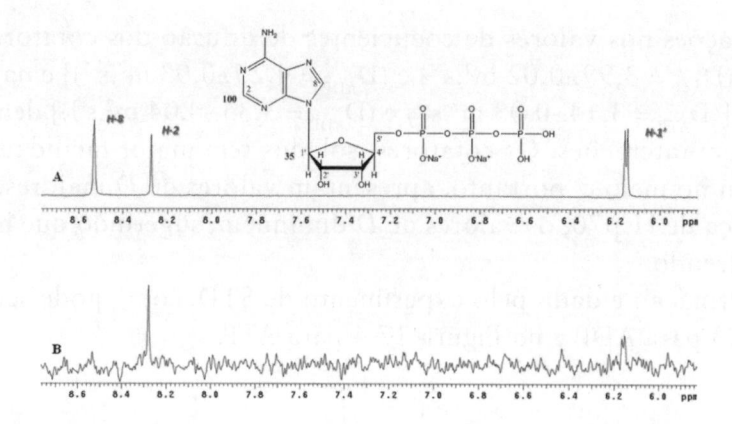

Figura 17.4 Espectros de RMN de ¹H na região 6,0 a 8,7 ppm (499,99 MHz, 99,9 % D₂O) da Hsp70/ATP (1:100), (A) STD-controle e (B) STD. Os números em negrito sobre as estruturas representam o mapa de epitopo.

Como visto nos espectros de RMN-STD, apenas os hidrogênios **H-2** (8,28 ppm) da porção adenosina e **H-1'** (6,15 ppm) anomérico da ribose interagiram diretamente com a Hsp70, independente do nucleotídeo estudado (Figuras 17.3b e 17.4b). A Tabela 17.1 apresenta os valores de STD-AF para os ¹H que interagiram com a Hsp70 na ausência de fosfato inorgânico (sem tampão fosfato de sódio, normalmente utilizado para as análises de RMN).

Tabela 17.1 Fator STD amplificado (STD-AF) para os hidrogênios H-2 e H-1' para as misturas de Hsp70 (ADP/ATP) sem tampão fosfato de sódio.

	HSP70+ADP	HSP70+ATP	HSP70+ADP+2ATP
H-2	0,21 %	0,14 %	0,40 %
H-1' ANOMÉRICO	0,08 %	0,05 %	0,16 %

A Hsp70 interage com a ADP numa proporção maior do que com a ATP e a adição de 2,0 mM de ATP a mistura de Hsp70/ADP aumentou a proporção de interação sugerindo que o aumento da concentração do ligante desloca o equilíbrio para a forma complexada.

Os valores de STD-AF obtidos para os **H-2** e **H-1'** da mistura Hsp70/ATP e Hsp70/ATP/ADP na ausência de tampão fosfato de sódio são diferentes dos resultados obtidos para essas mesmas misturas na presença de 20 mM deste tampão (pH = 6,9), ou seja, na presença de 20 mM de fosfato (P_i, Tabela 17.2).

Tabela 17.2 Comparação de STD-AF para os hidrogênios H-2 e H-1'' para o sistema Hsp70 (ADP/ATP) na presença e ausência de Pi.

	HSP70+ADP+ATP (COM P_i)	HSP70+ADP+ATP (SEM P_i)	HSP70+ATP (COM P_i)	HSP70+ATP (SEM P_i)
H-2	1,33 %	1,90 %	1,39 %	2,60 %
H-1'	0,55 %	0,47 %	0,49 %	0,75 %

Os resultados indicaram que a presença de P_i diminui a interação tanto da ATP como da mistura ADP/ATP com a Hsp70, ou seja, a presença de P_i, aumenta a constante de dissociação da ATP provocando uma diminuição da população complexada e, consequentemente, uma diminuição da intensidade do sinal no experimento de STD.

É evidente que em qualquer condição, a Hsp70 interage mais fortemente com ADP que com ATP, como já havia sido reportado[32]. Este fato pode ser explicado através do ciclo ATPase da Hsp70 que consiste em uma alternação entre o estado ATP-complexado com baixa afinidade e velocidade de troca rápida com substrato e um estado ADP-complexado com alta afinidade e baixa velocidade de troca com o substrato como ilustrado no Esquema 17.3.

A compreensão a respeito da interação de cofatores com o NBD da Hsp70 é muito importante para o entendimento do mecanismo da regulação da atividade dessa enzima, contudo a atividade catalítica dessa chaperona repousa numa interação lábil com um peptídio pequeno, controlada pela ATP[31, 32]. Dessa forma, a utilização de um peptídeo é viável para se mimetizar um possível substrato a fim de se estudar a interação do mesmo com o sitio SBD da enzima. A Angiotensina 2 (Asp-Arg-Val-Tyr-Ile-His-Pro-Phe) é um candidato ideal para este tipo de estudo por ser constituída de resíduos de aminoácidos hidrofóbicos. A atribuição dos sinais de ^{1}H do polipeptídeo é um pouco mais complexa do que as atribuições dos cofatores devido ao tamanho da molécula e diversidade estrutural. Para isso se faz necessário a utilização de experimentos de RMN de ^{1}H mono- e bidimensionais (gCOSY, gHSQC, entre outros) e comparação com os dados da literatura[33]. Como o objetivo deste capítulo não é discutir elucidação estrutural, essas metodologias não serão exploradas. As Figuras 17.5, 17.6, 17.7 e 17.8 mostram os espectros de RMN de ^{1}H atribuídos para Angiotensina 2, enquanto que a Figura 17.9 apresenta toda a estrutura do peptídeo com as atribuições dos deslocamentos químicos aos ^{1}H.

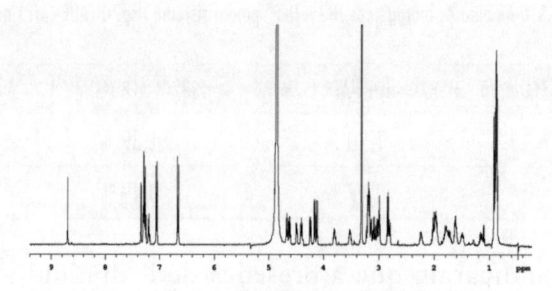

Figura 17.5 Espectro de RMN de ¹H (499,88 MHz, CD₃OD, 25 °C) da Angiotensina 2.

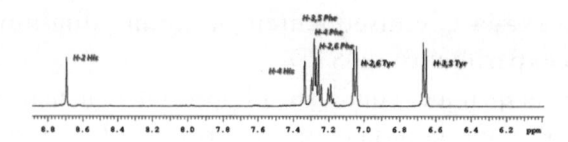

Figura 17.6 Expansão (6,0 a 9,0 ppm) do espectro de RMN de ¹H (499,88 MHz, CD₃OD, 25 °C) da Angiotensina 2.

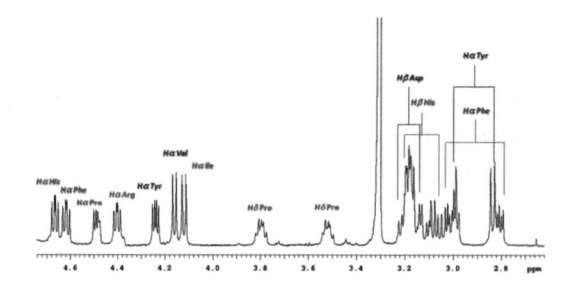

Figura 17.7 Expansão (2,5 a 4,8 ppm) do espectro de RMN de ¹H (499,88 MHz, CD₃OD, 25 °C) da Angiotensina 2.

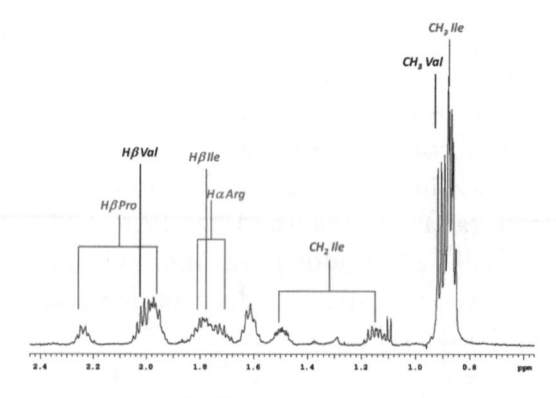

Figura 17.8 Expansão (0,5 a 2,5 ppm) do espectro de RMN de ¹H (499,88 MHz, CD₃OD, 25 °C) da Angiotensina 2.

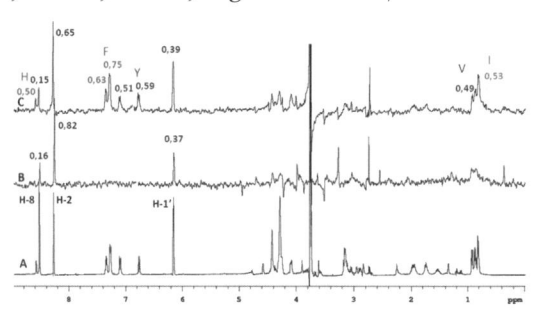

Figura 17.9 Atribuição dos deslocamentos químicos de ¹H (em ppm) do polipeptídeo Angiotensina 2 com base nos experimentos de RMN de ¹H e COSY.

ATP é utilizado como cofator durante a caracterização da interação entre a Hsp70 e a Angiotensina 2, considerando-se que os sítios da interação do cofator e do substrato são distintos. Após adicionar a Angiotensina 2 à mistura de Hsp70 e ATP a interação Hsp70/ATP continua presente, sendo o sítio de nucleotídeo ocupado pela ATP. Adicionalmente nota-se a interação de Angiotensina 2 no sítio vizinho (SBD) através de vários resíduos de aminoácidos (na parte alifática **Hγ** da valina em 0,91 ppm com 0,49 % e dos **Hγ** e **Hδ** da isoleucina em 0,88 e 0,89 ppm com 0,53 % de interação e na parte aromática através dos **H-2** da histidina em 8,71 ppm com 0,50%, com os **H-3,5** e **H-4** em 7,33 e 7,31 ppm com 0,63 % e **H-2,6** em 7,20 ppm da fenilalanina com 0,75 % e através dos **H-3,5** e **H-2,6** em 6,66 e 7,10 ppm da tirosina com 0,59 e 0,51 % , Figura 17.10c).

Figura 17.10 Espectros de RMN de ¹H na região 0,0 a 9,0 ppm (499,99 MHz, 99,9 % D_2O) (A) STD-controle, (B) STD da mistura Hsp70/ATP e (C) STD da Hsp70/ATP/Angiotensina 2. Os números em negrito sobre as estruturas representam o mapa de epítopo.

Esse sistema é ideal para estudos das interações entre chaperonas e diferentes polipeptídeos, enquanto que por técnica de STD avaliaremos as interações entre proteínas e seus ligantes e cofatores. Experimento de STD pode ser aplicado a diversos sistemas proteínas-ligantes a fim de elucidar as interações permitindo uma maior compreensão de mecanismos de ação, inibição ou ativação das enzimas. Com base nesses resultados é possível propor tratamentos para diversas patologias que sejam reguladas por atividade enzimática.

Um exemplo clássico é o tratamento sintomático da Doença de Alzheimer, enfermidade degenerativa que promove a perda de conexão entre os neurônios. Um dos tratamentos propostos é a disponibilização de acetilcolina no organismo do paciente. Esse neurotransmissor atua na junção neuromuscular e nos sistemas nervoso periférico e central e é sintetizado pela enzima Colina-O-Acetil-Transferase (ChAT) a partir de acetil-coenzima-A e colina. A Acetilcolina interage com receptores colinérgicos muscarínicos e nicotínicos e é hidrolisada após cumprir seu papel biológico pela enzima Acetilcolinesterase (AChE) presente entre células nervosas e musculares[34]. A AChE (EC 3.1.1.7) atua em ésteres carboxílicos e apresenta um sítio ativo localizado ao final de um túnel de resíduos de aminoácidos, formado pela tríade catalítica composta pelos resíduos serina-histidina-glutamato (Ser-His-Glu). A inibição de AChE permite que o nível de acetilcolina permaneça alto numa tentativa de restaurar a função colinérgica do paciente, melhorando a qualidade de vida e retardando o declínio cognitivo.[35]

Existem vários tipos de inibidores de AChE (abreviados como AChEI) que podem ser reversíveis, pseudorreversíveis, irreversíveis, pertencentes as mais diversas classes de compostos, como organofosfatos, carbamatos, fenantrenos, entre outros. Um dos compostos usados como referência para inibição de AChE é o alcaloide Fisostigmina (Figura 17.11), originalmente isolado de *Physostigma venenosum*, uma leguminosa nativa da África tropical. Esse composto exerce inibição reversível através da carbamilação do resíduo de serina (-CH_2OH) presente no sítio ativo de AChE[36]. Outros alcaloides que também atuam como inibidores de AChE *são a* Crinina e a Ambelina (Figura 17.11), ambos isolados de plantas da família *Amaryllidaceae*.

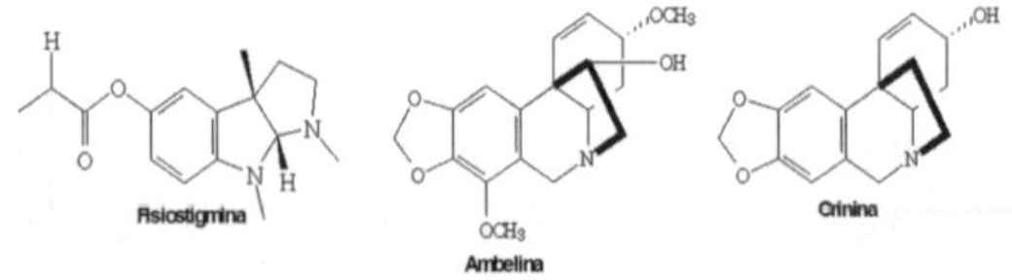

Figura 17.11 Estruturas química da Fisostigmina, Ambelina e Crinina.

Conhecer como o inibidor interage com o sítio ativo da enzima é de extrema importância para melhor compreensão do mecanismo de inibição e, consequentemente, para propor novos inibidores. O experimento de STD neste caso proporciona um mapeamento do inibidor, mostrando quais ^{1}H apresentam maior interação com a enzima. Notoriamente a porção aromática apresenta grande importância em termos de estabilização do inibidor no sítio ativo por interações do tipo π-*stacking*, apresentando valores de transferência de nOe muito maiores quando comparados aos demais ^{1}H da molécula de Fisostigmina (Figura 17.12).

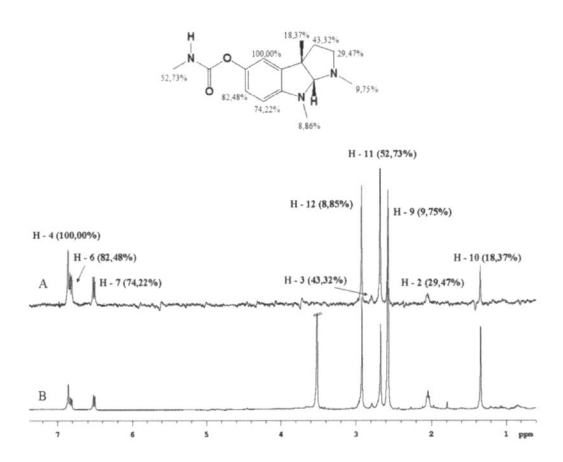

Figura 17.12 Espectros de RMN de [1]H – STD (499,8 MHz, tampão fosfato de sódio, pH=8,0, 1mmol L-1, D₂O/DMSO, 25 °C, tempo de saturação = 2,05 s) para uma solução de acetilcolinesterase com Fisostigmina12. (A) Diferença entre os experimentos "em resso-nância" e "fora de ressonância". (B) Experimento "fora de ressonância". Acima está apresentado o epitopo normalizado de ligação do alcaloide com acetilcolinesterase.

No caso da inibição de AChE com Ambelina a porção aromática também se sobressai em termos de valores de transferência de nOe, seguida pelos ^{1}H olefínicos H-1 e H-2 (Figura 17.13).

No entanto, essa metodologia tem suas limitações. A RMN é uma técnica analítica pouco sensível e experimentos de transferência de nOe apresentam sensibilidade ainda menor. Isso limita os estudos de sistemas que apresentem boa solubilidade no solvente a ser utilizado. Como exemplo temos o caso da Crinina, que é menos solúvel comparado com as Fisostigmina e Ambe-lina (em D₂O, pH=8). Este fator reflete nos resultados obtidos por STD de forma que apenas as interações mais intensas (com os hidrogênios aromáti-cos e do grupo –O-CH₂-O-, Figura 17.14) são observadas no espectro. Isso impede que um mapa de interação do alcaloide com o sítio ativo da enzima seja realizado.

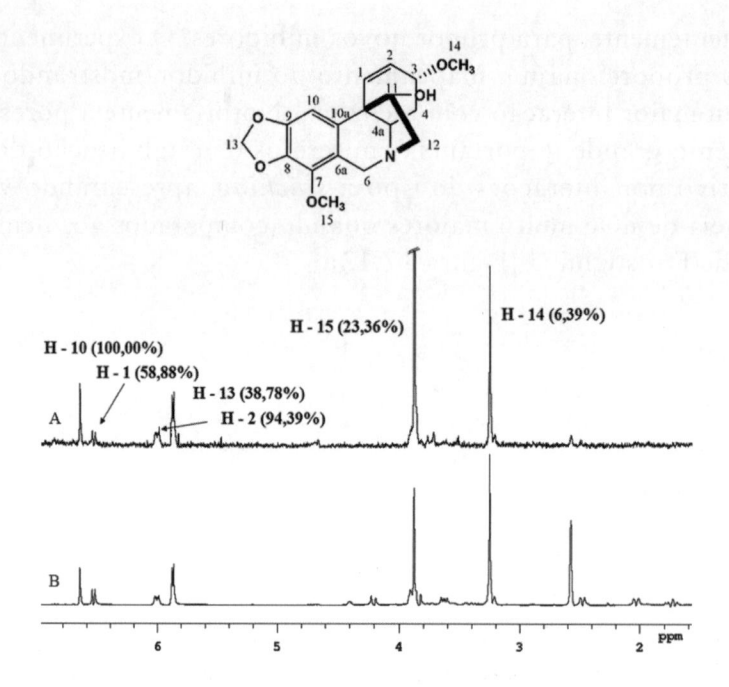

Figura 17.13 Espectros de RMN de ¹H – STD (499,8 MHz, tampão fosfato de sódio, pH=8,0, 1 mmol L⁻¹, D₂O/DMSO, 25 ºC, tempo de saturação = 2,05 s) para uma solução de acetilcolinesterase com Ambelina (13). (A) diferença entre os experimentos "em ressonância" e "fora de ressonância"; (B) experimento "fora de ressonância". Acima está apresentada uma estrutura da Ambelina com a devida numeração dos hidrogênios.

No entanto, apenas conhecer como o inibidor atua no sítio ativo da enzima não é suficiente para avaliação de inibição enzimática. A força com que o inibidor se liga (constante de dissociação aparente, K_a) ou a taxa com que se desliga da enzima (constante de dissociação aparente, K_d) são extremamente importantes para avaliação da eficiência da inibição. K_a pode ser determinado por RMN através da variação nos valores de coeficientes de difusão e taxas de relaxação, conforme visto nas sessões 17.1.2.2 e 17.1.2.1, respectivamente. K_d pode ser obtido a partir das curvas de Langmuir construídas com resultados obtidos por experimentos de STD otimizados com parâmetros específicos para este fim, conforme visto na sessão 17.1.2.3.1. Para Fisostigmina e Ambelina os valores de K_d e K_a ainda não foram determinados.

Além da inibição de AChE, a reativação desta enzima pode ser necessária para manutenção da vida. É o caso do tratamento contra intoxicação de humanos e animais com pesticidas (compostos organofosforilados). Tais

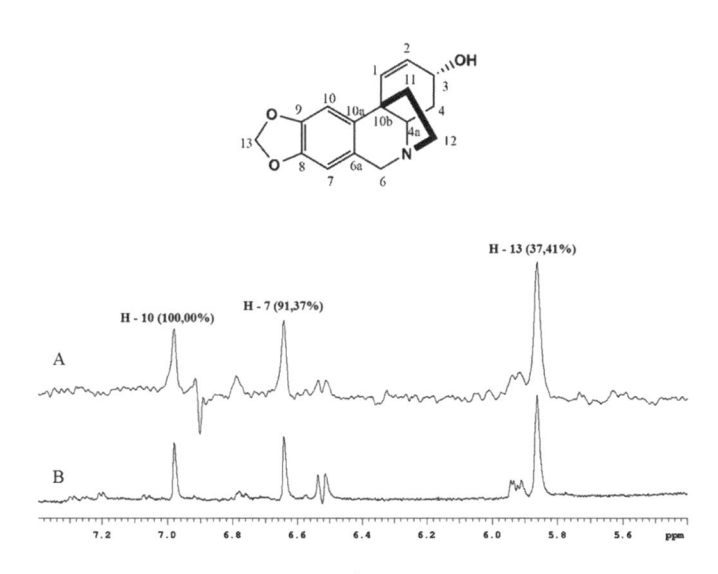

Figura 17.14 Espectros de RMN de ¹H – STD (499,8 MHz, tampão fosfato de sódio pH=8,0, 1 mmol L⁻¹, D₂O/DMSO, 25 °C, tempo de saturação = 2,05 s) para uma solução de acetilcolinesterase com a Crinina (14), (expansão de 5,40 a 7,40 ppm). (A) diferença entre os experimentos "em ressonância" e "fora de ressonância"; (B) experimento "fora de ressonância". Acima está apresentada uma estrutura da Crinina com numeração dos hidrogênios.

compostos fosforilam o resíduo de serina no sítio ativo da AChE, impedindo que ela degrade ACh, causando crise colinérgica e até a morte. A reativação da enzima se deve a desfosforilação do resíduo de aminoácido. Neste contexto, experimentos de RMN de ¹H se mostraram completamente eficientes para avaliar indiretamente a reativação de AChE por oximas neutras através do monitoramento de ACh hidrolisada no meio[37]. Apesar de ser uma avaliação indireta, o conceito de interação receptor-ligante é aplicado de uma maneira diferente de forma que o ligante neste caso age como um reativador da atividade enzimática e vale a pena ser comentado.

17.2.2 Estudo de caso II: Difusão de antibiótico por membrana Bacteriana

Além de apresentar uma boa atividade inibitória com relação à enzima, a eficiência de qualquer inibidor depende também da sua capacidade de ser transportado para dentro da célula, onde encontrará seu alvo. Esse transporte pode ocorrer por difusão simples pela membrana ou ser facilitado por uma proteína transportadora. Um caso que exemplifica isto é a ação da Fosfomicina ((1R, 2S)-1,2-di-ácido epoxypropylphosphonic), Figura 17.15, a qual é um antibiótico de amplo espectro que atua contra bactérias Gram - negativas e Gram – positivas e é aplicado no tratamento de certos tipos de infecções, especialmente aquelas causadas por *Streptococcus pneumoniae* resistente à cefalosporina e penicilina e *Staphylococcus aureus* resistente a meticilina e vancomicina[38]. O mecanismo de ação deste antibiótico é a inativação irreversível da UDP - N - acetil - glucosamina - 3 - O- enolpyruvyltransferase (Mura) no primeiro passo na biossíntese do peptidoglicano[39]. A resistência a fosfomicina pode ser atribuída a diversos fatores: (i) a alteração do receptor de fármaco, (ii) redução da quantidade de droga que atinge o receptor, alterando a entrada ou aumentando a remoção da droga, e / ou (iii) o desenvolvimento de resistência metabólica. Para atingir MurA a fosfomicina necessita ser transportada para dentro da célula através dos transportadores 3 - glicerol - 3 - fosfato (GlpT) e / ou fosfato de hexose (UhpT), dependendo das bactérias. Cepas resistentes ao antibiótico apresentam falhas neste transporte. [40]

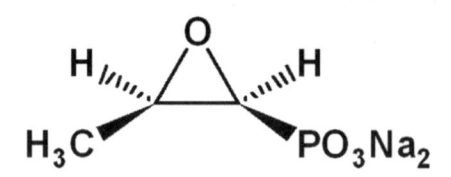

Figura 17.15 Estrutura da fosfomicina.

A resistência ao antibiótico é facilmente notória quando se avalia o crescimento de uma colônia numa placa de Agar contendo fosfomicina. Apenas a cepa resistente vai conseguir se desenvolver. A Figura 17.16 e a Tabela 17.3 exemplificam isso, mostrando que apenas *Serratia liquefaciens* (CCT 7262) apresentou resistência ao antibiótico. As demais bactérias citadas não conseguiram se desenvolver na presença de fosfomicina. Avaliar interações supramoleculares utilizando células vivas em RMN não é algo trivial e a avaliação de interação de fosfomicina com membrana de *Escherichia coli* e *Serratia liquefaciens* utilizando a técnica de STD foi um dos primeiros trabalhos nessa área relatados na literatura[38]. A parte lipídica da membrana foi mimetizada com lipossomas de 400nm constituídos de fostatidilcolina de ovo e as proteínas de membrana foram mimetizadas por albumina do soro humano (do inglês, *Human Serum Albumin*, HSA).

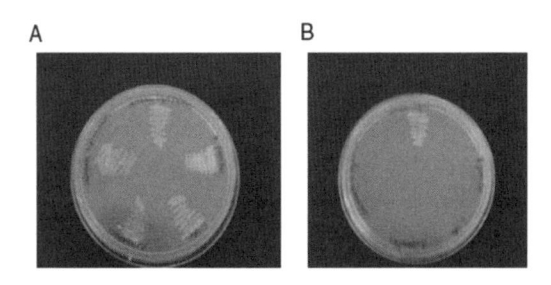

Figura 17.16 Seleção de atividade epóxido hidrolase. A) Controle positivo: Agar contendo meio NB e B) Agar contendo meio NB e 0,83 g L-1 de fosfomicina mostrando que apenas *Serratia liquefaciens* é resistente e apresenta atividade epóxido hidrolase.

Tabela 17.3 Avaliação de resistência à fosfomicida em micro-organismos.

MICRO-ORGANISMO	COLEÇÃO/CÓDIGO	RESISTÊNCIA À FOSFOMICINA
ESCHERICHIA COLI	CCT 5050	-
BACILLUS PUMILLUS	CBMAI8	-
PSEUDOMONAS OLEOVORANS	CCT 1969	-
SAMONELLA TRIPHYMURIUM	CCT 528	-
SERRATIA LIQUEFACIENS	CCT 7262	+

Conforme apresentado na Figura 17.17, a fosfomicina se liga a HSA com bastante facilidade, resultando em sinal de transferência de nOe bem intenso. Contudo, ela não consegue interagir com os lipossomas, o que demonstra que sua interação com lipídeos de membranas é dificultada e reforça os resultados da literatura a respeito do transporte deste antibiótico através de membranas celulares. Quando aplicado aos sistemas contendo suspensão de células (Fosfomicina + *Escherichia coli* e Fosfomicina + *Serratia liquefaciens*), o experimento de STD se mostrou capaz de diferenciar células resistentes e não resistentes ao antibiótico (Figura 17.18). Enquanto o experimento realizado com *Escherichia coli* apresenta uma forte transferência de nOe da proteína da membrana para a fosfomicina, o experimento realizado com *Serratia liquefaciens* apresenta uma pequena transferência de nOe, muito próxima ao ruído do espectro, indicando que fosfomicina tem dificuldade em interagir com as proteínas de membrana desta cepa. A junção dos resultados obtidos para lipossoma e HSA e dos obtidos com as células sugerem que esta cepa de *Serratia liquefaciens* de alguma forma impede que suas proteínas de membrana transportem fosfomicina para dentro da célula impedindo assim a atividade do antibiótico.

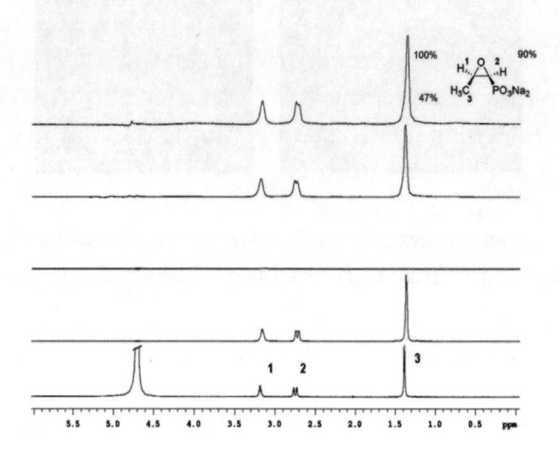

Figura 17.17 Espectros de RMN de ¹H –STD da fosfomicina (16). (499, 8828 MHZ, tampão fosfato, pH=7.4, 1 mmol L⁻¹, D₂O, 25 °C e tempo de saturação = 2,05 s). A) Espectro de RMN de ¹H; B) Espectro de STD "fora de ressonância" da fosfomicina em lipossoma; C) Diferença dos espectros de STD "em ressonância" e "fora de ressonância" para fosfomicina em lipossoma; D) Espectro de STD "fora de ressonância" da fosfomicina em HSA; E) Diferença dos espectros de STD "em ressonância" e "fora de ressonância" para fosfomicina em HSA. No topo, o epitopo de ligação da fosfomicina em HSA.

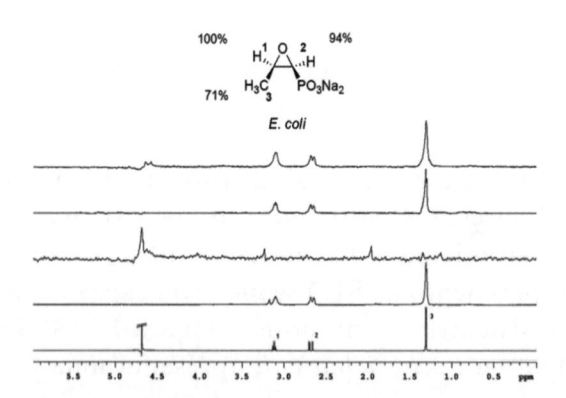

Figura 17.18 Espectros de RMN de ¹H STD (499,88 MHz, tampão fosfato de sódio, pH=7,4, 1 mmol L⁻¹, D₂O, 25 °C, tempo de saturação = 2,05 s). A) Espectro de RMN de ¹H; B) Espectro de STD "fora de ressonância" da Fosfomicina na presença de *Escherichia coli* (*E. coli*); C) Diferença dos espectros de STD "em ressonância" e "fora de ressonância" para Fosfomicina na *E. coli*; D) Espectro de STD "fora de ressonância" da fosfomicina na presença de *Serratia liquefaciens*; E) Diferença dos espectros de STD "em ressonância" e "fora de ressonância" para Fosfomicina na presença de *Serratia liquefaciens*. No topo, o epitopo de ligação da Fosfomicina em *E. coli*.

17.2.3 Estudo de caso III: *Quorum Sensing,* formação de oligômeros e interações com DNA

A complexidade dos sistemas biológicos é tão grande que várias funções biológicas são desencadeadas em decorrência da interação entre mais de duas espécies de macromoléculas e moléculas menores. A formação de complexos ternários ou polimoleculares em sistemas biológicos são raramente estudados por RMN, sendo que a literatura dispõe de poucos exemplos. Um exemplo deste fenômeno é a regulação da transcrição gênica por dímeros ou oligômeros, os quais interagem com domínios específicos do DNA. A formação de dímeros e oligômeros é ativada ou inibida através de interações com pequenas moléculas, denominados reguladores de genes de virulência, entre outros. Este fenômeno é conhecido como *Quorum Sensing* e se baseia na produção de moléculas sinalizadoras de baixo peso molecular, as quais estão diretamente relacionadas com a densidade celular. Em bactérias Gram-negativas as acil-homoserina lactonas (acil-HSLs) são as mais estudadas como sinalizadores químicos[41].

As acil-HSLs de cadeias curtas produzidas no processo de *Quorum Sensing* pelas enzimas sintetases LuxI se difundem do citoplasma para um ambiente próximo através da membrana celular[42]. A concentração de acil-HSL esta relacionada com a densidade celular, ou seja, enquanto a colônia cresce a concentração da molécula sinalizadora aumenta devido à presença de novos indivíduos produtores. O processo continua até se alcançar uma concentração limite onde os metabólitos ligam-se a proteínas LuxR e o complexo formado regula a expressão gênica[41]. Sendo assim, o processo de *Quorum Sensing* permite que a população bacteriana atua coordenadamente, melhorando suas chances de sucesso em um processo de colonização (Figura 17.19).

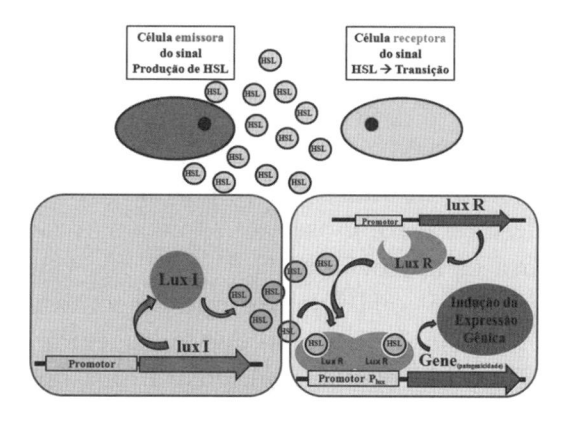

Figura 17.19 Mecanismo de *Quorum Sensing* usando as proteínas Lux e acil-HSLs.

Este mecanismo já foi reportado para a bactéria *Agrobacterium tumefaciens*, fitopatógeno que faz com que as células vegetais infectadas adquiram a propriedade de se multiplicarem de maneira autônoma, sem a necessidade de estímulos externos. Neste caso, a molécula sinalizadora é a (*S*)-*N*-(3-oxo-octanoil)-HSL (HSL-1, Figura 17.20), a qual se liga ao receptor proteico monomérico TraR localizado dentro da membrana plasmática do fitopatógeno. Esta interação causa a dimerização dos monômeros de TraR mascarando a região hidrofóbica da proteína o que permite a entrada da molécula sinalizadora no citoplasma e a interação com os promotores específicos no DNA genômico da bactéria, coordenando assim a expressão fenotípica responsável, entre outras coisas, pela transferência do plasmídeo ongoconênico *Ti*[43].

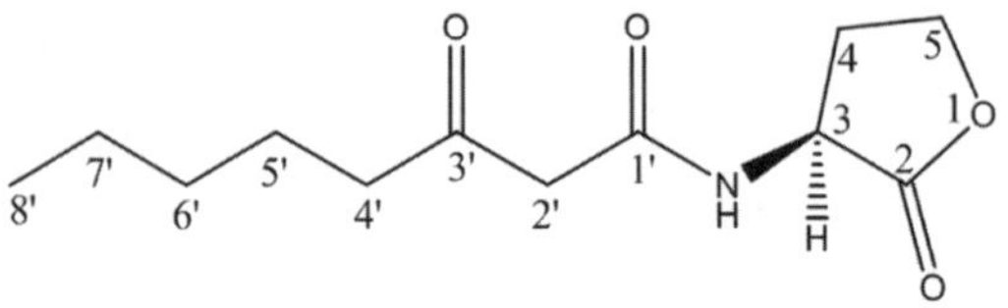

Figura 17.20 Molécula de (*S*)-*N*-(3-oxo-octanoil)-HSL 1.

A detecção deste tipo de metabólito (o qual ocorre em baixas concentrações nas células) é facilmente realizada através do mutante NTL4(pZLR4) da bactéria fitopatógena *A. tumefaciens*, o qual não produz (*S*)-*N*-(3-oxo--octanoil)-HSL mas regula a expressão de uma galactosidase na sua presença. Fica evidente que HSL 1 necessita ser transportada pela membrana celular. Portanto, o fenômeno de *Quorum Sensing* em *A. tumefaciens* parece depender da difusão de acil-HSLs através da membrana.

Devido à baixa solubilidade da HSL, este tipo de estudo é realizado na presença β-CD com o intuito de aumentar a solubilidade em solução aquosa. Novamente, o experimento de RMN-STD fornece resultados inéditos a respeito da interação entre HSL e a membrana de *A. tumefaciens*. O grupo acil da HSL é um ponto de interação importante, pois exibe os maiores valores no mapa de interação. Observa-se que a saturação alcança 100% de transferência para os hidrogênios H-6', H-7' (os valores são referentes aos dois hidrogênios (H-6' e H-7'), pois não há como diferenciá-los visto que há um *overlap* dos sinais), seguido dos hidrogênios H-8', H-4' e H-5'. Na região da lactona o hidrogênio H-4 mostra uma importante interação (52%), enquanto H-5 não mostrou nenhuma interação com as células de *A. tumefaciens* NTL4(pZLR4) (Figura 17.21).

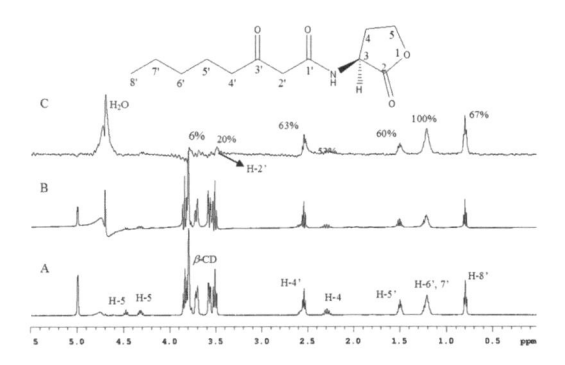

Figura 17.21 A) Espectro de RMN de ¹H (499,89 MHz, D₂O/ referência DHO residual em 4,7 ppm) da mistura HSL [10 mmol L⁻¹], β-CD [10 mmol L⁻¹] e células de *Agrobacterium tumefaciens* [16 mg]. B) Espectro controle (irradiando em 30 ppm). C) Espectro de STD (irradiando em -0,5 ppm). Topo: Estrutura da (*S*)-N-(3-oxo-octanoil)-HSL.

Os resultados de RMN-STD da HSL com lipossomas de 400 nm de fosfatidilcolina de ovo, utilizados a fim de mimetizar a parte lipídica da membrana na ausência de qualquer proteína transportadora, resultaram em epitopo de ligação análogo ao obtido com as células bacterianas, confirmando que as HSL sofrem transporte passivo para dentro das células de *A. tumefaciens*.

Curiosamente, organismos pluricelulares também possuem moléculas sinalizadoras (hormônios) que atuam na regulação da transcrição gênica através de interações de várias moléculas, envolvendo proteínas e DNA. Este fator pode ser exemplificado pela regulação patogênica em *Escherichia coli* enteropatogênica e enterohemorrágica, através de oligomerização de proteínas (Ler e H-NS) e interação com DNA. Este fenômeno foi estudado inicialmente por microscopia de força atômica [44]. Posteriormente, a estrutura do complexo entre o domínio C- terminal da proteína Ler com sequência específica de DNA[11]. Em caso de complexos difíceis de serem cristalizados ou de estudos que necessitem ser realizados em solução (ambos relacionados a este caso), a utilização de RMN (experimentos de HSQC com proteínas isotopicamente marcadas com ¹³C e ¹⁵N) são essenciais para que as estruturas de tais complexos sejam elucidadas a nível atômico.

17.3 CONSIDERAÇÕES FINAIS

Os estudos de casos apresentados neste capítulo exemplificaram a aplicação de diversas metodologias de RMN aos estudos de interações entre receptores e ligantes. A escolha da metodologia a ser aplicada depende de uma série de fatores intrínsecos de cada sistema a ser estudado e, às vezes, outras metodologias de RMN, não citadas neste capítulo, podem ser necessárias.

Além das interações de receptores e ligantes, existem outras áreas de investigação relacionadas à saúde que utilizam metodologias de RMN como método analítico. Vale comentar as mais variadas pesquisas na área de Ressonância Magnética de Imagem (RMI), os estudos de estabilidade e entrega controlada de fármacos e as avaliações de metabólitos secundários (metabolômica). Estas são aplicações muito importantes na área de biotecnologia e sequer foram comentadas neste capitulo, mas que são igualmente importantes as interações receptores-ligantes.

REFERÊNCIAS

1. Nelson DL, Cox MML. Princípios de bioquímica. 4ª ed. Sarvier, 2006. 15 p.

2. Voet D, Voet JG. Biochemistry. 4ª ed. Wiley, 2011. p. 557-1427.

3. Dorsam RT, Gutkind S. Nature Rew. 2007;7:79-94.

4. Hensley K, Carney JM, Mattson MP, et al. Proc Nati Acad Sci. 1994;91:3270-4.

5. Van Spronsen FJ. Nature Rew. 2010;6:509-14.

6. Pons M, Martins LG, Garcia J. NMR spectroscopy in solution. In: Supramolecular chemistry: from molecules to nanomaterials. J. W. Steed; P. A. Gale/John Wiley & Sons; 2012. p.297-318.

7. Cavanagh J, Fairbrother WJ, Palmer III AG, Rance M, Skelton NJ. Protein NMR spectroscopy. principles and practice. 2nd ed. Academic Press; 2007.

8. Keeler J. Understanding NMR spectroscopy. Wiley; 2005.

9. Levitt MH. Spin dynamics: basics of nuclear magnetic resonance. 2nd ed. Wiley; 2008.

10. Geraldes CFGC, Gil VMS. Ressonância magnética nuclear. Fundamentos, métodos e aplicações. Fundação Calouste Gulbenkian; 2002.

11. Cordeiro TN, Schmidt H, Madrid C, Juárez A, Bernardó P, Griesinger C, Garcia J, Pons M. Plos Pathogens. 2011;11:1-11.

12. Carlomagno T. Annu Ver Biophys Biomol Struct. 2005;34:245-66.

13. Delfini M, Cocco ME, Piccioni F, Porcelli F, Borioni A, Rodomonte A, Giudice MR, Bioorg. Chem. 2007;35:243-57.

14. Berger S, Braun S. 200 and more NMR experiments. Ed. Wiley-VCH; 2004. p.160-3.

15. Marsaioli AJ, et al. Fundamentos e aplicações de ressonância magnética nuclear: difusão molecular por RMN. AUREMN; 2009.

16. a) Diaz MD, Berger S. Carbohydr Res. 2000;329:1-5. b) Cabrita EJ, Berger S. Magn Reson Chem 2001;39:S142-S148. c) Price WS. Concepts Magn. Reson. 1997;9:299-336. d) Price WS. Concepts Magn Reson. 1998;10:197-237.

17. a) Morris KF, Johnson CSJ. Am Chem Soc. 1992;114:3139-41. b) Morris GA. Encyclopedia of nuclear magnetic resonance. 2002;9:35-44.

18. a) Pelta MD, Barjat H, Morris GA, Davis AL, Hammond SJ. Magn Reson Chem. 1998;36:706-14. b) Pelta MD, Morris GA, Stchedroff MJ, Hammon SJ. Magn Reson Chem. 2002;40:S147-S152. c) Packer K. J Mol Phys. 1969;17:355-68. d) Li L, Sotak CHJ. Magn Reson 1991;92:411-20. e) van Gelderen, P, Olson A, Moonen CTWJ. Magn Reson A. 1993;103:105-8. f) Doran SJ, Decorps MJ. Magn Reson A. 1995;117:311-6. g) Sendhil Velan S, Chandrakumar NJ. Magn Reson A. 1996;123:122-5. h) Peled S, Tseng CH, Sodickson AA, Mair RW, Walsworth RL, Cory DGJ. Magn Reson. 1999;140:320-4. i) Stamps JP, Ottink B, Visser JM, van Duynhoven JPM, Hulst RJ. Magn Reson. 2001;151:28-31. j) Loening NM, Keeler J, Morris GAJ. Magn Reson. 2001;153:103-12. k) Bodenhausen G, Freeman R, Turner DLJ. Magn Reson. 1977;27:511.

19. a) Rymdén R, Carlfors J, Stilbs PJ. Incl Phenom Macrocycl Chem. 1983;1:159-67. b) Laverde A, da Conceicao GJA, Queiroz SCN, Fujiwara FY, Marsaioli AJ. Magn Reson Chem. 2002;40:433-42.

20. Gozansky EK, Gorenstein DGJ. Mag Reson. Series B, 1996;111:94-6.

21. Solomon I. Phys Rev. 1955;99:559-66.

22. a) Klein J, Meinecke R, Mayer M, Meyer BJ. Am Chem Soc. 1999;121:5336-7. b) Mayer M, Meyer BJ. Am Chem Soc. 2001;123:6108-17. c) Mayer M, Meyer B. Angew Chem Int Ed Engl. 1999;38:1784-8.

23. Lepre CA, Moore JM, Peng JW. Chem Ver. 2004;104:3641-75.

24. Pickhardt M, Larbig G, Khlistunova I, Coksezen A, Meyer B, Mandelkow EM, et al. Biochemistry 2007;46:10016-23.

25. Neffe AT, Bilang M, Gruneberg I, Meyer BJ. Med Chem. 2007;50:3482-8.

26. Ângulo J, Enríquez-Navaz PM, Nieto PM. Chem Eur J. 2010;16:7803-12.

27. Dalvit CJ. Biomol. NMR 2000;18:65-8.

28. Dalvit CJ. Magn Reson. B 1996;112:282-8.

29. a) Ramos CHI, Ferreira ST. Protein Pept Lett. 2005;12:213-22. b) Luheshi LM, Crowther DC, Dobson CM. Curr Opin Chem Biol. 2008;12:25-31.

30. a) Bukau B, Weissman J, Horwich A. Cell, 2006;125:443–451. b) Tiroli-Cepeda A, Ramos CHI. Protein Pept Lett. 2011;18:101-9.

31. Bukau B, Mayer MP. Cell Mol Life Sci. 2005;62:670-84.

32. Bukau B, Laufen T, Paal K, Rudger S, Schroder H, Mayer MP. Nature. 2000;7:586-93.

33. Wuthrich K, NMR of Proteins and Nucleic Acids. John Wiley & Sons. 1986.

34. Ventura ALM, et al. Rev Psiq Clín. 2010;37:66-72.

35. Bryne GJA,. Aust. J. Hosp. Pharm. 1998;28:261-266.

36. Perola E, Cellai L, Lamba D, Filocamo L, Brufani M. Biochim Biophys Acta. 1997;1343:41-50.

37. Soares CFCX, Vieira AA, Delfino RT, Figueroa-Villar JD. Bioorg Med Chem. 2013;21:5923-30.

38. Milagre CDF, Cabeça LF, Martins LG, Marsaioli AJJ. Braz Chem Soc. 2011;22:286-91.

39. a) Marquardt JL, Brown ED, Lane WS, Haley TM, Ichikawa Y, Wong CH, et al. Biochemistry 1994;33:10646-51. b) Kim DH, Lees WJ, Kempsell KE, Lane WS, Duncan K, Wash CT. Biochemistry 1996;35:4923-8; c) Barbosa MDFS, Yang G, Fang J, Kurilla MG, Pompliano,DL. Antimicrob. Agents Chemother. 2002;46:943-6.

40. a) Castañeda-García A, Rodríguez-Rojas A, Guelfo JR, Blázquez JJ. Bacteriol. 2009;191:6968-74. b) Nilsson AI, Berg OG, Aspevall O, Kahlmeter G, Andersson DI, Antimicrob. Agents Chemother. 2003;47:2850-8. c) Minassian MA, Williams JD, Rev. Contemp. Pharmacother. 1995;6:45-53. d) Kahan FM, Kahan JS, Cassidy PJ, Kropp H, Ann NY Acad Sci. 1974;235:364-86. e) Kadner RJ, Winkler HH, J. Bacteriol. 1973;113:895-900. f) Venkateswaran PS, Wu HCJ, J. Bacteriol. 1972;110:935-44.

41. Whitehead NA, Barnard AML, Slater H, Simpson NJL, Salmond GPC. FEMS Microbiology Reviews 200;25:365-404.

42. Pearson JP, Van Delden C, Iglewski BHJ. Bacteriol. 1999;181:1203-10.

43. Qin YP, Luo ZQ, Smyth AJ, Gao P, von Bodman SB, Farrand SK. Embo Journal 2000;19:5212-21.

44. Garcia J, Cordeiro TN, Prieto M, Pons M. Nucleic Acids Reas. 2012;40:10254-62.

PERSPECTIVAS INOVADORAS PARA O USO TERAPÊUTICO DE TOXINAS DA ARANHA "ARMADEIRA" *Phoneutria nigriventer* (KEYSERLING, 1891) NA DOR E NA DISFUNÇÃO ERÉTIL

Maria Elena de Lima
Fernanda Silva Torres
Bruna Luiza Emerich Magalhães
Ana Cristina Nogueira Freitas.

18.1 INTRODUÇÃO

Uma grande diversidade de animais evoluiu utilizando o veneno como estratégia para defesa e predação. Muitos destes animais apresentam um aparato especializado (dente, ferrão, aguilhão) para a inoculação do veneno, que, neste caso, é comumente chamado de peçonha. Os venenos são constituídos, em geral, por um coquetel de moléculas que podem incluir proteínas, peptídeos, aminas, aminoácidos, sais, dentre outros.

Os peptídeos e proteínas são, usualmente, os componentes majoritários dos venenos e são, em geral, bastante resistentes à degradação devido à existência de pontes dissulfeto em suas moléculas.

Muitos venenos possuem conteúdo altamente complexo, com cerca de centenas a milhares de peptídeos bioativos, dentre outras moléculas, que sofreram pressão evolutiva durante milhões de anos, o que os tornaram altamente seletivos e específicos para determinados alvos moleculares[1]. Tal seletividade e especificidade de certas toxinas de venenos animais possibilitaram a descoberta de cinco, dentre os sete alvos farmacológicos dos canais para sódio dependentes de voltagem (Na_v)[2]. As α-conotoxinas, toxinas obtidas da peçonha de gastrópodes marinhos, foram utilizadas para discriminar os subtipos dos receptores nicotínicos para acetilcolina (nAChRs)[3].

Os invertebrados estão entre os animais que exibem a maior complexidade de toxinas em suas peçonhas. As aranhas possuem o maior número de espécies dentre os animais peçonhentos, cerca de 42 mil espécies são descritas, o que provavelmente representa somente metade da diversidade taxonômica deste clado[4]. Baseando-se no número de espécies de aranhas descritas e na complexidade de suas peçonhas é estimado um número superior a 12 milhões de peptídeos diferentes existentes nas peçonhas destes artrópodes[5]. Com os avanços tecnológicos dos últimos anos houve um grande aumento no número de toxinas de peçonhas de aranhas que tiveram suas sequências de aminoácidos caracterizadas[6]. Apesar disso, sabe-se muito pouco sobre a variedade das moléculas existentes nessas peçonhas, apenas cerca de 0,01% destes componentes foram isolados e caracterizados até o presente. Isto não é incomum, pois existem vários outros animais peçonhentos, vertebrados e invertebrados, cujas peçonhas dispõem potencialmente de inúmeras moléculas bioativas e que ainda não foram caracterizadas.

Inúmeras moléculas com propriedades terapêuticas derivadas de peptídeos e proteínas presentes em venenos de animais estão em fase de desenvolvimento clínico e pré-clínico para o tratamento de um grande número de patologias, como por exemplo, câncer, dor crônica, problemas cardiovasculares, doenças autoimunes, dentre outros. Alguns destes fármacos já foram aprovados para o tratamento de diferentes patologias envolvendo dor crônica, diabetes e hipertensão. Contrastando com a maioria das drogas que contem derivados proteicos, existem alguns peptídeos que permanecem ativos quando administrados por via oral, não sendo degradados pelas enzimas digestivas, e outros que são capazes de atravessar a barreira hematoencefálica, podendo, dessa forma, atuar no sistema nervoso central (SNC). Isso enfatiza a diversidade dessas moléculas e sua capacidade de atingir diferentes alvos moleculares e sistemas biológicos[1].

Um exemplo clássico da obtenção de um medicamento a partir de estudos de peçonhas animais foi o desenvolvimento do captopril®. Este potente anti-hipertensivo foi desenvolvido com base nos estudos do pesquisador brasileiro Dr. Sérgio Ferreira com a peçonha da serpente *Bothrops jararaca*. O captopril® é um inibidor da enzima conversora da angiotensina (ECA), que converte a angiotensina I em angiotensina II, um agente hipertensivo. A ECA é um importante alvo farmacológico, uma vez que sua atividade está relacionada à hipertensão, desencadeando o aumento da pressão sanguínea pelo processo de vasoconstrição[7].

A agência norte-americana denominada Food and Drug Administration (FDA) é responsável por promover e proteger a saúde pública nos Estados Unidos, regulamentando e supervisionando alimentos, drogas, medicamentos, vacinas, dentre outros. Existem vários derivados peptídicos de toxinas animais aprovados pela FDA, como Captopril, Eptifibatide, Tirofiban, Bivalirudin, Ziconotide (Prialt®), Exenatide e Batroxobin[1]. O Eptifibatide e o Tirofiban foram sintetizados a partir da análise das sequências de aminoácidos de toxinas presentes nas peçonhas das serpentes *Sistrurus miliarius barbour* e *Echis carinatus*, respectivamente, e são usados para tratar síndromes coronarianas agudas[8,9]. Ambos têm afinidade pela integrina $\alpha_{IIb}\beta_3$, inibindo a ligação do fibrinogênio a este receptor e impedindo a agregação plaquetária, o que, consequentemente, reduz o processo de coagulação sanguínea[10]. O Bivalirudin é um medicamento peptídico desenvolvido a partir da saliva da espécie de sanguessuga *Hirudo medicinalis* e também atua como anticoagulante, por ser um inibidor direto de trombina, interferindo diretamente na cascata de coagulação sanguínea[11]. Outro importante anticoagulante é o Batroxobin, obtido da peçonha da serpente *Bothrops atrox*. Este anticoagulante atua clivando diretamente a cadeia Aα do fibrinogênio sanguíneo, prevenindo a formação de coágulos insolúveis em eventos trombóticos[12]. O Exenatide é uma droga peptídica derivada da peçonha do monstro de Gila, *Heloderma suspectum*, que age sobre os receptores para o Peptídeo 1 Similar ao Glucagon (GLP-1) (hormônio que controla, juntamente com a insulina, os níveis de glicose no sangue), e é usado para o tratamento de diabetes[13]. Esses receptores são expressos em células beta pancreáticas e a interação com um agonista, como o Exenatide, aumenta a liberação de insulina, modulando os níveis de glicose no sangue. O Ziconotide (Prialt®), um peptídeo de 25 resíduos de aminoácidos, contendo três pontes dissulfeto, massa molecular 2.639 dáltons (Da) também chamado de SNX-111, é a versão sintética da ω-conotoxina MVIIA obtida da peçonha do gastrópode marinho *Conus magus*, e é utilizado para o tratamento de dor crônica[14]. Este medicamento, quando administrado na medula, pela via intratecal, atua bloqueando seletivamente canais para cálcio dependentes de voltagem do tipo N ($Ca_v2.2$), que são especialmente importantes para a transmissão sináptica da via ascendente da dor.

Nos últimos anos, a utilização de peptídeos e proteínas como agentes terapêuticos vem crescendo. Estes são, em geral, administrados como fármacos injetáveis. O desenvolvimento de técnicas que aumentam a estabilidade dos peptídeos, tornando-os mais biodisponíveis, introduziram novas vias de administração para os mesmos, o que aumentou ainda mais a sua aceitação e elevou o investimento por parte das indústrias farmacêuticas. A utilização de algumas enzimas que adicionam determinadas modificações em sítios específicos na sequência de aminoácidos dessas moléculas (isto é, amidação e glicosilação) pode tornar um peptídeo muito mais estável (resistente à digestão enzimática no trato digestório, por exemplo), e desta forma mais biodisponível. Estudos de "docagem" ou *docking*, predição por bioinformática das regiões mais importantes de um peptídeo ou proteína para a interação destes com outras moléculas auxiliam no melhoramento dos peptídeos bioativos, uma vez que podem ser sintetizadas moléculas menores, mais estáveis e muito mais seletivas, diminuindo o custo de produção e os possíveis efeitos colaterais[15].

Os avanços no estudo de biomoléculas são inúmeros e as pesquisas sobre o mecanismo de ação de toxinas são cada vez mais promissoras quanto ao seu potencial uso como ferramentas farmacológicas, ou como fármacos para o tratamento de diferentes doenças[16]. Porém, somente a identificação do composto e sua aplicabilidade na área clínica não são suficientes, vários outros aprimoramentos devem ser alvos de desenvolvimento, como modificação química dos peptídeos, combinação com outras moléculas e viabilização de diferentes vias de administração. O estudo de possíveis efeitos colaterais, como é o caso para quaisquer candidatos a fármacos, são também indispensáveis.

18.2 A PEÇONHA DA ARANHA ARMADEIRA, *Phoneutria nigriventer*: BIBLIOTECA COMBINATÓRIA DE MOLÉCULAS ATIVAS.

A aranha *Phoneutria nigriventer*, Keyserling 1891 (Araneae: Ctenidae) (Figura 18.1), é conhecida popularmente como "aranha armadeira" pela posição típica que assume ao atacar. É conhecida também como *"banana spider"*, já que pode ser encontrada em bananeiras ou cachos de bananas. Esta aranha destaca-se por ser uma das mais peçonhentas dentre os aracnídeos brasileiros até então estudados[17]. Sua peçonha é composta por várias moléculas biologicamente ativas e pode causar diversos sintomas locais, que incluem edema e eritema (vermelhidão). Observam-se também alterações sistêmicas decorrentes do envenenamento, como taquicardia, hipertensão arterial, sudorese, espasmos musculares, vômitos, sialorreia (salivação aumentada), lacrimejamento, priapismo (ereção involuntária acompanhada de dor) e ejaculação. Os acidentes mais graves podem levar a outras manifestações como diarreia, bradicardia, hipotensão, arritmia cardíaca, edema agudo de pulmão e choque[18-25].

Figura 18.1 Aranha *Phoneutria nigriventer* em posição de ataque ou defesa e as principais manifestações observadas após o envenenamento.

Foto cedida por Maria Nelman Antunes (Aracnidário Científico da Fundação Ezequiel Dias - FUNED, Belo Horizonte, Minas Gerais).

A peçonha dessa aranha é um coquetel de toxinas, peptídeos, enzimas, aminoácidos livres, histamina e serotonina[25-27]. Estudos realizados em 2006 por Richardson e colaboradores mostraram que os componentes ativos da peçonha de *P. nigriventer* compreendem mais de cem diferentes moléculas (peptídeos e proteínas) com massas moleculares na faixa de 3.500 a 9.000 Da. Várias dessas moléculas foram purificadas utilizando-se métodos cromatográficos e tiveram suas atividades bioquímicas e farmacológicas caracterizadas[25,27]. Algumas toxinas dessa peçonha ligam-se a receptores da membrana celular, levando, por exemplo, ao bloqueio dos receptores pós-sinápticos de glutamato[28-30] ou se ligam a diferentes canais iônicos (Na^+, Ca^{2+} e K^+)[25,31-43].

Uma combinação de diferentes métodos cromatográficos (Figura 18.2) permitiu isolar inicialmente desta peçonha três frações neurotóxicas denominadas PhTx1, PhTx2 e PhTx3 e uma fração não tóxica denominada M. Várias toxinas foram purificadas a partir destas frações. Elas incluem peptídeos com massas moleculares entre 5.000-9.000 Da que apresentam diferenças em suas sequências de aminoácidos e em suas propriedades farmacológicas. As doses letais médias (DL_{50}, dose capaz de matar a metade dos animais experimentais testados) determinadas para estas frações por via intracerebral (i.c) em camundongos foram: PhTx1: 47±4 µg/Kg; PhTx2: 1,75±0,7 µg/Kg e PhTx3: 137±9,6 µg/Kg[21]. Posteriormente isolou-se uma quarta fração tóxica da peçonha e essa foi denominada PhTx4 tendo ação inseticida[44].

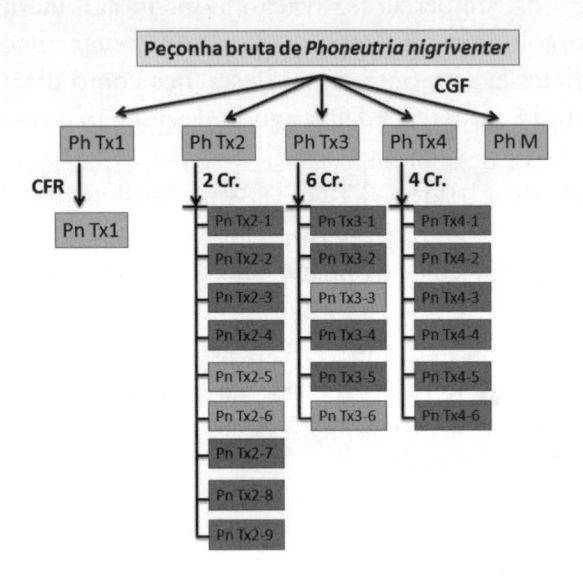

Figura 18.2 Organograma dos estágios de purificação da peçonha bruta da aranha *Phoneutria nigriventer* e toxinas obtidas. CGF: Cromatografia de gel filtração; CFR: Cromatografia de fase reversa; Cr.: outras cromatografias.

Segue-se um breve relato de cada uma das frações obtidas da peçonha de *Phoneutria nigriventer* (Figura 18.2).

18.2.1. Fração PhTx1

Fração PhTx1 tem como principal toxina a PnTx1 (Pn de *Phoneutria nigriventer*), que apresenta massa molecular de 8.594,6 Da e é composta por 77 resíduos de aminoácidos, sendo catorze cisteínas[45]. PnTx1 possui DL_{50} de 50 µg/Kg e quando injetada intracerebralmente em camundongos, produz sinais excitatórios como paralisia espástica e morte dos animais. Demonstrou-se também que a toxina causa modificações nas fibras do músculo esquelético e terminais neurais de preparações de nervo-diafragma de camundongos[46] e bloqueia tanto canais para sódio, como canais para cálcio do tipo L. Entretanto, PnTx1 bloqueou com maior afinidade os canais para sódio Na_v 1.2 quando comparados aos canais para cálcio do tipo L[38,47], sugerindo que os canais para sódio sejam os alvos principais desta toxina. PnTx1 teve seu DNA clonado e foi expressa em organismo heterólogo (*E. coli*). A toxina recombinante desencadeou os mesmos sintomas tóxicos observados com a molécula nativa e também competiu com a toxina nativa radioiodada, pelos sítios de ligação[48]. Em estudos eletrofisiológicos, a toxina recombinante (rPnTx1), na concentração de 1,5 µM, inibiu as correntes de sódio, sensíveis ou resistentes à TTX, de neurônios do gânglio da raiz dorsal[49]. Nesse trabalho, rPnTx1 foi ainda testada quanto a seletividade em dez isoformas de canais para sódio dependentes de voltagem, expressos em ovócitos de *Xenopus laevis*. A toxina mostrou maior atividade no subtipo de canal rNa_v1.2, seguido dos subtipos rNa_v1.7 ~ rNa_v1.4 ≥ rNa_v1.3 > mNa_v1.6 ≥ hNa_v1.8. Nenhum efeito foi encontrado no subtipo de canal cardíaco hNa_v1.5, em canais de artrópodes ($DmNa_v$1, $BGNa_v$1.1a e $VdNa_v$1) e em canais para cálcio neuronais. Como visto, a toxina recombinante é promíscua, ou seja, mostra atividade em diferentes canais iônicos e acredita-se que ela possa ser uma ferramenta farmacológica de interesse para tratamento de algumas canalopatias (doenças produzidas por anomalias do funcionamento dos canais iônicos) e dor neuropática.

18.2.2. Fração PhTx3

Fração PhTx3 é composta por seis peptídeos denominados de PnTx3-1 a PnTx3-6[50]. Esta fração causa paralisia flácida e morte em camundongos[21], além de agir em canais para K^+ e Ca^{2+} [51,52]. A toxina PnTx3-3 (34 resíduos de aminoácidos, 6.300 Da) foi considerada uma das mais potentes desta fração, causando desde paralisia flácida até a morte de camundongos, na dose de 5 µg por camundongo, em cerca de 10 a 30 minutos[50]. PnTx3-3 (0,1 µg/mL) bloqueia a liberação de acetilcolina induzida por potássio e por titiustoxina (uma toxina isolada da peçonha do escorpião *Tityus serrulatus* com ação em canais para sódio). A toxina PnTx3-3 reproduz os efeitos da fração PhTx3, agindo como um bloqueador dos canais para cálcio sensíveis à voltagem presentes no sistema nervoso central[51]. Essa toxina mostra ainda, efeito antinociceptivo em modelos de dor neuropática, mas não possui efeito na dor inflamatória[53]. Além da toxina PnTx3-3, outra neurotoxina PnTx3-6 ou Phα1β (55 resíduos de aminoácidos, 6.017,9 Da) apresentou também propriedades antinociceptivas.

18.2.3. Fração PhTx4

Fração PhTx4 apresenta propriedades inseticidas. Algumas toxinas com ação inseticida foram purificadas desta fração, dentre elas PnTx4(6-1) (48 resíduos de aminoácidos, incluindo dez cisteínas, massa molecular de 5.244,6 Da) que foi muito tóxica para moscas (*Musca domestica*) apresentando DL_{50} = 3,8 ng/20 mg, toxicidade comparável à de uma das mais potentes toxinas inseticidas conhecidas, a AaH IT do escorpião africano *Androctonus australis Hector*[44]. Outra toxina obtida desta fração e com ação inseticida é a PnTx4(5-5) (47 resíduos de aminoácidos, incluindo 10 cisteínas, massa molecular de 5.175 Da) que foi muito tóxica para moscas (50 ng/g), baratas (250 ng/g) e grilos (150 ng/g). Em contraste, injeções intracerebrais de altas doses destas toxinas inseticidas de Phoneutria (até 30 μg) em camundongos não produziram efeitos tóxicos aparentes.

18.2.4 Fração PhTx2

A fração PhTx2 é a responsável pela maioria dos efeitos tóxicos da peçonha[31,54], induzindo em camundongos sinais excitatórios como salivação, lacrimejamento, priapismo, convulsões e paralisia espástica das patas[54]. A DL_{50} dessa fração foi de 1,7 ± 0,7 μg/Kg[21,54]. A fração PhTx2 causa destruição e mionecrose do músculo esquelético e também produz alterações em axônios mielinizados[55]. Foi sugerido que todas as alterações desencadeadas por essa fração podem ser consequência de um desbalanço osmótico, resultado da abertura dos canais para cálcio. Esta fração é uma mistura de nove polipeptídeos que foram purificados por uma combinação de cromatografias de gel filtração e de fase reversa[54]. Cinco destes polipeptídeos tiveram suas sequências de aminoácidos e massas moleculares determinadas, sendo eles: PnTx2-1 (53 resíduos de aminoácidos, 5.838,8 Da), PnTx2-3 (40 resíduos, 6.015 Da), PnTx2-5 (49 resíduos, 5.116,6 Da), PnTx2-6 (48 resíduos, 5.291,3 Da) e PnTx2-9 (32 resíduos, 3.742,1 Da)[25,54].

As toxinas PnTx2-1, PnTx2-5 e PnTx2-6 mostram alto conteúdo de cisteínas, e foram bastante tóxicas quando administradas por via intracerebral em camundongos, com DL_{50} de: 1,62 μg/camundongo, 0,24 μg/camundongo e 0,79 μg/camundongo, respectivamente. Os principais sintomas tóxicos observados para essas três toxinas nestes animais, foram: lacrimejamento, salivação, sudorese, agitação, paralisia espástica dos membros anteriores e posteriores, seguida de morte[54].

Perspectivas Inovadoras para o Uso Terapêutico de Toxinas da Aranha "Armadeira" ...

549

A toxina PnTx2-6, quando comparada à PnTx2-5, apresenta afinidade seis vezes maior nos canais para sódio neuronais[56]. Estas duas toxinas são muito semelhantes em suas sequências e diferenciam-se em apenas cinco resíduos de aminoácidos, nas posições 9, 12, 35, 37 e 45 (Figura 18.3)[54]. Ambas as toxinas causaram priapismo em camundongos e em ratos, induzindo o relaxamento dos músculos lisos do corpo cavernoso desses animais *in vitro* e *in vivo*[57-63].

```
PnTx2-5  ATCAGQDQPCKETCDCCGERGECVCGGPCICRQGNFLIAWYKLASCKK
PnTx2-6  ATCAGQDQTCKVTCDCCGERGECVCGGPCICRQGYFWIAWYKLANCKK
```

Figura 18.3 Alinhamento das sequências de aminoácidos das toxinas PnTx2-5 e PnTx2-6 isoladas da fração PhTx2 da peçonha da aranha *Phoneutria nigriventer*. Alinhamento feito pelo programa ClustalW (http://www.ebi.ac.uk/Tools/msa/clustalw2/) a partir das sequências primárias disponíveis[25,54]. Destacam-se, em vermelho, os resíduos de cisteína e, em negrito, os resíduos de aminoácidos diferentes nessas duas toxinas.

As diferenças nas sequências primárias destas duas toxinas são apontadas como responsáveis pelas diferenças em suas atividades. Ambas as toxinas, PnTx2-5 e PnTx2-6, causam retardamento da inativação dos canais para sódio. Sugeriu-se que esse efeito, ao manter a célula despolarizada, leve à ativação de óxido nítrico sintases (do inglês, *nitric oxide synthase*, NOS) e à liberação de óxido nítrico (NO)[57,60]. O óxido nítrico, conhecido como um dos principais mediadores envolvidos no relaxamento do corpo cavernoso pode, então, levar à ereção. Este mecanismo será discutido com mais detalhes no item 18.4.

18.3 TOXINAS DA PEÇONHA DA ARANHA *Phoneutria nigriventer* COM ATIVIDADE ANTINOCICEPTIVA: POTENCIAIS ANALGÉSICOS?

18.3.1 Breve introdução sobre dor e nocicepção

Segundo a Associação Internacional para o Estudo da Dor (IASP, International Association for the Study of Pain) a dor pode ser definida como uma experiência sensorial e emocional desagradável associada a uma lesão real, potencial ou funcional. A experiência dolorosa incorpora componentes sensoriais, com influências pessoais e ambientais importantes. No entanto, em estudos clínicos e experimentais faz-se necessária a distinção entre a dor percebida ou relatada e a simples resposta ao dano tecidual[64]. Assim, o termo nocicepção refere-se somente à percepção do estímulo nociceptivo no sistema nervoso central, evocado pela ativação de receptores sensoriais especializados (nociceptores), provenientes de um tecido lesado[65]. Animais tem capacidade reduzida de expressar os componentes subjetivos da dor, portanto, nesses modelos, não é possível aferir a dor e sim, a nocicepção. Sendo assim, os termos como dor e analgesia são mais adotados para humanos e os termos nocicepção e antinocicepção para modelos animais[66]. A dor tem sido uma das grandes preocupações da humanidade desde tempos remotos, e continua sendo um dos temas mais importantes para todos os profissionais das áreas da saúde[67]. Segundo a Associação Brasileira para o Estudo da Dor, o percentual médio de pessoas afetadas por algum tipo de dor crônica no Brasil varia de estado para estado e pode atingir de 15% a 40% da população. De acordo com a Organização Mundial da Saúde (OMS), o Brasil é um dos países que mais consomem analgésicos no mundo. Além dos altos custos, as terapias convencionais ainda podem induzir um índice expressivo de efeitos colaterais[68-70].

Dessa forma, a dor tem sido alvo de muitas pesquisas, que buscam melhorar a compreensão dos mecanismos envolvidos em seu estabelecimento, transmissão e percepção, visando o incremento de recursos terapêuticos.

18.3.2 Toxinas da peçonha de *Phoneutria nigriventer* com *ação* antinociceptiva

Estudos recentes demonstraram que, pelo menos duas toxinas presentes na peçonha da aranha *Phoneutria nigriventer* apresentam atividade antinociceptiva. Essas toxinas estão presentes na fração PhTx3, sendo elas PnTx3-3 e PnTx3-6, e têm sido estudadas pelo grupo do Dr. Marcus Vinícius Gomez do Instituto de Ensino e Pesquisa da Santa Casa de Belo Horizonte. Recentemente, mostramos que outras toxinas desta peçonha purificadas da fração PhTx4 também exibem atividade antinociceptiva (Franco, dados não publicados).

18.3.2.1 Efeito antinociceptivo da toxina PnTx3-3

PnTx3-3 é um peptídeo que atua como potente bloqueador de canais para cálcio dependentes de voltagem, tendo maior afinidade pelos tipos P/Q e R[51].

A administração desta toxina (48 pmol) por via intratecal, ou seja, no espaço subaracnoide entre as vértebras lombares 5 e 6, aumentou em 15 minutos, o tempo de latência no teste de *tail-flick* (retirada da cauda submetida ao estímulo térmico). Foi observado ainda que, quando administrada em doses elevadas (300 pmol), a toxina não causa prejuízos motores. Quando testada no modelo de dor neuropática, por injúria do nervo ciático, a toxina elevou o limiar nociceptivo dos animais por até 30 minutos. Ainda no modelo de dor neuropática, nesse caso proveniente de um quadro de diabetes induzida, PnTx3-3 elevou o limiar nociceptivo dos animais, e, este efeito teve duração de 90 minutos. Foi sugerido que, o rápido efeito desta toxina pode estar relacionado ao seu efeito bloqueador dos canais para cálcio dependentes de voltagem, o que poderia levar ao bloqueio da liberação de glutamato, um importante neurotransmissor excitatório das vias nociceptivas[53].

18.3.2.2 Efeito antinociceptivo da toxina PnTx3-6

A toxina PnTx3-6, também chamada de Phα1β, inibe, reversivelmente, canais para cálcio dependentes de voltagem, com maior afinidade pelo subipo N[71]. A administração intratecal de PnTx3-6 (200 pmol/sítio) produz antinocicepção, caracterizada por aumento na latência de resposta ao estímulo térmico, quando avaliado pelo teste da placa quente. Esse efeito antinociceptivo iniciou-se lentamente, sendo significante somente três horas após a administração da toxina e perdurou até 24 horas. O efeito antinociceptivo máximo neste teste foi observado cinco horas após a administração de PnTx3-6[72]. A administração intratecal de PnTx3-6 (200 pmol/sítio) reduziu a hiperalgesia mecânica no modelo de dor inflamatória tendo seu efeito sido detectado após duas horas de administração, com duração de 22 horas. A administração desta mesma dose foi ainda capaz de reverter a hiperalgesia no modelo de dor neuropática ocasionado por constrição do nervo ciático, tendo duração de quatro horas[72]. Este efeito, em camundongos, foi tão potente quanto aquele produzido por ω-conotoxina MVIIA (10 pmol)[73]. A realização de testes comportamentais mostraram que PnTx3-6 não provoca prejuízos neurológicos como também, não altera a atividade motora dos animais quando administrada por via intratecal[72].

Portanto, a investigação das propriedades biológicas das toxinas presentes na peçonha da aranha *Phoneutria nigriventer* e a perspectiva de sua utilização para o alívio da dor demonstram forte potencial terapêutico. Uma descrição mais detalhada dos efeitos antinociceptivos de toxinas de Phoneutria poderá ser consultada em outro capítulo deste livro.

18.3.3 Protocolos experimentais para avaliação da nocicepção

Para o maior entendimento de alguns dos testes empregados na avaliação da nocicepção, segue-se uma breve descrição de dois testes bastante utilizados em farmacologia, o da "retirada da cauda frente ao estímulo térmico" e o da "retirada da pata frente à compressão".

18.3.3.1 Teste de retirada da cauda em resposta ao estímulo térmico - "Tail flick"

Este teste foi originalmente descrito por D'amour e Smith em 1941[74], e permite aferir o limiar nociceptivo do animal mediante estímulo térmico. O teste consiste em posicionar a porção distal da cauda do animal (cerca de dois centímetros), sob uma resistência helicoidal de níquel-cromo que aquece com o decorrer do tempo (Figura 18.4A/B). Quando o aparelho é acionado, inicia-se a passagem de uma corrente elétrica pela resistência aquecendo-a, ao mesmo tempo um cronômetro é ativado. O tempo de latência consiste no tempo requerido pelo animal para percepção do estímulo nociceptivo e o reflexo de retirada da cauda, que é medido em segundos. Assim que o animal retira a cauda, a contagem do tempo é interrompida manualmente (Figura 18.4C), sendo estabelecido um tempo limite (cerca de nove segundos) a fim de evitar danos teciduais à cauda do animal. No dia anterior ao experimento, os animais são "ambientalizados", ou seja, são submetidos a todas as condições experimentais. E no dia do experimento o limiar nociceptivo basal dos mesmos é medido antes da administração de qualquer droga.

18.3.3.2 Método de retirada da pata submetida à compressão

Este método foi descrito em 1957 por Randall e Selitto[75] e consiste na avaliação do limiar nociceptivo do animal mediante estímulo mecânico. O animal é mantido cuidadosamente em posição horizontal sobre a bancada por uma das mãos do experimentador, enquanto a superfície plantar da pata sob teste é apresentada à parte compressora do aparelho algesimétrico. Esta consiste de duas superfícies, sendo uma plana, sobre a qual se apoia a pata do animal, e outra cônica, com uma área de 1,75 mm^2 na extremidade, por

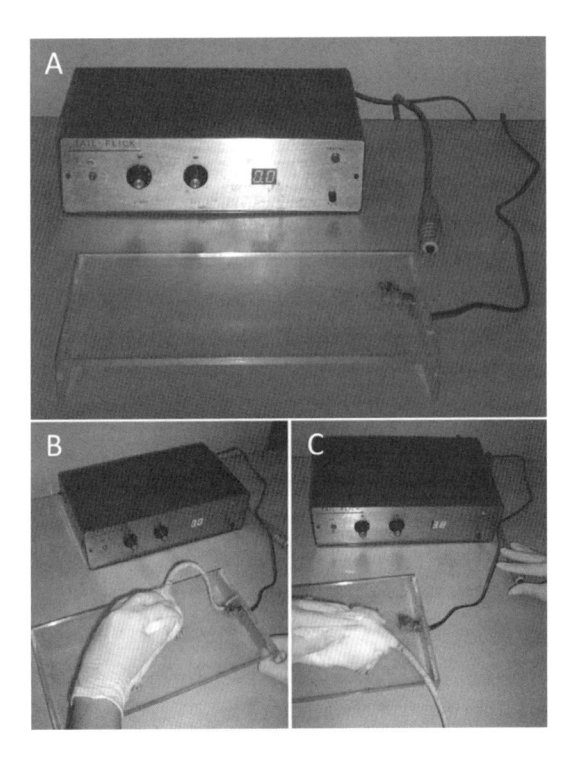

Figura 18.4 (A) Aparelho algesimétrico utilizado no teste de retirada da cauda mediante estimulo térmico (tail flick). (B) A cauda do animal é posicionada sob a resistência helicoidal e o aparelho é ligado. (C) Durante o decorrer do tempo a resistência vai aquecendo e o tempo de latência para a retirada da cauda do animal é medido em segundos.

Foto: Laboratório de Dor e Analgesia, UFMG.

meio da qual é aplicada uma pressão na superfície plantar da pata do animal (Figura 18.5).

A intensidade dessa pressão aumenta a uma taxa constante de 32 g/s, mediante o acionamento de um pedal pelo experimentador. Ao observar a resposta nociceptiva do animal, traduzida pela retirada da pata, o experimentador interrompe a pressão sobre o pedal, o que, consequentemente, interrompe o aumento da pressão imposta à pata, sendo o último valor registrado correspondente ao limiar nociceptivo. Este fica indicado na escala do aparelho e é expresso em gramas. É importante ressaltar que o animal também é "ambientalizado" ao aparelho no dia que antecede o teste. Essa ambientalização consiste em submeter o animal à mesma situação que será vivenciada no dia do experimento.

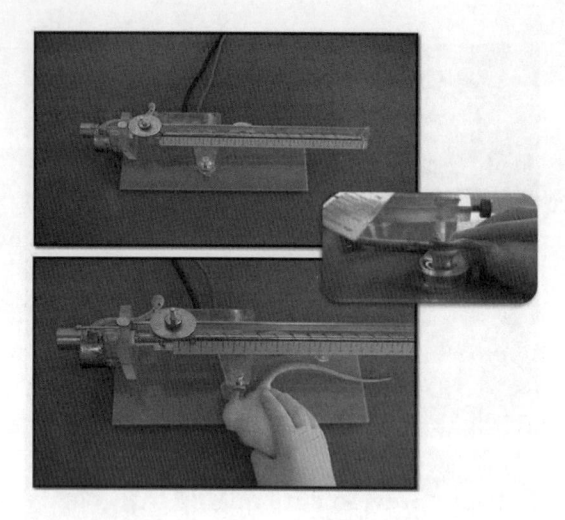

Figura 18.5 Aparelho algesímétro (Ugo Basile, Itália). Utilizado para aferir o limiar nociceptivo do animal. Em destaque o posicionamento da pata do animal no aparelho.

   Foto: Laboratório de Dor e Analgesia, UFMG.

18.4 TOXINA DA ARANHA *Phoneutria nigriventer* COM ATIVIDADE POTENCIADORA DA FUNÇÃO ERÉTIL

Um dos sintomas observados em acidentes graves decorrentes da picada da aranha *P. nigriventer* é o priapismo.

O priapismo caracteriza-se por uma ereção prolongada involuntária, não relacionada com estímulo ou desejo sexual e não aliviada pela ejaculação[76]. Essa é uma das manifestações clínicas após acidentes com algumas espécies de aracnídeos e tem sido relatada, em acidentes com escorpiões da família *Buthidae*[77-79].

A primeira descrição de priapismo, após a injeção da peçonha da aranha do gênero *Phoneutria*, foi relatada por Schenberg & Pereira Lima em 1962[80], que observaram esse sintoma em cachorros. Em envenenamento envolvendo humanos, esse sintoma tem sido observado em acidentes graves e mais frequentemente com crianças[23,24,81]. O priapismo e a ereção experimentais em ratos e camundongos, foram descritos após a injeção de duas das toxinas, PnTx2-5 e PnTx2-6, purificadas da peçonha da aranha *Phoneutria nigriventer*. Andrade e colaboradores (2008) observaram priapismo após a injeção da toxina PnTx2-6 (0,006 µg/Kg) diretamente no corpo cavernoso

(CC) de camundongos[59]. Nunes e colaboradores[60] verificaram que a toxina PnTx2-6 potencia a ereção em ratos anestesiados, o que parece ser mediado pelo óxido nítrico, que é aumentado nas células do CC. Esta atividade potenciadora da toxina foi inibida após pré-tratamento com L-NAME (N-(omega)-nitro-L-arginina hidrocloreto de metil éster) um inibidor não específico da óxido nítrico sintase (NOS). Outros estudos mostraram que a toxina PnTx2-6 potencia o relaxamento de tiras de CC de ratos normais, pré-contraídas com fenilefrina e sob estímulo elétrico, quando comparado ao relaxamento produzido somente pelo estímulo elétrico[62]. Verificou-se também que o efeito potenciador do relaxamento do CC pela toxina é inibido por ω-conotoxina GVIA (10^{-6} M), um inibidor de canais para cálcio do tipo N, mostrando o envolvimento destes canais no relaxamento do CC produzido pela PnTx2-6[82].

Como foi demonstrado previamente que PnTx2-6 age retardando a inativação de canais para sódio[56], sugeriu-se que, o efeito potenciador da toxina seria devido a sua ação primária nos canais para sódio presentes nos nervos não adrenérgicos-não colinérgicos (*non-adredenergic non-cholinergic*, NANC), o que manteria o estado despolarizado das células e levaria à abertura de canais para cálcio do tipo N, aumentando o influxo deste íon[60] (Figura 18.6). O aumento de cálcio interno atuaria na sinalização da via NO/guanosina monofosfato cíclico (cGMP) levando ao aumento na produção de óxido nítrico.

Mostrou-se também que o efeito de relaxamento do músculo liso do corpo cavernoso por PnTx2-6 não se deve à inibição da enzima fosfodiesterase tipo 5 (*phosphodiesterase*, PDE5), principal via de atuação dos medicamentos mais usados no tratamento da disfunção erétil (Viagra, Levitra® e Cialis®). Além disto, em experimentos de biodistribuição de PnTx2-6, marcada radioativamente e injetada em camundongos, observou-se acúmulo preferencial de radioatividade no testículo[57] e pênis[62], o que sugere a existência de receptores específicos para a toxina PnTx2-6 nestes órgãos.

Nunes e colaboradores[62] demonstraram ainda que a toxina facilita a transmissão neural via NANC no corpo cavernoso e que a ereção induzida por esta molécula, aparentemente não envolve acetilcolina, já que não se observou inibição de seu efeito por atropina (um bloqueador de receptores muscarínicos). Estes autores[83] verificaram ainda que a toxina PnTx2-6 potencia a função erétil de ratos idosos (60-61 semanas), com aumento do relaxamento do corpo caverno via sinalização NO/cGMP. Além disto, nas condições experimentais testadas, a toxina não foi capaz de modificar a expressão das enzimas NOS (iNOS e eNOS, NOS induzível e endotelial, respectivamente). Nunes e colaboradores[82] também mostraram que esta toxina é capaz de aumentar em 65% o relaxamento de tiras de corpo cavernoso de camundongos diabéticos e também de camundongos nocautes para NOS endotelial (eNOS$^{-/-}$), mas não de tiras de CC de camundongos nocautes para NOS neuronal (nNOS$^{-/-}$), evidenciando a implicação de nNOS na ação potenciadora da função erétil pela toxina. Esses estudos *in vivo* e *in vitro* demonstraram que a toxina PnTx2-6 reverte, total ou parcialmente, a disfunção erétil (DE) nos ratos e camundongos, idosos, diabéticos e hipertensos [60,82,83], onde a DE se manifesta com maior frequência. Além disso, usou-se um modelo de ratos com hipertensão conhecidos como DOCA-sal, que apresentam DE severa [89]. Esses animais hipertensos, após injeção subcutânea da toxina PnTx2-6, apresentaram uma reversão do quadro de DE, comparando-se com ratos controle (SHAM operados) – submetidos às mesmas condições, com exceção da administração da droga acetato de deoxicorticosterona [60]. Villanova e colaboradores[84] sugerem que alguns genes envolvidos na via do óxido nítrico tem sua expressão aumentada no tecido erétil de camundongos tratados com a toxina PnTx2-6 (1 µg/Kg). Estes autores verificaram que os genes Ednrb e Sparc foram super-expressos no tecido do corpo cavernoso e sugeriram que tais genes possam estar envolvidos no priapismo desencadeado por essa toxina. O primeiro gene, Ednrb, ativa diretamente a via do NO/cGMP, envolvida no relaxamento do corpo cavernoso e ereção. O gene Sparc relaciona-se com os processos de função vascular, podendo, indiretamente, agir no relaxamento do corpo cavernoso (Figura 18.6).

Os resultados acima sugerem efeito local da toxina PnTx2-6, mas uma ação no sistema nervoso central não pode ser descartada. Como observado pelo grupo do saudoso Prof. Carlos Diniz (comunicação pessoal) nos primeiros testes de toxicidade com PnTx2-6 injetada pela via intracerebral, observou-se priapismo em camundongos, evidenciando-se uma ação central desta toxina. Além do mais, Troncone e colaboradores[85] demonstraram que camundongos injetados intraperitonealmente (1 µg/Kg) com a toxina tiveram um aumento na ativação c-fos nos núcleos paraventricular e *stria terminalis* do cérebro, o que pode indicar uma provável atividade neuronal. Ambas as áreas cerebrais são relacionadas com a ereção peniana e o estresse. A questão ainda não esclarecida é se a toxina atravessaria a barreira hematoencefálica. Sobre este tema, vários estudos têm sido desenvolvidos pelo grupo da Dra. Cruz Hofling, mostrando que a peçonha da aranha *Phoneutria nigriventer* pode alterar a barreira hematoencefálica, o que levaria à sua permeabilização aos componentes da peçonha, bem como explicaria os efeitos centrais da mesma, ou de suas toxinas[86-88]. Experimentos estão em andamento para verificar se PnTx2-6 é capaz de provocar esta permeabilização da barreira.

Os detalhes da via de ação da toxina PnTx2-6 não estão completamente esclarecidos, mas sugere-se que ela haja por um mecanismo independente da via da Rho cinase[63,83] e da inibição da PDE5, mas com aumento de NO[62,82,83]. Experimentos recentes mostraram que a toxina PnTx2-6 aumenta a liberação de L-glutamato de sinaptosomas do córtex cerebral de ratos de maneira concentração e tempo dependente, e que os íons cálcio são necessários para esse efeito[90]. Sinaptosomas são estruturas vesiculares amplamente utilizadas no estudo de mecanismos sobre transmissão sináptica e liberação de neurotransmissores, obtidas a partir de terminais nervosos sinápticos. Estes contêm as principais organelas celulares, enzimas e proteínas normalmente encontradas nos terminais nervosos[91,92]. Estes resultados sugerem que a ação central da toxina, aumentando a liberação de L-glutamato, pode ser uma via implicada na potenciação da ereção já que relata-se que o glutamato liberado no hipocampo parece estar envolvido no processo da ereção[93].

Frente aos resultados acima descritos, pergunta-se: PnTx2-6 poderia tornar-se um possível modelo de fármaco para o tratamento da disfunção erétil? Há que se considerar que esta toxina apresenta grande toxicidade para animais de experimentação e, portanto, teria pouca chance de tornar-se um fármaco em sua forma natural. Recentemente, foram depositadas duas patentes compreendendo o uso da toxina PnTx2-6, bem como de alguns de seus derivados recombinantes e peptídeos sintéticos, como possíveis fármacos ou modelos de drogas para o tratamento da disfunção erétil[94,95]. Estudos estão em andamento, ainda em fase pré-clínica, para avaliar estas diferentes possibilidades.

Dentre os fatores limitantes para o uso da toxina PnTx2-6 em estudos que visem o entendimento de seu mecanismo de ação sobre a função erétil está, primeiramente, a dificuldade de obtenção da peçonha, que envolve inicialmente a captura das aranhas na natureza. Este ponto tem sido equacionado pela Fundação Ezequiel Dias, em Belo Horizonte, MG, que possui a referida licença dos órgãos oficiais para o recebimento e manutenção destes animais em cativeiro. Mas, apesar disto, a baixa disponibilidade dos espécimes de aranhas limita a obtenção da peçonha. Por outro lado, a toxina é pouco representada na peçonha, sendo obtida em pequenas quantidades, por processos convencionais de purificação, o que também envolve perdas. Na tentativa de equacionar estas limitações e de se obter maiores quantidades da toxina, Torres e colaboradores[96] obtiveram o DNA complementar, a partir do mRNA da glândula de peçonha da aranha, utilizando-se técnicas de RT-PCR (reação em cadeia da polimerase, na presença da enzima transcriptase reversa). Posteriormente, obtev-se o DNA codificador da toxina PnTx2-6 por PCR. Esse foi utilizado na expressão da proteína

PnTx2-6 recombinante (rPnTx2-6) no citoplasma de bactérias *Escherichia coli*. A toxina recombinante (12 µg/Kg) mostrou-se ativa e induziu ereção em ratos anestesiados, de forma comparável à toxina nativa. Além disso, na tentativa de elucidar a relação da estrutura-função da toxina PnTx2-6 na ereção peniana, geraram-se DNAs com mutações pontuais em relação ao DNA codificador da toxina, que expressaram proteínas recombinantes mutantes, com substituições de resíduos de aminoácidos considerados essenciais para a ação da toxina[97]. Esses mutantes, mesmo ainda ligados à proteína de fusão, mostraram menor atividade liberadora de L-glutamato por sinaptosomas de córtex cerebral de rato, quando comparados à toxina recombinante ou à nativa. Estes resultados corroboram o que foi anteriormente previsto por Matavel e colaboradores em 2009[56], de que os resíduos de aminoácidos nas posições 35 e 37 da molécula são importantes para o mecanismo de ação dessa toxina.

Outro objetivo de nossa equipe, que vem trabalhando com esta toxina, é o de diminuir sua molécula, visando-se minimizar os efeitos tóxicos causados pela mesma, porém buscando-se manter o seu efeito sobre a ereção peniana. Neste sentido, desenvolveu-se um peptídeo sintético análogo a uma parte da sequência de aminoácidos da toxina PnTx2-6 que mimetizou sua ação quando testado *in vivo* ou *in vitro*. Além do mais, mesmo em doses altas, o peptídeo sintético não mostrou toxicidade aparente para camundongos e não foi significativamente imunogênico (Silva, comunicação pessoal). Este peptídeo foi, recentemente, objeto de um depósito de patente[95]. Estudos complementares estão em andamento para certificar a eficácia e possíveis efeitos colaterais do mesmo, visando-se propor seu uso como modelo de droga para a potenciação da função erétil e possivelmente, para o tratamento da disfunção erétil.

18.5 OUTRAS TOXINAS DE ARTRÓPODES QUE CAUSAM PRIAPISMO

Sabe-se que a peçonha do escorpião amarelo *Tityus serrulatus* evoca o relaxamento de CC de cães, coelhos e humanos, mediado por NO, *via* terminais nervosos NANC[98,99]. Este efeito foi abolido pela administração de 30 µM de OQD (1H-[1,2,4] oxidazolo [4,3,-alquinoxalin-1-ona], um inibidor da enzima guanilato ciclase. Essa enzima está presente nos músculos lisos do CC e está intimamente relacionada com o relaxamento desses músculos. O efeito relaxante da peçonha foi também abolido por tetrodotoxina, um potente bloqueador de canais para sódio. Entretanto, a atropina, antagonista

Perspectivas Inovadoras para o Uso Terapêutico de Toxinas da Aranha "Armadeira" ...

559

de receptores muscarínicos, não afetou o relaxamento induzido por essa peçonha[98]. Duas toxinas isoladas da peçonha do *T. serrulatus*, denominadas Ts3 e Ts1, também mostraram ação sobre o relaxamento do CC. Ts3 causou o relaxamento do CC de humanos e coelhos pelo aumento da liberação de NO, ação similar àquela produzida por acetilcolina e estímulo elétrico, além disso, esta ação foi bloqueada por L-NAME e por tetrodotoxina[100], Ts3 liga-se ao sítio 3 do canal para sódio[101] retardando sua cinética de inativação[102]. Já a toxina Ts1 (*Tityus* gama ou TsVII) que se liga ao sítio 4 do canal para sódio, atuando na ativação do canal, induziu o relaxamento do corpo cavernoso de coelhos, causando também aumento da liberação de NO[103].

As peçonhas dos escorpiões *Androctonus australis* e *Buthotus judaicus* também relaxaram tiras do corpo cavernoso de coelhos e parecem agir nas fibras neurais NANC com consequente aumento de NO, ativação da guanilato ciclase (GC) e formação de GMPc no músculo liso do corpo cavernoso. O efeito de aumento do NO foi inibido por L-NAME e por 7- nitroindazol (7-NI, um inibidor de óxido nítrico sintase neuronal NANC)[104].

Como descrito acima, os mecanismos moleculares de ação das várias toxinas de peçonhas de artrópodes, aqui apresentadas, parecem envolver pontos em comum, como por exemplo, a ação em canais para sódio, o envolvimento de NO e a participação do sistema NANC. Um modelo sugerindo o mecanismo de ação da PnTx2-6 foi proposto[61,63,105] (Figura 18.6) baseando-se na ação desta toxina e, provavelmente, aplica-se também às demais toxinas de artrópodes que causam priapismo, como tem sido sugerido por vários autores. O completo entendimento deste mecanismo poderá ser de grande valor para o estabelecimento de novas drogas ativas contra a disfunção erétil.

18.5.1 Protocolos experimentais para avaliação da potenciação da função erétil por toxinas de artrópodes ou outros compostos

18.5.1.1 Medida da função erétil em ratos anestesiados

O procedimento usado para a determinação da ereção peniana *in vivo*, é a medida da pressão intra-cavernosal (PIC) e sua correlação com a pressão arterial média (PAM)[60,106]. Neste procedimento, os animais são anestesiados com uretana (1400 mg/Kg) injetada intraperitonealmente, e colocados sobre uma manta térmica para que a temperatura corporal seja mantida a 37° C.

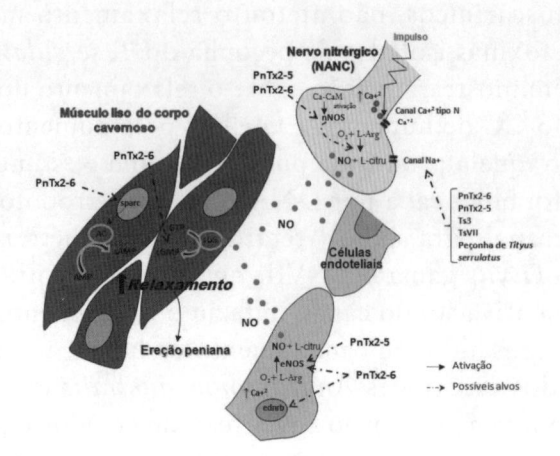

Figura 18.6 Prováveis sítios de ação propostos para peçonhas e toxinas de artrópodes envolvidos na ereção peniana. A ação de toxinas como PnTx2-5, PnTx2-6, TsVII e Ts3 em canais para sódio dependentes de voltagem, em nervos NANC, resultaria na abertura de canais para cálcio (isto é, tipo N), aumentando a concentração de cálcio no interior da célula nervosa. Isso ativaria a óxido nítrico sintase neuronal (nNOS) com consequente liberação de óxido nítrico (NO) que se difundindo para as células do músculo liso do corpo cavernoso levaria ao início da ereção peniana. Em uma via complementar, com o aumento da força nas células endoteliais e consequente aumento da concentração de cálcio intracelular, haveria ativação da óxido nítrico sintase endotelial (eNOS) e liberação de mais NO. Acredita-se que as toxinas PnTx2-5 e PnTx2-6, de uma maneira secundária, ativem eNOS, sendo que a PnTx2-6 atuaria também na expressão do gene ednrb que ativa a via NO/cGMP relacionada com a ereção. O NO produzido pelas duas vias difunde-se para as células da musculatura lisa do CC ativando a enzima guanilato ciclase solúvel (sGC), o que aumenta os níveis de guanosina monofosfato cíclico (cGMP) e o relaxamento do músculo liso, culminando na ereção peniana. Nessa última parte da via da ereção sugere-se que a toxina atue de duas maneiras: 1) No gene Sparc, aumentando a sua expressão e ativando a enzima adenilato ciclase (AC) a produzir adenosina monofosfato cíclico (cAMP), que pode dessa forma, culminar com o relaxamento do CC. 2) Diretamente na produção de cGMP, aumentado o relaxamento do músculo liso do CC. Todas essas vias relacionam-se com o início e manutenção da ereção peniana.

Adaptado de NUNES, 2008[60], NUNES et al., 2009[61], TORRES 2011[63], NUNES et al., 2013[97].

Em seguida, uma cânula de polietileno (PE50 acoplado a PE10) contendo salina heparinizada (9:1 mL), para evitar a coagulação do sangue em seu interior, é introduzida na artéria femoral direita, para o contínuo monitoramento da PAM. Esta cânula é conectada a um transdutor de pressão.

A ereção peniana é obtida por estimulação elétrica, com um eletrodo bipolar de prata, no gânglio pélvico maior (GPM), exposto através de uma incisão mediana suprapubiana no abdômen. As alterações na PIC e PAM são registradas. Os efeitos da estimulação ganglionar sobre a razão PIC/PAM são avaliados variando-se a voltagem (pulsos de 5 ms e frequência de 12 Hz) ou a frequência, com intervalos de 1 minuto entre um estímulo e outro.

Perspectivas Inovadoras para o Uso Terapêutico de Toxinas da Aranha "Armadeira" ...

561

Para monitorar continuamente a PIC, a pele e a túnica albugínea são removidos e uma agulha fina (calibre 23) é inserida no corpo cavernoso esquerdo, conectado a um sistema de aquisição de dados computadorizado, por meio de uma cânula de polietileno com salina heparinizada.

As drogas ou toxinas são comumente administradas por via subcutânea, podendo-se utilizar outras vias, como a intraperitoneal ou intravenosa. Após a administração da droga ou toxina, aguardam-se 20 minutos antes que a segunda sequência estimulatória seja iniciada. Os dados são apresentados graficamente, como relação entre PIC/PAM (eixo y) *versus* as voltagens (ou frequências) utilizadas para estimular o gânglio pélvico maior (eixo x). O protocolo experimental esquemático é mostrado na Figura 18.7A.

18.5.1.2 Medida do relaxamento de tiras de corpo cavernoso de ratos e camundongos

Camundongos Swiss (30-40 g) e ratos Wistar ou Sprague-Dawley (180-200 g) são eutanasiados, segundo protocolo adaptado por Nunes[105], o pênis é removido cirurgicamente e preso a uma placa de Petri contendo parafina e solução salina fisiológica (130 mM NaCl, 4,7 mM KCl, 1,18 mM $KHPO_4$, 1,17 mM $MgSO_4$, 1,6 mM $CaCl_2$- $2H_2O$, 14,9 mM $NaHCO_3$, 5,5 mM dextrose e 0,03 mM EDTA). O corpo esponjoso, uretra, artéria e veias dorsais são removidos e a porção proximal do corpo cavernoso é dividida ao longo da linha mediana do pênis intacto. Tiras de CC de camundongos (5 mm) ou de ratos (10 mm) são montadas em um banho de órgãos isolados contendo solução de salina fisiológica, mantidas a 37 °C e aeradas com uma mistura de 95% O_2 e 5% CO_2. As tiras de CC são conectadas a um transdutor, submetidas a uma tensão inicial de 3 mN, e são deixadas equilibrando por um período de 60 minutos, sendo a solução trocada de 15 em 15 minutos. Para verificar a capacidade contrátil das tiras, uma solução de cloreto de potássio (KCl 120 mM) é adicionada ao banho de órgãos, as tiras são lavadas 3 vezes para a retirada do KCL, a tensão basal é ajustada e os tecidos submetidos a pré contração com fenilefrina (10^{-5}M) e por estímulo elétrico na ausência e presença da toxina. O estímulo utilizado é crescente (1 a 32 Hz), sendo a duração do pulso de 10 segundos com um intervalo de 1 minuto entre cada pulso, estabelecido por eletrodos de titânio, posicionados entre as tiras de tecido, conectados à unidade estimuladora (Stimu Splitter II) e ao estimulador SD9. As mudanças na tensão são registradas continuamente. Todas as tiras foram incubadas com tonsilato de bretílio ($3x10^{-5}M$), depletando os estoques adrenérgicos das terminações neurais (Figura 18.7B).

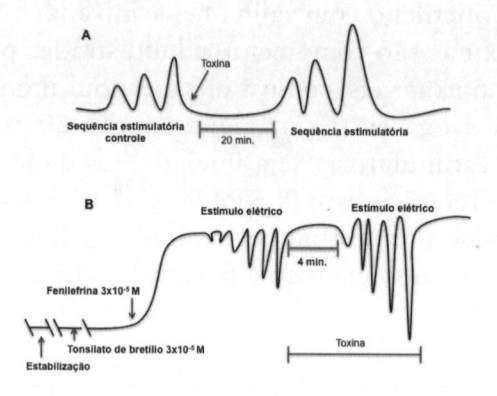

Figura 18.7 (A) Protocolo experimental esquemático da sequência estimulatória: controle, aplicação da toxina e sequência estimulatória pós-toxina, para experimento da medida da ereção peniana em ratos anestesiados. (B) Protocolo de ensaio da preparação do corpo cavernoso em banho de órgão: estabilização do tecido, bloqueio de transmissão adrenérgica por tonsilato de bretílio e pré-contração com fenilefrina seguida de relaxamento por estímulo elétrico e estímulo elétrico + droga (ou toxina).

18.5.1.3 Preparação dos animais hipertensos (DOCA-sal) e diabéticos

Para o modelo de hipertensão são utilizados, em geral, animais DOCA-sal que apresentam hipertensão severa, o que leva à disfunção erétil. Ratos da linhagem Wistar (130-150 g) são anestesiados por injeção intraperitoneal com TRI-bromo (250 mg/Kg) e submetidos a laparatomia mediana (incisão abdominal). O rim direito é identificado, isolado e a cápsula removida. A artéria e veia renais são isoladas com um fio de algodão e a nefrectomia unilateral é realizada. Metade dos animais recebe um implante subcutâneo de silicone no dorso contendo acetato de deoxicorticosterona (DOCA, 100 mg/Kg). Os animais controle (SHAM) são submetidos somente à nefrectomia unilateral direita, não recebendo o implante contendo DOCA. Os locais de incisão são suturados e ambos os ratos (DOCA e SHAM) são mantidos com alimentação adequada e ciclo de 12 horas/luz-escuro. Os animais DOCA-sal recebem uma solução contendo 1% NaCl, 0,2% KCl em água e permanecem por 30 dias em observação, os SHAM-operados recebem água normal.

A diabetes é caracterizada, principalmente por hiperglicemia, essa é induzida em camundongos C57BL/6 machos, com 8 semanas de idade, após administração intraperitoneal de 150 mg/Kg de estreptozotocina (STZ) em tampão citrato 10^{-1} M, pH 4,5 por 2 dias. Os animais permanecem no biotério por 8 semanas, sendo a hiperglicemia confirmada usando-se o medidor de glicose AccuCheck. Os animais controle, não diabéticos, tem a glicose medida em jejum.

18.6 CONCLUSÕES E PERSPECTIVAS

Possibilidades do uso terapêutico de toxinas para o tratamento da dor e da disfunção erétil

Como citado, produtos naturais de origem vegetal e animal, têm sido cada vez mais estudados e vários deles interferem em atividades farmacológicas e tornam-se ferramentas relevantes para o estudo destas atividades podendo também, servir como modelos de drogas, ou serem diretamente utilizados como fármacos.

Uma das limitações ao uso de peptídeos como fármacos é ainda a via de administração dos mesmos e o custo relativamente alto do processo de síntese, embora com o uso de tecnologias modernas nos últimos anos, os custos têm sido reduzidos.

No caso de analgésicos, a via de administração intratecal ou subaracnoide descrita, possibilita a ação direta de peptídeos no sistema nervoso central. Essa via é usada apenas no caso de não haver outras vias disponíveis, por ser muito dolorosa, necessitando-se, muitas vezes, do uso de anestesia. Pessoas com certos tipos de dor crônica podem necessitar receber medicamentos por essa via. Entretanto, algumas toxinas peptídicas podem ter ação antinociceptiva também quando administradas por via periférica. Tem sido demonstrada ação periférica antinociceptiva de alguns peptídeos da peçonha de *Phoneutria* (Franco, dados não publicados). A injeção pela via subcutânea, pode ser uma alternativa para a administração de peptídeos, embora essa via não seja a mais bem aceita. Para uma possível administração oral, considerando-se que peptídeos podem ser hidrolisados no tubo digestório pelas proteases ali existentes, uma formulação que "proteja" esses compostos da degradação, poderia contornar o problema. Uma possibilidade é a formulação destes peptídeos com ciclodextrinas (CDs), que são polímeros de carboidratos que se associam com moléculas hóspedes (no caso, os peptídeos de interesse) protegendo-os da degradação. As CDs têm demonstrado grande utilidade na Química Medicinal. Tal formulação, a ser administrada por via oral, poderia também ser aplicável ao peptídeo derivado da toxina PnTx2-6, potenciador da função erétil. Formulações com lipossomas (vesículas lipídicas) para aplicação tópica destes peptídeos com ação antinociceptiva ou potenciadora da função erétil também vêm sendo trabalhadas pelo nosso grupo (dados não publicados).

Sabe-se que, quanto mais simples a droga (nesse caso o peptídeo), bem como sua formulação, menores são os custos, o que torna o processo mais viável economicamente. A minimização dos peptídeos de interesse, numa situação ideal, seria no sentido de manter seus efeitos desejados e de eliminar ou diminuir os indesejáveis, mas isto nem sempre ocorre. Estudos com diferentes peptídeos e formulações vem sendo conduzidos pelo nosso grupo, visando-se obter produtos com melhor custo-benefício.

De acordo com os resultados obtidos até o momento, as toxinas PnTx2-6 e PnTx2-5 são promissoras para o estudo e para o desenvolvimento de novas drogas para o tratamento de disfunção erétil. Já os peptídeos PnTx3-3 e PnTx3-6, que mostraram potente ação antinociceptiva, prenunciam-se como ótimos candidatos para modelos de novos analgésicos.

Embora o uso desses peptídeos como modelos de drogas "analgésicas", ou como modelos de drogas para o tratamento da disfunção erétil, seja promissor, sabe-se que grandes investimentos são necessários para que uma molécula natural torne-se um medicamento. Neste sentido, políticas públicas que apoiem o desenvolvimento da ciência e da tecnologia no país, bem como a parceria com indústrias farmacêuticas, são essenciais para que haja autonomia e que o país seja competitivo na área.

Em conclusão, com relação ao uso de substâncias naturais como possíveis fármacos, há uma enorme gama de peptídeos e de outros compostos a serem estudados, a natureza tem muitas lições a ensinar aos cientistas, restam-lhes montarem o "quebra-cabeças" e explorarem de maneira adequada e sustentável esta grande biodiversidade.

REFERÊNCIAS

1. King GF. Venoms as a platform for human drugs: translating toxins into therapeutics. Expert Opin Biol Ther. 2011 Nov;11(11):1469-84. PubMed PMID: 21939428.
2. King GF, Escoubas P, Nicholson GM. Peptide toxins that selectively target insect Na(V) and Ca(V) channels. Channels (Austin). 2008 Mar-Apr;2(2):100-16. PubMed PMID: 18849658.

3. Janes RW. alpha-Conotoxins as selective probes for nicotinic acetylcholine receptor subclasses. Curr Opin Pharmacol. 2005 Jun;5(3):280-92. PubMed PMID: 15907916.

4. Platnick NI. Advances in spider taxonomy, 1992-1995: with redescriptions 1940-1980. New York Entomological Society & The American Museum of Natural History1997.

5. Escoubas P, King GF. Venomics as a drug discovery platform. Expert Rev Proteomics. 2009 Jun;6(3):221-4. PubMed PMID: 19489692.

6. King GF, Gentz MC, Escoubas P, Nicholson GM. A rational nomenclature for naming peptide toxins from spiders and other venomous animals. Toxicon. 2008 Aug;52(2):264-76. PubMed PMID: 18619481.

7. Cushman DW, Ondetti MA. History of the design of captopril and related inhibitors of angiotensin converting enzyme. Hypertension. 1991 Apr;17(4):589-92. PubMed PMID: 2013486.

8. O'Shea JC, Tcheng JE. Eptifibatide: a potent inhibitor of the platelet receptor integrin glycoprotein IIb/IIIa. Expert Opin Pharmacother. 2002 Aug;3(8):1199-210. PubMed PMID: 12150697.

9. Menozzi A, Merlini PA, Ardissino D. Tirofiban in acute coronary syndromes. Expert review of cardiovascular therapy. 2005 Mar;3(2):193-206. PubMed PMID: 15853593.

10. Huang TF, Holt JC, Lukasiewicz H, Niewiarowski S. Trigramin. A low molecular weight peptide inhibiting fibrinogen interaction with platelet receptors expressed on glycoprotein IIb-IIIa complex. The Journal of biological chemistry. 1987 Nov;262(33):16157-63. PubMed PMID: 3680247.

11. Robson R, White H, Aylward P, Frampton C. Bivalirudin pharmacokinetics and pharmacodynamics: effect of renal function, dose, and gender. Clin Pharmacol Ther. 2002 Jun;71(6):433-9. PubMed PMID: 12087346.

12. Markland FS. Snake venoms and the hemostatic system. Toxicon. 1998 Dec;36(12):1749-800. PubMed PMID: 9839663.

13. DeFronzo RA, Ratner RE, Han J, Kim DD, Fineman MS, Baron AD. Effects of exenatide (exendin-4) on glycemic control and weight over 30 weeks in metformin-treated patients with type 2 diabetes. Diabetes Care. 2005 May;28(5):1092-100. PubMed PMID: 15855572.

14. Miljanich GP. Ziconotide: neuronal calcium channel blocker for treating severe chronic pain. Curr Med Chem. 2004 Dec;11(23):3029-40. PubMed PMID: 15578997.

15. Lewis RJ, Garcia ML. Therapeutic potential of venom peptides. Drug disc: Nature reviews; 2003.

16. Rajendra W, Armugam A, Jeyaseelan K. Toxins in anti-nociception and anti-inflammation. Toxicon. 2004 Jul;44(1):1-17. PubMed PMID: 15225557.

17. Cardoso Jlc, França Fods, Wen Fh, Málaque Cms, Haddad Jr. V. Animais Peçonhentos no Brasil: biologia, clínica e terapêutica dos acidentes. 2004. 468 p.

18. Brazil V, Vellard J. Contribuição ao estudo do veneno das aranhas. Mem Inst Butantan Tomo II1925. p. 5-70.

19. Brazil V, Vellard J. Contribuição ao estudo do veneno das aranhas. Mem Inst Butantan Tomo III1926.

20. Diniz CR. Separation of proteins and characterization of active substances in the venom of Brazilian spiders. Anais da Acadêmia Brasileira Ciência [Internet]. 1963; 35:[283-91 pp.].

21. Rezende Júnior L, Cordeiro MN, Oliveira EB, Diniz CR. Isolation of neurotoxic peptides from the venom of the 'armed' spider *Phoneutria nigriventer*. Toxicon. 1991;29(10):1225-33. PubMed PMID: 1801316.

22. Antunes E, Málaque CM. Mecanismo de ação do veneno de *Phoneutria* e aspectos clínicos do foneutrismo. 2003.

23. Bucaretchi F, Deus Reinaldo CR, Hyslop S, Madureira PR, De Capitani EM, Vieira RJ. A clinico-epidemiological study of bites by spiders of the genus *Phoneutria*. Rev Inst Med Trop Sao Paulo. 2000 Jan-Feb;42(1):17-21. PubMed PMID: 10742722.

24. Bucaretchi F, Mello SM, Vieira RJ, Mamoni RL, Blotta MH, Antunes E, et al. Systemic envenomation caused by the wandering spider *Phoneutria nigriventer*, with quantification of circulating venom. Clin Toxicol (Phila). 2008 Nov;46(9):885-9. PubMed PMID: 18788004.

25. Borges MH, de Lima ME, Stankiewicz M, Pelhate M, Cordeiro MN, Beirão PLS. Structural and functional diversity in the venom of spiders of the genus *Phoneutria*. In: UFMG E, editor. Animal Toxin: State of the Art Perspectives in Health and Biotecnology2009. p. 800.

26. Cordeiro MN, Richardson M, Gilroy J, Figueiredo SGD, Beirão PSL, Diniz CR. Properties of the venom from the South American armed spider *Phoneutria nigriventer* (Keyserling, 1981). J Toxicol Toxin Rev 1995;14.

27. Gomez MV, Kalapothakis E, Guatimosim C, Prado MA. *Phoneutria nigriventer* venom: a cocktail of toxins that affect ion channels. Cell Mol Neurobiol. 2002 Dec;22(5-6):579-88. PubMed PMID: 12585681.

28. Prado MA, Guatimosim C, Gomez MV, Diniz CR, Cordeiro MN, Romano-Silva MA. A novel tool for the investigation of glutamate release from rat cerebrocortical synaptosomes: the toxin Tx3-3 from the venom of the spider *Phoneutria nigriventer*. Biochem J. 1996 Feb;314 (Pt 1):145-50. PubMed PMID: 8660275. Pubmed Central PMCID: PMC1217017.

29. Reis HJ, Prado MA, Kalapothakis E, Cordeiro MN, Diniz CR, De Marco LA, et al. Inhibition of glutamate uptake by a polypeptide toxin (*phoneutria*toxin 3-4) from the spider *Phoneutria nigriventer*. Biochem J. 1999 Oct;343 Pt 2:413-8. PubMed PMID: 10510308. Pubmed Central PMCID: PMC1220569.

30. Reis HJ, Gomez MV, Kalapothakis E, Diniz CR, Cordeiro MN, Prado MA, et al. Inhibition of glutamate uptake by Tx3-4 is dependent on the redox state of cysteine residues. Neuroreport. 2000 Jul;11(10):2191-4. PubMed PMID: 10923668.

31. Araújo DA, Cordeiro MN, Diniz CR, Beirão PS. Effects of a toxic fraction, PhTx2, from the spider *Phoneutria nigriventer* on the sodium current. Naunyn Schmiedebergs Arch Pharmacol. 1993 Feb;347(2):205-8. PubMed PMID: 8386326.

32. Guatimosim C, Romano-Silva MA, Cruz JS, Beirão PS, Kalapothakis E, Moraes--Santos T, et al. A toxin from the spider *Phoneutria nigriventer* that blocks calcium channels coupled to exocytosis. Br J Pharmacol. 1997 Oct;122(3):591-7. PubMed PMID: 9351520. Pubmed Central PMCID: PMC1564947.

33. Escoubas P, Diochot S, Corzo G. Structure and pharmacology of spider venom neu-rotoxins. Biochimie. 2000 Sep-Oct;82(9-10):893-907. PubMed PMID: 11086219.

34. dos Santos RG, Van Renterghem C, Martin-Moutot N, Mansuelle P, Cordeiro MN, Diniz CR, et al. *Phoneutria nigriventer* omega-phonetoxin IIA blocks the Cav2 family of calcium channels and interacts with omega-conotoxin-binding sites. The Journal of biological chemistry. 2002 Apr;277(16):13856-62. PubMed PMID: 11827974.

35. de Lima ME, Stankiewicz M, Hamon A, de Figueiredo SG, Cordeiro MN, Diniz CR, et al. The toxin Tx4(6-1) from the spider *Phoneutria nigriventer* slows down Na(+) current inactivation in insect CNS via binding to receptor site 3. J Insect Physiol. 2002 Jan;48(1):53-61. PubMed PMID: 12770132.

36. Troncone LR, Georgiou J, Hua SY, Elrick D, Lebrun I, Magnoli F, et al. Promis-cuous and reversible blocker of presynaptic calcium channels in frog and crayfish neu-romuscular junctions from *Phoneutria nigriventer* spider venom. J Neurophysiol. 2003 Nov;90(5):3529-37. PubMed PMID: 12890791.

37. Corzo G, Escoubas P, Villegas E, Karbat I, Gordon D, Gurevitz M, et al. A spider toxin that induces a typical effect of scorpion alpha-toxins but competes with beta-to-xins on binding to insect sodium channels. Biochemistry. 2005 Feb;44(5):1542-9. Pub-Med PMID: 15683238.

38. Martin-Moutot N, Mansuelle P, Alcaraz G, Dos Santos RG, Cordeiro MN, De Lima ME, et al. *Phoneutria nigriventer* toxin 1: a novel, state-dependent inhibitor of neuro-nal sodium channels that interacts with micro conotoxin binding sites. Mol Pharmacol. 2006 Jun;69(6):1931-7. PubMed PMID: 16505156.

39. Richardson M, Pimenta AM, Bemquerer MP, Santoro MM, Beirao PS, Lima ME, et al. Comparison of the partial proteomes of the venoms of Brazilian spiders of the genus *Phoneutria*. Comp Biochem Physiol C Toxicol Pharmacol. 2006 Mar--Apr;142(3-4):173-87. PubMed PMID: 16278100.

40. Catterall WA, Cestèle S, Yarov-Yarovoy V, Yu FH, Konoki K, Scheuer T. Voltage-ga-ted ion channels and gating modifier toxins. Toxicon. 2007 Feb;49(2):124-41. PubMed PMID: 17239913.

41. Rash LD, Hodgson WC. Pharmacology and biochemistry of spider venoms. Toxicon. 2002 Mar;40(3):225-54. PubMed PMID: 11711120.

42. Corzo G, Escoubas P. Pharmacologically active spider peptide toxins. Cell Mol Life Sci. 2003 Nov;60(11):2409-26. PubMed PMID: 14625686.

43. de Lima ME, Figueiredo SG, Pimenta AM, Santos DM, Borges MH, Cordeiro MN, et al. Peptides of arachnid venoms with insecticidal activity targeting sodium channels. Comp Biochem Physiol C Toxicol Pharmacol. 2007 Jul-Aug;146(1-2):264-79. PubMed PMID: 17218159..

44. Figueiredo SG, Garcia ME, Valentim AC, Cordeiro MN, Diniz CR, Richardson M. Purification and amino acid sequence of the insecticidal neurotoxin Tx4(6-1) from the venom of the 'armed' spider *Phoneutria nigriventer* (Keys). Toxicon. 1995 Jan;33(1):83-93. PubMed PMID: 7778132.

45. Diniz CR, Cordeiro MoN, Junor LR, Kelly P, Fischer S, Reimann F, et al. The purification and amino acid sequence of the lethal neurotoxin Tx1 from the venom of the Brazilian 'armed' spider *Phoneutria nigriventer*. FEBS Lett. 1990 Apr;263(2):251-3. PubMed PMID: 2335228.

46. Mattiello-Sverzut AC, Fontana MD, Diniz CR, da Cruz-Höfling MA. Pathological changes induced by PhTx1 from *Phoneutria nigriventer* spider venom in mouse skeletal muscle in vitro. Toxicon. 1998 Oct;36(10):1349-61. PubMed PMID: 9723834.

47. Santos Rg, Soares, MA, Cruz, JS, Mafra, R, Lomeo, R, Cordeiro, MN, Pimenta, AMC, De Lima, ME. Tx1 for *Phoneutria nigriventer* spider venom, interacts with dihydropyridine sensitive-calcium channels in GH3 cells. J Radioan Nuc Chem, [Internet]. 2006; 269:[585-9 pp.].

48. Diniz MR, Theakston RD, Crampton JM, Nascimento Cordeiro M, Pimenta AM, De Lima ME, et al. Functional expression and purification of recombinant Tx1, a sodium channel blocker neurotoxin from the venom of the Brazilian "armed" spider, *Phoneutria nigriventer*. Protein Expr Purif. 2006 Nov;50(1):18-24. PubMed PMID: 16908187.

49. Silva AO, Peigneur S, Diniz MR, Tytgat J, Beirão PS. Inhibitory effect of the recombinant *Phoneutria nigriventer* Tx1 toxin on voltage-gated sodium channels. Biochimie. 2012 Dec;94(12):2756-63. PubMed PMID: 22968173.

50. Cordeiro MoN, de Figueiredo SG, Valentim AoC, Diniz CR, von Eickstedt VR, Gilroy J, et al. Purification and amino acid sequences of six Tx3 type neurotoxins from the venom of the Brazilian 'armed' spider *Phoneutria nigriventer* (Keys). Toxicon. 1993 Jan;31(1):35-42. PubMed PMID: 8446961.

51. Leão RM, Cruz JS, Diniz CR, Cordeiro MN, Beirão PS. Inhibition of neuronal high-voltage activated calcium channels by the omega-*phoneutria nigriventer* Tx3-3 peptide toxin. Neuropharmacology. 2000 Jul;39(10):1756-67. PubMed PMID: 10884557.

52. Carneiro AM, Kushmerick C, Koenen J, Arndt MH, Cordeiro MN, Chavez-Olortegui C, et al. Expression of a functional recombinant *Phoneutria nigriventer* toxin active on K+ channels. Toxicon. 2003 Mar;41(3):305-13. PubMed PMID: 12565753.

53. Dalmolin GD, Silva CR, Rigo FK, Gomes GM, Cordeiro MoN, Richardson M, et al. Antinociceptive effect of Brazilian armed spider venom toxin Tx3-3 in animal models of neuropathic pain. Pain. 2011 Oct;152(10):2224-32. PubMed PMID: 21570770.

54. Cordeiro MoN, Diniz CR, Valentim AoC, von Eickstedt VR, Gilroy J, Richardson M. The purification and amino acid sequences of four Tx2 neurotoxins from the venom of the Brazilian 'armed' spider *Phoneutria nigriventer* (Keys). FEBS Lett. 1992 Sep;310(2):153-6. PubMed PMID: 1397265.

55. Mattiello-Sverzuta AC, da Cruz-Höfling MA. Toxin 2 (PhTx2), a neurotoxic fraction from *Phoneutria nigriventer* spider venom, causes acute morphological changes in mouse skeletal muscle. Toxicon. 2000 Jun;38(6):793-812. PubMed PMID: 10695966.

56. Matavel A, Fleury C, Oliveira LC, Molina F, de Lima ME, Cruz JS, et al. Structure and activity analysis of two spider toxins that alter sodium channel inactivation kinetics. Biochemistry. 2009 Apr;48(14):3078-88. PubMed PMID: 19231838.

57. Yonamine CM, Troncone LR, Camillo MA. Blockade of neuronal nitric oxide synthase abolishes the toxic effects of Tx2-5, a lethal *Phoneutria nigriventer* spider toxin. Toxicon. 2004 Aug;44(2):169-72. PubMed PMID: 15246765.

58. Rego E, Bento AC, Lopes-Martins RA, Antunes E, Novello JC, Marangoni S, et al. Isolation and partial characterization of a polypeptide from *Phoneutria nigriventer* spider venom that relaxes rabbit corpus cavernosum in vitro. Toxicon. 1996 Oct;34(10):1141-7. PubMed PMID: 8931254.

59. Andrade E, Villanova F, Borra P, Leite K, Troncone L, Cortez I, et al. Penile erection induced in vivo by a purified toxin from the Brazilian spider *Phoneutria nigriventer*. BJU Int. 2008 Sep;102(7):835-7. PubMed PMID: 18537953. eng.

60. Nunes KP, Costa-Gonçalves A, Lanza LF, Cortes SF, Cordeiro MN, Richardson M, et al. Tx2-6 toxin of the *Phoneutria nigriventer* spider potentiates rat erectile function. Toxicon. 2008 Jun;51(7):1197-206. PubMed PMID: 18397797. Pubmed Central PMCID: PMC3019117.

61. Nunes KP, Cardoso FL, Cardoso-Jr HC, Pimenta AMC, De Lima ME. Animal toxins as potential pharmacological tools for treatment of erectile dysfunction. Animal Toxin: State of the Art Perspectives in Health and Biotecnology2009. p. 800.

62. Nunes KP, Cordeiro MN, Richardson M, Borges MN, Diniz SO, Cardoso VN, et al. Nitric oxide-induced vasorelaxation in response to PnTx2-6 toxin from *Phoneutria nigriventer* spider in rat cavernosal tissue. J Sex Med. 2010 Dec;7(12):3879-88. PubMed PMID: 20722794. Pubmed Central PMCID: PMC3022477.

63. Nunes KP, Torres FS, Borges MH, Matavel A, Pimenta AM, De Lima ME. New insights on arthropod toxins that potentiate erectile function. Toxicon. 2013 Jul;69:152-9. PubMed PMID: 23583324.

64. Kandel ER, Schwartz JH, Jessel TM. Princípios da Neurosciência. São Paulo: Manole; 2003.

65. Fürst S. Transmitters involved in antinociception in the spinal cord. Brain Res Bull. 1999 Jan;48(2):129-41. PubMed PMID: 10230704.

66. Jones SL. Anatomy of pain. In: Sinatra R. S H, A. H, Ginsberg B, Preble L., editor. Acute Pain: Mechanisms & Management. St. Louis; 1992.

67. Kitahata LM. Pain pathways and transmission. Yale J Biol Med. 1993 Sep-Oct;66(5):437-42. PubMed PMID: 7825344. Pubmed Central PMCID: PMC2588883.

68. Hall JE, Uhrich TD, Barney JA, Arain SR, Ebert TJ. Sedative, amnestic, and analgesic properties of small-dose dexmedetomidine infusions. Anesth Analg. 2000 Mar;90(3):699-705. PubMed PMID: 10702460.

69. Ashton CH. Pharmacology and effects of cannabis: a brief review. Br J Psychiatry. 2001 Feb;178:101-6. PubMed PMID: 11157422.

70. Pacher P, Bátkai S, Kunos G. The endocannabinoid system as an emerging target of pharmacotherapy. Pharmacological reviews. 2006 Sep;58(3):389-462. PubMed PMID: 16968947. Pubmed Central PMCID: PMC2241751.

71. Vieira LB, Kushmerick C, Hildebrand ME, Garcia E, Stea A, Cordeiro MN, et al. Inhibition of high voltage-activated calcium channels by spider toxin PnTx3-6. J Pharmacol Exp Ther. 2005 Sep;314(3):1370-7. PubMed PMID: 15933156.

72. de Souza AH, Lima MC, Drewes CC, da Silva JF, Torres KC, Pereira EM, et al. Antiallodynic effect and side effects of Phα1β, a neurotoxin from the spider *Phoneutria nigriventer*: comparison with ω-conotoxin MVIIA and morphine. Toxicon. 2011 Dec;58(8):626-33. PubMed PMID: 21967810.

73. Souza AH. Avaliação da atividade antinociceptiva espinhal da toxina phα1β isolada do veneno da *Phoneutria nigriventer* em roedores. Minas Gerais: Universidade Federal de Minas Gerais; 2008.

74. D'amour FE, Smith DL. A Method For Determining Loss Of Pain Sensation. The Journal of Pharmacology and Experimental Therapeutics1941. p. 74-9.

75. Randall LO, Selitto JJ. A method for measurement of analgesid activity on inflamed tissues. 1957.

76. Gomes J, Vendeira P, Reis M. Priapismo. Acta Médica Portuguesa 2003;16:421-8.

77. Mahadevan S. Scorpion sting. Indian Pediatr. 2000 May;37(5):504-14. PubMed PMID: 10820543.

78. Bawaskar HS, Bawaskar PH. Scorpion sting: update. J Assoc Physicians India. 2012 Jan;60:46-55. PubMed PMID: 22715546.

79. Sofer S, Zucker N, Bilenko N, Levitas A, Zalzstein E, Amichay D, et al. The importance of early bedside echocardiography in children with scorpion envenomation. Toxicon. 2013 Jun;68:1-8. PubMed PMID: 23499925.

80. Schenberg S, Pereir-Lima FA. Estudo farmacológico do veneno de *Phoneutria fera*. Ciên Cult. 1962;14(4).

81. Lopes-Martins RA, Antunes E, Oliva ML, Sampaio CA, Burton J, de Nucci G. Pharmacological characterization of rabbit corpus cavernosum relaxation mediated by the tissue kallikrein-kinin system. Br J Pharmacol. 1994 Sep;113(1):81-6. PubMed PMID: 7529116. Pubmed Central PMCID: PMC1510053.

82. Nunes KP, Wynne BM, Cordeiro MN, Borges MH, Richardson M, Leite R, et al. Increased cavernosal relaxation by *Phoneutria nigriventer* toxin, PnTx2-6, via activation at NO/cGMP signaling. Int J Impot Res. 2012 Mar-Apr;24(2):69-76. PubMed PMID: 21975567. Pubmed Central PMCID: PMC3253321.

83. Nunes KP, Toque HA, Borges MH, Richardson M, Webb RC, de Lima ME. Erectile function is improved in aged rats by PnTx2-6, a toxin from *Phoneutria nigriventer* spider venom. J Sex Med. 2012 Oct;9(10):2574-81. PubMed PMID: 22925420. Pubmed Central PMCID: PMC3468718.

84. Villanova FE, Andrade E, Leal E, Andrade PM, Borra RC, Troncone LR, et al. Erection induced by Tx2-6 toxin of *Phoneutria nigriventer* spider: expression profile of genes in the nitric oxide pathway of penile tissue of mice. Toxicon. 2009 Nov;54(6):793-801. PubMed PMID: 19524607.

85. Troncone LR, Ravelli KG, Magnoli FC, Lebrun I, Hipolide DC, Raymond R, et al. Regional brain c-fos activation associated with penile erection and other symptoms induced by the spider toxin Tx2-6. Toxicon. 2011 Aug;58(2):202-8. PubMed PMID: 21684302.

86. Le Sueur LP, Collares-Buzato CB, da Cruz-Höfling MA. Mechanisms involved in the blood-brain barrier increased permeability induced by *Phoneutria nigriventer* spider venom in rats. Brain research. 2004 Nov;1027(1-2):38-47. PubMed PMID: 15494155.

87. de Paula Le Sueur L, Kalapothakis E, da Cruz-Höfling MA. Breakdown of the blood-brain barrier and neuropathological changes induced by *Phoneutria nigriventer* spider venom. Acta Neuropathol. 2003 Feb;105(2):125-34. PubMed PMID: 12536223.

88. Rapôso C, Odorissi PA, Oliveira AL, Aoyama H, Ferreira CV, Verinaud L, et al. Effect of *Phoneutria nigriventer* venom on the expression of junctional protein and P-gp efflux pump function in the blood-brain barrier. Neurochem Res. 2012 Sep;37(9):1967-81. PubMed PMID: 22684283.

89. Chitaley K, Webb RC, Dorrance AM, Mills TM. Decreased penile erection in DOCA-salt and stroke prone-spontaneously hypertensive rats. Int J Impot Res. 2001 Dec;13 Suppl 5:S16-20. PubMed PMID: 11781742.

90. Silva CNd. Análise da liberação de L-glutamato de sinaptosomas de córtex cerebral de rato pela toxina PnTx2-6 da peçonha da aranha armadeira (*Phoneutria nigriventer*). Avaliação inicial da atividade do peptídeo sintético (PnTx-19) na liberação de glutamato e como potenciador da função erétil. Dissertação de Mestrado. Belo Horizonte: Universidade Federal de Minas Gerais; 2012.

91. De Robertis E, Rodriguez De Lores Arnaiz G, Pellegrino De Iraldi A. Isolation of synaptic vesicles from nerve endings of the rat brain. Nature. 1962 May;194:794-5. PubMed PMID: 13884491.

92. Whittaker VP, Michaelson IA, Kirkland RJ. The separation of synaptic vesicles from nerve-ending particles ('synaptosomes'). Biochem J. 1964 Feb;90(2):293-303. PubMed PMID: 5834239. Pubmed Central PMCID: PMC1202615.

93. Melis MR, Succu S, Cocco C, Caboni E, Sanna F, Boi A, et al. Oxytocin induces penile erection when injected into the ventral subiculum: role of nitric oxide and glutamic acid. Neuropharmacology. 2010 Jun;58(7):1153-60. PubMed PMID: 20156463. .

94. de Lima ME, Nunes, K. P., Leite, R., Cordeiro, M. N., Richardson, M., Diniz, M. R. V., Lanza, L. F., Pimenta, A. M.C., inventor; INPI, assignee. MÉTODO PARA A POTENCIALIZAÇÃO DA FUNÇÃO ERÉTIL ATRAVÉS DO USO DAS COMPOSIÇÕES FARMACÊUTICAS DE TOXINA Tx2-6 DA ARANHA *Phoneutria nigriventer*. Brasil. 2008.

95. Silva CN, De Lima, ME, Torres FS, Pimenta AMC, Beirão PSL, Lomeo RS, Marco F (inventor). INPI, assignee. Peptídeo sintético PnTx(19), composições farmacêuticas e uso. Brasil. 2012.

96. Torres FS, Silva CN, Lanza LF, Santos AV, Pimenta AM, De Lima ME, et al. Functional expression of a recombinant toxin - rPnTx2-6 - active in erectile function in rat. Toxicon. 2010 Dec;56(7):1172-80. PubMed PMID: 20417652. eng.

97. Torres FS. Clonagem e expressão heteróloga de PnTx2-6, uma toxina ativa na função erétil: obtenção e caracterização parcial de seus mutantes. Universidade Federal de Minas Gerais: Universidade Federal de Minas Gerais; 2011.

98. Teixeira CE, Bento AC, Lopes-Martins RA, Teixeira SA, von Eickestedt V, Muscará MN, et al. Effect of *Tityus serrulatus* scorpion venom on the rabbit isolated corpus cavernosum and the involvement of NANC nitrergic nerve fibres. Br J Pharmacol. 1998 Feb;123(3):435-42. PubMed PMID: 9504384. Pubmed Central PMCID: PMC1565184.

99. Teixeira CE, Faro R, Moreno RA, Rodrigues Netto N, Fregonesi A, Antunes E, et al. Nonadrenergic, noncholinergic relaxation of human isolated corpus cavernosum induced by scorpion venom. Urology. 2001 Apr;57(4):816-20. PubMed PMID: 11306421.

100. Teixeira CE, de Oliveira JF, Baracat JS, Priviero FB, Okuyama CE, Rodrigues Netto N, et al. Nitric oxide release from human corpus cavernosum induced by a purified scorpion toxin. Urology. 2004 Jan;63(1):184-9. PubMed PMID: 14751389.

101. Martin-Eauclaire MF, Céard B, Ribeiro AM, Diniz CR, Rochat H, Bougis PE. Biochemical, pharmacological and genomic characterisation of Ts IV, an alpha-toxin

from the venom of the South American scorpion *Tityus serrulatus*. FEBS Lett. 1994 Apr;342(2):181-4. PubMed PMID: 8143874.

102. Campos FV, Chanda B, Beirão PS, Bezanilla F. Alpha-scorpion toxin impairs a conformational change that leads to fast inactivation of muscle sodium channels. J Gen Physiol. 2008 Aug;132(2):251-63. PubMed PMID: 18663133. Pubmed Central PMCID: PMC2483334.

103. Fernandes de Oliveira J, Teixeira CE, Arantes EC, de Nucci G, Antunes E. Relaxation of rabbit corpus cavernosum by selective activators of voltage-gated sodium channels: role of nitric oxide-cyclic guanosine monophosphate pathway. Urology. 2003 Sep;62(3):581-8. PubMed PMID: 12946781.

104. Teixeira CE, Teixeira SA, Antunes E, De Nucci G. The role of nitric oxide on the relaxations of rabbit corpus cavernosum induced by *Androctonus australis and Buthotus judaicus* scorpion venoms. Toxicon. 2001 May;39(5):633-9. PubMed PMID: 11072041.

105. Nunes KP. Estudo da toxina Tx2-6 da aranha *Phoneutria nigriventer* na função erétil de ratos. Universidade Federal de Minas Gerais: Universidade Federal de Minas Gerais; 2008.

106. Mills TM, Stopper VS, Wiedmeier VT. Effects of castration and androgen replacement on the hemodynamics of penile erection in the rat. Biol Reprod. 1994 Aug;51(2):234-8. PubMed PMID: 7948478.

AGRADECIMENTOS

Agradecemos às agências de fomento Capes, CNPq, Fapemig e ao INCT-TOX-Fapesp (Instituto Nacional de Ciência e Tecnologia em Toxinas) pelo apoio financeiro aos vários projetos que tem subsidiado as pesquisas com toxinas animais e também por prover bolsas de PD, D, M e IC aos bolsistas envolvidos nos trabalhos com toxinas.

USO DE TOXINAS ANIMAIS PARA O TRATAMENTO DA DOR: FUNDAMENTOS E APLICAÇÕES

Célio José de Castro Junior
Gerusa Duarte Dalmolim
Juliana Figueira da Silva
Marcus Vinícius Gomez

19.1 INTRODUÇÃO

Mais de 1,5 bilhões de pessoas no mundo sofrem de dor crônica ou persistente, representando, portanto, um problema de saúde pública e um grande desafio na sua terapêutica. O *National Institute of Health* (NIH) estima que os custos com o atendimento aos pacientes com dor atingem 100 bilhões de dólares por ano[1]. Como agravante, a dor crônica produz sintomas psíquicos graves, como a agonia em muitos pacientes, o que inevitavelmente interfere com a qualidade de vida. Além do mais, um percentual significativo dos pacientes recebe tratamento farmacológico inadequado. O tratamento do sofrimento relacionado à dor requer o conhecimento sobre como os sinais da dor são inicialmente detectados, transmitidos e processados. A identificação dos mecanismos e componentes moleculares de detecção e processamento da dor não apenas fez progredir o nosso entendimento da dor e do seu controle, como também levou à seleção de alvos para o desenvolvimento de novos analgésicos. A alta seletividade e especificidade de toxinas animais por tais alvos têm impulsionado estudos para o desenvolvimento de novos fármacos analgésicos a partir de venenos animais[2].

A melhor definição de dor é endossada pela Associação Internacional para o Estudo da Dor (IASP): "Dor é uma experiência emocional e sensorial desagradável, associada a um dano tecidual atual ou potencial, ou descrita em termos desse dano". Sendo tratada como uma sensação, a dor é transmitida em nosso corpo por caminhos sutilmente semelhantes aos caminhos das sensações não dolorosas. Isso pode ser justificado pela observação de que a dor é uma sensação que, primariamente, tem a função de nos proteger de um dano ou ameaça eminente. A transmissão da dor ocorre através das respostas dos nervos sensoriais dos tecidos periféricos às múltiplas formas de estímulos nocivos fortes (ex. calor, pressão, substâncias químicas). Se a intensidade desses estímulos for suficiente para gerar um potencial de ação, tal sinal elétrico será conduzido através dos axônios desses nervos periféricos, convergindo para áreas específicas da medula espinal, onde após sofrerem processamento inicial por interneurônios e neurônios de segunda ordem ou de projeção, ascendem, em seguida, para o cérebro[3]. Ao alcançar o cérebro os sinais são processados pelo tálamo e por áreas específicas do córtex somatosensorial, de acordo com a região do corpo de origem do estímulo, e também por áreas límbicas e corticais envolvidas no processamento das emoções. Nessa etapa ocorre, portanto, a somatização ou percepção do estímulo doloroso, quando a intensidade, localização e tipo de dor serão discriminados (Figura 19.1). Existem também vias descendentes, partindo de áreas supraespinhais em direção à medula espinal, que modulam as respostas de dor, podendo tanto facilitar como inibir a sua transmissão na medula espinal.

Os sinais da dor, ora referidos em termos biofísicos como potenciais de ação, trafegam ao longo do sistema nervoso graças a fluxos ativos de íons através da membrana, especialmente de cátions, que são regidos por proteínas contidas nas membranas neuronais e que funcionam de maneira precisamente controlada: os canais iônicos. Esses canais iônicos, que podem ser ativados por voltagem, pressão, temperatura, ligante etc., são importantes não apenas na geração e condução dos potenciais de ação da via da dor, como também nos mecanismos de transmissão sináptica. Eles estão presentes em virtualmente em toda a extensão da membrana plasmática dos neurônios sensoriais, porém concentram-se mais em determinadas estruturas para comandar, em cada uma delas, funções

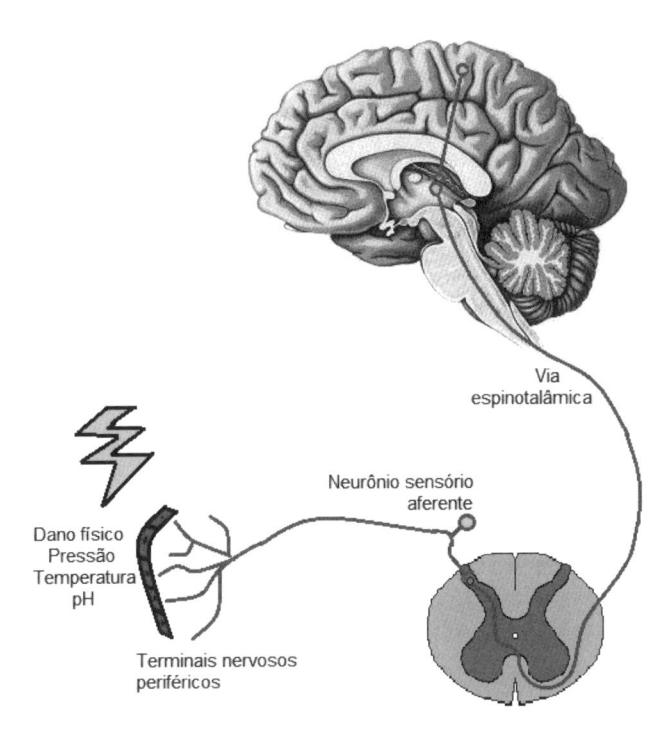

Figura 19.1 Processamento aferente dos sinais nociceptivos. Potenciais de ação gerados nos terminais nervosos periféricos em resposta a estímulos como pressão, temperatura e pH são conduzidos à medula espinal pelos axônios dos neurônios sensoriais aferentes, cujos corpos celulares localizam-se nos gânglios das raízes dorsais (do inglês, *Dorsal Root Ganglions,* DRGs). Esses neurônios fazem sinapse com neurônios contidos no corno dorsal da medula espinal e projetam-se em direção ao tálamo. Do tálamo os sinais nociceptivos são transmitidos ao córtex[3]. Ao alcançar o tálamo, ocorre a percepção da dor. Vias modulatórias descentes (não mostradas nessa figura) controlam o tráfego da informação ascendente seja facilitando ou inibindo a transmissão dos estímulos nociceptivos.

distintas[4]. Por exemplo, canais para sódio sensíveis à voltagem estão envolvidos primordialmente na geração (fase despolarizante) e condução dos potenciais de ação. Canais para potássio sensíveis à voltagem são os maiores responsáveis pela fase de repolarização da membrana após o pico de um potencial de ação. Ambos localizam-se nos terminais dos nervos periféricos, ao longo dos axônios e também nos corpos celulares dos neurônios sensoriais. Já canais para cálcio sensíveis à voltagem operam principalmente na conversão de um sinal elétrico para um sinal bioquímico. O influxo de cálcio através desses canais em resposta a um potencial de ação é o sinal bioquímico para iniciar a cascata de eventos que culmina com a exocitose de vesículas sinápticas e consequente liberação de neurotransmissores, que por sua vez, irão ativar a célula pós-sináptica dando assim continuidade ao fluxo da informação sensorial (Figura 19.2).

Com o advento das técnicas de eletrofisiologia e de biologia molecular tornaram-se conhecidas diferentes classes de canais iônicos: Canais controlados por voltagem para sódio, potássio e cálcio; canais controlados por ligante (ativados por acetilcolina, glutamato, gaba, dentre outros), por ácido (do inglês, *acid-sensing ion channel*, ASIC's) e, mais recentemente, os polimodais que são ativados tanto por ligante como por temperatura (TRPV1, TRPV4, TRPA1, dentre outros). As características bioquímicas desses canais incluindo sequências de aminoácidos, estrutura topológica, forma de ancoragem na membrana, pontos de modulação por segundos mensageiros, formas de ativação, existência de variantes de canais são características que direcionam cada tipo de canal para funções fisiológicas específicas e que são exploradas para validar esses canais como alvos para o tratamento da dor (Figura 19.2). Neste capítulo discutiremos as funções dos principais canais iônicos envolvidos na condução da informação nociceptiva e que fazem deles alvos potenciais para ação de drogas analgésicas. Em seguida apresentaremos os principais estudos que evidenciaram o uso de toxinas com potencial antinociceptivo e que foram obtidas de venenos de diferentes espécies animais. Na sua vasta maioria, as toxinas até então estudadas atuam sobre algum tipo de canal iônico, modulando a sua função. Enfoque será dado à *Ziconotida*, um peptídeo sintético com potente ação analgésica e também às toxinas obtidas do veneno da aranha *Phoneutria nigriventer,* que surgem como uma promessa para o desenvolvimento de novos fármacos analgésicos.

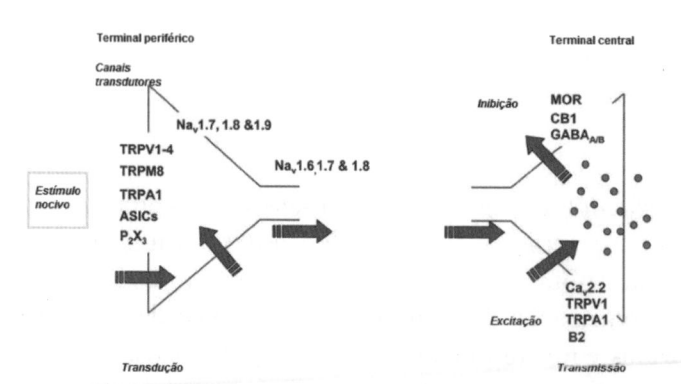

Figura 19.2 Nociceptor e canais iônicos envolvidos com a dor. Fluxos iônicos em neurônios sensoriais aferentes determinam a transmissão dos sinais nociceptivos. Os canais iônicos contidos nesses nociceptores possuem mecanismos de ativação distintos (ex. voltagem, calor, frio, ligante ou ácido) bem como condutividades iônicas diferentes (ex. Ca^{2+} e Na^+). Na etapa de transdução, os estímulos nociceptivos periféricos são convertidos em potenciais de ação por intermédio desses canais. Ao alcançar o terminal central do nociceptor, canais iônicos convertem sinais elétricos em cascatas bioquímicas que disparam a exocitose e a consequente transmissão do sinal para outra célula da via nociceptiva.

19.2 CANAIS IÔNICOS COMO ALVOS NA TERAPIA DA DOR

Canais iônicos sempre têm se relacionado com o processo de descoberta de novas drogas[5]. Seus tipos, principalmente reconhecidos como canais para Na^+, K^+, Ca^{2+} e Cl^- têm sido associados basicamente a eventos neuronais. Contudo, drogas direcionadas a esses alvos influenciam todos os órgãos ou sistemas relacionados com a atividade neural: o sistema nervoso central, o sistema nervoso periférico e o sistema cardiovascular. Recentemente, descobriram-se novos subtipos de canais iônicos abrindo a perspectiva para o processo de descoberta de novas drogas que atuam sobre subtipos específicos de canais. Um exemplo são os canais para Na^+, cujos subtipos 1.3 e 1.7, 1.8 e 1.9 são responsáveis pela dor, enquanto que os subtipos 1.1 e 1.2 estão prioritariamente ligados à epilepsia[5]. A modulação de subtipos específicos de canais para cálcio revelou-se uma estratégia atraente para o controle da dor. Embora seja teoricamente desejado para tratamento da dor, não há qualquer droga disponível que seja 100% específica para um único subtipo de canal, ao contrário, as drogas atuantes sobre canais iônicos demonstram seletividades diferenciadas para subtipos distintos, sendo mais seletiva para uns e menos para outros. Assim se justifica o interesse de que novos candidatos à droga sejam reconhecidos e estudados. A seguir, faremos descrição detalhada das principais classes de canais iônicos envolvidos no controle da nocicepção e a forma pela qual a sua modulação pode controlar a transmissão dos sinais nociceptivos.

19.2.1 Canais para sódio

Após o dano ou lesão em um nervo periférico, os axônios dos neurônios sensoriais aferentes, cujos corpos celulares estão contidos nos DRGs, têm a capacidade de se regenerar, crescer, e re-mielinizar inervando tecidos alvos distantes. Essa resposta regenerativa pode ser mal adaptada levando, assim a um quadro debilitante e persistente de dor, dor crônica, podendo ser do tipo neuropática ou crônico-inflamatória. Há pouca concordância sobre o que de fato causa a dor crônica, mas há acordo de que a hiperatividade dos neurônios sensoriais aferentes depende da função dos canais iônicos sensíveis à voltagem.

Canais para sódio sensíveis à voltagem (CSSV's, ou do inglês, *voltage-gated sodium channels*, VGSC's) localizados em neurônios sensoriais periféricos estão principalmente ligados à geração e condução/propagação dos potenciais de ação. Possuem comprovado papel na patofisiologia da dor crônica e neuropática visto que, estão hiperexitáveis, por exemplo, num quadro de dor neuropática, gerando assim, disparos espontâneos de potenciais de ação[5,6]. É sabido que o bloqueio de canais para sódio sensíveis à voltagem contribui para a atividade analgésica nesses estados de dor, contudo esses estudos sugerem que a farmacoterapia mais benéfica para esses estados de dor, seria o uso de bloqueadores de canais para sódio com maior seletividade para os subtipos $Na_v1.7$, $Na_v1.8$ ou $Na_v1.9$, os quais, até o presente momento, não se encontram disponíveis no mercado farmacêutico. Outro alvo que tem atraído atenção são os canais $Na_v1.3$. Através de estudos em roedores foi demonstrado que esse subtipo de canal é expresso em baixos níveis nos neurônios sensoriais aferentes durante a fase embrionária e na fase adulta. Entretanto, após um estado de inflamação crônica ou de um dano ao nervo, sua expressão se eleva consideravelmente em neurônios de segunda ordem da medula espinal. Esses achados sugerem que os canais $Na_v1.3$ também podem estar envolvidos com a dor neuropática. Sendo assim, não apenas bloqueadores $Na_v1.7$-1.9, mas também bloqueadores $Na_v1.3$ podem ser usados para o tratamento da dor neuropática.

Atualmente, bloqueadores de canais de sódio servem como drogas para uma série de distúrbios. Esses bloqueadores são usados na terapia antes mesmo dos seus alvos farmacológicos terem sido identificados ou clonados. Por exemplo, a cocaína era usada como anestésico local, fenitoína e carbamazepina, como antiepiléptica, sendo esta última testada recentemente no tratamento da esclerose múltipla. A carbamazepina inibe CSSV de uma forma dependente de voltagem e dependente de frequência. A afinidade é maior para canais de sódio que se inativam rápido do que para aqueles que estão em repouso. Juntos, esses atributos fazem da carbamazepina uma substância bem estabelecida no mercado como uma droga anticonvulsiva. Apesar da relevância dos canais para sódio como alvo de farmacoterapia, e também apesar das proeminentes evidências do envolvimento desses canais na patofisiologia da dor, até o presente momento, nenhuma toxina peptídica atuante sobre canais para sódio tem seu uso clínico aprovado para o tratamento da dor em humanos.

19.2.2 Canais para potássio

Canais para potássio sensíveis à voltagem (CKSV's) também estão presentes por todo o sistema nervoso. Eles pertencem a uma ampla família de canais para potássio incluindo além dos canais sensíveis à voltagem, aqueles ativados por Ca^{2+} (K_{Ca}), os retificadores para dentro (K_{Ir}) e os canais de 2 poros, todos eles contribuindo para a excitabilidade dos neurônios, sinalização no sistema nervoso assim como na homeostase iônica[7]. Os canais para K^+ possuem papel fundamental na fase de repolarização dos potenciais de ação e regulação da frequência de disparo. De maneira geral, a modulação dos CKSV's (*voltage-gated potassium channel,* VGPC) hiperativando-os atua no sentido de diminuir tanto a excitabilidade neuronal como a frequência de disparo dos potenciais de ação. Atualmente os canais para potássio são divididos baseando-se na sequência gênica em doze subfamílias: K_v1-12[8]. Eles estão presentes em todo o organismo e em diferentes órgãos como cérebro, medula espinal, musculatura lisa e esquelética, coração, timo, dentre outros. A expressão de diferentes subtipos ao longo do cérebro e medula espinal mostra padrões específicos de localização subcelular, por exemplo, Kv_1 e Kv_3 são situados, principalmente em axônios e em dendritos enquanto que Kv_2 e Kv_4 no corpo neuronal e em dendritos. A grande maioria dos canais para potássio conhecidos localizam-se no sistema nervoso central, porém apenas alguns deles provaram servir como alvos de drogas, por exemplo, epilepsia ($K_v7.2-7.5$), psicose (K_V7), ataxia tipo-I ($K_v1.1$), esclerose múltipla ($K_v1.3$). Um número crescente de evidências sugere que existe uma relação entre um aumento de auto-anticorpos reativos contra canais para potássio e o surgimento de alguns distúrbios do sistema nervoso central. Exemplo bem descrito disso é o caso da encefalite límbica, onde a queda dos autoanticorpos, ora citados, estão relacionados com um incremento das funções neuropsicológicas. Níveis elevados de autoanticorpos contra CKSV's também foram confirmados em pacientes com formas específicas de epilepsia resistente a drogas. A retigabina, aumenta a atividade de canais K_v7 resultando na redução da excitabilidade neuronal. Essa droga possui efeito antipsicótico em modelo animal de esquizofrenia e mania, assim como também mostrou atividade em modelos de dor neuropática, em ratos. Até o presente momento, são limitados os estudos que comprovam o envolvimento dos canais para potássio, bem como a sua modulação por drogas, na patofisiologia da dor.

19.2.3 Canais para cálcio

Canais para cálcio sensíveis à voltagem estão presentes na membrana de células excitáveis, não só de neurônios, mas também células musculares, endócrinas e do sistema imune. Eles são abertos durante a despolarização e isso leva ao influxo de Ca^{2+}. O aumento da concentração desse íon estimula a despolarização subsequente abrindo, assim, outros canais para íons sensíveis à voltagem. Além disso, esses canais iniciam a liberação de neurotransmissores. Íons cálcio também atuam como segundos-mensageiros e ativam diversos processos enzimáticos[9,10]. A versatilidade do íon cálcio para controlar distintas funções fisiológicas reside, em grande parte, na existência de diferentes subtipos de canais para Ca^{2+}, cada subtipo possuindo funções e distribuições específicas ao longo do organismo. Através dos estudos das propriedades biofísicas e funcionais desses canais é que se chegou a uma estratégia inovadora para o tratamento da dor[11].

Canais para cálcio sensíveis à voltagem consistem, segundo sua forma de ativação, em duas grandes famílias: HVA (do inglês, *high voltage-activated*, ativados por alta voltagem) e LVA (*low voltage-activated*, ativados por baixa voltagem). A família HVA compreende os canais tipo L, N, P, Q e R. Já a família LVA os canais tipo-T. Esses canais são moléculas transmembrânicas heterotriméricas formadas pelas subunidades α, β e $\alpha_2\delta$[9]. A subunidade α forma o poro, juntamente com a subunidade auxiliar β. Os diferentes genes que codificam a subunidade alfa dos canais de cálcio deram origem à classificação mais recente desses canais. Já foram identificados 10 genes que codificam essas subunidades: $Ca_v1.1$ a 1.4, $Ca_v2.1$ a 2.3 e Ca_v 3.1 a 3.3. A subunidade $\alpha_2\delta$ liga-se à subunidade α conferindo funcionalidade a ela. A família LVA consiste de canais tipo-T (Ca_v 3.1 a 3.3) os quais são monômeros e são compostos somente pela subunidade α. LVA e HVA diferem em relação à função e à ativação. Canais LVA requerem uma pequena quantidade de despolarização para se abrirem, próxima do potencial de membrana em repouso. São canais ativados e inativados rapidamente, em contraste com canais HVA. Já canais HVA (família Ca_v1 e Ca_v2) ativam-se em despolarizações mais intensas do que para canais LVA e controlam variadas funções celulares como despolarização, exocitose, transcrição gênica, proliferação e divisão celular, contração celular dentre outras. Diferentes subtipos de canais para cálcio contribuem com diferentes papéis no processamento dos sinais da dor e, alguns deles possuem papel mais proeminente nessa transmissão. Canais do subtipo-N localizam-se de forma preponderante nos terminais pré-sinápticos das lâminas I e II da medula espinal. Potenciais de ação conduzidos através das fibras sensoriais aferentes disparam a abertura de canais do tipo-N, o que inicia a liberação de neurotransmissores como o glutamato, a substância P e o CGRP para interneurônios espinais ou neurônios de projeção (Figura 19.3). Já canais LVA do subtipo-T localizam-se em porções mais iniciais da via nociceptiva, por exemplo, em terminais nervosos das fibras aferentes ou nos corpos celulares dos neurônios sensoriais, onde se acredita que controlam tanto a geração como também a frequência dos potenciais de ação[11].

Várias linhas experimentais comprovam o papel fundamental dos canais para cálcio no controle das vias nociceptivas. Além da sua distribuição marcante nas lâminas I e II da medula espinal, experimentos com animais *knockout* para o subtipo-N mostraram que esses animais apresentam limiares elevados para diferentes formas de nocicepção (Figura 19.3). Modelos animais de neuropatia revelam que as correntes iônicas permeadas por canais tipo-N e do tipo-T estão significativamente aumentadas. E por último, antagonistas desses canais apresentam ação antinociceptiva *in vivo*. A potente e seletiva inibição dos CCSV's do tipo-N pela ω-conotoxina MVIIA, leva à ação analgésica, tanto em modelos de dor em roedores como também em humanos, como será discutido adiante neste capítulo.

19.2.4 Receptores P2X

Adenosina 5´-trifosfato (ATP) é um importante transmissor excitatório do sistema nervoso, tanto central como periférico. Receptores P2X são uma família distinta de canais iônicos de membrana regulados por ligantes, que são ativados por ATP extracelular. Receptores P2X humanos são uma família de sete isoformas designadas P2X1 a P2X7[12]. O agonista primário de todos os receptores P2X é o ATP. A ligação do ATP leva, em questão de milissegundos, a mudanças conformacionais do receptor, levando à abertura do poro que permeia principalmente cálcio e, em menor extensão sódio, potássio e cloreto. A expressão desses receptores é notada nos tipos celulares de todas as origens: neuronal, epitelial, imune e muscular. Suas ações celulares refletem sua ampla distribuição. Estão envolvidos em ações como transmissão sináptica no sistema nervoso central e periférico, contração do músculo liso, agregação plaquetária, ativação fagocitária, morte celular e imunomodulação. Os receptores P2X têm sido explorados como alvos de drogas, por exemplo, em doenças inflamatórias crônicas e dor[13]. Estudos recentes mostraram que, em particular, antagonistas de receptores P2X3 e P2X7 exibem atividade antinociceptiva e anti-inflamatória em modelos animais dessas doenças. O composto CE-224535 é um antagonista de receptores P2X7 que foi recentemente testado pela indústria de medicamentos *Pfizer* e demonstrou eficácia clínica na artrite reumatoide[14]. Esse composto é uma droga promissora que vem sendo estudada para outros tipos de dor e também na doença de Alzheimer. Até o presente momento nenhuma toxina animal foi identificada como sendo moduladora da atividade de receptores purinérgicos.

19.2.5 Receptores NMDA

Receptores NMDA são receptores glutamatérgicos do subtipo ionotrópico amplamente distribuídos no sistema nervoso central. Esses receptores desempenham papel crucial na transmissão sináptica e em mecanismos de plasticidade neuronal, como a sensibilização central, presente em quadros de dor crônica, o que faz deles alvos terapêuticos em potencial[15].

De fato, receptores NMDA possuem importante papel na via da dor. Os neurônios aferentes primários ou nociceptivos fazem sinapse com neurônios de segunda ordem no corno dorsal da medula (Figura 19.3). Nos terminais pré-sinápticos dos aferentes primários, há vesículas contendo neurotransmissores excitatórios como substância P e glutamato. Receptores NMDA possuem sítios de ligação para os aminoácidos glutamato e glicina e, ambos os sítios devem estar ocupados para que o receptor se abra. Contudo, no potencial de repouso, o poro condutor de íon está bloqueado pelo íon Mg^{2+}. A ativação de outros receptores como o AMPA, o qual leva à despolarização de membrana, é requerida para remover íons Mg^{2+} do poro e permitir a ativação dos receptores NMDA pela ligação simultânea do glutamato e da glicina. O aumento da concentração de Ca^{2+} induzida pela ativação dos receptores NMDA pós-sinápticos ativa uma variedade de segundos mensageiros, levando a alterações de longo prazo, contribuindo para o fenômeno de sensibilização central[1]. A inibição de receptores NMDA pelas conatoquinas, toxinas obtidas do veneno de conchas do gênero *Conus*, está associada à indução de analgesia, o que será discutido adiante nesse capítulo.

19.2.6 Canais iônicos sensíveis a ácidos (ASIC'S)

Canais iônicos sensíveis a ácido, os ASIC's, são amplamente expressos no sistema nervoso central e periférico[16]. Eles pertencem a um subgrupo, sensível a H^+, dos canais para sódio degenerina/epiteliais (DEG/ENaC), da família dos canais catiônicos. A descoberta dos ASIC's se deu da seguinte maneira: um receptor sensível à H^+ e que conduz Na^+ foi descrito pela primeira vez em 1981, por Krishtal e Pidoplichko, ao analisar neurônios sensoriais de mamíferos. Em 1997 esse receptor foi clonado do cérebro de ratos pela primeira vez pelo grupo de pesquisa conduzido por Lazdunski. Já em 2007, o receptor ASIC teve sua estrutura tridimensional definida pela técnica de cristalização, ao passo que outros subtipos desses receptores foram descobertos assim como os genes que os codificam.

Os receptores ASIC têm papel importante na patofisiologia da dor[17], uma vez que a acidose tecidual é uma característica comum de muitas condições dolorosas. De fato, prótons são os primeiros fatores liberados por uma injúria tecidual, induzindo uma redução local do pH, o que despolariza terminações periféricas livres dos nociceptores levando à dor. ASIC's são os canais catiônicos excitatórios controlados diretamente por prótons e são expressos ao longo do sistema nervoso. No sistema nervoso periférico, o subtipo ASIC3 é importante na dor inflamatória. A toxina denominada APETx2 é um novo peptídeo, isolado do veneno da anêmona marinha, que inibe seletivamente canais ASIC3. APETx2 é um peptídeo básico de 42 aminoácidos. A descoberta de uma toxina com atividade bloqueadora sobre ASIC3 é interessante na busca de novos analgésicos, dada a substancial quantidade de evidências que ligam esse canal à transdução da dor e da hiperalgesia induzida por ácido.

No sistema nervoso central, o subtipo ASIC1a é consistentemente expresso em neurônios da medula espinal onde participam dos processos de transmissão do estímulo nocivo de sensibilização central. Comprovando isso, foi demonstrado que o bloqueio de ASIC1a na medula espinal é capaz de produzir forte analgesia, o que faz com que os ASIC's sejam alvos interessantes para o alívio da dor. Apesar do limitado número de estudos, já foram identificadas toxinas animais seletivas para ASICs que possuem ação analgésica, e que serão tratadas mais adiante nesse capítulo.

19.2.7 Receptores nicotínicos de acetilcolina

Os receptores nicotínicos de acetilcolina (do inglês, *nicotinic acetylcholine receptor*, nAChRs) são uma família de canais iônicos regulados por ligantes, que são expressos no sistema nervoso e são alvos terapêuticos em diversas doenças[18]. Os nAChRs são formados por montagens de subunidades α e β. Em mamíferos elas são em número de oito α (α2- α7, α9 e α10) e quatro subunidades β (β2- β4). Os nAChRs são encontrados na via da dor, sendo expressos em neurônios do gânglio da raiz dorsal, gânglio trigêmeo, aferentes primários, interneurônios excitatórios e inibitórios da medula espinal e também em núcleos de projeções espinais descendentes (Figura 19.3).

Além da presença desses receptores na via da dor, duas outras observações ressaltam a implicância dos nAChRs na resposta da dor. Primeiro, a administração sistêmica de drogas agonistas desses receptores como a *Epibatidine* (discutida mais adiante nesse capítulo), mostrou apresentar propriedades antinociceptivas. Essas descobertas levaram a investigação do efeito de vários outros ligantes de nAChRs em modelos de dor em roedores. Segundo, os níveis de expressão dos nAChRs estão alterados frente a estados de dor crônica. Estudos funcionais em DRGs revelaram que há uma diminuição das respostas induzidas por ACh após quadro de neuropatia induzido por ligação do nervo ciático. Esses dados sugerem fortemente que os nAChRs estão envolvidos com a dor neuropática e que seu bloqueio específico pode ser benéfico no tratamento da dor.

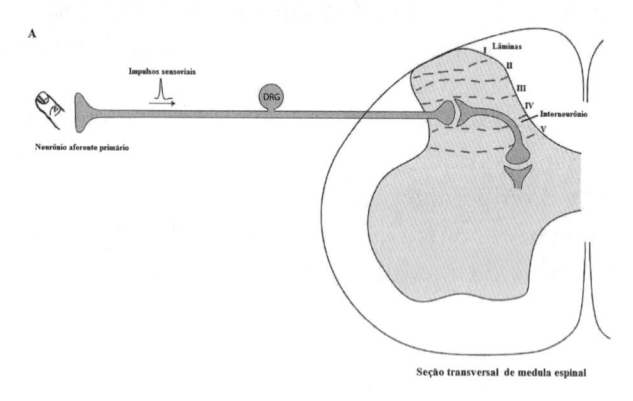

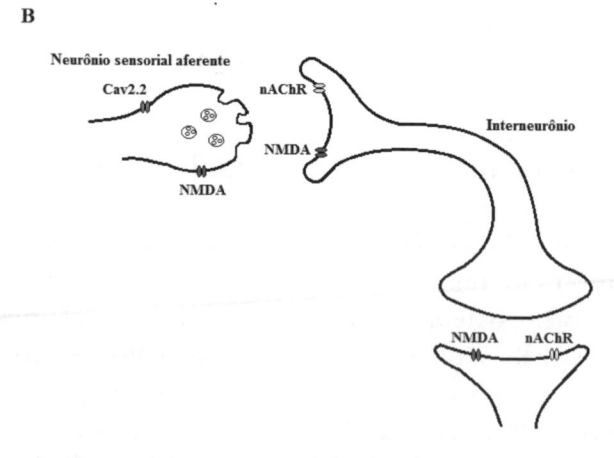

Figura 19.3 (A) Via neuronal periférica envolvida com a sensação de dor. (B) Localizações atribuídas aos receptores da via da dor em sinapses de neurônios sensoriais aferentes com interneurônios.

Fonte: Adaptada de HOGG, 2006[1].

19.2.8 Receptores TRPs

Receptores TRP's (do inglês, *Transient Receptor Potential*) ou receptores de potencial transiente foram inicialmente descobertos no olho de mosca, onde sua ativação, mediada pela rodopsina, despolariza a membrana da célula fotorreceptora. Receptores TRP são canais iônicos polimodais, ou seja, são ativados por mais de uma classe de estímulo (químico ou físico)[19]. Esses canais iônicos são permeáveis, principalmente ao Ca^{2+} e em menor extensão a outros íons como Na^+ e Mg^{2+}. Em mamíferos, esses receptores comandam diversas funções celulares e são expressos em uma variedade de tecidos, por exemplo, em neurônios sensoriais e em queratinócitos estando fortemente implicados na termosensação, nocicepção e visão.

Os ingredientes irritantes contidos, por exemplo, na pimenta, menta e mostarda foram os agentes químicos que ajudaram a elucidar as identidades moleculares desses receptores, assim como os mecanismos que regem os passos iniciais da sensação de dor. Esses produtos naturais revelaram três membros da família de canais iônicos ligados aos receptores TRP's: TRPV1, TRPM8 e TRPA1 como sendo detectores moleculares de estímulos térmicos e químicos que ativam neurônios sensoriais para produzir dor aguda ou persistente. A análise funcional e de expressão dos receptores TRP's validaram a existência de nociceptores como um grupo especializado de neurônios sensoriais responsáveis pela detecção de estímulos nociceptivos[20,21].

Desde que esses receptores foram descobertos, eles foram considerados alvos muito promissores para o desenvolvimento de novas drogas analgésicas. Por exemplo, a capsaicina e o mentol, que agem sobre receptores TRPV1 e TRPM8, respectivamente, possuem uma longa história de suas aplicações como analgésicos. Além disso, diversos ligantes sintéticos dos TRP's (ex. SB705498, JTS653, JNJ17203212, AP18, dentre outros) têm sido estudados na busca de novos tratamentos para dor[22]. Em sua maioria, esses compostos são obtidos por síntese química, possuem baixa massa molecular e não são derivados de venenos ou extratos do reino animal. Apesar do seu perfil analgésico comprovado tanto em animais como em humanos, essas drogas ainda são alvos de intensas investigações para asseguração do seu perfil de segurança. Notavelmente, drogas que antagonizam TRP's, apesar de induzir analgesia, possuem a capacidade de causar forte hipertermia. Daí a busca por novos ligantes de TRP's que possuam maior margem de segurança.

19.3 TOXINAS COM PROPRIEDADES ANTINOCICEPTIVAS

Alguns animais possuem em seu veneno uma rica mistura de compostos que são usados para imobilizar ou matar as suas presas, o que faz desses animais poderosos caçadores ou defensores sem medo diante de predadores de maior porte. Apesar de conterem em seu veneno compostos com diferentes identidades bioquímicas, incluindo aminas biogênicas, inibidores de proteases, polipeptídeos e proteínas, esses dois últimos são comuns à maioria dos venenos. Apesar do vasto acervo de peptídeos encontrados nos venenos parecer ser fruto de uma versão biológica de uma química combinatória, as estruturas peptídicas que conferem atividade biológica a esses compostos são fruto de um processo evolutivo conduzido ao longo de milhões de anos.

Os principais constituintes dos venenos de animais com ação neurotóxica são polipeptídeos que atuam principalmente sobre canais iônicos envolvidos com a neurotransmissão, sendo exemplos canais para sódio, cálcio, receptores nicotínicos etc. A identificação de toxinas com propriedades antinociceptivas é fruto do esforço de grupos de pesquisa ao redor do mundo, que tem identificado diferentes ações farmacológicas em constituintes isolados de frações distintas dos venenos animais.

Através do fracionamento do veneno, objetiva-se separar as atividades farmacológicas que são observadas em conjunto, quando se administra o veneno como um todo. Por exemplo, uma das frações obtidas do veneno da aranha *Phoneutria nigriventer,* quando injetada por via intracerebroventricular, causa paralisia flácida enquanto outra causa contração muscular[23]. Em última instância, constituintes peptídicos, após completa purificação, tornam-se valiosas ferramentas não apenas para o entendimento de diversas funções fisiológicas, celulares e moleculares, mas também como protótipo para o desenvolvimento de novos fármacos, como tem acontecido para uma lista crescente de peptídeos. Diversas são as espécies do reino animal cujo veneno fornece peptídeos com ação antinociceptiva já evidenciada em modelos pré-clínicos em animais (Figura 19.4)[1,24-26]. A seguir são descritos os principais peptídeos com ação antinociceptiva já descobertos e purificados de venenos obtidos de diferentes espécies animais.

19.3.1 Toxinas de abelha

O veneno de abelha contém peptídeos imunorreativos e neuroativos, enzimas, glicose, frutose e água. É usado para tratar a dor na medicina oriental. Seu efeito analgésico pode se dar essencialmente de duas maneiras. Primeiro, foi observado

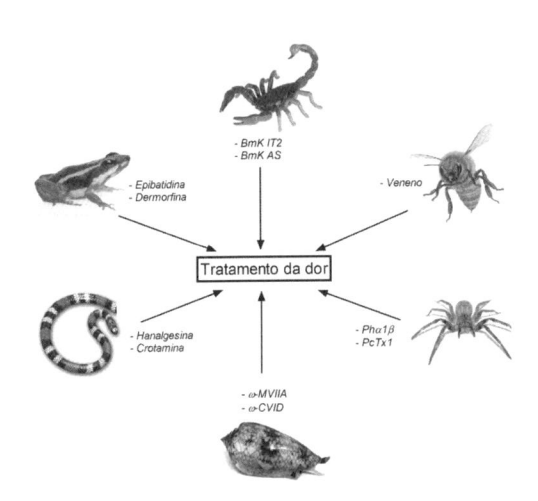

Figura 19.4 Produtos com propriedades analgésicas obtidos do reino animal. Estudos com venenos de abelhas, de aranhas, de moluscos marinhos do gênero *Conus*, de cobras, de sapos e de escorpiões levaram ao isolamento de compostos peptídicos (à exceção da epibitidina que é um alcaloide) que apresentam efeitos analgésicos. Nesta figura são apontados os principais compostos peptídicos já identificados em cada grupo. Apenas o derivado sintético do peptídeo ω-MVIIA (Ziconotida, *Prialt®*) encontra-se aprovado para uso clínico em humanos como droga analgésica.

que o veneno de abelha possui constituintes com propriedades anti-inflamatórias incluindo supressão da fosfolipase A_2, produção de radicais livres, expressão da glicoproteína alfa-1 ácida e ativação do óxido nítrico. Outros mecanismos anti-inflamatórios incluem inibição da ativação gênica, redução da ativação da COX-2, diminuição de citocinas inflamatórias como TNF-α, IL-1β etc., efeitos que juntos culminam com a redução da dor. Além do mais, o veneno de abelha contém melitina, adolapina, apamina e peptídeo degranulador de mastócitos (*mastocyte cell degranulation peptides*, MCDP). Uma técnica pioneira na cultura oriental consiste em recobrir uma agulha com veneno de abelha e aplicá-la a pacientes no método chamado "acupuntura com veneno de abelha" para tratar, por exemplo, a artrite reumatoide. Vários ensaios clínicos já foram realizados avaliando essa terapia em que pacientes que receberam esse tipo especial de acupuntura tiveram redução do quadro de dor[25].

19.3.2 Toxinas de escorpião

O veneno, o extrato, a cauda ou até mesmo o escorpião inteiro são usados na cultura tradicional chinesa para aliviar a dor, tratar meningite, epilepsia, acidente vascular cerebral e doenças reumáticas. Existe no mundo aproximadamente 1.400 espécies e subespécies de escorpiões. Não só na China, mas também no Brasil e ao redor do mundo vêm sendo conduzidos estudos que investigam as ações farmacológicas de toxinas de escorpião. Extratos com veneno de escorpião contêm numerosos polipeptídeos, inibidores de protease, fosfolipase, hialuronidase e mucopolissacarídeos, alguns desses com propriedades anti-inflamatórias ou aliviadores da dor. Por exemplo, o peptídeo BmK IT2, obtido do escorpião chinês *Buthus martensii,* foi capaz de mostrar ação analgésica em modelos de dor experimental em animais. O efeito dessa toxina não foi revertido por naloxona, um antagonista opioide, sugerindo que a ação antinociceptiva dessa toxina é independente do sistema opioide endógeno. Além desse, os peptídeos BmKAS e AngP1 também mostraram ser dotados de ação antinociceptiva em modelos de dor em animais[24].

19.3.3 Toxinas de cobras

O veneno de cobra consiste em um coquetel de componentes tanto proteicos como não proteicos. O componente proteico compreende enzimas, proteínas não enzimáticas e polipeptídeos. O componente não proteico inclui tanto constituintes orgânicos como inorgânicos. As toxinas do veneno de cobra possuem uma gama de atividades farmacológicas tais como miotoxicidade, neurotoxicidade, além de ações: anticoagulante, hipotensiva, hemolítica, bactericida, de inibição da agregação plaquetária, e pró-inflamatória. Tem sido descrito que venenos de cobras das famílias *Elapidae* e *Viperidae* possuem componentes capazes de induzir antinocicepção[27]. Por exemplo, a injeção intracerebroventricular da neurotoxina cobrotoxina, isolada do veneno da *Naja atra*, produz resposta antinociceptiva em camundongos[28]. Já os componentes de massa molecular abaixo de 3.000 Da, obtidos do veneno da *Crotalus durissus terrificus* causam efeito antinociceptivo em camundongos, possivelmente mediado por receptores opioides[29].

Essa mesma serpente possui em seu veneno a *crotamina*, um polipeptídeo de 42 aminoácidos com ação farmacológica intrigante: apesar de a crotamina induzir paralisia em camundongos em doses altas, ela produz efeito analgésico em doses baixas, sem apresentar qualquer toxicidade aparente. Ainda, o efeito antinociceptivo da crotamina (administrada por via intraperitoneal em roedores) é cerca de 30 vezes mais potente que o efeito da morfina, quando avaliada em testes de dor aguda[30].

Outra toxina peptídica isolada de cobra investigada quanto a ação analgésica é a *hanalgesina*, uma α-neurotoxina de cadeia longa obtida da espécie *Ophiophagus hannah*. Foi demonstrado que esse peptídeo exibe atividade antinociceptiva em camundongos em teste de dor aguda. Essa neurotoxina produz antinocicepção na faixa de dose entre 16 e 32 ng/g (i.p.) sem causar déficit neurológico ou muscular aparente. Tal efeito é bloqueado por naloxona e L-nitro-arginina (um inibidor da enzima óxido nítrico sintase) sugerindo o envolvimento de receptores opioides e do óxido nítrico no mecanismo antinoceptivo dessa toxina[31].

19.3.4 Toxinas de sapo

As glândulas da pele de sapo secretam uma gama de compostos bioativos como alcaloides, aminas biogênicas, peptídeos, lipídeos, opioides e toxinas. A *epibatidine* é um alcaloide isolado da pele da espécie de sapo *Epipedobates tricolor*. Esse composto é um potente antinociceptivo que age por um mecanismo não opioide[32]. A *epibatidine* age especificamente em receptores nicotínicos de acetilcolina e possui uma potência antinociceptiva 200 vezes superior que a da morfina. Contudo, é extremamente tóxica, causa efeitos adversos gastrintestinais, paralisia respiratória, crises epilépticas e morte, mesmo em doses antinociceptivas. Portanto, a epibatidina possui uma estreita janela terapêutica, o que limita seu uso clínico. O ABT-594 (5-(2R)-azetidinilmetóxi)-2-(cloropiridina) é um análogo estrutural da *epibatidine*, que produz um significativo efeito antinociceptivo, mas com melhor janela terapêutica que a *epibatidine*, em camundongos submetidos tanto à dor térmica aguda como à dor química persistente. Esse análogo sintético também possui elevado perfil de segurança em relação à nicotina ou à epibatidina[33]. Assim como o ABT-594, vários análogos da epibatidina que se ligam especificamente a receptores nicotínicos de acetilcolina subtipo α4β2 estão sob investigação como analgésicos não opioides.

A dermorfina (do inglês, *dermorphin*) é um heptapeptídeo também isolado da pele de sapo. Proveniente de sapos do gênero *Phyllomedusa sp*, a dermorfina e outros heptapeptídeos relacionados mostraram elevada afinidade por receptores μ-opioides, que medeiam as ações analgésicas da morfina[34]. Não obstante, estudos *in vivo* demonstraram que as dermorfinas, assim como a morfina, também produzem antinocicepção, sedação, catalepsia e rigidez. No entanto, a administração intratecal de dermorfinas em ratos mostrou potência analgésica cem vezes maior que a da morfina[35]. Outros derivados sintéticos da dermorfina, como a [Arg-7]-dermorfina, [Hyp6 Lys7]-demorfina, [Lys7,8]-dermorfina também mostraram atividade antinociceptiva, porém com maior permeabilidade à barreira hematoencefálica do que o peptídeo natural dermorfina. Além do mais, foi demonstrado que esses análogos estimulam a liberação endógena de dinorfinas. As dinorfinas atuam em receptores κ-opioides e menos em receptores μ-opioides, portanto, efeitos como dependência e tolerância antinociceptiva são menores[36]. Portanto, a dermorfina e seus análogos representam moléculas em potencial para o desenvolvimento de novos analgésicos tão potentes como a morfina, mas com menores efeitos colaterais. Até o presente momento, nem a dermorfina nem seus análogos encontram-se, até o presente momento, disponíveis para uso clínico em humanos. Curiosamente, a dermorfina tem sido usada ilegalmente em corridas de cavalo com o intuito de elevar o desempenho desses animais. Devido ao forte efeito analgésico da dermorfina, os cavalos tratados com essa droga podem correr mais intensamente do que se não tivessem sido tratados.

19.3.5 Toxinas de caracóis marinhos do gênero *Conus*

Caracóis compreendem as espécies animais do grande gênero *Conus*. Compreendem desde pequenas até grandes espécies de caracóis marinhos predadores, além de moluscos gastrópodes, popularmente conhecidos por caracóis, conchas ou cones, graças ao formato de suas conchas. Todas as espécies do gênero *Conus sp.* são venenosas, sendo aquelas maiores em tamanho as mais perigosas. São conhecidos com caracóis caçadores de peixe (do inglês, *fish-hunting cone snail*), e seu veneno contém neurotoxinas capazes de paralisar e imobilizar a presa para, em seguida, se alimentar dela. Seu veneno é muito potente, sendo letal para os humanos.

O veneno de caracóis do gênero *Conus* tem sido extensivamente estudado nos últimos anos devido à ação farmacológica potencial de seus constituintes. Ele é composto principalmente por peptídeos neurotóxicos. Os peptídeos contidos nesses venenos, ora referidos como *conotoxinas*, atuam sobre uma ampla variedade de receptores de membrana, canais iônicos e transportadores[37]. Como a maior função do veneno é a de imobilizar a presa, múltiplas toxinas contidas em tal veneno atuam de maneira coordenada para esse fim, inibindo, por exemplo, canais para cálcio sensíveis à voltagem e receptores nicotínicos do sistema muscular do peixe[38]. Algumas ω-conotoxinas estruturalmente relacionadas ligam-se seletivamente a canais para cálcio sensíveis à voltagem do tipo-N que são expressos em neurônios aferentes primários que conduzem estímulos dolorosos até a medula espinal e, por essa razão, tornaram-se uma grande promessa para o desenvolvimento de novos fármacos analgésicos. Outra família de conotoxinas, as α-conotoxinas, são antagonistas competitivos de receptores nicotínicos de acetilcolina (nAChRs). As α-conotoxinas Vc1.1 e RgIA estão atualmente em desenvolvimento para o tratamento da dor neuropática. Contudo, o maior volume de estudos vem sendo direcionado para as ω-conotoxinas com foco naquelas que inibem, proporcionalmente, mais canais para cálcio tipo-N em relação a outros subtipos de canais como P/Q, L, R e T. Diversas são as toxinas bloqueadoras de canais para cálcio sensíveis à voltagem obtidas de venenos de espécies do gênero *Conus*, dentre elas: ω-GVIA (*C. gerographus*), ω-MVIIC (*C. magus*), ω-RVIA (*C. radiatus*), ω-TVIA (*C. tulipa*), ω-CVIA, ω-CVIA, ω-CVIB, ω-CVIC, ω-CVID, ω-CVIE e ω-CVIF (*C. catus*). Todas elas apresentam seletividade para inibir CCSV's, especialmente o subtipo-N. As conotoxinas ω-MVIIC, ω-MVIID e ω-CVIB inibem, além de correntes tipo-N, também as correntes P/Q. A ω-conotoxina CVID possui marcante ação analgésica e se encontra, atualmente, na fase II de ensaios clínicos para utilização em humanos. Entretanto, até os dias atuais, apenas o derivado sintético da ω-MVIIA, a *Ziconotida®*, encontra-se aprovada para uso clínico em humanos[39].

Outra classe importante de toxinas obtidas de venenos do gênero *Conus* são as *Conantokins* (conantoquinas). Conantoquinas são antagonistas de receptores NMDA. A *Conantokin-G*, isolada do veneno do *Conus geographus*, é um inibidor seletivo de receptores NMDA contendo a subunidade NR2B. Já a *Conantokin-T* do *Conus tulipa*, é um inibidor de NMDArs contendo NR2A ou NR2B. A injeção intratecal de *conantokin-G* e *T* mostrou atividade analgésica em modelos de dor inflamatória e neuropática em camundongos. O efeito analgésico da *Conantokin-G* foi observado em doses mais de 20 vezes menores do que aquelas necessárias para causar impedimento da função motora[40]. A alta seletividade das conantoquinas para receptores glutamatérgicos NMDA fazem delas úteis como protótipo de drogas analgésicas.

19.3.5.1 *Ziconotida - do* Conus magus *para a clínica*

No final da década de 1970, estudos com ω-conotoxinas obtidas do veneno de caramujos marinhos do gênero *Conus sp.* impulsionaram a pesquisa básica e clínica de novos tratamentos para a dor[38]. Após mais de duas décadas de pesquisa, a versão sintética da ω-conotoxina MVIIA extraída do veneno do *Conus magus,* a ziconotida (ou SNX-111, Prialt®) foi aprovada para uso em pacientes com dor crônica refratária a outros tratamentos. A *ziconotida* representa a primeira toxina peptídica extraída de veneno animal em uso na clínica para o tratamento da dor.

A ω-conotoxina MVIIA foi originalmente descoberta pelo grupo de Baldomero Olivera, da Universidade de Utah, nos Estados Unidos, em 1979. Através da administração intracerebroventricular de toxinas provenientes de moluscos marinhos do gênero *Conus sp.* foram identificadas toxinas com ação neurotóxica em camundongos. A ação neurotóxica era manifestada como tremores, que iniciavam poucos minutos após a administração intracerebroventricular e, cuja duração, variava de acordo com a dose administrada (doses > 2 nmol/camundongo produziam tremores que duravam até 5 dias!). Essas toxinas, chamadas então de *"shaker peptides"* foram posteriormente caracterizadas como bloqueadores de canais de cálcio sensíveis à voltagem[38,41].

A ω-conotoxina MVIIA é formada por uma cadeia de 25 aminoácidos interligados através de três pontes dissulfeto formadas por resíduos de cisteína (Cys; C), que estabilizam e definem a estrutura tridimensional do peptídeo[42] (Figura 19.5). Tal estrutura apresenta uma porção na forma de uma dobradura compacta, formada pela ponte cistina (Cys-Cys) entre os resíduos Cys 8 e Cys15, contendo um resíduo de tirosina (Tyr ou Y) na posição, que é fundamental para a sua ligação aos CCSV's[43]. Sua síntese foi obtida em 1987, e a sua ação farmacológica atribuída ao bloqueio seletivo de CCSV's do tipo N[44]. A potente e seletiva inibição dos CCSV's do tipo N pela ω-conotoxina MVIIA fez com que ela fosse então testada em modelos animais de dor, para avaliação do seu potencial analgésico.

Os estudos pré-clínicos demonstraram que a administração intratecal ω-conotoxina MVIIA causa antinocicepção (redução de resposta reflexa a estímulo doloroso) em modelos animais de dor aguda e crônica, apresentando, em alguns casos, potência superior à morfina[44,45]. A atividade antinociceptiva observada em estudos com animais permitiu que essa conotoxina fosse testada em ensaios clínicos nos Estados Unidos e na Europa para o tratamento de dores crônicas[46]. A ação analgésica da ω-conotoxina MVIIA foi confirmada em três estudos duplo-cegos randomizados, antes de sua aprovação por agências regulatórias. Nesses estudos, a administração intratecal (de titulação rápida ou lenta) de sua forma sintética, a *ziconotida*, foi feita em pacientes acometidos por dor crônica intensa, do tipo neuropática ou dor em decorrência de câncer ou AIDS, que apresentavam resposta analgésica inadequada a fármacos opioides. A administração contínua, em regime de titulação rápida, de ziconotida por períodos de 6 a 11 dias produziu alívio (de 31,2 a 53,0 %) da dor, comparado ao placebo (6,0 a 18,0 % de alívio da dor). No entanto, alguns pacientes manifestaram efeitos adversos relacionados à sua ação no sistema nervoso central, como vertigens, confusão mental, alucinações, alterações de humor, ataxia, alterações na marcha, náusea e vômitos. Tais efeitos adversos são reversíveis (com a descontinuação do tratamento) e minimizados pelo regime de titulação lenta[39,47,48]. Assim, em 22 de dezembro de 2004, a ziconotida (Prialt®) foi aprovada pela agência regulatória americana *Food and Drug Administration* (FDA) e, dois meses depois, pela agência europeia *European Medicines Agency* (EMEA) para o tratamento de dores intensas, refratárias à morfina, em pacientes que requerem analgesia intratecal. A ziconotida deve ser administrada por via intratecal, em regime de infusão lenta e contínua, com auxílio de bomba de infusão. Entretanto, a natureza peptídica e o aparecimento de efeitos adversos (relacionados a sua ação no sistema simpático) limitam a administração sistêmica da ziconotida[49].

A ziconotida foi a primeira droga bloqueadora de CCSV's aprovada para uso clínico no tratamento da dor e representa uma forma inovadora de intervir nos mecanismos relacionados a dores crônicas resistentes a outros fármacos analgésicos. Os estudos iniciados por Baldomero e colaboradores abriram caminho para o estudo de outras toxinas peptídicas bloqueadoras de CCSV's no tratamento da dor.

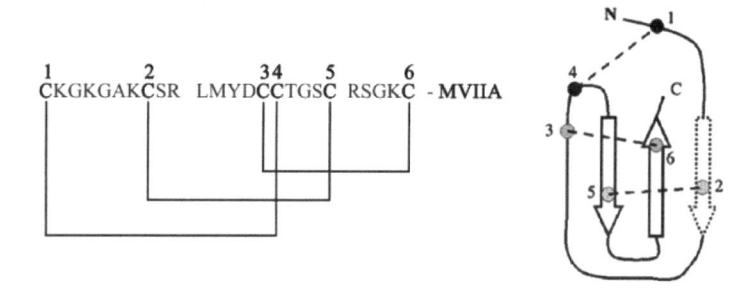

Figura 19.5 Sequência de aminoácidos da ω- conotoxina MVIIA e estrutura tridimensional determinada pelo padrão *inhibitory cystine knot* – ICK.

19.3.6 Toxinas de aranha

O veneno de aranha é composto por um uma mistura complexa de substâncias biologicamente ativas. Contém um amplo arranjo de toxinas peptídicas com massa molecular variando de 4 a 10 KDa e que são compostos por um grande número de resíduos cisteína, variando de 6 a 14. Baseado na sua especificidade farmacológica, o veneno de aranha é classificado por ter toxinas que afetam (a) a neurotransmissão glutamatérgica, (b) canais para cálcio sensíveis à voltagem, (c) canais para sódio sensíveis à voltagem, (d) canais para K+, (e) canais para cloreto, (f) toxinas que estimulam a liberação de neurotransmissores e (g) toxinas que bloqueiam receptores colinérgicos pós-sinápticos[50]. Os trabalhos pioneiros de investigação da ação antinociceptiva de toxinas de veneno de aranha foram feitos utilizando a toxina ω-AgaIVA, isolada do veneno da aranha *Agelenopsis aperta*. Essa toxina mostrou-se capaz de potencializar o efeito analgésico da morfina em ratos. Outras, como por exemplo, a toxina Joro (JSTX) e aquelas do grupo das filatoxinas (do inglês, *Philanthotoxin*), foram capazes de bloquear a hipersensibilidade mecânica induzida por queimadura em ratos, um efeito ligado à ação dessas toxinas sobre a sinalização glutamatérgica via receptores NMDA. Alguns anos depois, uma nova classe de toxina peptídica isolada da tarântula sul-americana *Psalmopoeus cambridgei* mostrou ação seletiva sobre canais iônicos sensíveis a ácido (ASIC's).

O bloqueio farmacológico de ASIC1a pela toxina PcTx1 injetada intratecalmente produz um forte efeito analgésico em diversos modelos de dor aguda e crônica. A PcTx1 é o primeiro inibidor seletivo de ASIC1a a ser descoberto. É uma toxina purificada do veneno da tarântula *Psalmopeoeus cambridgei*[51]. Ela possui 40 aminoácidos entrelaçados por três pontes de dissulfeto, possui uma massa molecular de 4.689 Da. A PcTx1 inibe de maneira similar canais ASIC1a homoméricos em vários sistemas de expressão celular com uma afinidade bastante alta. A PcTx1 inibe ASIC1a por aumentar sua afinidade aparente por H+ tornando, então, a ativação desses receptores por H+ mais difícil. A afinidade da PcTx1 por receptores ASIC1a depende do pH, e é máxima em pH = 7,4. Contudo, o mecanismo pelo qual PcTx1 aumenta a afinidade aparente do ASIC1a ao H+ ainda não é claro. Interessantemente, a PcTx1 também interage com ASIC1b, que é uma variante de *splicing* do canal ASIC1a. Contudo, a PcTx1 não inibe ASIC1b, mas promove sua abertura; sob condições ligeiramente ácidas, PcTx1 comporta-se como uma agonista de ASIC1b.

19.3.6.1 Toxinas antinociceptivas da aranha Phoneutria nigriventer

A *Phoneutria nigriventer*, juntamente com as aranhas classificadas sob os gêneros *Latrodectus* (viúva negra) e *Loxosceles* (aranha marrom), integra o grupo das espécies de aranhas consideradas perigosas. O próprio nome *Phoneutria,* que quer dizer "feroz matadora", já define o quão perigosa ela é. Ela pertence à família dos ctenídeos e é também conhecida como aranha armadeira, por erguer as patas dianteiras para atacar. É altamente agressiva, quando incomodada, pica diversas vezes e é responsável por aproximadamente 42% dos casos de picadas por aracnídeos notificadas no país, perdendo apenas para a aranha marrom[52].

A aranha armadeira possui um corpo que varia de 3,5 a 5 cm, com pernas de até 17 cm de envergadura, não constrói teia (Figura 19.6) e é encontrada desde o sul do Rio de Janeiro até o Uruguai. As picadas da *P. nigriventer* podem ser bastante dolorosas, além de causar sinais e sintomas como inchaço e vermelhidão, ao redor dos pontos de inoculação, câimbras, tremores, convulsão tônica, paralisia espástica, priapismo, arritmias, distúrbios visuais e sudorese[53].

A atividade biológica das toxinas purificadas do veneno da *P. nigriventer* tem sido extensivamente investigada, e cerca de dezessete peptídeos, com atividade tóxica já foram descritos na literatura[23]. Elas são essencialmente polipeptídeos, com peso molecular que varia de 3.500 a 9.000 Da. Alguns desses peptídeos já demonstraram inibir correntes de cálcio (Ca^{2+}) através do bloqueio de seu influxo em terminais sinápticos. Das toxinas isoladas do veneno da *P. nigriventer*, a maioria daquelas contidas na fração peptidérgica 3 (composta pelas toxinas Tx3-1 a Tx3-6) já demonstraram bloquear o influxo de correntes de Ca^{2+}. Por esse motivo, o bloqueio de CCSV's por essas toxinas (denominadas Tx3-3, Tx3-4 e Tx3-6), foi investigado, e constatou-se que todas são capazes de inibir os CCSV's ativados por voltagem, ainda que a inibição fosse com afinidades diferentes para os diferentes subtipos de CCSV's. Logo, as toxinas ora citadas se se equiparam, portanto às ω-conotoxinas.

Também foi investigado a interação entre a toxina Phα1β (PhTx3-6) e os vários canais de Ca^{2+}, determinando a potência, seletividade e o possível mecanismo de ação da toxina, através do estudo em sistemas heterólogos, que expressavam canais de Ca^{2+} recombinantes. A Phα1β demonstrou inibir, de maneira reversível, as correntes de cálcio do subtipo L-, N-, P/Q- e R- em ordem de potência N> R> P/Q> L, respectivamente[54].

Em virtude da toxina Phα1β atuar com maior afinidade por correntes de cálcio do subtipo N-, sua ação antinociceptiva foi investigada e comparada à ω-conotoxina MVIIA[55]. A administração espinal da Phα1β foi eficaz em testes de dor aguda e crônica, com melhor janela terapêutica quando comparada à ω-conotoxina MVIIA (Figura 19.6). Além disso, a Phα1β mostrou-se mais potente que a ω-conotoxina MVIIA não apenas em prevenir, mas especialmente em reverter a dor nociceptiva aguda e a dor crônica neuropática, quando testada em roedores. A atividade analgésica de ambas toxinas demonstrou ser mediada pela inibição da liberação do neurotransmissor pró-nociceptivo glutamato na medula espinal de ratos, assim como a alteração nos níveis de Ca^{2+} nos terminais pré-sinápticos. Efeitos similares foram obtidos com a versão recombinante da Phα1β[55].

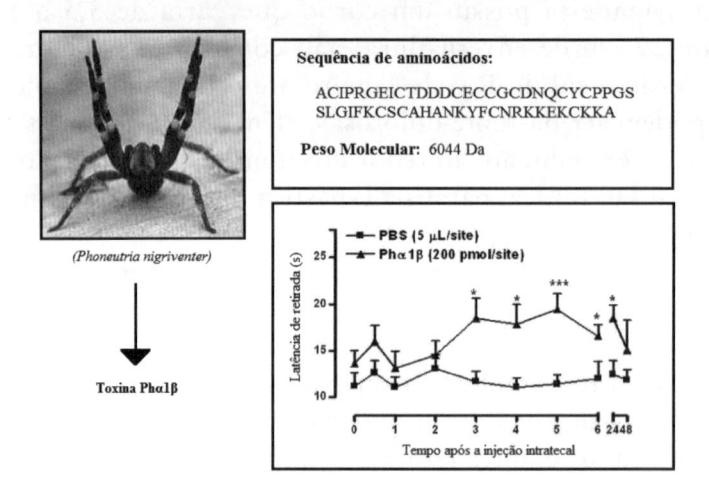

Figura 19.6 Toxina Phα1β. É obtida pelo fracionamento do veneno da aranha *Phoneutria nigriventer*, popularmente conhecida como aranha Armadeira. Ela possui 54 aminoácidos em sua sequência. Sua ação analgésica é comprovada em teste de dor aguda térmica (chapa quente) em camundongos (gráfico). Nesse teste, seu efeito analgésico extende-se de 3 a 24 horas após injeção intratecal.
Fontes: GOMEZ et al., 2002[23], SOUZA et al., 2008[55]

Outro trabalho publicado em 2011, pelo mesmo grupo, abordou de forma pormenorizada a atividade antinociceptiva e os efeitos colaterais cardiovasculares e neurológicos da administração em dose única via intratecal da toxina Phα1β em roedores, tendo essa apresentado poucos efeitos colaterais observados além de duração de efeito superior à ω-conotoxina MVIIA e à morfina[56]. A toxina Phα1β também se mostrou eficaz em outros modelos de dor crônica, como a dor inflamatória induzida por CFA e também no modelo de dor neuropática induzida por constrição crônica do nervo ciático[57], modelo de dor induzida por quimioterápico e modelo de dor do câncer[58,59]. É importante salientar que além da administração única em *bolus*, a Phα1β também foi administrada por bomba de infusão contínua, em ratos, durante sete dias. O tratamento contínuo com Phα1β não acarretou em desenvolvimento de tolerância (comum ao tratamento contínuo com morfina) ou em desenvolvimento de efeitos tóxicos observáveis através de análise comportamental e histológica (dados não publicados).

Também em 2013, Castro-Junior e colaboradores[60] avaliaram o efeito da Phα1β quando injetada via intratecal ou perifericamente em modelo de dor espontânea induzida por capsaicina em ratos em comparação ao efeito da Ziconotida (ω-conotoxina MVIIA) e do SB366791, um antagonista específico para o receptor TRPV1. Foi demonstrado que a Phα1β, mas não a ω-conotoxina MIIA, apresenta atividade antinociceptiva periférica, embora esse efeito não estivesse relacionado à inibição de TRPV1. Além disso, evidenciou-se que a toxina Phα1β é capaz de inibir a ativação de nociceptores induzida por capsaicina. A inibição de neurônios do gânglio da raiz dorsal contribui para o entendimento do mecanismo de ação antinociceptivo desse peptídeo.

Como a ziconotida é administrada como agente analgésico em pacientes com câncer, refratários a opioides, mas pode induzir efeitos adversos, Rigo e colaboradores publicaram um estudo comparativo em 2013, investigando os efeitos analgésicos e colaterais da administração intratecal do peptídeo Phα1β em modelo de dor induzida pelo câncer em camundongos com ou sem tolerância à analgesia da morfina, em comparação à ω-conotoxina MVIIA. O peptídeo Phα1β produziu antinocicepção e apenas efeitos adversos brandos, enquanto a ω-conotoxina MVIIA induziu efeitos adversos dose-dependentes, mesmo nas doses antinociceptivas, além do mais, observou-se que a Phα1β foi capaz de inibir completamente a dor induzida pelo câncer, mesmo em camundongos tolerantes à antinocicepção por morfina, além de ser capaz de restaurar parcialmente a analgesia à morfina nesses animais[58,59].

Outra toxina peptídica bloqueadora de CCSV's isolada da fração 3 do veneno da *P. nigriventer*, a toxina Tx3-3, assim como a toxina Tx3-6 (ou Phα1β), também teve sua atividade antinociceptiva e efeitos adversos investigados em 2011, por Dalmolin e colaboradores[61]. O estudo considerou o fato de essa toxina inibir preferencialmente CCSV's do subtipo P/Q- e R- e avaliou o efeito de sua administração intracerebroventricular e intratecal em comparação à ω-conotoxina MVIIC, inibidora dos CCSV's do subtipo P/Q- e N-. A Tx3-3 apresentou efeito antinociceptivo de longa duração em modelo de dor neuropática em roedores e não causou efeitos adversos motores em doses com eficácia antinociceptiva, ao contrário da ω-conotoxina MVIIC. Recentemente, através de experimentos eletrofisiológicos *in vivo* em ratos, foi constatado que a toxina Tx3-3 inibe a atividade de neurônios do corno dorsal da medula espinal, com melhor potência após a lesão nervosa (dados não publicados), o que está de acordo com seu efeito antinocieptivo em modelos animais de dor neuropática.

Assim, os trabalhos aqui descritos demonstram que peptídeos purificados do veneno da aranha armadeira, tanto em sua forma nativa, quanto recombinante, apresentam efeito analgésico em modelos de dor em roedores, sugerindo que essas toxinas são protótipos em potencial para o desenvolvimento de fármacos para o controle e tratamento de quadros de dor crônica de difícil tratamento, como a neuropática e a relacionada ao câncer.

19.4 TÉCNICA: AVALIAÇÃO DO EFEITO DE TOXINAS SOBRE A ATIVAÇÃO DE NEURÔNIOS SENSORIAIS AFERENTES PRIMÁRIOS (DRG'S)

19.4.1 Soluções

Para dissecação e dissociação: KRH sem Ca^{2+}/Mg^{2+} (NaCl 140mM, KCl 2,5mM, Hepes 10mM, pH 7,4 ajustado com NaOH 1N). Solução de papaína (sigma): 1,0 mg/mL em KRH sem Ca^{2+}/Mg^{2+} acrescido de poucos cristais de l-cisteína para ativação da papaína. Solução de colagenase: 2.5 mg/mL em KRH sem Ca^{2+}/Mg^{2+}. Tanto a papaína quanto colagenase são estocadas aliquotadas a -20ºC na forma de reagente P.A. e apenas no momento do experimento são diluídas com KRH sem Ca^{2+}/Mg^{2+}.

Para conservação das células em cultura: DMEM (Gibco) suplementado com SFB (Gibco) 10% e penicilina/streptomicina 1% e NGF 50 ng/mL (sigma). Para experimento no sistema de perfusão: KRH completo (NaCl 124 mM, KCl 4 mM, $MgSO_4.7H_2O$ 1.2 mM, Hepes 25 mM e $CaCl_2$ 1.5 mM) mas variando a composição conforme presença de agonistas para a ativação dos DRG's (ex. KCl 30mM ou capsaicina) ou bloqueadores (toxinas) substituídos de maneira equimolar para não alterar a osmolaridade final da solução (~300mOs).

19.4.2 Superfícies de cultura

Após dissociação células são plaqueadas em lamínulas de vidro circulares de 45 mm para cultura alocadas em placas de cultura de 60 mm. As células aderem melhor e mostram processos exuberantes quando essas lamínulas são tratadas com poli-lisina e laminina. Poli-lisina (sigma) 20 µg/ml em KRH sem soro deve ser adicionado a uma região de diâmetro de 1 cm no centro das lamínulas, e mantido a temperatura ambiente por 2 horas. Em seguida a poli--lisina é aspirada da lamínula e lavada 2 vezes com água. Em seguida as placas são tratadas com solução de laminina (sigma) 20 µg/ml em meio KRH livre de soro, por, no mínimo, 2 horas em seguida a laminina deve ser aspirada.

19.4.3 Dissecação

Os equipamentos necessários são: guilhotina, materiais cirúrgicos de dissecação estéreis (tesoura ponta romba, tesoura ponta fina, pinças e tesoura conjuntiva curva). Os animais (ratos) são sacrificados por guilhotinamento, e rapidamente a região dorsal compreendendo segmentos cervical a lombar da coluna vertebral é retirada e colocada em solução KRH sem Ca^{2+}/Mg^{2+}. Em seguida a coluna é aberta por dois cortes longitudinais no lado ventral para expor a medula. Após retirar a medula as fibras do corno dorsal são puxadas, com auxílio da pinça expondo o gânglio que deve ser cortado na outra extremidade da fibra. Imediatamente os gânglios devem ser transferidos (em média 20 a 25 gânglios) pra outra placa contendo KRH sem Ca^{2+} Mg^{2+}.

19.4.4 Dissociação

Gânglios são incubados em banho a 37°C em tubos de poliestireno cônicos (Falcon) de 15 mL contendo 3 mL da solução de papaína por 20 min., agitando-se sutilmente o tubo a cada 5min. Após centrifugação a 800g por 30 seg. o sobrenadante é descartado e adicionado sobre o pelet 3 mL da solução de colagenase seguido de nova incubação a 37°C/20 min e com agitações a cada 5 min. Em seguida os gânglios são centrifugados (800 g por 1 min.), sobrenadante descartado e adicionado 3mL do meio de incubação (DMEM). Nova lavagem com meio DMEM é feita por centrifugação e descarte do sobrenadante. O volume de meio usado para ressuspender as células depende do número de placas a serem preparadas. Para preparação de 10 placas, sugere-se usar volume final de 1mL. O sobrenadante, com característica turva e com alguns pedaços de tecido é triturado com pipeta de Pasteur com a ponta previamente polida em fogo. Por sucção repetitiva, os gânglios são dissociados até que não se observe mais pedaços de tecido.

19.4.5 Plaqueamento

O volume final da suspensão por placa depende da densidade de células desejada. Para os experimentos em microscopia confocal sugere-se volume fixo de 100μL de suspensão de células por placa, adicionados na forma de gota bem ao centro da lamínula coincidente à região de aplicação da poli-lisina/laminina. Para permitir a adesão celular, as placas são incubadas (37°C, 5% CO_2, 100% humidade) por pelo menos 2hs antes de completar o volume das placas. Após esse tempo, meio DMEM + NGF 50ng/mL deve ser adicionado às placas para um volume final de 2,5mL e mantidas (37°C, 5% CO_2, 100% humidade) por 12-24h até o momento do experimento.

19.4.6 Obtenção de imagens de cálcio em DRG's

19.4.6.1 Marcação com Fluo-4

A marcação com o corante para cálcio é feita seguindo recomendações do fabricante, resumidamente: Solução estoque de Fluo-4/AM (*molucular probes*) é preparada sempre momentos antes do experimento pela diluição do conteúdo do tubo com 50μL de DMSO para dar uma concentração final de 1mM. O meio DMEM das células deve ser esgotado da placa e em seguida, lavar duas vezes com solução KRH contendo Ca^{2+} 1mM. Após a segunda lavagem, adicionar 1,5mL do mesmo KRH e depois 5μL de Fluo-4 (solução de uso) à placa, para dar uma concentração final de 3μM. Após suave agitação, manter as placas (37°C, 5% CO_2, 100% humidade) por 30-40 minutos antes da aquisição das imagens.

19.4.6.2 Imagens de Cálcio por microscopia confocal

Os experimentos são realizados em temperatura ambiente (20-22°C) baseado em trabalhos prévios. A aquisição de imagens foi feita em modo curso-temporal utilizando-se microscópio de fluorescência (confocal ou convencional) acoplado a um sistema de câmara e registro das imagens, além de sistema de perfusão para permitir a perfusão de soluções/agonistas/antagonistas durante a aquisição de imagens. Sugere-se o uso de objetiva de 20x imersão em água para aquisição das imagens. Após marcação com fluo-4, as lamínulas são lavadas em meio KRH sem fluo-4 e transferida para um suporte padronizado de perfusão (Bioptechs) o qual formava um sistema hermético de aproximadamente 100 µL e com controle preciso da entrada e saída da solução que é perfundida continuamente com fluxo padronizado de 0,6 mL/min. As imagens das células marcadas com fluo-4 foram obtidas pela excitação do fluoróforo a 488nm e a luz emitida coletada na banda 510-560nm. Durante a coleta de imagens, as células são desafiadas com estimuladores de transiente de cálcio (KCl ou capsaicina são dois ativadores clássicos dos DRG's) com ou sem a presença de antagonistas ou toxinas. A análise de imagens, consiste em delimitar ROIs (regiões de interesse) correspondentes aos corpos celulares neuronais para quantificação das variações de fluorescência nessas regiões ao longo do tempo. Para a análise, as mudanças de fluorescência (F) devem ser normalizadas pela fluorescência inicial (F_0) e foram expressas como (F/F0) x 100. Considera-se como células responsivas aos estímulos dados, células cuja fluorescência ultrapasse 50% do valor de sua linha de base. Sugere-se, para testes avaliando o uso de antagonistas, usar um protocolo de dois estímulos e, entre os estímulos, aplica-se o antagonista e dessa forma avaliar se a amplitude do segundo estímulo é reduzida em comparação com a amplitude do 1º. estímulo.

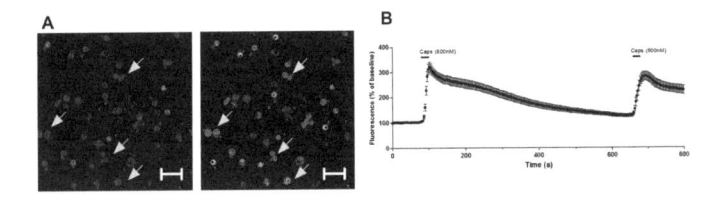

Figura 19.7 Ativação de transientes de cálcio em DRG's induzida por capsaicina. (A) imagem mostra a luz de fluorescência de uma população típica de DRG's. Neurônios são mostrados antes (painel da esquerda) e após (direita) exposição à capsaicina (500 nM). As setas amarelas indicam alguns dos neurônios responsivos à capsaicina em que a fluorescência se tornou mais intensa após o estímulo (barra de escala: 150 µm). (B) Decurso temporal dos níveis normalizados de fluorescência em corpos celulares de DRG's responsivos à capsaicina. Durante a aquisição de imagens as células eram perfundidas com solução controle e a adição de capsaicina, nos tempos indicados, induz a elevação dos níveis de cálcio nessas células. Pontos representam média ± erro padrão médio.
Fonte: Castro-Junior, 2013[60].

19.5 CONCLUSÃO

Toxinas com propriedades analgésicas representam a mais recente estratégia para o alívio da dor crônica e intratável pela terapia medicamentosa convencional. Apesar de ser crescente o número de novos peptídeos analgésicos identificados, ainda é bem limitado o número daqueles que possuem potencial analgésico e com pequena incidência de efeitos colaterais. Avanços no isolamento de novos compostos obtidos de espécies animais venenosas, ainda não estudadas, e a validação desses compostos em modelos experimentais pré-clínicos de dor irão possibilitar a consolidação desse novo arsenal terapêutico na prática clínica.

19.6 PERSPECTIVAS

O uso de toxinas animais para o tratamento da dor relaciona-se ao fato dessas toxinas modularem a função de canais iônicos ligados à geração e propagação dos sinais nociceptivos. Contudo, a ação desses peptídeos em alvos não desejados como canais iônicos não relacionados à transmissão da dor levam a efeitos indesejados que limitam a segurança terapêutica desses compostos. A identificação de canais iônicos com função estritamente relacionada à transmissão da dor; a descoberta de canais preferencialmente expressos em determinadas doenças que geram dor e a descoberta de toxinas com elevada seletividade a esses alvos devem nortear os esforços de pesquisa ligados a esse tema. Foram recentemente identificados subtipos de canais para cálcio sensíveis à voltagem, que são derivados de *splicing* alternativo de mRNA e que são expressos exclusivamente em nociceptores[62]. A descoberta de toxinas que atuem seletivamente sobre esses alvos pode ser uma promissora estratégia para o desenvolvimento de novos e seguros analgésicos. Não obstante, os avanços das técnicas de engenharia genética e de síntese química poderão levar à obtenção desses compostos peptídicos por clonagem ou síntese química, respectivamente, permitindo durante o processo de obtenção, um elevado grau de rendimento, menor custo, e perfil mais satisfatório de atividades farmacológicas.

REFERÊNCIAS

1. Hogg RC. Novel approaches to pain relief using venom-derived peptides. Current medicinal chemistry 2006;13(26):3191-201.

2. Cury Y, Picolo G. Animal toxins as analgesics--an overview. Drug news & perspectives 2006,19(7):381-92.

3. Julius D, Basbaum AI. Molecular mechanisms of nociception. Nature 2001;413(6852):203-10.

4. Woolf CJ, Ma Q. Nociceptors--noxious stimulus detectors. Neuron 2007;55(3):353-64.

5. Waszkielewicz AM, Gunia A, Szkaradek N, Sloczynska K, Krupinska S, Marona H. Ion channels as drug targets in central nervous system disorders. Current medicinal chemistry 2013;20(10):1241-85.

6. Dib-Hajj SD, Binshtok AM, Cummins TR, Jarvis MF, Samad T, Zimmermann K. Voltage-gated sodium channels in pain states: role in pathophysiology and targets for treatment. Brain research reviews 2009;60(1):65-83.

7. Pischalnikova AV, Sokolova OS. The domain and conformational organization in potassium voltage-gated ion channels. Journal of neuroimmune pharmacology : the official journal of the Society on NeuroImmune Pharmacology 2009;4(1):71-82.

8. Jan LY, Jan YN. Cloned potassium channels from eukaryotes and prokaryotes. Annual review of neuroscience 1997;20:91-123.

9. Catterall WA. Voltage-gated calcium channels. Cold Spring Harbor perspectives in biology 2011,3(8):a003947.

10. Nelson MT, Todorovic SM, Perez-Reyes E. The role of T-type calcium channels in epilepsy and pain. Current pharmaceutical design 2006;12(18):2189-97.

11. Zamponi GW, Lewis RJ, Todorovic SM, Arneric SP, Snutch TP. Role of voltage-gated calcium channels in ascending pain pathways. Brain research reviews 2009;60(1):84-9.

12. North RA. Molecular physiology of P2X receptors. Physiological reviews 2002;82(4):1013-67.

13. Jacobson KA, Jarvis MF, Williams M. Purine and pyrimidine (P2) receptors as drug targets. Journal of medicinal chemistry 2002;45(19):4057-93.

14. Stock TC, Bloom BJ, Wei N, Ishaq S, Park W, Wang X, et al. Efficacy and safety of CE-224,535, an antagonist of P2X7 receptor, in treatment of patients with rheumatoid arthritis inadequately controlled by methotrexate. The Journal of rheumatology 2012;39(4):720-7.

15. Kemp JA, McKernan RM. NMDA receptor pathways as drug targets. Nature neuroscience 2002;5 Suppl:1039-42.

16. Krishtal O. The ASICs: signaling molecules? Modulators? Trends in neurosciences 2003;26(9):477-83.

17. Deval E, Gasull X, Noel J, Salinas M, Baron A, Diochot S, et al. Acid-sensing ion channels (ASICs): pharmacology and implication in pain. Pharmacology & therapeutics 2010;128(3):549-58.

18. Hogg RC, Bertrand D. Nicotinic acetylcholine receptors as drug targets. Current drug targets CNS and neurological disorders 2004;3(2):123-30.

19. Okuhara DY, Hsia AY, Xie M. Transient receptor potential channels as drug targets. Expert opinion on therapeutic targets 2007;11(3):391-401.

20. Julius D. TRP channels and pain. Annual review of cell and developmental biology 2013;29:355-84.

21. Cortright DN, Szallasi A. TRP channels and pain. Current pharmaceutical design 2009;15(15):1736-49.

22. Salat K, Moniczewski A, Librowski T. Transient receptor potential channels - emerging novel drug targets for the treatment of pain. Current medicinal chemistry 2013;20(11):1409-36.

23. Gomez MV, Kalapothakis E, Guatimosim C, Prado MA. Phoneutria nigriventer venom: a cocktail of toxins that affect ion channels. Cellular and molecular neurobiology 2002;22(5-6):579-88.

24. Rajendra W, Armugam A, Jeyaseelan K. Toxins in anti-nociception and anti-inflammation. Toxicon : official journal of the International Society on Toxinology 2004;44(1):1-17.

25. Cherniack EP. Bugs as drugs, Part 1: Insects: the "new" alternative medicine for the 21st century? Alternative medicine review : a journal of clinical therapeutic 2010;15(2):124-35.

26. Cherniack EP. Bugs as drugs, part two: worms, leeches, scorpions, snails, ticks, centipedes, and spiders. Alternative medicine review : a journal of clinical therapeutic 2011;16(1):50-8.

27. Aird SD. Ophidian envenomation strategies and the role of purines. Toxicon : official journal of the International Society on Toxinology 2002;40(4):335-93.

28. Chen R, Robinson SE. The effect of cobrotoxin on cholinergic neurons in the mouse. Life sciences 1992;51(13):1013-9.

29. Giorgi R, Bernardi MM, Cury Y. Analgesic effect evoked by low molecular weight substances extracted from Crotalus durissus terrificus venom. Toxicon : official journal of the International Society on Toxinology 1993;31(10):1257-65.

30. Mancin AC, Soares AM, Andriao-Escarso SH, Faca VM, Greene LJ, Zuccolotto S, et al. The analgesic activity of crotamine, a neurotoxin from Crotalus durissus terrificus (South American rattlesnake) venom: a biochemical and pharmacological study. Toxicon : official journal of the International Society on Toxinology 1998;36(12):1927-37.

31. Pu XC, Wong PT, Gopalakrishnakone P. A novel analgesic toxin (hannalgesin) from the venom of king cobra (Ophiophagus hannah). Toxicon : official journal of the International Society on Toxinology 1995;33(11):1425-31.

32. Spande TF, Garraffo HM, Yeh HJ, Pu QL, Pannell LK, Daly JW. A new class of alkaloids from a dendrobatid poison frog: a structure for alkaloid 251F. Journal of natural products 1992,55(6):707-22.

33. Decker MW, Bannon AW, Buckley MJ, Kim DJ, Holladay MW, Ryther KB, et al.: Antinociceptive effects of the novel neuronal nicotinic acetylcholine receptor agonist, ABT-594, in mice. European journal of pharmacology 1998;346(1):23-33.

34. Broccardo M, Erspamer V, Falconieri Erspamer G, Improta G, Linari G, Melchiorri P, et al. Pharmacological data on dermorphins, a new class of potent opioid peptides from amphibian skin. British journal of pharmacology 1981;73(3):625-31.

35. Negri L, Erspamer GF, Severini C, Potenza RL, Melchiorri P, Erspamer V. Dermorphin-related peptides from the skin of Phyllomedusa bicolor and their amidated analogs activate two mu opioid receptor subtypes that modulate antinociception and catalepsy in the rat. Proceedings of the National Academy of Sciences of the United States of America 1992;89(15):7203-7.

36. Mizoguchi H, Bagetta G, Sakurada T, Sakurada S. Dermorphin tetrapeptide analogs as potent and long-lasting analgesics with pharmacological profiles distinct from morphine. Peptides 2011;32(2):421-7.

37. Adams DJ, Callaghan B, Berecki G. Analgesic conotoxins: block and G protein-coupled receptor modulation of N-type (Ca(V) 2.2) calcium channels. British journal of pharmacology 2012;166(2):486-500.

38. Olivera BM, Gray WR, Zeikus R, McIntosh JM, Varga J, Rivier J, et al. Peptide neurotoxins from fish-hunting cone snails. Science 1985;230(4732):1338-43.

39. Staats PS, Yearwood T, Charapata SG, Presley RW, Wallace MS, Byas-Smith M, et al. Intrathecal ziconotide in the treatment of refractory pain in patients with cancer or AIDS: a randomized controlled trial. JAMA : the journal of the American Medical Association 2004;291(1):63-70.

40. Malmberg AB, Gilbert H, McCabe RT, Basbaum AI. Powerful antinociceptive effects of the cone snail venom-derived subtype-selective NMDA receptor antagonists conantokins G and T. Pain 2003;101((1-2)):109-16.

41. Olivera BM, Cruz LJ, de Santos V, LeCheminant GW, Griffin D, Zeikus R, et al. Neuronal calcium channel antagonists. Discrimination between calcium channel subtypes using omega-conotoxin from Conus magus venom. Biochemistry 1987;26(8):2086-90.

42. Price-Carter M, Hull MS, Goldenberg DP. Roles of individual disulfide bonds in the stability and folding of an omega-conotoxin. Biochemistry 1998;37(27):9851-61.

43. Atkinson RA, Kieffer B, Dejaegere A, Sirockin F, Lefevre JF. Structural and dynamic characterization of omega-conotoxin MVIIA: the binding loop exhibits slow conformational exchange. Biochemistry 2000;39(14):3908-19.

44. Bowersox SS, Gadbois T, Singh T, Pettus M, Wang YX, Luther RR. Selective N-type neuronal voltage-sensitive calcium channel blocker, SNX-111, produces spinal antinociception in rat models of acute, persistent and neuropathic pain. The Journal of pharmacology and experimental therapeutics 1996;279(3):1243-9.

45. Brose WG, Gutlove DP, Luther RR, Bowersox SS, McGuire D. Use of intrathecal SNX-111, a novel, N-type, voltage-sensitive, calcium channel blocker, in the management of intractable brachial plexus avulsion pain. The Clinical journal of pain 1997;13(3):256-9.

46. Schmidtko A, Lotsch J, Freynhagen R, Geisslinger G. Ziconotide for treatment of severe chronic pain. Lancet 2010;375(9725):1569-77.

47. Rauck RL, Wallace MS, Leong MS, Minehart M, Webster LR, Charapata SG, et al. A randomized, double-blind, placebo-controlled study of intrathecal ziconotide in adults with severe chronic pain. Journal of pain and symptom management 2006;31(5):393-406.

48. Wallace MS, Charapata SG, Fisher R, Byas-Smith M, Staats PS, Mayo M, et al. Intrathecal ziconotide in the treatment of chronic nonmalignant pain: a randomized, double--blind, placebo-controlled clinical trial. Neuromodulation: journal of the International Neuromodulation Society 2006;9(2):75-86.

49. Molinski TF, Dalisay DS, Lievens SL, Saludes JP. Drug development from marine natural products. Nature reviews Drug discovery 2009,8(1):69-85.

50. Rash LD, Hodgson WC: Pharmacology and biochemistry of spider venoms. Toxicon : official journal of the International Society on Toxinology 2002;40(3):225-54.

51. Escoubas P, De Weille JR, Lecoq A, Diochot S, Waldmann R, Champigny G, et al. Isolation of a tarantula toxin specific for a class of proton-gated Na+ channels. The Journal of biological chemistry 2000;275(33):25116-21.

52. Saúde. Manual de diagnóstico e tratamento de acidentes por animais peçonhentos. Fundação Nacional de Saúde 2001, 2a. ed (ISBN):8573460148.

53. Lucas S. Spiders in Brazil. Toxicon : official journal of the International Society on Toxinology 1988;26(9):759-72.

54. Vieira LB, Kushmerick C, Hildebrand ME, Garcia E, Stea A, Cordeiro MN, et al. Inhibition of high voltage-activated calcium channels by spider toxin PnTx3-6. The Journal of pharmacology and experimental therapeutics 2005;314(3):1370-7.

55. Souza AH, Ferreira J, Cordeiro Mdo N, Vieira LB, De Castro CJ, Trevisan G, et al. Analgesic effect in rodents of native and recombinant Ph alpha 1beta toxin, a high--voltage-activated calcium channel blocker isolated from armed spider venom. Pain 2008;140(1):115-26.

56. de Souza AH, Castro CJ, Jr., Rigo FK, de Oliveira SM, Gomez RS, Diniz DM, et al. An evaluation of the antinociceptive effects of Phalpha1beta, a neurotoxin from the spider Phoneutria nigriventer, and omega-conotoxin MVIIA, a cone snail Conus magus toxin, in rat model of inflammatory and neuropathic pain. Cellular and molecular neurobiology 2013;33(1):59-67.

57. de Souza AH, Lima MC, Drewes CC, da Silva JF, Torres KC, Pereira EM, et al. Antiallodynic effect and side effects of Phalpha1beta, a neurotoxin from the spider Phoneutria nigriventer: comparison with omega-conotoxin MVIIA and morphine. Toxicon: official journal of the International Society on Toxinology 2011;58(8):626-33.

58. Rigo FK, Dalmolin GD, Trevisan G, Tonello R, Silva MA, Rossato MF, et al. Effect of omega-conotoxin MVIIA and Phalpha1beta on paclitaxel-induced acute and chronic pain. Pharmacology, biochemistry, and behavior 2013;114-115:16-22.

59. Rigo FK, Trevisan G, Rosa F, Dalmolin GD, Otuki MF, Cueto AP, et al. Spider peptide Phalpha1beta induces analgesic effect in a model of cancer pain. Cancer science 2013,104(9):1226-30.

60. Castro-Junior CJ, Milano J, Souza AH, Silva JF, Rigo FK, Dalmolin G, et al.: Phalpha1beta toxin prevents capsaicin-induced nociceptive behavior and mechanical hypersensitivity without acting on TRPV1 channels. Neuropharmacology 2013;71:237-46.

61. Dalmolin GD, Silva CR, Rigo FK, Gomes GM, Cordeiro Mdo N, Richardson M, et al. Antinociceptive effect of Brazilian armed spider venom toxin Tx3-3 in animal models of neuropathic pain. Pain 2011;152(10):2224-32.

62. Bell TJ, Thaler C, Castiglioni AJ, Helton TD, Lipscombe D. Cell-specific alternative splicing increases calcium channel current density in the pain pathway. Neuron 2004;41(1):127-38.

AUTORES

Adalberto Pessoa Júnior

Professor Titular, Laboratório de Biotecnologia Farmacêutica, Departamento de Tecnologia Bioquímico-Farmacêutica da Faculdade de Ciências Farmacêuticas da Universidade de São Paulo.

Adriano Rodrigues Azzoni

Professor Doutor, Departamento de Engenharia Química, Escola Politécnica, Universidade de São Paulo.

Alexandre Hiroaki Kihara

Professor Adjunto e Coordenador do Laboratório de Neurogenética, Universidade Federal do ABC, Centro de Matemática, Computação e Cognição, São Paulo.

Alexis Bonfim-Melo

Doutorando em Microbiologia e Imunologia no Departamento de Micro, Imuno e Parasitologia, Laboratório de Biologia Celular da Unifesp.

Alfredo Miranda Goes

Professor Titular, Chefe do Laboratório de Imunologia Celular e Molecular, Departamento de Bioquímica, Instituto de Ciências Biológicas, Universidade Federal de Minas Gerais.

Ana Cristina Nogueira Freitas

Doutoranda, Laboratório de Venenos e Toxinas Animais, Departamento de Bioquímica e Imunologia, Instituto de Ciências Biológicas, Universidade Federal de Minas Gerais.

Anderson Kenedy Santos

Mestrando, Laboratório de Sinalização Celular e Nanobiotecnologia, Departamento de Bioquímica e Imunologia, Instituto de Ciências Biológicas, Universidade Federal de Minas Gerais.

André Luis Wendt dos Santos

Pós-doutorando, Laboratório de Biologia Celular de Plantas, Departamento de Botânica, Instituto de Biociências, Universidade de São Paulo.

André Moreni Lopes

Pós-Doutorando Laboratório de Biotecnologia Industrial, Faculdade de Ciências Farmacêuticas, Departamento de Tecnologia Bioquímico-Farmacêutica, Universidade de São Paulo.

Andréa Queiroz Maranhão

Professora Associada, Departamento de Biologia Celular, Universidade de Brasília.

Anita Jocelyne Marsaioli

Professora Titular, Departamento de Química Orgânica, Instituto de Química, Universidade Estadual de Campinas.

Anna Maria Siebel

Professora Doutora do Programa de Pós-graduação em Ciências Ambientais, Área de Ciências Naturais e Exatas, Universidade Comunitárias da Região de Chapecó.

Beatriz Vahan Kilikian

Professora Associada, Laboratório de Biotecnologia Industrial, Faculdade de Ciências Farmacêuticas, Departamento de Tecnologia Bioquímico-Farmacêutica, Universidade de São Paulo.

Bergmann Morais Ribeiro

Professor Titular, Departamento de Biologia Celular, Instituto de Ciências Biológicas, Universidade de Brasília.

Bianca Rodrigues Lima

Mestranda em Microbiologia e Imunologia no Departamento de Micro, Imuno e Parasitologia, Laboratório de Biologia Celular da Unifesp.

Bruna Luiza Emerich Magalhães

Doutoranda, Laboratório de Venenos e Toxinas Animais, Departamento de Bioquímica e Imunologia, Instituto de Ciências Biológicas, Universidade Federal de Minas Gerais.

Carina Carraro Pessoa

Mestranda em Microbiologia e Imunologia no Departamento de Micro, Imuno e Parasitologia, Laboratório de Biologia Celular da Unifesp.

Carla Denise Bonan

Professora Doutora, Laboratório de Neuroquímica e Psicofarmacologia, Departamento de Biologia Celular e Molecular, Faculdade de Biociências, Pontifícia Universidade Católica do Rio Grande do Sul.

Carlos Henrique Inácio Ramos

Professor Titular, coordenador dos Laboratórios Institucionais de Biologia Molecular e de Dicroísmo Circular do Instituto de Química do Departamento de Química Orgânica e é o atual Diretor Associado do Instituto de Química da Unicamp.

Célio José de Castro Junior

Docente Pesquisador, Instituto de Ensino e Pesquisa da Santa do Grupo Santa Casa, Belo Horizonte.

Cesar Augusto Galvão Arrais

Professor Adjunto Universidade Estadual de Ponta Grossa - Campus Uvaranas.

Cibele Rocha Resende

Doutoranda, Laboratório de Sinalização Intracelular, Departamento de Fisiologia e Biofísica, Instituto de Ciências Biológicas, Universidade Federal de Minas Gerais.

Claudio Oliveira

Professor Titular, Laboratório de Biologia e Genética de Peixes, Departamento de Morfologia, Instituto de Biociências, Universidade Estadual Paulista.

Cristina Mary Orikaza Toqueiro

Biomédica do Laboratório de Biologia Celular no Departamento de Micro, Imuno e Parasitologia da Unifesp. Doutora em Hematologia e Hemoterapia da Faculdade de Medicina - Unifesp/EPM.

Diana Bahia

Professora Adjunta, Departamento de Biologia Geral, Instituto de Ciências Biológicas, Universidade Federal de Minas Gerais.

Diego Demarco

Professor Doutor, Laboratório de Anatomia Vegetal, Departamento de Botânica, Instituto de Biociências, USP.

Duílio Mazzoni Zerbinato de Andrade Silva

Doutorando, Laboratório de Biologia e Genética de Peixes, Departamento de Morfologia, Instituto de Biociências, Universidade Estadual Paulista.

Éden Ramalho de Araújo Ferreira

Doutorando em Microbiologia e Imunologia no Departamento de Micro, Imuno e Parasitologia, Laboratório de Biologia Celular da Unifesp.

Eliete Bouskela

Professora Titular, Departamento de Ciências Fisiológicas e Laboratório de Pesquisas Clínicas e Experimentais em Biologia Vascular.

Eny Iochevet Segal Floh

Professora Titular, Laboratório de Biologia Celular de Plantas, Departamento de Botânica, Instituto de Biociências, USP.

Erika Reime Kinjo

Pós-Doutoranda do Laboratório de Neurogenética, Universidade Federal do ABC, Centro de Matemática, Computação e Cognição.

Fabiana Regina Xavier Batista

Professora Associada, Faculdade de Engenharia Química, Universidade Federal de Uberlândia.

Fábio Morato de Oliveira

Professor Doutor, Faculdade de Medicina de Ribeirão Preto, Universidade de São Paulo.

Fausto Colla Cortesão Zuzarte

Mestrando, Laboratório de Neurogenética, Universidade Federal do ABC, Centro de Matemática, Computação e Cognição, São Paulo.

Fausto Foresti

Professor Titular, Laboratório de Biologia e Genética de Peixes, Departamento de Morfologia, Instituto de Biociências, Universidade Estadual Paulista.

Fernanda Silva Torres

Pós-doutoranda, Laboratório de Venenos e Toxinas Animais, Departamento de Bioquímica e Imunologia, Instituto de Ciências Biológicas, Universidade Federal de Minas Gerais.

Fernando Real

Pós-Doutorando em Microbiologia e Imunologia no Departamento de Micro, Imuno e Parasitologia, Laboratório de Biologia Celular da Unifesp.

Frederico Marianetti Soriani

Professor Adjunto Departamento de Biologia Geral, Instituto de Ciências Biológicas, Universidade Federal de Minas Gerais.

Gerusa Duarte Dalmolim

Doutora em Farmacologia Bioquímica e Molecular, Faculdade de Medicina, Universidade Federal de Minas Gerais.

Guilherme Shigueto Vilar Higa

Doutorando, Laboratório de Neurogenética, Universidade Federal do ABC, Centro de Matemática, Computação e Cognição, São Paulo.

Iran Malavazi

Professor Doutor, Departamento de Genética e Evolução, Centro de Ciências Biológicas e da Saúde, Universidade Federal de São Carlos, São Paulo.

Isis Martins Figueiredo

Professora Adjunta, Instituto de Química e Biotecnologia, Universidade Federal de Alagoas.

José Carlos Pansonato-Alves

Pós-doutorando, Laboratório de Biologia e Genética de Peixes, Departamento de Morfologia, Instituto de Biociências, Universidade Estadual Paulista.

José Luiz da Costa

Professor de Análises Toxicológicas e Análise Instrumental do Curso de Farmácia das Faculdades dos Programas de Pós Graduação em Análises Clínicas e Toxicológicas, Ciências Toxicológicas e Ciências Forenses das Faculdades Oswaldo Cruz, São Paulo. Perito Criminal da Superintendência da Polícia Técnico Científica de São Paulo.

Juliana Figueira da Silva

Doutora em Farmacologia Bioquímica e Molecular, Faculdade de Medicina, Universidade Federal de Minas Gerais.

Juliana Lott Carvalho

Doutoranda, Laboratório de Imunologia Celular e Molecular, Departamento de Bioquímica, Instituto de Ciências Biológicas, Universidade Federal de Minas Gerais.

Ljubica Tasic

Professora Associada do Departamento de Química Orgânica do Instituto de Química da Universidade de Campinas, Unicamp.

Lucas Gelain Martins

Pós-doutorando pelo Departamento de Química Orgânica, Instituto de Química, Universidade Estadual de Campinas.

Luís Fernando Cabeça

Professor Adjunto da Universidade Tecnológica Federal do Paraná – Campus Londrina.

Luiz Orlando Ladeira

Professor Associado, Laboratório de Nanomateriais, Departamento de Física, Instituto de Ciências Exatas, Universidade Federal de Minas Gerais.

Marcelo Giannini

Professor Associado, Departamento de Odontologia Restauradora, Faculdade de Odontologia de Piracicaba, Universidade Estadual de Campinas, Piracicaba.

Marcus Vinícius Gomez

Docente Pesquisador, Instituto de Ensino e Pesquisa da Santa do Grupo Santa Casa, Belo Horizonte.

Maria Elena de Lima

Professora Associada, Laboratório de Venenos e Toxinas Animais, Departamento de Bioquímica e Imunologia, Instituto de Ciências Biológicas, Universidade Federal de Minas Gerais.

Marina de Souza Ladeira

Pós-doutoranda, Laboratório de Sinalização Celular e Nanobiotecnologia, Departamento de Bioquímica e Imunologia, Instituto de Ciências Biológicas, Universidade Federal de Minas Gerais.

Mauro Cunha Xavier Pinto

Pós-doutorando, Laboratório de Sinalização Celular e Nanobiotecnologia, Departamento de Bioquímica e Imunologia, Instituto de Ciências Biológicas, Universidade Federal de Minas Gerais.

Nivaldo Ribeiro Villela

Professor Adjunto de Anestesiologia da Universidade Estadual do Rio de Janeiro e médico do Hospital Universitário Clementino Fraga Filho, Universidade Federal do Rio de Janeiro.

Pablo Herthel Carvalho

Doutorando, Laboratório de Traumatologia e Neurocirurgia Veterinária, Departamento de Clínica e Cirurgia Veterinárias, Escola de Veterinária, UFMG.

Pedro Xavier Royero Rodríguez

Mestrando, Laboratório de Neurogenética, Universidade Federal do ABC, Centro de Matemática, Computação e Cognição, São Paulo.

Pilar Tavares Veras Florentino

Doutoranda em Microbiologia e Imunologia no Departamento de Micro, Imuno e Parasitologia, Laboratório de Biologia Celular da Unifesp.

Priscilla Cardim Scacchetti

Doutoranda, Laboratório de Biologia e Genética de Peixes, Departamento de Morfologia, Instituto de Biociências, Universidade Estadual Paulista.

Rayson Carvalho Barbosa

Mestrando em Bioinformática, Laboratório de Sinalização Celular e Nano-biotecnologia, Departamento de Bioquímica e Imunologia, Instituto de Ciências Biológicas, Universidade Federal de Minas Gerais.

Remo Castro Russo

Professor Adjunto, Laboratório de Imunologia e Mecânica Pulmonar (LIMP), Departamento de Fisiologia e Biofísica, Instituto de Ciências Biológicas, Universidade Federal de Minas Gerais.

Renata Bacelar Cantanhede de Sá

Mestre em Materiais Dentários pela Universidade Estadual de Campinas, Unicamp. Professora Colaboradora de Dentística Operatória (Clínica Integrada I e II) da Universidade Federal do Rio de Janeiro.

Renato A. Mortara

Professor Associado IV, Departamento de Microbiologia, Imunologia e Parasitologia, Disciplina de Parasitologia, Escola Paulista de Medicina, Unifesp.

Ricardo Utsunomia

Doutorando, Laboratório de Biologia e Genética de Peixes, Departamento de Morfologia, Instituto de Biociências, Universidade Estadual Paulista.

Rodrigo R. Resende

Professor Adjunto, Laboratório de Sinalização Celular e Nanobiotecnologia, Departamento de Bioquímica e Imunologia, Instituto de Ciências Biológicas, Universidade Federal de Minas Gerais.

Ronald de Albuquerque Lima

Doutorando em Fisiopatologia Clínica e Experimental, Coordenação de Assistência Técnica, Divisão de Cirurgia Oncológica, Instituto Nacional de Câncer.

Ronaldo Zucatelli Mendonça

Pesquisador, Laboratório de Parasitologia, Instituto Butantan, São Paulo.

Rosane Souza da Silva

Professora Adjunta, Laboratório de Neuroquímica e Psicofarmacologia, Departamento de Biologia Celular e Molecular, Faculdade de Biociências, Pontifícia Universidade Católica do Rio Grande do Sul.

Salvatore Sauro

Professor de Biomateriais Dentários e Dentística Minimamente Invasiva na Universidade Católica Cardenal de Valência na Espanha e Pesquisador Associado ao Departamento de Biomateriais Dentários do King's College London Dental Institute.

Sandrine Bittencourt Berger

Professora Adjunta, Faculdade de Odontologia do Norte do Paraná, Universidade Norte do Paraná.

Silvia Guatimosim

Professora Associada, Laboratório de Sinalização Intracelular, Departamento de Fisiologia e Biofísica, Instituto de Ciências Biológicas, Universidade Federal de Minas Gerais.

Vera Paschon

Doutoranda, Laboratório de Neurogenética, Universidade Federal do ABC, Centro de Matemática, Computação e Cognição, São Paulo.

Victor Pinheiro Feitosa

Pós-doutorando, Departamento de Odontologia Restauradora, Centro de Ciências da Saúde, Universidade Federal do Ceará.

SOBRE A COLEÇÃO

BIOTECNOLOGIA APLICADA À SAÚDE E AGRO&INDÚSTRIA: FUNDAMENTOS E APLICAÇÕES

Certa vez perguntaram-me "Por que fazer um livro de tamanha envergadura e alcance?", mal sabia o colega cientista que seriam quatro livros... Nesta coleção a intenção foi reunir, em uma obra didática, sucinta e objetiva, os fatos mais novos na literatura com os conhecimentos clássicos dos temas disponíveis em obras separadas. Para se ter todo o escopo de Biotecnologia Aplicada à Saúde e Biotecnologia Aplicada à Agroindústria, dividimos o primeiro tema em três volumes e o segundo em um, totalizando quatro volumes, sendo que todos os tópicos são abordados nos cursos de pós-graduação em Biociências e Biotecnologia, dentre outros.

Ao todo, foram 74 autores no primeiro livro, 97 no segundo, 90 no terceiro, e 114 no quarto, totalizando 375 escritores, envolvendo professores/cientistas de referência nacional e internacional de 78 Laboratórios de Pesquisa diferentes, envolvendo mais de 150 Programas de Pós-Graduação do país, 49 Departamentos de 39 universidades, mais 27 institutos de pesquisas distintos. Praticamente, todos os Programas de Pós-Graduação em Biotecnologia estão presentes nesta obra. O objetivo do livro, que é único no mercado, é justamente ter o maior público possível, alunos de pós-graduação e graduação. Há um tópico em cada capítulo que abordará os aspectos históricos e básicos de como se chegaram às técnicas e modelos apresentados, de extrema utilidade e didático para cursos de graduação, por isso envolvemos 69 instituições de ensino e pesquisa, de todos os estados do Brasil.

Seguindo nessa direção e no sentido de produção de um livro que seja tanto para o uso de alunos de graduação quanto para os de pós-graduação e para aqueles profissionais que queiram se introduzir na área de biotecnologia utilizando técnicas modernas e o uso com qualquer tipo de modelo celular, disponibilizamos, em um tópico de cada capítulo, as metodologias e procedimentos para a realização de experimentos. Um guia prático e simples para a bancada de experimentos complexos.

Prof. Rodrigo R Resende (PhD)
Laboratório de Sinalização Celular e Nanobiotecnologia

Presidente da Sociedade Brasileira de Sinalização Celular
Presidente do Instituto Nanocell
Departamento de Bioquímica e Imunologia
Instituto de Ciências Biológicas
Universidade Federal de Minas Gerais